联邦学习

[美] 海科·路德维希(Heiko Ludwig)
娜塔莉·巴拉卡尔多(Nathalie Baracaldo) 著
刘　璐　张玉君 译

清華大学出版社
北　京

图书在版编目(CIP)数据

联邦学习 / (美) 海科·路德维希 (Heiko Ludwig) , (美)娜塔莉·巴拉卡尔多 (Nathalie Baracaldo) 著 ; 刘璐, 张玉君译. -- 北京 : 清华大学出版社, 2025. 2.
ISBN 978-7-302-67943-1

Ⅰ. TP181

中国国家版本馆 CIP 数据核字第 2025ZW6633 号

责任编辑：王　军
封面设计：高娟妮
版式设计：思创景点
责任校对：马遥遥
责任印制：杨　艳

出版发行：清华大学出版社
网　址：https://www.tup.com.cn，https://www.wqxuetang.com
地　址：北京清华大学学研大厦 A 座　邮　编：100084
社 总 机：010-83470000　邮　购：010-62786544
投稿与读者服务：010-62776969，c-service@tup.tsinghua.edu.cn
质 量 反 馈：010-62772015，zhiliang@tup.tsinghua.edu.cn
印 装 者：小森印刷霸州有限公司
经　销：全国新华书店
开　本：170mm×240mm　印　张：30.5　字　数：649 千字
版　次：2025 年 3 月第 1 版　印　次：2025 年 3 月第 1 次印刷
定　价：128.00 元

产品编号：099489-01

译 者 序

亲爱的读者，很荣幸能够为大家带来这本《联邦学习》的中文版。作为一名机器学习领域的研究者和从业人员，我深知联邦学习作为一种新的学习范式对机器学习领域的重要性和带来的挑战。本书旨在为读者提供一个全面而深入的了解联邦学习的平台，帮助大家更好地理解联邦学习的概念、原理和应用，并且将联邦学习的最新研究进展和技术成果带给大家。

2018 年，我从北京大学毕业后，工作中一次偶然的机会让我开始研究联邦学习，从研究理论到工程实践，再到商业应用，在联邦学习领域取得的每一次进展都历历在目。不得不说，联邦学习是非常有挑战性同时具有巨大发展前景的研究课题。2018 年，我从最早的端云联邦学习开始研究，将端云联邦应用于图片、文本以及推荐领域。2020 年，我开始探索企业之间的纵向联邦学习方向，研究纵向联邦学习在营销领域的应用与落地。联邦学习面临的不仅是一些学术领域的挑战，更多的是工程实践以及落地应用带来的工程问题和成本效率问题。

本书汇集了联邦学习领域的顶尖研究人员的经验和成果，从各个角度论述了联邦学习的发展历程、关键技术和应用前景。这里，我要感谢原书的作者以及参考文献的学者，他们的研究成果和深刻见解使得本书足以成为联邦学习领域的一本重要参考书。

我相信，通过本书的阅读，您将对联邦学习有更深入的了解，也将对如何应用联邦学习技术有更清晰的认识。无论是从学术研究还是实际应用的角度，您都能找到研究方向，它们在以后的工作中具有实际的参考意义和价值。

最后，我要衷心感谢每一位读者的支持和关注，希望本书可以为您带来有益的启示和帮助；也希望我们在联邦学习的研究和实践中不断探索和创新，为机器学习的发展、企业应用的创新、数据安全保护等方面作出更多贡献。

敬祝好运！

刘璐

嗨，亲爱的读者！

很高兴为大家带来这本《联邦学习》的中文译本。无论您对联邦学习已有所了解还是想要在联邦学习领域发展，本书都是一个必选项！

随着国内一个个联邦学习项目的落地，可以肯定地说，联邦学习将成为未来国内乃至全球信息系统发展的重要技术基础。联邦学习作为隐私保护的解决方案，能够在不共享数据的情况下进行联合建模和持续模型训练，解决数据隐私和安全问题。它能有效解决企业数据孤岛问题，实现行业生态的人工智能的协作。联邦学习在企业应用、金融、医疗、推荐系统等领域有广泛应用，并且在技术发展和商业化方面具有巨大潜力。

能够参与本书的翻译工作，我深感荣幸。我希望通过我的理解和经验，将作者的著作精华准确地传达给读者，并为大家提供一份关于联邦学习的全面的、有价值的学习资料。同时，我也希望读者能够在阅读本书的过程中，深入理解联邦学习的核心价值和应用前景，从而更好地为您的项目和职业生涯提供帮助。

最后，我要感谢所有为本书的中文译本付出努力的人，包括出版社和编辑，他们的辛勤工作和专业精神使得本书的中文版得以顺利出版，感谢他们对我的耐心指导和帮助。同时，我也要感谢本书的译者刘璐，她为这本书的整体翻译效果付出非常大的努力，并给予我不少帮助。

希望这本书能够为大家带来启发和帮助，让我们一起加入联邦学习的领域，创造更加美好的未来！

此致

张玉君

序　言

在过去二十年中，机器学习取得了巨大的进步，并广泛应用于诸多领域。机器学习的成功很大程度上取决于能否使用高质量的数据进行训练，包括有标签和无标签的数据。

关于数据隐私、安全和所有权的问题引起了公众和技术界的激烈讨论，讨论的焦点是如何在兼顾监管和相关者利益的前提下，使用数据进行机器学习。这些问题和相关的法律法规让人们意识到，把所有训练数据都存储在一个集中数据库里的方式与保护数据所有者的隐私权利是有冲突的。

虽然分布式学习和模型融合的概念已经被讨论了至少十年，而联邦机器学习(FL)作为一个新概念，自 2017 年以来才开始由 MacMahan 等人推广。在接下来的几年中，学术界和工业界都进行了大量的研究，在撰写本书时，第一个可行的联邦学习商业框架已进入市场。

本书旨在捕捉过去几年在该领域的研究进展和最新技术，从该领域的原始概念到首次应用落地和商业化使用。为得到广泛而深入的概述，我们邀请了前沿的研究人员从不同视角讨论联邦学习：机器学习的核心视角、隐私和安全视角、分布式系统视角和特定应用领域视角。

本书面向研究人员和从业者，深入介绍了联邦学习的最重要问题和方法。部分章节包含一系列技术内容，这些内容有助于理解算法和范例的复杂性，以便在多个企业情况下部署联邦学习。其他章节专注于介绍如何选择针对特定用例定制的隐私和安全解决方案，还有部分章节则介绍了联邦学习系统运行过程中的实际情况。

由于这个主题是跨学科的，因此在本书的不同章节中会有不同的术语约定。例如，联邦机器学习中的“参与方”对应分布式系统中的“客户端”。本书的开头介绍了一些常用的专业术语，对章节中涉及的特定领域的专业术语，我们会转换为通用术语进行描述。这样做的目的是让不同背景的读者都能理解本书内容，同时又保持特定学科领域的范式。

总体而言，本书为读者提供了关于最新研究进展的全面综述。

在编辑本书和撰写其中部分章节的过程中，我们得到了许多人的帮助，这里表示特别的感谢。IBM 研究所不仅为我们提供了在这个领域中进行学术研究的机会，还让我们将这项技术付诸实践并成为产品的一部分。在这个过程中，我们学到了很多宝贵的经验，因此非常感谢 IBM 的同事们。此外，特别感谢我们的主管 Sandeep Gopisetty，他为这本书的研究提供了条件；感谢 Gegi Thomas，他确保我们的研究成果被纳入产品中；还要感谢我们的团队成员。

感谢本书的所有作者为本书提供了有价值的内容，并且耐心地接受了我们对他们所写内容的修改请求。

感谢我们的家人，在编写和编辑本书的一年中，他们能够忍受我们将本该陪伴他们的时间投入撰写书籍中。Heiko 深深感谢他的妻子 Beatriz Raggio，感谢她的付出和一直以来的支持。Nathalie 深深感谢她的丈夫 Santiago 和儿子 Matthias Bock，感谢他们的爱和支持以及为她完成所有项目(包括本书)加油打气。Nathalie 还感谢她的父母 Adriana 和 Jesus；如果没有他们大力和持续的支持，本书以及许多其他相关成果都将不可能实现。

目　录

第Ⅲ部分　隐私和安全

第Ⅴ部分　应用

第Ⅰ部分

联邦学习概述及其作为机器学习方法的问题

本书的第Ⅰ部分首先对联邦学习进行概述，然后从机器学习的角度阐述联邦学习的一些具体问题。本部分的章节探讨联邦学习背景下的特定模型类型、特定参与方的模型个性化问题、如何在通信受限条件下调整联邦学习过程，以及偏差和公平性。

第 2 章和第 3 章介绍两类模型，这两类模型对于广泛使用格式化数据和文本数据的企业应用尤为重要。第 2 章深入探讨将基于树的模型训练应用于联邦设置的方法，并介绍横向联邦学习和纵向联邦学习的多种算法设计。第 3 章侧重于需要生成嵌入的基于文本的模型，其中生成嵌入也是图形的常用方法。

个性化已成为联邦学习系统的一个极其重要的方面。在联邦学习系统中，参与联邦有助于提高模型的泛化能力，但与此同时，每个参与方的最终模型都是不同的，并需要根据特定参与方的需求进行定制。第 4 章全面概述该领域现有的个性化技术和研究挑战。第 5 章重点介绍一种生成个性化和鲁棒性模型的方法。

接下来的两章介绍应对参与方与聚合器之间通信受限或通信开销高的技术。第 6 章讨论多种降低模型更新交换频率和减少每轮迭代交换的数据量的技术，例如通过模型压缩或剪枝。第 7 章回顾和分析模型融合方法，该方法可以合并独立或几乎没有交互的模型，克服经典模型和神经模型类型的结构和模型差异。

最后，第 8 章重点讨论联邦学习中社会公平性的重要方面。该章概述联邦学习中意外偏差的来源。其中包括在集中式机器学习中存在的偏差，也包括联邦训练过程带来的新的偏差来源。在缓解技术方面，在传统的集中式机器学习中通常需要分析所有的训练数据来实现公平性缓解。然而，这在联邦学习设置中是不可能的。第 8 章还讨论如何调整现有技术以缓解不想要的偏差。

第 1 章

联邦学习介绍

摘要：联邦学习(Federated Learning，FL)是一种机器学习方法，它不需要将训练数据集中存放在一个中心位置。相反，数据由联邦学习的各参与方自行保留，并且不与其他实体共享。这使得联邦学习成为越来越常用的机器学习任务解决方案，因为对于这些任务来说，由于隐私、监管或实际原因，将数据集中存储是有问题的。本章将介绍联邦学习的基本概念，概述它的应用场景，并从机器学习、分布式计算和隐私保护的角度进行讨论。此外，还将提供深入研究后续章节所涉及内容的引导。

1.1 概述

机器学习(Machine Learning，ML)已成为一种重要的技术，用于开发难以通过算法开发的认知和分析功能。随着深度神经网络(Deep Neural Network，DNN)的出现和训练复杂网络的计算硬件的进步，计算机视觉、语音识别和自然语言理解等领域取得了长足的进展。传统的机器学习技术(如决策树、线性回归和支持向量机[SVM])在处理结构化数据方面也得到了广泛应用。

机器学习的应用离不开高质量的训练数据。然而，出于隐私考虑，有时训练数据无法传输到中心数据库进行整理和管理，供机器学习过程使用。联邦学习这种方法最早在参考文献[28]中提出，它允许在不集中收集数据的情况下，在不同的地方对训练数据进行机器学习模型的训练。

不使用中心数据库的一个重要原因在于司法管辖区的消费者隐私法规。欧盟的《通用数据保护条例》(General Data Protection Regulation，GDPR)[50]、《健康保险携带和责任法案》(Health Insurance Portability and Accountability Act，HIPAA)[53]和《加利福尼亚消费者隐私法案》(California Consumer Privacy Act，CCPA)[48]是针对收集和使用消费者数据的示例性监管框架。此外，有关数据泄露的新闻报道也提高了人们对存储敏感消费者数据所负的责任的认识[9, 42, 43, 51]。联邦学习可以实现使用数据前不需要将其存储到中心数据库中，从而降低了相关风险。监管法规还限制了不同国家司法管辖区之间的数据流动。这是因为担心其他国家的数据保护可能不充分或涉及国家安全，因此监管法规要求关键数据限制在管辖区内使用[40]。对在不同区域拥有子公司的国际公司来说，国家和地区法规带来了巨大挑战，限制了他们使用所有数据来训练模型。除了监管法规要求，从不同管辖区的数据中进行机器学习是出于实际需要。不良的通信连接以及传感器或电信设备收集的大量数据可能使中心数据收集变得不可行。联邦学习还使不同的公司能够合作，共同创建模型，实现互利共赢，而不泄露它们的商业机密。

那么联邦学习是如何工作的？在联邦学习的机制中，不同的参与方通过控制各自的训练数据，合作共同训练机器学习模型。在这个过程中，不需要与其他参与方或任何第三方实体共享自己的训练数据。联邦学习的参与方在文献中也被称为客户端或设备。参与方可以是各种各样的设备，既包括智能手机或汽车等消费者设备，也包括不同提供商的云服务、分布在不同国家的企业数据中心、公司内的应用程序孤岛或嵌入式系统(如汽车工厂里的制造机器人)。

联邦学习的合作方式有多种，最常见的形式如图 1-1 所示。在这种方式中，聚合器(有时也称为服务器或协调器)促进了合作。各参与方根据其隐私训练数据执行本地机器学习训练过程。当各参与方本地训练完成后，它们将模型参数作为模型更新发送给聚合器。模型更新的类型取决于要训练的机器学习模型的类型；例如，对于神经网络，模型更新可能是神经网络的权重。一旦聚合器收到来自参与方的模型更新，会将模型更新的参数合并到一个共同模型中，这个过程称为模型融合(model fusion)。例如在神经网络模型中，模型融合可以是简单地对权重进行平均，如采取 FedAvg 算法[38]中的方法。然后，合并后的模型作为模型更新会再次分发给各参与方，作为下一轮机器学习的基础。这个过程可以重复多轮，直到训练过程收敛。聚合器的作用是协调各参与方之间的学习过程和信息交换，并执行融合算法，将各参与方的模型参数合并成一个共同模型。联邦学习的结果是基于所有参与方的训练数据得到的一个模型，而训练数据不需要共享。

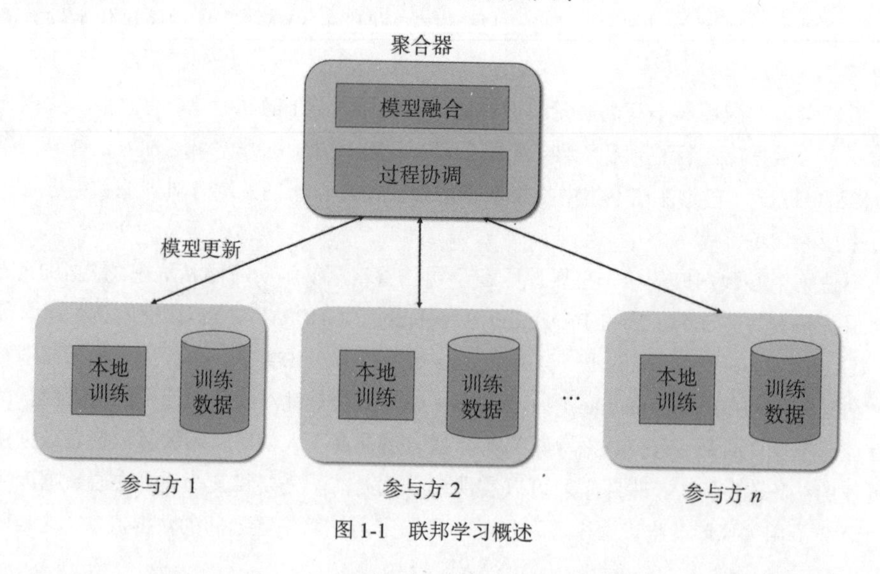

图 1-1　联邦学习概述

联邦学习方法与集群分布式学习有关[15]，是一种针对大规模机器学习任务的常见方法。分布式学习使用若干计算节点的集群来分担机器学习的计算工作，以加速学习过程。分布式学习通常使用参数服务器聚合来自不同节点的结果，这与联邦学习类似。然而，它们在某些方面是不同的。在联邦学习中，数据的分布和数量不是集中控制的，如果所有训练数据都是隐私数据，则可能完全不可知。因此，无法对各参与方之间的数据进行独立同分布(IID)假设。同样，一些参与方可能比其他参与方拥有更多的数据，导致参与方数据集的分布不平衡。在分布式学习中，数据被集中管理并分发到分片中的不同节点，中心服务器知道数据的随机特性。在设计联邦学习训练算法时，必须考虑参与方数据的不平衡和非 IID 性。

相比之下，在联邦学习中，参与方的数量可能会有所不同，具体取决于用例。对跨国公司不同数据中心中的数据集进行模型训练可能只有不到 10 个参与方。这通常称为企业用例[35]或跨孤岛用例[26]。对手机应用程序的数据进行训练可能会有数以亿计的参与方。这通常被称为跨设备用例[76]。在企业用例中，通常需要考虑每一轮中所有或大多数参与方的模型更新。而在设备用例中，每一轮联邦学习只会包括总设备集合的一个可能很大的子样本集合。在企业用例中，联邦学习过程会考虑参与方的身份，并在训练和验证过程中利用这一信息。而在跨设备用例中，参与方的身份通常不重要，并且一个参与方可能只参与一轮训练。

在设备用例中，考虑到参与方众多，可以假设设备更容易出现通信失败。某些手机可能关机，或者可能位于网络覆盖较差的区域。这些情况可通过参与方采样并设置进行聚合的时间限制或者采用其他缓解技术来解决。而在企业用例中，由于参与方数量较少，我们必须仔细管理通信故障，因为每个参与方的贡献都对结果具有重要影响。

本章的剩余部分将对联邦学习进行概述。首先正式介绍本书使用的主要概念。接着，从 3 个重要的角度来讨论联邦学习，每个角度都在单独的一节中阐述：①从机器学习的角度探讨联邦学习；②从安全和隐私视角概述联邦学习存在的威胁和缓解技术；③从系统角度概述联邦学习。本章将为本书的后续内容提供一个基础。

1.2　概念与术语

与所有机器学习任务一样，联邦学习训练一个模型 M，该模型表示为训练数据 D 上的预测函数 f。模型 M 可以具有神经网络或任何其他非神经模型的结构。与集中式机器学习相比，数据集 D 在 n 个参与方 $P=\{P_1, P_2, ..., P_n\}$之间进行划分，其中每个参与方 $P_k \in P$ 都拥有自己的隐私训练数据集 D_k。联邦学习过程涉及一个聚合器 A 和一组参与方 P。注意，每个参与方 P_k 只能访问自己的数据集 D_k。换句话说，没有任何参与方知道除它自己之外的其他参与方的数据集，聚合器 A 也不知道任何数据集的内容。

图 1-2 展示了联邦学习如何在这种抽象概念上进行模型训练的过程。为训练一个全局

机器学习模型 M，聚合器和参与方之间共同以分布式方式运行联邦学习算法。联邦学习主要的算法组件是各参与方的本地训练函数 L 和聚合器的融合函数 F，本地训练函数 L 在数据集 D_k 上执行本地训练，融合函数 F 将各参与方的 L 的结果聚合成新的联合模型。其中会有多轮的本地训练和融合的迭代(称为轮次)，使用索引 t 表示。算法的执行通过在各参与方和聚合器之间往来消息来协调。整个过程如下。

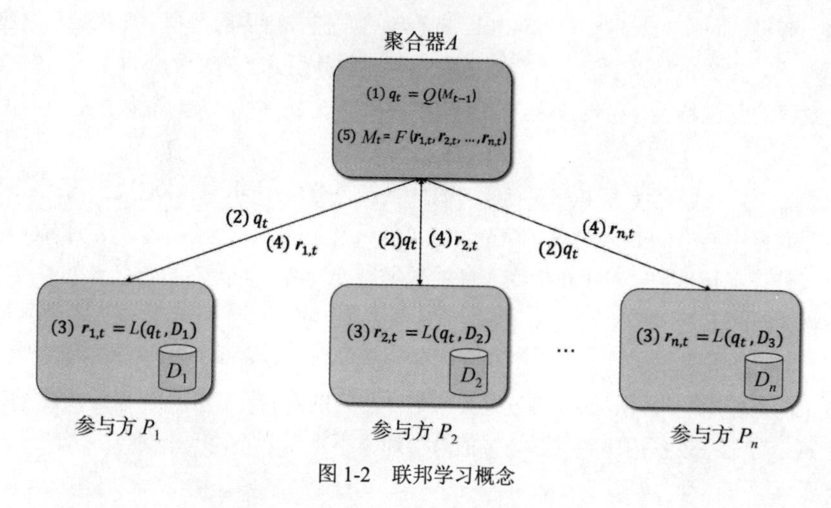

图 1-2　联邦学习概念

(1) 整个过程从聚合器开始。为训练模型，聚合器使用函数 Q，将前一轮训练模型 M_{t-1} 作为第 t 轮的输入并生成该轮的查询 q_t。当该过程开始时，M_0 可能为空或只是随机初始值。此外，一些联邦学习算法可能会为函数 Q 提供额外的输入，并可能为每个参与方的情况定制查询方式。但考虑到简单性和普遍性，这里仅讨论这种更简单的方法。

(2) 查询 q_t 被发送给各参与方，并请求关于它们各自的本地模型的信息或关于各参与方数据集的聚合信息。查询包括对神经网络的梯度或模型权重的请求，或者对决策树的计数信息。

(3) 当接收 q_t 时，各参与方本地训练过程执行本地训练函数 L，该函数将查询 q_t 和本地数据集 D_k 作为输入并输出模型更新 $\boldsymbol{r}_{k,t}$。通常，查询 q_t 包含一些信息，参与方可以用来初始化本地训练过程。例如，用于初始化本地训练的新共同模型 M_t 的模型权重或不同模型类型的其他信息。

(4) 本地训练函数 L 完成时，参与方 P_k 将模型更新 $\boldsymbol{r}_{k,t}$ 发送给聚合器 A，聚合器 A 从所有参与方收集模型更新 $\boldsymbol{r}_{k,t}$。

(5) 当聚合器 A 接收到所有预期参与方的模型更新 $\boldsymbol{R}_t=(\boldsymbol{r}_{1,t}, \boldsymbol{r}_{2,t}, \ldots, \boldsymbol{r}_{n,t})$后，它将通过融合函数 F 来进行处理，F 将 $\boldsymbol{R}_t$ 作为输入并返回 M_t。

上述过程可以在多轮训练中执行，直到满足终止条件；例如，当达到训练轮次的最大迭代次数 $t_{\max}$ 时，就会形成最终的全局模型 $M = M_{t\max}$。从朴素贝叶斯方法的单个模型合并到典型的基于梯度的机器学习算法的多轮训练，所需的轮数可能有很大差异。

在这个过程中，本地训练函数 L、融合函数 F 和查询生成函数 Q 通常一起发挥作用。L 与实际数据集交互并执行本地训练，生成模型更新 $\boldsymbol{r}_{k,t}$。$\boldsymbol{R}_t$ 的内容是 F 的输入，因此融合函数 F 将解释它并创建下一轮的模型 M_t。如果需要下一轮训练，Q 将创建下一轮的查询。

在后续的章节中，将详细描述在训练神经网络、决策树和梯度提升树时这个过程是如何进行的。

上述联邦学习基本方法还可以有不同的变体：在跨设备联邦学习中，参与方的数量通常非常庞大，可能达到数百万。并非所有参与方都参与到每轮训练中。这种情况下，Q 不仅确定查询内容，还确定下一轮查询中要包括哪些参与方 $P_s \subset P$。参与方的选择是随机的，可以基于参与方的特征或者基于参与方之前的贡献程度。

此外，对于每个参与方，查询内容可能不同，因此融合函数 F 需要将不同查询的结果整合起来，创建一个新模型 M_t。

对于大多数场景，使用单个聚合器的方法是最为常用和实际的，但也有人提出了其他形式的联邦学习架构。例如，每个参与方 P_k 都有自己的关联聚合器 A_k，用于查询其他参与方；参与方的集合可能会被分配给不同的聚合器，从而进行分层的聚合过程。在接下来的内容中，将重点介绍常见的单个聚合器配置。

1.3　机器学习视角

本节将从机器学习的角度了解联邦学习。联邦学习系统方法的选择(例如在查询中发送什么信息)会影响机器学习的行为。在下面的小节中，将针对不同的机器学习范式展开讨论。

1.3.1　深度神经网络

深度神经网络(DNN)现在很流行，它在联邦学习中以一种相对直接的方式进行使用，即每个参与方进行本地训练，然后在聚合器上融合各参与方的本地训练结果。本地训练 L 通常对应每轮训练 t 中参与方 P_k 处的神经网络及其参数 $\boldsymbol{w}_k$ 的常规集中式训练。每个参与方 P_k 都进行如下优化。

$$\boldsymbol{w}_k^* = \arg\min_{w_k} \frac{1}{|D_k|} \sum_{(x_i, y_i) \in D_k} l(\boldsymbol{w}_k, \boldsymbol{x}_i, y_i) \tag{1.1}$$

在参与方的训练数据集 D_k 上，通过最小化损失函数 l 来优化参数 $\boldsymbol{w}_k$(神经网络的权重向量)。如果使用梯度下降算法，在给定轮次 t 的每个周期 τ 中，$\boldsymbol{w}_k$ 进行如下更新。

$$\boldsymbol{w}_k^{t,\tau} := \boldsymbol{w}_k^{t,\tau-1} - \eta_k \nabla l(\boldsymbol{w}_k^{t,\tau-1}, \boldsymbol{X}_k, Y_k) \tag{1.2}$$

损失函数 l 基于本地数据 D_k(包括样本 $\boldsymbol{X}_k$ 和标签 Y_k)来进行计算，并且可以使用任何合适的函数，例如常用的均方误差(Mean-Squared Error，MSE)。此轮的参数 $\boldsymbol{w}_k^{t,\tau}$ 通过参与方

特定的学习率 η_k 进行更新。每轮都基于来自聚合器的新的模型更新 $\boldsymbol{w}_k^{t,0}$，并使之作为本地训练的新起点。

在建立联邦学习系统或特定联邦学习项目时，可以选择参与方的本地超参数，包括如下。

- 应该为参与方的本地梯度下降算法设定哪种批大小？是原始的随机梯度下降(Stochastic Gradient Descent，SGD)、整个数据集还是合适的小批大小？
- 在向聚合器发送模型更新 $r_{k,t}$ 之前应该运行多少个本地周期？各参与方是否应该在每轮中使用相同的周期数？在全部参与方中只进行一个周期的训练可以减少本地模型 $\boldsymbol{w}_k$ 与其他参与方之间的差异，但这样会导致需要更多的网络流量和更频繁的聚合工作。在不同的参与方中进行多个周期或者采用不同的周期数可能会导致更大的差异，但可适用于参与方计算能力和训练数据集大小存在差异的情况。
- 应该为每个参与方选择哪种学习率 η_k？各参与方之间数据分布的差异可能会有利于不同的学习率。
- 其他优化算法可能使用不同的本地超参数，如动量或衰减率[27]。

考虑一个简单的联邦 SGD 的情况[38]，其中与集中式 SGD 一样，每个新样本都可能促使模型效果提升。聚合器将选择某参与方 P_k 并向其发送查询 $q_{t,k}<\boldsymbol{w}_t>$。$P_k$ 选取下一轮训练的样本 $(\boldsymbol{x}_i, y_i)\in D_k$ 并执行本地训练 L，计算该样本的损失梯度 $\nabla l(\boldsymbol{w}_t, \boldsymbol{x}_i, y_i)$。某特定轮次 t 中某参与方 P_k 的梯度可表示为如下。

$$\boldsymbol{g}_{k,t} := \frac{1}{|D_k|}\sum_{(x_i,y_i)\in D_k}\nabla l(\boldsymbol{w}_k, \boldsymbol{x}_i, y_i) \tag{1.3}$$

训练数据的平均梯度在 D_k 中采样。参与方 P_k 将其作为回复内容 $r_{k,t}<\boldsymbol{g}_{t,k}>$ 返回给聚合器。然后聚合器基于来自 P_k 的回复内容和聚合器的学习率，结合模型权重来计算新的查询内容。

$$\boldsymbol{w}_{t+1} := \boldsymbol{w}_t - \eta_a \boldsymbol{g}_{k,t} \tag{1.4}$$

然后，下一轮开始时，聚合器选择另一参与方作出贡献。这种简单的方式并不高效，因为它引入了通信开销，并且没有充分利用并发训练的优势。为使联邦 SGD 更有效，可以在每个参与方上进行小批大小训练，增加每一轮参与方的计算量；还可以同时训练所有或部分参与方 $P_s \subset P$，在计算新模型权重时，对参与方返回的梯度取平均值。

$$\boldsymbol{w}_{t+1} := \boldsymbol{w}_t - \eta_a \frac{1}{|K|}\sum_K \boldsymbol{g}_{k,t} \tag{1.5}$$

虽然这比之前的方法更有效，但它仍然涉及与聚合器的大量通信，并且当批大小为全 D_k 的量时，在每个周期中至少会出现一次协调延迟，或者当使用小批大小时，可能会出现多次协调延迟。

FedAvg 可通过利用各参与方的独立处理能力来提高效率[28]。每个参与方在回复之前运行多个周期。参与方 P_k 不是使用梯度进行回复，而是直接使用共同的学习率 η 计算一组新的权重 $\boldsymbol{w}_{t,k}$，并使用 $\boldsymbol{r}_{k,t}<\boldsymbol{w}_{k,y}, n_k>$、其模型和样本数量进行回复。聚合器的融合算法 F 对下一轮的每个参与方的参数进行加权平均，权重为每个参与方的样本数量。

$$\boldsymbol{w}_{t+1} \coloneqq \sum_{k\in K}\frac{n_k}{n}\boldsymbol{w}_{k,t} \tag{1.6}$$

实验表明，该方法在不同类型的模型上表现良好[38]。FedAvg 使用式 1.2 中的大多数变量，但我们可以考虑为梯度下降算法引入其他参数，例如本地的或可变的学习率。

我们还可以对这些基本联邦学习融合和本地训练算法进行扩展，以适应不同数据分布特性、客户端选择和隐私要求。有论文[32]提出了一种基于动量的联邦学习方法来加速收敛，其灵感来自集中式机器学习优化[27]。状态优化算法(如 ADMM)通常仅适用于协作中的所有参与方每次都参与的情况并保持参与方状态的稳定[7]。其他的方法[17, 18]改进了 ADMM，使其适应实际的联邦学习设置。FedProx 算法[31]引入了一个近端正则化项，以解决非 IID 用例各参与方之间的数据异构性。除了梯度下降方法，还有其他方法[36]可以用于优化。

对于解决数据异构性、模型结构和参与方等特定方面的各种联邦学习方法，需要定义一种算法，以包括 L、F 以及参与方与聚合器之间的交互协议(即 q_k 和 r_k 的格式)。本书的后续内容将介绍处理数据和模型异构性方面问题的最新方法。

1.3.2　经典机器学习模型

经典的机器学习技术也可以应用于联邦学习场景。其中一些技术的应用方式与深度神经网络非常相似。其他技术则需要重新设计以适应分布式训练。

线性模型(包括线性回归和线性分类)可通过调整训练过程(以类似于调整神经网络训练过程的方式)，以实现在联邦学习中进行训练。具有特征向量 $\boldsymbol{x}_i=(x_i^1, x_i^2,\ldots, x_i^m)$ 的训练数据可用于训练如下形式的线性回归的预测器。

$$y_i = w_1x_i^1 + w_2x_i^2 + \ldots + w_mx_i^m + b \tag{1.7}$$

通过 m 个线性变量 x_i^j 和偏置 b 预测 y_i，并使权重向量 $\boldsymbol{w}$ 和 b 的损失函数最小化。其中 $\boldsymbol{w}$ 通常比深度神经网络的权重向量小得多。通过将数据 D 在各参与方之间划分为 D_k，我们可以遵循上一节中概述的方法。在每个参与方进行训练，将本地训练数据的损失函数 $l(\boldsymbol{w}_k, b_k, \boldsymbol{x}_i, y_i)$最小化。与深度神经网络类似，可以选择如何将本地模型融合到全局模型中。例如，使用 FedAvg 作为融合函数 F，可以在本地计算新的本地模型权重，如下所示。

$$\boldsymbol{w}_{k,t+1} \coloneqq \boldsymbol{w}_t - \eta_k \nabla l(\boldsymbol{w}_{k,t+1}, \boldsymbol{X}_k, Y_k) \tag{1.8}$$

将参与方学习率 η_k 应用于权重梯度。各参与方将其模型权重发送给聚合器，在聚合器中对权重进行平均，并将由$(\boldsymbol{w}_t, b_t)$定义的新模型 M重新分发给各参与方。我们还可以应用其他融合方法，例如联邦 SGD 或上一小节中讨论的任意改进方法。由于 $\boldsymbol{w}$ 较小，这通常比 DNN 的收敛速度更快。其他经典线性模型(如逻辑回归或线性支持向量机[20])可以类似的方式转换为联邦学习方法。

决策树和更高级的基于树的模型在联邦学习中需要一种不同于只有静态参数结构的模型类型(如目前所讨论的)的方法。决策树是一种公认的分类模型，通常用于分类问题[46]。它在决策的可解释性有重要社会意义的领域(例如医疗保健、金融等)尤其重要，而这些领域的监管要求必须展示决策所基于的标准。虽然深度神经网络和线性模型可以在本地训练，并且可以在聚合器中聚合本地参数，但是还没有能够将独立训练的树模型合并到单个决策树中的好的融合算法。

有白皮书[35]描述了一种用于 ID3 算法[46]的联邦方法，其中树的形成在聚合器处进行，各参与方的作用是基于其本地训练数据对预设的分类划分进行计数回应。它适用于数值和分类数据。在传统的集中式 ID3 算法中，决策树根据每个特征的信息增益来划分训练数据集的不同类别。它选择具有最大信息增益的特征并计算该特征的最佳划分值，以最好地分割数据集 D。通常一个属性无法充分分割 D。对于刚刚创建的树的每个分支，采用相同的方法进行递归处理。通过计算每个子树数据集相对于剩余特征的信息增益，来选择下一个能分割每个子树中的数据子集的最佳特征。该算法继续递归地优化分类，直到树节点的所有成员具有相同的分类标签或满足最大深度时为止。

在联邦学习的版本中，聚合器处的融合函数 F 计算信息增益并选择下一个特征来使树生长。为获得计算信息增益的输入，聚合器向所有参与方查询预设的特征和分割值。各参与方将每个预设子树的成员及其标签作为其本地训练函数 F 进行计数，并将这些计数作为回复内容返回给聚合器。聚合器将各参与方的每个特征的计数相加，然后继续计算这些聚合计数的信息增益。与集中式版本一样，选择下一个最佳特征，再次分割子树，以此类推。

在这种方法中，聚合器扮演着重要角色并执行大部分计算，而各参与方主要提供与特征和分割值相关的计数。与其他联邦学习方法一样，训练数据从不离开参与方本地。根据训练数据集的数量和分类的计数，这可能需要进一步的隐私保护措施，以确保在这种简单的方法中不会泄露太多信息。尽管如此，这仍然是一个很好的例子，展示了联邦学习如何以不同于深度神经网络和线性模型的方式进行处理。

相比单个决策树，决策树集成方法通常表现出更好的模型性能。特别是随机森林[8]和梯度提升树(如常用的 XGBoost[13])在各种应用中以及在 Kaggle 比赛中都取得了成功，并表现出更好的预测准确性。联邦随机森林算法可以采用与决策树类似的方法，在聚合器中增长单个树，然后使用从各参与方收集的数据。每次叠加会随机选择一部分特征子集，用于构建集成模型的下一棵树，然后再次向各参与方进行查询。针对不同参与方对每个数据具有不同特征集的情况[34, 20]，人们提出了更复杂的算法。这种场景被称为纵向联邦学习(详见 1.3.3 节)，需要使用加密技术将每个参与方的记录与相同的实体进行匹配。

与随机森林中的随机预测相比，梯度提升树加强了对决策空间中预测较差的区域的集成。为确定集成下一棵树的开始位置，必须计算各参与方的所有训练数据样本 D_k 的损失函数。与其他基于树的算法一样，集成树的生长和决策在聚合器中进行。另外，各参与方需要在对聚合器的回复中包含梯度和 Hessian，以帮助聚合器选择需要集成的下一棵树。聚合器的融合函数还需要计算近似分位数，例如潜在类中训练数据样本的直方图。与集中式训练的模型相比，联邦梯度提升树通常具有更高的准确性，并且过拟合情况可能比其他基于树的学习算法少。Ong 等人提出的方法[45]使用参与方自适应分位数草图来减少信息泄露。联邦 XGBoost 的其他方法则使用加密方法和安全多方计算方法进行交互和损失计算[14,33]。在同样的模型性能下，这种方法需要更多的训练时长，适用于需要非常严格的隐私保护的企业场景。Yang M 等人发表的一篇论文[63]中给出了一个关于联邦梯度提升中隐私权衡的有趣讨论(当然，这也适用于更简单的基于树的模型)。

第 2 章将更详细地介绍用于训练基于树的模型的多种算法，包括梯度提升树。

综上，我们概述了最常用的经典和神经网络方法。可以看到，可通过仔细考虑聚合器中要进行的计算、参与方要进行的计算以及参与方和聚合器之间需要进行的交互，来创建通用机器学习算法的联邦版本。

1.3.3　横向联邦学习、纵向联邦学习和拆分学习

到目前为止，在讨论各参与方之间的数据分布时，通常假设所有参与方的训练数据都包含每个样本的相同特征，并且各参与方拥有不同样本的数据。例如，医院 A 有一些患者的健康记录和图像；而医院 B 有其他患者的记录，如图 1-3 所示。

	共享特征								标签
参与方A的数据	$X_{1,A}^{(1)}$	$X_{2,A}^{(1)}$	$X_{3,A}^{(1)}$	$X_{4,A}^{(1)}$	...	...	..	..	$X_{i,A}^{(1)}$	$Y_A^{(1)}$
	$X_{1,A}^{(2)}$	...	...	...	...	...	...	...	...	$Y_A^{(2)}$
	$X_{1,A}^{(3)}$	...	...	...	...	...	...	...	...	$Y_A^{(3)}$
	$X_{1,A}^{(4)}$	...	...	...	...	...	...	...	...	$Y_A^{(4)}$
参与方B的数据	$X_{1,B}^{(5)}$	...	...	...	...	...	...	...	...	$Y_B^{(5)}$
	$X_{1,B}^{(6)}$	...	...	...	...	...	...	...	...	$Y_B^{(6)}$
	$X_{1,B}^{(7)}$	...	...	...	...	...	...	...	...	$Y_B^{(7)}$
	$X_{1,B}^{(n)}$	...	...	...	...	...	...	...	...	$Y_B^{(n)}$

图 1-3　横向分区数据

在神经网络的情况下，假设每个参与方都有相同数量和内容的样本。

然而，某些情况下，参与方对同一实体可能具有不同的特征。再次以医疗保健为例，初级保健医生可能拥有患者随时间就诊的电子健康记录，而放射科医生则拥有与患者疾病相关的图像。骨科医生可能有患者的手术记录。在构建骨科手术健康结果的预测器时，根据 3 个参与方(初级保健医生、放射科医生和骨科医生)的数据进行预测可能会更有帮助。

这种情况下，只有一个参与方(骨科医生)可能有实际的标签：手术结果。此时这个数据集被纵向分区。

图 1-4 展示了纵向分区，其中特征在某身份键中有交集，以匹配双方的记录，例如政府身份。由于并非每个参与方都有完整的相关特征，因此不能独立地进行学习。此外，必须匹配身份键，以了解各参与方的特征如何互补。为保护每个参与方的数据隐私，需要一种加密方法来匹配数据并执行学习过程。Hardy 等人提出了一种基于部分同态加密的开创性的早期方法[24]，而 Xu 等人[62]提出了更有效的变体，减少了通信和计算需求，从而使其在实际企业实践中变得可行。第 18 章将详细介绍纵向联邦学习。本章稍后将更深入地讨论联邦学习的安全性和隐私性。

	参与方A的特征				身份键	参与方B的特征				参与方B的标签
参与方之间共享的行	$X_{1,A}^{(1)}$	$X_{2,A}^{(1)}$	$X_{3,A}^{(1)}$	$X_{4,A}^{(1)}$	$X_{4,[A,B]}^{(1)}$	$X_{5,B}^{(1)}$	...	..	$X_{i,A}^{(1)}$	$Y_A^{(1)}$
	$X_{1,A}^{(2)}$	...	...	...	$X_{4,[A,B]}^{(2)}$	$X_{5,B}^{(1)}$	...	...	...	$Y_A^{(2)}$
	$X_{1,A}^{(3)}$	...	...	...	$X_{4,[A,B]}^{(3)}$	$X_{5,B}^{(1)}$	...	...	...	$Y_A^{(3)}$
	$X_{1,A}^{(4)}$	...	...	...	$X_{4,[A,B]}^{(4)}$	$X_{5,B}^{(1)}$	...	...	...	$Y_A^{(4)}$
	$X_{1,A}^{(5)}$	...	...	...	$X_{4,[A,B]}^{(5)}$	$X_{5,B}^{(1)}$	...	...	...	$Y_B^{(5)}$
	$X_{1,A}^{(6)}$	...	...	...	$X_{4,[A,B]}^{(6)}$	$X_{5,B}^{(1)}$	...	...	...	$Y_B^{(6)}$
	$X_{1,A}^{(7)}$	...	...	...	$X_{4,[A,B]}^{(7)}$	$X_{5,B}^{(1)}$	...	...	...	$Y_B^{(7)}$
	$X_{1,A}^{(8)}$	...	...	...	$X_{4,[A,B]}^{(8)}$	$X_{5,B}^{(1)}$	...	...	...	$Y_B^{(8)}$
	$X_{1,A}^{(9)}$	...	...	...	$X_{4,[A,B]}^{(9)}$	$X_{5,B}^{(1)}$	...	...	...	$Y_B^{(9)}$
	$X_{1,A}^{(n)}$	...	...	...	$X_{4,[A,B]}^{(n)}$	$X_{5,B}^{(1)}$	...	...	...	$Y_B^{(n)}$

图 1-4　纵向分区数据

Vepakomma 等人[55]以及其他一些人[49]提出了与纵向联邦学习有一定相关性的拆分学习(Split Learning)。在拆分学习中，DNN 在客户端和服务器之间进行分割，客户端负责维护 DNN 的“上层”部分，而服务器则包含拆分层和其以下的层。在其基本形式中，客户端拥有输入数据，服务器拥有标签。当使用 SGD 作为训练算法时，前向传播从客户端开始，然后传递到拆分层的服务器上。通过拆分层从服务器向客户端进行反向传播。通过这种方法，一个参与方的数据可以保持隐私，而另一个参与方拥有模型结构的一部分。拆分学习可以进行不同的调整：让客户端也拥有标签，在第二个拆分层之后，将最后一个完全连接层放在客户端一侧；或者，多个客户端对数据进行纵向拆分，并通过拆分层的分区与服务器进行通信。后者可被视为纵向联邦学习的一种推广。第 19 章将更深入地讨论拆分学习。

1.3.4　模型个性化

模型个性化是指(联邦训练的)全局模型根据参与联邦学习过程的特定参与方的数据分布进行调整。虽然参与联邦学习过程使各参与方能够从大量训练数据中获益，但有时个性化最终模型以确保其能够准确反映特定参与方的数据是非常有意义的。这一点尤其适用于参与方为个人用户或组织的情况。在简单的情况下，个人参与方可以在联邦学习过程结束时，对本地数据执行额外的本地训练周期。Wang 等人提出了一种方法来评估个性化对各参与方的效益[56]。

Mansour 等人[37]分析了 3 种不同的个性化方法：用户聚类、(全局和本地之间)插值数据训练和模型插值。用户聚类方法需要放宽隐私要求或采用高级隐私技术，以便根据训练数据对用户进行聚类。数据插值的前提是创建全局数据集。虽然所有方法都有效，但从隐私角度看，模型插值具有更广泛的适用性。Grimberg 等人对之前讨论的方法作了扩展[22]，针对个性化目的提出了一种方法，通过确定优化的权重来优化对全局模型和本地模型的平均处理。

尽管个性化方法仍在发展，但它是对联邦学习过程的重要补充。第 4 章和第 5 章将深入讨论模型的个性化。

1.4　安全和隐私

为确保数据不出域，联邦学习在一开始就提供了一定程度的隐私级别。然而，这仍然存在侵犯数据隐私的潜在风险。为确保能够减轻相关风险并采取正确的防御措施，需要了解在应用联邦学习过程中可能出现的不同威胁模型。本节将概述联邦学习的漏洞及相应的缓解技术。

图 1-5 展示了联邦学习面临的潜在威胁以及潜在对手。

首先通过了解对手可能利用的潜在攻击面来分析风险。一个完善的联邦学习系统会利用安全和经过认证的通道，以确保各参与方和聚合器之间交换的所有消息不会被其他实体拦截，同时防止假冒。因此，可以假设只有聚合器和参与方可访问它们之间交换的消息以及训练过程中生成的内容。考虑到这一点，可以将潜在对手分为局内人和局外人。内部对手是参与训练过程的实体，它们可以访问训练过程产生的内容和针对它们的消息。所有其他潜在对手都被视为局外人。在这样的分类中，接收联邦学习训练过程产生的最终模型的实体可视为局外人。

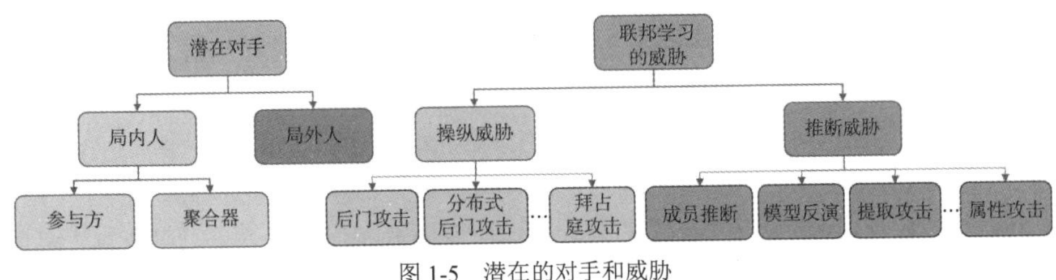

图 1-5　潜在的对手和威胁

可以将对联邦学习的威胁分为操纵威胁和推断威胁，其中操纵威胁是指局内人试图通过操纵其在训练过程中可以访问的任何内容来影响模型以有利于它们自身的威胁，而推断威胁则是指局内人或局外人试图提取有关训练数据的隐私信息的威胁。接下来将详细地解释其中的一些攻击。

1.4.1　操纵攻击

有多种类型的操纵攻击，其中内部对手的主要目标是操纵联邦学习训练期间产生的模型以有利于自身。某些情况下，对手可能希望造成有针对性的错误分类，而其他情况下，则可能希望降低模型性能，甚至使其无法使用。后门攻击[2, 23]和拜占庭攻击[29]分别是针对性攻击和无差别攻击的两个例子。后门攻击会产生有针对性的错误分类，而拜占庭攻击会导致模型性能下降。拜占庭攻击可以由某个参与方或多个参与方串通实施，它可以像注入随机噪声一样简单[57]，也可以像运行优化算法一样精细，以绕过系统防御措施[4, 60]。标签翻转攻击是另一种常用的降低模型性能的方法[19]，即一个或多个恶意参与方翻转部分标签。

在联邦学习文献中，实施操纵攻击的局内人通常被视为恶意参与方[57, 59]。然而，恶意聚合器也可能实施此类攻击。这将需要聚合器对有毒样本的聚合模型进行几轮训练，然后将新的被操纵后的模型发送给各参与方。还有的攻击由多个串通参与方一起操纵模型更新，从而导致最终模型出现有针对性的分类[65]或模型性能下降。

遗憾的是，要在联邦学习中检测到操纵攻击并不容易。首先，潜在的防御者无法获取所有数据，因此无法像在集中式设置中那样运行常用防御机制[1]。其次，数据异构性已被证明会影响联邦学习的鲁棒性[65]，这使得系统很难区分应该排除的恶意模型更新和应该纳入的良性模型更新。第三，成功的攻击不需要长时间的操纵；通过正确安排攻击的时机，就能够获得较高的攻击成功率[65]。最后，随着防御策略的发展，攻击也在演进；自适应攻击可以绕过一些预设的防御机制[4, 60]，使得攻击者和防御者之间形成一种持续的对抗。

大多数防御方法都将聚合器设定为防御者并希望能够过滤恶意模型更新。聚合器需要检查接收的模型更新，以确定是否存在较大差异。这类防御方法使用多个距离度量，有些方法会假设一定数量的参与方总是恶意的[5, 12, 64]。然而，实质上并非所有不同的模型更新都是攻击；它可能是由某个参与方自然生成的，该参与方的数据相对于其他参与方展现了非 IID 性。聚合器由于无法访问训练数据，导致难以判断异常更新是良性还是恶意。为解决这个问题，人们假设聚合器可以获得与各参与方持有的数据集分布相似的数据集，从而开发了一些方法[58]。然而，这对于具体的用例来说是很难实现的。另一种方法[54]则是在训练神经网络时不丢弃异常更新，通过调整神经网络的某些层来防止过度拟合。此外，还有一种完全不同的方法[3]使用问责机制来防止攻击。这种方法存储完整训练过程的不可否认的记录。通过确保各参与方对其模型更新和训练过程负责，以及聚合器对其融合方式负责，从而实现整个过程的透明性。

---

1 后门攻击和拜占庭攻击在集中式和分布式学习中都存在。传统案例的现有防御措施通常利用整个训练数据，到目前为止，仍然无法完全实现 100%的检测率。

第 16 章将对操纵攻击和防御进行概述，第 17 章则侧重于理解训练神经网络时会遇到的拜占庭攻击及防御。

1.4.2 推断攻击

不共享数据的训练是应用联邦学习的驱动因素之一，也是最重要的优势之一。模型更新是与聚合器共享的唯一数据，而隐私训练数据永远不会泄露。这种设计使得隐私信息在联邦学习系统中不会轻易泄露。因此，隐私泄露只会通过推断的方式发生。

推断攻击试图利用联邦学习过程中或之后产生的内容来推断隐私信息。推断威胁对于机器学习来说并不新鲜。事实上，已有大量研究指出：对手哪怕只能访问机器学习模型，也能够推断其训练数据的隐私信息。这种黑盒设置下的攻击包括如下。

- 成员推断攻击：对手可以推断是否使用了特定样本来训练模型。例如，当模型使用来自特定社会群体的数据(例如，有关政治或疾病等)时，就涉及隐私侵犯。
- 模型反演攻击：对手希望找到每个类别的典型代表。例如，在人脸识别系统中，这可能会揭示某个人的脸部特征。
- 提取攻击：对手的目标是获取训练过程使用的所有样本。
- 属性推断攻击：暴露与训练任务无关的属性信息。

在联邦学习设置中，局外人可以访问最终机器学习模型，局内人可以访问中间模型；因此，局外人和局内人都可能实施上述攻击。

此外，有趣的是，交换的模型更新乍一看似乎是没有问题的，但局内人也可以使用这些更新来推断隐私信息。利用模型更新的攻击[21, 25, 39, 41, 67, 68]在某些情况下比利用模型进行的攻击成功率更高，且速度更快。基于模型更新的攻击一般由好奇的各参与方或恶意的聚合器进行。这些攻击可能是被动的，即对手只能检查生成的内容；也可能是主动的，即采取措施加速推断过程。

鉴于隐私暴露风险，人们提出了几种保护联邦学习过程的技术，包括使用差分隐私(DP)[16]、安全多方计算技术[6, 44, 61, 66]、两者的组合[52]，以及使用可信执行环境[11, 30]等。

差分隐私是一个严格的数学框架，当且仅当在训练数据集中包含单个实例只对算法的输出造成统计上不显著的变化时，这样的算法才被称为具有差分隐私。通过差分隐私机制，可以对数据集和用数据回答的查询添加针对性的噪声。差分隐私提供了可靠的数学保证；然而，这可能大幅度降低模型准确性。另一种可防止推断攻击的常用技术是安全多方计算，这种情况下，好奇的聚合器无法了解从各参与方收到的具体模型更新，但仍然可以获得最终的融合结果(明文或密文)。这些技术包括掩码[6]、Paillier[44, 66]、Threshold Paillier[52]和函数加密[61]等。所有这些技术的威胁模型略有不同，因此适用于不同的场景。

现有的防御针对不同的推断攻击提供不同的保护策略。重要的是要根据已知的用例选择防御，以采取正确的保护级别。在完全可信的情况下，可能不需要额外的保护措施，例如，某公司使用来自自有的多个数据中心的数据训练模型。然而，在竞争者组成的联盟中，推断攻击的风险可能过高，因此需要同时使用一个或多个保护机制。

本书的多个章节讨论了推断攻击的威胁和防御。第 13 章分析了联邦学习系统的推断风险，介绍了现有的攻击和防御，并指出每种防御所提供的保护级别适用于略有不同的情况。该章还作了一个分析，帮助确定如何针对不同的场景和信任假设匹配合适的防御。第 14 章对基于可信执行环境的防御进行了更深入的思考，第 15 章详细介绍了基于梯度的数据提取攻击的机制。

1.5 联邦学习系统

联邦学习的过程本质上是一个分布式系统，各参与方和聚合器在其中运行。该系统的各组成部分必须满足各参与方和聚合器的计算、内存和网络要求以及它们之间的通信要求。由于本地模型训练是在数据本地进行的，因此必须密切关注各参与方训练时可用的资源。聚合器通常在数据中心环境中运行，至少对于常用的单个聚合器架构来说是这样。尽管如此，在处理大量参与方时，聚合器仍需要有适当的资源和可扩展性。最后，网络连接和带宽要求可能会因模型大小、模型更新内容、频率和加密协议的使用而有所不同(如前一节所述)。因此，联邦学习的系统需求与集中式学习方法截然不同。

1. 参与方客户端

与集中式机器学习相比，联邦学习最明显的区别在于，参与方可能不位于我们通常选择作为机器学习平台的系统上。当各参与方为不同司法管辖区的数据中心时，这可能不会构成太大问题，但对于嵌入式系统、边缘计算和移动电话，这是一个棘手的问题。以下 3 种不同类型的功能可能会占用大量资源。

- 如果模型很大，本地机器学习过程可能需要大量的计算和内存，尤其是对于大型 DNN(如大语言模型)。这种情况可能还需要 GPU 支持，但在嵌入式系统甚至在远程数据中心或软件即服务相关数据存储中往往是无法提供 GPU 支持的。不过，传统技术可以在 Rasberry Pis®等小型设备上运行，还有如 Tensorflow Lite®等封装较小的软件包，它们只需要少量的在线存储和内存空间。
- 联邦学习参与方客户端需要驱动本地机器学习模型并与聚合器进行通信。不过，大多数情况下，它占用的空间很小，即使在小型边缘设备中也可以容纳。
- 如果使用加密协议，例如基于 Threshold Paillier 密码系统的安全多方计算(SMC)，则可能会导致参与方客户端的计算成本增加几个数量级。大多数加密和解密技术都可以并行使用，因此可通过 GPU 或专用硬件支持。

2. 聚合器服务器

聚合器通常位于数据中心环境中，可以访问充足的资源。然而，当要扩展到大量参与方时，会遇到一些挑战。

为了与大量参与方进行通信，聚合器需要能够同时维护大量连接。连接池是一种成熟的方法，适用于所有类型系统，在这里可以类似的方式使用。

在聚合器上执行融合算法通常会产生一定的计算成本。1.3 节中讨论的简单融合算法(如 FedAvg 等)执行的是相对简单的平均运算。其他融合算法可能更复杂，但计算要求通常比参与方的本地训练要低。然而，在大型深度神经网络和大量参与方的情况下，像从参与方返回的权重向量集可能非常大。某参与方的权重向量最多可达数十兆字节。在一个计算节点中，无法在内存中处理数千个参与方的平均计算。

人们已提出不同的方法来解决聚合器计算的扩展问题：将权重设置为持久化，并使用并行计算方法(例如使用 Hadoop 或 Spark)运行融合算法。其他方法则是使用加法的可交换性并将各参与方分组。这些分组被分配给一个聚合器，每个聚合器计算该分组的平均值。然后，主聚合器聚合本地聚合器的结果，并根据每个聚合器的参与方数量进行加权。So 等人[47]提出了一种这样的方法，而且可以有不同的变体，包括多级聚合。当处理的参与方数量非常大时，通常会在每一轮中对参与方进行分组采样，该方法可与其他方法相互补充。

基于树的联邦学习算法通常对聚合器提出更高的计算要求，而对各参与方的要求则较低。

3. 通信

在联邦学习设计中，必须考虑聚合器和各参与方之间的通信数量和质量。在数据中心和云环境中，通常可以假设带宽足够、连接可靠；而联邦学习过程可能需要相当长的时间。因此，通信协议需要对偶尔连接断开的情况具有鲁棒性。在企业环境中，一个重要的实际考虑因素是连接方向。企业 IT 部门对网络端口的开放有着严格控制的流程。如果选择一种不需要各参与方开放端口但能让它们初始化与聚合器的连接的网络协议，则可以促进联邦学习系统的构建。

嵌入式系统、边缘设备和移动系统是更大的挑战。一些参与方系统可能是间歇性地连接，如车载系统；或者具有较差的带宽，如某些低成本设备。这可能会给联邦学习过程带来问题。如果某些参与方在下一轮次中没有及时作出响应，则需要一种策略来管理这些掉线的情况。我们需要建立一个特定于给定用例的 Quorum(多数派)机制。当参与方重新加入时，也需要一种方法进行管理。虽然 Quorum 是一种简单的掉线管理方法，但其他方法(如 TIFL 等)提出了一种动态的掉队者管理方法：根据响应时间对各参与方进行分组，并减少对响应较慢的参与方的查询频率[10]。响应时间的系统性差异甚至会导致模型产生偏差[1]。

间断或低带宽通信也可通过算法来解决，例如减少轮数、压缩模型、融合更多异化模型等。第 6 章和第 7 章对此进行了较为详细的讨论。

安全计算方法(如 SMC)的使用可能会增加消息包的大小和数量，并且可能会给连接不良的设备带来问题。此外，一些用于纵向联邦学习的 SMC 协议可能需要各参与方之间的点对点通信。这存在两方面的问题：一是需要参与方向其对等参与方公开端口，这在企业中存在一定的实施困难性；二是通过引入聚合器或另一个中介路由所有流量来缓解这个问题，但这将导致网络流量加倍。因此，尽管 SMC 是保护隐私的一种非常有效的方法，但会消耗大量的资源。

4. 设计选择和权衡

在实现联邦学习系统时，通常需要在可用资源和合适的算法方法之间进行权衡。如果可以选择参与方可用的硬件，一般会选择适合所选机器学习方法的硬件。我们可以将具有强大 GPU 的嵌入式系统添加到车辆或制造机器人中，或者将 GPU 添加到要进行联邦学习的各参与方数据中心中。然而，并不总是有这样的选择。在各参与方给定计算平台的情况下，只能根据资源选择适合的机器学习方法。深度神经网络在参与方需要大量资源，而基于树的模型(如联邦 XGBoost)则对资源要求不苛刻。此外，算法可以根据系统限制进行调整。

1.6 本章小结

本章主要介绍了联邦学习，讨论了分别在数据端进行训练的主要目的，而不是像集中式机器学习那样将所有数据汇集训练。其主要驱动力是遵守隐私法规、保护数据的隐秘性以及考虑网络质量等实际性的因素。本章还介绍了参与方和聚合器的主要概念，然后介绍了需要考虑的联邦学习的主要视角：机器学习视角、安全和隐私视角，以及系统视角。所有这些视角相互作用，共同设计适用于具体任务的联邦学习系统。

本章特别关注了企业实施联邦学习的需求。这包括需要同时支持神经网络和传统方法、参与方数据和系统的异构性，以及在不同系统中保留不同数据类别时需要进行纵向联邦学习的需求。这与联邦学习在移动设备中的应用有所不同，移动设备场景大多更为同构，但存在不同的规模问题。

本书的其余部分将更深入地讨论以下这些方面。

- 第 I 部分的第 2～8 章从机器学习的角度深入讨论联邦学习，并讨论基于树的模型、效率、个性化和公平性。
- 第 II 部分更详细地讨论系统视角。
- 第III部分共包括 5 章，涵盖隐私和安全方面。该部分详细描述推断攻击和操纵攻击，并提供更多关于如何应对这些攻击，以及何时应该采取防御措施的信息。
- 第IV部分详细介绍纵向联邦学习以及拆分学习。
- 第 V 部分介绍联邦学习在医疗和金融等重要领域的应用和需求。

本书为研究人员和从业者提供了一个对企业中联邦学习最新技术的全面了解，可帮助他们深入了解相关背景知识。

参考文献

[1] Abay A, Zhou Y, Baracaldo N, Rajamoni S, Chuba E, Ludwig H (2020) Mitigating bias in federated learning. arXiv preprint arXiv:201202447.

[2] Bagdasaryan E, Veit A, Hua Y, Estrin D, Shmatikov V (2020) How to backdoor federated learning. In: International conference on artificial intelligence and statistics. PMLR, pp 2938-2948.

[3] Balta D, Sellami M, Kuhn P, Schöpp U, Buchinger M, Baracaldo N, Anwar A, Sinn M, Purcell M, Altakrouri B (2021) Accountable federated machine learning in government: engineering and management insights.

[4] Baruch M, Baruch G, Goldberg Y (2019) A little is enough: circumventing defenses for distributed learning. arXiv preprint arXiv:190206156.

[5] Blanchard P, Mhamdi EME, Guerraoui R, Stainer J (2017) Byzantine-tolerant machine learning. 1703.02757.

[6] Bonawitz KA, Ivanov V, Kreuter B,Marcedone A,McMahan HB, Patel S, Ramage D, Segal A, Seth K (2016) Practical secure aggregation for federated learning on user-held data. In: NIPS workshop on private multi-party machine learning. https://arxiv.org/abs/1611.04482.

[7] Boyd S, Parikh N, Chu E (2011) Distributed optimization and statistical learning via the alternating direction method of multipliers. Now Publishers Inc., Hanover

[8] Breiman L (2001) Random forests. Mach Learn 45(1):5-32.

[9] Business Insider (2018) Macy's is warning customers that their information might have been stolen in a data breach. https://www.businessinsider.com/macys-bloomingdales-hack-disclosed-2018-7.

[10] Chai Z, Ali A, Zawad S, Truex S, Anwar A, Baracaldo N, Zhou Y, Ludwig H, Yan F, Cheng Y (2020) TIFL: a tier-based federated learning system. In: Proceedings of the 29th international symposium on high-performance parallel and distributed computing, pp 125-136.

[11] Chamani JG, Papadopoulos D (2020) Mitigating leakage in federated learning with trusted hardware. arXiv preprint arXiv:201104948.

[12] Charikar M, Steinhardt J, Valiant G (2016) Learning from untrusted data. 1611.02315.

[13] Chen T, He T, Benesty M, Khotilovich V, Tang Y, Cho H et al. (2015) XGBoost: extreme gradient boosting. R package version 04-2 1(4).

[14] Cheng K, Fan T, Jin Y, Liu Y, Chen T, Yang Q (2019) SecureBoost: a lossless federated learning framework. arXiv preprint arXiv:190108755.

[15] Dean J, Corrado GS, Monga R, Chen K, Devin M, Le QV, Mao MZ, Ranzato M, Senior A, Tucker P, Yang K, Ng AY (2012) Large scale distributed deep networks. In: NIPS.

[16] Dwork C (2008) Differential privacy: a survey of results. In: International conference on theory and applications of models of computation. Springer, pp 1-19.

[17] Elgabli A, Park J, Ahmed S, Bennis M (2020) L-FGADMM: layer-wise federated group ADMM for communication efficient decentralized deep learning. In: 2020 IEEE wireless communications and networking conference (WCNC). IEEE, pp 1-6.

[18] Elgabli A, Park J, Bedi AS, Bennis M, Aggarwal V (2020) GADMM: fast and communication efficient framework for distributed machine learning. J Mach Learn Res 21(76):1-39.

[19] Fang M, Cao X, Jia J, Gong N (2020) Local model poisoning attacks to byzantine-robust federated learning. In: 29th {USENIX} security symposium ({USENIX} security 20), pp 1605-1622.

[20] Ge N, Li G, Zhang L, Liu YLY (2021) Failure prediction in production line based on federated learning: an empirical study. arXiv preprint arXiv:210111715.

[21] Geiping J, Bauermeister H, Dröge H, Moeller M (2020) Inverting gradients—how easy is it to break privacy in federated learning?In:Part of advances in neural information processing systems (NeurIPS 2020), vol 33.

[22] Grimberg F, Hartley MA, Karimireddy SP, Jaggi M(2021)Optimal model averaging:towards personalized collaborative learning. In:Proceedings of the international workshop on federated learning for user privacy and data confidentiality. https://fl-icml.github.io/2021/papers.

[23] Gu T, Dolan-Gavitt B, Garg S (2017) BadNets: identifying vulnerabilities in the machine learning model supply chain. arXiv preprint arXiv:170806733.

[24] Hardy S, Henecka W, Ivey-Law H, Nock R, Patrini G, Smith G, Thorne B (2017) Private federated learning on vertically partitioned data via entity resolution and additively homomorphic encryption. arXiv preprint arXiv:171110677.

[25] Jin X, Du R, Chen PY, Chen T(2020)CAFE: catastrophic data leakage in federated learning.

[26] Kairouz P, McMahan HB, Avent B, Bellet A, Bennis M, Bhagoji AN, Bonawitz K, Charles Z, Cormode G, Cummings R et al. (2019) Advances and open problems in federated learning. arXiv preprint arXiv:191204977.

[27] Kingma DP, Ba J (2017) Adam: a method for stochastic optimization. 1412.6980.

[28] Konečný J,McMahan HB, Yu FX, Richtárik P, Suresh AT, Bacon D (2016) Federated learning:strategies for improving communication efficiency.arXiv preprint arXiv:161005492.

[29] Lamport L, Shostak R, Pease M (1982) The byzantine generals problem. ACM Trans Program Lang Syst 4(3):382-401.

[30] Law A, Leung C, Poddar R, Popa RA, Shi C, Sima O, Yu C, Zhang X, ZhengW(2020)

Secure collaborative training and inference for XGBoost. In: Proceedings of the 2020 workshop on privacy-preserving machine learning in practice, pp 21-26.

[31] Li T, Sahu AK, Zaheer M, Sanjabi M, Talwalkar A, Smith V (2018) Federated optimization in heterogeneous networks. arXiv preprint arXiv:181206127.

[32] Liu W, Chen L, Chen Y, Zhang W (2020) Accelerating federated learning via momentum gradient descent. IEEE Trans Parallel Distrib Syst 31(8):1754-1766.

[33] Liu Y, Ma Z, Liu X, Ma S, Nepal S, Deng R (2019) Boosting privately: privacy-preserving federated extreme boosting for mobile crowdsensing. arXiv preprint arXiv:190710218.

[34] Liu Y, Liu Y, Liu Z, Liang Y, Meng C, Zhang J, Zheng Y (2020) Federated forest. IEEE Trans Big Data, p. 1.

[35] Ludwig H, Baracaldo N, Thomas G, Zhou Y, Anwar A, Rajamoni S, Ong Y, Radhakrishnan J, Verma A, Sinn M et al. (2020) IBM federated learning: an enterprise framework white paper v0.1. arXiv preprint arXiv:200710987.

[36] Malinovskiy G, Kovalev D, Gasanov E, Condat L, Richtarik P (2020) From local SGD to local fixed-point methods for federated learning. In: International conference on machine learning. PMLR, pp 6692-6701.

[37] Mansour Y, Mohri M, Ro J, Suresh AT (2020) Three approaches for personalization with applications to federated learning. arXiv preprint arXiv:200210619.

[38] McMahan B, Moore E, Ramage D, Hampson S, y Arcas BA (2017) Communication-efficient learning of deep networks from decentralized data. In: Artificial intelligence and statistics. PMLR, pp 1273-1282.

[39] Melis L, Song C, De Cristofaro E, Shmatikov V (2019) Exploiting unintended feature leakage in collaborative learning. In: 2019 IEEE symposium on security and privacy (SP). IEEE,pp 691-706.

[40] Meltzer J (2020) The Court of Justice of the European Union in Schrems II: the impact of GDPR on data flows and national security.https://voxeu.org/article/impact-gdpr-data-flows- and-national-security.

[41] Nasr M, Shokri R, Houmansadr A (2018) Comprehensive privacy analysis of deep learning: stand-alone and federated learning under passive and active white-box inference attacks.

[42] NBC News(2018)Yahoo to pay $50 million, offer credit monitoring for massive security breach.https://www.nbcnews.com/tech/tech-news/yahoo-pay-50m-offer-credit-monitoring-massive-security-breach-n923531.

[43] New York Times (2018) Facebook security breach exposes accounts of 50 million users. https://www.nytimes.com/2018/09/28/technology/facebook-hack-data-breach.html.

[44] Nikolaenko V, Weinsberg U, Ioannidis S, Joye M, Boneh D, Taft N (2013) Privacy-preserving ridge regression on hundreds of millions of records. In: 2013 IEEE symposium on security and privacy. IEEE, pp 334-348.

[45] Ong YJ, Zhou Y, Baracaldo N, Ludwig H (2020) Adaptive histogram-based gradient boosted trees for federated learning. arXiv preprint arXiv:201206670.

[46] Quinlan JR (1986) Induction of decision trees. Mach Learn 1(1):81-106.

[47] So J, Güler B, Avestimehr AS (2021) Turbo-aggregate: breaking the quadratic aggregation barrier in secure federated learning. IEEE J Sel Areas Inf Theory 2(1):479-489.

[48] State of California (2018) California Consumer Privacy Act of 2018.

[49] Thapa C, Chamikara MAP, Camtepe S (2020) SplitFed: when federated learning meets split learning. arXiv preprint arXiv:200412088.

[50] The European Parliament and Council (2016) Regulation (EU) 2016/679 of the European Parliament and of the Council of 27th of April 2016 on the protection of natural persons with regard to the processing of personal data and on the free movement of such data, and repealing directive 95/46.

[51] The Wall Street Journal(2018)Google exposed user data,feared repercussions of disclosing to public.https://www.wsj.com/articles/google-exposed-user-data-feared-repercussions-of-disclosing-to-public-1539017194.

[52] Truex S, Baracaldo N, Anwar A, Steinke T, Ludwig H, Zhang R, Zhou Y (2019) A hybrid approach to privacy-preserving federated learning. In: Proceedings of the 12th ACMworkshop on artificial intelligence and security, pp 1-11.

[53] United States (1996) Health Insurance Portability and Accountability Act of 1996. U.S. Government Printing Office, Washington, DC.

[54] Varma K, Zhou Y, Baracaldo N, Anwar A (2021) LEGATO: a LayerwisE Gradient AggregaTiOn algorithm for mitigating byzantine attacks in federated learning. In: 2021 IEEE 14th international conference on cloud computing (CLOUD).

[55] Vepakomma P, Gupta O, Swedish T, Raskar R (2018) Split learning for health: distributed deep learning without sharing raw patient data. arXiv preprint arXiv:181200564.

[56] Wang K, Mathews R, Kiddon C, Eichner H, Beaufays F, Ramage D (2019) Federated evaluation of on-device personalization. arXiv preprint arXiv:191010252.

[57] Xie C, Koyejo O, Gupta I (2018) Generalized byzantine-tolerant SGD. 1802.10116.

[58] Xie C, Koyejo O, Gupta I (2018) Zeno: distributed stochastic gradient descent with suspicion-based fault-tolerance. 1805.10032.

[59] Xie C, Huang K, Chen PY, Li B (2019) DBA: distributed backdoor attacks against federated learning. In: International conference on learning representations.

[60] Xie C, Koyejo S, Gupta I (2019) Fall of empires: breaking byzantine-tolerant SGD by

inner product manipulation. 1903.03936.

[61] Xu R, Baracaldo N, Zhou Y, Anwar A, Ludwig H (2019) HybridAlpha: an efficient approach for privacy-preserving federated learning. In: Proceedings of the 12th ACM workshop on artificial intelligence and security, pp 13-23.

[62] Xu R, Baracaldo N, Zhou Y, Anwar A, Joshi J, Ludwig H (2021) FedV: Privacy-preserving federated learning over vertically partitioned data. arXiv preprint arXiv: 210303918.

[63] Yang M, Song L, Xu J, Li C, Tan G (2019) The tradeoff between privacy and accuracy in anomaly detection using federated XGBoost. arXiv preprint arXiv:190707157.

[64] Yin D, Chen Y, Ramchandran K, Bartlett P (2018) Byzantine-robust distributed learning: towards optimal statistical rates. 1803.01498.

[65] Zawad S, Ali A, Chen PY, Anwar A, Zhou Y, Baracaldo N, Tian Y, Yan F (2021) Curse or redemption? How data heterogeneity affects the robustness of federated learning. In: Proceedings of the AAAI conference on artificial intelligence, vol 35, pp 10807-10814.

[66] Zhang C, Li S, Xia J, Wang W, Yan F, Liu Y (2020) BatchCrypt: efficient homomorphic encryption for cross-silo federated learning. In: 2020 USENIX annual technical conference (USENIX ATC 20), pp 493-506.

[67] Zhao B, Mopuri KR, Bilen H (2020) iDLG: improved deep leakage from gradients. arXiv preprint arXiv:200102610.

[68] Zhu L, Han S (2020) Deep leakage from gradients. In: Federated learning. Springer, Cham, pp 17-31.

第 2 章

采用基于树的模型的联邦学习系统

摘要：许多联邦学习算法专注于线性模型、基于核的模型和基于神经网络的模型。然而，近来基于树的模型(如随机森林)和梯度提升树(如 XGBoost)由于其简单性、鲁棒性和在各种应用中的可解释性，引起了人们的兴趣和探索。本章将介绍目前针对基于树的算法的创新、技术和实现。我们将强调基于树的这些方法与许多现有联邦学习方法的区别，以及它们与其他联邦学习算法相比的一些关键优势。

2.1 介绍

联邦学习(FL)[29]已成为一种新的范式，用于在多个分布式参与方的联邦中协作训练机器学习模型，而不会暴露底层的原始数据。在消费者环境中，它可以保护个人数据[17]；在 B2B 企业[27]中，由于政府政策和法规(例如 GDPR、HIPPA、CCPA)等约束，联邦学习可促进跨企业协作进行模型训练，是联合工业发展的必要条件。特别是，由于个人消费者、组织机构、企业和政府实体面临数据泄露和隐私违规的潜在风险和威胁，联邦学习系统的采用已变得非常普遍。

因此，人们针对常见机器学习模型(如线性模型[19]、基于核的模型[7]和深度神经网络[2])提出了各种方法和技术。特别是，基于深度神经网络的方法由于在机器学习社区中受到很多关注以及其在集中式学习场景的成功表现，得到快速发展并成为常用方法。因此，目前联邦学习领域的文献集中于深度神经网络。然而，很少有研究涉及其他可选的模型架构，特别是基于决策树的算法，如 ID3 决策树和梯度提升决策树(GBDT)。

基于树的模型由于其生成的简单、鲁棒和高度可解释的结构而在机器学习社区中被广泛采用。在实践中，它们已被用于各种领域，如金融[30]、医疗[24]、生物科学[9]和商业交易[41]。这些算法也在各种数据科学竞赛(如 Kaggle[1])中广受欢迎，其中许多获胜的解决方案至少采用了某种形式的基于决策树的算法作为其内容的一部分；而在各种现实应用程序中，这些算法也显示出强大的性能。

然而，要在联邦学习设置中实现这些基于树的模型，研究人员需要面对许多不同的基本挑战，这些挑战与联邦学习中常用的其他模型类型有很大不同。其中一个挑战是需要在最初未定义基础结构的情况下建立模型，而神经网络的模型架构则是预先确定的。另一个关键挑战是聚合器需要进行怎样的融合过程，才能通过来自联邦中各个参与方的模型结构进行树的生长。由于这些新的挑战，使得在联邦学习研究领域催生了一个有趣的新发现和研究方向。除了面临的挑战外，该领域还发现了一系列关键优势，如模型决策的直接可解释性、对跨不同方的非 IID 数据分布的训练的强大支持以及更低的计算开销。基于树的模型的许多优势自然而然地与联邦学习的目标相一致，甚至互为补充。

本章将重点介绍基于树的方法在联邦学习中的范式及其优势，并详细介绍其在实践中的实现和应用，同时对现有的最新技术进行概述。

2.1.1　基于树的模型

基于树的模型是一种机器学习算法，它使用决策树结构(如图 2-1 所示)作为模型表示形式，通过一系列递归的二元 if-then 决策阈值，对输入的特征空间进行划分来做出决策。例如，这些 if-then 语句可以采用二元输入特征的形式(如 does this person exercise 或 does this person eat pizza)，也可以采用连续型输入特征的形式(如 is this person's age greater than 30)。该模型通过在决策树中递归遍历一组分支点，将输入数据从根节点转换到目标叶节点，从而得出模型的预测结果。在图 2-1 中，叶节点的结果决定了这个人是“健康的”还是“不健康的”。

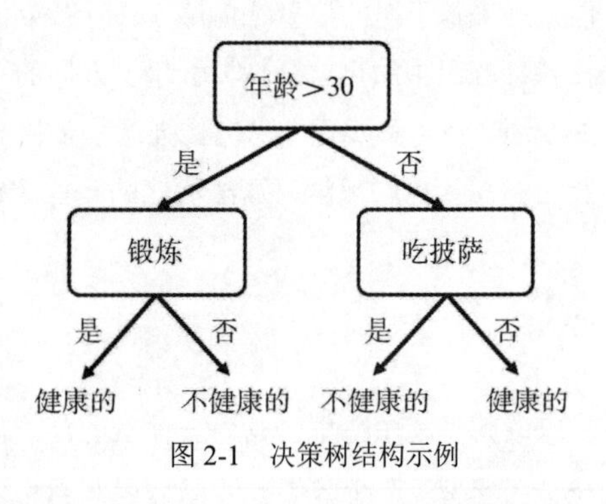

图 2-1　决策树结构示例

类似这种决策树结构的机器学习算法已被广泛应用于分类、回归和排序等各种任务。这些机器学习方法的目标是通过搜索最佳的分割点来逐步构建决策树结构，从而根据输入数据样本生成准确的预测。这些算法通过生成一组决策树结构的集成来产生多个决策树结构，主要通过 Bagging 或 Boosting 来完成。Bagging 通过重复有放回地重新采样来并行构建多棵树，并使用平均聚合过程来组合多个决策树结构的预测结果[3]，而 Boosting 则是逐步构建新的树，新树的构建基于前一棵树的错误的递归[14, 18]。在本章的后面几节中，将介绍两种最常用的树算法：ID3 决策树[33]和 XGBoost[4](这是梯度提升决策树算法[13]的优化变体)。

1 https://www.kaggle.com/。

2.1.2　联邦学习中基于树的模型的关键研究挑战

为了能够在联邦学习中使用基于树的机器学习算法，需要重新梳理决策树的构建过程，因为生成最终模型结构的底层基础存在根本性差异。因此，这种机器学习的范式面临着全新挑战，因为在分布式学习环境中，实现基于决策树的结构的融合过程并不简单，同时还需要解决通过从生成的树结构中进行推断而引发的信息泄露问题。

首先，与线性模型、基于核的模型和深度神经网络等方法相反(这些模型的参数被定义为有限结构)，决策树的模型表示并不是预先定义的，而是自下而上动态构建的。这引发了一个问题，即在联邦学习背景中应如何设计融合算法，因为树的根节点附近的输入特征的决策是基于搜索具有最大可分离性的特征和分割值作为目标进行优化的。由于聚合器无法完全直接访问整个数据集的原始分布，这使得搜索最佳分割点的过程变得复杂，特别是对于梯度提升决策树来说，因为它需要依赖先前生成的树结构。在数据非独立同分布的情况下，在本地构建这样的树并尝试通过聚合器融合它们是非常困难的任务。这导致了不同的决策路径，这些路径特别依赖先前决策节点所做的分割选择，最终可能导致截然不同的树结构。

在面向联邦学习的基于决策树的算法的实施中，另一个挑战是关于各参与方和聚合器之间将交换哪种类型的信息。虽然基于神经网络和线性模型的联邦学习方法可以交换模型参数(如模型权重)，但这些参数在本质上是隐性的，难以识别原始数据分布的属性。然而，基于树的参数主要由基于特征值的决策分割节点集合组成，这些参数如果在网络上进行交换会更为敏感，因为它们会显式地揭示原始数据的表示形式。因此，必须使用原始数据的替代表示方式，以防止本地不必要的信息泄露给潜在对手。另外，可替代的潜在数据源包括近似于原始分布的替代值、梯度、Hessian 以及原始数据分布的噪声样本等。我们还可以使用加密方法等其他措施来防止数据泄露，以在保留数据的高保真度的同时提供接近或完全无损的准确信息交换。然而，无论选择哪种数据类型的表示方式，都会带来额外的计算和网络开销成本。因此，有选择地考虑隐私、实用性和应用程序用例需求之间的不同权衡是在实践中实现基于树的模型时需要确定的必要因素。

2.1.3　联邦学习中基于树的模型的优势

尽管在联邦学习设置中实现基于树的算法存在重大挑战，我们还是会讨论基于树的算法的一些主要优势，以及这些方法如何与联邦学习系统的主要优势相辅相成。

首先，决策树算法在复杂性和可解释性之间找到了恰当的平衡，既能提供高度鲁棒的模型性能，又能清晰地展示模型的决策过程。决策树能够对输入和输出之间的非线性映射进行建模，同时使用清晰的基于规则的决策结构，使决策者能够清晰地识别模型用于进行预测的因子。这在高度监管的背景下尤其重要，例如金融、医疗和政府等联邦学习使用场景，除了联邦学习可缓解的数据隐私和安全问题，还会对这些方面进行评估。

决策树与联邦学习配合使用的另一个有利方面是能够直接处理分类和数值特征。例如，像联邦梯度决策树这样的算法可以原生地处理缺失数据，而这是各个领域中常见的一种数据形式，通常需要预处理。基于树的算法的另一个附加功能是内置的特征选择方法，这是建模过程中的隐含部分。这使得能够在用于预测任务的数据集上进行联合建模的同时，在不同参与方之间对数据进行预处理，以识别所有参与方中相关的关键特征。简而言之，这些功能使得能够在不需要大量数据预处理的情况下进行模型建模，而在联邦学习系统中，如果数据特别分散，数据预处理会是一项非常重要的任务。如果在联邦学习中实现这样的数据预处理程序，将带来额外的计算和网络通信成本。因此，基于树的算法可以显著降低额外的通信成本，同时能够共同处理各种数据类型。

最后，基于树的算法的另一个关键优势是在各种机器学习任务中表现出的整体鲁棒模型性能，尤其是在处理非 IID 数据时[31]。在联邦学习的情况下，这一点尤其重要，因为数据是分布式的，并且无法全局查看数据集的整个视图。与此相对，这会导致在联邦学习中跨设备共同训练模型时，数据集的数据分布在各个参与方之间不平衡，从而会增加难度。不过，众所周知，诸如梯度提升决策树模型之类的算法能够很好地处理非 IID 数据，并且通常提供鲁棒的性能，这将在本章后面的章节中进行说明。

本章的剩余部分将重点讨论联邦学习中基于树的模型的最新技术、基本方法、用于在联邦学习设置中训练这些基于树的模型的核心构建块，以及基于树的联邦学习模型其他可能的研究方向，主要内容如下。

- 2.1 节：介绍基于树的联邦学习模型，并强调与其他联邦学习算法相比的一些关键挑战和优势。
- 2.2 节：对联邦学习领域中各种最新的基于树的算法进行概述。
- 2.3 节：介绍用于理解在联邦学习设置下实现的 ID3 决策树和 XGBoost 算法所需的关键点和简要概述。
- 2.4 节：介绍联邦学习中 ID3 决策树实现背后的核心算法。
- 2.5 节：介绍联邦学习中梯度提升树(XGBoost)算法背后的核心算法。
- 2.6 节：确定基于树的联邦学习模型的一些关键研究方向和未来扩展。
- 2.7 节：对本章的关键思想进行总结和归纳。

2.2 基于树的联邦学习方法综述

本节将介绍近来在基于树的联邦学习方法的文献中提出的一些方法。我们将总结不同论文中发现的一些主要趋势，并说明不同研究中实现方法之间的显著差异。表 2-1 中整理了最新的研究进展并突出了每种方法的一些关键差异。通过比较，可发现这些方法之间的主要区别在于：①它们是基于横向联邦学习还是纵向联邦学习；②实现了什么类型的基于树的学习算法；③各参与方和聚合器之间交换了哪些信息；④实施了哪些安全措施和协议来保护用户的隐私数据。此外，我们还研究了哪些联邦学习框架和产品为基于树的联邦学习模型提供了实现。

表 2-1　基于树的联邦学习模型汇总

论文	横向或纵向联邦学习	树算法	交换的实体	安全措施
Giacomelli et al. (2019)[15]	横向联邦学习	RF	树模型	HE
Yang et al. (2019)[43]	横向联邦学习	XGBoost (GBDT)	G & H	K-Anon
Liu et al. (2019)[26]	横向联邦学习	XGBoost (GBDT)	G & H	SS
Li et al. (2020)[23]	横向联邦学习	XGBoost (GBDT)	G & H	LSH
Truex et al. (2018)[38]	横向联邦学习	RF	计数	DP & SMC
Sjöberg et al. (2019)[35]	横向联邦学习	Deep Neural Decision Forest	模型参数	FedAvg
Peltari (2020)[32]	横向联邦学习	RF	树模型	DP
Liu et al. (2020)[25]	横向联邦学习	Extra Tree	分割点	Local DP
Souza et al. (2020)[8]	横向联邦学习	RF	树模型	Blockchain
Yamamoto et al. (2020)[42]	横向联邦学习	XGBoost (GBDT)	G & H	Encryption
Wang et al. (2020)[39]	横向联邦学习	XGBoost (GBDT)	G & H	Encryption
Ong et al. (2020)[31]	横向联邦学习	XGBoost (GBDT)	G & H 和分割点	Hist Approx.
Cheng et al. (2019)[6]	纵向联邦学习	XGBoost (GBDT)	G & H	HE
Liu et al. (2019)[25]	纵向联邦学习	RF	树节点	HE
Feng et al. (2019)[12]	纵向联邦学习	LightGBM (GBDT)	加密数据	HE
Wu et al. (2020)[40]	纵向联邦学习	RF & GBDT	G & H	SMC + HE
Zhang et al. (2020)[44]	纵向联邦学习	XGBoost (GBDT)	分割点	Encryption
Fang et al. (2020)[11]	纵向联邦学习	XGBoost (GBDT)	G & H 和分割点	HE + SS
Leung et al. (2020)[22]	纵向联邦学习	XGBoost (GBDT)	加密数据	Sec. Enclave + Obliviousness
Xie et al. (2021)[46]	纵向联邦学习	XGBoost (GBDT)	G & H 和分割点	SS
Chen et al. (2021)[50]	纵向联邦学习	RF & GBDT	树模型	HE
Tian et al. (2020)[37]	横向和纵向联邦学习	GBDT	G & H	Sec Agg + DP

2.2.1　横向与纵向联邦学习

联邦学习解决方案最重要的区分点之一在于看它们是可以纵向使用还是横向使用。联邦学习算法可分为两种不同类型：横向或纵向联邦学习，这取决于模型训练中参与方的共同特征维度。在横向联邦学习中，各参与方共享相同的一组特征，而在纵向联邦学习中，各参与方共享相同的一组数据样本标识符。根据参与方之间的数据结构，联邦学习系统的最终通信拓扑以及交换信息的方法和类型可能会有很大差异。第 1 章中详细介绍了纵向和横向的正式定义。

在基于树的联邦学习系统的文献中，大多数方法都是基于横向数据分区的。相对而言，仅少部分方法(如 SecureBoost[6]、S-XGB 和 Hess-XGB[11]、SecureGBM[12]等)考虑数据的纵向分区。在大多数基于纵向的联邦学习系统中，必须以某种方式执行特征对齐来运行学习过程。然而，由于树算法的底层结构是基于找到最佳的特征进行分割，因此在纵向设置中，为基于树的算法找到最佳的特征进行分割是一个至关重要的问题，因为模型的表示取决于本地参与方数据集中是否存在这样的特征。

2.2.2 联邦学习中基于树的算法类型

如表 2-1 所示，联邦学习中实现的大多数算法基于梯度提升决策树(GBDT)，使用原始算法的优化变体，如 XGBoost[4]或 LightGBM[20]。XGBoost 或极限梯度提升决策树是 GBDT 的变体，其中算法实现了各种不同的优化，包括使用加权分位数草图方法的直方图近似，以及使用泰勒近似来计算近似损失[4]。而 LightGBM 是 GBDT 的另一种实现，其中树的增长是以叶节点为导向的，并且比 XGBoost 的实现更有效地处理分类特征[20]。其他模型如随机森林(Random Forest，RF)也是一种常见的架构，它依赖基于树的联邦学习模型中实现的 Bagging 技术。在文献中，还有基于树的模型的其他替代学习算法，如深度神经决策森林(Deep Neural Decision Forest)[35]和 Extra Tree[25]，这些也是最新的基于树的联邦学习算法。由于信息在不同参与方中的分布方式是有限的，因此替代性的基于树的算法开始作为学习基于树的结构的方法被探索。

2.2.3 基于树的联邦学习的安全需求

在不同场景下应用联邦学习可能需要截然不同的保护机制。例如，考虑一个多云环境，其中所有参与方都属于同一家公司，并且用于模型训练的数据不敏感。这种情况下，没有必要采取严格的安全措施。这些类型的场景称为可信联邦。然而，对于参与方为竞争对手或训练数据包含高度敏感信息的联邦而言，则需要额外的保护措施。这些类型的场景称为受保护的联邦。

1. 可信联邦

人们提出了多种方法来满足这些类型联邦的需求。该范式涉及使用基于降维的方法，通过降低数据的整体保真度，以防止其他参与方看到原始数据——提供原始数据的某种替代表示或近似。使用该方法的示例包括：Li 等人[23]实现了局部敏感哈希(Locality Sensitivity Hashing，LSH)方法，Yang 等人[43]提出了基于聚类的 k 匿名方案，以及 Ong 等人[31]利用了一种参与方自适应直方图近似机制(这将在本章的后面部分进一步介绍)。这种形式的数据混淆与差分隐私等加性统计方法略有不同，如差分隐私在数据中添加噪声；不过，它们都遵循了一个非常相似的原则来隐藏原始数据分布，不让潜在对手知道。

2. 受保护的联邦

为保护联邦学习设置中的数据，以解决数据隐私和安全问题，人们提出了各种方法来防止攻击者未经授权直接访问参与机器学习模型联合训练的数据的原始分布或推断隐私数据。联邦学习中的两种主要范式是基于统计的方法和基于加密的方法。第 14 章将对这些不同的威胁模型及其缓解方法进行深入探讨。

隐私保护的统计学方法采用了 k 匿名[36]和差分隐私(DP)[10]等技术，这是基于树的联邦学习方法常用的两种技术。使用这些方案的研究人员包括 Yang 等人[43]、Truex 等人[38]、Peltari[32]、Liu 等人[25]和 Tian 等人[37]。这些方法定义了一些关于隐私保证的统计度量，并为某些设定的隐私预算提供了上限误差。虽然这些方法与基于加密的方法相比不需要太多的计算开销，但由于数据中引入了额外的加性误差，其主要缺点是降低了机器学习任务的整体准确性性能。

另一方面，基于密码学的方法利用加密作为一种机制，通过同态加密(Homomorphic Encryption，HE)、秘密共享(Secret Sharing，SS)和 SMC[1]等方法直接在加密的数据源上执行数据运算。采用基于加密的安全协议的示例包括 SecureBoost[6]、FedXGB[26]和 HESS-XGB[11]，它们采用同态加密。而 S-XGBp[11]、PrivColl[22]等方法使用秘密共享。这里，需要考虑的主要权衡是在数据的加密和解密过程中产生的额外的计算和网络通信开销，这增加了训练模型所需的整体运行时间，以换取近乎无损的数据传输，从而提高模型性能。

2.2.4　联邦学习中基于树的模型的实现

与线性模型、基于核的方法和基于深度神经网络的方法相比，可以发现目前市场上只有相对较少的基于树的联邦学习方法的实现可以作为开源解决方案或商用。截至撰写本书时，提供梯度提升树实现的联邦学习框架包括 WeBank 的 FATE[2][6]和来自 UC 伯克利的 MC2 框架[3]的 Secure XGBoost。然而，就市场上提供的成熟产品而言，IBM 联邦学习[27]提供了企业级的解决方案，用于在生产中实现和部署 XGBoost 的联邦学习版本[31]。

2.3　决策树和梯度提升的初步探讨

本节将介绍标准的符号表示法，特别是针对本章中所使用的联邦学习系统的设置，并阐述在联邦学习中实现 ID3 决策树和 XGBoost 算法所涉及的背景信息。如果想进一步了解每个算法背后的更多信息，可以参考我们引用的其他资料。

2.3.1　联邦学习系统

我们基于第 1 章的设置定义联邦学习系统，其中考虑了一个具有 n 个参与方的联邦学习系统，表示为 $P=\{P_1,P_2,\cdots,P_n\}$ 。每个参与方具有各自的数据集 $D_1,D_2,\cdots,D_n$ ，它们共享相同数量的特征(m)，即横向联邦学习；同时有一个组织训练过程的聚合器 A。图 2-2 展

1 为深入了解各种密码技术，可参见第 14 章。

2 https://fate.fedai.org/。

3 https://github.com/mc2-project/secure-xgboost。

示了联邦学习系统的高层架构，在这个架构中，对于每一轮训练，聚合器向系统中可用的参与方发出查询 Q，参与方 P_i 基于从其本地数据集 D_i 计算出的值 r_i 响应该查询并返回给聚合器。然后，聚合器收集来自各参与方的响应，并将这些响应融合来更新位于聚合器侧的全局机器学习模型，该模型定义为 $M = F(r_1, r_2, \ldots, r_n)$ 。该过程将会进行多次迭代，直到满足某些终止条件，例如模型收敛或用户定义的启发式。

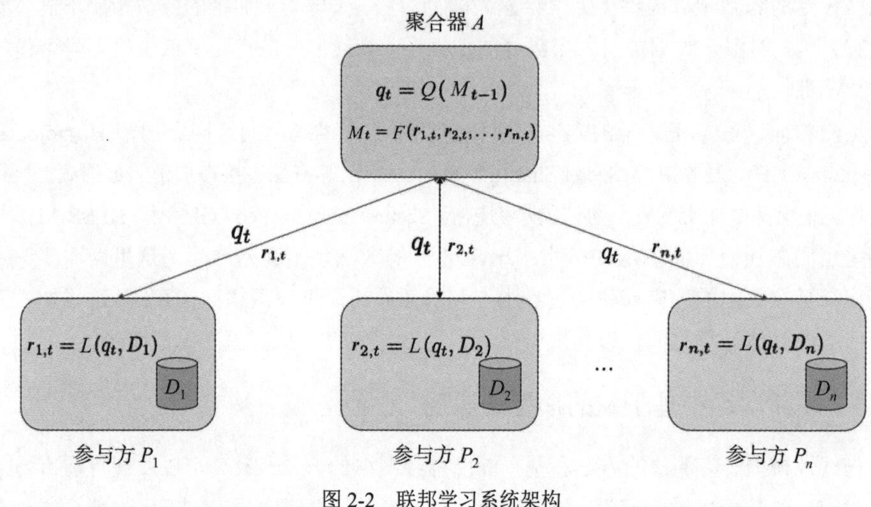

图 2-2　联邦学习系统架构

2.3.2　集中式 ID3 模型初探

本节将简要介绍 ID3 决策树算法，这是一种生成分类决策树结构作为其输出的算法。希望进一步了解该算法的读者可以参考 Quinlan 的原始论文[33]。

基于决策树的算法训练的基本过程包括以下步骤：①确定用于划分训练数据的最佳特征；②根据所选择的特征将训练数据分割成子集；③针对每个数据子集重复步骤①和②，直到子集收敛到基于目标变量的预定的一致性水平。为确定执行分割的“最佳”特征，ID3[33]算法及其后续变体 C4.5[34]和 C5.0 都最大化了信息增益。对于给定的候选特征 f，如果 f 被用作分割特征准则，则信息增益度量可以测量当前数据的熵与每个数据子集的熵值的加权和之间的差异。对于给定数据集 D (或其子集)，该集合的熵被定义为如下。

$$E(D) = \sum_{i=1}^{|C|} p_i \log_2(p_i)$$

其中 C 是目标类值的集合，p_i 是来自数据集 D 的给定数据样本实例属于第 i 类的概率。因此，要确定最佳特征，需要先确定每个类的概率，类概率可通过计数值来确定。

具体来说，对于数据集 D，ID3 的计算步骤从树的根节点开始。在算法的每次迭代中，该方法计算每个特征的数据的给定熵。然后，它使用计算出的熵度量确定“最佳”特征来分割数据，并生成数据集 D 的子集。这种分割在树中生成一个节点，然后对树的每个新的子叶节点递归地执行此过程。

当满足以下条件时，递归过程终止：①剩余的 D 的子集中的每个元素都属于相同的类属性；②没有更多的属性可供选择，并且数据样本不属于相同的类属性；③D 的子集中没有样本。当父集中没有与当前选定的特征属性匹配的类属性时，就会发生这种情况，从而在给定的数据子集中生成一个具有最常见类属性的叶节点。

2.3.3　梯度提升初探

本节将简要介绍 XGBoost(eXtreme Gradient Boosted)算法，该算法基于 Friedman 等人定义的梯度提升决策树的高度优化的高效变体[13]。更多详情可参考 Chen T 等人的论文[4]。

给定具有 n 个样本和 m 个特征的数据集 D，即 $D=\{(\boldsymbol{x}_i, y_i)\}_{i=1}^{n}$，其中 $\boldsymbol{x}_i \in \mathbb{R}^m$ 和 $y_i \in \mathbb{R}$。XGBoost 模型输出的预测值 $\hat{y}_i$ 定义为基于加性树的集成模型 $\phi(\boldsymbol{x}_i)$，包括 K 个加性函数 f_k。

$$\hat{y}_i = \phi(\boldsymbol{x}_i) = \sum_{k=1}^{K} f_k(\boldsymbol{x}_i), f_k \in F$$

其中 $F=\{f(\boldsymbol{x}) = \boldsymbol{w}_{q(x)}\}$ 是分类回归树(Classification and Regression Tree，CART)的集合，使得函数 $q(\boldsymbol{x})$通过权重向量 $\boldsymbol{w} \in \mathbb{R}^T$ 将每个输入特征 $\boldsymbol{x}$ 映射到树中的 T 个叶节点之一。

给定上述定义的模型预测，XGBoost 算法最小化以下正则化损失函数。

$$\tilde{L} = \sum_i l(y_i, \hat{y}_i) + \sum_k \Omega(f_k)$$

其中，$l(y_i, \hat{y}_i)$ 是第 i 个样本介于预测值 $\hat{y}_i$ 和目标值 y_i 之间的损失函数，并且 $\Omega(f_k) = \gamma T + \frac{1}{2}\lambda \|\boldsymbol{w}\|^2$ 是正则化分量。该分量通过超参数 λ 来惩罚权重向量 $\boldsymbol{w}$，通过 γ 来惩罚树增加叶节点，以防止第 k 棵树 f_k 过度拟合。

为逼近该损失函数，可使用二阶泰勒展开函数，定义如下。

$$L^{(t)} \simeq \sum_{i=1}^{n} [l(y_i, \hat{y}_i^{(t-1)}) + \boldsymbol{g}_i f_t(\boldsymbol{x}_i) + \frac{1}{2}\boldsymbol{h}_i f_t^2(\boldsymbol{x}_i)] + \Omega(f_t)$$

由于树是以递归累加的方式训练的，训练过程的每个迭代索引用 t 表示；因此，$L^{(t)}$ 表示训练过程的第 t 次损失。这里分别定义梯度和二阶梯度(Hessian)，如下所示。

$$\boldsymbol{g}_i = \partial_{\hat{y}_i^{(t-1)}} l(y_i, \hat{y}_i^{(t-1)})$$

$$\boldsymbol{h}_i = \partial^2_{\hat{y}_i^{(t-1)}} l(y_i, \hat{y}_i^{(t-1)})$$

对于给定 $q(\boldsymbol{x})$的导出梯度和 Hessian，可以使用如下式子计算叶子 j 的最优权重。

$$\boldsymbol{w}_j^* = -\frac{\boldsymbol{G}_j}{\boldsymbol{H}_j + \lambda}$$

其中 $\boldsymbol{G}_j=\sum_{i\in I_j}\boldsymbol{g}_i$ 和 $\boldsymbol{H}_j=\sum_{i\in I_j}\boldsymbol{h}_i$ 分别是每个特定数据样本索引 I_j 的梯度和 Hessian 的总和。为有效地计算最优权重 $\boldsymbol{w}_j^*$，我们可以贪婪地最大化增益分数，以便在每次迭代中高效地搜索叶节点的最佳分区值。该增益分数定义如下。

$$\text{Gain}=\frac{1}{2}\left[\frac{\boldsymbol{G}_\text{L}^2}{\boldsymbol{H}_\text{L}+\lambda}+\frac{\boldsymbol{G}_\text{R}^2}{\boldsymbol{H}_\text{R}+\lambda}-\frac{(\boldsymbol{G}_\text{L}+\boldsymbol{G}_\text{R})^2}{(\boldsymbol{H}_\text{L}+\boldsymbol{H}_\text{R})+\lambda}\right]-\gamma$$

这里，分别基于给定叶节点的左右子节点的特定索引 I_L 和 I_R，相应地考虑梯度和 Hessian 的和。

本章的下两节将介绍现在已经在联邦学习系统中实现的两种基于树的算法：ID3 和 XGBoost。我们特意演示了如何为 2.2.3 节中介绍的两种不同的联邦学习场景实现不同的安全技术。

2.4 用于联邦学习的决策树

本节将介绍 Truex 等人提出的用于联邦学习系统的 ID3 决策树的实现[38]。该实现结合了差分隐私和安全多方计算(SMC)，将其作为一种基于树的隐私保护模型的混合方法，提供鲁棒的隐私保证。算法 2.1 中列出了伪代码实现。

算法 2.1 隐私保护 ID3 决策树——联邦学习

Input：D，输入数据集；A，聚合器；t，诚实、非串通的参与方的最小数量；ϵ，隐私保证；F，属性集；C，类属性；d，最大树深；pk，公钥

Output：M，经过训练的全局 ID3 决策树模型

1: $\overline{t}\leftarrow n-t+1$

2: $\epsilon_1\leftarrow\dfrac{\epsilon}{2(d+1)}$

3: 针对根节点定义当前拆分 $S\leftarrow\Phi$

4: $M\leftarrow \text{BuildTree}(S,D,t,\epsilon_1,F,C,d,\text{pk})$

5: **return** M

6:

7: **Function** $\text{BuildTree}(S,D,t,\epsilon_1,F,C,d,\text{pk})$

8: $f\leftarrow \max_{F\in F}|F|$

9: 异步查询 P：$\text{counts}(S,\epsilon_1,t)$

10: $\boldsymbol{N}\leftarrow$ 噪声计数的解密聚合

11: **if** $F\leftarrow\Phi$ 或 $d\leftarrow 0$ 或 $\dfrac{N}{f|C|}<\dfrac{\sqrt{2}}{\epsilon_1}$ **then**

12:　　异步查询 P：class_counts(S,ϵ_1,t)
13:　　$Nc \leftarrow$ 解密的噪声类计数的向量
14:　　**return** 标签为 arg $\max_c \boldsymbol{N}_c$ 的节点
15:　**else**
16:　　$\epsilon_2 \leftarrow \dfrac{\epsilon_1}{2|F|}$
17:　　**for** $F \in F$ **do**
18:　　　**for** $f_i \in F$ **do**
19:　　　　更新发送给子节点的拆分值集合：$S_i \leftarrow S + \{F = f_i\}$
20:　　　　异步查询 P：counts(S_i,ϵ_2,t) & class_counts(S_i,ϵ_2,t)
21:　　　　$\boldsymbol{N}_i'^F \leftarrow$ counts 的聚合
22:　　　　$\boldsymbol{N}_{i,c}'^F \leftarrow$ class_counts 的元素级聚合
23:　　　　从 $\boldsymbol{N}_i'^F$ 的 $\overline{t}$ 部分解密中恢复 $\boldsymbol{N}_i^F$
24:　　　　从 $\boldsymbol{N}_{i,c}'^F$ 的 $\overline{t}$ 部分解密中恢复 $\boldsymbol{N}_{i,c}^F$
25:　　　**end for**
26:　　　$V_F \leftarrow \sum_{i=1}^{|F|}\sum_{c=1}^{|C|} \boldsymbol{N}_{i,c}^F \cdot \log \dfrac{\boldsymbol{N}_{i,c}^F}{\boldsymbol{N}_i^F}$
27:　　**end for**
28:　　$\overline{F} \leftarrow \arg\max_F V_F$
29:　　创建标签为 $\overline{F}$ 的根节点 M
30:　　**for** $f_i \in \overline{F}$ **do**
31:　　　$S_i \leftarrow S + \{F = f_i\}$
32:　　　$M_i \leftarrow \text{BuildTree}(S_i,P,t,\epsilon_1,\mathcal{F} \setminus \overline{F},C,d,\text{pk})$
33:　　　设 M_i 为具有边 f_i 的 M 的子集
34:　　**end for**
35:　　**return** M
36:　**end if**
37: **end**

如 2.3.2 节中所述，使用 ID3 算法从数据中获取决策树结构时需要确定最佳的特征来对数据进行划分。在集中式环境的情况下，这是相对简单的，因为可以轻松地从单个数据分布源获取必要的计数统计信息。然而，当数据源被分割并分布在不同参与方之间，且存在进一步的隐私限制时，获取用于构建决策树所需的统计信息的方法变得不简单。这为我们如何在不违背本地参与方数据分布的隐私限制的同时有效获取这些计数统计信息以找到最佳划分带来了挑战和机遇。

为了在基于联邦学习的设置中实现这一点，需要将基于树的模型的训练过程分解，并

将相应的过程分配给聚合器和本地参与方。主要的两个过程是：①获得原始数据分布统计信息；②将统计信息融合在一起以得到决策树的最佳特征划分。这种将算法的集中实现分解为不同部分并将特定例程分配给聚合器和参与方的模式在ID3决策树算法和梯度提升决策树算法中会反复出现，我们稍后将对此进行说明。

在高层次上，这需要聚合器向每个独立的参与方查询其统计数据，每个相应的参与方对此作出响应并由聚合器收集。然后聚合器获取这些数据，并将这些数据融合成一个单一的统计信息，使用融合的统计信息进行模型的分支划分。重复这两个过程，直到满足某些终止标准为止。

提示：在各参与方对查询进行响应的过程中，可以应用两种隐私保护技术中的任何一种或同时用两者来进一步保证隐私。

现在按照算法2.1中的定义描述ID3决策树算法。在2.3.2节中，概述了用ID3决策树算法生成决策树结构所需的3个关键步骤。首先定义串通的参与方数量$\bar{t}$ (第1行)，然后是分别赋值给ϵ_1的用于确定计数的平均分配的隐私预算(第2行)，最后是根节点(第3行)。为了在提出的联邦学习系统中私下训练决策树模型，我们确定了最佳的特征来进行分割，这样可以最大化总信息增益。为此，首先查询每个参与方各自的计数并分配给f(第10行)。

提示：对于每个在参与方和聚合器之间进行的查询事务，可以对原始数据分布应用差分隐私噪声和/或加密技术，例如阈值同态加密。如果存在一个可信联邦场景，则可以省略这一步骤。

我们确定计数的聚合值是否符合生成叶节点的全部标准(第11行)。基于类计数，执行另一个查询过程，以确定叶子应该被划分为哪个类(第12～14行)。此外，将初始隐私预算ϵ_1除以数据集特征大小的2倍来指定新的隐私预算(第16行)。随后获得每个属性集的计数，并相应地计算给定特征的熵值V_F(第17～27行)。在计算每个特征的熵值之前，确定树的最佳分割点(第26行)，并通过创建带有标签$\bar{F}$的根节点(第28行)来更新模型M。

然后，相应地分割数据子集(第31行)，并在给定的数据子集上递归执行相同的操作(第32行)。重复执行此过程，直到满足2.3.2节中定义的终止标准。或者，在联邦学习设置中，当计数相对于阻止获得任何有用信息的过程的噪声程度很小时，算法也可以终止，该过程在第11行的步骤中进行评估。这将产生最终模型M，它将用作在联邦学习系统中训练的最终全局模型。

这里简要说明一下Truex等人写的论文[38]中的一些性能评估。在他们的实验配置中，UCI机器学习库[51]中的Nursery数据集用于对ID3决策树算法的各种不同比较进行实验。比较主要聚焦于分别在本地和在联邦学习设置中训练决策树模型。如图2-3所示，两个图表中的结果都表明，基于联邦学习的ID3决策树的训练效果优于本地DP方法(即独立于联邦环境训练模型)。特别是，对于使用不同ϵ值的比较，如图2-3(a)所示，尽管降低了总体隐私预算，联邦学习方法仍然始终优于本地DP方法。在图2-3(b)中可见，随着参与方数量的增加，联邦学习模型的性能是一致的，尽管每个参与方的样本数量不同。然而，对于本地 DP 环境，F1 分数随着参与方数量的增加而降低，因为每个参与方的样本总数减少，因此降低了模型本身的性能。有关各个实验配置和评估的更多详细信息，可参阅原始论文。

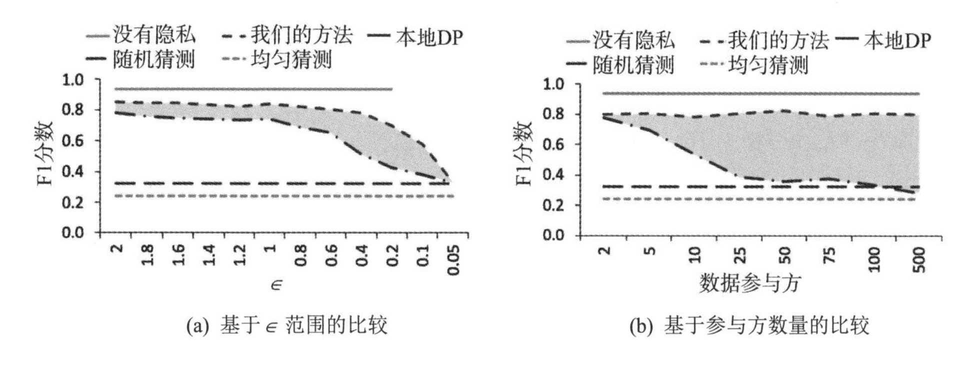

(a) 基于 ∈ 范围的比较

(b) 基于参与方数量的比较

图 2-3 本地模型与基于联邦学习的决策树实现的比较

2.5 用于联邦学习的 XGBoost

本节将介绍 Ong 等人提出的联邦学习系统中基于 XGBoost 的实现，这也被称为参与方自适应 XGBoost(Party-Adaptive XGBoost，PAX)[31]。如 2.3.3 节所述，训练梯度提升决策树的一个主要挑战是使用计算出来的增益分数来找到要分割的最佳特征和值。与前一节中描述的分解算法例程的方法类似，聚合器查询各参与方的分布统计信息、融合这些统计信息以及基于这些融合的统计信息找到最优分割点的原理同样适用于梯度提升决策树。这里，需要处理的不是简单的数据计数统计，而是数据分布的直方图。

优化的 GBDT 方法(如 XGBoost[4]和 LightGBM[20])利用基于分位数的近似，通过将原始数据分布近似为替代直方图表示，有效地减少了分割查找过程的总体搜索空间。经验表明，分位数近似与精确贪婪解一样有效[4, 20, 21]。这种数据近似方法可以作为一种半安全的方法，用于在可信联邦安全策略下训练梯度提升决策树。通过量化或降低原始分布的分辨率，可以有效地生成原始数据的替代表示，该替代表示与原始数据分布相比，包含的信息保真度相对较低。因此，这不会直接揭示原始数据源的数据分布。

提示：该方法还可以补充额外的安全层，例如添加差分隐私噪声和/或应用加密技术来满足联邦学习的受保护联邦场景的需要。

构建分布式分位数草图的方法有很多，包括 GKMethod[16]及其扩展变体[45]。然而，每种方法在性能、速度和重构准确性方面都有自己的权衡。对于所提出的 PAX 方法，该算法实现了分布式分布草图(Distributed Distribution Sketch，DDSketch)[28]；这是一种高效且鲁棒的方法，可以构建高度准确的数据分布的分位数草图近似，并且能够合并多个分位数草图。此外，使用 DDSketch 的另一个优点是可以对 XGBoost 进行训练，参与方能够在提升过程的中间步骤加入联邦学习。由于该方法能够高效、准确地合并分位数草图直方图，因此当新的参与方加入联邦时，该方法能够动态适应数据中的新分布。

正如加密和差分隐私方法的隐私策略一样，可以采用基于近似的保真度降低策略。为确定分位数草图过程的最佳近似误差边界或阈值，或者有效地确定数据的直方图近似的桶(bin)大小，可以应用各种启发式来减轻潜在的数据泄露。与以相同方式同等近似数据分布不同，PAX 考虑了各参与方数据的相对样本大小与其他参与方样本大小的关系，以确定离散化数据的最佳分桶大小。它是通过定义近似误差参数ϵ [1]，并被 XGBoost 使用在每个参与方中来实现的。直觉上，ϵ 参数的倒数($1/\epsilon$)大致等于直方图的分桶大小。因此，在网络中使用适合参与方和其他参与方的上下文的近似表示有助于将任何“原始”数据泄露限制在限定的范围内。

如算法 2.2 所示，为了在联邦学习设置内训练梯度提升决策树，聚合器首先初始化全局空模型 $f_{\Phi}^{(A)}$ (第 1 行)。聚合器还定义了全局超参数 $\epsilon^{(A)}$，以表示 XGBoost 训练过程的容错预算。此参数设置了直方图近似误差的上界，并等效地设置了训练中使用的最大分桶数。

给定定义的全局 $\epsilon^{(A)}$ 参数，然后确定如何通过计算参与方的本地 ϵ_i 参数来构造本地参与方的替代直方图的适当策略(第 2 行)。聚合器首先查询每个参与方的数据集大小$|d_i|$并维护一个计数列表(这里将其表示为 S)。对于第 i 个参与方，计算本地参与方的 ϵ_i 参数。

$$\epsilon_i = \epsilon^{(A)} \left(\frac{|d_i|}{\sum_{d \in D} |d|} \right)$$

同理，重写 ϵ_i 的倒数项可以为我们提供第 i 个参与方用于构建本地数据集的替代直方图表示的相应的分桶数量。

$$\frac{1}{\epsilon_i} = \frac{1}{\epsilon^{(A)} \left(\frac{|d_i|}{\sum_{d \in D} |d|} \right)} = \frac{\sum_{d \in D} |d|}{\epsilon^{(A)} |d_i|}$$

聚合器向每个参与方回复其对应的 ϵ_i 参数，并相应地分配本地参与方 ϵ (第 5～6 行)。为此，参与方根据给定的 ϵ_i 及其各自的本地数据分布 $D(p_i)$ 计算本地参与方数据分布的替代直方图表示 $\tilde{D}(p_i)$ (第 7 行)。然后，每个参与方构建自己的第 i 个本地参与方的 p_i 原始数据分布的替代直方图表示 $D(p_i)$，并将生成的草图传送到聚合器；在聚合器中，合并过程可以将整个联邦的分布融合在一起，作为整个数据集的单一视图，以供模型进行训练。注意，此过程可以在初始参与方开始训练之前进行，也可以在训练过程的中间阶段有新的参与方加入联邦时进行。

1 注意，虽然这里使用 ϵ 作为直方图近似误差的符号，但它与差分隐私(DP)中使用的符号并不相关联。

算法 2.2　PAX

Input： D，输入数据集；A，聚合器；P，参加联邦学习训练的各参与方；$\epsilon^{(A)}$，全局容错预算；T，最大训练轮数；l，模型损失函数

Output： $f^{(A)}$，经过训练的全局 XGBoost 模型

1: A 初始化全局空模型：$f_{\Phi}^{(A)} \leftarrow 0$

2: $\{\epsilon_1, \ldots, \epsilon_{|P|}\} \leftarrow$ compute_local_epsilon($\epsilon^{(A)}$)

3:

4: **for** $i = 1, \ldots, |P|$ **do**

5: 　A 将 ϵ_i 传递给 p_i

6: 　将本地 ϵ_i 赋给 p_i

7: 　$\tilde{D}^{(p_i)} \leftarrow$ compute_histogram($D^{(p_i)}, \epsilon_i$)

8: 　p_i 将 $\tilde{D}_X^{(p_i)}$ 传递给 A

9: 　$\bar{D}^{(A)} \leftarrow \bar{D}^{(A)} \cup \tilde{D}_X^{(p_i)}$

10: **end for**

11:

12: **repeat**

13: 　$(\bar{D}^{(A)}, \boldsymbol{G}^{(A)}, \boldsymbol{H}^{(A)}) \leftarrow (\Phi, \Phi, \Phi)$

14: 　**for** $i = 1, \ldots, |P|$ **do**

15: 　　A 将 $f_t^{(A)}$ 传递给参与方：$f_t^{(p_i)} \leftarrow f_t^{(A)}$

16: 　　p_i 生成预测：$\hat{y}_t^{(p_i)} = f_t^{(p_i)}\left(\tilde{D}_X^{(p_i)}\right)$

17: 　　p_i 计算 $\boldsymbol{g}^{(p_i)}$ 和 $\boldsymbol{h}^{(p_i)}$

18: 　　p_i 将 $\boldsymbol{g}^{(p_i)}$ 和 $\boldsymbol{h}^{(p_i)}$ 传递给 A

19: 　　$\boldsymbol{G}^{(A)} \leftarrow \boldsymbol{G}^{(A)} \cup \boldsymbol{g}^{(p_i)}$

20: 　　$\boldsymbol{H}^{(A)} \leftarrow \boldsymbol{H}^{(A)} \cup \boldsymbol{h}^{(p_i)}$

21: 　**end for**

22: 　$\bar{D}_m^{(A)}, \boldsymbol{G}_m^{(A)}, \boldsymbol{H}_m^{(A)} \leftarrow$ merge_hist($\bar{D}^{(A)}, \boldsymbol{G}^{(A)}, \boldsymbol{H}^{(A)}, \epsilon_m^{(A)}$)

23: 　$f_t^{(A)} \leftarrow$ grow_tree$\left(\bar{D}_m^{(A)}, \boldsymbol{G}_m^{(A)}, \boldsymbol{H}_m^{(A)}\right)$

24: **until** $t \leqslant T$ 或其他终止标准

25:

26: **Function** compute_local_epsilon($\epsilon^{(A)}$)

27: 　$S \leftarrow \Phi$

28: 　**for** $p_i \in P$ **do**

29: 　　A 查询数据计数：$S \leftarrow S \cup \left|D^{(p_i)}\right|$

30: 　　$E \leftarrow \Phi$

31: **for** $i = 1, ..., |P|$ **do**

32: 计算第 i 个参与方 $\in$: $\epsilon_i \leftarrow \epsilon^{(A)}\left(\frac{s_i}{\sum_{q\in S} q}\right)$

33: $E \leftarrow E \cup \epsilon_i$

34: **end for**

35: **end for**

36: **end**

在计算数据的替代直方图表示后，启动迭代的联邦学习过程。首先，聚合器 A 将其全局模型 $f_t^{(A)}$ 传给每个参与方 p_i，该模型分配给每个参与方的本地模型 $f_t^{(p_i)}$ 。然后，对 $\tilde{D}_X^{(p_i)}$ 上的 $f_t^{(p_i)}$ 进行评估，以获得模型的预测 $\hat{y}_t^{(p_i)}$ 。之后，根据预测结果计算损失函数，该损失函数用于计算每个对应的替代输入特征值分割候选的梯度 $\boldsymbol{g}^{(p_i)}$ 和 Hessian 矩阵 $\boldsymbol{h}^{(p_i)}$ 。梯度和 Hessian 统计数据落在特定的分桶区间内，并根据各自的值桶进行分组[4]。接着，将每个参与方的梯度和 Hessian 作为对聚合器的回复，并收集计算直到达到某个设定的标准。根据每个参与方收集的结果，我们执行融合操作以合并用于提升决策树模型的最终直方图表示，如 DDSketch[28]方法中所述。

基于该启发式的最终 $\in$ 值表示为 $\epsilon_m^{(A)}$ ，其中 m 表示与合并过程相关的变量。通过使用派生的 $\epsilon_m^{(A)}$ ，可以利用现有的方法[5, 1]，根据定义的误差参数实现具有误差保证的直方图合并例程。这将产生用于提升过程的合并梯度 $\boldsymbol{G}_m^{(A)}$ 、Hessian 矩阵 $\boldsymbol{H}_m^{(A)}$ 和特征值分割候选 $\bar{D}_m^{(A)}$ 的最终输出。通过生成新的 $f_t^{(A)}$ ，我们重复 T 轮的训练过程，或直到满足某些停止标准，具体取决于是否考虑了提前停止或其他启发式。

下面简要介绍 Ong 等人的论文[31]中的一些性能评估结果。在其实验设置中，数据来自美国运输部(DOT)运输统计局(BTS)的航班延误原因数据集[52]。不过，在不同联邦学习算法的各种比较实验中，使用了 Kaggle[1]数据集的稍微经过预处理的版本。实验针对联邦学习算法的不同变体(包括 Logistic Regression 和 SecureBoost[6])评估了模型，这些算法利用一种加密形式来保护用户的数据(见图 2-4)。基于这些结果，可以发现所提出的 XGBoost 方法优于 Logistic Regression 和 SecureBoost 模型。有关实验设置和分析的进一步描述，请参阅相应的论文。

	航空公司(随机)					航空公司(平衡)				
模型	ACC	PRE	REC	AUC	F1	ACC	PRE	REC	AUC	F1
PAX(我们的)	**0.88**	**0.88**	**0.88**	**0.87**	**0.88**	**0.87**	**0.85**	**0.9**	**0.87**	**0.88**
Homo SecureBoost	0.74	0.71	0.82	0.81	0.72	0.81	0.84	0.79	0.86	0.81
Logistic Regression	0.58	0.72	0.49	0.58	0.45	0.58	0.72	0.49	0.58	0.45

图 2-4 航空公司数据集测试样本的联邦学习 XGBoost 结果

1 https://www.kaggle.com/giovamata/airlinedelaycauses。

2.6 开放性问题及未来研究方向

本节将概述联邦学习中基于树的联邦学习模型发展的一些潜在研究方向。这里，我们特别关注随着这些新型联邦学习模型的发展而出现的各种新问题和开放性研究挑战。关键的挑战包括减性数据混淆技术的数据表示策略、偏差和公平性的缓解以及考虑针对其他联邦学习网络拓扑的训练方法。

2.6.1 数据保真度阈值策略

上一节介绍了一种可以根据单个参与方数据集的一些潜在统计信息来推导特定参与方的近似阈值的策略。然而，还有许多其他策略和方法可以根据不同的设计目标找到最优的近似阈值，或者缓解特定类型的攻击(这些攻击可能是想获取有关参与方原始数据分布的信息)。我们在训练模型时必须考虑不同安全场景下的风险和权衡(特别是模型性能)。

评估这些替代表示方法的另一个方面是将它们各自的风险、权衡和误差边界与差分隐私等加性混淆技术进行对比。对于诸如分位数草图和基于聚类的方法，这些方法试图通过减性技术对原始数据分布进行混淆，以减少或限制数据集中存在的信息量。这使得研究人员需要考虑如何共同优化这些数据混淆方法的加性和减性技术，以建立一种鲁棒的统计方法来更好地保护数据隐私。

2.6.2 基于树的联邦学习模型的公平性和偏差缓解方法

联邦学习的一个关键优势是可以将不同的数据源聚合在一起，共同训练模型。然而，这带来了新的挑战和问题，因为不同数据源的参与方往往具有广泛不同的数据分布特征和统计性质，而这些特征和性质在不同参与方之间可能存在显著差异。特别地，Abbay 等人[47]的研究在联邦学习的背景下探索了这些不同的挑战，通过不同的偏差缓解技术和公平性评价指标来评估不同模型和有偏数据集的效果。因此，对于基于树的方法，可以研究不同的偏差缓解技术的各种影响，如本地重新加权、全局重新加权，以及引入正则化分量[48]的联机处理方法，以防止模型在预测中产生有偏的决策。这个领域未来将致力于研究在联邦学习设置中基于树的模型的偏差的完整影响，并找出相应的方法来解决训练过程中出现的问题。

2.6.3 在其他网络拓扑上训练基于树的联邦学习模型

本章介绍了一种基于树的模型训练算法，它基于单点聚合器拓扑结构来安排整个训练过程。联邦学习还存在其他的拓扑结构，例如基于层的联邦学习系统[49]，可根据联邦成员的训练表现将联邦成员划分为不同的组，以缓解联邦学习中模型训练过程的滞后问题。鉴于这些新的联邦学习网络拓扑结构，为这些新架构设计新方法来训练模型将是另一个可能的研究方向。具体来说，由于基于树的模型的主要挑战之一是如何在不同的参与方之间进行融合，因此基于层的拓扑为我们提供了一个非同寻常的挑战，即如何以分层的方式进行融合，并确定在网络的不同层次结构之间以何种频率传递信息。

2.7 本章小结

本章介绍了一种新兴的基于树的联邦学习模型范式，概述了在联邦学习设置中实现这些模型的一些主要挑战，并通过一些关键优势评估了这些模型如何补充甚至增强联邦学习系统的核心目标。此外，调查了一些最先进的方法，并对不同实现变体的一些关键趋势和观察结果进行了概括。最后，介绍了两种不同的基于树的联邦学习模型的实现：ID3 决策树和 XGBoost。

参考文献

[1] Blomer J, Ganis G (2015) Large-scale merging of histograms using distributed in-memory computing. J Phys Conf Ser 664:092003. IOP Publishing.

[2] Bonawitz K, Ivanov V, Kreuter B, Marcedone A, McMahan HB, Patel S, Ramage D, Segal A, Seth K (2017) Practical secure aggregation for privacy-preserving machine learning. In: Proceedings of the 2017 ACM SIGSAC conference on computer and communications security, pp 1175-1191.

[3] Breiman L (1996) Bagging predictors. Mach Learn 24(2):123-140.

[4] Chen T, Guestrin C (2016) XGBoost: a scalable tree boosting system. In: Proceedings of the 22nd ACM SIGKDD international conference on knowledge discovery and data mining, pp 785-794.

[5] Chen T, Guestrin C (2016) XGBoost: a scalable tree boosting system supplementary material.

[6] Cheng K, Fan T, Jin Y, Liu Y, Chen T, Yang Q (2019) SecureBoost: a lossless federated learning framework. arXiv preprint arXiv:1901.08755.

[7] Dang Z, Gu B, Huang H (2020) Large-scale kernel method for vertical federated learning. In: Federated learning. Springer, Cham, pp 66-80.

[8] de Souza LAC, Rebello GAF, Camilo GF, Guimarães LCB, Duarte OCMB (2020) DFedForest: decentralized federated forest. In: 2020 IEEE international conference on blockchain (Blockchain). IEEE, pp 90-97.

[9] Dimitrakopoulos GN, Vrahatis AG, Plagianakos V, Sgarbas K (2018) Pathway analysis using XGBoost classification in biomedical data. In: Proceedings of the 10th Hellenic conference on artificial intelligence, pp 1-6.

[10] Dwork C, McSherry F, Nissim K, Smith A (2006) Calibrating noise to sensitivity in private data analysis. In: Theory of cryptography conference. Springer, pp 265-284.

[11] Fang W, Chen C, Tan J, Yu C, Lu Y, Wang L, Zhou J, Alex X (2020) A hybrid-domain framework for secure gradient tree boosting. ArXiv, abs/2005.08479.

[12] Feng Z, Xiong H, Song C, Yang S, Zhao B, Wang L, Chen Z, Yang S, Liu L, Huan J (2019) SecureGBM: secure multi-party gradient boosting. In: 2019 IEEE international conference on Big Data (Big Data). IEEE, pp 1312-1321.

[13] Friedman JH (2001) Greedy function approximation: a gradient boosting machine. Ann Stat 29:1189-1232.

[14] Friedman JH (2002) Stochastic gradient boosting. Comput Stat Data Anal 38(4):367-378.

[15] Giacomelli I, Jha S, Kleiman R, Page D, Yoon K (2019) Privacy-preserving collaborative

prediction using random forests. AMIA Summits Transl Sci Proc 2019:248.

[16] Greenwald M, Khanna S (2001) Space-efficient online computation of quantile summaries. ACM SIGMOD Rec 30(2):58-66.

[17] Hard A, Rao K, Mathews R, Ramaswamy S, Beaufays F, Augenstein S, Eichner H, Kiddon C, Ramage D (2018) Federated learning for mobile keyboard prediction. arXiv preprint arXiv:1811.03604.

[18] Hastie T, Tibshirani R, Friedman J (2009) The elements of statistical learning: data mining, inference, and prediction. Springer Science & Business Media, New York.

[19] Kairouz P, McMahan HB, Avent B, Bellet A, Bennis M, Bhagoji AN, Bonawitz K, Charles Z, Cormode G, Cummings R et al. (2019) Advances and open problems in federated learning. arXiv preprint arXiv:1912.04977.

[20] Ke G, Meng Q, Finley T, Wang T, Chen W, Ma W, Ye Q, Liu T-Y (2017) LightGBM: a highly efficient gradient boosting decision tree. In: Advances in neural information processing systems, pp 3146-3154.

[21] Keck T (2017) FastBDT: a speed-optimized multivariate classification algorithm for the belle II experiment. Comput Softw Big Sci 1(1):2.

[22] Leung C (2020) Towards privacy-preserving collaborative gradient boosted decision tree learning.

[23] Li Q, Wen Z, He B (2020) Practical federated gradient boosting decision trees. In: Proceedings of the AAAI conference on artificial intelligence, vol 34, pp 4642-4649.

[24] Li S, Zhang X (2019) Research on orthopedic auxiliary classification and prediction model based on XGBoost algorithm. Neural Comput Appl 32(7):1971-1979.

[25] Liu Y, Liu Y, Liu Z, Liang Y, Meng C, Zhang J, Zheng Y (2020) Federated forest. IEEE Trans Big Data.

[26] Liu Y, Ma Z, Liu X, Ma S, Nepal S, Deng R (2019) Boosting privately: privacy-preserving federated extreme boosting for mobile crowdsensing. arXiv preprint arXiv:1907.10218.

[27] Ludwig H, Baracaldo N, Thomas G, Zhou Y, Anwar A, Rajamoni S, Ong Y, Radhakrishnan J, Verma A, Sinn M et al. (2020) IBM federated learning: an enterprise framework white paper v0.1. arXiv preprint arXiv:2007.10987.

[28] Masson C, Rim JE, Lee HK (2019) DDSketch: a fast and fully-mergeable quantile sketch with relative-error guarantees. arXiv preprint arXiv:1908.10693.

[29] McMahan HB, Moore E, Ramage D, Hampson S et al. (2016) Communication-efficient learning of deep networks from decentralized data. arXiv preprint arXiv:1602.05629.

[30] Nobre J, Neves RF (2019) Combining principal component analysis, discrete wavelet transform and XGBoost to trade in the financial markets. Expert Syst Appl 125:181-194.

[31] Ong YJ, Zhou Y, Baracaldo N, Ludwig H (2020) Adaptive histogram-based gradient boosted trees for federated learning. arXiv preprint arXiv:2012.06670.

[32] Pelttari H et al. (2020) Federated learning for mortality prediction in intensive care units.

[33] Quinlan JR (1986) Induction of decision trees. Mach Learn 1(1):81-106.

[34] Salzberg SL (1993, 1994) C4.5: programs for machine learning by J. Ross Quinlan. Morgan Kaufmann Publishers, Inc., San Mateo.

[35] Sjöberg A, Gustavsson E, Koppisetty AC, Jirstrand M (2019) Federated learning of deep neural decision forests. In: International conference on machine learning, optimization, and data science. Springer, pp 700-710.

[36] Sweeney L (2002) k-anonymity: a model for protecting privacy. Int J Uncertainty Fuzziness Knowl-Based Syst 10(05):557-570.

[37] Tian Z, Zhang R, Hou X, Liu J, Ren K (2020) FederBoost: private federated learning for GBDT. arXiv preprint arXiv:2011.02796.

[38] Truex S, Baracaldo N, Anwar A, Steinke T, Ludwig H, Zhang R (2018) A hybrid approach to privacy-preserving federated learning.

[39] Wang Z, Yang Y, Liu Y, Liu X, Gupta BB, Ma J (2020) Cloud-based federated boosting for mobile crowdsensing. arXiv preprint arXiv:2005.05304.

[40] Wu Y, Cai S, Xiao X, Chen G, Ooi BC (2020) Privacy preserving vertical federated learning for tree-based models. arXiv preprint arXiv:2008.06170.

[41] XingFen W, Xiangbin Y, Yangchun M (2018) Research on user consumption behavior prediction based on improved XGBoost algorithm. In: 2018 IEEE international conference on Big Data (Big Data). IEEE, pp 4169-4175.

[42] Yamamoto F, Wang L, Ozawa S (2020) New approaches to federated XGBoost learning for privacy-preserving data analysis. In: International conference on neural information processing. Springer, pp 558-569.

[43] Yang M, Song L, Xu J, Li C, Tan G (2019) The tradeoff between privacy and accuracy in anomaly detection using federated XGBoost. arXiv preprint arXiv:1907.07157

[44] Zhang J, Zhao X, Yuan P (2020) Federated security tree algorithm for user privacy protection. J Comput Appl 40(10):2980-2985.

[45] Zhang Q, Wang W (2007) A fast algorithm for approximate quantiles in high speed data streams. In: 19th international conference on scientific and statistical database management (SSDBM 2007). IEEE, p 29.

[46] Xie L, Liu J, Lu S, Chang T-H, Shi Q (2021) An efficient learning framework for federated XGBoost using secret sharing and distributed optimization. arXiv preprint arXiv:2105.05717.

[47] Abay A, Zhou Y, Baracaldo N, Rajamoni S, Chuba E, Ludwig H (2020) Mitigating Bias

in Federated Learning. arXiv preprint arXiv:2012.02447.

[48] Ravichandran S, Khurana D, Venkatesh B, Edakunni NU (2020) FairXGBoost: fairness-aware classification in XGBoost arXiv preprint arXiv:2009.01442.

[49] Chai Z, Ali A, Zawad S, Truex S, Anwar A, Baracaldo N, Zhou Y, Ludwig H, Yan F, Cheng Y (2020) TiFL: a tier-based federated learning system. arXiv preprint arXiv:2001.09249.

[50] Chen X, Zhou S, Yang K, Fan H, Feng Z, Chen Z, Wang H, Wang Y (2021) Fed-EINI: an efficient and interpretable inference framework for decision tree ensembles in federated learning. arXiv preprint arXiv:2105.09540.

[51] Dua D, Graff C. UCI Machine Learning Repository. School of Information and Computer Science, University of California, Irvine. http://archive.ics.uci.edu/ml.

[52] U.S. Department of Transportation (2009) Airline On-Time Statistics and Delay Causes. https://www.transtats.bts.gov/OT_Delay/OT_DelayCause1.asp.

第3章

语义向量化：基于文本和图的模型

摘要：语义向量嵌入技术已被证明在开发文本等非数值型数据的数学关系方面非常有用。这类技术的一个关键应用是能够通过编码比较，测量给定数据样本之间的语义相似度，并找到相似的数据点。最新的嵌入方法假设所有数据都在一个集中的位置上获得。然而，在许多场景下，由于各种限制，数据分布在多个边缘位置上，无法聚合。因此，最新嵌入方法的适用范围仅限于自由共享的数据集，无法用于具有敏感或关键任务数据的应用程序。

本章通过回顾用于在各种分布式场景中学习和应用语义向量嵌入技术的新的无监督算法来解决这个问题。具体来说，对于多个边缘位置可以参与共同学习的场景，我们将提出用于语义向量嵌入的联邦学习技术。在无法共同学习的情况下，我们将提出新型语义向量转换算法，以实现多个边缘位置上的语义向量空间的语义查询。在自然语言和图数据集上的实验结果表明，这可能是一个很有前途的新方向。

3.1 介绍

物联网设备的指数级增长以及以更接近本源的方式来分析大量数据的需求促成了边缘计算范式的出现[15]。推动这种范式变革的基本因素包括：①将大量数据传输到云端的成本；②跨站点移动数据的监管限制；③将所有数据分析放置在云端会有延迟。此外，5G网络架构所支持的应用部署需要依靠边缘计算来满足低延迟要求[4]。

边缘计算的一个关键应用是通过在边缘代理上运行机器学习计算，从边缘数据中提取见解，而不需要将数据导出到云端等中心位置[18]。然而，大多数的机器学习进展都集中在性能提高上，同时假设所有数据都聚合在具有大量计算能力的中心节点上。最近提出的联邦学习技术为模型训练提供了一个新的方向，即在位于多个边缘位置[8, 17]的本地数据中进行模型训练。

不过，以往关于联邦学习的研究工作不只是集中在分类和预测等机器学习任务上。具体来说，表征学习和语义向量嵌入已经在多个领域的各种机器学习任务中被证明是有效的技术。对于文本数据，Doc2Vec[7]、GloVe[11]、BERT[1]等语句和段落嵌入技术为各种自然语言处理任务提供了高准确性的语言模型。在图学习任务[3, 16]和图像识别任务[2, 10]中也取得了类似的结果。语义嵌入技术有效的关键原因是它们能够将丰富的特征数值化为低维向量，并保持这些丰富特征之间的语义相似性。此外，在学习语义向量嵌入模型时，几乎不需要标注数据。显然，语义向量嵌入技术在未来仍将是解决许多机器学习问题的基本工具。

本章将讨论当数据无法处于集中位置情况下的表征学习技术的挑战，并提出两个新的研究问题来概括联邦学习。首先，引入学习语义向量嵌入的问题，每个具有数据的边缘站点参与一个迭代的共同学习过程。然而，不同于以往联邦学习研究，边缘站点必须在向量空间编码上达成一致。其次，我们讨论了一个不同的设置情况，即各参与方无法参与迭代的共同学习过程。相反，每个边缘站点都维护自己的语义向量嵌入模型。这样的场景很常见，边缘站点可能并非持续在线，而且可能动态地加入和离开。

值得注意的是，虽然边缘场景促进了上述研究问题的研究和发展，但这些研究并不局限于边缘场景，而是可以应用于许多数据无法集中聚合的场景，例如移动或企业计算用例。在边缘环境中，无论边缘设备是什么(可能是手机、计算机、传感器等)，都可以作为传统联邦学习场景中的参与方，可以在任何进行联邦学习的设置中使用。

3.2 背景

在讨论语义向量联邦的主题之前，需要定义该方法中使用的几个术语和技术。首先是对自然语言处理和自然语言嵌入的简要概述。此外，还需要定义使用自然语言嵌入组件的算法，以实现接下来的联邦语义搜索。

3.2.1 自然语言处理

自然语言处理(Natural Language Processing，NLP)是一个涵盖计算机对人类语音和文本的解释的广泛领域。NLP在计算机科学领域有着悠久的研究历史，最早的探索可以追溯到20世纪50年代。在此期间，研究的重点是将语音和文本分解为其构成成分，并将语言解释为计算机更容易推理的本体[13, 14]。

20世纪90年代，计算能力和新的算法在该领域取得了充分的发展，使得研究开始摆脱复杂的规则，转向使用机器学习算法[5, 6, 12]来识别模式。由于信息的丰富程度使得难以或无法分类，研究人员开始关注无监督算法。近年来神经网络等更复杂的算法逐步成为继续研究自然语言理解的支柱。

自然语言嵌入是一种将人类语音和文本转换为计算机可以计算的数值向量的技术。这种将单词转换为数值表示的方法被称为向量化，可以实现诸如寻找语义相似的单词、文档聚类、文本分类、文本特征提取等任务。我们还可以使用词干提取、词形还原、去停用词等技术，通过去除信息量不大的文本，将语料规模缩小为更小但更有价值的数据集。一旦文本被转换为向量，就可以应用相似度函数。其中一个例子是余弦相似度，其原理是将两个向量投影到一个二维空间。然后确定这两个向量之间的余弦夹角，夹角越小，两个向量之间的相似度越高。该过程是针对整个语料库的文本生成余弦相似度向量集。

3.2.2　文本向量化器

文本向量化器是一系列用于嵌入文本数据的算法。这些算法致力于将文本识别和分类为更易于机器解释的形式。在该领域中，其中一个重要的算法是 Word2Vec。Word2Vec 最早由 Tomas Mikolov 和他的团队于 2013 年开发[9]。该算法能够克服在文本空间中保持语义含义的挑战并允许相似上下文中的单词具有相关性。通常情况下，语料库中包含成千上万或上百万的单词。Word2Vec 模型的基础是一个神经网络，它将向量化的单词作为输入并创建大量输入数据的映射。Word2Vec 算法包括以下两种额外的技术：连续词袋模型(CBOW)和 Skip-Gram 模型。CBOW 的工作原理是通过创建一个词 w 周围的词的向量投影来预测该词。要包含的单词数量由一个"窗口"定义。窗口描述了一个句子中查询词前后包含在向量投影中的词的个数。在 the dog jumped over the lazy fox 这样的样本句子中，假设想要找到 over 这个词的向量空间，算法会查看这个单词周围的上下文。如果额外提供一个大小为 2 的窗口，向量投影将包括单词 dog(w−2)、jumped(w−1)、the(w + 1)和 lazy(w + 2)。Skip-Gram 以一种相反的方式来实现，试图预测围绕某个特定单词的单词。以上述句子为例并使用同一个单词 over，该方法试图学习单词 jumped 和 the 在上下文中接近 over。图 3-1 中比较了这两种方法。

在 Word2Vec 中，用于表示词汇表中每个单词的固定维度的向量是随机初始化的。学习任务定义为根据前 N 个单词和后 N 个单词预测给定单词。损失函数定义为预测给定单词的误差。通过在训练过程中迭代许多句子，使用梯度下降优化词向量并更新，从而最小化损失并准确表示语义概念。有趣的是，这样的语义向量也表现出代数性质，例如表示 Queen 的向量与从 King 中减去 Man 并加上 Woman 的向量相似。Doc2Vec 是 Word2Vec 的一个简单而巧妙的改进，它学习了表示整个文档(例如段落)的向量以及其中的单词。

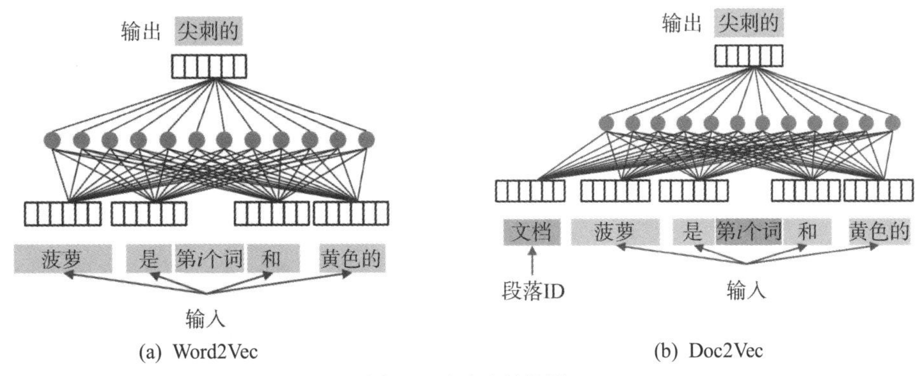

图 3-1　文本向量化器

3.2.3 图向量化器

另一个有价值的语义领域是图。图一般被结构化为一系列由边连接的节点。邻域定义了整体图中连接在一起的部分节点。根据数据集的不同，这些图可以是复杂的或小型的。图数据集的例子包括以个人为节点、朋友关系为边的社交网络图，以作家为节点、合著关系为边的作家合作网络图，以及以城市为节点、道路为边的交通网络图。考虑到这些场景，在这些潜在的海量图中发现模式变得很有价值。Node2Vec 是由 Grover 和 Leskovec 于 2016 年首次提出的一种在图数据上进行表征学习的算法[3]。

他们的论文有两方面研究；首先，算法通过使用图和节点邻域，可以生成语义相似的节点；其次，通过使用一些链接子集缺失的图来预测链接应该存在的位置。研究主要集中在识别语义相似节点的技术上。语义相似的节点可以用两种方式来描述：同质性和结构等价性。同质性描述了一个节点高度互连且彼此相似的场景。结构等价性描述了图中具有相似连接或充当相似角色的节点彼此相似的场景，这些节点之间不需要高度连接或相互连接。

以一个由所有学生和教职工组成的小学的人口数据作为例子。假设一个节点代表一个单独的个体，一条边代表加入同一个班级的独立个体。一群特定年级的学生很可能同时出现在几个班级中并相邻。教师可以在这个群体中授课，也可以在不同的时间在由完全不同的学生组成的其他班级授课。出现在同一班级的学生是同质的，并被视为高度互连的节点组。教师在结构上等同于其他教师，他们是与其他大批学生连接的一个点。结构等价的节点不需要作为进入更大邻域的过渡节点。

在图的边缘上只有单个连接或完全没有连接的节点也可以被视为结构等价的。在 Node2Vec 模型训练过程中，通过同质性或结构等价性来识别节点的选项可以看成一个参数。对于给定的一个图，Node2Vec 可以学习节点的向量表示，然后用于节点比较和链接预测。不同于文本句子中每个单词前后最多有一个单词，图具有复杂的结构。因此，有必要将这个可能复杂且互连的图转换为类似于句子的元素序列。Node2Vec 背后的关键创新之一是通过生成随机游走序列，然后使用 Word2Vec 学习这些序列中节点的向量表示，将图映射为节点序列，即图句子。超参数控制生成的游走次数、游走长度，以及游走的偏好，以接近其起始节点，并可能重新游走已游走过的节点或远离起始节点探索更远的位置。一旦生成游走序列，将把其作为句子提供给前述的文本向量化器(见图 3-2)。

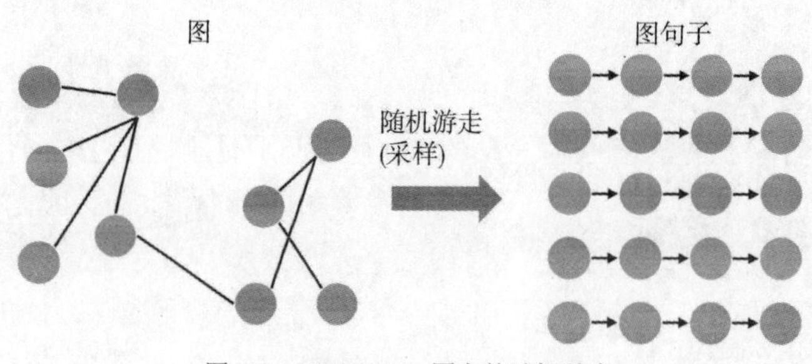

图 3-2 Node2Vec：图上的随机游走

3.3　问题表述

在了解了语义嵌入研究的背景知识后，我们准备正式定义面向边缘环境的语义向量联邦的问题。

本章前面已指出边缘环境下语义向量联邦的两个问题场景：一是当迭代共同学习成为可能时；二是当边缘站点无法参与共同学习时。共同学习是多方协作并共享某种形式信息的过程。在数据不敏感或各参与方由单一组织控制的情况下，原始信息可以共享。然而，许多情况下，可能需要尽量减少与他人共享的数据。后一种情况被用来为共同学习过程提供指导和设计新算法。

为解决相互冲突的挑战，需要为每个场景开发新的算法。在共同学习的情况下，在开始迭代分布式梯度下降之前，边缘站点协作计算一个聚合特征集，以使跨边缘站点的语义向量空间对齐。在无法进行共同学习的情况下，边缘站点从本地数据中学习自身的语义向量嵌入模型。因此，边缘站点之间的语义向量空间不对齐，边缘站点之间的语义相似性也无法保持。为解决这个问题，我们提出了一种新的方法来学习向量空间之间的映射函数，使得一个边缘站点的向量可以映射到另一个边缘站点上语义相似的向量。

3.3.1　共同学习

共同学习可以描述为同步学习能够发生的场景，即各参与方能够同时参与联邦学习来训练一个全局模型。然后，全局模型可以用于跨所有边缘站点执行新数据的语义相似性搜索。

共同学习算法使联邦平均算法适合于语义向量嵌入设置(通过在每轮迭代训练过程中平均学习到的权重来实现模型融合)。在语义嵌入模型中应用联邦学习的主要挑战是确保跨边缘站点的概念是对齐的。例如，在文本数据的情况下，如果边缘站点之间的词汇表是不同的，就无法直接应用联邦平均，因为嵌入模型的学习权重最终结果是单词嵌入，如果它们不对齐，则在平均过程中不能恰当地更新正确的嵌入。因此，共同学习自适应中的一个关键创新是将概念的词汇对齐作为迭代同步训练过程中的先决步骤，以确保跨站点的一致嵌入。

图 3-3 描述了一个例子，其中边缘 1 希望对与人 X 最相似的前 3 位专家进行全局搜索。假设一个 Doc2Vec 模型 $\boldsymbol{m}_1$ 已通过共同学习分配给所有的边缘站点，边缘 1 使用 $\boldsymbol{m}_1$ 将人 X 的文档向量化为向量 $\boldsymbol{v}_1$ 并将 $\boldsymbol{v}_1$ 发送给其他站点。其他站点应用相似度度量(如余弦相似度)找到 $\boldsymbol{v}_1$ 的前 3 个最近邻向量，并将相应的人的身份和余弦相似度得分返回到边缘 1。在接收到所有边缘站点的结果后，边缘 1 可以选择余弦相似度最高的前 3 个结果。

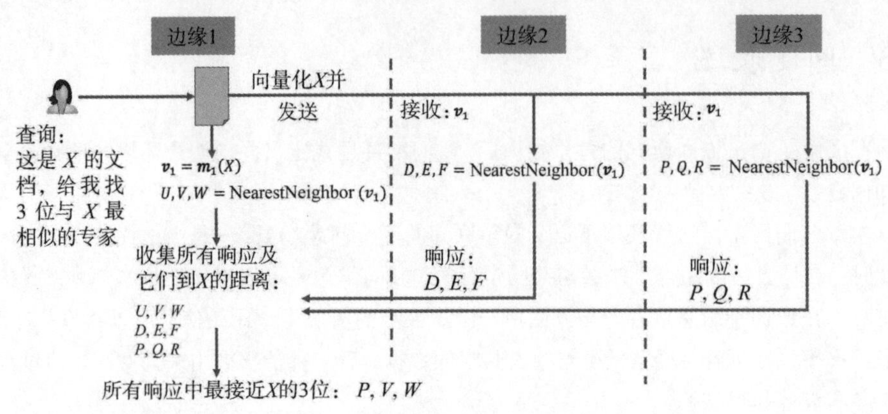

图 3-3 语义搜索示例：共同学习

3.3.2 向量空间映射

语义向量嵌入的向量空间映射问题被定义为具有 N 个边缘站点的问题，每个边缘站点 i 具有本地数据集 D_i，在 D_i 上训练一个预训练的语义向量嵌入模型 $\boldsymbol{m}_i$。每个边缘站点都希望以协作形式在所有边缘站点上对新的示例 d 进行全局相似性搜索，但不希望彼此共享数据，也无法参与共同训练一个公共模型。

语义嵌入模型的一个关键特性是每个模型都有各自的向量空间。这意味着为语义表示生成的实值向量是随机初始化的。例如，由于这个特性，即使两个词嵌入模型在完全相同的语料库上训练，它们的语义向量也会不同，并且语义含义在其他嵌入模型中不会被保留。在此，引入了一个称为向量空间映射的概念，它能够将一个嵌入模型的向量空间转换为另一个独立训练的嵌入模型的向量空间，以保留在两个模型之间学习到的语义，并允许查询它们的向量之间的相似性。

其中一个主要挑战是在不同的向量空间中识别一组语义相似的单词的训练集，并使用相应的向量作为参考向量，可以用来生成一个能够将任意向量从一个向量空间转换到另一个向量空间的函数。鉴于此，我们的算法利用多层感知器(Multi-Layer Perceptron，MLP)神经网络的特性来学习通用函数，从而有可能训练这样一个网络来学习映射。然而，训练一个 MLP 模型需要一个对所有边缘站点都普遍可用的训练数据集。当站点之间不希望共享特有数据集时，训练数据的可用性会受到很大限制。

因此，我们的向量空间映射算法的另一个关键创新是无论什么领域，都可以利用公开可用的语料库作为 MLP 映射模型的训练数据集生成器。其算法定义如算法 3.1 所述，并在图 3-4 中有所说明。

算法 3.1　向量空间映射算法

Input: 本地数据集 D_i，公共数据集 D_p，损失函数 F_i，周期 T，学习率 η

Function Main(D_i, D_p, F_i, η)

　$\boldsymbol{m}_i \leftarrow \text{TrainDoc2Vec}(D_i, D_p, F_i, \eta)$

　存储 $\boldsymbol{m}_i$

Function $\text{Map}_j(\boldsymbol{m}_j, D_p, F_i)$

　$\boldsymbol{W}_{i\to j} \leftarrow \text{RandomNN}()$

　for all $\boldsymbol{b} \in D_p$ **do**

　　$\boldsymbol{v}_i \leftarrow \text{predict}(\boldsymbol{m}_i, \boldsymbol{b})$

　　$\boldsymbol{v}_j \leftarrow \text{predict}(\boldsymbol{m}_j, \boldsymbol{b})$

　　$L \leftarrow F_i(\boldsymbol{v}_i, \boldsymbol{v}_j)$

　　$\nabla \leftarrow \text{Gradient}(L, F_i, \boldsymbol{W}_{i\to j})$

　　$\boldsymbol{W}_{i\to j} \leftarrow \boldsymbol{W}_{i\to j} - \eta\nabla L$

　end for

　$\boldsymbol{m}_{i\to j} \leftarrow \text{Model}(\boldsymbol{W}_{i\to j})$

　存储 $\boldsymbol{m}_{i\to j}$

Function GlobalSearch($\boldsymbol{d}$)

　for all $\text{Edge}_j \in \text{Edges}$ **do**

　　$\boldsymbol{v}_i \leftarrow \text{predict}(\boldsymbol{m}_i, \boldsymbol{d})$

　　$\boldsymbol{v}_j \leftarrow \boldsymbol{m}_{i\to j}(\boldsymbol{v}_i)$

　　发送查询 $\boldsymbol{v}_j$ 到 Edge_j

　　$\boldsymbol{V}_{\text{sim}} \leftarrow$ 接收来自 Edge_j 的结果向量

　end for

　return $\boldsymbol{V}_{\text{sim}}$

如图 3-4 所示，假设从边缘 1 上的本地数据训练了一个语义向量嵌入模型 $\boldsymbol{m}_1$，从边缘 2 上的本地数据训练了另一个语义向量嵌入模型 $\boldsymbol{m}_2$。目标是训练一个可以将 $\boldsymbol{m}_1$ 的向量空间映射到 $\boldsymbol{m}_2$ 的向量空间的 MLP 映射模型。一个可被两个边缘站点访问的辅助数据集 D_p 可以作为训练样本生成器，并促进 MLP 映射模型的训练。MLP 模型的输入是 $\boldsymbol{m}_1$ 在 D_p 的样本上生成的向量，而真实值标签是 $\boldsymbol{m}_2$ 在相同 D_p 样本上生成的向量。由于 MLP 映射模型的输入和输出可以具有不同的维度，因此即使边缘 1 和边缘 2 为它们的语义向量选择了不同的维度，这种方法也适用。

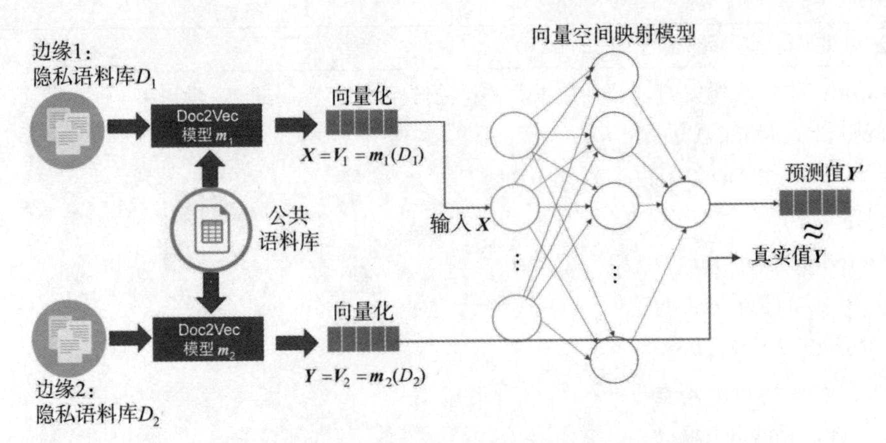

图 3-4　学习将边缘 1 的向量空间映射到边缘 2 的向量空间

3.4　实验与设置

我们通过在自然语言和图这两种数据模态上的大量实验来评估联邦学习和向量空间映射算法。这些实验以在全局语义搜索具有专业知识的个体的示例为基础。评价指标依赖于算法的不同。对于共同学习，我们对联邦语义向量嵌入模型相对于集中式模型的基线表现进行客观评估；与基线进行比较是无监督算法的标准做法，因为没有关于样本之间的语义相似性的真实数据。而对于向量空间映射，我们进行了一个客观的分析，比较了在使用和不使用映射算法时参考向量的余弦相似度。

3.4.1　数据集

对于自然语言模态，我们使用了 3 个不同的数据集：①由 Slack 协作对话组成的内部数据集；②包含 10K 个样本的 2017 年维基百科数据集；③包含 18 846 个样本的 20 个新闻组的公共数据集。对于共同学习，数据集①同时用于集中式和联邦式实验。对于向量空间映射实验，数据集②作为隐私数据集，数据集③作为所有边缘站点可访问的公共数据集。对于图模态，利用数据集①进行共同学习实验，只构建用户之间的协作图，不查看帖子的文本内容。

Slack 数据集(即数据集①)由 14 208 个唯一用户之间的 7367 个 Slack 频道上的自然语言对话组成。其中，只有 1576 个具有足够活跃度(超过 100 个帖子)的用户被用于实验。在训练 Doc2Vec 模型时，将一个用户的所有 Slack 帖子作为单个文档处理。对于集中式情况，所有用户的 Slack 帖子用于训练单个 Doc2Vec 模型，而对于联邦情况(共同学习)，用户均匀分布在两个边缘站点上。这里不包括组织层次结构、项目或团队的额外知识，而使模型仅依赖于 Slack 帖子的内容，以此作为代表每个用户的语义向量嵌入的基础。

在根据 Slack 数据集构建图时，将每个用户作为图中的一个节点，并将与该用户参与同一 Slack 频道的其他用户作为边。为避免由于拥有大量用户的频道而产生噪声边，参与不到 10 个频道的用户对之间不会有边。另一种方法是为边分配权重；不过，Node2Vec 没有利用边权重信息。整个图用于训练集中式 Nodes2Vec 模型。对于联邦情况，用户被随机分配到其中一个边缘站点。当这样做时，跨站点边以两种不同的方式处理：①跨站点的边不保留，因此每个边缘站点只在分配给该站点的用户之间有边；②跨站点的边上涉及的节点在两个站点上都保留。

3.4.2 实现

对于自然语言数据集，我们使用 Doc2Vec 模型架构，采用基于 Skip-Gram 的 PV-DM 算法，执行 40 个周期，学习率为 0.025。Doc2Vec 语义向量为 50 维的实值向量。对于图数据集，使用 Node2Vec 架构，也是执行 40 个周期，学习率为 0.025。Node2Vec 语义向量为 124 维的实值向量。Node2Vec 的超参数倾向于同质性方法，其中返回参数 p 优先于输入输出参数 q。我们设置 p=0.6，q=0.1。游走长度参数(即从起始节点到其他节点的跳数)设置为 20，而游走次数(即节点跳跃执行的迭代次数)也设置为 20。

在向量空间映射的情况下，映射模型是一个具有 1200 个神经元的单隐层的 MLP 模型，丢弃率为 0.2。由于语义相似度基于余弦相似度，因此使用余弦嵌入损失来训练 MLP。另外，采用的是学习率为 0.00001、训练周期为 20、批大小为 64 的自适应矩估计(ADAM)优化器。

值得强调的是，这些细节是为了保证完整性，并且这些参数在文献中相当常用。实验的目标不是生成性能最好的语义向量嵌入模型，而是为了评估联邦算法相对于传统集中式算法的性能。因此，对于集中式和联邦式情形，都保持上述所有参数一致。

3.5 结果：共同学习

度量

为客观地衡量联邦算法相对于集中式情形的性能，我们对它们之间的重叠度进行计算。对于数据集中给定的文档 d，采用集中式模型对文档进行向量化处理，基于余弦相似度从数据集中找到前 k 个最相似文档的集合，记为 $\boldsymbol{d}_c^k$ 。然后，利用各自的联邦算法，为同一个文档 d 找到前 k 个最相似文档的集合，记为 $\boldsymbol{d}_f^k$ 。重叠度 sim_k 则为交集基数与 k 的比值，记为 $\text{sim}_k = \frac{|\boldsymbol{d}_c^k \cap \boldsymbol{d}_f^k|}{k}$ 。对于数据集中的多个文档，计算所有文档上 sim_k 的简单平均值。当 $\text{sim}_k = 1$ 时，集中式和联邦式模型的语义搜索结果相同。该度量背后的思想很简单：sim_k 越高，联邦算法的性能越接近集中式算法。在评估联邦算法相对于集中式情形的性能时，可令 k=10。

1. 自然语言

图 3-5 展示了共同学习算法应用于 Slack 数据集时，集中式情形与共同学习情形的重叠分布情况(sim_{10}×10)。由 sim_k= 0.609 可知，对于大部分用户，共同学习模型找到的用户中有大约 6 个与集中式模型找到的用户相同。值得注意的是，平均重叠度达六成是一个不错的结果，因为我们发现，当从余弦相似度检索前 10 个结果时，实验之间的后半部分结果通常是不一致的(即使是在集中式情形下)，这是因为后面的结果得分较低且接近，通常只有小数点后几位的差异。因此，联邦模型能够与集中式模型产生的结果有超过一半的重叠度这一事实表明了两种模型的性能相近。

基于以上内容，可以得出结论，与集中式模型相比，共同学习算法在性能上没有明显的下降，因此共同学习算法是一个可行的替代方案。

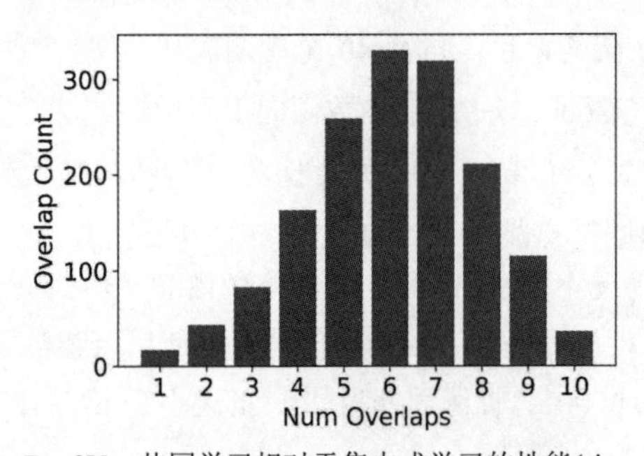

图 3-5 Doc2Vec 共同学习相对于集中式学习的性能(sim_k= 0.609)

2. 图

图 3-6 展示了当共同学习算法应用于跨站点协作者不保留的图数据集时，集中式情形与共同学习情形的重叠分布情况(sim_{10}×10)。从这个分布和 sim_k=0.138 可以看出，对于大部分用户，共同学习模型几乎找不到与集中式模型返回的相同的用户。这个结果并不理想。然而，由于共同学习情形对应的图中删除了跨站点边，与拥有整个图的集中式情形相比，前者丢失了关于这些用户协作行为的有价值信息。尽管这一解释在直觉上是合理的，但仍需要检查当保留跨站点协作者时的结果。

图 3-7 展示了当共同学习算法应用于所有跨站点协作者都保留的图数据集时，集中式情形与共同学习情形的重叠分布情况(sim_{10}×10)。从这个分布和 sim_k=0.253 可以看出，对于大部分用户，共同学习模型找到的与集中式模型返回的相同的用户的数量超过 2 个。相比于不保留的情况，这明显是更好的结果。因此，得出结论：保留跨站点协作者有助于共同学习模型实现更准确的用户嵌入。

虽然上述 Node2Vec 共同学习结果的差异可以用保留策略的差异来解释，但是与 Doc2Vec 相比，Node2Vec 表现较差的原因需要进一步研究。一种猜测是，用户被随机分配到边缘站点会对共同学习性能产生负面影响，因为这种分配会对图中的协作用户簇产生不均匀的影响。例如，一个边缘站点的大部分协作用户簇可能不受影响，而另一个边缘站点的协作用户簇可能拆分为两个站点。尽管通过跨站点保留可能保留了直接的协作者，但是高阶合作仍然会受影响。

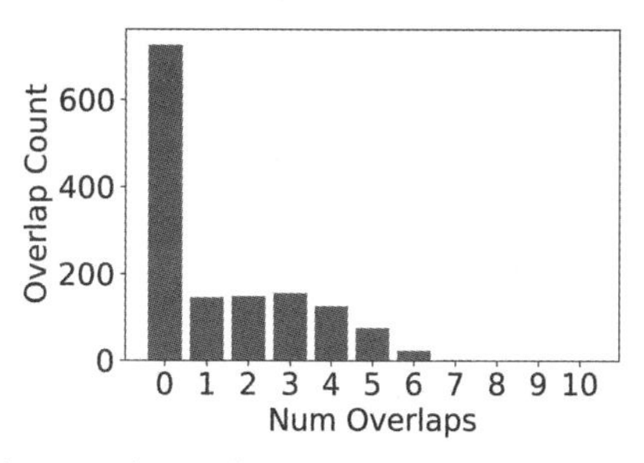

图 3-6　不保留协作者的 Node2Vec 共同学习相对于集中式学习的性能(sim_k= 0.138)

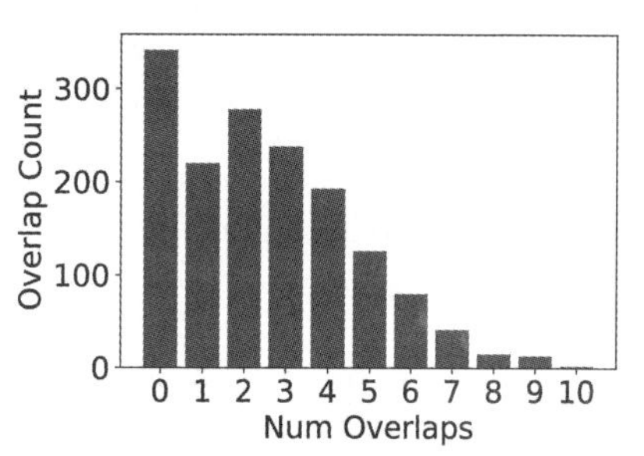

图 3-7　保留协作者的 Node2Vec 共同学习相对于集中式学习的性能(sim_k= 0.253)

3.6　结果：向量空间映射

为构建所需的向量空间，我们从 2017 年维基百科数据集中随机选择了 10 000 个打乱的子样本，作为两个边缘站点的隐私数据，用于训练两个使用不同的初始随机权重的 Doc2Vec 模型。我们还利用包含 18 886 个样本的 20 个新闻组的数据作为公共数据集，生成输入和真实值向量，以训练 MLP 映射模型。实验的重点是将边缘 1 的向量空间映射到边缘 2 上。

3.6.1　余弦距离

为说明跨向量空间映射缺失的影响，我们对两个向量空间中相同文档的向量之间的余弦相似度进行测量。在没有映射的情况下，余弦距离分布与正交向量的分布非常相似，基本上类似于随机向量，如图 3-8 所示。图 3-9 展示了映射向量空间后的余弦距离分布，可以看出其均值和方差与随机分布有明显的差异，并趋向于 1.0 的相似度。

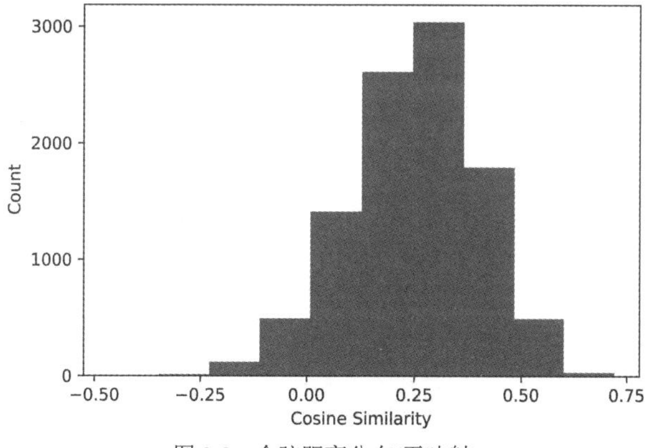

图 3-8　余弦距离分布(无映射)

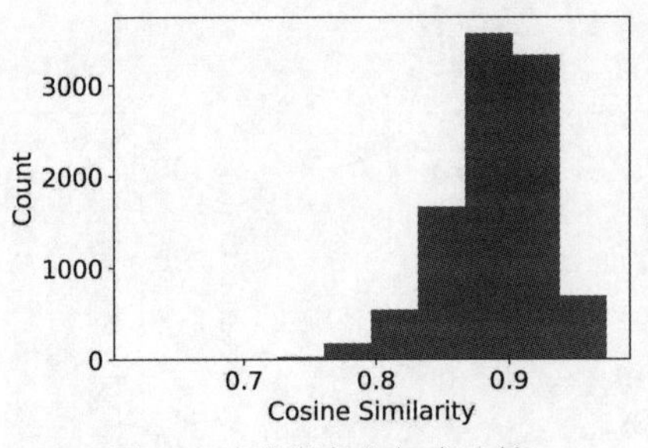

图 3-9 余弦距离分布(有映射)

3.6.2 排名相似度

为进一步确定向量空间映射的质量，我们测量两个向量空间中可比较向量的排名相似度。在边缘 1 的向量空间中对文档进行向量化，然后将其映射到边缘 2 的向量空间中，找到与其最接近的 20 个匹配向量。如果最接近的匹配向量与测试文档相同，则将其排名为 0；否则，按照它在相似度结果中出现的顺序给予相应的排名。如果在相似度结果中没有返回测试文档，则将其排名设为 20。如图 3-10 所示，映射后的文档向量之间达到了 0.95%的完美匹配准确率。我们还进行了无映射的排名相似度实验，如图 3-11 所示，结果显示仅有 0.03%的准确率能够匹配到正确的向量，并且大多数结果的排名都是 20。因此，这两个结果都说明了向量空间映射算法在跨独立训练的本地模型进行语义搜索方面的有效性。

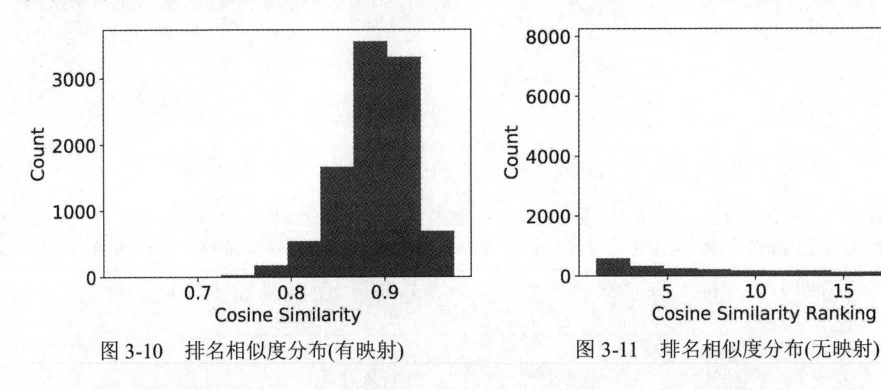

图 3-10 排名相似度分布(有映射)

图 3-11 排名相似度分布(无映射)

3.7 本章小结

随着监管的加强和来自边缘的数据的增长，边缘计算将成为一个重要的研究领域，对 IT 系统的开发、部署和管理产生重大影响。本章介绍了联邦语义向量嵌入研究的新方向，基于联邦学习和语义向量嵌入技术的有机组合。具体来说，我们提出了两个研究问题，以适应两种不同的设置，其中边缘站点在不共享任何原始数据的情况下，跨站点协作进行全局语义搜索。

第一种设置称为共同学习。在这种设置下，边缘站点之间密切合作，进行同步的共同学习过程，并就模型架构、训练算法、向量维度和数据格式达成一致。为解决共同学习问题，这里提出了一种全新的算法，它采用了一个新颖的思路，在开始迭代的联邦学习过程之前先进行词汇聚合。

第二种设置称为向量空间映射。在这种设置下，边缘站点在共同学习的各种参数上无法达成一致，或者由于需要动态加入和退出而无法进行同步。这是一个具有挑战性且非常具有实际意义的设置。这里基于一个新的思路，即通过在任何领域的公共数据集上训练另一个模型来学习向量空间之间的映射，提出了一种解决向量空间映射问题的算法。

针对多种自然语言和图数据集的实验评估表明，与作为基线的集中式情形(所有数据可以在一个站点上聚合)相比，这两种算法都显示出良好的结果。但还有一些重要的问题需要进一步研究。例如，在边缘站点的数量、数据分布的差异以及边缘站点的数据量方面，这些算法如何扩展？我们如何解释这些语义向量并理解它们产生的相似度结果？本章介绍的内容是联邦语义向量嵌入领域的前沿研究，它成功地解决了一些重要的研究难题，并为未来的研究提供了宝贵的启示。

参考文献

[1] Devlin J, Chang M, Lee K, Toutanova K (2018) BERT: pre-training of deep bidirectional transformers for language understanding. CoRR abs/1810.04805, http://arxiv.org/abs/1810.04805,1810.04805.

[2] Frome A, Corrado GS, Shlens J, Bengio S, Dean J, Ranzato M, Mikolov T (2013) Devise: a deep visual-semantic embedding model. In: Advances in neural information processing systems, pp 2121-2129.

[3] Grover A,Leskovec J(2016)Node2vec:scalable feature learning for networks.In: Proceedings of the 22nd ACM SIGKDD international conference on knowledge discovery and data mining, KDD'16. Association for Computing Machinery, New York, pp 855-864.

[4] Hu YC, Patel M, Sabella D, Sprecher N, Young V (2015) Mobile edge computing-a key technology towards 5G. ETSI White Pap 11(11):1-16.

[5] Kanerva P, Kristofersson J, Holst A (2000) Random indexing of text samples for latent semantic analysis. In: Proceedings of the 22nd annual conference of the cognitive science society, vol 1036. Erlbaum, New Jersey.

[6] Uesaka Y, Kanerva P, Asoh H, Karlgren J, Sahlgren M (2001) From words to understanding. In: Foundations of real-world intelligence. CSLI Publications, p 294). chapter 26.

[7] Le Q, Mikolov T (2014) Distributed representations of sentences and documents. In: Interna- tional conference on machine learning, pp 1188-1196.

[8] McMahan HB, Moore E, Ramage D, y Arcas BA (2016) Federated learning of deep networks using model averaging. CoRR abs/1602.05629. http://arxiv.org/abs/1602.05629, 1602.05629.

[9] Mikolov T, Chen K, Corrado G, Dean J (2013) Efficient estimation of word representations in vector space. 1301.3781.

[10] Norouzi M, Mikolov T, Bengio S, Singer Y, Shlens J, Frome A, Corrado G, Dean J (2014) Zero-shot learning by convex combination of semantic embeddings. In: Proceedings of 2nd international conference on learning representations.

[11] Pennington J, Socher R, Manning CD (2014) GloVe: global vectors for word representation. In: Proceedings of the 2014 conference on empirical methods in natural language processing (EMNLP), pp 1532-1543.

[12] Sahlgren M, Kanerva P (2008) Permutations as a means to encode order in word space. In: Cognitive science—COGSCI.

[13] Salton G (1962) Some experiments in the generation of word and document associations. In: Proceedings of the fall joint computer conference, AFIPS'62 (Fall),4-6 Dec 1962. Association for Computing Machinery,New York,pp 234-250. https://doi.org/10.1145/

1461518.1461544.

[14] Salton G, Wong A, Yang CS (1975) A vector space model for automatic indexing. Commun ACM 18(11):613-620.

[15] Satyanarayanan M (2017) The emergence of edge computing. Computer 50(1):30-39.

[16] Wang Q, Mao Z, Wang B, Guo L (2017) Knowledge graph embedding: a survey of approaches and applications. IEEE Trans Knowl Data Eng 29(12):2724-2743.

[17] Yang Q, Liu Y, Chen T, Tong Y (2019) Federated machine learning: concept and applications. ACM Trans Intell Syst Technol (TIST) 10(2):1-19.

[18] Zhou Z, Chen X, Li E, Zeng L, Luo K, Zhang J (2019) Edge intelligence: paving the last mile of artificial intelligence with edge computing. Proc IEEE 107(8):1738-1762.

第 4 章

联邦学习中的个性化

摘要：通常，联邦学习问题描述要求我们学习一个适用于所有参与方的单一模型，同时禁止各参与方与聚合器共享数据。但是，并不是所有情况下都能找到一个适用于各参与方的共同模型。例如，考虑一个完形填空问题：I live in the state of ...。其答案显然取决于参与方，没有一个单一模型适用于所有情况。为解决这个问题，最新的研究提出了各种个性化策略。特别地，该问题似乎与元学习有着密切的关联。本章将回顾最新的联邦学习个性化技术，将它们分为八组，并总结 3 种策略和相应的数据集，作为联邦学习中的个性化基准。我们将概述联邦学习中个性化所面临的统计挑战。从更高的层面看，个性化会导致模型复杂性增加，从而增加联邦学习任务的难度。我们还将研究过度个性化阻止标准个性化联邦学习方法学习各参与方的共同部分的情形，并提出克服这些问题的替代方法。

4.1 介绍

集中式联邦学习旨在从单个参与方的数据中学习一个全局模型，同时保持其本地数据在各自设备中的隐私性、本地化。这种全局模型的优势在于利用来自所有参与方的数据，从而对各方的测试数据具有更好的泛化能力。然而，在实际场景中，各方的数据集往往是异构的(非 IID)，因此一个全局模型的性能对某些参与方来说可能不是最优的。另一方面，如果每个参与方在其本地数据上训练一个本地模型，并用类似于训练集的数据分布进行测试，由于其可用数据的稀缺性，可能无法进行泛化。个性化联邦学习旨在学习一个既具有全局模型泛化能力，又能在各参与方特定的数据分布上表现出良好性能的模型。

为说明个性化的必要性，这里以在联邦学习设置中学习语言模型的情况为例[10]：假设使用一个全局模型来预测 I live in the state of ...这句话的下一个单词，该全局模型将为每个参与方预测相同的标记(state 的名称)，而不考虑各自的本地数据分布。因此，尽管全局模型能够很好地学习语言的一般语义，但它无法针对不同参与方进行个性化。

除了上述定性的例子，还可以定量地论证个性化的必要性，例如使用 MNIST 数据集[1]在 100 个参与方之间进行实验。我们使用具有不同浓度参数(α)的狄利克雷分布[64]，以异构的方式将数据分配给这些参与方。然后在两种场景下训练一个两层的全连接网络，以对比衡量参与联邦学习的各参与方所获得的好处。在第一种场景中，令 100 个参与方在其本地数据上各自训练一个独立网络，执行 10 个周期，并测量这些独立网络在各自测试数据上的性能 ($\mathrm{Acc}_i^{\mathrm{local}}$) 。在第二个场景中，令 100 个参与方使用 FedAvg 方法[39]，进行 100 轮通信来训练一个全局模型，并在每个参与方的测试数据上测量这个全局模型的性能 ($\mathrm{Acc}_i^{\mathrm{global}}$) 。图 4-1 展示了在不同的数据异构性场景下，全局模型和本地模型对各参与方的性能差异 ($\mathrm{Acc}_i^{\mathrm{global}} - \mathrm{Acc}_i^{\mathrm{local}}$) 的直方图。从图中可以看出，全局模型对参与训练的每个参与方都没有好处，并且当数据的非 IID 特征更严重(较小的 α 值)时，这种现象更明显。这个实验强调了在各参与方的本地数据分布上个性化全局模型的必要性，以确保每个参与方都从其参与学习设置中受益。

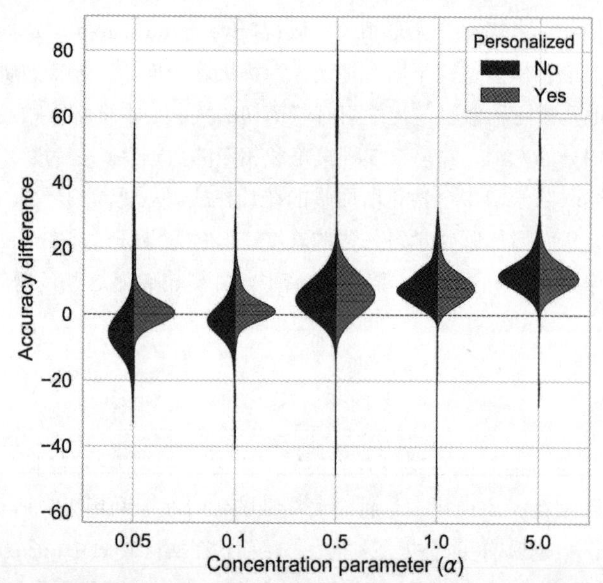

图 4-1 使用联邦平均学习的全局模型和仅在参与方的本地数据集上训练的本地模型的准确率的差异。在没有个性化和更严重的异构性(较小的 α)情况下，当参与方数量相当时，全局模型的性能低于本地模型。通过微调的简单个性化方法，可减弱这种影响，即使在异构性的极端情况下，性能也会提高

本章将介绍联邦学习文献中提出的不同个性化技术，并讨论联邦学习与一阶元学习之间的联系[18]，同时还将研究联邦学习中个性化的统计限制。特别地，我们将表明个性化可以在一定程度上改善参与方特定的性能，但在超过一定程度后，增加更多的参与方对性能的改进没有帮助。

1 http://yann.lecun.com/exdb/mnist/。

4.2　个性化的第一步

本节将介绍一种将联邦学习和个性化相结合的基本技术，并探讨为什么这种技术是个性化任务的强大基线。

4.2.1　对全局模型进行个性化微调

一种简单直接的个性化全局模型的方法是在本地数据上进一步训练它。该方法可通过对全局模型执行的本地更新次数来控制个性化程度。当本地更新次数为零时，保留全局模型，而随着本地更新次数的增加，模型将更个性化地适应本地数据。

虽然这项技术看起来很简单，但对于个性化任务来说是一个很好的基线。4.1 节的实验中研究了这种微调方法。通过在本地数据上微调 1 个周期的方式，对数据分布异构的 100 多个参与方学习到的全局模型进行个性化，然后在参与方的本地测试数据上测量该微调模型的性能。从实验结果可以看出，这种简单的微调技术使得全局模型的性能相对于本地模型有了很大的提高。对于极端的异构性情形，该方法提高了大量参与方的性能，并且在异构性较小的情况下也不会对性能产生负面影响。接下来我们的目标是理解这种微调方法表现出强大性能背后的原因。

4.2.2　作为一阶元学习方法的联邦平均

本节将尝试理解使用联邦平均学习的全局模型微调有效的原因。我们复现了 Jiang 等人[29]的推导，以表明联邦平均中的更新是联邦 SGD 更新和一阶 MAML(FOMAML)更新的结合。

什么是元学习和 MAML

传统的机器学习方法旨在学习在给定任务中表现最好的参数，而元学习(即学习如何学习)[55-57, 59]的目标是学习能够快速适应新任务的参数。模型无关的元学习(Model-Agnostic Meta-Learning，MAML)[18]是最常用的元学习方法之一：它的目标是在较少的梯度更新中找到能够适应新任务的模型参数。然而，为实现这一点，MAML 目标需要计算二阶导数，这在计算上是昂贵的。一阶 MAML(FOMAML)[43]通过只考虑一阶导数来逼近 MAML 目标，从而减少了 MAML 的计算量。有关元学习和相关的联邦学习个性化策略的进一步讨论，可参见 4.3.5 节。

我们从定义 FedSGD 的更新(式 4.1)开始分析。FedSGD 是先对 N 个参与方中的每一个采取一个梯度步长，将这些梯度传递回聚合器，然后聚合这些梯度来更新全局模型。这里用 ∇_k^i 表示参与方 i 上的第 k 步梯度。

$$\nabla_{\text{FedSGD}} = \frac{1}{N}\sum_{i=1}^{N}\frac{\partial L_i(\theta)}{\partial \theta} = \frac{1}{N}\sum_{i=1}^{N}\nabla_1^i \tag{4.1}$$

其中 $\boldsymbol{\theta}$ 为模型参数(例如神经网络权重)，$L_i(\boldsymbol{\theta})$ 为参与方 i 的损失。接着，以类似的方式推导 MAML 和一阶 MAML[18]的更新。假设 $\boldsymbol{\theta}_K^i$ 是以 β 为学习率，对损失梯度取 K 步后得到的参与方 i 的个性化模型。

$$\boldsymbol{\theta}_K^i = \boldsymbol{\theta} - \beta \sum_{j=1}^{K} \frac{\partial L_i(\boldsymbol{\theta}_j^i)}{\partial \boldsymbol{\theta}} \tag{4.2}$$

然后，MAML 更新被定义为个性化模型 $\boldsymbol{\theta}_K^i$ 关于初始参数 $\boldsymbol{\theta}$ 的梯度，在 N 个参与方之间进行平均。遗憾的是，这种计算需要高阶导数，即使对于 K=1 也需要很昂贵的计算代价。FOMAML 忽略了高阶导数，仅使用一阶梯度。

$$\nabla_{\text{FOMAML}}(K) = \frac{1}{N}\sum_{i=1}^{N} \frac{\partial L_i(\boldsymbol{\theta}_K^i)}{\partial \boldsymbol{\theta}} = \frac{1}{N}\sum_{i=1}^{N} \nabla_{K+1}^i \tag{4.3}$$

在计算了 FedSGD 和 FOMAML 的更新后，现在来看联邦平均(Federated Averaging，FedAvg)的更新。FedAvg 的更新是参与方更新的平均值，它们是本地梯度更新 ∇_j^i 的和。

$$\nabla_{\text{FedAvg}} = \frac{1}{N}\sum_{i=1}^{N}\sum_{j=1}^{K} \nabla_j^i = \frac{1}{N}\sum_{i=1}^{N}(\nabla_1^i + \sum_{j=1}^{K-1} \nabla_{j+1}^i) \tag{4.4}$$

$$= \frac{1}{N}\sum_{i=1}^{N} \nabla_1^i + \sum_{j=1}^{K-1} \frac{1}{N}\sum_{i=1}^{N} \nabla_{j+1}^i \tag{4.5}$$

通过整理，可以推导出 FedAvg、FedSGD 和 FOMAML 更新之间的关系。

$$\nabla_{\text{FedAvg}} = \nabla_{\text{FedSGD}} + \sum_{j=1}^{K-1} \nabla_{\text{FOMAML}}(j) \tag{4.6}$$

每次通信之前，FedAvg 中一阶梯度更新(K=1)的 FedAvg 更新会按照式 4.6，还原为 FedSGD 设置。增加梯度更新的次数会逐步增加更新中的 FOMAML 部分。根据 Jiang 等人[29]的研究，K=1 时训练的模型很难个性化，而将 K 增加到一定程度会增加模型的个性化能力，直到某个点后，初始模型的性能会变得不稳定。

4.3 个性化策略

近年来，联邦学习设置下的个性化学习在研究界引起了广泛关注。本节将讨论针对此问题而提出的各种技术并将其分为 8 个主要类别。分类标准以及属于各个标准的方法汇总在表 4-1 中。在接下来的小节中，将更深入地探讨表中定义的每个标准并研究其优缺点。

表 4-1　联邦学习设置中不同个性化方法的分类

个性化策略	描述和方法
客户端聚类[a]	将相似的参与方聚在一起，以学习类似数据分布的模型 方法：CFL[47]、3S-Clustering[b][19]、IFCA[20]、HypCluster[36]
客户端语境化[a]	学习各参与方私有的上下文特征，以便将上下文信息与输入特征一起添加到模型中 方法：FURL[5]、FCF[2]
数据增强	用来自其他参与方的数据或全局数据增强本地数据，以增加其多样性和大小 方法：DAPPER[36]、XorMixup[51]、global-data-sharing[b][66]
蒸馏	在本地模型和全局模型之间提取信息 方法：FML[50]、FedMD[34]
元学习方法	以元学习[25,57]问题进行个性化问题的表述 方法：FedMeta[9]、Per-FedAvg[17]、ARUBA[31]、FedPer[3]
模型混合	维护一个本地模型和一个全局模型，并使用两者的组合 方法：APFL[15]、LG-FedAvg[35]、FL+DE[44]、MAPPER[36]
模型正则化	优化损失函数的正则化版本，以平衡本地模型和全局模型 方法：L2GD[23]、FedAMP[26]、pFedMe[16]、Fed+[61]
多任务学习	使用多任务学习框架[46,65]进行联邦学习设置 方法：MOCHA[53]、VIRTUAL[14]

a 这里交替使用“客户端”和“参与方”这两个术语。虽然在一些研究论文中使用了“客户端”一词，但本书中使用了与之类似的术语“参与方”。

b 这些方法的作者还没有对他们提出的算法/技术指定一个具体的名称。为简洁起见，我们暂且这样称呼它们。

4.3.1　客户端(参与方)聚类

联邦学习中个性化的核心前提是，由于数据在参与方上的非 IID 异构分布，一个全局模型可能无法适用于所有参与方。用于个性化的客户端(参与方)聚类技术基于一个共同的假设：在系统中的 N 个参与方中，存在 $K<N$ 个不同的数据分布。该假设使得将参与方聚类到 K 个簇的技术能够缓解非 IID 的数据分布场景，并为每个簇学习一个通用的全局模型。因此，在这个假设下，个性化问题被细分为两个子问题：①定义一个聚类假设，将各参与方聚在一起；②为每个定义的聚类进行聚合并学习一个模型。

聚类联邦学习(Clustered Federated Learning，CFL)[47]假设存在一个分区 $C=\{c_1, \ldots, c_K\}$，$\bigcup_{k=1}^{K} c_k=\{1, \ldots, N\}$，使得每个参与方子集 $c_k \in C$ 满足全局模型的常规联邦学习假设，同时最小化所有参与方数据分布的风险。然而，CFL 并不是一次性地识别参与方的全部聚类 C，而是递归地将参与方进行二分，直到识别出所有的聚类。该算法通过训练本地模型直到收敛到一定的限度来进行。然后，对这些独立的模型进行聚合并检查全局模型的一致性，即全局模型在多大程度上最小化了各参与方的风险。如果全局模型符合参与方的某个停止标准，则终止 CFL。否则，将各参与方划分为两个子簇，并在每个子簇上递归执行 CFL。由于二分法是递归的，因此聚类数目 K 不需要事先知道。此外，由于聚类机制是在聚合器上实现的，因此各参与方不承担该方法的计算任务。与此相对的，聚合器的计算能力通常比参与方更强大，可以减少聚类过程的开销。

3S-Clustering[19]也提出了类似于 CFL[47]的问题，但它并非对参与方递归地二分，而是致力于在聚合器上一次性地找到 K 个簇。一旦本地模型被训练并传达给聚合器，3S-Clustering 就执行一个聚类方法——通常是 k-means。其他聚类方法也可以使用，如原文所示，他们研究这种方法主要用于拜占庭鲁棒分布式优化——在聚合器上找到 K 个簇。然而，该方法仅适用于凸目标，因此不适用于如深度神经网络的非凸目标的情况。

上述两种方法使用聚合器进行参与方聚类，而这一分类中的另外两种方法 IFCA[20]和 HypCluster[36]则利用参与方来识别各自的簇成员(见图 4-2)。这两种方法非常相似，都是由维护 K 个聚类中心和相关的模型参数的聚合器来操作。在每一轮，聚合器将聚类参数广播给每个参与方，而每个参与方通过选择损失值最低的参数来估计其聚类身份。然后将这些聚类中心作为本地模型的初始化器，在本地数据上进行微调，并与聚类身份一起发送回聚合器进行聚合。之后聚合器根据其簇成员聚合模型并重复整个过程。

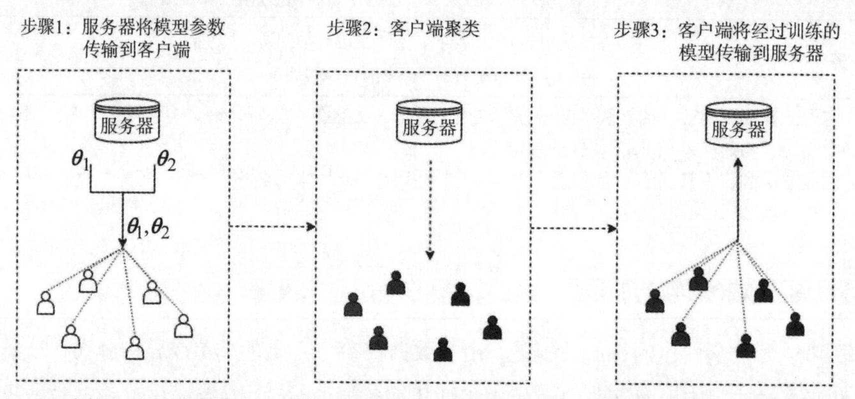

图 4-2　用于个性化的客户端(参与方)聚类策略。在这个特定的实例中，聚合器维护 K 个单独的模型参数并将这些参数发送给各个参与方，由各参与方决定应该使用 K 个模型参数中的哪一个

4.3.2　客户端语境化

在与联邦学习无关的问题中，学习用户特定的上下文特征或嵌入被广泛用于改进模型的个性化[1,22,27,38,58]。客户端语境化对于联邦学习中的个性化任务采用同样的学习用户嵌入的方法。这种方法背后的基本原理是：每个参与方的嵌入都捕获自己特定的特征并指示全局模型利用此上下文，使其预测适应特定的参与方。

联邦协同过滤(FCF)[2]提供了一种以联邦方式学习的基于协同过滤[48]的推荐系统。协同过滤通过一个用户-物品交互矩阵 $\boldsymbol{R}\in\mathbb{R}^{N\times M}$ (用户-因子矩阵 $\boldsymbol{X}\in\mathbb{R}^{N\times M}$ 和物品-因子矩

阵 $\boldsymbol{Y} \in \mathbb{R}^{N \times M}$ 的线性组合)来建模 N 个用户和 M 个物品之间的交互，形式如下。

$$\boldsymbol{R} = \boldsymbol{X}^{\mathrm{T}} \boldsymbol{Y} \tag{4.7}$$

在 FCF 算法的每次迭代中，聚合器将物品-因子矩阵 $\boldsymbol{Y}$ 发送给每个参与方，每个参与方使用它们的本地数据来更新用户-因子矩阵 $\boldsymbol{X}$ 和物品-因子矩阵 $\boldsymbol{Y}$。更新后的物品-因子矩阵被发送回聚合器进行聚合，而用户-因子矩阵在每个参与方上保持隐私。这使得每个参与方可以学习自己的一组用户-因子矩阵，同时利用来自不同参与方的物品-因子信息。在对比 FCF 和标准协同过滤的实验中，FCF 在多个推荐性能指标和多个推荐数据集上的表现都与标准协同过滤的表现非常接近。

FCF 主要是协同过滤，而 FURL[5]则通过两种手段(①定义隐私和联邦参数；②指定独立的本地训练约束和独立的聚合约束)来泛化这种方法。独立的本地训练约束指定本地参与方使用的损失函数与其他参与方的隐私参数无关，而独立的聚合约束指定全局聚合步骤与参与方的隐私参数无关。当满足这些条件时，FURL 保证了将参数拆分为隐私的和联邦的之后不会造成模型质量损失。

FURL 应用于文档分类任务的示例如图 4-3(a)所示。其中，用户嵌入对每个参与方都是隐私的，而 BiLSTM 和 MLP 的参数是所有用户共享的联邦参数。各参与方共同训练隐私参数和联邦参数，但只与聚合器共享联邦参数进行聚合。实验结果表明，通过 FURL 实现的个性化显著提高了文档分类任务的性能。

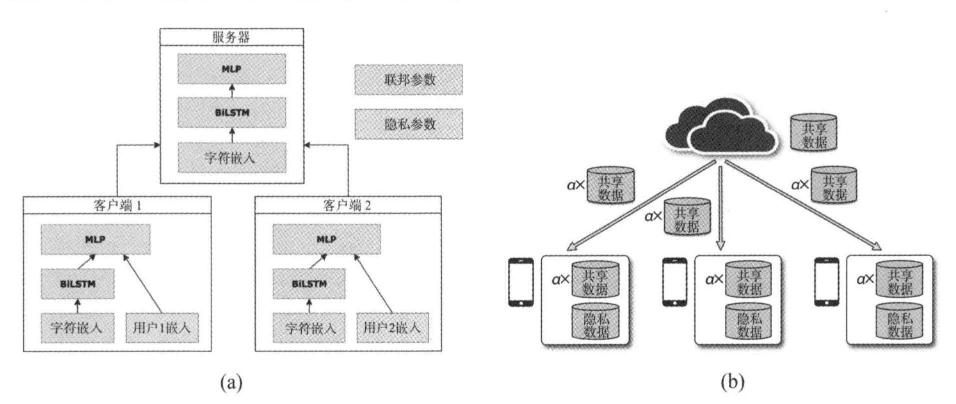

图 4-3　联邦学习中用于个性化的客户端语境化和数据增强策略。其中(a)为 FURL 文档分类模型。联邦参数(字符嵌入)与各参与方的隐私参数(用户嵌入)一起使用；(b)为数据共享策略演示。各参与方使用其隐私数据以及全局共享数据的子集来训练其本地模型(图片来源：原论文[66])

然而，通过 FURL 实现个性化有几个缺点。首先，使用 FURL 时需要将隐私参数纳入建模，这可能要求对网络架构进行修改。其次，将隐私参数纳入模型会增加参与方需要学习的参数数量，考虑到参与方数据的稀缺性，这可能会使任务更困难。最后，FURL 技术面临新参与方的冷启动问题。由于隐私参数是每个参与方特有的，加入该框架的新参与方需要先训练其隐私参数，才能发挥个性化的作用，在此之前可能会出现性能下降的情况。

4.3.3 数据增强

在标准的机器学习中，数据增强技术已被用于缓解分类不平衡、非 IID 数据集的问题，或者人为地扩充原本较小的数据集。这些技术包括对表征不足的分类样本进行过采样[8]、训练 GAN 来生成增强数据样本[37]。对这一领域感兴趣的读者可以参考有关数据增强技术的研究，以了解该领域的概况[40,52]。

由于联邦学习还受到各参与方数据缺乏的影响，而全局范围内存在大量数据，人们自然而然地会问：是否可以使用全局数据(所有参与方的数据)来提高特定参与方的性能。同样的，有人提出了在全局范围内共享少量数据以帮助提高各参与方的性能[66]或在本地模型之外训练生成对抗网络(GAN)以增强数据样本[28]的方法。

增强数据的一个简单方法是收集来自各参与方的数据子集，以创建一个全局共享数据集，各参与方可以使用该数据集来增强其本地数据集。DAPPER[36]和 global-data-sharing[66]方法都属于这类方法。这两种方法都使用了一个全局数据集 D_{G}，该数据集表明了全局数据分布。global-data-sharing 方法旨在通过共享在全局数据集上训练的预热模型以及各参与方的数据集的随机子集(αD_{G})来初始化联邦学习过程。每个参与方使用聚合器提供的数据集扩充其本地数据集以训练其本地模型，然后将其传输回聚合器进行聚合。图 4-3(b)演示了该过程。

另一方面，DAPPER[36]不是直接用全局数据集来增强本地数据集，而是优化以下目标。

$$\lambda D_{\mathrm{party}} + (1-\lambda) D_{\mathrm{G}} \tag{4.8}$$

在每一次优化步骤中，每个参与方都选择概率为 λ 的本地数据集 D_{party} 和概率为 $1-\lambda$ 的全局数据集 D_{G} 进行优化。其余的优化和聚合步骤保持不变。

相比于没有采用个性化进行训练的模型，DAPPER 和 global-data-sharing 方法都表现出显著的性能提升，但它们需要将各参与方的数据传输到全局聚合器和其他参与方。将参与方的数据移到它们的设备之外违反了联邦学习的隐私保证，因此这些方法无法在实践中直接实现。

XorMixup[51]的目的是在利用数据增强的个性化能力的同时，避免涉及与传输参与方数据相关的隐私问题。它提出使用 XOR 编码方案混淆数据样本，然后上传至聚合器。执行 XorMixup 的每个参与方首先从两个不同的类标签中选择数据样本，然后使用两者的 XOR 创建一个编码数据样本。每个参与方将这些编码样本上传至聚合器，聚合器使用来自指定类标签的单独的数据样本对其进行解码，并使用这些解码后的样本来训练模型。这些编码后的样本表现出与原始数据样本具有高度的差异，同时也表现出在非 IID 条件下模型性能的提升。

4.3.4 蒸馏

在联邦学习的一般形式下，当聚合器向参与方发送模型时，它将以该模型为起点在本地数据上进行训练。通过蒸馏进行个性化训练采取了一种不同的方法。基于蒸馏的方法不是以中心模型参数为出发点，而是利用知识蒸馏[21,24]在模型之间传递知识，不需要显式复制参数。使用蒸馏而不是复制模型参数的关键优势在于，模型架构不需要参与方和聚合器之间保持相同。例如，参与方可以选择更适合其数据和/或硬件约束的模型架构。联邦相互学习(Federated Mutual Learning，FML)[50]和 FedMD[34]是遵循该类方法的主要方法。

什么是知识蒸馏

模型压缩[11]的任务是减少模型大小，从而减少存储模型所需的内存，提高推断速度，同时保留原始神经网络中的信息。知识蒸馏[21,24]是一种模型压缩技术，旨在有效地将信息或知识从更大的网络转移到更小的网络中。知识蒸馏有 3 个主要组成部分：教师网络、学生网络和知识。教师网络是编码知识的更大的模型，而这些知识需要转移到通常较小的学生网络中。有几种方法来定义要蒸馏的知识[21]：它可以是网络某些层的输出(例如基于响应和基于特征的知识)，也可以是不同层或数据样本之间的关系(例如基于关系的知识)。

FML 采用了本地模型和全局模型之间的双向蒸馏。实施 FML 的参与方维护一个本地模型，该模型在不与聚合器共享数据的情况下对其数据进行持续训练。在每一轮通信中，聚合器将全局模型发送给每个参与方，参与方通过全局模型和本地模型之间的双向知识蒸馏进行更新。相应的目标函数如下。

$$L_{\text{local}} = \alpha L_{\text{local}} + (1-\alpha) D_{\text{KL}}(p_{\text{global}} \parallel p_{\text{local}}) \tag{4.9}$$

$$L_{\text{global}} = \beta L_{\text{global}} + (1-\beta) D_{\text{KL}}(p_{\text{local}} \parallel p_{\text{global}}) \tag{4.10}$$

由于 FML 中本地模型和全局模型之间的连接是通过输出概率的 KL 散度来实现的，不同于其他联邦学习方法中通过参数复制实现的连接，因此本地模型和全局模型的架构可以不同。最初针对 FML 的研究[50]用实验证明了这一效果。通过在不同的参与方使用不同的网络架构，作者也验证了在此情况下相较于在完整数据集上独立训练一个全局模型的性能提升。

FedMD[34]也提出了与 FML 类似的采用蒸馏的个性化方法。FedMD 框架需要一个在参与方和聚合器之间共享的公共数据集，以及每个参与方维护的隐私数据集。该框架先由参与方在公共数据集上训练模型，然后在各自的隐私数据集上训练模型，最后将公共数据集中每个样本的类分数传递给中心聚合器。所有参与方的这些类分数的聚合将作为每个参与方使用蒸馏学习的目标分布。与 FML 类似，FedMD 支持各参与方的不同模型架构。不过，FedMD 需要一个大型的公共数据集，要求各参与方共享，因此增加了各参与方与聚合器之间的通信成本。

4.3.5　元学习方法

当代的机器学习模型在单个任务上被训练得表现良好，而元学习[25, 57, 59]旨在学习到只需要几个例子就可以快速适应新任务的模型。有多种方法可以实现这一目标：基于度量的方法、基于模型的方法和基于优化的方法[59]。本节将重点介绍更适合我们目的的基于优化的方法。基于优化的元学习技术旨在学习在给定的几个示例和几个梯度更新中可快速修改为新任务的模型参数。MAML[18]是一种相当常用的方法，适用于使用基于梯度的方法进行学习的任何模型。MAML 不是训练模型参数来最小化给定任务上的损失，而是在几个参数适应步骤后训练模型参数来最小化任务上的损失。如果将每个任务视为联邦学习设置中的一个参与方，那么可以在个性化联邦学习和元学习之间作对照。我们希望训练一个全局模型，使其成为参与方模型的良好初始化器，以便它能够快速适应参与方数据分布，即个性化。4.2 节中回顾了原始个性化基线(即 FedAvg 的微调)和元学习之间的联系。现在回顾基于元学习的其他最新方法。

ARUBA[31]是一个将元学习与多任务学习技术相结合的框架，它使元学习方法能够学习并利用任务相似性来提高其性能。ARUBA 背后的一个动机是，在元学习模型中，某些特定的模型权重充当特征提取器，相比于其他变化较大的权重，这些特定模型权重可以在不作太多变动的情况下跨任务迁移。每坐标学习率允许参数以不同的学习率进行适应，这取决于它们在任务间的可迁移性。ARUBA 在联邦学习设置下的下一个字符预测任务上测试时，与微调的 FedAvg 基线的性能相匹配，但不需要对微调学习率进行额外的超参数优化。

与 ARUBA 同时提出的 FedMeta[9]将标准的元学习算法融入联邦学习设置中。在此设置下，聚合器的目标是维护一个初始化，使得参与方能够快速适应其本地数据分布。参与方通过在本地执行元学习算法的内循环(支持数据上的适应步骤)进行训练，并将外循环(查询数据)的梯度返回给聚合器，聚合器利用这些信息更新其初始化。虽然 FedMeta 在聚合器上聚合模型初始化的同时，通过在参与方上运行元学习步骤，将元学习融入个性化中，但 Per-FedAvg[17]表明该方案在某些情况下可能表现不佳。相反，Per-FedAvg 假设每个参与方以全局模型作为初始化，并根据自己的损失函数对其进行一次梯度步骤的更新，从而将问题的表述改变为如下。

$$\min_{\theta} F(\theta) := \frac{1}{N}\sum_{i=1}^{N} L_i(\theta - \alpha \nabla L_i(\theta)) \tag{4.11}$$

最后，FedPer[3]提出将全局模型分离为作为特征提取器的基础网络和个性化层。参与方共同训练基础层和个性化层，但只与聚合器共享基础网络进行聚合。这使得系统可以利用来自多个参与方的信息来学习表征提取网络，同时学习一个特定于每个参与方的个性化层。原论文中没有明确探讨该方法与元学习之间的联系，而在元学习文献中有相关研究，即几乎没有内循环(Almost No Inner Loop，ANIL)[45]，该研究提出将网络划分为躯干网络和头部网络，只让头部网络在元学习的内循环中适应新任务。

4.3.6 模型混合

在联邦学习的标准定义中，本地模型在本地数据上进行训练，而全局模型聚合来自各参与方的信息构建一个全局模型。参与方参与联邦学习的关键激励是利用其他参与方的信息来减少其相对于本地训练模型的泛化误差。然而，对于联邦学习系统中的某些参与方，可能存在这样的情况：全局模型的表现比这些参与方可以在本地训练的独立模型更差[62]，例如图4-1中的实验。这激发了通过学习一个参数将全局模型和本地模型进行混合的想法，从而将两个模型进行最优组合。

FL+DE[44]通过混合专家技术[63]学习组合本地模型和全局模型的预测类概率。每个参与方维护一个在本地数据上训练的本地领域专家(DE)模型，同时与其他参与方协作构建全局模型。门控函数($\alpha_i(\boldsymbol{x})$)被参数化为原始研究中的逻辑回归模型[44]，与联邦学习设置一起学习，以最优组合全局模型($\hat{y}_G$)和本地领域专家($\hat{y}_i$)的预测类概率。因此，门控函数学习基于输入的两个模型之间的偏好区域。那么对给定数据样本 $\boldsymbol{x}$ 的最终预测就是两个模型的预测类概率的凸组合。

$$\hat{y}_i = \alpha_i(\boldsymbol{x})\hat{y}_G(\boldsymbol{x}) + (1-\alpha_i(\boldsymbol{x}))\hat{y}_{\text{local}}(\boldsymbol{x}) \tag{4.12}$$

$$\alpha_i(\boldsymbol{x}) = \sigma(\boldsymbol{w}_i^{\mathrm{T}}\boldsymbol{x} + \boldsymbol{b}_i) \tag{4.13}$$

与使用混合专家技术来组合输出概率不同，MAPPER[36]和APFL[15]方法学习一个混合参数(α)来最优地组合本地模型和全局模型。在APFL中，虽然全局模型仍然像传统的联邦学习那样被训练成最小化在聚合域上的经验风险，但是通过 α，本地模型(h_{local})被训练成也包含全局模型(h_g)的一部分(见式4.14)。第 i 个参与方的个性化模型是全局模型(h_g)和本地模型(h_{local})的凸组合(见式4.15)。

$$h_{\text{local}} = \arg\min_h \hat{L}_{D_i}(\alpha_i h + (1-\alpha_i)h_g) \tag{4.14}$$

$$h_{\alpha_i} = \alpha_i h_{\text{local}} + (1-\alpha_i)h_g \tag{4.15}$$

到目前为止，我们所研究的3种方法都同时保持了本地模型和全局模型。但是，这些模型都是针对同一个任务进行训练的。LG-FedAvg[35]则提出在本地模型和全局模型之间分拆学习任务——每个参与方学习从原始数据中提取高层表征，全局模型在这些表征上操作(而不是对原始数据)。图4-4中描述了一个图像分类任务的LG-FedAvg过程。这里，本地模型被训练为从原始图像中提取高层表征，而全局模型使用监督学习进行训练，本地模型可以自由选择学习这些表征的技术。如图4-4所示，可以使用有监督的预测任务(使用辅助模型将表征映射到预测)、无监督或半监督技术(见图4-4(a)到(c))进行学习。本地模型还可通过对受保护属性的对抗训练进行公平表征的学习(见图4-4(d))。这种分拆有以下几个优点：①在表征而不是原始数据上操作全局模型减小了全局模型的大小，从而减少了聚合器和参与方之间需要通信的参数和更新的数量；②允许本地参与方根据其本地数据集的特征选择专门的编码器来提取表征，而不是使用通用的全局模型；③允许本地模型学习混淆受保护属性的公平表征，从而增强本地数据的隐私性。

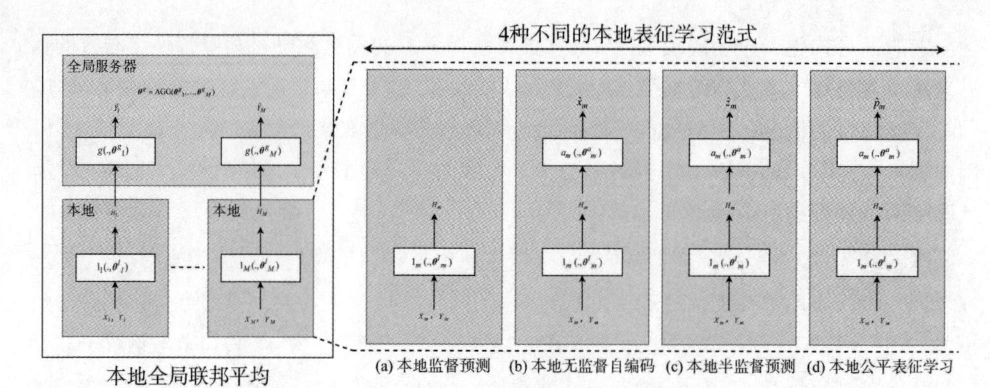

图 4-4 LG-FedAvg——本地模型 $\ell_i(\cdot;\theta_i^\ell)$ 学习在给定本地数据(X_i, Y_i)的情况下提取高层表征 H_i，而全局模型 $g(\cdot;\theta^g)$ 仅在学习的表征 H_i 上操作。由于这样的分拆，本地模型可以使用专门的技术进行训练，图中显示了其中的 4 种技术

4.3.7 模型正则化

在传统的有监督联邦学习中，针对以下目标对系统进行优化。

$$\min_{\theta}\{L(\theta) := \frac{1}{N}\sum_{i=1}^{N} L_i(\theta)\} \tag{4.16}$$

其中，N 是参与方的数量，$\boldsymbol{\theta}$ 是模型参数，$L_i(\theta)$ 表示第 i 个参与方数据分布的损失。

另一方面，基于正则化的个性化技术针对标准目标的正则化版本进行优化。无循环本地梯度下降(Loopless Local Gradient Descent，L2GD)[23]、联邦注意消息传递(Federated Attentive Message Passing，FedAMP)[26]、pFedME[16]和 Fed+[61]都是正则化技术的实例，它们的主要区别在于对正则化目标的定义有所不同。

L2GD[23]将正则化目标定义为本地模型参数($\boldsymbol{\theta}_i$)与各参与方平均参数($\bar{\theta}$)之差的 l_2 范数，整个系统优化了式 4.17 和式 4.18 中定义的目标。为优化这个目标，L2GD 提出了一种非均匀 SGD 方法，该方法在参与方和聚合器之间需要的通信轮数上进行收敛性分析。它将目标视为一个 2-sum 问题，通过 ∇L 或 $\nabla\psi$ 采样来估计 ∇F，并定义梯度的无偏估计量，如式 4.19 所示。在每个时间步长中，本地模型以 1-p 的概率采用本地梯度步长，或者聚合器以概率 p 将本地模型转移到平均值。

$$\min_{\theta_1,\ldots,\theta_N}\{F(\boldsymbol{w}) := L(\theta) + \lambda\psi(\theta)\} \tag{4.17}$$

$$L(\theta) := \frac{1}{N}\sum_{i=1}^{N} L_i(\theta_i),\ \ \psi(\theta) := \frac{1}{2N}\sum_{i=1}^{N} \|\theta_i - \bar{\theta}\|^2 \tag{4.18}$$

$$G(\theta):=\begin{cases}\dfrac{\nabla L(\theta)}{1-p}, & \text{概率为}1-p\\ \dfrac{\lambda\nabla\psi(\theta)}{p}, & \text{概率为}p\end{cases} \tag{4.19}$$

L2GD 适用于凸损失函数并为之提供保证，因此不能直接应用于神经网络模型中常见的非凸损失函数。

PFedMe[16]通过定义如下目标将个性化问题建模为一个双层优化问题。

$$\min_{\theta}\{F(\theta)=\frac{1}{N}\sum_{i=1}^{N}F_i(\theta)\} \tag{4.20}$$

$$F_i(\theta)=\min_{\theta_i}\{L_i(\theta_i)+\frac{\lambda}{2}\|\theta_i-\theta\|^2\} \tag{4.21}$$

这里，θ_i 是第 i 个参与方的个性化模型，在其本地数据分布上进行训练，同时在内部层次上与全局模型参数 $\boldsymbol{\theta}$ 保持有界距离。然后为一个参与方定义最优个性化模型。

$$\hat{\theta}_i(\theta):=\text{prox}_{L_i/\lambda}(\theta)=\arg\min_{\theta_i}\left\{L_i(\theta_i)+\frac{\lambda}{2}\|\theta_i-\theta\|^2\right\} \tag{4.22}$$

与 FedAvg 类似，一个实现 pFedMe 的系统在每轮通信中向各参与方发送全局模型权重，并使用各参与方在本地训练多轮后返回的权重进行模型聚合。与 FedAvg 不同，参与方在本地最小化式 4.21，是一个双层优化问题。在每轮本地训练中，参与方首先求解式 4.22，找到最优的个性化参与方参数($\hat{\theta}_i(\theta_{i,r}^t)$)。这里 $\theta_{i,r}^t$ 是参与方 i 在全局训练轮 t 和本地训练轮 r 的本地模型，其中 $\theta_{i,0}^t=\theta^t$。此后，在外层，参与方使用式 4.21 中关于 F_i 的梯度更新本地模型 $\theta_{i,r}^t$。

FedAMP[26]提出了以下个性化目标。

$$\min_{\theta}\{F(\theta)=\sum_{i=1}^{N}L_i(\theta_i)+\lambda\sum_{i<j}^{N}A(\|\theta_i-\theta_j\|^2)\} \tag{4.23}$$

此目标的第二部分定义了一个注意力诱导函数 $A(\|\theta_i-\theta_j\|^2)$，该函数以非线性的方式衡量各参与方参数之间的相似度，旨在提高各参与方之间的协作。注意力诱导函数可以采取任何形式；然而，在这项研究中，作者使用了负指数函数 $A(\|\theta_i-\theta_j\|^2)=1-\mathrm{e}^{-\|\theta_i-\theta_j\|^2/\sigma}$。为优化这个目标，FedAMP 采用了交替优化策略，首先在聚合器上通过从各参与方收集的权重优化 $\sum_{i<j}^{N}A(\|\theta_i-\theta_j\|^2)$，然后在各参与方上使用其本地数据集优化 $L_i(\theta_i)$。

Fed+[61]认为，鲁棒聚合可以更好地处理参与方数据的异构性，并通过用于个性化的模型正则化方法来容纳它。Fed+引入了凸惩罚函数 ϕ 和常数 α、μ，如下所示。

$$\min_{\theta,z,\bar{\theta}}\frac{1}{N}\{F_{\mu,\alpha}(\theta,z,\bar{\theta})=\sum_{i=1}^{N}L_i(\theta_i)+\frac{\alpha}{2}\|\theta_i-z_i\|_2^2+\mu\phi(z_i-\bar{\theta})\} \tag{4.24}$$

它提出了一个可通过最小化式 4.24 中的 z_i 并保持 $\boldsymbol{\theta}_i$ 和 $\bar{\theta}$ 固定得到的当前本地模型和全局模型的鲁棒组合。设定 $\phi(\cdot)=\|\cdot\|_2$ 可得到几何中位数的 ρ-平滑近似(几何中位数是一种鲁棒聚合的形式)。

由于 $z_i \leftarrow \bar{\theta}+\text{prox}_{\phi/\rho}(\theta_i-\bar{\theta})$，其中 $\rho:=\mu/\alpha$，因此 $z_i=(1-\lambda_i)\theta_i+\lambda_i\bar{\theta}$，其中 $\lambda_i:=\min\{1,\rho/\|\theta_i-\bar{\theta}\|_2\}$。

为了从 $\{\boldsymbol{\theta}_i\}$ 中计算鲁棒 $\bar{\theta}$，聚合器运行如下两步的迭代过程，用 $\bar{\theta}=\theta_{\text{mean}}:=\text{Mean}\{\boldsymbol{\theta}_i\}$ 初始化，直到 $\bar{\theta}$ 收敛。

$$\boldsymbol{v}_i \leftarrow \max\{0,1-(\rho/\|\theta_i-\bar{\theta}\|_2)\}(\theta_i-\bar{\theta})$$
$$\bar{\theta} \leftarrow \theta_{\text{mean}}-\text{Mean}\{\boldsymbol{v}_i\}$$

4.3.8 多任务学习

传统的机器学习方法通常针对单个任务进行模型优化。多任务学习(Multi-Task Learning，MTL)[4, 7, 54]将这种传统方法扩展到同时学习多个任务，从而利用任务之间的共性和差异来提升单个任务的性能。由于这些方法可以学习非 IID 和不平衡数据集之间的关系，因此它们非常适合应用于联邦学习设置[53]。对多任务学习感兴趣的读者可参考相关文献[46, 65]，以了解该领域的概况。

尽管 MTL 方法在联邦学习设置中颇具吸引力，但它们没有考虑框架中的容错性和掉队者等通信挑战。MOCHA[53]是第一个使用多任务学习的联邦学习框架，在训练过程中考虑了容错性和掉队者问题。MTL 方法一般将问题表述如下。

$$\min_{w,\Omega}\{\sum_{i=1}^{N}L_i(\theta_i)+R(\boldsymbol{\Omega})\} \tag{4.25}$$

其中，N 为任务总数，$L_i(\theta_i)$ 和 θ_i 分别为任务 i 的损失函数和参数。矩阵 $\boldsymbol{\Omega}\in\mathbb{R}^{N\times N}$ 表示任务之间的关系，这可能是先验已知的，也可能是同时学习任务模型时预测的。MTL 方法表述 R 时的不同之处在于它们通过 $\boldsymbol{\Omega}$ 矩阵来提升任务之间的合适结构。MOCHA 在联邦学习设置中使用目标的分布式原始-对偶优化方法对目标进行优化。这使得它可以通过只请求参与方可用的数据来更新本地模型参数就能分隔节点之间的计算。MOCHA 展示了多任务学习方法在联邦学习设置中的适用性，并且与在实验数据集上训练的全局和本地模型相比，表现出更好的性能。然而，它只适用于凸模型，不适用于非凸深度学习模型。

变分联邦多任务学习(VIRTUAL)[14]利用变分推断方法将多任务学习框架扩展到非凸模型。对于给定的 N 个参与方、每个参与方的数据集 D_i、本地模型参数 $\boldsymbol{\theta}_i$ 和中心模型参数 $\boldsymbol{\theta}$，VIRTUAL 计算后验分布。

$$p(\theta,\theta_1,\ldots,\theta_N | D_{1:N}) \propto \frac{\prod_{i=1}^{N} p(\theta,\theta_i | D_i)}{p(\theta)^{N-1}} \tag{4.26}$$

这种后验分布有两点假设：①参与方数据在给定聚合器和参与方参数时条件独立，即 $p(D_{1:N} | \theta,\theta_1,\ldots,\theta_N) = \prod_{i=1}^{N} p(D_i | \theta,\theta_i)$；②将先验因子分解为 $p(\theta,\theta_1,\ldots,\theta_N) = p(\theta)\prod_{i=1}^{N} p(\theta_i)$。由于式 4.26 中定义的后验分布是难以计算的，VIRTUAL 算法提出了一种类似期望传播的算法[41]来逼近后验分布。

4.4　个性化技术的基准

本节将回顾适用于联邦学习中个性化基准方法的数据集。我们将讨论具有非 IID 参与方数据分布的数据集，即每个参与方的数据都是从不同的分布中采样得到的；同时讨论先前研究中使用的数据集，以及可能适用于个性化问题设置的其他数据集。

从广义上讲，该领域的前期研究使用了以下类型的数据集：①合成数据集，其中数据集的生成过程被定义成为参与方生成数据样本；②根据一些假设对常用的数据集(如 MNIST 或 CIFAR10[32])进行划分来模拟联邦数据集；③使用具有自然分区的数据集，例如从多个参与方收集的数据。现在详细地研究每一种类型。

4.4.1　合成联邦数据集

生成合成联邦数据集的一种相当常见的方法是遵循 Shamir 等人提出的方法[49]，并增加一些修改，引入参与方之间的异构性。虽然生成数据集的确切方式在所提出的方法中有所不同，但基本过程如下：对于每个设备 k，根据模型 y=arg max(softmax($\boldsymbol{W}x$+b))生成样本($\boldsymbol{X}_k$,Y_k)。模型参数 $\boldsymbol{W}_k$ 和 b_k 由参数 α 控制，并按照以下方式进行采样：$u_k \sim N(0,\alpha)$，$\boldsymbol{W}_k \sim N(u_k,1)$ 和 $b_k \sim N(u_k,1)$。$\boldsymbol{X}_k$ 的生成由第二个参数 β 控制，按照以下方式进行采样：$B_k \sim N(0,\beta)$，$\boldsymbol{v}_k \sim N(B_k,1)$ 和 $\boldsymbol{x}_k \sim N(\boldsymbol{v}_k,\boldsymbol{\Sigma})$；$\boldsymbol{\Sigma}$ 是对角协方差矩阵，有 $\boldsymbol{\Sigma}_{j,j} = j^{-1.2}$。

这个合成数据集 Synthetic(α,β)有两个参数：α 和 β。其中，α 控制本地模型与其他参与方之间的差异，β 控制每个设备上的本地数据与其他参与方的数据之间的差异。

4.4.2　模拟联邦数据集

模拟联邦数据集的一种常见方式是使用常用的数据集，并根据假设将其划分给各个参与方。之前的研究一般使用 MNIST[1]、CIFAR10 和 CIFAR100[32]等数据集完成任务。由于这些数据集没有特定的自然特征可以用于将它们分区给各个参与方，因此需要根据一个假设对其进行划分。其中一种划分方式是为每个参与方从特定的类子集中采样数据点，以确

1 http://yann.lecun.com/exdb/mnist/。

保各参与方看不到来自所有类的数据，从而不包含数据集中所有类的特征表征。另一种划分方式是对各参与方进行数据样本的概率分配，例如采样 $p_k \sim \mathrm{Dir}_N(\alpha)$ 并将 $p_{k,i}$ 比例的 k 类实例分配给参与方 i[64]。

合成的联邦数据集的优点是允许对数据集中的异构性程度进行控制；但是，它们对参与方的支持数量是有限制的。之前的研究工作在实验中设置的参与方的数量为十个左右。虽然这适合在参与方数量通常不会太多的企业环境中进行联邦学习，但这种设置并未考虑在智能手机或物联网类型的应用中通常遇到的规模。

4.4.3 公共联邦数据集

除了合成和模拟的联邦数据集外，还可以使用支持各参与方之间数据自然划分的数据集。LEAF[6]是联邦学习方法的一个常用基准，它为图像分类、语言建模和情感分析任务提供了多个数据集。这些数据集是对个性化技术进行基准测试的首选数据集，因为它们与真实的非 IID 数据的特征接近，且它们支持的参与方的规模较大。LEAF 中包含的数据集主要如下。

- FEMNIST：Extended MNIST(EMNIST)[13]是一个包含数字、大小写字符共 62 个类标签的手写样本数据集。EMNIST 数据集由手写样本的原作者划分，创建了拥有超过 3 500 个参与方的 FEMNIST 数据集。
- Shakespeare 数据集：为进行语言建模任务，该数据集从 *The Complete Works of William Shakespeare*[1]中构建，将每个剧本中的每个演讲角色视为一个参与方。

关于 LEAF 中可用数据集的详细信息以及它们的汇总和参与方级别的统计信息，可参见表 4-2。

表 4-2　联邦学习数据集

数据集	任务类型	参与方数量	样本总数	每台设备的样本数	
				平均值	标准差
FEMNIST	图像分类	3550	805 263	226.83	88.94
CelebA	图像分类	9343	200 288	21.44	7.63
Shakespeare	语言建模	1129	4 226 158	3 743.28	6 212.26
Reddit	语言建模	1 660 820	56 587 343	34.07	62.95
Sent140	情感分析	660 120	1 600 498	2.42	4.71

除 LEAF 提供的数据集外，还有其他具备联邦学习任务中个性化所需特征的数据集。其中一些数据集包括如下。

- Google Landmarks DataSet v2，GLDv2)：GLDv2[2]是用于实例识别和图像检索任务的大规模细粒度数据集[60]。它由 246 个国家的大约 500 万张人工和自然地标的图

1 http://www.gutenberg.org/ebooks/100。
2 https://github.com/cvdfoundation/google-landmark。

像组成，这些图像有大约 20 万个不同的标签。在联邦学习设置中使用时，该数据集可根据地标的地理位置、地标类别或作者等维度进行划分。考虑到它的规模和多样性，这个数据集是个性化任务的一个重要测试平台。

- MIMIC-III：MIMIC-III[30]是 2001 年至 2012 年期间住在马萨诸塞州波士顿一家医院重症监护病房的 4 万多名患者的大规模去标识化的健康相关数据。它包括超过 6 万个重症监护病房的人口统计、生命体征测量、实验室测试结果、程序、药物、护理人员记录、成像报告和死亡率(包括院内和院外)等信息。与 GLDv2 相比，虽然该数据集的规模有限，但它是目前可用的最大医学数据集之一，因此为评估联邦学习中的个性化提供了一个重要的基准。

4.5　偶然参数问题

对于联邦学习中个性化的局限性，存在一个可能的理论解释：偶然参数问题。这里考虑联邦学习中个性化的一般模型：聚合器和参与方旨在解决下面这种形式的优化问题。

$$\min_{\theta,\theta_1,\ldots,\theta_N} \frac{1}{N}\sum_{i=1}^{N} L_i(\theta,\theta_i) \tag{4.27}$$

其中 θ 是共享模型参数，θ_i 是特定于参与方的参数，L_i 是第 i 个参与方的经验风险。在大多数联邦学习设置中，每个参与方的样本数量是有限的，因此特定于参与方的参数 θ_i 只能在一定的精度范围内进行估计，该精度取决于每个参与方的样本数量。我们可能希望可以更准确地估计共享参数 θ，但这只能在某种程度上实现。

样本规模层面的问题如下。

$$\min_{\theta,\theta_1,\ldots,\theta_N} \frac{1}{N}\sum_{i=1}^{N} R_i(\theta,\theta_i) \tag{4.28}$$

其中，R_i 为第 i 个参与方的(样本规模)风险：$R_i(\cdot) \triangleq E[L_i(\cdot)]$。令 $(\hat{\theta},\hat{\theta}_1,\ldots,\hat{\theta}_N)$ 和 $(\theta^*,\theta_1^*,\ldots,\theta_N^*)$ 分别为式 4.27 和式 4.28 的 argmin。共享参数的估计值满足以下计分式子。

$$0 = \frac{1}{N}\sum_{i=1}^{N} \partial_\theta L_i(\hat{\theta},\hat{\theta}_1,\ldots,\hat{\theta}_N) \tag{4.29}$$

将计分式子围绕 $(\theta^*,\theta_1^*,\ldots,\theta_N^*)$ 展开并丢弃高阶项，可得

$$0 = \frac{1}{N}\sum_{i=1}^{N} \partial_\theta L_i(\theta^*,\theta_1^*,\ldots,\theta_N^*) + \partial_\theta^2 L_i(\theta^*,\theta_1^*,\ldots,\theta_N^*)(\hat{\theta}-\theta^*) + \partial_{\theta_i}\partial_\theta L_i(\theta^*,\theta_1^*,\ldots,\theta_N^*)(\hat{\theta}_i-\theta_i^*)$$

重新排列以隔离共享参数中的估计误差。

$$\hat{\theta}-\theta^{*}=\left(\frac{1}{N}\sum_{i=1}^{n}\partial_{\theta}^{2}L_{i}(\theta^{*},\theta_{1}^{*},\ldots,\theta_{N}^{*})\right)^{-1}\left(\frac{1}{N}\sum_{i=1}^{N}\partial_{\theta}L_{i}(\theta^{*},\theta_{1}^{*},\ldots,\theta_{N}^{*})+\partial_{\theta_{i}}\partial_{\theta}L_{i}(\theta^{*},\theta_{1}^{*},\ldots,\theta_{N}^{*})(\hat{\theta}_{i}-\theta_{i}^{*})\right)$$

可以看到，参与方特有的参数中的估计误差通过项 $\partial_{\theta_i}\partial_{\theta}L_i(\theta^*,\theta_1^*,\ldots,\theta_N^*)(\hat{\theta}_i-\theta_i^*)$ 的平均值影响共享参数的估计误差。这个平均值一般不为零，因此即使随着参与方数量的增加也不会收敛到零。为了使这个平均值收敛到零，必须满足以下两种情况中的一种。

- $\hat{\theta}_i-\theta_i^*\xrightarrow{p}0$：个性化参数的估计误差收敛到零。这只有在每个参与方样本量增加的情况下才有可能。遗憾的是，在大多数联邦学习问题中，对参与方的计算和存储限制排除了这种情况。
- $\partial_{\theta_i}\partial_{\theta}L_l(\theta^*,\theta_1^*,\ldots,\theta_N^*)$ 均值为零。这相当于式 4.29 满足一定的正交性[12, 42]。如果计分式子满足这一性质，那么参与方特定参数的估计误差不会影响共享参数的估计。虽然这是非常可取的，但是正交性只发生在某些特殊情况下。

综上所述，共享参数中的估计误差一般会受到特定参与方参数中的估计误差的影响，并且在实际的联邦学习设置中，当参与方数量增加但每个参与方的样本量有限时，估计误差不会收敛到零。退一步讲，这从自由度的角度是可以预期的。随着参与方数量的增加，虽然总样本量增加，但必须学习的参数总数也随之增加。换句话说，联邦学习中的个性化是一个高维问题。此类问题被认为具有挑战性，除非参数具有特殊结构(如稀疏性、低秩性等)，否则估计误差一般不会收敛到零。遗憾的是，在联邦学习中通常情况并非如此。

实际上，这意味着如果要在联邦学习问题中引入个性化，那么在不增加每个参与方的样本量的情况下，将参与方的数量增加到超过某一临界点是无用的。要确定是否超过这一临界点，可以检查共享参数估计值的质量是否随着更多参与方的加入而提高。如果超出这一临界点，则参与方特定参数的估计误差在共享参数的估计误差中占主导地位，对参数共享没有好处。这被称为偶然参数问题，它在统计学中有着悠久的历史。关于该问题的综述可参见相关文献[33]。

4.6 本章小结

本章通过证明本地联邦学习并不一定能帮助所有参与方训练一个比它们在本地训练的更好的模型来说明个性化的需求。人们提出了不同的个性化技术来缓解这一问题。我们根据个性化策略的类型将这些技术分为八大类。除了对个性化策略的回顾，我们还概述了联邦学习中个性化的统计挑战。本章最后将对实现或利用个性化策略时的现实考虑，以及未来的研究方向和联邦学习中有关个性化理论理解的开放问题提供建议。

1. 现实考虑

应用程序个性化策略的选择与参与联邦学习设置的各参与方和聚合器的属性密切相

关。具体来说，有助于做出明智选择的问题包括：①各参与方是否具有相同的模型架构？②是否有可用于增强本地数据的数据共享机制？③各参与方和聚合器的计算能力如何？④对各参与方期望提供的数据量有多少？

如果并非所有参与方都有相同的模型架构，或者不同参与方倾向于有不同的架构，那么可以探索基于蒸馏的方法(见 4.3.4 节)或 LG-FedAvg[35]方法。这些技术支持并经过实验证明适用于不同的参与方和全局模型架构。另一个重要的考虑为是否有全局数据可用于增强本地数据。虽然共享参与方数据违背了联邦学习的核心宗旨，但如果有可能收集共享数据集，那么面向个性化的数据增强技术(见 4.3.3 节)可以成为这些场景中强有力的候选方案。

在选择个性化策略时，参与方和聚合器的计算能力也起着重要作用。对于参与方而言，如果计算和内存能力足够可用，那么可以探索模型混合方法(见 4.3.6 节)。由于模型混合方法在参与方上维护本地和全局模型，并使用两者的组合进行推断，因此显著增加了参与方的内存和计算需求。类似的，如果聚合器有足够的内存容量来维护大量模型参数，那么客户端(参与方)聚类方法(见 4.3.1 节)可能会有所帮助。

有助于做出明智决策的最后一个问题是关于每个参与方的可用数据量。这是应用情境化方法的重要考虑因素。客户端(参与方)语境化(见 4.3.2 节)增加了从本地数据中学习的参数数量，如果有足够的数据可用，那么就有可能学习这些情境参数来帮助个性化。

最后，无论是否满足上述条件，元学习(见 4.3.5 节)和模型正则化(见 4.3.7 节)方法都是适用的，在选择个性化策略时应该始终考虑它们。

2. 在联邦学习中推进个性化

随着越来越多的个性化算法在文献中被提出，我们认为下一阶段的重要工作是建立基准和性能评估指标，以有效可靠地衡量相关技术的性能。这就需要一个能够模拟实际部署中通常遇到的情况的数据集。虽然已经存在一些用于这种目的的数据集，但在更广泛的应用领域中需要更多的数据集。以标准化数据集为基准，可以更好地解释所提出技术的能力和局限性，也可以方便地进行各种技术之间的比较。除了数据集，还需要一个标准化的个性化评估设置。评估联邦学习技术的典型方法是测量全局模型的性能，这种方法也被用于个性化问题上。然而，正如在个性化的示例中所看到的，衡量全局模型的准确性并不能完整地反映每个参与方的性能。因此，定义一个能够考虑各参与方表现的评估设置将对有效评估个性化技术起到重要作用。

3. 对个性化的理论性理解

如上所述，由于偶然参数问题，个性化存在可伸缩性问题。这个问题因其统计性质而有别于机器学习中的大多数可伸缩性问题。要解决这一问题，需要将个性化扩展到大型参与方云。遗憾的是，近一个世纪以来，统计学界一直未能找到潜在的偶然参数问题的一般解决方案，因此不太可能有一种普遍的方法来实现大规模的个性化。不过，针对特定模型/应用程序开发定制的解决方案是有可能的，这是未来可期的研究领域。

参考文献

[1] Amir S, Wallace BC, Lyu H, Silva PCMJ (2016) Modelling context with user embeddings for sarcasm detection in social media. arXiv preprint arXiv:160700976.

[2] Ammad-Ud-Din M, Ivannikova E, Khan SA, Oyomno W, Fu Q, Tan KE, Flanagan A (2019) Federated collaborative filtering for privacy-preserving personalized recommendation system. arXiv preprint arXiv:190109888.

[3] Arivazhagan MG, Aggarwal V, Singh AK, Choudhary S (2019) Federated learning with personalization layers. arXiv preprint arXiv:191200818.

[4] Baxter J (2000) A model of inductive bias learning. J Artif Intell Res 12:149-198.

[5] Bui D, Malik K, Goetz J, Liu H, Moon S, Kumar A, Shin KG (2019) Federated user representation learning. arXiv preprint arXiv:190912535.

[6] Caldas S, Duddu SMK, Wu P, Li T, Konečný J, McMahan HB, Smith V, Talwalkar A (2018) Leaf: a benchmark for federated settings. arXiv preprint arXiv:181201097.

[7] Caruana R (1997) Multitask learning. Mach Learn 28(1):41-75.

[8] Chawla NV, Bowyer KW, Hall LO, Kegelmeyer WP (2002) Smote: synthetic minority over- sampling technique. J Artif Intell Res 16:321-357.

[9] Chen F, Luo M, Dong Z, Li Z, He X (2018) Federated meta-learning with fast convergence and efficient communication. arXiv preprint arXiv:180207876.

[10] Chen M, Suresh AT, Mathews R, Wong A, Allauzen C, Beaufays F, Riley M (2019) Federated learning of n-gram language models. In: Proceedings of the 23rd conference on computational natural language learning (CoNLL), pp 121-130.

[11] Cheng Y, Wang D, Zhou P, Zhang T (2017) A survey of model compression and acceleration for deep neural networks. arXiv preprint arXiv:171009282.

[12] Chernozhukov V, Chetverikov D, Demirer M, Duflo E, Hansen C, Newey W, Robins J (2017) Double/debiased machine learning for treatment and causal parameters. arXiv: 160800060 [econ, stat] 1608.00060.

[13] Cohen G,Afshar S,Tapson J,VanSchaikA (2017) EMNIST: extending MNIST tohandwritten letters. In: 2017 international joint conference on neural networks (IJCNN). IEEE, pp 2921-2926.

[14] Corinzia L, Beuret, A, Buhmann JM (2019) Variational federated multi-task learning. arXiv preprint arXiv:190606268.

[15] Deng Y, Kamani MM, Mahdavi M (2020) Adaptive personalized federated learning. arXiv preprint arXiv:200313461.

[16] Dinh CT, Tran NH, Nguyen TD (2020) Personalized federated learning with Moreau envelopes. arXiv preprint arXiv:200608848.

[17] Fallah A, Mokhtari A, Ozdaglar A (2020) Personalized federated learning: a meta-learning approach. arXiv preprint arXiv:200207948.

[18] Finn C, Abbeel P, Levine S (2017) Model-agnostic meta-learning for fast adaptation of deep networks. In: International conference on machine learning. PMLR, pp 1126-1135.

[19] Ghosh A, Hong J, Yin D, Ramchandran K (2019) Robust federated learning in a heterogeneous environment. arXiv preprint arXiv:190606629.

[20] Ghosh A, Chung J, Yin D, Ramchandran K (2020) An efficient framework for clustered federated learning. arXiv preprint arXiv:200604088.

[21] Gou J, Yu B, Maybank SJ, Tao D (2020) Knowledge distillation: a survey. arXiv preprint arXiv:200605525.

[22] Grbovic M, Cheng H (2018) Real-time personalization using embeddings for search ranking at Airbnb. In: Proceedings of the 24th ACM SIGKDD international conference on knowledge discovery & data mining, pp 311-320.

[23] Hanzely F, Richtárik P (2020) Federated learning of a mixture of global and local models. arXiv preprint arXiv:200205516.

[24] Hinton G, Vinyals O, Dean J (2015) Distilling the knowledge in a neural network. arXiv preprint arXiv:150302531.

[25] Hospedales T, Antoniou A, Micaelli P, Storkey A (2020) Meta-learning in neural networks: a survey. arXiv preprint arXiv:200405439.

[26] Huang Y, Chu L, Zhou Z, Wang L, Liu J, Pei J, Zhang Y (2021) Personalized cross-silo federated learning on non-IID data. In: Proceedings of the AAAI conference on artificial intelligence, vol 35, pp 7865-7873.

[27] Jaech A, Ostendorf M (2018) Personalized language model for query auto-completion. arXiv preprint arXiv:180409661.

[28] Jeong E, Oh S, Kim H, Park J, Bennis M, Kim SL (2018) Communication-efficient on-device machine learning: federated distillation and augmentation under non-IID private data. arXiv preprint arXiv:181111479.

[29] Jiang Y, Konečný J, Rush K, Kannan S (2019) Improving federated learning personalization via model agnostic meta learning. arXiv preprint arXiv:190912488.

[30] Johnson AE, Pollard TJ, Shen L, Li-Wei HL, Feng M, Ghassemi M, Moody B, Szolovits P, Celi LA, Mark RG (2016) MIMIC-III, a freely accessible critical care database. Sci Data 3(1):1-9.

[31] Khodak M, Balcan MF, Talwalkar A (2019) Adaptive gradient-based meta-learning methods. arXiv preprint arXiv:190602717.

[32] Krizhevsky A, Hinton G et al. (2009) Learning multiple layers of features from tiny images.

[33] Lancaster T (2000) The incidental parameter problem since 1948. J Econ 95(2):391-413. https://doi.org/10.1016/S0304-4076(99)00044-5.

[34] Li D, Wang J (2019) FedMD: Heterogenous federated learning via model distillation. arXiv preprint arXiv:191003581.

[35] Liang PP, Liu T, Ziyin L, Allen NB, Auerbach RP, Brent D, Salakhutdinov R, Morency LP (2020) Think locally, act globally: federated learning with local and global representations. arXiv preprint arXiv:200101523.

[36] Mansour Y, Mohri M, Ro J, Suresh AT (2020) Three approaches for personalization with applications to federated learning. arXiv preprint arXiv:200210619.

[37] Mariani G, Scheidegger F, Istrate R, Bekas C, Malossi C (2018) BAGAN: data augmentation with balancing GAN. arXiv preprint arXiv:180309655.

[38] McGraw I, Prabhavalkar R, Alvarez R, Arenas MG, Rao K, Rybach D, Alsharif O, Sak H, Gruenstein A, Beaufays F et al. (2016) Personalized speech recognition on mobile devices. In: 2016 IEEE international conference on acoustics, speech and signal processing (ICASSP). IEEE, pp 5955-5959.

[39] McMahan B, Moore E, Ramage D, Hampson S, y Arcas BA (2017) Communication-efficient learning of deep networks from decentralized data. In: Artificial intelligence and statistics. PMLR, pp 1273-1282.

[40] Mikołajczyk A, Grochowski M (2018) Data augmentation for improving deep learning in image classification problem. In: 2018 international interdisciplinary PhD workshop (IIPhDW). IEEE, pp 117-122.

[41] Minka TP (2013) Expectation propagation for approximate Bayesian inference. arXiv preprint arXiv:13012294.

[42] NeymanJ(1979)C(α)testsandtheiruse.Sankhyā:IndianJStatSerA(1961-2002) 41(1/2):1-21.

[43] Nichol A, Achiam J, Schulman J (2018) On first-order meta-learning algorithms. arXiv:180302999 [cs] 1803.02999.

[44] Peterson D, Kanani P, Marathe VJ (2019) Private federated learning with domain adaptation. arXiv preprint arXiv:191206733.

[45] Raghu A, Raghu M, Bengio S, Vinyals O (2019) Rapid learning or feature reuse? Towards understanding the effectiveness of MAML. In: International conference on learning representations.

[46] Ruder S (2017) An overview of multi-task learning in deep neural networks. arXiv preprint arXiv:170605098.

[47] Sattler F, Müller KR, Samek W (2020) Clustered federated learning: model-agnostic distributed multitask optimization under privacy constraints. IEEE Trans Neural Netw Learn Syst 1–13. https://doi.org/10.1109/TNNLS.2020.3015958.

[48] Schafer JB, Frankowski D, Herlocker J, Sen S (2007) Collaborative filtering recommender systems. In: Brusilovsky P, Kobsa A, Nejdl W (eds) The adaptive web: methods and strategies of web personalization. Springer, pp 291–324. https://doi.org/10.1007/978-3- 540-72079-9_9.

[49] Shamir O, Srebro N, Zhang T (2014) Communication-efficient distributed optimization using an approximate Newton-type method. In: International conference on machine learning. PMLR, pp 1000-1008.

[50] Shen T, Zhang J, Jia X, Zhang F, Huang G, Zhou P, Wu F, Wu C (2020) Federated mutual learning. arXiv preprint arXiv:200616765.

[51] Shin M, Hwang C, Kim J, Park J, Bennis M, Kim SL (2020) XOR mixup: privacy-preserving data augmentation for one-shot federated learning. arXiv preprint arXiv:200605148.

[52] Shorten C, Khoshgoftaar TM (2019) A survey on image data augmentation for deep learning. J Big Data 6(1):1-48.

[53] Smith V, Chiang CK, Sanjabi M, Talwalkar A (2017) Federated multi-task learning. arXiv preprint arXiv:170510467.

[54] Thrun S (1996) Is learning the n-th thing any easier than learning the first? In: Advances in neural information processing systems. Morgan Kaufmann Publishers, San Mateo, pp 640-646.

[55] Thrun S (1998) Lifelong learning algorithms. In: Learning to learn. Springer, Boston pp 181-209.

[56] Vanschoren J (2018) Meta-learning: a survey. arXiv preprint arXiv:181003548.

[57] Vilalta R, Drissi Y (2002) A perspective view and survey of meta-learning. Artif Intell Rev 18(2):77-95.

[58] Vu T, Nguyen DQ, Johnson M, Song D, Willis A (2017) Search personalization with embeddings. In: European conference on information retrieval. Springer, pp 598–604.

[59] Weng L (2018) Meta-learning: learning to learn fast. lilianwenggithubio/lil-log. http://lilianweng.github.io/lil-log/2018/11/29/meta-learning.html.

[60] Weyand T, Araujo A, Cao B, Sim J (2020) Google Landmarks Dataset v2-a large-scale benchmark for instance-level recognition and retrieval. In: Proceedings of the IEEE/CVF conference on computer vision and pattern recognition, pp 2575-2584.

[61] Yu P, Kundu A, Wynter L, Lim SH (2021) Fed+: a unified approach to robust personalized federated learning. 2009.06303.

[62] Yu T, Bagdasaryan E, Shmatikov V (2020) Salvaging federated learning by local adaptation. arXiv preprint arXiv:200204758.

[63] Yuksel SE, Wilson JN, Gader PD (2012) Twenty years of mixture of experts. IEEE Trans

Neural Netw Learn Syst 23(8):1177-1193.

[64] Yurochkin M, Agarwal M, Ghosh S, Greenewald K, Hoang N, Khazaeni Y (2019) Bayesian nonparametric federated learning of neural networks. In: International conference on machine learning. PMLR, pp 7252-7261.

[65] Zhang Y, Yang Q (2017) A survey on multi-task learning. arXiv preprint arXiv:170708114

[66] Zhao Y, Li M, Lai L, Suda N, Civin D, Chandra V (2018) Federated learning with non-IID data. arXiv preprint arXiv:180600582.

第 5 章

使用Fed+进行个性化的鲁棒联邦学习

摘要：Fed+是一个统一的方法系列，旨在更好地适应联邦学习训练中发现的真实特征，如跨参与方的 IID 数据缺乏和对异常值的鲁棒性需求。Fed+不需要各参与方达成共识，允许每个参与方通过正则化的形式训练本地的、个性化的模型，同时从联邦中获益，以提高准确性和性能。包含在 Fed+系列中的方法被证明是收敛的。实验表明，当数据不是 IID 时，Fed+优于其他方法；当存在异常值时，Fed+的鲁棒版本优于其他方法。

5.1 介绍

通过联邦学习，参与方能够在不共享数据的情况下训练大规模机器学习模型，以满足隐私需求，并且当某参与方可用的数据不足时，联邦学习可以提高准确性并减少训练次数。并行分布式随机梯度下降(SGD)与联邦学习有相似之处，但在联邦学习中，在将参数发送给聚合器之前，各参与方会通过在本地执行多次迭代来最小化通信。与通常的分布式 SGD 用例不同，联邦的情况往往是多样化的。这可能导致各参与方之间的数据非独立同分布(即非 IID)，这对算法的性能会产生显著影响。此外，联邦学习设置通常涉及某些参与方的数据相对于其他参与方是存在差异的情况。实际上，最常见的真实情况是涉及异构的、非 IID 的数据和异常值。然而，许多联邦聚合过程可能会导致训练过程的本身失败，因为当数据集过于异构时，训练无法收敛或收敛到较差的结果。而这恰恰发生在那些联邦学习可以发挥最大效益的应用中，也就意味着需要在实际操作中针对异构联邦学习设计特定的方法。

在联邦学习模型训练中，合理的个性化是避免上述训练失败的一种方式。联邦训练的个性化可以让每个参与方在其数据上获得更高的准确性。正如本章后面所述，个性化意味着每个参与方在解决自己的问题时，通过与其他参与方共享解决问题的经验，使得整个联邦的每个参与方都能从中受益。

在实际的联邦学习设置中，通常要求参与方的模型在各自的数据上表现良好。一个对于所有参与方都通用的模型可能无法为每个参与方提供最佳性能。正如相关文献[15]所指出的，针对移动用户的句子补全应该根据该用户的具体情境进行优化，而并非对所有用户都完全相同。虽然在使用神经网络模型时可以在预训练模型的基础上进行本地微调，但得到的解决方案很可能性能不如完全个性化的联邦模型好。

本章将讨论联邦学习的个性化方法。当参与方层面的评估数据不能在各参与方之间共享时，个性化联邦学习有助于避免训练失败、增强对异常值和掉队者情况的鲁棒性，以及提高目标应用的性能。

在实践中，联邦学习成功的另一个重要方面是能够产生鲁棒的结果。联邦中的鲁棒性是指聚合结果不会因异常值而过度偏移，这些异常值可能是由参与方之间数据的显著差异造成的，也可能是因为参与方发送更新参数到聚合器时发生损坏。大多数联邦学习算法使用平均值对所有参与方的结果进行聚合。另外，其他度量指标(如中位数)对异常值的鲁棒性比平均值更高。

本章将讨论个性化的联邦学习模型，该模型允许中心服务器在保持本地计算结构完整性的同时，使用均值和鲁棒方法来聚合本地模型。这些个性化方法不需要所有参与方必须达成完全一致。

在联邦学习中，不要对本地数据的分布做出明确的假设，因为它对于每个参与方都是隐私的，所以无法验证或强制执行这些假设。因此，我们将讨论另一种个性化联邦学习的形式，它假设存在一个全局共享参数空间并使用本地计算的损失函数。

本章所述的方法被称为Fed+。Fed+理论适用于处理异构数据和异构计算环境(包含掉队者的情况)。这里呈现的收敛结果不对参与方层面数据进行同构性假设，并且适用于参与方之间本地更新步数不同的情况。通过Fed+，我们定义了一个统一的个性化联邦学习框架，该框架同时处理平均和鲁棒的聚合方法，并为这些方法提供了一个全面的收敛理论，其中包括非光滑凸函数和非凸损失函数。我们还通过一组数值实验对个性化与非个性化联邦学习算法进行比较，来说明这些方法的效果。

5.2　文献综述

最原始、最直观的联邦学习算法是联邦平均(FedAvg[16])。然而，其元素级的均值更新方法容易受到有故障的参与方的损坏参数的影响[21]。此外，实践中观察到FedAvg会导致训练过程失败。有文献[13]的研究表明，最初定义的FedAvg可能会收敛到一个与原始问题不对应的解的点；其作者建议在每个联邦轮次中降低学习率，通过这种调整可以提供理论上的收敛保证，即使数据非IID。然而，这会导致算法收敛速度很慢，因此该方法在实际中效率不高。

最新的研究探索了联邦学习在面对参与方损坏的更新或异常值时的鲁棒性问题。我们主要关注其中的两项研究。一项研究[19]的作者提出了鲁棒联邦聚合(Robust Federated Aggregation，RFA)，并认为通过用近似几何中位数代替加权算术平均聚合，可以提高联邦学习对损坏的更新的鲁棒性。另一项研究[22]的作者提出了一种拜占庭鲁棒分布式统计学习算法，该算法基于模型权重逐个维度计算坐标中位数，重点是获得最佳的统计性能。RFA[19]和坐标中位数[22]这两种鲁棒的联邦学习算法都是在分布式数据上训练单个全局模型，并且假设对手参与方不超过一半。不过，正如即将看到的，这些方法对非 IID 数据并不具备鲁棒性，并且可能像 FedAvg 一样导致学习过程的失败。

为更好地处理非 IID 数据，有人[11]在 FedProx 算法中引入了一个正则化项，其形式接近 FedAvg 解的方式。有的研究[9, 13]则旨在解释 FedAvg 算法为何不收敛，并提出了新的算法。另外，还有的研究[3, 14, 17]提出了名为 FedSplit、LocalUpdate 和 Local Fixed Point 的新算法，并且对于达到准确率 ϵ 所需的通信轮次给出了严格的界限。所有这些算法都要求所有参与方收敛到一个共同的模型上。

同样的，有不少论文[5, 7, 8,12, 15, 20, 23]的研究倡导一种完全个性化的方法，即每个客户端训练自己的本地模型，同时为全局模型作出贡献。有作者明确提出了对各参与方进行聚类，并仅在每个聚类内解决聚合模型[15]。虽然这种方法可能会消除在实践中观察到的训练失败情况，但它增加了相当大的开销，并可能因为每个联邦的规模减小而弱化联邦的好处。还有作者提出了一种与 FedPlus+类似的方法[5]。在 Dinh CT 等人的论文[20]中，提出了一种更复杂的过程，不仅优化本地参数，各参与方还优化本地版本的全局参数。Hanzely F 等人的研究[8]在平滑和凸性设置中对多种个性化联邦聚合方法进行了统一。Li T 等人的论文[12]提出了一个双层规划框架，交替求解平均聚合解和本地解。然而，双层规划是非凸的，问题很容易变成分两个阶段解决，首先获得平均聚合解，然后将其用于每个本地参与方。在 Zhang M 等人的论文[23]中，建议为每个参与方提供一组加权平均聚合解，以实现个性化的平均聚合解。Fed+与其他方法最重要的区别在于，只有 Fed+能够在算法定义和收敛理论中都支持鲁棒聚合的情况，从而能够处理产生非平滑损失函数的问题。

5.3　联邦学习训练失败的示例

接下来，我们将说明在实际的联邦学习环境中可能出现的训练失败情况。这项研究涉及基于联邦强化学习的金融投资组合管理问题(详见第 21 章)。主要观察结果如图 5-1 所示，每轮中将本地参与方的模型替换为一个共同的中心模型(例如平均模型)可能会导致模型变化剧烈波动，从而对整个联邦学习造成训练失败的影响。具体来说，该图显示了联邦学习聚合步骤前后神经网络参数值变化的平均值和标准差。图中展示的联邦聚合方法有：FedAvg、使用几何中位数的 RFA、坐标中位数、FedProx、各参与方根据自己的数据独立训练的无融合情况，以及个性化 Fed+方法的 FedAvg+版本。FedAvg、RFA、坐标中位数和 FedProx 都会导致参数出现大幅波动，而在没有进行联邦学习或使用个性化联邦学习时则不会出现这种情况。

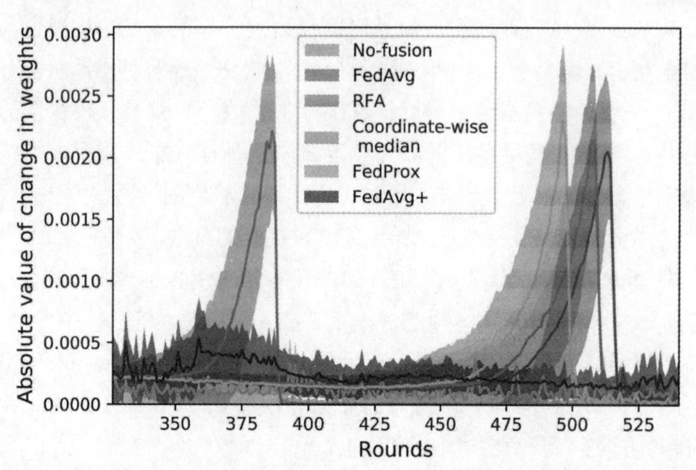

图 5-1　实际应用中当各参与方被迫收敛到单一的共同聚合解时，联邦学习训练失败的情况

这种剧烈的模型变化会导致训练过程的失败。特别是，训练失败恰恰发生在这些大幅波动的情况下，如图 5-2 底部的 4 幅图所示。注意，这个例子与对手参与方或参与方故障无关，因为单个参与方在相同的数据集上进行训练时并没有遇到任何失败情况。相反，这是联邦学习在现实应用中的一个例子，其中各参与方的数据不是从单个 IID 数据集抽取的。因此，可以想象，在使用绝大多数算法的实际应用中，联邦模型失败可能是相对常见的情况。从图 5-3 中可以更深入地了解这种崩溃现象，它显示了聚合步骤前后发生的情况。

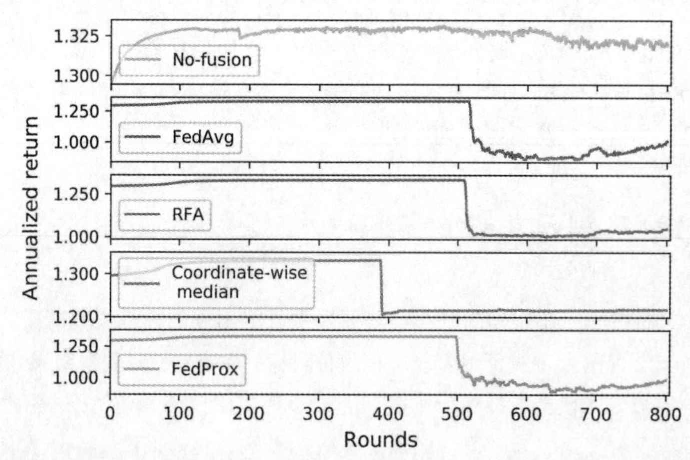

图 5-2　金融投资组合管理问题上联邦训练崩溃的例子。没有联邦学习的没有出现训练崩溃(见顶部子图)，但所有的非个性化联邦学习算法都表现出崩溃

图 5-3 通过展示各算法的行为来说明当本地参与方从纯粹的本地模型转向共同中心模型时性能的变化情况，从而引出了 Fed+个性化联邦学习。每个子图的左侧表示各本地参与

方的更新过程，从 λ=0 处开始。当 λ 的值介于 0 和 1 之间时，表示向共同的中心模型靠近，但尚未完成完整的聚合。每个子图的右侧表示聚合过程，直到 λ=1 处。可以注意到，在左侧时，本地更新可以提升性能，通过对比之前的聚合结果(用虚线表示)即可发现。然而，随着曲线向右，在后续聚合过程中，模型性能出现下降，对应于每个子图的右侧，即靠近 λ=1 的情况。实际上，对于 FedAvg、RFA 和 FedProx 算法来说，后续聚合的性能比之前的聚合结果更差。

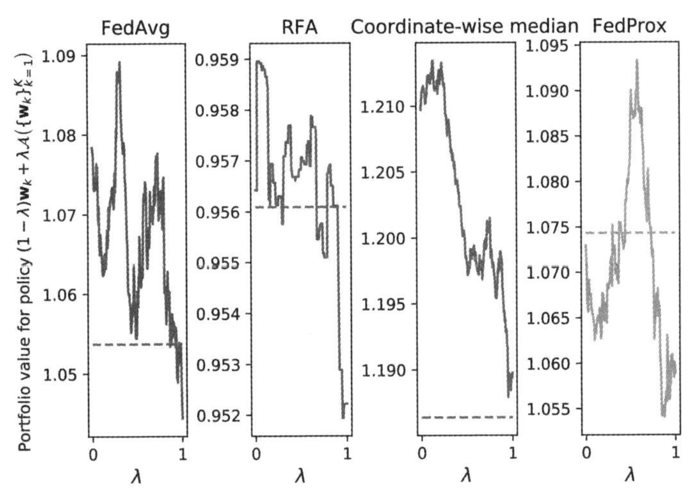

图 5-3　针对金融投资组合管理问题，在聚合之前和之后的过程中，通过在 $\lambda\in[0, 1]$范围内变化，使用本地更新和共同模型的凸组合来进行实验。虚线代表上一轮的聚合模型。右侧低于左侧意味着完全朝着对所有参与方进行平均(或求中位数)的步骤迈进，即 $\lambda=1$，会降低本地性能。标准的 FedAvg 方法以及非个性化的鲁棒方法都是这种情况

5.4　个性化联邦学习

个性化的目标是更好地处理现实世界中的联邦学习问题，包括参与方之间的非 IDD 数据、存在异常值的参与方、更新传输延迟的掉队者，以及要求最终训练模型在每个参与方自身数据集上都要有良好的性能。Fed+方法通过一种鲁棒的方式实现了这些目标，而且重要的是，并不需要所有参与方都收敛到一个单一的中心点。为达到这个目标，需要对联邦学习训练过程的目标进行泛化，具体做法如下。

5.4.1　问题表述

考虑一个由 K 个参与方组成的联邦，每个参与方具有本地损失函数 $f_k:\mathbb{R}^d\rightarrow\mathbb{R}, k=1, 2,\dots, K$。原始的 FedAvg 方法[16]通过最小化 K 个参与方的平均本地损失来训练中心模型 $\tilde{\boldsymbol{w}}\in\mathbb{R}^d$ 。

$$\min_{\tilde{w}\in\mathbb{R}^d, W\in\mathbb{R}^{d\times K}}\left[F(\boldsymbol{W}):=\frac{1}{K}\sum_{k=1}^{K}f_k(\boldsymbol{w}_k)\right],\ \text{满足}\boldsymbol{w}_k=\tilde{\boldsymbol{w}},k=1,\ldots,K \tag{5.1}$$

其中，使用符号 $\boldsymbol{W}:=(\boldsymbol{w}_1,\boldsymbol{w}_2,\ldots,\boldsymbol{w}_K)\in\mathbb{R}^{d\times K}$ ，$\boldsymbol{w}_k\in\mathbb{R}^d$ 表示参与方 k 的本地模型。不同于式 5.1 中严格的等式约束，我们建议采用基于惩罚的方法，并为整个联邦训练过程提出以下目标。

$$\min_{W\in\mathbb{R}^{d\times K}} F_\mu(\boldsymbol{W}):=\frac{1}{K}\sum_{k=1}^{K}[f_k(\boldsymbol{w}_k)+\mu B(\boldsymbol{w}_k,A(\boldsymbol{W}))] \tag{5.2}$$

其中 $\mu>0$ 是用户选择的惩罚常数；A 是一个聚合函数，输出一个对于 $\boldsymbol{w}_1,\cdots,\boldsymbol{w}_K$ 的中心聚合 $\tilde{\boldsymbol{w}}\in\mathbb{R}^d$ ；$B(\cdot,\cdot)$ 是一个距离函数，用于惩罚本地模型 $\boldsymbol{w}_k$ 与中心聚合 $\tilde{\boldsymbol{w}}=A(\boldsymbol{W})$ 之间的偏离。注意 $\tilde{\boldsymbol{w}}$ 可能是均值、中位数等。当 $\mu=0$ 时，式 5.2 可简化为非联邦设置，其中每个参与方独立最小化其本地目标函数。另一方面，对于 $\mu>0$ 和 $A(\boldsymbol{W})=\frac{1}{K}\sum_k \boldsymbol{w}_k$ ，假设 B 满足当 $\boldsymbol{w}\neq\tilde{\boldsymbol{w}}$ 时 $B(\boldsymbol{w},\tilde{\boldsymbol{w}})=\infty$ ，否则当 $\boldsymbol{w}=\tilde{\boldsymbol{w}}$ 时 $B(\boldsymbol{w},\tilde{\boldsymbol{w}})=0$ ，则式 5.2 等价于式 5.1。一般情况下，距离函数 B 是常规的平方欧氏距离，以 $p\in[1,\infty]$ 的 l_p 范数(记为$\|\cdot\|_p$)作度量，或者是其他 Bregman 散度度量，例如

$$B(\boldsymbol{w}_k,\tilde{\boldsymbol{w}})=\frac{1}{2}\|\boldsymbol{w}_k-\tilde{\boldsymbol{w}}\|_Q^2 \tag{5.3}$$

式中，$\boldsymbol{Q}\in\mathbb{R}^{d\times d}$ 为对称半正定矩阵，且 $\|\boldsymbol{w}\|_Q:=\sqrt{\boldsymbol{w}^\top\boldsymbol{Q}\boldsymbol{w}}$ 。通过将 $\boldsymbol{Q}$ 设置为具有非负元素的对角矩阵，式 5.3 可以根据模型训练过程中的应用和可用信息，对每个分量的贡献进行加权。

5.4.2 处理鲁棒聚合

我们利用函数 B 的机制定义了一系列包含均值、几何中位数、坐标中位数等的聚合函数；即通过聚合当前的本地模型$\{\boldsymbol{w}_1,\cdots,\boldsymbol{w}_K\}$，计算全局模型 $\tilde{\boldsymbol{w}}$ 。

$$\tilde{\boldsymbol{w}}\leftarrow A(\boldsymbol{W}):=\arg\min_{w\in\mathbb{R}^d}\frac{1}{K}\sum_{k=1}^{K}B(\boldsymbol{w}_k,\boldsymbol{w}) \tag{5.4}$$

通过在式 5.4 中选择 $B(\boldsymbol{w},\boldsymbol{w}')=\|\boldsymbol{w}-\boldsymbol{w}'\|_2^2$ 可以恢复平均聚合函数 A。通过分别设定 $B(\boldsymbol{w},\boldsymbol{w}')=\|\boldsymbol{w}-\boldsymbol{w}'\|_2$ 和 $B(\boldsymbol{w},\boldsymbol{w}')=\|\boldsymbol{w}-\boldsymbol{w}'\|_1$ 可得到几何中位数和坐标中位数聚合函数。为了统一式 5.2 中包含非光滑函数 B 的聚合方法，引入如下通用的参数化函数 B，其中选择了一个凸函数 $\phi:\mathbb{R}^d\to[0,\infty]$ 和一个平滑-鲁棒性参数 ρ>0。

$$B(\boldsymbol{w}_k,\tilde{\boldsymbol{w}})=\Phi_\rho(\boldsymbol{w}_k-\tilde{\boldsymbol{w}}),\ \Phi_\rho(\boldsymbol{w}):=\min_{w'\in\mathbb{R}^d}[\phi(\boldsymbol{w}')+\frac{1}{2\rho}\|\boldsymbol{w}-\boldsymbol{w}'\|_2^2] \tag{5.5}$$

上述问题中的极小值可称为 ϕ 的近端算子，记为 $\text{prox}_{\phi}^{\rho}(\boldsymbol{w})$。注意，$\phi_{\rho}$ 是一个平滑函数，称为 ϕ 的 Moreau 包络。通过选取 ϕ 为 l_2 范数，可以得到几何中位数聚合的$(1/\rho)$-平滑近似[19]。将 ϕ 设置为 l_1 范数，可以得到坐标中位数聚合的平滑近似。通常的平均聚合在这两种情况下都是自然恢复的：① $\phi(\boldsymbol{w})=\frac{1}{2}\|\boldsymbol{w}\|_2^2$；②若 $\boldsymbol{w}=0$，$\phi(\boldsymbol{w})=0$，否则为+∞。

5.4.3 个性化

虽然式 5.2 可以在集中式训练环境中求解，但我们感兴趣的是联邦学习的设置，其中每个活跃的参与方 k 在每一轮都求解自己的问题版本，运行下一次更新的 E_k 次迭代，学习率 $\eta>0$。

$$\boldsymbol{w}_k \leftarrow \theta\left[\boldsymbol{w}_k-\eta\nabla f_k\left(\boldsymbol{w}_k\right)\right]+\left(1-\theta\right)\boldsymbol{z}_k,\ \text{对于} i=1,\ldots,E_k \tag{5.6}$$

注意，个性化通过参与方特定的正则化项 z_k 实现，并且常数 $\theta\subset(0,1]$控制着在训练本地模型时应用的正则化程度。在实际应用中，式 5.6 中的精确梯度 $\nabla f_k(\boldsymbol{w}_k)$ 被无偏的随机估计代替。在标准方法中，$\boldsymbol{z}_k$ 设置为当前全局模型 $\tilde{\boldsymbol{w}}$。但 Fed+提出了鲁棒的个性化方法，稍后将介绍。

5.4.4 均值与鲁棒聚合的重组与统一

为获得一个包含个性化和鲁棒性的统一框架，下面再次分析原始的 FedAvg 方法(式 5.1)，并给出等价的表达式。

$$\min_{W,Z\in\mathbb{R}^{d\times K},\tilde{w}\in\mathbb{R}^d}\frac{1}{K}\sum_{k=1}^{K}f_k\left(\boldsymbol{w}_k\right),\ \text{满足}\ \boldsymbol{w}_k=\boldsymbol{z}_k,\boldsymbol{z}_k=\tilde{\boldsymbol{w}},k=1,\ldots,K \tag{5.7}$$

上式中，$\boldsymbol{Z}:=(\boldsymbol{z}_1,\ldots,\boldsymbol{z}_K)$，$\boldsymbol{z}_k\in\mathbb{R}^d$。虽然 ADMM 方法可以用来求解上述形式的等式约束问题，但本章采用的是基于惩罚的方法[24]，该方法可同时适用于凸和非凸的情况。然后，为处理跨参与方的异构数据和计算环境，我们将式 5.7 中的等式约束替换为惩罚函数。

$$\min_{W,Z\in\mathbb{R}^{d\times K},\tilde{w}\in\mathbb{R}^d}H_{\mu,\alpha}(\boldsymbol{W},\boldsymbol{Z},\tilde{\boldsymbol{w}}):=\frac{1}{K}\sum_{k=1}^{K}[f_k(\boldsymbol{w}_k)+\frac{\alpha}{2}\|\boldsymbol{w}_k-\boldsymbol{z}_k\|_2^2+\mu\phi(\boldsymbol{z}_k-\tilde{\boldsymbol{w}})] \tag{5.8}$$

其中，$\alpha>0$ 为用户选择的惩罚常数，$\phi:\mathbb{R}^d\to[0,\infty]$ 为凸惩罚函数。下面的命题将式 5.8 与原始目标(式 5.2)联系起来。

命题 5.1：式 5.8 是式 5.2 的一个特例，其 A 和 B 函数分别定义在式 5.4 和式 5.5 中($\rho=\mu/\alpha$)，且两个优化目标之间满足如下关系。

$$F_{\mu}(\boldsymbol{W})=\min_{Z\in\mathbb{R}^{d\times K},\tilde{w}\in\mathbb{R}^d}H_{\mu,\alpha}(\boldsymbol{W},\boldsymbol{Z},\tilde{\boldsymbol{w}}) \tag{5.9}$$

证明：利用 $\rho=\mu/\alpha$，由式 5.8 得

$$\begin{aligned}\min_{Z\in\mathbb{R}^{d\times K}} H_{\mu,\alpha}(\boldsymbol{W},\boldsymbol{Z},\tilde{\boldsymbol{w}}) &= \frac{1}{K}\sum_{k=1}^{K}[f_k(\boldsymbol{w}_k)+\mu\min_{z_k\in\mathbb{R}^d}\{\frac{1}{2\rho}\|\boldsymbol{w}_k-\boldsymbol{z}_k\|_2^2+\phi(\boldsymbol{z}_k-\tilde{\boldsymbol{w}})\}] \\ &= \frac{1}{K}\sum_{k=1}^{K}[f_k(\boldsymbol{w}_k)+\mu\min_{v_k\in\mathbb{R}^d}\{\frac{1}{2\rho}\|(\boldsymbol{w}_k-\tilde{\boldsymbol{w}})-\boldsymbol{v}_k\|_2^2+\phi(\boldsymbol{v}_k)\}] \\ &= \frac{1}{K}\sum_{k=1}^{K}[f_k(\boldsymbol{w}_k)+\mu\Phi_{\rho}(\boldsymbol{w}_k-\tilde{\boldsymbol{w}})] \\ &= \frac{1}{K}\sum_{k=1}^{K}[f_k(\boldsymbol{w}_k)+\mu B(\boldsymbol{w}_k,\tilde{\boldsymbol{w}})]\end{aligned} \tag{5.10}$$

其中，第二个等式由变量 $\boldsymbol{z}_k\to\tilde{\boldsymbol{w}}+\boldsymbol{v}_k$ 的变化得到，最后两个等式由式 5.5 给出。接下来，进一步最小化式 5.10 中的 $\tilde{\boldsymbol{w}}$ 。利用式 5.4，可得式 5.9。

根据 Fed+的表述(式 5.8)可以选择一个个性化函数 $R:\mathbb{R}^d\times\mathbb{R}^d\to\mathbb{R}^d$，用于计算 $\boldsymbol{z}_k:=R(\tilde{\boldsymbol{w}},\boldsymbol{w}_k)$，将当前的本地模型和中心模型进行(鲁棒)组合。具体来说，Fed+建议在保持 $\boldsymbol{w}_k$ 和 $\tilde{\boldsymbol{w}}$ 固定的情况下，通过最小化式 5.8 中 $\boldsymbol{z}_k$ 的值来设置 $R(\tilde{\boldsymbol{w}},\boldsymbol{w}_k)$ 。因此，得到了以下的闭式更新。

$$z_k\leftarrow R(\tilde{\boldsymbol{w}},\boldsymbol{w}_k)=\tilde{\boldsymbol{w}}+\mathrm{prox}_{\phi}^{\rho}(\boldsymbol{w}_k-\tilde{\boldsymbol{w}}),\ \rho=\mu/\alpha \tag{5.11}$$

接下来，将本地参与方的更新(式 5.6)与式 5.8 联系起来。

命题 5.2：令 $\theta:=\dfrac{1}{1+\alpha\eta}$ 。本地更新(式 5.6，也是 Fed+算法中的第 14 行)将作为一个梯度下降迭代，学习率为 $\eta':=\dfrac{\eta}{1+\alpha\eta}$ ，应用于以下的子问题。

$$\min_{w_k\in\mathbb{R}^d} F_k(\boldsymbol{w}_k;\boldsymbol{z}_k,\tilde{\boldsymbol{w}}):=f_k(\boldsymbol{w}_k)+\frac{\alpha}{2}\|\boldsymbol{w}_k-\boldsymbol{z}_k\|_2^2+\mu\phi(\boldsymbol{z}_k-\tilde{\boldsymbol{w}}) \tag{5.12}$$

其中 $\boldsymbol{z}_k$ 和 $\tilde{\boldsymbol{w}}$ 保持不变，分别设置为固定的 $\boldsymbol{z}_k^{t-1}$ 和 $\tilde{\boldsymbol{w}}^{t-1}$ 。

证明：函数 $F_k(\cdot;\boldsymbol{z}_k^{t-1},\tilde{\boldsymbol{w}}^{t-1})$ 的梯度下降迭代(步长为 $\eta':=\dfrac{\eta}{1+\alpha\eta}$)如下。

$$\begin{aligned}\boldsymbol{w}_k^t &\leftarrow \boldsymbol{w}_k^t-\eta'\left[\nabla f_k\left(\boldsymbol{w}_k^t\right)+\alpha\left(\boldsymbol{w}_k^t-\boldsymbol{z}_k^{t-1}\right)\right] \\ &= (1-\alpha\eta')[\boldsymbol{w}_k^t-\frac{\eta'}{1-\alpha\eta'}\nabla f_k(\boldsymbol{w}_k^t)]+(\alpha\eta')\boldsymbol{z}_k^{t-1} \\ &= \left(\frac{1}{1+\alpha\eta}\right)[\boldsymbol{w}_k^t-\eta\nabla f_k(\boldsymbol{w}_k^t)]+\left(\frac{\alpha\eta}{1+\alpha\eta}\right)\boldsymbol{z}_k^{t-1}\end{aligned}$$

因此，得到了式 5.6 的本地更新，其中 $\theta:=\dfrac{1}{1+\alpha\eta}$ 。

5.4.5　Fed+算法

在算法 5.1 中，Fed+被定义为求解式 5.2 的一个联邦学习方法系列，其中 B 在式 5.5 中定义，A 在式 5.4 中定义。Fed+的设计目的是允许使用鲁棒的聚合函数 A 来聚合本地共享参数。重要的是，Fed+并不要求所有参与方就一个共同模型达成一致。这样做既获得了联邦学习的好处，又避免了具体实现中可能发生的训练失败问题。

为包含重要的特殊情况，算法 5.1 引入了多个参数。具体而言，我们定义了 $\lambda\in[0, 1]$，$\theta\in(0,1]$，$R:\mathbb{R}^d\times\mathbb{R}^d\to\mathbb{R}^d$。该方法与其他联邦算法的一个主要区别是，在执行本地更新步骤(式 5.6)时，参与方不再将聚合的中心模型作为其起点；也就是说，参与方不需要在算法 5.1 的第 12 行设定 λ=1。相反，Fed+主张在每一轮迭代中使用上一轮的值初始化本地模型(即 λ=0)。这缓解了图 5-1 中本地模型剧烈变化的情况。

算法 5.1　Fed+：各参与方 $k=1,\ldots,K$；聚合函数 A；参与方 k 的每轮本地迭代 E_k；学习率 η；$\theta\in(0,1)$；$\lambda\in[0,1]$；以及鲁棒个性化函数 $R:\mathbb{R}^d\times\mathbb{R}^d\to\mathbb{R}^d$

Initialization:

1: 每个参与方 k 将其初始本地模型 $\mathbf{w}_k^0$ 发送给聚合器，聚合器计算中心值 $\tilde{\mathbf{w}}^0\leftarrow A(\mathbf{W}^0)$

Aggregator:

2: **for** 训练轮数 $t=1,\ldots,T$ **do**

3: 　对参与方采样获得 $S_t\subseteq\{1,\ldots,K\}$

4: 　将当前全局模型 $\tilde{\mathbf{w}}^{t-1}$ 发送给每个参与方 $k\in S_t$

5: 　**for** 每个参与方 $k\in S_t$ **in parallel do**

6: 　　$w_k^t\leftarrow\text{Local-Solve}(k,t,\tilde{w}^{t-1},w_k^{t-1})$。// 对于每个参与方 $k\notin S_t$，令 $w_k^t\leftarrow w_k^{t-1}$

7: 　　参与方发送 w_k^t 给聚合器

8: 　**end for**

9: 　计算聚合的中心模型：$\tilde{w}^t\leftarrow A(W^t)$

10: **end for**

Local-Solve$(k,t,\tilde{w}^{t-1},w_k^{t-1})$　//在每个活动的参与方 $k\in S_t$ 上运行

11: 计算一个鲁棒的本地模型：$z_k^{t-1}:=R(\tilde{w}^{t-1},w_k^{t-1})$

12: 初始化当前本地模型：$w_k^t\leftarrow(1-\lambda)w_k^{t-1}+\lambda\tilde{w}^{t-1}$

13: **for** $i=1,\ldots,E_k$ **do**

14: $w_k^t\leftarrow\theta[w_k^t-\eta\nabla f_k(w_k^t)]+(1-\theta)z_k^{t-1}$

15: **end for**

5.4.6　Fed+的均值和鲁棒变体

我们将介绍 3 个与 Fed+相关的变体(它们通过选择函数 ϕ 来进行统一)，并讨论它们的组合方式。这里建议在每个参与方的本地求解(Local-Solve)的初始化中设置 λ=1，

$\theta := \dfrac{1}{1+\alpha\eta}$ 且调整超参数的值 $\alpha > 0$；同时建议调整超参数 ρ 来控制鲁棒个性化的程度。

1. FedAvg+

FedAvg+是一种基于均值聚合的方法，通过个性化，其训练性能优于 FedAvg。它设置 $\phi(\boldsymbol{w}) = \frac{1}{2}\|\boldsymbol{w}\|_2^2$。$A$ 为均值，即 $\tilde{\boldsymbol{w}}^t := \text{Mean}\{\boldsymbol{w}_k^t : k \in S_t\}$，算法第 11 行采用的形式为 $R(\tilde{\boldsymbol{w}}^t, \boldsymbol{w}_k^t) = (1-\lambda_k^t)\boldsymbol{w}_k^t + \lambda_k^t \tilde{\boldsymbol{w}}^t$，其中 $\lambda_k^t := \rho / (1+\rho)$。

2. FedGeoMed+

FedGeoMed+是一种鲁棒的基于聚合的方法，在存在异常值/对手的情况下用来保证训练的稳定性。它令 $\phi(\boldsymbol{w}) = \|\boldsymbol{w}\|_2$。$A$ 是几何中位数的 ρ-平滑近似，而算法第 11 行变为 $R(\tilde{\boldsymbol{w}}^t, \boldsymbol{w}_k^t) = (1-\lambda_k^t)\boldsymbol{w}_k^t + \lambda_k^t \tilde{\boldsymbol{w}}_k$，其中 $\lambda_k^t := \min\{1, \rho / \|\boldsymbol{w}_k^t - \tilde{\boldsymbol{w}}^t\|_2\}$。

为了从 $\{\boldsymbol{w}_k^t : k \in S_t\}$ 中计算 $\tilde{\boldsymbol{w}}^t$，聚合器运行以下两步骤的迭代过程，初始为 $\tilde{\boldsymbol{w}} = \boldsymbol{w}_{\text{mean}} := \text{Mean}\{\boldsymbol{w}_k^t : k \in S_t\}$，直到 $\tilde{\boldsymbol{w}}$ 收敛。

$$
\begin{aligned}
\boldsymbol{v}_k &\leftarrow \max\left\{0, 1 - \left(\rho / \|\boldsymbol{w}_k^t - \tilde{\boldsymbol{w}}\|_2\right)\right\}\left(\boldsymbol{w}_k^t - \tilde{\boldsymbol{w}}\right), \forall k \in S_t \\
\tilde{\boldsymbol{w}} &\leftarrow \boldsymbol{w}_{\text{mean}} - \text{Mean}\left\{\boldsymbol{v}_k : k \in S_t\right\}
\end{aligned}
$$

3. FedCoMed+

FedCoMed+通过中位数的方式提供鲁棒聚合的优势，并增加了允许不同坐标使用不同参数的灵活性。它选取 $\phi(\boldsymbol{w}) = \|\boldsymbol{w}\|_1$。$A$ 是坐标中位数的 ρ-平滑近似，而算法第 11 行采用的形式为 $R(\tilde{\boldsymbol{w}}^t, \boldsymbol{w}_k^t) = (\mathrm{I} - \Lambda_k^t)\boldsymbol{w}_k^t + \Lambda_k^t \tilde{\boldsymbol{w}}^t$，其中 Λ_k^t 是对角矩阵：$\Lambda_k^t(i,i) := \min\{1, \rho / |\boldsymbol{w}_k^t(i) - \tilde{\boldsymbol{w}}^t(i)|\}$，$i = 1, \ldots, d$。

为了从 $\{\boldsymbol{w}_k^t : k \in S_t\}$ 中计算 $\tilde{\boldsymbol{w}}^t$，聚合器从 $\tilde{\boldsymbol{w}} = \boldsymbol{w}_{\text{mean}} := \text{Mean}\{\boldsymbol{w}_k^t : k \in S_t\}$ 开始，并运行以下两步骤的迭代过程直到 $\tilde{\boldsymbol{w}}$ 收敛。

$$
\begin{aligned}
\boldsymbol{v}_k &\leftarrow \max\left\{0, \boldsymbol{w}_k^t - \tilde{\boldsymbol{w}}^t - \rho\,\text{sign}\left(\boldsymbol{w}_k^t - \tilde{\boldsymbol{w}}^t\right)\right\}, \forall k \in S_t \\
\tilde{\boldsymbol{w}} &\leftarrow \boldsymbol{w}_{\text{mean}} - \text{Mean}\left\{\boldsymbol{v}_k : k \in S_t\right\}
\end{aligned}
$$

4. 通过具有特定层 ϕ 的统一 Fed+框架进行混合

通过使用统一的聚合方法，可以无缝地将不同的聚合和个性化方法应用于训练深度神经网络的不同网络层。例如，初始层可以使用 FedAvg+，而最终层可以通过 FedCoMed+和更强的个性化(通过 ρ 进行调整)获得更好的效果。

具体来说，Fed+提供了一个框架，可以在神经网络的不同网络层上应用特定的鲁棒个性化函数，如下所示。

令 $\boldsymbol{w} = (\boldsymbol{w}_{[1]}, \ldots, \boldsymbol{w}_{[L]})$，其中 $\boldsymbol{w}[l]$表示第 l 层的权重。这种情况下，进行如下定义。

$$\phi(\boldsymbol{w}) := \sum_{l=1}^{L} \phi_l(\boldsymbol{w}_{[l]})$$

每个网络层可以选择不同的 ϕ_l 值($l = 1, \ldots, L$)，从而产生不同的鲁棒个性化方法。

5.4.7 从 Fed+推导现有算法

许多非个性化的联邦学习方法适用于 Fed+框架，可通过对算法 5.1 中的参数进行适当的设置来实现。

当在联邦学习系统中需要使用单一代码时，这种方法非常有用。对于不同的应用场景，可以选择个性化或非个性化的方法，并且可以选择基于均值聚合或鲁棒聚合的方法。为了从同一个代码中处理所有这些应用场景，能够适当地设置基础方法的参数是非常有帮助的。

这在前述的 Fed+式子中是可行的。要获得纯本地(随机)梯度下降法而不进行联邦学习，只需要设置 $\lambda - 0$，$\theta - 1$ 即可。基于所有参与方的均值和共同解的开创性联邦学习方法 FedAvg 的获得方式为：设置参数 $\lambda = 1$，$\theta = 1$，对于所有的 k 都有 $E_k = E$，$\tilde{\boldsymbol{w}}^t = \text{Mean}\{\boldsymbol{w}_k^t : k \in S_t\}$。FedProx 是 FedAvg 的一种正则化版本，它在某种程度上类似于个性化联邦学习，因为它通过在本地问题中加入一个包含聚合器解的近端项来进行扩展。然而，FedProx 并不是从每个联邦轮次的上一个本地解开始训练的，因此要从前述的 Fed+算法中获得 FedProx，需要设置以下参数：$\lambda = 1$，$\theta = \dfrac{1}{1 + \mu\eta}$，$R(\tilde{\boldsymbol{w}}^t, \boldsymbol{w}_k^t) = \tilde{\boldsymbol{w}}^t = \text{Mean}\{\boldsymbol{w}_k^t : k \in S_t\}$。

通过适当设置 Fed+的参数，还可以获得非个性化的鲁棒联邦学习。对于 RFA，需要设置 $\lambda = 1$，$\theta = 1$，$\tilde{\boldsymbol{w}}^t = \text{Geometric Median}\{\boldsymbol{w}_k^t : k \in S_t\}$。对于坐标中位数，需要设置 $\lambda = 1$，$\theta = 1$，$\tilde{\boldsymbol{w}}^t = \text{Coordinatewise Median}\{\boldsymbol{w}_k^t : k \in S_t\}$。

5.5 Fed+的固定点

本节将对 Fed+算法的固定点进行描述，以便深入了解它的个性化解决方案的特点。在进一步讨论之前，先做出以下假设(注意，本章将“假设”与“命题”的编号顺序排列)。

假设 5.3： 对于每个 $k = 1, \ldots, K$，f_k 是凸函数，所有参与方都积极参与每轮的迭代学习过程，Fed+中的本地求解子程序返回 $\mathbf{w}_k^t$，作为 $F_k(\cdot; \boldsymbol{z}_k^{t-1}, \tilde{\boldsymbol{w}}^{t-1})$ 的精确极小值，即

$$\boldsymbol{w}_k^t = \text{prox}_{f_k}^{\frac{1}{\alpha}}(\boldsymbol{z}_k^{t-1}) := \arg\min_{w_k} f_k(\boldsymbol{w}_k) + \frac{\alpha}{2}\|\boldsymbol{w}_k - \boldsymbol{z}_k^{t-1}\|_2^2\text{；对于 } \forall t \geqslant 1, k = 1, \ldots, K \tag{5.13}$$

我们定义 $\tilde{f}_k : \mathbb{R}^d \to \mathbb{R}$ 为 f_k 的 Moreau 包络，使用平滑参数($1/\alpha$)，即

$$\tilde{f}_k(\boldsymbol{z}) := \min_{w_k \in \mathbb{R}^d} f_k(\boldsymbol{w}_k) + \frac{\alpha}{2}\|\boldsymbol{w}_k - \boldsymbol{z}\|_2^2, \ \forall \boldsymbol{z} \in \mathbb{R}^d$$

现在，根据假设 5.3 来描述 Fed+的固定点特性。

命题 5.4：考虑在假设 5.3 下使用 Fed+算法解决式 5.9 提出的问题。设 R 如式 5.11 中所示，$(\boldsymbol{W}^*,\boldsymbol{Z}^*,\tilde{\boldsymbol{w}}^*)$ 是 Fed+的一个固定点，那么满足以下条件。

$$\frac{1}{K}\sum_{k=1}^{K}\tilde{f}_k(z_k^*)=0,\boldsymbol{w}_k^*=z_k^*-\frac{1}{\alpha}\nabla\tilde{f}_k\left(z_k^*\right),z_k^*=\tilde{\boldsymbol{w}}^*+\mathrm{prox}_{\phi}^{\rho}\left(\boldsymbol{w}_k^*-\tilde{\boldsymbol{w}}^*\right),\ k=1,\ldots,K \tag{5.14}$$

证明：从以下关于 Fed+的观察开始：对于 $\forall\, t\geqslant 1$，有

$$\begin{aligned}
\boldsymbol{w}_k^t&=z_k^{t-1}-\frac{1}{\alpha}\nabla\tilde{f}_k\left(z_k^{t-1}\right),\ k=1,\ldots,K\\
\tilde{\boldsymbol{w}}^t&=\frac{1}{K}\sum_{k=1}^{K}\boldsymbol{w}_k^t-\frac{1}{K}\sum_{k=1}^{K}\mathrm{prox}_{\phi}^{\rho}\left(\boldsymbol{w}_k^t-\tilde{\boldsymbol{w}}^t\right)\\
z_k^t&=\tilde{\boldsymbol{w}}^t+\mathrm{prox}_{\phi}^{\rho}\left(\boldsymbol{w}_k^t-\tilde{\boldsymbol{w}}^t\right),\ k=1,\ldots,K
\end{aligned} \tag{5.15}$$

其中，第一个等式直接由式 5.13 得出，第二个等式来自式 5.28，最后一个等式通过选择 R 得到。因此，对于固定点，式 5.14 中的第二个和第三个等式显然成立。现在，对于一个固定点，还可以从式 5.15 中得到以下结果。

$$\tilde{\boldsymbol{w}}^*=\frac{1}{K}\sum_{k=1}^{K}\boldsymbol{w}_k^*-\frac{1}{K}\sum_{k=1}^{K}\mathrm{prox}_{\phi}^{\rho}(\boldsymbol{w}_k^*-\tilde{\boldsymbol{w}}^*) \tag{5.16}$$

将式 5.16 中的第一个 $\boldsymbol{w}_k^*$ 替换为 $z_k^*-\frac{1}{\alpha}\nabla\tilde{f}_k(z_k^*)$，然后用 $\tilde{\boldsymbol{w}}^*+\mathrm{prox}_{\phi}^{\rho}(\boldsymbol{w}_k^*-\tilde{\boldsymbol{w}}^*)$ 替换 z_k^*。

$$\begin{aligned}
\tilde{\boldsymbol{w}}^*&=\frac{1}{K}\sum_{k=1}^{K}[z_k^*-\frac{1}{\alpha}\nabla\tilde{f}_k(z_k^*)]-\frac{1}{K}\sum_{k=1}^{K}\mathrm{prox}_{\phi}^{\rho}\left(\boldsymbol{w}_k^*-\tilde{\boldsymbol{w}}^*\right)\\
&=\frac{1}{K}\sum_{k=1}^{K}[\tilde{\boldsymbol{w}}^*+\mathrm{prox}_{\phi}^{\rho}(\boldsymbol{w}_k^*-\tilde{\boldsymbol{w}}^*)]-\frac{1}{\alpha K}\sum_{k=1}^{K}\nabla\tilde{f}_k(z_k^*)-\frac{1}{K}\sum_{k=1}^{K}\mathrm{prox}_{\phi}^{\rho}(\boldsymbol{w}_k^*-\tilde{\boldsymbol{w}}^*)\\
&=\tilde{\boldsymbol{w}}^*-\frac{1}{\alpha K}\sum_{k=1}^{K}\nabla\tilde{f}_k\left(z_k^*\right)
\end{aligned}$$

因此，得到式 5.14 中的第一个等式。

借助上述命题，现在分析以下关于 R 的两种极端选择，分别是部分(a)和(b)。

命题 5.5：考虑假设 5.3 下的 Fed+算法。设 $(\boldsymbol{W}^*,\boldsymbol{Z}^*,\tilde{\boldsymbol{w}}^*)$ 为 Fed+的一个固定点，那么以下情况成立。

(a) 如果 Fed+设定 $R(\tilde{\boldsymbol{w}},\boldsymbol{w}_k)=\boldsymbol{w}_k$，则

$$\boldsymbol{w}_k^*\in\arg\min_{w} f_k(\boldsymbol{w}),\ \ k=1,\ldots,K \tag{5.17}$$

(b) 如果 Fed+在 $A(\boldsymbol{W})=\frac{1}{K}\sum_{k}\boldsymbol{w}_k$ 的情况下，使用 $R(\tilde{\boldsymbol{w}},\boldsymbol{w}_k)=\tilde{\boldsymbol{w}}$，则

$$\frac{1}{K}\sum_{k=1}^{K}\tilde{f}_k(\tilde{\boldsymbol{w}}^*)=0,\ \boldsymbol{w}_k^*=\tilde{\boldsymbol{w}}^*-\frac{1}{\alpha}\nabla\tilde{f}_k\left(\tilde{\boldsymbol{w}}^*\right),\quad k=1,\dots,K \tag{5.18}$$

(c) 如果 Fed+在 $A(\boldsymbol{W})=\frac{1}{K}\sum_k \boldsymbol{w}_k$ 的情况下，使用 $R(\tilde{\boldsymbol{w}},\boldsymbol{w}_k)=(1-\gamma)\boldsymbol{w}_k+\gamma\tilde{\boldsymbol{w}},\gamma\in(0,1)$，则

$$\boldsymbol{w}_k^*=\tilde{\boldsymbol{w}}^*-\frac{1}{\alpha\gamma}\nabla\tilde{f}_k\left(\left(1-\gamma\right)\boldsymbol{w}_k^*+\gamma\tilde{\boldsymbol{w}}^*\right),\ k=1,\dots,K,\ \text{其中}\tilde{\boldsymbol{w}}^*=\frac{1}{K}\sum_{k=1}^{K}\boldsymbol{w}_k^* \tag{5.19}$$

证明：为证明部分(a)，使用命题 5.4 并选择 ϕ=0。ϕ 的选择使得由式 5.11 可得 $\boldsymbol{z}_k=R(\tilde{\boldsymbol{w}},\boldsymbol{w}_k)=\boldsymbol{w}_k$。因此，Fed+算法简化为在每个本地参与方 k = 1, ..., K 处应用近端点算法 $\boldsymbol{w}_k^t=\text{prox}_{f_k}^{\frac{1}{\alpha}}(\boldsymbol{w}_k^{t-1})$，其中 $t\geqslant 1$。因此，可得结果为 $\boldsymbol{w}_k^*=\text{prox}_{f_k}^{\frac{1}{\alpha}}(\boldsymbol{w}_k^*)$。或者，在式 5.14 中令 $\boldsymbol{z}_k^*=\boldsymbol{w}_k^*$，可得

$$\boldsymbol{w}_k^*=\boldsymbol{w}_k^*-\frac{1}{\alpha}\nabla\tilde{f}_k(\boldsymbol{w}_k^*)\Rightarrow\boldsymbol{w}_k^*\in\arg\min_{w} f_k(\boldsymbol{w}) \tag{5.20}$$

接下来，通过使用命题 5.4 证明部分(b)并选择如下的 ϕ：当且仅当 $\boldsymbol{w}$=0 时，$\phi(\boldsymbol{w})=0$，否则 $\phi(\mathbf{w})=+\infty$。这个特定的 ϕ 对应于从式 5.11 中选择的 $\boldsymbol{z}_k=R(\tilde{\boldsymbol{w}},\boldsymbol{w}_k)=\tilde{\boldsymbol{w}}$。此外，根据式 5.4 和式 5.5，聚合函数 A 变为均值。

$$A(\boldsymbol{W})=\arg\min_{\tilde{w}}\frac{1}{K}\sum_{k=1}^{K}\phi_\rho\left(\boldsymbol{w}_k-\tilde{\boldsymbol{w}}\right),\ \text{其中}\ \phi_\rho(\boldsymbol{w})=\frac{1}{2\rho}\|\boldsymbol{w}\|_2^2$$

现在，在式 5.14 中，令 $\boldsymbol{z}_k^*=\boldsymbol{w}_k^*$，可得式 5.18。最后，通过设置命题 5.4 中的 $\phi(\boldsymbol{w})=\frac{1}{2}\|\boldsymbol{w}\|_2^2$，$\boldsymbol{w}\in\mathbb{R}^d$ 来表示部分(c)。设常数 μ(或 ρ)为$(\mu/\alpha)=\rho=\gamma/(1-\gamma)$。然后，式 5.11 变为 $\boldsymbol{z}_k=R(\tilde{\boldsymbol{w}},\boldsymbol{w}_k)=(1-\gamma)\boldsymbol{w}_k+\gamma\tilde{\boldsymbol{w}}$。此外，与部分(b)一样，聚合函数 A 也变为均值。现在，通过在式 5.14 中使用 $\boldsymbol{z}_k^*=(1-\gamma)\boldsymbol{w}_k^*+\gamma\tilde{\boldsymbol{w}}^*$ 来完成证明。

$$\boldsymbol{w}_k^*=(1-\gamma)\boldsymbol{w}_k^*+\gamma\tilde{\boldsymbol{w}}^*-\frac{1}{\alpha}\nabla\tilde{f}_k(\boldsymbol{z}_k^*)\Rightarrow\boldsymbol{w}_k^*=\tilde{\boldsymbol{w}}^*-\frac{1}{\alpha\gamma}\nabla\tilde{f}_k(\boldsymbol{z}_k{}^*)$$

注意，部分(b)恢复了 FedProx 的固定点结果[17]。在下一个命题中，我们描述 Fed+的固定点，它适用于 R 和 A 不需要通过一个共同的 ϕ 函数来定义的一般情况。

命题 5.6：考虑具有任意聚合函数 A 和如下个性化函数的 Fed+算法：$\boldsymbol{z}_k=R(\tilde{\boldsymbol{w}},\boldsymbol{w}_k)=(1-\gamma_k)\boldsymbol{w}_k+\gamma_k\tilde{\boldsymbol{w}},\ \gamma_k\in(0,1],\ k=1,\dots,K$。在假设 5.3 下，在 Fed+中对任意固定点 $(\boldsymbol{W}^*,\boldsymbol{Z}^*,\tilde{\boldsymbol{w}}^*)$ 都有

$$\boldsymbol{w}_k^*=\tilde{\boldsymbol{w}}^*-\frac{1}{\alpha\gamma_k}\nabla\tilde{f}_k((1-\gamma_k)\boldsymbol{w}_k^*+\gamma_k\tilde{\boldsymbol{w}}^*),\ k=1,\dots,K,\ \text{其中}\tilde{\boldsymbol{w}}^*=A(\boldsymbol{w}_1^*,\cdots,\boldsymbol{w}_K^*) \tag{5.21}$$

此外，假设 Fed+中所使用的聚合函数 A(如均值、几何中位数、坐标中位数)满足如下

平移和符号不变性属性。

$$\forall \boldsymbol{w}, \boldsymbol{w}_1, \ldots, \boldsymbol{w}_K \in \mathbb{R}^d, A(\boldsymbol{w}-\boldsymbol{w}_1, \ldots, \boldsymbol{w}-\boldsymbol{w}_K)=\boldsymbol{w}-A(\boldsymbol{w}_1, \ldots, \boldsymbol{w}_K) \tag{5.22}$$

那么，以下等式成立。

$$A\left(\frac{1}{\alpha\gamma_1}\nabla\tilde{f}_1(\boldsymbol{z}_1^*), \ldots, \frac{1}{\alpha\gamma_K}\nabla\tilde{f}_K(\boldsymbol{z}_K^*)\right)=0, \text{ 其中} \boldsymbol{z}_k^*=(1-\gamma_k)\boldsymbol{w}_k^*+\gamma_k\tilde{\boldsymbol{w}}^*, \ k=1,\ldots,K \tag{5.23}$$

证明：与命题 5.4 的证明类似，由 Fed+算法可得：对于 $\forall t \geqslant 1$，有

$$\begin{aligned}
\boldsymbol{w}_k^t &= \boldsymbol{z}_k^{t-1}-\frac{1}{\alpha}\nabla\tilde{f}_k\left(\boldsymbol{z}_k^{t-1}\right), \ k=1,\ldots,K \\
\tilde{\boldsymbol{w}}^t &= A\left(\boldsymbol{w}_1^t,\ldots,\boldsymbol{w}_K^t\right) \\
\boldsymbol{z}_k^t &= (1-\gamma_k)\boldsymbol{w}_k^t+\gamma_k\tilde{\boldsymbol{w}}^t, \ k=1,\ldots,K
\end{aligned}$$

对于一个固定点，有

$$\boldsymbol{w}_k^*=\boldsymbol{z}_k^*-\frac{1}{\alpha}\nabla\tilde{f}_k(\boldsymbol{z}_k^*), \ k=1,\ldots,K \tag{5.24}$$

$$\tilde{\boldsymbol{w}}^*=A(\boldsymbol{w}_1^*,\ldots,\boldsymbol{w}_K^*) \tag{5.25}$$

$$\boldsymbol{z}_k^*=(1-\gamma_k)\boldsymbol{w}_k^*+\gamma_k\tilde{\boldsymbol{w}}^*, \ k=1,\ldots,K \tag{5.26}$$

现在，用式 5.26 替换式 5.24 中的 $\boldsymbol{z}_k^*$，可得

$$\boldsymbol{w}_k^*=\tilde{\boldsymbol{w}}^*-\frac{1}{\alpha\gamma_k}\nabla\tilde{f}_k(\boldsymbol{z}_k^*), \ k=1,\ldots,K \tag{5.27}$$

由此得到式 5.21。进一步地，将式 5.27 应用于式 5.25 并利用式 5.22，得到式 5.23。

5.6 收敛性分析

考虑算法 5.1 和以下对算法中使用的参数值的假设(注意，本章将“假设”与“命题”的编号顺序排列)。

假设 5.7：设参数设定如下：① $\phi:\mathbb{R}^d \to [0,\infty]$ 是任意凸函数，具有易于计算的近端算子；②函数 R 的设置如式 5.11；③第 12 行的初始化参数 λ 设置为 0；④第 14 行设置 $\theta := \dfrac{1}{1+\alpha\eta}$；⑤通过式 5.4 计算第 9 行的聚合步骤，其中 B 由式 5.5 给出。若无特别说明，参数 $\alpha>0$、$\rho>0$ 和 $\eta>0$ 可以进行调整。

通常，对于任意 ϕ 的选择，为实现聚合步骤 $\tilde{\boldsymbol{w}} \leftarrow A(\boldsymbol{w}_1,\ldots,\boldsymbol{w}_K)$，我们提出如下迭代过程，将其初始化为 $\tilde{\boldsymbol{w}}=\boldsymbol{w}_{\text{mean}} := \text{Mean}\{\boldsymbol{w}_1,\ldots,\boldsymbol{w}_K\}$。

$$\tilde{\boldsymbol{w}} \leftarrow \boldsymbol{w}_{\text{mean}}-\text{Mean}\{\text{prox}_\phi^\rho(\boldsymbol{w}_1-\tilde{\boldsymbol{w}}),\ldots,\text{prox}_\phi^\rho(\boldsymbol{w}_K-\tilde{\boldsymbol{w}})\} \tag{5.28}$$

在上述设置下，我们得到以下属性。

$$\left(z_1^t,\ldots,z_K^t,\tilde{\boldsymbol{w}}^t\right)=\underset{Z\in\mathbb{R}^{d\times K},\tilde{w}\in\mathbb{R}^d}{\arg\min}\ H_{\mu,\alpha}\left(\boldsymbol{W}^t,\boldsymbol{Z},\tilde{\boldsymbol{w}}\right),\ t=1,2,\ldots \tag{5.29}$$

为分析 Fed+，我们提出以下平滑性假设。

假设 5.8：对于每个 k=1,2,…,K，$f_k:\mathbb{R}^d\to\mathbb{R}$ 是可微的，且梯度 ∇f_k 是 Lipschitz 连续的，L_f为常数，即$\|\nabla f_k(\boldsymbol{w})-\nabla f_k(\boldsymbol{w}')\|_2\leqslant L_f\|\boldsymbol{w}-\boldsymbol{w}'\|_2$；对于$\forall\boldsymbol{w},\boldsymbol{w}'\in\mathbb{R}^d$。

命题 5.9：在假设 5.8 和步长设定 $\eta=1/L_f$的情况下，对于 Fed+有

$$\begin{aligned}&\forall k\in S_t,\\&F_k(\boldsymbol{w}_k^t;z_k^{t-1},\tilde{\boldsymbol{w}}^{t-1})\leqslant F_k(\boldsymbol{w}_k^{t-1};z_k^{t-1},\tilde{\boldsymbol{w}}^{t-1})-\frac{1}{2(L_f+\alpha)}\|\nabla F_k(\boldsymbol{w}_k^{t-1};z_k^{t-1},\tilde{\boldsymbol{w}}^{t-1})\|_2^2\end{aligned} \tag{5.30}$$

其中 F_k 在式 5.12 中定义，梯度记为 $\boldsymbol{w}_k$。

证明：首先回顾下面的 Lipschitz 连续梯度函数中著名的下降引理[1]。

命题 5.10：设 $f:\mathbb{R}^d\to\mathbb{R}$ 是连续可微的函数，∇f 是 Lipschitz 连续的，常数 L>0，则下式成立。

$$f\left(\boldsymbol{w}-\frac{1}{L}\nabla f(\boldsymbol{w})\right)\leqslant f(\boldsymbol{w})-\frac{1}{2L}\|\nabla f(\boldsymbol{w})\|_2^2,\ \forall\boldsymbol{w}\in\mathbb{R}^d$$

由命题 5.2 可知，本地更新(式 5.6)是一个梯度下降迭代，学习率 $\eta'=\dfrac{\eta}{1+\alpha\eta}=\dfrac{1}{L_f+\alpha}$，应用于函数 $F_k(\cdot;z_k^{t-1},\tilde{\boldsymbol{w}}^{t-1})$ 中。显然，$\nabla F_k(\cdot;z_k^{t-1},\tilde{\boldsymbol{w}}^{t-1})$ 是 Lipschitz 连续的，常数 $L=(L_f+\alpha)$。因此，根据上述引理，在本地求解子程序处理一次梯度下降迭代(从 $\boldsymbol{w}_k^{t-1}$ 开始)后得到如下结果。

$$\begin{aligned}&\forall k\in S_t,\\&F_k(\boldsymbol{w}_k^t;z_k^{t-1},\tilde{\boldsymbol{w}}^{t-1})\leqslant F_k(\boldsymbol{w}_k^{t-1};z_k^{t-1},\tilde{\boldsymbol{w}}^{t-1})-\frac{1}{2L}\|\nabla F_k(\boldsymbol{w}_k^{t-1};z_k^{t-1},\tilde{\boldsymbol{w}}^{t-1})\|_2^2\end{aligned} \tag{5.31}$$

现在，注意在每个梯度下降步骤后，$F_k(\boldsymbol{w}_k^t;z_k^{t-1},\tilde{\boldsymbol{w}}^{t-1})$ 保持不变；由此完成证明。

结合式 5.29 和式 5.30，可得 Fed+的以下收敛结果。

命题 5.11：假设在式 5.8 中 $H_{\mu,\alpha}$下有界，并且以等概率采样。然后，在假设 5.8 和步长选择 η= 1/L_f的情况下，对于 Fed+算法，以下结论成立。

$$\lim_{t\to\infty}\mathbb{E}\left[\sum_{k=1}^{K}\|\nabla F_k(\boldsymbol{w}_k^{t-1};z_k^{t-1},\tilde{\boldsymbol{w}}^{t-1})\|_2^2\right]=0 \tag{5.32}$$

其中期望值是关于随机子集 S_t, t≥1 的。

而且，联邦目标函数 $F_\mu(\boldsymbol{W}^t)$ 随训练轮数 t 的增加而单调减小，收敛到值 $\hat{F}_\mu\geqslant\min_W F_\mu(\boldsymbol{W})$。此外，如果 f_k 是凸函数，所有参与方在每轮训练中都处于活动状态，并且满足级别集合 $\{(\boldsymbol{W},\boldsymbol{Z},\tilde{\boldsymbol{w}}):H_{\mu,\alpha}(\boldsymbol{W},\boldsymbol{Z},\tilde{\boldsymbol{w}})\leqslant H_{\mu,\alpha}(\boldsymbol{W}^0,\boldsymbol{Z}^0,\tilde{\boldsymbol{w}}^0)\}$ 是严格的条件，则 $\lim_{t\to\infty}F_\mu(\boldsymbol{W}^t)=\min_W F_\mu(\boldsymbol{W})$，收敛速度为 $O(1/t)$。

证明：从命题 5.1 和命题 5.11 的观点开始证明。

$$\tilde{\boldsymbol{w}}^t = \arg\min_{\tilde{w}\in\mathbb{R}^d}[\min_{Z\in\mathbb{R}^{d\times K}} H_{\mu,\alpha}(\boldsymbol{W}^t,\boldsymbol{Z},\tilde{\boldsymbol{w}})]$$

$$(\boldsymbol{z}_1^t,\ldots,\boldsymbol{z}_K^t) = \arg\min_{Z\in\mathbb{R}^{d\times K}}(\boldsymbol{W}^t,\boldsymbol{Z},\tilde{\boldsymbol{w}}^t),\ t=1,2,\ldots$$

通过合并，可得以下等式。

$$(\boldsymbol{z}_1^t,\ldots,\boldsymbol{z}_K^t,\tilde{\boldsymbol{w}}^t) = \arg\min_{Z\in\mathbb{R}^{d\times K},\tilde{w}\in\mathbb{R}^d} H_{\mu,\alpha}(\boldsymbol{W}^t,\boldsymbol{Z},\tilde{\boldsymbol{w}}),\ t=1,2,\ldots \tag{5.33}$$

这意味着

$$H_{\mu,\alpha}(\boldsymbol{W}^t,\boldsymbol{Z}^t,\tilde{\boldsymbol{w}}^t)\leqslant H_{\mu,\alpha}(\boldsymbol{W}^t,\boldsymbol{Z}^{t-1},\tilde{\boldsymbol{w}}^{t-1}),\ t=1,2,\ldots \tag{5.34}$$

在进一步讨论之前，引入符号 $F_k^t(\boldsymbol{w}) := F_k(\boldsymbol{w};\boldsymbol{z}_k^{t-1},\tilde{\boldsymbol{w}}^{t-1})$。从命题 5.9 中，可得

$$F_k^t\left(\boldsymbol{w}_k^t\right)\leqslant F_k^t\left(\boldsymbol{w}_k^{t-1}\right)-\frac{1}{2L}\|\nabla F_k^t\left(\boldsymbol{w}_k^{t-1}\right)\|_2^2,\ \forall k\in S_t \tag{5.35}$$

其中，$L:=(L_f+\alpha)$。此外，对于所有 $k\notin S_t$ 有 $\boldsymbol{w}_k^t=\boldsymbol{w}_k^{t-1}$ 可以证明

$$F_k^t\left(\boldsymbol{w}_k^t\right)\leqslant F_k^t\left(\boldsymbol{w}_k^{t-1}\right),\ \forall k\notin S_t \tag{5.36}$$

合并式 5.35 和式 5.36 可得，对于 $\forall t=1,2,\ldots$，有

$$H_{\mu,\alpha}(\boldsymbol{w}^t,\boldsymbol{Z}^{t-1},\tilde{\boldsymbol{w}}^{t-1})\leqslant H_{\mu,\alpha}(\boldsymbol{W}^{t-1},\boldsymbol{Z}^{t-1},\tilde{\boldsymbol{w}}^{t-1})-\frac{1}{2KL}\sum_{k\in S_t}\|\nabla F_k^t(\boldsymbol{w}_k^{t-1})\|_2^2 \tag{5.37}$$

也可以用期望值的形式来表示式 5.37。

$$\mathbb{E}[H_{\mu,\alpha}(\boldsymbol{W}^t,\boldsymbol{Z}^{t-1},\tilde{\boldsymbol{w}}^{t-1})]\leqslant H_{\mu,\alpha}(\boldsymbol{W}^{t-1},\boldsymbol{Z}^{t-1},\tilde{\boldsymbol{w}}^{t-1})-\frac{p}{2KL}\sum_{k=1}^{K}\|\nabla F_k^t(\boldsymbol{w}_k^{t-1})\|_2^2 \tag{5.38}$$

其中，期望值记为随机子集 S_t，$p\in(0,1]$是 $k\in S_t$ 的概率。将期望值取值为 $S_1, S_2, \ldots, S_t$(即所有随机性)，可得：对于 $\forall t=1,2,\ldots$，有

$$\mathbb{E}[H_{\mu,\alpha}(\boldsymbol{W}^t,\boldsymbol{Z}^{t-1},\tilde{\boldsymbol{w}}^{t-1})]\leqslant \mathbb{E}[H_{\mu,\alpha}(\boldsymbol{W}^{t-1},\boldsymbol{Z}^{t-1},\tilde{\boldsymbol{w}}^{t-1})]-\frac{p}{2KL}\sum_{k=1}^{K}\mathbb{E}[\|\nabla F_k^t(\boldsymbol{w}_k^{t-1})\|_2^2] \tag{5.39}$$

将式 5.39 和式 5.34 合并，可得：对于 $\forall t=1,2,\ldots$，有

$$\mathbb{E}[H_{\mu,\alpha}(\boldsymbol{W}^t,\boldsymbol{Z}^t,\boldsymbol{w}^t)]\leqslant \mathbb{E}[H_{\mu,\alpha}(\boldsymbol{W}^{t-1},\boldsymbol{Z}^{t-1},\tilde{\boldsymbol{w}}^{t-1})]-\frac{p}{2KL}\sum_{k=1}^{K}\mathbb{E}[\|\nabla F_k^t(\boldsymbol{w}^{t-1})\|_2^2]$$

对所有 t 求和并利用 $H_{\mu,\alpha}$ 下有界，得到式 5.32。

另一方面，合并式 5.37 和式 5.34，可得：对于 $\forall t=1,2,\ldots$，有

$$H_{\mu,\alpha}(\boldsymbol{W}^t,\boldsymbol{Z}^t,\tilde{\boldsymbol{w}}^t) \leqslant H_{\mu,\alpha}(\boldsymbol{W}^{t-1},\boldsymbol{Z}^{t-1},\tilde{\boldsymbol{w}}^{t-1}) - \frac{1}{2KL}\sum_{k\in S_t}\|\nabla F_k^t(\boldsymbol{w}_k^{t-1})\|_2^2 \tag{5.40}$$

现在，从式 5.33 和式 5.9，可以看出 $F_\mu(\boldsymbol{W}^t) = H_{\mu,\alpha}(\boldsymbol{W}^t,\boldsymbol{Z}^t,\boldsymbol{w}^t)$。因此，从式 5.40 可以得到 $\{F_\mu(\boldsymbol{W}^t)\}_{t=0}^{\infty}$ 是单调非递减；而且，会收敛到实值(如 $\hat{F}_\mu$)，因为 $H_{\mu,\alpha}$ 下有界。当 f_k 是凸函数时，其余的证明根据参考文献[1]中的定理 3.7 进行推导，因为式 5.40 和式 5.33 共同表明 Fed+基本上是一种用于解决命题 5.9 的(近似)交替最小化方法。

5.7　实验

5.7.1　数据集

本节将首先对标准联邦数据集进行概述，介绍数据集的异构性以及在实验中所采用的模型。我们策划了一系列不同的合成和非合成数据集，其中包括那些在联邦学习之前的研究中使用的数据集[11]，以及 LEAF 提供的一些用于联邦设置的基准数据集[2]。然后，将会报告并讨论基准算法和我们所提出的 Fed+算法的数值结果。

我们在标准联邦学习基准上评估 Fed+，包括不相同的合成数据集[11]、MNIST[10]和 FEMNIST[2,4,11]的凸分类问题，以及名为 Sentiment140 或 Sent140[6]的非凸文本情感分析任务。超参数与参考文献[11]的参数相同，并使用 FedProx 中报告的最佳 μ 值。每个本地参与方的数据随机拆分为 80%的训练集和 20%的测试集。对于所有实验，每轮本地迭代的次数 E=20，每轮迭代选定的参与方数为 K=10，批大小为 10。此外，所有数据集的神经网络模型与参考文献[11]的神经网络模型相同。合成数据集、MNIST 和 FEMNIST 以及 Sent140 数据集的学习率分别为 0.01、0.03、0.003 和 0.3。实验对每个参与方的本地求解使用固定的正则化参数 α=0.01，混合模型的惩罚参数 ρ 分别为 1000(FedAvg+方法)、10(FedGeoMed+方法)和 10(FedCoMed+方法)。在 Sent140 数据集上，我们发现在每个参与方的每个本地求解子程序的开头将本地模型初始化为混合模型(即设置 λ=0.001 而不是默认的 λ=0)时性能最佳。我们是在由 16 个 Intel® Xeon® E5-2690 v4 CPU 和 2 个 NVIDIA® Tesla P100 PCIe GPU 组成的商用硬件机器上模拟联邦学习设置(1 个聚合器和 N 个参与方)。

为生成不相同的合成数据，我们采用了与参考文献[11]类似的设置，另外在各参与方之间施加了异构性。具体而言，对于每个参与方 k，根据模型 $y = \arg\max(\mathrm{softmax}(\boldsymbol{W}_x + \boldsymbol{b}))$，生成样本($\boldsymbol{X}_k$，$\boldsymbol{Y}_k$)，其中 $\boldsymbol{x} \in \mathbb{R}^{60}$，$\boldsymbol{W} \in \mathbb{R}^{10\times 60}$，$\boldsymbol{b} \in \mathbb{R}^{10}$。我们模拟了 $\boldsymbol{W}_k \sim \boldsymbol{N}(u_k, 1)$，$\boldsymbol{b}_k \sim \boldsymbol{N}(u_k, 1)$，$u_k \sim \boldsymbol{N}(0,\zeta)$以及 $\boldsymbol{x}_k \sim N(\boldsymbol{v}_k, \boldsymbol{\Sigma})$，其中协方差矩阵 $\boldsymbol{\Sigma}$ 为对角线矩阵 $\boldsymbol{\Sigma}_{j,j} = j^{-1.2}$。均值向量 $\boldsymbol{v}_k$ 中的每个元素都由 $N(B_k,1)$，$B_k \sim N(0,\beta)$绘制。因此，ζ 控制各本地模型之间的差异程度，β 控制每个参与方的本地数据与其他参与方的本地数据的差异程度。为更好地描述统计异构性并研究其对收敛性的影响，设定 $\zeta = 1000$ 和 $\beta = 10$。总共有 $K = 30$ 个参与方，每个参与方的样本数遵循幂律分布。

我们对联邦学习的先前研究中使用的 3 个数据集进行测试[2, 16]。首先，使用 MNIST[10] 数据集进行一个凸分类问题的实验，采用多项式逻辑回归。为添加统计异构性，我们将数据分布在 $K = 1000$ 个参与方之间，使得每个参与方的样本只有一个数字，并且每个参与方的样本数量遵循幂律分布。模型的输入是展平的 784 维(28×28)图像，输出是介于 0 和 9 之间的类标签。

然后，使用相同的模型研究参考文献[11]中提出的更复杂的 62 类的联邦扩展 MNIST (Federated Extended MNIST，FEMNIST)数据集[2, 4]。FEMNIST 中的异构数据分区是通过从 EMNIST 数据集[4]中对 10 个小写字符(a~j)进行子采样并仅向每个参与方分配 5 个类生成的。总共有 K=200 个参与方。模型的输入是展平的 784 维(28×28)图像，输出是介于 0 和 9 之间的类标签。

为解决非凸设置，我们考虑对来自 Sentiment140[6]的推特进行文本情感分析任务；该任务使用双层的 LSTM 二元分类器，包含 256 个隐藏单元，并带有预先训练的 300D GloVe 嵌入[18]。总共有 K=772 个参与方。每个推特账户对应一个参与方。该模型将长度为 25 个字符的序列作为输入，通过查找 GloVe 将每个字符嵌入 300 维空间中，并在两个 LSTM 层和一个全连接的层后，为每个训练样本输出一个字符。我们考虑了高度异构的设置，其中有 90%的掉队者(更多详细信息请参见参考文献[11])。

5.7.2 结果

图 5-4 中展示了基准算法 FedAvg、FedProx、RFA 和坐标中位数以及 Fed+算法系列的测试性能。总的来说，针对基准问题，鲁棒联邦学习算法在这些非 IID 数据集上表现最差。FedProx 使用了一个近端项[11]，与 FedAvg 相比，它在异构环境中更有效。然而，所有基准算法都产生了一个统一的全局模型，而不是参与方所特有的。Fed+不仅提高了性能，而且通常还能加快学习过程的收敛速度，如图 5-4 所示。对于基线算法，Fed+方法在 4 个数据集上的性能分别提高 28.72%、6.24%、11.32%和 13.89%。特别是，最好的 Fed+算法能够使基准算法 FedProx 在 4 个数据集上的性能平均提高 9.90%。此外，在 MNIST 和 FEMNIST 数据集上，FedAvg+方法可以实现与 FedGeoMed+相似的性能，但在合成和 Sent140 数据集上，它无法超越 Fed+的鲁棒变体(即 FedGeoMed+和 FedCoMed+)。这表明在聚合数据时，将几何中位数和坐标中位数等鲁棒统计量考虑进来要优于仅使用平均值作为聚合统计量的方法。

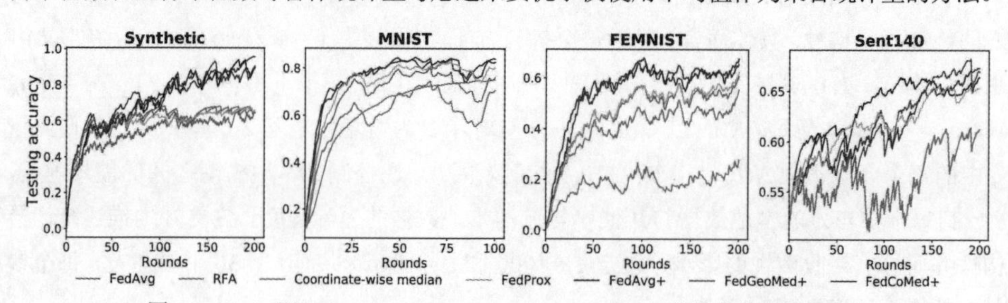

图 5-4 Fed+(即 FedAvg+、FedGeoMed+、FedCoMed+)的性能优于基准算法

我们还评估了训练参与方数量的增加对测试准确性的影响。在合成数据集上，当参与训练的参与方数量从 K=3 增加到 K=15 再到 K=30 时，平均测试准确率从 70.22%提高到 90.73%再到 98.03%。准确率平均值是取用 FedAvg+、FedGeoMed+和 FedCoMed+算法的结果得出的。在 MNIST 数据集上，当训练中的各参与方数量从 K=100 增加到 K=500 再到 K=1000 时，Fed+算法的平均准确率分别为 69.80%、81.34%和 83.36%。在 FEMNIST 数据集上，当训练中的各参与方数量从 K=20 增加到 K=100 再到 K=200 时，Fed+算法的平均准确率分别为 25.16%、68.71%和 78.66%。在 Sent140 数据集上，当参与方数量从 K=77 增加到 K=386 再到 K=772 时，Fed+算法的平均准确率分别为 57.13%、60.77%和 65.43%。这表明随着参与方数量的增加，使用 Fed+算法的优势也逐渐显现。

5.8　本章小结

个性化联邦学习旨在更好地处理联邦设置中固有的统计差异问题，特别是各参与方存在非 IID 数据时。个性化联邦学习可实现更稳定的学习过程并有显著的性能提高。

跨参与方的异构性数据往往伴随着异常值，也就是一些参与方的数据与其他参与方存在明显差异。为减轻这些异常值的影响，可以使用中位数代替平均值进行鲁棒聚合。Fed+系列的个性化联邦学习方法能够同时有机集成鲁棒聚合和平均聚合，实现无缝结合。Fed+统一了多种算法，包括个性化和非个性化的、鲁棒和基于平均值的算法，同时保持了本地计算结构的完整。

本章详细介绍了非个性化联邦学习在异构性较严重环境中的问题并引入了 Fed+框架。我们为这类非平滑凸损失函数、非凸损失函数以及掉队者情况下的方法提供了收敛保证，并进行了一系列实验，比较了个性化和非个性化的、鲁棒和基于平均值的聚合。

此外，本书第 21 章提供了在金融投资组合管理问题上，有关使用 Fed+的个性化联邦学习的进一步实验。

参考文献

[1] Beck A (2015) On the convergence of alternating minimization for convex programming with applications to iteratively reweighted least squares and decomposition schemes. SIAM J Optim 25(1):185-209. https://doi.org/10.1137/13094829X.

[2] Caldas S, Wu P, Li T, Konečný J, McMahan HB, Smith V, Talwalkar A (2018) LEAF: a benchmark for federated settings. arXiv preprint arXiv:181201097.

[3] Charles Z, Konecný J (2020) On the outsized importance of learning rates in local update methods. ArXiv abs/2007.00878.

[4] Cohen G,Afshar S,Tapson J,Van Schaik A(2017)EMNIST:extending MNIST to handwritten letters. In: 2017 international joint conference on neural networks (IJCNN). IEEE, pp 2921-2926.

[5] Deng Y, Kamani MM, Mahdavi M (2020) Adaptive personalized federated learning. arXiv preprint arXiv:200313461.

[6] Go A, Bhayani R, Huang L (2009) Twitter sentiment classification using distant supervision. CS224N project report, Stanford 1(12):2009.

[7] Hanzely F, Richtárik P (2020) Federated learning of a mixture of global and local models. ArXiv abs/2002.05516.

[8] Hanzely F, Zhao B, Kolar M (2021) Personalized federated learning: a unified framework and universal optimization techniques. 2102.09743.

[9] Karimireddy SP, Kale S, Mohri M, Reddi S, Stich S, Suresh AT (2019) SCAFFOLD: stochastic controlled averaging for on-device federated learning. ArXiv abs/1910.06378.

[10] LeCun Y, Bottou L, Bengio Y, Haffner P (1998) Gradient-based learning applied to document recognition. Proc IEEE 86(11):2278-2324.

[11] Li T, Sahu AK, Zaheer M, Sanjabi M, Talwalkar A, Smith V (2020) Federated optimization in heterogeneous networks. Proc Mach Learn Syst 2:429-450.

[12] Li T, Hu S, Beirami A, Smith V (2021) Ditto: fair and robust federated learning through personalization. 2012.04221.

[13] Li X, Huang K, Yang W, Wang S, Zhang Z (2020) On the convergence of FedAvg on non-IID data. ICLR, Arxiv, abs/1907.02189.

[14] Malinovsky G, Kovalev D, Gasanov E, Condat L, Richtárik P (2020) From local SGD to local fixed point methods for federated learning. ICML Arxiv, abs/2004.01442.

[15] Mansour Y, Mohri M, Ro J, Theertha Suresh A (2020) Three approaches for personalization with applications to federated learning. arXiv e-prints arXiv:2002.10619, 2002.10619.

[16] McMahan B, Moore E, Ramage D, Hampson S, y Arcas BA (2017) Communication-

efficient learning of deep networks from decentralized data. In: Artificial intelligence and statistics. PMLR, pp 1273-1282.

[17] Pathak R, Wainwright M (2020) FedSplit: an algorithmic framework for fast federated optimization. ArXiv abs/2005.05238.

[18] Pennington J, Socher R, Manning CD (2014) Glove: global vectors for word representation. In: Proceedings of the 2014 conference on empirical methods in natural language processing (EMNLP), pp 1532-1543.

[19] Pillutla K, Kakade SM, Harchaoui Z (2019) Robust aggregation for federated learning. arXiv preprint arXiv:191213445.

[20] Dinh CT, Tran N, Nguyen J (2020) Personalized federated learning with Moreau envelopes. In: Larochelle H, Ranzato M, Hadsell R, Balcan MF, Lin H (eds) Advances in neural information processing systems, vol 33. Curran Associates, Inc., pp 21394-21405. https://proceedings.neurips.cc/paper/2020/file/f4f1f13c8289ac1b1ee0ff176b56fc60-Paper.pdf.

[21] Tyler DE (2008) Robust statistics: theory and methods. J Am Stat Assoc 103(482): 888–889. https://doi.org/10.1198/jasa.2008.s239.

[22] Yin D, Chen Y, Kannan R, Bartlett P (2018) Byzantine-robust distributed learning: towards optimal statistical rates. PMLR, Stockholmsmässan, Stockholm, vol 80. Proceedings of Machine Learning Research, pp 5650-5659. http://proceedings.mlr.press/ v80/yin18a.html.

[23] Zhang M, Sapra K, Fidler S, Yeung S, Alvarez JM (2021) Personalized federated learning with first order model optimization. In: International conference on learning representations. https://openreview.net/forum?id=ehJqJQk9cw.

[24] Zhang S, Choromanska AE, LeCun Y (2015) Deep learning with elastic averaging SGD. In: Cortes C, Lawrence N, Lee D, Sugiyama M, Garnett R (eds) Advances in neural information processing systems, vol 28. Curran Associates, Inc. https://proceedings.neurips.cc/paper/2015/file/d18f655c3fce66ca401d5f38b48c89af-Paper.pdf.

第 6 章

通信高效的分布式优化算法

摘要：在联邦学习中，连接边缘参与方与中心聚合器的通信链路有时受到带宽限制，并且网络延迟较高。因此，迫切需要设计和部署具有通信效率的分布式训练算法。本章将回顾两种不同的通信高效的分布式随机梯度下降(SGD)方法：①本地更新随机梯度下降，其中客户端进行多次本地模型更新，然后进行周期性聚合；②梯度压缩和稀疏化方法，以减少每次更新传输的比特数。在这两种方法中，存在迭代次数和通信效率之间的误差收敛折中。

6.1 介绍

1. 机器学习训练中的随机梯度下降

大多数监督学习问题都是使用经验风险最小化框架[5, 41]解决的，其目标是最小化经验风险目标函数 $F(\boldsymbol{x})=\sum_{j=1}^{n} f(\boldsymbol{x},\xi_j)/n$。其中，$n$ 是训练数据集的大小，ξ_j 是第 j 个标记的训练样本，$f(\boldsymbol{x};\xi_j)$是(通常为非凸的)损失函数。优化 $F(\boldsymbol{x})$的普遍算法是随机梯度下降(SGD)，其中我们计算$f(\boldsymbol{x};\xi_n)$对随机选择的小子集B(称为小批大小，每个有 b 个样本)的梯度[4, 12, 25, 35, 37, 53]，并根据 $\boldsymbol{x}_{k+1}=\boldsymbol{x}_k-\eta\sum_{i\in B}\nabla f(\boldsymbol{x}_k,\xi_i)/b$ 更新 $\boldsymbol{x}$，其中 η 称为学习率或步长。尽管小批 SGD 的设计初衷是针对凸目标，但研究表明它在非凸损失曲面上也表现良好，因为它能够避开鞍点和局部最小值[7, 31, 42, 55]。因此，它是当前先进机器学习中的主要训练算法。

对于像 Imagenet[38]之类的大型数据集，在单个节点上运行小批 SGD 可能会非常缓慢。一种并行化梯度计算的标准方法是参数服务器(PS)框架[11]，它由一个中心服务器和多个工作者节点组成。掉队的工作者和通信延迟可能会成为将此框架扩展到大量工作者节点的瓶颈。因此，人们提出了几种方法(如异步[10, 13, 15, 56]和周期梯度聚合[43, 46, 54])来提高基于数据中心的机器学习训练的可伸缩性。

2. 联邦学习的动机

尽管算法和系统的进步提高了效率和可伸缩性，但基于数据中心的训练存在一个主要限制。它要求训练数据集在参数服务器上集中可用，参数服务器在工作者节点之间随机打乱和拆分训练数据集。具有计算能力的如手机、物联网传感器和摄像头等边缘参与方的快速增多导致了这种数据分区范式的重大转变。各边缘参与方从其环境中收集丰富的信息，这些信息可用于数据驱动的决策。由于通信能力有限以及隐私问题，数据无法直接发送到云端进行集中处理或与其他节点共享。联邦学习框架建议将数据保留在边缘参与方，并将模型训练移到边缘进行。在联邦学习中，数据保存在边缘参与方，并以分布式方式训练模型；仅在边缘参与方和聚合器之间交换梯度或模型更新。

3. 系统模型和符号

典型的联邦学习设置由连接到 K 个边缘参与方的中心聚合器组成，如图 6-1 所示，其中 K 可以是数千甚至数百万的数量级。每个参与方 i 都有一个由 n_i 个样本组成的本地数据集 D_i，该数据集不能传输到中心聚合器或与其他边缘参与方共享。我们使用 $p_i=n_i/n$ 来表示第 i 个参与方的数据比例，其中 $n=\sum_{i=1}^{K} n_i$。聚合器通过使用本地数据集的并集 $D=\bigcup_{i=1}^{K} D_i$ 来训练机器学习模型 $\boldsymbol{x}\in\mathbb{R}^d$。模型向量 $\boldsymbol{x}$ 包含模型的参数，例如神经网络的权重和偏差。为训练模型 $\boldsymbol{x}$，聚合器试图最小化如下的经验风险目标函数。

$$F(\boldsymbol{x}) := \sum_{i=1}^{K} p_i F_i(\boldsymbol{x}) \tag{6.1}$$

其中 $F_i(\boldsymbol{x})=\frac{1}{n_i}\sum_{\xi\in D_i} f(\boldsymbol{x};\xi)$ 是第 i 个参与方的本地目标函数。这里，f 是由模型 $\boldsymbol{x}$ 定义的损失函数(可能是非凸函数)，ξ 表示来自本地数据集 D_i 的数据样本。通过观察可发现权重 p_i 与第 i 个参与方的数据比例成正比。这是因为，我们希望模拟一个集中式训练场景，将所有训练数据传输到中心参数服务器。因此，拥有更多数据的参与方将在全局目标函数中获得更高的权重。

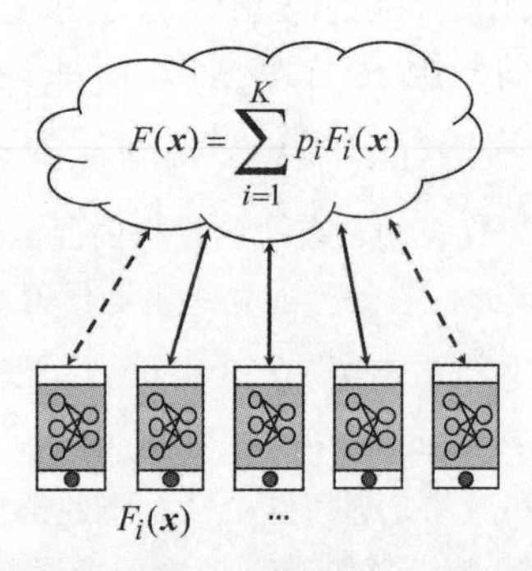

图 6-1　在联邦优化中，聚合器的目标是最小化边缘参与方的本地目标函数 $F_i(\boldsymbol{x})$的加权平均值

由于边缘参与方的资源限制以及参与方的大量存在，联邦训练算法必须在严格的通信约束下运行，并应对数据和计算异构性。例如，连接每个边缘参与方与中心聚合器的无线

通信链路可能受到带宽限制，并且具有高网络延迟。此外，由于有限的网络连接和电池限制，边缘参与方可能只能间歇性地可用。因此，在给定时间内，K 个参与方中只有 m 个可用于参与训练模型 $\boldsymbol{x}$。为了在这些通信约束下运行，联邦学习框架需要新的分布式训练算法，这不同于数据中心设置中使用的算法。在 6.2 节中，将回顾本地更新 SGD 算法及其变体，这些算法降低了边缘参与方与聚合器的通信频率。在 6.3 节中，将回顾压缩和量化的分布式训练算法，这些算法减少了边缘参与方向聚合器发送的每次更新所通信的比特数。

6.2　本地更新 SGD 和 FedAvg

本节首先讨论本地更新 SGD 及其变体。FedAvg 算法是联邦学习的核心，是本地更新 SGD 的扩展。我们将讨论 FedAvg 如何基于本地更新 SGD 构建，以及用于处理联邦学习中的数据和计算异构性的各种策略。

6.2.1　本地更新 SGD 及其变体

1. 同步分布式 SGD

在数据中心设置中，训练数据集 D 被随机均匀地分布在 m 个工作者节点上。训练机器学习模型的标准方法是使用同步分布式 SGD[11]，其中梯度由工作者计算，然后由中心参数服务器聚合。在同步 SGD 的每轮迭代 t 中，工作者从参数服务器中提取模型 $\boldsymbol{x}_t$ 的当前版本。每个工作者 i 使用从本地数据集 D_i 中提取的一个小批大小 B(样本数为 B)来计算一个小批随机梯度 $\mathrm{g}_i(\boldsymbol{x})=\sum_{\xi\in B} f(\boldsymbol{x};\xi)$。然后，参数服务器从所有工作者收集梯度，并按照如下方式更新模型参数。

$$\boldsymbol{x}_{t+1}=\boldsymbol{x}_t-\frac{\eta}{m}\sum_{i=1}^{m} g_i(\boldsymbol{x}) \tag{6.2}$$

随着工作者 m 数量的增加，同步 SGD 的误差与迭代次数的收敛性有所改善。但是，由于工作者的本地梯度计算时间的可变性，等待所有工作者完成梯度计算所需的时间会增加。为提高工作者数量的可伸缩性，参考文献[13, 15, 28, 29, 56, 58]中提出了执行异步梯度聚合的同步 SGD 的掉队者弹性变体。

2. 本地更新 SGD

尽管异步聚合方法在提高分布式 SGD 的可伸缩性方面非常有效，但在许多分布式系统中，工作者和参数服务器之间交换梯度和模型更新的通信时间可能会导致本地梯度计算时间变化。因此，每轮迭代后持续的节点间通信可能非常昂贵且缓慢。本地更新 SGD 是一种通信高效的分布式 SGD 算法，它通过让工作者节点执行多个本地 SGD 更新而不是仅计算一个小批梯度来解决此问题。

本地更新 SGD 将训练划分为多轮通信，如图 6-2 所示。在一轮通信中，每个工作者使用 SGD 在本地优化其目标函数 $F_i(\boldsymbol{x})$。每个工作者 i 从当前全局模型开始，用 $\boldsymbol{x}_t$ 表示并执行 τ 次 SGD 迭代以获得模型 $\boldsymbol{x}_{t+\tau}^{(i)}$。然后，生成的模型由 m 个工作者发送到参数服务器，参数服务器对它们求平均值以更新全局模型，如下所示。

$$\boldsymbol{x}_{t+\tau}=\frac{1}{m}\sum_{i=1}^{m}\boldsymbol{x}_{t+\tau}^{(i)} \tag{6.3}$$

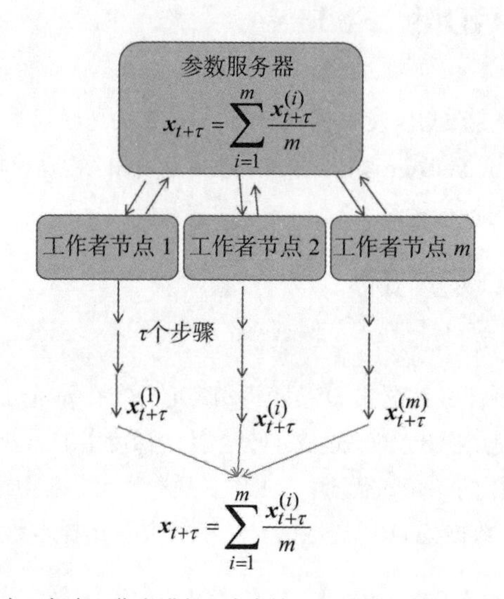

图 6-2　在本地更新 SGD 中，每个工作者进行 τ 次本地 SGD 更新，然后由参数服务器聚合生成的模型

3. 本地更新 SGD 的每轮迭代的运行时间

通过在与参数服务器通信之前在各个工作者上执行 τ 次本地更新，本地更新 SGD 减少了每轮迭代的预期运行时间。我们通过以下延迟模型来量化这种运行时间的节省。第 i 个工作者在第 k 个本地步骤中计算一个小批梯度所花费的时间被建模为随机变量 $Y_{i,k}\sim F_Y$，并假设在工作者和小批大小上是独立同分布。通信延迟由常量 D 表示，它包括将本地模型发送到参数服务器并从参数服务器接收平均全局模型所花费的时间。由于每个工作者 i 进行 τ 次本地更新，其平均本地计算时间(完成图 6-3 中一个三箭头的序列所需的时间)由以下式子给出。

$$\overline{Y}_i=\frac{Y_{i,1}+Y_{i,2}+\ldots Y_{i,\tau}}{\tau} \tag{6.4}$$

如果 $\tau=1$，这种情况下，本地更新 SGD 等同于同步 SGD，则随机变量 $\overline{Y}$ 与 Y 相同。由于通信延迟 D 在 τ 轮迭代中摊销，因此每轮迭代的运行时间(图 6-3 中也有说明)由以下式子给出。

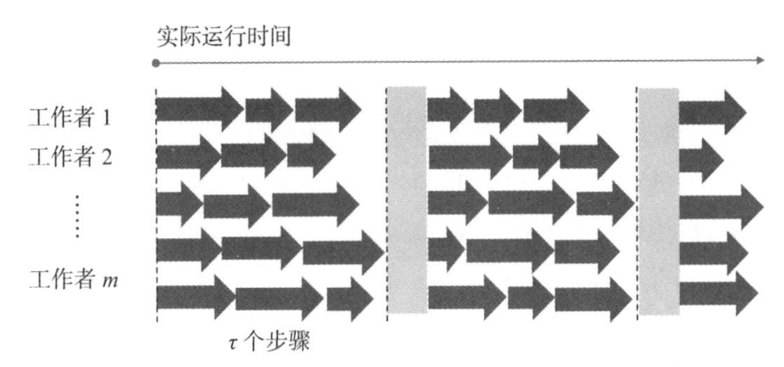

图 6-3　在本地更新 SGD 中，通过降低通信频率，有助于在 τ 轮迭代间平摊通信延迟(如图中灰色所示)

$$\mathbb{E}[T_{\text{Local-update}}] = \mathbb{E}[\max(\overline{Y}_1, \overline{Y}_2, \dots, \overline{Y}_m)] + \frac{D}{\tau} \tag{6.5}$$

$$= \mathbb{E}[\overline{Y}_{m:m}] + \frac{D}{\tau} \tag{6.6}$$

$Y_{m:m}$ 表示 m 个 IID 随机变量的最大阶数统计量，概率分布为 $Y \sim F_Y$。从式 6.6 中，我们观察到执行更多的本地更新可以通过两种方式减少每轮迭代的运行时间。首先，通信延迟在 τ 轮迭代中摊销并减少为 $1/\tau$。其次，执行本地更新还提供了滞后缓解的好处，因为 $\overline{Y}_{m:m}$ 的尾部比 $Y_{m:m}$ 轻，因此式 6.6 中的第一项随 τ 的增加而减少。

4. 本地更新 SGD 的误差收敛

如上所述，在 τ 轮迭代中，将工作者与参数服务器之间的通信次数减少到仅一次可以显著减少每轮迭代的运行时间。然而，设置较大的 τ 值(本地更新次数)会导致较差的误差收敛。这是因为，工作者节点的模型 $\boldsymbol{x}_{t+\tau}^{(i)}$ 随着 τ 的增加而发散。参考文献[43,46,47]给出了本地更新 SGD 关于本地更新次数 τ 的误差收敛性分析。假设目标函数 $F(\boldsymbol{x})$ 是 L-Lipschitz 平滑的，且学习率 η 满足 $\eta L + \eta^2 L^2 \tau(\tau-1) \leqslant 1$。随机梯度 $\boldsymbol{g}(\boldsymbol{x};\xi)$ 是 $\nabla F(\boldsymbol{x})$ 的无偏估计，即 $\mathbb{E}_{\xi}[\boldsymbol{g}(\boldsymbol{x};\xi)] = \nabla F(\boldsymbol{x})$。同时假设随机梯度 $\boldsymbol{g}(\boldsymbol{x};\xi)$ 的方差有界，即 $\mathrm{Var}(\boldsymbol{g}(\boldsymbol{x};\xi)) \leqslant \sigma^2$。若起始点为 $\boldsymbol{x}_1$，则本地更新 SGD 迭代 T 次后的 $F(\boldsymbol{x}_T)$ 受到以下限制。

$$\mathbb{E}\left[\frac{1}{T}\sum_{t=1}^{T} \|\nabla F(\boldsymbol{x}_t)\|^2\right] \leqslant \frac{2[F(\boldsymbol{x}_1) - F_{\inf}]}{\eta t} + \frac{\eta L \sigma^2}{m} + \eta^2 L^2 \sigma^2 (\tau - 1) \tag{6.7}$$

其中 $\boldsymbol{x}_t$ 表示第 t 次迭代时的平均模型。设置 $\tau = 1$ 使本地更新 SGD 及其误差收敛界限与同步分布式 SGD 相同。随着 τ 的增加，界限的最后一项也增加，从而增加收敛时的误差底线。

5. 自适应通信策略

从上面的运行时间和误差分析中可以看到，当改变 τ 时，每次迭代的误差和通信延迟之间存在一种权衡关系。较大的 τ 会降低预期的通信延迟，但会产生更差的误差收敛。为获得快速收敛和低误差底线，参考文献[47,52]提出了一种在训练过程中适应 τ 的策略。对于固定的学习率 η，参考文献[47]中的以下策略逐渐减少 τ。

$$\tau_l = \left\lceil \sqrt{\frac{F(\boldsymbol{x}_{t=lT_0})}{F(\boldsymbol{x}_{t=0})}} \tau_0 \right\rceil \tag{6.8}$$

其中 τ_l 是训练中 T_0 秒的第 l 个区间的本地更新次数。我们也可以修改此更新规则以适应底层的可变学习率计划(如图 6-4 所示)。

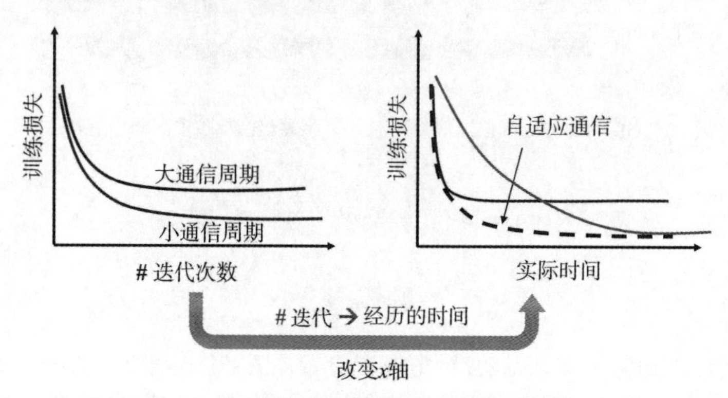

图 6-4　在训练过程中调整本地更新数 τ 的动机

6. 弹性平均和重叠 SGD

在本地更新 SGD 中，需要将更新的全局模型传达给节点，然后才能开始下一组 τ 次更新。此外，在 m 个节点中最慢的节点完成其 τ 次本地更新之前，无法更新全局模型。这种通信障碍可能会成为全局模型更新的瓶颈，并增加每轮训练的预期运行时间。由于这种通信障碍是由算法而不是系统实现强加的，因此我们需要一种算法方法来消除它，并允许通信与本地计算重叠。参考文献[9, 11, 13, 15, 19, 33, 56]中使用异步梯度聚合来消除同步障碍。但是，异步聚合会导致模型过时，也就是说，慢节点可能具有任意过时的全局模型版本。最近的一些研究[48, 57]提出了本地更新 SGD 的变体，允许通信和计算的重叠。在这些算法中，工作者节点从一个锚点模型开始进行本地更新，该模型甚至在最慢的节点完成上一轮本地更新之前就可用。这种方法的灵感来自参考文献[57]中提出的弹性平均 SGD(EASGD)算法，该算法在目标函数中增加了近端项。参考文献[6, 32, 57]中的近端方法虽然不是为此目的而设计的，但自然地允许通信和计算重叠。

6.2.2　FedAvg 算法及其变体

1. FedAvg 算法

由于联邦学习中边缘参与方的通信能力有限，本地更新 SGD 特别适用于联邦学习框架，并被称为 FedAvg 算法。主要区别如下。首先，将作为云端服务器的工作者节点替换为移动和物联网设备等边缘参与方。由于边缘参与方的间歇可用性，与数据中心设置不同，每轮训练只有 K 个参与方中的 m 个参与。其次，数据集 D_i 在大小和组成上都可能在边缘参与方之间存在高度异构性，不同于数据中心设置中数据集 D 在工作者节点之间被打乱和均匀划分。

联邦平均算法(FedAvg)[30]也将训练划分到多轮通信中。在一轮通信中，聚合器从可用的参与方中均匀随机选择 m 个边缘参与方。每个边缘参与方使用类似于本地更新 SGD 的 SGD 对其目标函数 $F_i(\boldsymbol{x})$进行本地优化。与基本的本地更新 SGD(每个工作者执行相同数量的本地更新 τ_i)不同，在 FedAvg 中，本地更新 τ_i 的数量在不同的边缘参与方和通信轮数中可能不同。一个常见的实现方式是各参与方运行相同的本地周期数 E。因此，$\tau_i=\lfloor En_i/B\rfloor$，其中 B 为小批大小。或者，如果每轮通信都有固定的挂钟时间长度，那么 τ_i 表示在时间窗口内由参与方 i 完成的本地迭代次数，并且可能因客户端(取决于它们的计算速度和可用性)和通信轮次的不同而改变。在第 r 轮通信中，边缘参与方从全局模型 $\boldsymbol{x}_{r,0}$ 开始，每次执行 τ_i 次本地更新。假设它们得到的模型记为 $\boldsymbol{x}_{r,\tau_i}^{(i)}$。共享全局模型 $\boldsymbol{x}_r$ 更新如下。

$$\boldsymbol{x}_{r+1,0}=\sum_{i=1}^{m}p_i\boldsymbol{x}_{r,\tau_i}^{(i)} \tag{6.9}$$

其中 $p_i=|D_i|/|D|$，表示第 i 个边缘参与方的数据占总数据的比例。

2. 处理数据异构性的策略

由于数据集 D_i 在节点之间具有高度异构性，因此边缘参与方的本地训练模型可能会显著不同。随着本地更新次数的增加，模型可能会过度拟合本地数据集。因此，FedAvg 算法可能会收敛到一个不正确的点，它不是全局目标函数 $F(\boldsymbol{x})$的稳定点。例如，假设每个边缘参与方执行大量的本地更新，并且第 i 个参与方的本地模型收敛到 $\boldsymbol{x}_*^{(i)}=\min F_i(\boldsymbol{x})$。那么这些本地模型的加权平均值将收敛到 $\boldsymbol{x}=\sum_{i=1}^{K}p_i\boldsymbol{x}_*^{(i)}$，它与真正的全局最小值 $\boldsymbol{x}_*=\min F(\boldsymbol{x})$ 可能完全不同。减少由数据异构性引起的这种解决方案偏差的一种解决方法是选择较小的或衰减的学习率 η 或者保持本地更新的次数 τ 较小。用于克服解决方案偏差的其他技术包括近端本地更新方法(例如参考文献[39, 40]将正则化项添加到全局目标)，以及旨在通过交换控制变量来最小化跨参与方模型漂移的方法[23]。从高层次看，这些技术阻止了边缘参与方的模型偏离全局模型。

3. 处理计算异构性的策略

数据异构性的影响可能会因各边缘参与方的计算异构性而加剧。即使边缘参与方进行不同数量的本地更新 τ_i，标准的 FedAvg 算法也提出，得到的模型只是按照数据比例 p_i 聚合。然而，这可能导致与预期的全局目标不匹配的不一致的解，如参考文献[49]中所示。图 6-5 对此也作了说明。最终解偏向本地最优 $\boldsymbol{x}_*^{(i)}=\min F_i(\boldsymbol{x})$，并且可以与全局最小值 $\boldsymbol{x}_*=\min F(\boldsymbol{x})$ 任意远。参考文献[49]通过将累积的本地更新 $(\boldsymbol{x}_{r,\tau_i}^{(i)}-\boldsymbol{x}_{r,0}^{(i)})$ 归一化为本地更新次数 τ_i 来修复这种不一致，然后再将其发送到中心聚合器。这种称为 FedNova 的规范化联邦平均算法可以在保持快速收敛速度的同时获得一致的解。

除了本地更新次数 τ_i 的可变性外，计算异构性和解决方案的不一致也可能是由于边缘参与方使用本地动量、自适应本地优化器(如 AdaGrad)或不同的学习率调度。这些情况下，需要用 FedNova[51]的通用版本来修复不一致性。

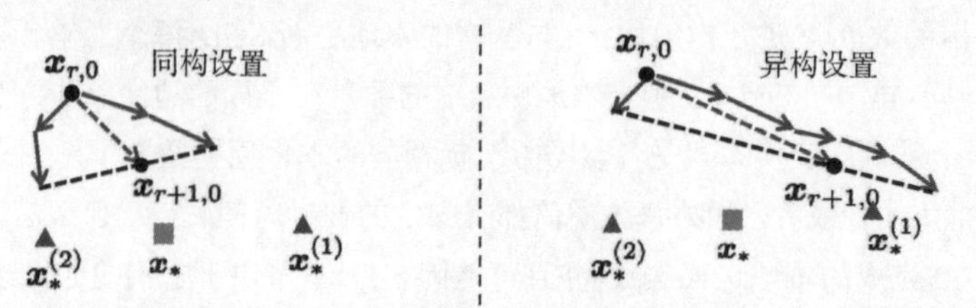

图 6-5 参数空间中的模型更新：正方形和三角形分别表示全局目标和本地目标的最小值。在异构更新设置中，解决方案将偏向具有更多本地更新的参与方

4. 处理边缘参与方间歇可用性的策略

联邦学习设置中的边缘参与方总数可以达到成千上万甚至百万级。由于本地计算资源限制和带宽限制，边缘参与方只能间歇性地参与训练。例如，目前只有在手机插入充电器时才用于联邦训练，以节省电池电量。因此，在每一轮通信中，只有一小部分边缘参与方参与 FedAvg 算法。

大多数设计和分析联邦学习算法的研究都假设边缘参与方的子集是从整个边缘参与方集合中随机选择的[27]。这种部分和间歇性参与通过在误差中添加方差项来放大数据异构性的不利影响。最近的一些研究[8, 21, 36]提出了客户端选择方法，以应对这种异构性并提高收敛速度。这些策略为本地损失较高的边缘参与方分配了较高的选择概率，并且可以加快全局模型的收敛。然而，这种加速是以更高的非消失偏差为代价的，这种偏差随着数据异构性程度的增加而增加。参考文献[8]提出了一种自适应策略，该策略逐渐减小选择偏差，以实现收敛速度和误差底线之间的最佳权衡。

6.3 模型压缩

除执行多个本地更新外，模型在通信和计算过程中也可以进行压缩。一种方法是使用标准的无损压缩技术，但是这种技术只能有限地减小模型大小，并且需要在接收端进行解压缩。本节将讨论一类特殊的有损压缩技术，该技术旨在提高联邦学习和分布式 SGD 中的通信效率。这些技术不需要在接收端进行解压，可以保证训练的收敛性。6.3.1 节和 6.3.2 节将重点研究提高通信效率的方法；6.3.3 节将重点研究同时提高通信和计算效率的方法。

6.3.1 带有压缩更新的 SGD

一种广泛使用的方法是压缩各参与方和聚合器之间传输的模型更新[2, 24]。具体而言，我们定义了一个压缩器 $C(z)$，用于生成任意向量 z 的压缩版本。常用的压缩器包括实现量化[2]和稀疏化[44]的压缩器。根据其特性，压缩器可分为无偏和通用(即可能有偏)两种类型。下面讨论这两种压缩器的变体，其中我们考虑了一种称为误差反馈的技术，用于一般压缩器，该技术有助于避免方差爆炸并保证收敛。注意，本节中的偏差概念是位于概率建模的背景下，其中无偏压缩器意味着压缩向量(从该压缩器获得)的期望值等于原始向量。

1. 无误差反馈的无偏压缩器

无偏压缩器 $C(z)$同时满足以下两个特性。

$$\mathbb{E}[C(z)\mid z]=z \tag{6.10}$$

$$\mathbb{E}[\|C(z)-z\|^2\mid z]\leqslant q\|z\|^2 \tag{6.11}$$

其中 $q\geqslant 0$ 是一个常数，表示压缩器所实现的相对近似误差。简单来说，相对近似误差是指压缩后的向量与原始向量之间的相对误差。可以很容易地看到，$q=0$ 是 $C(z)=z$ 的必要条件(即无压缩)，$q=1$ 是 $C(z)=0$(即无传输)的必要条件。通常，较大的 q 对应由 $C(z)$产生的压缩程度更高的向量。正如下面介绍的 random-k 示例，某些情况下，可以放大压缩结果以保证无偏性，从而得到一个大于 1 的 q 值。

示例　这里给出的无偏压缩器的例子是一个随机量化器；对于向量的第 i 个分量，有

$$[C(z)]_i=\begin{cases}\lfloor z_i\rfloor，概率为\lceil z_i\rceil-z_i\\ \lceil z_i\rceil，概率为z_i-\lfloor z_i\rfloor\end{cases} \tag{6.12}$$

其中$\lfloor\cdot\rfloor$和$\lceil\cdot\rceil$分别表示向下取整(向下取整为整数)和向上取整(四舍五入到整数)运算符。注意，在浮点数表示的情况下，这里的整数可以是基数。不难看出，该量化操作满足无偏性质(式 6.10)。注意，量化操作给出 $q=\max_{y\in[0,1]}(1-y)^2y+y^2(1-y)$，可得 $q=1/4$。

另一个例子是以 k/d 的等概率从原始向量 z 中随机选择 k 个分量，并将结果放大 d/k。对于向量的第 i 个分量，有

$$[C(z)]_i=\begin{cases}\dfrac{d}{k}z_i，概率为\dfrac{k}{d}\\ 0，\quad 概率为1-\dfrac{k}{d}\end{cases} \tag{6.13}$$

这通常被称为 random-k 稀疏化技术。显然，这一操作也是无偏的。式 6.11 的左边是所有 i 分量上$[(d/k-1)^2\cdot k/d+1\cdot(1-k/d)]z_i^2$的总和。因此，得到 $q=d/k-1$。

具有压缩更新的本地更新 SGD：当使用本地更新 SGD 进行压缩时，每个参与方都像往常一样计算其本地更新。在发送给聚合器之前，这些更新会进行压缩，然后聚合器对压缩后的更新进行平均以获得下一个全局模型参数。假设在第 t 次迭代时开始一轮迭代次数为 τ 的更新，则得到如下的递推关系。

$$\boldsymbol{x}_{t+\tau} = \boldsymbol{x}_t + \frac{1}{m}\sum_{i=1}^{m} C(\boldsymbol{x}_{t+\tau}^{(i)} - \boldsymbol{x}_t) \tag{6.14}$$

在不同的实现中，可以在服务器上执行另一个压缩操作来保持相同的压缩级别(例如，量化精度或传输的分量数)。

$$\boldsymbol{x}_{t+\tau} = \boldsymbol{x}_t + C\left(\frac{1}{m}\sum_{i=1}^{m} C(\boldsymbol{x}_{i+\tau}^{(i)} - \boldsymbol{x}_t\right) \tag{6.15}$$

式 6.14 和式 6.15 中的运算类似，可能具有不同的整体近似误差 q。

收敛界限：在适当的学习率下，使用式 6.14 进行 T 次迭代后的最优性(表示为梯度的平方范数)可以限定为如下[34]。

$$\mathbb{E}\left[\frac{1}{T}\sum_{t=1}^{T} \|\nabla F(\boldsymbol{x}_t)\|^2\right] = O\left(\frac{1+q}{\sqrt{T}} + \frac{\tau}{T}\right) \tag{6.16}$$

其中对于所有 t 有 $\boldsymbol{x}_t := \frac{1}{m}\sum_{i=1}^{m} \boldsymbol{x}_t^{(i)}$，即使在迭代 t 中没有发生压缩/聚合操作；除 q、τ 和 T 以外的其他常量被吸收到 $O(\cdot)$ 中，其中 $O(\cdot)$ 是大 O 表示法，代表一个忽略常量的上界。

方差爆炸：从式 6.16 可以看出，当 T 足够大时，误差由第一项 $O\left(\frac{1+q}{\sqrt{T}}\right)$ 主导。此误差与 q 的值有关。正如前面讨论的，当 q 很大时，需要将迭代次数 T 增加 q^2 倍以消除 q 的影响并达到相同的误差；这是有问题的，因为压缩的优势会被增加的计算量所抵消，特别是对于像 random-k 这样的压缩器，其中 $1+q$ 与 k 成反比。由于式 6.16 的第一项也与随机梯度的方差成正比，为简单起见，将其吸收到 $O(\cdot)$ 符号中(在参考文献[44]中，这种现象被称为方差爆炸)。

接下来，将看到误差反馈可通过在本地累积压缩参数向量和实际参数向量之间的差异来解决方差爆炸问题，以便在未来的通信中传输。

2. 带误差反馈的通用压缩器

本节首先介绍通用压缩器。通用压缩器 $C(z)$满足以下属性。

$$\mathbb{E}\left[\|C(z) - z\|^2 \mid z\right] \leqslant \alpha \|z\|^2 \tag{6.17}$$

其中 α 是一个常数，满足 $0 \leqslant \alpha < 1$，用来衡量压缩器实现的相对近似误差。与式 6.10 和式 6.11 中无偏压缩器的特性相比，关键区别在于通用压缩器不能保证无偏性。当 $\alpha=q$ 时，式 6.11 和式 6.17 本质上是相同的，只是需要用 $\alpha<1$ 进行收敛分析。令 α 与 q 不同的另一个原因是为了区分两种类型的压缩器。满足式 6.17 的压缩器也称为 α 收缩压缩器[1]。式 6.17 还有一个更严格的版本，其中不等式在没有期望的情况下成立。

示例　这里给出的通用压缩器的典型例子是 top-k 稀疏化技术，它选择了 k 个最大幅值的分量。对于向量的第 i 个分量，可以表示为

$$[C(z)]_i = \begin{cases} z_i, & \text{若} |z_i| \text{是} \{|z_j| : \forall j \in \{1,2,\ldots,d\}\} \text{中最大的} k \text{个元素之一} \\ 0, & \text{其他} \end{cases} \tag{6.18}$$

由于这种操作对于给定的 z 是确定的，因此是有偏的。我们可以得到 $\alpha = 1-k/d$，因为 z 中剩余分量的平方不能大于具有最大幅值的 k 个分量的平方和。

具有压缩更新和误差反馈的本地更新 SGD：当使用误差反馈时，除了在客户端和服务器之间交换压缩更新外，尚未通信的部分(这里简称为“误差”)会在本地累积。在下一轮迭代中，累积的误差将被添加到该轮的最新更新中，该向量和将被压缩器用来计算压缩向量。每个参与方 i 保留一个误差向量 $\boldsymbol{e}^{(i)}$，初始化为 $\boldsymbol{e}_0^{(i)} = 0$。在每一轮迭代 r 中，执行以下步骤。

(1) 并行地对每个参与方 $i \subset \{1, 2, \ldots, m\}$执行以下操作。

(a) 从全局参数 $\boldsymbol{x}_r$ 开始，计算本地梯度下降的 τ 步，以获得 $\boldsymbol{x}_{r,\tau}^{(i)}$。

(b) 累积的误差与当前更新相加：$\boldsymbol{z}_r^{(i)} := \boldsymbol{e}_r^{(i)} + \boldsymbol{x}_{r,\tau}^{(i)} - \boldsymbol{x}_r$。

(c) 计算压缩结果 $\Delta_r^{(i)} := C(\boldsymbol{z}_r^{(i)})$，这将发送给聚合器。

(d) 减去压缩结果得到下一轮迭代的剩余误差 $\boldsymbol{e}_{r+1}^{(i)} = \boldsymbol{z}_r^{(i)} - \Delta_r^{(i)}$。

(2) 聚合器根据从参与方收到的压缩更新来更新下一轮的全局参数，即

$$\boldsymbol{x}_{r+1} = \boldsymbol{x}_r + \frac{1}{m}\sum_{i=1}^{m} \Delta_r^{(i)} = \boldsymbol{x}_r + \frac{1}{m}\sum_{i=1}^{m} C(\boldsymbol{z}_r^{(i)}) \tag{6.19}$$

可以看到式 6.14 和式 6.19 之间唯一的区别在于压缩了 $\boldsymbol{z}_r^{(i)}$，其中包括来自前几轮的累积误差。注意，这里为了方便使用了轮次索引 r，而不是式 6.14 中的迭代索引 t。与式 6.15 类似，上述过程也可以扩展到在参与方和聚合器之间同时压缩和累积误差[45]。

收敛界限：类似于式 6.16，我们提出了误差反馈机制的最优性界限。通过适当选择学习率，可得到

$$\mathbb{E}\left[\frac{1}{Tm}\sum_{t=1}^{T}\sum_{i=1}^{m} \|\nabla F(\boldsymbol{x}_t^{(i)})\|^2\right] = O\left(\frac{1}{\sqrt{T}} + \frac{\tau^2}{(1-\alpha)^2 T}\right) \tag{6.20}$$

注意，虽然式 6.16 和式 6.20 的左侧略有不同，但它们的物理意义是相同的。这种轻微的差异是由于导出这些界限时所用的不同技术所致。与式 6.16 相比，压缩引起的近似误差由 α 表示，位于式 6.20 的第二项中。当 T 足够大时，收敛速度为 $O\left(\frac{1}{\sqrt{T}}\right)$，可以避免方差爆炸问题。

注意，由于要求 $0 \leqslant \alpha < 1$，因此这里的分析不适用于式 6.13 中的 random-k 压缩器，但

可通过删除放大系数 d/k 来修改式 6.13，因为不再需要无偏性。修改后的压缩器满足 $\alpha=1-k/d$，与 top-k 相同。然而，在实践中，top-k 通常比 random-k 效果更好，因为其实际近似误差通常远小于 $1-k/d$ 的上界。

这些结果表明，误差反馈机制通常比非误差反馈机制表现更好。但是，最新研究[20]表明，通过以系统方式将有偏压缩器转换为无偏压缩器，可能可以获得更好的性能。这是一个活跃的研究领域，从业人员可能需要尝试不同的压缩技术，以找到最适合当前问题的最佳方法。

6.3.2 自适应压缩率

在带有压缩更新的 SGD 中，有这样的一个问题：如何确定压缩率(即式 6.11 和式 6.17 中的 q 和 a)，以最小化达到目标函数某个目标值所需的训练时间。这种情况下，最优压缩率取决于每次迭代中计算所需的物理时间和每轮通信所需的时间。这个问题类似于在 6.2.1 节中讨论的确定本地更新次数 τ 的最佳值，但这里的控制变量是压缩率。可以采用类似于 6.2.1 节中从收敛界限推导出压缩率自适应的方法来解决此问题。为克服估计或消除收敛界限中未知参数的困难，还可以使用无模型方法，例如基于在线学习的方法[16]。本质上，基于在线学习的方法使用了探索-利用(exploration-exploitation)策略，在初始轮中探索不同的压缩率选择，并逐渐转向利用之前有效的那些压缩率。其挑战在于需要确保探索过程的开销最小化，否则可能会延长训练时间(相比没有优化的情况)。

为高效地探索，可以制订一个研究问题：如何找到最佳的压缩率，以最小化降低经验风险一个单位量所需的训练时间[16]。该问题的确切目标是未知的，因为很难预测使用不同压缩率时的训练进展。不过，经验证据表明，在给定(当前的)经验风险的情况下，可以假设之前使用的压缩与未来经验风险的进展无关。结合一些其他假设，可以将这个问题放在一个在线凸优化(OCO)框架中进行处理[18]，可以使用在线梯度下降方法来解决，其中梯度是指每单位风险降低对应的训练时间关于压缩率的导数。注意，这里的梯度并非学习问题的梯度。在线梯度下降过程实际上是在每一轮中使用梯度下降来调整压缩率，以便更好地达到设定的训练时间目标。在不同的轮次中，我们可能会遇到不同的目标，而这些目标在开始时往往是未知的。从理论上可以证明，尽管仅在每一轮的目标上执行梯度下降，但累积的最优性差距(也称为遗憾)随时间的增加呈次线性增长，因此随着时间的推移，时间平均的遗憾将趋近于零。然而，这种方法需要一个梯度预测器，在每一轮中选择的压缩率上给出精确的导数，实际获得这样的梯度预测器是困难的。

为解决这个问题，参考文献[16]中使用了一种基于符号的在线梯度下降方法，该方法仅根据导数的符号而不是实际值来更新压缩率。估计导数的符号相对容易，只要估计正确符号的概率高于估计错误符号的概率，就可以保证类似的次线性遗憾。经验证据表明，该算法快速收敛到接近最优的压缩率，并且性能上优于任意固定的压缩率。

6.3.3　模型剪枝

除通过压缩参数更新外，神经网络模型本身也可通过剪枝(删除)一些不重要的权重来进行压缩，这既可以加快计算和通信速度，又可以保证最终模型的准确性[14, 17]。图 6-6 展示了剪枝的示例。一个常见的剪枝方法是，通过在包含多个 SGD 迭代的间隔中，按照一定比例删除较小幅值的权重，来迭代地训练和剪枝模型。

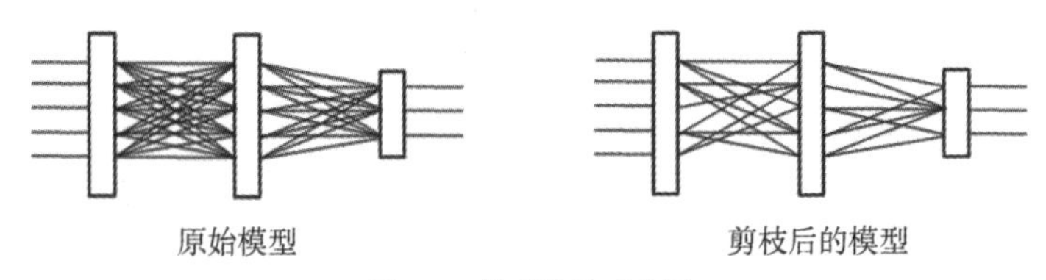

图 6-6　模型剪枝示意图

当将剪枝与联邦学习相结合时，可以使用两阶段过程，即在第一阶段在单个参与方上对模型进行训练和剪枝，然后在涉及多个参与方的常规联邦学习过程中进一步进行剪枝[22]。初始剪枝阶段允许联邦学习从小模型开始，相比使用完整模型，这既能节省计算资源，又能减少通信开销；同时在进一步剪枝阶段中，通过调整模型和权重，仍然能够收敛到全局最优解。为确定应该剪枝哪些权重(或在第二阶段重新添加的权重)，可以制订一个目标函数，使剪枝后的模型逼近原始模型，并且在未来轮次中仍能保持“可训练性”。为逼近原始模型，可以采用标准的基于幅值的剪枝并选择适当的剪枝比例，以便只剪枝那些幅值足够小的权重。当从剪枝后的模型执行一步 SGD 时，可以使用经验风险降低的一阶近似来捕捉可训练性。根据这个近似，可以求解应该剪枝的权重集合(如果它们已经被剪枝，则重新添加)以维护可训练性[22]。总的来说，这种方法随着时间的推移调整模型大小，以(近似地)最大化训练效率。

6.4　本章小结

本章回顾了用于联邦学习的通信高效的分布式优化算法，特别是可以减少通信频率的本地更新 SGD 算法和可以减少传输比特数的压缩方法。这些方法可以与其他改进联邦学习收敛速度和效率的算法相结合。例如，边缘参与方可以使用加速[50]、方差减少[23, 26]或自适应优化方法来代替经典 SGD 作为本地求解器。

参考文献

[1] Albasyoni A, Safaryan M, Condat L, Richtárik P (2020) Optimal gradient compression for distributed and federated learning. arXiv preprint arXiv:2010.03246.

[2] Alistarh D, Grubic D, Li J, Tomioka R, Vojnovic M (2017) QSGD: communication-efficient SGD via gradient quantization and encoding. In: Advances in neural information processing systems, pp 1709-1720.

[3] Basu D, Data D, Karakus C, Diggavi SN (2020) Qsparse-local-SGD: distributed SGD with quantization, sparsification, and local computations. IEEE J Sel Areas Inf Theory 1(1):217-226.

[4] Bottou L, Curtis FE, Nocedal J (2018) Optimization methods for large-scale machine learning. arXiv preprint arXiv:1606.04838.

[5] Boyd S, Vandenberghe L (2004) Convex optimization. Cambridge University Press, Cambridge.

[6] Boyd S, Parikh N, Chu E, Peleato B, Eckstein J (2011) Distributed optimization and statistical learning via the alternating direction method of multipliers. Found Trends Mach Learn 3(1): 1-122.

[7] Chaudhari P, Soatto S (2017) Stochastic gradient descent performs variational inference, converges to limit cycles for deep networks. CoRR, abs/1710.11029. http://arxiv.org/abs/1710.11029.

[8] Cho YJ, Wang J, Joshi G (2020) Client selection in federated learning: convergence analysis and power-of-choice selection strategies.

[9] Cipar J, Ho Q, Kim JK, Lee S, Ganger GR, Gibson G, Keeton K, Xing E (2013) Solving the straggler problem with bounded staleness. In: Proceedings of the workshop on hot topics in operating systems.

[10] Cui H, Cipar J, Ho Q, Kim JK, Lee S, Kumar A, Wei J, Dai W, Ganger GR, Gibbons PB, Gibson GA, Xing EP (2014) Exploiting bounded staleness to speed up big data analytics. In: Proceedings of the USENIX annual technical conference, pp 37-48.

[11] Dean J, Corrado GS, Monga R, Chen K, Devin M, Le QV, Mao MZ, Ranzato M, Senior A, Tucker P, Yang K, Ng AY (2012) Large scale distributed deep networks. In: Proceedings of the international conference on neural information processing systems, pp 1223-1231.

[12] Dekel O, Gilad-Bachrach R, Shamir O, Xiao L (2012) Optimal distributed online prediction using mini-batches. J Mach Learn Res 13(1):165-202.

[13] Dutta S, Joshi G, Ghosh S, Dube P, Nagpurkar P (2018) Slow and stale gradients can win the race: error-runtime trade-offs in distributed SGD. In: International conference on artificial intelligence and statistics (AISTATS). https://arxiv.org/abs/1803.01113.

[14] Frankle J, Carbin M (2019) The lottery ticket hypothesis: finding sparse, trainable neural networks. In: International conference on learning representations.

[15] Gupta S, Zhang W, Wang F (2016) Model accuracy and runtime tradeoff in distributed deep learning: a systematic study. In: IEEE international conference on data mining (ICDM). IEEE, pp 171-180.

[16] Han P, Wang S, Leung KK (2020) Adaptive gradient sparsification for efficient federated learning: an online learning approach. In: 2020 IEEE 40th international conference on distributed computing systems (ICDCS), pp 300-310.

[17] Han S, Mao H, Dally WJ (2015) Deep compression: compressing deep neural networks with pruning, trained quantization and Huffman coding. arXiv preprint arXiv:1510.00149.

[18] Hazan E (2016) Introduction to online convex optimization. Found Trends Optim 2(3–4): 157-325. ISSN 2167-3888.

[19] Ho Q, Cipar J, Cui H, Kim JK, Lee S, Gibbons PB, Gibson GA, Ganger GR, Xing EP (2013) More effective distributed ml via a stale synchronous parallel parameter server. In: Proceedings of the international conference on neural information processing systems, pp 1223-1231.

[20] Horváth S, Richtarik P (2021) A better alternative to error feedback for communication-efficient distributed learning. In: International conference on learning representations.

[21] Jee Cho Y, Gupta S, Joshi G, Yagan O (2020) Bandit-based communication-efficient client selection strategies for federated learning. In: Proceedings of the asilomar conference on signals, systems, and computers, pp 1066–1069. https://doi.org/10.1109/IEEECONF51394. 2020.9443523.

[22] Jiang Y, Wang S, Valls V, Ko BJ, Lee W-H, Leung KK, Tassiulas L (2019) Model pruning enables efficient federated learning on edge devices. arXiv preprint arXiv:1909.12326.

[23] Karimireddy SP, Kale S, Mohri M, Reddi SJ, Stich SU, Suresh AT (2019) SCAF- FOLD: stochastic controlled averaging for on-device federated learning. arXiv preprint arXiv:1910.06378.

[24] Karimireddy SP, Rebjock Q, Stich S, Jaggi M (2019) Error feedback fixes SignSGD and other gradient compression schemes. In: International conference on machine learning. PMLR, pp 3252-3261.

[25] Li M, Zhang T, Chen Y, Smola AJ (2014) Efficient mini-batch training for stochastic optimization. In: Proceedings of the ACM SIGKDD international conference on knowledge discovery and data mining, pp 661-670.

[26] Li T, Sahu AK, Zaheer M, Sanjabi M, Talwalkar A, Smith V (2020) FedDANE: a federated newton-type method.

[27] Li X, Huang K, Yang W, Wang S, Zhang Z (2020) On the convergence of FedAvg on

non-IID data. In: International conference on learning representations (ICLR). https://arxiv.org/abs/1907.02189.

[28] Lian X, Huang Y, Li Y, Liu J (2015) Asynchronous parallel stochastic gradient for nonconvex optimization. In: Proceedings of the international conference on neural information processing systems, pp 2737-2745.

[29] Lian X, Zhang W, Zhang C, Liu J (2018) Asynchronous decentralized parallel stochastic gradient descent. In: Proceedings of the 35th international conference on machine learning. Proceedings of machine learning research, vol 80. PMLR, pp 3043–3052. http://proceedings.mlr.press/v80/lian18a.html.

[30] McMahan HB, Moore E, Ramage D, Hampson S, y Arcas BA (2017) Communication-efficient learning of deep networks from decentralized data. In: International conference on artificial intelligence and statistics (AISTATS). https://arxiv.org/abs/1602.05629.

[31] Neyshabur B, Tomioka R, Salakhutdinov R, Srebro N (2017) Geometry of optimization and implicit regularization in deep learning. CoRR, abs/1705.03071. http://arxiv.org/abs/1705.03071.

[32] Parikh N, Boyd S (2014) Proximal algorithms. Found Trends Optim 1(3):127-239.

[33] Recht B, Re C, Wright S, Niu F (2011) Hogwild: a lock-free approach to parallelizing stochastic gradient descent. In: Proceedings of the international conference on neural information processing systems, pp 693-701.

[34] Reisizadeh A, Mokhtari A, Hassani H, Jadbabaie A, Pedarsani R (2020) FedPAQ: a communication-efficient federated learning method with periodic averaging and quantization. In: International conference on artificial intelligence and statistics. PMLR, pp 2021-2031.

[35] Robbins H, Monro S (1951) A stochastic approximation method. In: The annals of mathematical statistics, pp 400-407.

[36] Ruan Y, Zhang X, Liang S-C, Joe-Wong C (2021) Towards flexible device participation in federated learning. In: Banerjee A, Fukumizu K (eds) Proceedings of the 24th international conference on artificial intelligence and statistics. Proceedings of machine learning research, vol 130. PMLR, pp 3403–3411. http://proceedings.mlr.press/v130/ruan21a.html.

[37] Ruder S (2016) An overview of gradient descent optimization algorithms. arXiv preprint arXiv:1609.04747.

[38] Russakovsky O, Deng J, Su H, Krause J, Satheesh S, Ma S, Huang Z, Karpathy A, Khosla A, Bernstein M, Berg AC, Fei-Fei L (2015) ImageNet large scale visual recognition challenge. Int J Comput Vis 115(3):211-252.

[39] Sahu AK, Li T, Sanjabi M, Zaheer M, Talwalkar A, Smith V (2019) Federated

optimization in heterogeneous networks. In: Proceedings of the machine learning and systems (MLSys) conference.

[40] Sahu AK, Li T, Sanjabi M, Zaheer M, Talwalkar A, Smith V (2019) Federated optimization for heterogeneous networks. https://arxiv.org/abs/1812.06127.

[41] Shalev-Shwartz S, Ben-David S (2014) Understanding machine learning: from theory to algorithms. Cambridge University Press, New York.

[42] Shwartz-Ziv R, Tishby N (2017) Opening the black box of deep neural networks via information. CoRR, abs/1703.00810. http://arxiv.org/abs/1703.00810.

[43] Stich SU (2018) Local SGD converges fast and communicates little. arXiv preprint arXiv:1805.09767.

[44] Stich SU, Cordonnier J-B, Jaggi M (2018) Sparsified SGD with memory. In: Advances in neural information processing systems, pp 4447-4458.

[45] Tang H, Yu C, Lian X, Zhang T, Liu J (2019) DoubleSqueeze: parallel stochastic gradient descent with double-pass error-compensated compression. In: International conference on machine learning. PMLR, pp 6155-6165.

[46] Wang J, Joshi G (2018) Cooperative SGD: unifying temporal and spatial strategies for communication-efficient distributed SGD, preprint. https://arxiv.org/abs/1808.07576.

[47] Wang J, Joshi G (2019) Adaptive communication strategies for best error-runtime trade-offs in communication-efficient distributed SGD. In: Proceedings of the SysML conference. https://arxiv.org/abs/1810.08313.

[48] Wang J, Liang H, Joshi G (2020) Overlap local-SGD: an algorithmic approach to hide communication delays in distributed SGD. In: Proceedings of international conference on acoustics, speech, and signal processing (ICASSP).

[49] Wang J,Liu Q,Liang H,Joshi G,Poor HV(2020) Tackling the objective inconsistency problem in heterogeneous federated optimization. In: Proceedings on neural information processing systems (NeurIPS). https://arxiv.org/abs/2007.07481.

[50] Wang J, Tantia V, Ballas N, Rabbat M (2020) SlowMo: improving communication-efficient distributed SGD with slow momentum. In: International conference on learning representa- tions. https://openreview.net/forum?id=SkxJ8REYPH.

[51] Wang J, Xu Z, Garrett Z, Charles Z, Liu L, Joshi G (2021) Local adaptivity in federated learning: convergence and consistency.

[52] Wang S, Tuor T, Salonidis T, Leung KK, Makaya C, He T, Chan K (2019) Adaptive federated learning in resource constrained edge computing systems. IEEE J Sel Areas Commun 37(6): 1205-1221.

[53] Yin D, Pananjady A, Lam M, Papailiopoulos D, Ramchandran K, Bartlett P (2018) Gradient diversity: a key ingredient for scalable distributed learning. In: Proceedings of

the twenty-first international conference on artificial intelligence and statistics. Proceedings of machine learning research, vol 84. pp 1998-2007. http://proceedings.mlr.press/v84/yin18a.html.

[54] Yu H, Yang S, Zhu S (2018) Parallel restarted SGD for non-convex optimization with faster convergence and less communication. arXiv preprint arXiv:1807.06629.

[55] Zhang C, Bengio S, Hardt M, Recht B, Vinyals O (2017) Understanding deep learning requires rethinking generalization. In: International conference on learning representations

[56] Zhang J, Mitliagkas I, Re C (2017) Yellowfin and the art of momentum tuning. CoRR, arXiv:1706.03471. http://arxiv.org/abs/1706.03471.

[57] Zhang S, Choromanska AE, LeCun Y (2015) Deep learning with elastic averaging SGD. In: NIPS'15 proceedings of the 28th international conference on neural information processing systems, pp 685-693.

[58] Zhang W, Gupta S, Lian X, Liu J (2015) Staleness-aware Async-SGD for distributed deep learning. arXiv preprint arXiv:1511.05950.

第 7 章

通信高效的模型融合

摘要：本章将讨论在通信轮数严重受限的情况下学习一个联邦模型的问题。我们将介绍最近关于模型融合的研究，它是联邦学习的一种特殊情况，只允许进行一轮通信。这种设置具有一个独特的特点，即客户端只有一个预训练模型，而不需要数据。诸如 GDPR 等数据存储法规使得这种设置非常具有吸引力，因为在联邦学习开始之前更新本地模型后，数据可以立即删除。然而，模型融合方法仅适用于浅层的神经网络架构。我们将讨论一些模型融合的扩展方法，适用于需要进行多轮通信的深度学习模型。这些方法在通信预算方面非常高效，也就是说，在客户端和服务器之间进行通信的轮数和消息都很少。我们考虑了同构和异构客户端数据场景，包括在聚合数据上训练是次优的情况(因为数据中存在偏差)。除了深度学习方法，我们还将介绍无监督学习设置，例如混合模型、主题模型和隐马尔可夫模型。

本章将比较模型融合与假设的集中式方法的统计效率，后者是指采用具有无限计算和存储能力的学习器，仅从所有客户端聚合数据，并以非联邦的方式训练模型。正如我们将看到的，尽管模型融合方法通常与(假设的)集中式方法的收敛速度相匹配，但它可能没有相同的效率。此外，在客户端数据异构的情况下，集中式和联邦式方法之间的差距会被放大。

7.1 介绍

标准的联邦学习算法(例如 Federated Averaging[34])在从客户端聚合模型参数时，依赖于简单的参数平均值。由于其简单性，这种方法与大多数模型和深度学习架构兼容。然而，它也有一些缺点。特别是，在许多应用领域中，训练高性能模型所需的通信轮数通常在数百轮左右。这种通信成本可能是禁止的，尤其是在通信的开销很高的情况下。例如，在客户端是移动设备的应用程序中，一轮通信可能对应于与服务器进行每日同步任务。在其他应用程序中，启动一轮通信可能需要人工批准(例如，医院组建一个数据/模型共享联盟)。在这样的应用程序中，建立支持频繁通信的基础设施是具有挑战的。

上述挑战促使我们考虑仅需要少量通信轮数的联邦学习算法。本章将回顾最近的模型融合技术[48, 49]，这些技术仅需要进行一轮通信。模型融合方法具有额外的优点，即客户端不需要存储数据，仅需要提供其本地模型用于构建更强大的全局联邦学习模型。由于数据存储受到 GDPR[19]的监管，使得模型融合的这一特点在实践中具有吸引力。正如本章所描述的，模型融合技术通过匈牙利算法变体[28]或 Wasserstein 重心[1, 42]的二分图匹配[49]来完成。这些方法在平均参数时考虑模型组件之间的相似性(如神经元权重)，使其能够在仅进行一轮通信的情况下产生好的全局模型。缺点是，对于诸如 VGG 架构[41]等深度神经网络，对齐模型组件的相应优化问题是难以解决的。

为处理深度神经网络，我们还考虑了参考文献[47]中的逐层匹配策略，该策略可以在固定的通信轮数(取决于神经网络的深度)内训练出强大的联邦模型。然而，这种方法需要客户端存储数据，从而像其他联邦学习算法一样进行本地模型更新。

最后，本章还将探索模型融合的统计特性。特别是，将模型融合方法与一个假设的集中式方法进行比较，后者是服务器从所有客户端聚合所有数据，并在没有任何通信限制的情况下训练一个机器学习模型。在联邦学习的许多应用中，这是不切实际的，但它是用来比较模型融合统计性能的黄金标准。理想情况下，我们希望模型融合能够与这种(假设的)集中式方法的统计效率相匹配。正如我们所看到的，这几乎是成立的。

本章将回顾模型融合技术，并展示它们与单轮通信的联邦学习中较简单的神经网络架构[49]以及无监督学习中混合模型、隐马尔可夫模型和主题模型[48, 50]的适用性。我们将提供后验融合的扩展[14]，以支持贝叶斯神经网络[36]的联邦学习；还将回顾参考文献[47]中的方法，该方法适用于在有限的通信预算下进行深度神经网络的联邦学习。最后，将研究模型融合的统计特性，并对未来的挑战和有前景的研究方向进行讨论。

7.2 模型的置换不变结构

许多机器学习模型可以用参数向量集合而不是单个参数向量来描述。例如，用于聚类的混合模型由一组聚类质心来表征。在该集合中，更改聚类质心的顺序会导致等效的聚类质量，即相同的数据似然性。在联邦学习设置下，简单地对从不同客户端获得的两组聚类质心进行平均是有害的：即使在两个客户端使用同一种数据拟合聚类模型并恢复相同的聚类质心的最简单情况下，它们解决方案中的聚类质心的排序也是任意的将元素简单平均可能会导致较差的联邦全局模型。本章将涵盖的置换不变的无监督模型的例子包括主题模型和隐马尔可夫模型。

模型参数的置换不变性也存在于监督学习中，特别是神经网络中。想象一个具有 L 个隐藏单元的简单的一层全连接神经网络。

$$f(x)=\sigma(xW_1)W_2 \tag{7.1}$$

其中 $\sigma(\cdot)$ 是逐个项应用的非线性函数，$\boldsymbol{x}\in\mathbb{R}^D,\boldsymbol{W}_1\in\mathbb{R}^{D\times L},\boldsymbol{W}_2\in\mathbb{R}^{L\times K}$。$D$ 和 K 是输入和输出维度，式 7.1 省略了偏差项而不失一般性。令 $\boldsymbol{W}_{1,\cdot l}$ 表示 $\boldsymbol{W}_1$ 的第 l 列，$\boldsymbol{W}_{2\cdot l}$ 表示 $\boldsymbol{W}_2$ 的第 l 行，则可以将式 7.1 表示为

$$f(x)=\sum_{l=1}^{L}\boldsymbol{W}_{2\cdot l}.\sigma(\langle x,\boldsymbol{W}_{1,\cdot l}\rangle) \tag{7.2}$$

求和是一个置换不变操作，因此对神经元进行任何重新排序(即对 $\boldsymbol{W}_1$ 的列以及相应的 $\boldsymbol{W}_2$ 的行进行重新排序)都会产生具有相同预测规则的神经网络。为考虑置换不变性，将式 7.1 重写为

$$f(\boldsymbol{x})=\sigma(x\boldsymbol{W}_1\boldsymbol{\Pi})\boldsymbol{\Pi}^{\mathrm{T}}\boldsymbol{W}_2 \tag{7.3}$$

其中 $\boldsymbol{\Pi}$ 是 $L!$个可能的置换矩阵之一。置换矩阵是一个在左乘时用于行而在右乘时用于列的正交矩阵。假设$\{\boldsymbol{W}_1,\boldsymbol{W}_2\}$是最优权重，则根据式 7.3，在两个同构数据集 X_j 和 X'_j 上进行训练将得到两组权重：$\{\boldsymbol{W}_1\boldsymbol{\Pi}_j,\boldsymbol{\Pi}_j^{\mathrm{T}}\boldsymbol{W}_2\}$ 和 $\{\boldsymbol{W}_1\boldsymbol{\Pi}_{j'},\boldsymbol{\Pi}_{j'}^{\mathrm{T}}\boldsymbol{W}_2\}$。这两组参数的简单平均是次优的，即 $\boldsymbol{\Pi}_j\neq\boldsymbol{\Pi}_{j'}$ 的概率很高，因此对于任何 $\boldsymbol{\Pi}$ 都可以得到 $\frac{1}{2}(\boldsymbol{W}_1\boldsymbol{\Pi}_j+\boldsymbol{W}_1\boldsymbol{\Pi}_{j'})\neq\boldsymbol{W}_1$ 的结果。为最优地平均神经网络权重，首先应撤销置换 $(\boldsymbol{W}_1\boldsymbol{\Pi}_j\boldsymbol{\Pi}_j^{\mathrm{T}}+\boldsymbol{W}_1\boldsymbol{\Pi}_{j'}\boldsymbol{\Pi}_{j'}^{\mathrm{T}})/2=\boldsymbol{W}_1$。

置换以外的神经网络不变性

本章要介绍的模型融合技术旨在在进行融合时，考虑客户端模型的置换不变性。然而，在神经网络的情况下，可能存在其他不变性。神经网络通常是过参数化的，学习相应的权重是一个非凸优化问题，可能具有许多等价的局部最优解(在训练损失的意义下)。对于具有 L 个神经元的单隐藏层神经网络(如式 7.1 所示)，由于置换不变性，任何解决方案至少存在 $L!$个等效解。可能存在其他不变解或等效解是文献中尚未解决的问题。研究神经网络的损失问题可能会是一个有成果的视角——目前还没有对这个问题的完整理论研究，不过也取得了一些进展[15, 18, 21, 30]。从损失的角度考虑开发新的联邦学习和模型融合算法是一个有趣的未来研究方向。

7.2.1　匹配平均的一般表述

按照参考文献[47]中的观点，下面对具有固有置换不变性的模型参数平均的想法进行表述。继续以单隐藏层神经网络为例；后续章节中将说明该想法很容易推广到其他模型上。

令 $\boldsymbol{w}_{jl}$ 为在第 j 个客户端数据上学习的第 l 个神经元权重。我们考虑 $\boldsymbol{w}_{jl}$ 是先前讨论中 $\boldsymbol{W}_1$ 的第 l 列和 $\boldsymbol{W}_2$ 的第 l 行的拼接。令 $\boldsymbol{\theta}_i$ 表示全局模型中的(未知的)第 i 个神经元权重，$c(\cdot,\cdot)$ 是一个合适的相似度函数，例如平方欧几里得距离。匹配平均优化问题如下所示。

$$\min_{\{\pi_{il}^j\in(0,1)\}}\sum_{i=1}^{L}\sum_{j,l}\sum\min_{\theta_i}\pi_{il}^j c(\boldsymbol{w}_{jl},\boldsymbol{\theta}_i)\ \text{满足}\sum_i\pi_{il}^j=1\forall j.l;\sum_l\pi_{il}^j=1\forall i,j \tag{7.4}$$

当相似度 $c(\cdot,\cdot)$ 为平方欧几里得距离时，$\boldsymbol{\theta}_i$ 的内部优化是微不足道的，即它是匹配的客户端神经元权重的平均值 $\theta_i = \dfrac{\sum_{j,l}\pi_{il}^{j}\boldsymbol{w}_{jl}}{\sum_{j,l}\pi_{il}{}^{j}}$。“匹配平均”的名称源于式 7.4 与最大二分图匹配问题的关系。这个优化问题也与 Wasserstein 重心[1]有关，后者被参考文献[42]用在基于最优传输的模型融合方法中。

7.2.2 求解匹配平均

我们将讨论求解式 7.4 的一般视角，并在随后的章节中提出具体算法。

可以使用以下迭代算法解决式 7.4 提出的优化问题：固定除 $\pi^{j'}$ 外的所有值，然后使用匈牙利匹配算法[28]找到 $\pi^{j'}$ 并在 j' 上进行迭代，直至收敛。式 7.4 的局限性是隐含了客户端数据集是同构的假设。具体来说，它假定每个客户端具有相同的模型架构，该架构也等价于全局模型架构。虽然这在联邦学习中很常见，例如 Federated Averaging[34]算法也作出了相同的假设，但并不总是实际可行的。从匹配平均的角度看，这相当于说给定客户端的每个神经元在所有其他客户端的神经网络中都有一个匹配的神经元。当将神经元视为特征提取器并考虑客户端数据集的潜在异构性时，这似乎是不现实的。不同的数据集需要不同的特征提取器，它们可能只有部分重叠。为更好地考虑数据的异构性并允许客户端神经元的部分匹配(重叠)，我们将全局模型大小 L 视为一个未知数，并且可能大于各个模型大小，即 $\max_j L_j \leqslant L \leqslant \sum_j L_j$，其中 L_j 是第 j 个客户端模型中的神经元数量。

由此产生的目标函数仍适用于使用匈牙利算法的迭代优化。在每次迭代中，固定除 $\pi^{j'}$ 外的所有值，计算当前全局模型参数估计 $\{\theta_i = \arg\min_{\theta_i}\sum_{j\neq j',l}\pi_{il}^{j}c(\boldsymbol{w}_{jl},\theta_i)\}_{i=1}^{L}$ (例如通过对平方欧几里得相似性求平均)，并解决以下问题以更新 $\pi^{j'}$。

$$
\begin{gathered}
\min_{\{\pi_{i,l}^{j'}\in\{0,1\}\}}\sum_{i=1}^{L+L_{j'}}\sum_{j=1}^{L_{j'}}\pi_{il}^{j'}C_{il}^{j'}\text{满足}\sum_{i}\pi_{il}^{j'}=1\forall l;\sum_{l}\pi_{il}^{j}\in\{0,1\}\forall i,\text{其中}\\
C_{il}^{j'}=\begin{cases}c(\boldsymbol{w}_{j'l},\theta_i), & i\leqslant L\\ \epsilon+\lambda(i), & L<i\leqslant L+L_{j'}\end{cases}
\end{gathered}
\tag{7.5}
$$

参数 ϵ 被解释为一对具有不同功能的神经元之间最大的不相似度，即将它们保持为全局模型中的独立神经元。为控制全局模型的增长，我们引入一个额外的惩罚函数 $\lambda(i)$，随着 i 的增加而增加。在更新 $\pi^{j'}$ 后，新的全局模型大小为 $L=\max\{i:\pi_{il}^{j'}=1,l=1,\ldots,L_{j'}\}$。在给定用户指定的相似度 $c(\cdot,\cdot)$、阈值 ϵ 和惩罚函数 $\lambda(\cdot)$ 的情况下，这个式子可以直接使用。下一节中将介绍一种贝叶斯非参数方法，这些选择从模型中自然产生。

7.3　概率联邦神经匹配

在通过模型融合进行的联邦学习中，目标是将从不同数据集中学习的模型参数聚合成一个更强大的全局模型。模型融合算法的输入是一个本地模型参数的集合，输出是全局模型参数。贝叶斯分层建模是对这些输入和未知量进行建模的自然选择。贝叶斯分层模型通常描述了一个生成过程，从全局模型的参数开始，该过程生成本地模型参数，然后生成数据。推断过程反转了生成过程，即从数据中推断出未知的全局模型参数，或者在模型融合的情况下，从相应数据集中估计的本地参数中推断出全局模型参数。概率联邦神经匹配(PFNM)[49]是一种专门用于神经网络融合的贝叶斯分层方法，我们将在本节中对其进行回顾。

7.3.1　PFNM 生成过程

根据 7.2.1 节的表述，观察 J 个客户端的神经网络权重 $\{\{\boldsymbol{w}_{jl} \in \mathbb{R}^{D+K+1}\}_{l=1}^{L_j}\}_{j=1}^{J}$。每个 $\boldsymbol{w}_{jl}$ 的维度可以理解为：D 为数据维度，对应输入神经元($\boldsymbol{W}_1$ 的列)的权重个数；1 为神经元的偏置项；K 为输出维度，对应从神经元($\boldsymbol{W}_2$ 的行)输出的权重个数。根据式 7.5 的数据异构性讨论，我们需要为全局模型提供一个非参数先验，即允许未知的全局模型大小。Yurochkin 等人[49]利用 Beta-Bernoulli 过程[45]实现了这一点。首先从 Beta 过程生成全局模型参数的集合。

$$\begin{aligned} &Q := \sum_i q_i \delta_{\theta_i} \sim \text{BetaProc}(\alpha, \gamma_0 H)，\text{其中} \\ &H = N(\mu_0, \Sigma_0)\text{是基本度量，即}\theta_i \sim H, i = 1,\ldots \end{aligned} \tag{7.6}$$

参数 $\mu_0 \in \mathbb{R}^{D+1+K}$、协方差 Σ_0 和 $\gamma_0, \alpha \in \mathbb{R}_+$ 是先验的超参数。为简单起见，将 μ_0 设置为 0，这表明神经网络权重的大小很小，并且各向同性对角线协方差 $\Sigma_0 = \sigma_0^2 I$。Beta 过程浓度参数 α 控制本地模型之间的共享程度(为简单起见，设置 $\alpha = 1$)，质量参数 γ_0 控制全局模型大小的先验信念，即我们期望的客户端数据集的异构程度(较大的 γ_0 表示先验的全局模型大小越大)。

下一步考虑客户端数据集的异构性：客户端只需要全局模型特征提取功能的一部分即可对其数据进行建模。我们通过 Bernoulli 过程为每个客户端 $j = 1,\ldots, J$ 选择全局模型神经元的子集。

$$T_j := \sum_i b_{ji} \delta_{\theta_i}，\text{其中} b_{ji} | q_i \sim \text{Bern}(q_i) \forall i \tag{7.7}$$

T_j 表示为客户端 j 选择的全局模型权重集合，即 $T_j = \{\theta_i : b_{ji} = 1 i = 1,\ldots\}$。最后为观察到的本地模型权重建立模型(考虑本地数据噪声)。

$$\boldsymbol{w}_{jl} | T_j \sim N\left(T_{jl}, \Sigma_j\right)，\text{对于} l = 1,\ldots, L_j; L_j := \text{card}(T_j) \tag{7.8}$$

为简单起见，假设各向同性对角线协方差 $\Sigma_j=\sigma_j^2 I$。

印度自助餐过程和 Beta-Bernoulli 过程

印度自助餐过程(IBP)是一种贝叶斯非参数先验，用于表示具有无限列的稀疏二进制矩阵[22]。该名称源自以下烹饪隐喻：假设有 J 个顾客依次到达自助餐厅并选择样品菜肴。第一个顾客尝试泊松分布(γ_0)的菜肴。然后，第 j 个顾客尝试之前顾客选择的每道菜，采取与菜肴受欢迎度成比例的概率选择，并额外尝试泊松分布(γ_0/j)的新菜肴。Thibaux 和 Jordan[45]的研究指出，与 IBP 相对应的 de Finetti 混合分布是 Beta-Bernoulli 过程。设 Q 是从 Beta 过程中采样得到的随机测量值，记作 $Q\,|\alpha,\gamma_0,H\sim \mathrm{BP}(a,\gamma_0 H)$，其中浓度参数为 α，质量参数为 γ_0，基本度量为 H，有 $H(\Omega)=1$。然后，Q 是由无限可数个(权重,原子)对 $(q_i,\theta_i)\in[0,1]\times\Omega$ 组成的离散测量值 $Q=\sum_i q_i\delta_{\theta_i}$。权重 $\{q_i\}_{i=1}^{\infty}$ 具有“折棍”分布[44]：$\nu_1\sim \mathrm{Beta}(\gamma_0,1),\ q_i=\prod_{k=1}^{i}\nu_k$，原子 $\boldsymbol{\theta}_i$ 是从 H 中 IID 抽取的。然后通过 Bernoulli 过程选择 Q 中原子的子集，即每个子集 T_j $(j=1,\ldots,J)$ 都基于 Q 进行伯努利采样：$T_j\,|\,Q\sim \mathrm{BeP}(Q)$。每个子集 T_j 也可以表示为由对 $(b_{ji},\boldsymbol{\theta}_i)\in\{0,1\}\times\Omega$ 组成的离散测量值，即 $T_j:=\sum_i b_{ji}\delta_{\theta_i}$；其中 $b_{ji}|q_i\sim \mathrm{Bern}(q_i)\ \forall i$ 是一个二值随机变量，用于指示原子 θ_i 是否属于子集 T_j。这些子集的集合称为 Beta-Bernoulli 过程的分布。通过对 Beta 过程 Q 进行边缘化，得到预测分布 $T_J\,|\,T_1,\ldots,T_{J-1}\sim \mathrm{BeP}\left(\dfrac{\alpha\gamma_0}{J+\alpha-1}H+\sum_i\dfrac{m_i}{J+\alpha-1}\delta_{\theta_i}\right)$，其中 $m_i=\sum_{j=1}^{J-1}b_{ji}$，这等价于 IBP 的表示方式。

7.3.2　PFNM 推理

为估计未知的潜在变量 $\{b_{ji}\}$ 和 $\{\boldsymbol{\theta}_i\}$，我们采用最大后验(MAP)估计方法，即最大化后验概率。首先，注意到 $\{b_{ji}\}$ 与式 7.5 中的匹配变量 $\{\pi_{il}^j\}$ 之间存在一一对应关系，即如果 $T_{jl}=\boldsymbol{\theta}_i$，则 $\pi_{il}^j=1$，否则为 0。

为得到 MAP 估计，潜在变量的后验概率表述为

$$\underset{\{\theta_i\},\{\pi^j\}}{\arg\max}\, P(\{\boldsymbol{\theta}_i\},\{\pi^j\}|\{\boldsymbol{w}_{jl}\})\propto P(\{\boldsymbol{w}_{jl}\}|\{\boldsymbol{\theta}_i\},\{\pi^j\})P(\{\pi^j\})P(\{\boldsymbol{\theta}_i\}) \tag{7.9}$$

由于高斯-高斯共轭的关系，可以将 $\{\boldsymbol{\theta}_i\}$ 的最优值表示为 $\{\pi^j\}$ 的函数，这一关系在参考文献[49]的以下命题中进行了详细说明。

命题 **7.1**：给定 $\{\pi^j\}$，$\{\boldsymbol{\theta}_i\}$ 的 MAP 估计值为

$$\boldsymbol{\theta}_i=\frac{\mu_0/\sigma_0^2+\sum_{j,l}\pi_{il}^j\boldsymbol{w}_{jl}/\sigma_j^2}{1/\sigma_0^2+\sum_{i,l}\pi_{il}^j/\sigma_j^2},\quad \text{对于}\, i=1,\ldots,L \tag{7.10}$$

利用上述命题并取自然对数，将式 7.9 重构为仅涉及 $\{\pi^j\}$ 的简单优化问题。

$$\underset{\{\pi^j\}}{\arg\max}\frac{1}{2}\sum_i\frac{\left\|\frac{\mu_0}{\sigma_0^2}+\sum_{j,l}\pi_{il}^j\frac{w_{j,l}}{\sigma_j}^2\right\|^2}{1/\sigma_0^2+\sum_{j,l}\pi_{il}^j/\sigma_j^2}+\log P(\{\pi^j\}) \tag{7.11}$$

$$满足\pi_{il}^j\in\{0,1\}\forall j,i,l;\sum_i\pi_{il}^j=1\forall j,l;\sum_l\pi_{il}^j\in\{0,1\}\forall j,i$$

此优化问题可以使用 7.2.2 节中讲述的策略解决：固定除 π^j 外的所有参数，将目标重新表达为匹配问题以求解 π^j，并迭代 j。将$-j$ 表示为“除 j 外的所有”，并令 $L_{-j}=\max\{i:\pi_{il}^{-j}=1\}$ 表示省略客户端 j 的全局模型大小。为得到类似式 7.5 的目标函数，首先将式 7.11 的第一项展开为当 $i=1,\ldots,L_{-j}$ 和当 $i=L_{-j}+1,\ldots,L_{-j}+L_j$ 时的情况。我们使用参考文献[48]中的减法技巧，如下所示。

命题 7.2(减法技巧): 当对于$\forall_{i,l}$ 有$\sum_l\pi_{il}\in\{0,1\}$ 且$\pi_{il}\in\{0,1\}$ 时，优化式子$\sum_i f(\sum_l\pi_{il}\boldsymbol{x}_l+C)$ 关于 π 的最优解等价于在任意给定的函数f、$\{\boldsymbol{x}_l\}$和常数 C(独立于 π)的情况下对式子$\sum_{i,l}\pi_{il}(f(\boldsymbol{x}_l+C)-f(C))$ 的优化。

利用上述命题，重写式 7.11 的第一项。

$$\frac{1}{2}\sum_i\frac{\left\|\frac{\mu_0}{\sigma_0^2}+\sum_{j,l}\pi_{il}^j\frac{\boldsymbol{w}_{jl}}{\sigma_j^2}\right\|^2}{\frac{1}{\sigma_0^2}+\sum_{j,l}\frac{\pi_{il}^j}{\sigma_j^2}}=$$

$$\sum_{i=1}^{L_{-j}+L_j}\sum_{i=1}^{L_j}\pi_{il}^j\left(\frac{\left\|\frac{\mu_0}{\sigma_0^2}+\frac{\boldsymbol{w}_{jl}}{\sigma_j^2}+\sum_{-j,i}\pi_i^j\frac{\boldsymbol{w}_{jl}}{\sigma_j^2}\right\|^2}{\frac{1}{\sigma_0^2}+\frac{1}{\sigma_j^2}+\sum_{-j,i}\frac{\pi_i^j}{\sigma_j^2}}-\frac{\left\|\frac{\mu_0}{\sigma_0^2}+\sum_{-j,i}\pi_i^j\frac{\boldsymbol{w}_{jl}}{\sigma_j^2}\right\|^2}{\frac{1}{\sigma_0^2}+\sum_{-j,i}\frac{\pi_i^j}{\sigma_j^2}}\right) \tag{7.12}$$

接下来考虑式 7.11 的第二项。

$$\log P(\{\pi^j\})=\log P(\pi^j|\pi^{-j})+\log P(\pi^{-j}) \tag{7.13}$$

为展开这个项，需要利用印度自助餐过程(IBP)[22, 45]的交换性属性：可以将 j 视为 IBP 中最后一个“顾客”。将 $m_i^{-j}=\sum_{-j,l}\pi_{il}^j$ 表示为在客户端 j 之外与全局模型权重 i 匹配的客户端权重数量，即在 IBP 中的“菜肴”受欢迎度。现在展开式 7.13。

$$\log P(\{\pi^j\})=\sum_{i=1}^{L_{-j}}\sum_{l=1}^{L_j}\pi_{il}^j\log\frac{m_i^{-j}}{J-m_i^{-j}}+\sum_{i=L_{-j}+1}^{L_{-j}+L_j}\sum_{i=1}^{L_j}\pi_{il}^j\left(\log\frac{\gamma_0}{J}-\log(i-L_{-j})\right) \tag{7.14}$$

通过结合式 7.12 和式 7.14，得到一个类似式 7.15 的成本表达式。

$$C_{il}^{j}=-\begin{cases}\dfrac{\left\|\dfrac{\mu_0}{\sigma_0^2}+\dfrac{\boldsymbol{w}_{jl}}{\sigma_j^2}+\sum_{-j,l}\pi_{i,l}^{j}\dfrac{\boldsymbol{w}_{jl}}{\sigma_j^2}\right\|^2}{\dfrac{1}{\sigma_0^2}+\dfrac{1}{\sigma_j^2}+\sum_{-j,l}\dfrac{\pi_{il}^{j}}{\sigma_j^2}}-\dfrac{\left\|\dfrac{\mu_0}{\sigma_0^2}+\sum_{-j,l}\pi_{il}^{j}\dfrac{\boldsymbol{w}_{jl}}{\sigma_j^2}\right\|^2}{\dfrac{1}{\sigma_0^2}+\sum_{-j,l}\dfrac{\pi_{il}^{j}}{\sigma_j^2}}+2\log\dfrac{m_i^{-j}}{J-m_i^{-j}},\ i\leqslant L_{-j}\\[2ex] \dfrac{\left\|\dfrac{\mu_0}{\sigma_0^2}+\dfrac{\boldsymbol{w}_{jl}}{\sigma_j^2}\right\|^2}{\dfrac{1}{\sigma_0^2}+\dfrac{1}{\sigma_j^2}}-\dfrac{\left\|\dfrac{\mu_0}{\sigma_0^2}\right\|^2}{\dfrac{1}{\sigma_0^2}}-2\log\dfrac{i-L_{-j}}{\gamma_0/J},\ \ L_{-j}<i\leqslant L_{-j}+L_j\end{cases}\tag{7.15}$$

现在我们可以简单地使用匈牙利算法来最小化 $\sum_i\sum_l\pi_{il}^{j}C_{il}^{j}$ 以更新 π^j，并对 j 进行迭代，直到收敛。算法 7.1 和图 7-1 详细说明并总结了 PFNM 算法。

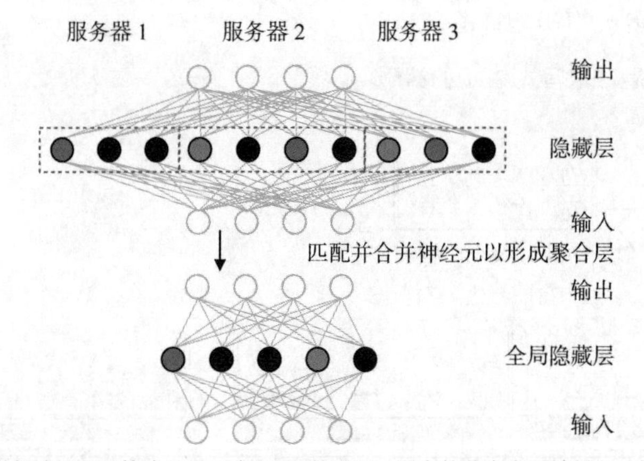

图 7-1　单层概率联邦神经匹配算法显示 3 个 MLP 的匹配。图中的节点表示神经元，相同颜色的神经元已经匹配。PFNM 方法是利用输出层中相应的神经元将 J 个客户端中的神经元转换为参考输出层的权重向量。然后使用这些权重向量组成成本矩阵，匈牙利算法使用该成本矩阵进行匹配。匹配后的神经元通过命题 7.2 进行聚合，形成全局模型

算法 7.1　单层神经匹配

1：从 J 个客户端收集权重和偏置，记为 $\boldsymbol{w}_{jl}$。

2：根据式 7.15 组成分配成本矩阵。

3：使用匈牙利算法计算匹配分配 π^j。

4：枚举所有生成的唯一全局神经元并使用式 7.10 从 J 个客户端的全局模型神经元实例中推断出相关的全局权重向量。

5：连接全局神经元、推断的权重和偏置，以形成新的全局隐藏层。

多层神经网络与 PFNM 的融合

PFNM 可以在单轮通信中扩展以融合深度神经网络；但是，它在更深的网络中的效果会降低。有兴趣的读者可以查看参考文献[49]的 3.2 节，以获取关于将 PFNM 模型扩展到多层的详细方法。7.6.1 节中将讨论高层次的思想，以及将 PFNM 应用于卷积和循环架构的细节。如图 7-6 中的实验所示，PFNM 可以成功地融合 4 层的 LeNet[29]，但在更深的 9 层的 VGG-9[41]架构上表现不佳。

7.3.3　实践中的 PFNM

为说明 PFNM 的实际优势，本节讨论参考文献[49]中呈现的一些结果样本。研究人员在 MNIST 数据集上模拟了联邦学习场景，方法如下：①为获得同构的数据分区，每个客户端从 k =10 个类中随机选择了相等数量的样本；②对于异构的客户端数据，使用了 $p_k \sim \mathrm{Dir}_J(0.5)$进行采样，并将类 k 的 p_{kj} 比例的实例分配给客户端 j。由于 Dirichlet 浓度参数(0.5)较小，某些客户端可能只收到很少数量的某些类的样本(或根本没有)。这种异构分区策略在参考文献[26]的研究中也有进一步探讨。

在完成数据分区后，参考文献[49]为每个客户端独立地训练了一个具有 L_j = 100 个隐藏单元的神经网络，并在一轮通信中将这些模型进行融合。在这种设置下，客户端不需要保留数据，也就是说，在训练完自己的模型后，它们可以安全地删除数据，并仍能从 PFNM 的联邦学习中受益。这是一种通信限制最严格的情况，也是实践中最容易实现的情景，也就是说，客户端只需要将自己的模型权重发送给服务器一次，然后下载融合的全局模型即可。这可以使用标准的数据共享工具执行，不需要在客户端和服务器之间设置特定的计算基础设施。

Yurochkin 等人[49]研究了以下基准：如果说模型融合是有益的，那么融合后的全局模型应该优于客户端的本地模型。模型集成[8, 17](即将多个模型的预测结果进行平均)是一种常见的融合方法；但是，在神经网络的背景下，这会导致计算开销增大(所有模型的结果都需要存储和传播)，并且通常是不切实际的。此外，客户端可能不愿意明确共享模型参数。研究者还考虑了其他模型融合策略。联邦平均[34]是对客户端模型进行简单的逐个元素参数平均的方法。根据参考文献[34]的建议，客户端模型是从相同的随机初始化开始训练的，尽管如果客户端在决定参加联邦学习之前已经训练了它们的模型，这个要求可能不太实际。他们还提出了基于 k-means[31]的融合策略作为基准方法。与 PFNM 的关键区别在于，聚类不像匹配，它允许将同一模型的神经元进行平均。考虑到给定模型的每个神经元具有专门的特征提取功能，因此这种方法并不理想。

我们在图 7-2 中展示了结果。每个图的顶部显示测试准确率与客户端数量 J 的函数关系，底部通过绘制 $\log\frac{L}{\sum_j L_j}$ 来强调与模型集成相比的模型压缩情况，即 PFNM 全局模型大小与客户端模型中神经元总数(等同于集成模型大小)的对数比率。PFNM 的表现与模型集成相当，同时生成一个更小的模型，优于本地客户端模型和其他模型融合基线，证明了

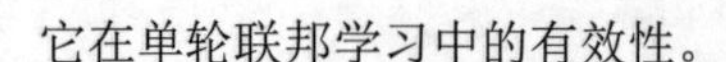
它在单轮联邦学习中的有效性。

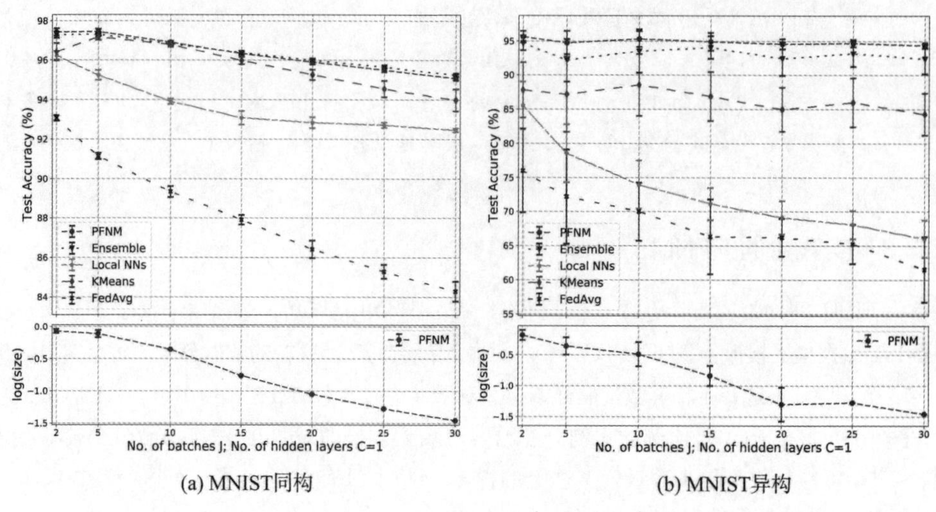

图 7-2 单轮通信联邦学习：测试准确率和归一化模型大小$\left(\log \frac{L}{\sum_j L_j}\right)$作为不同批($J$)的函数。PFNM 始终优于本地模型和联邦平均，同时以一小部分存储和计算成本获得与模型集成相当的性能

深度神经网络的单轮融合

作为 PFNM 的缺点，我们注意到它在 CIFAR10 数据集上的性能相对较低。这是因为本实验中考虑的神经网络对这个数据集来说过于简单，效果不理想。尽管 PFNM 可以应用于更深层的神经网络，但是当融合像 VGG[41]这样的深层架构时，其性能不如预期。对于更深的架构，融合问题变得更复杂，目前还没有解决方案。7.6 节中将展示基于 PFNM 的技术，该技术在允许多轮通信的情况下能有效地融合深度神经网络。

7.4 带有 SPAHM 的无监督联邦学习

本节将回顾参考文献[48]中的基于异构匹配的统计参数聚合(SPAHM)，它扩展了PFNM 的建模框架，用于各种常见的无监督模型的单轮联邦学习；这些模型具有参数的置换不变性，例如高斯混合模型(GMM)、隐马尔可夫模型(HMM)和主题模型。我们知道，在 PFNM 构建中，式 7.6 中的基本度量 H 被设置为高斯分布。对于建模神经网络权重来说，这是合理的，但对于具有不同属性(例如已知为正值)的潜在量的模型来说并不适用。此外，PFNM 有一些超参数(μ_0、γ_0、σ_0 和 σ_j)需要用户进行设置。SPAHM 通过经验贝叶斯方法估计自己的超参数(γ_0 除外)，从而扩展了 PFNM 框架。

7.4.1　SPAHM 模型

与 PFNM 类似，SPAHM 使用 Beta-Bernoulli 过程构建，但采用了更通用的基本度量。我们将第 i 个全局模型参数表示为 $\boldsymbol{\theta}_i$，将第 j 个客户端的第 l 个本地模型参数表示为 $\boldsymbol{w}_{jl}$。但需要注意的是，这些参数现在可以是 GMM 的聚类中心、HMM 的隐藏状态等。

与 PFNM 类似，首先使用 Beta 过程对全局模型参数进行建模。

$$Q := \sum_i q_i \delta_{\theta_i} \sim \text{BetaProc}(\alpha, \gamma_0 H), \theta_i \sim H, i = 1, \ldots \tag{7.16}$$

基本度量 H 可以是任何适用于具体应用的指数族分布。指数族密度可以用如下的一般形式表示。

$$p_\theta(\theta | \tau, n_0) = H(\tau, n_0)\exp(\tau^{\mathrm{T}}\boldsymbol{\theta} - n_0 A(\boldsymbol{\theta})) \tag{7.17}$$

其中 τ、n_0 是超参数，$H(\cdot,\cdot)$ 和 $A(\cdot)$ 是定义指数族内特定分布的函数。

然后，使用伯努利过程为每个客户端选择一部分全局模型参数(和式 7.7 中的一样)。

$$T_j := \sum_i b_{ji}\delta_{\theta_i}，\text{其中} b_{ji} | \ q_i \sim \text{Bern}(q_i) \forall i \tag{7.18}$$

这一步与 PFNM 中的操作相同，将 T_j 定义为为客户端 j 选择的全局模型参数的集合，即 $T_j = \{\theta_i : b_{ji} = 1 i = 1, \ldots\}$。为了对观察到的本地模型参数进行建模，再次将 PFNM 的构建方法推广到指数族分布。

$$w_{ji} | T_j \sim F(\cdot T_{jl})，\text{对于} l = 1, \ldots, L_j；L_j := \text{card}(T_j) \tag{7.19}$$

其中 F 的概率密度为

$$p_w(\boldsymbol{w} | \boldsymbol{\theta}) = h(\boldsymbol{w})\exp(\boldsymbol{\theta}^{\mathrm{T}} T(\boldsymbol{w}) - A(\boldsymbol{\theta})) \tag{7.20}$$

$T(\cdot)$ 是充分统计量函数。

7.4.2　SPAHM 推理

为估计未知的匹配变量 $\pi = \{\pi^j\}$，与 PFNM 的方法类似，我们将最大化后验概率，以一般形式(适用于任何指数族分布)进行推导。假设 $Z_i = \{(j,l) | \ \pi_{il}^j = 1\}$ 是分配给第 i 个全局参数的本地参数的索引集合，可得

$$\begin{aligned}
P(\pi | \boldsymbol{w}) &\propto P(\pi)\int p_w(\boldsymbol{w} | \pi, \theta) p_\theta(\theta) \mathrm{d}\theta = P(\pi)\prod_i \int \prod_{z \in Z_i} p_w(\boldsymbol{w}_z | \theta_i) p_\theta(\theta_i) \mathrm{d}\theta_i \\
&= P(\pi)\prod_i H(\tau, n_0)\int (\prod_{z \in Z_i} h(\boldsymbol{w}_z)) \exp((\tau + \sum_{z \in Z_i} T(\boldsymbol{w}_z))^{\mathrm{T}}\theta_i - (\text{card}(Z_i) + n_0)A(\boldsymbol{\theta}))\mathrm{d}\theta_i \\
&= P(\pi)\prod_i \frac{H(\tau, n_0)\prod_{z \in Z_i} h(\boldsymbol{w}_z)}{H(\tau + \sum_{z \in Z_i} T(\boldsymbol{w}_z), \text{card}(Z_i) + n_0)}
\end{aligned} \tag{7.21}$$

对其取对数并注意到 $\sum_i \sum_{j,l} \pi_{il}^j \log h(\boldsymbol{w}_{jl})$ 在 π 中是常数，可以得到 π 的目标函数，该函数推广了式 7.10。

$$\begin{aligned}&\arg\max_{\pi} \log P(\pi) - \sum_i \log H(\tau + \sum_{j,l} \pi_{il}^j T(\boldsymbol{w}_{jl}), \sum_{j,l} \pi_{il}^j + n0)\\&\text{满足}\pi_{il}^j \in \{0,1\}\, \forall j,i,l; \sum_i \pi_{il}^j = 1 \forall j,l; \sum_l \pi_{il}^j \in \{0,1\}\, \forall j,i\end{aligned} \tag{7.22}$$

现在，遵循类似于 PFNM 推导的策略，即固定除 π^j 外的所有 π，并利用命题 7.2 中的减法技巧将问题表述为适合使用匈牙利算法更新 π^j 的形式。得到的广义成本表达式如下。

$$C_{il}^j = -\begin{cases}\log \dfrac{m_i^{-j}}{\alpha + J - 1 - m_i^{-j}} - \log \dfrac{H\left(\tau + T\left(\boldsymbol{w}_{jl}\right) + \sum_{-j,i} \pi_i^j T\left(\boldsymbol{w}_{jl}\right), 1 + m_i^{-j} + n_0\right)}{H\left(\tau + \sum_{-j,l} \pi_i^j T\left(\boldsymbol{w}_{jl}\right), m_i^{-j} + m_0\right)}, & i \leqslant L_{-j}\\ \log \dfrac{\alpha \gamma_0}{(\alpha + J - 1)(i - L_{-j})} - \log \dfrac{H(\tau + T(\boldsymbol{w}_{jl}), 1 + n_0)}{H(\tau, n_0)}, & L_{-j} < i \leqslant L_{-j} + L_j\end{cases} \tag{7.23}$$

除了泛化，SPAHM 还提供了超参数估计过程。在每次迭代中，可以按照以下方式更新超参数。

$$\arg\max_{\tau, n_0} \sum_{i=1}^{L} \left(\log H\left(\tau, n_0\right) - \log H\left(\tau + \sum_{j,l} \pi_{ii}^j T\left(\boldsymbol{w}_{jl}\right), \sum_{j,l} \pi_{il}^j + n_0 \right) \right) \tag{7.24}$$

一般情况下，这个优化问题可以使用基于梯度的方法来求解；然而，对于某些指数族分布，也可以通过闭式更新来求解。值得注意的是，对于高斯分布，假设 $\sigma^2 = \sigma_j^2 \forall j$，则更新如下。

$$\begin{aligned}&\mu_0 = \frac{1}{L} \sum_{i=1}^{L} \frac{1}{m_i} \sum_{j,l} \pi_{il}^j \boldsymbol{w}_{jl},\ \sigma^2 = \frac{1}{N - L} \sum_{i=1}^{L} \left(\sum_{j,l} \pi_{il}^j \boldsymbol{w}_{jl}^2 - \frac{(\sum_{j,l} \pi_{il}^j \boldsymbol{w}_{jl})^2}{m_i} \right)\\&\sigma_0^2 = \frac{1}{L} \sum_{i=1}^{L} \left(\frac{\sum_{j,l} \pi_{il}^j \boldsymbol{w}_{jl}}{m_i} - \mu_0 \right)^2 - \sum_{i=1}^{L} \frac{\sigma^2}{m_i}\end{aligned} \tag{7.25}$$

其中 $N = \sum_j L_j, m_i = \sum_{j,l} \pi_{il}^j$。这个结果可以通过将式 7.24 的相应导数加上 $\sum_{j,l} \log h_\sigma(\boldsymbol{w}_{jl})$ 等于 0 并解方程组得到。

7.4.3 实践中的 SPAHM

为说明 SPAHM 的应用，本节重点介绍参考文献[48]中的两个实验：使用高斯混合模型和高斯主题模型[16]在 Gutenberg 数据集上进行模拟，该数据集包含 40 本书，这些书被视为联邦学习的客户端。

1. 高斯混合模型

在 GMM 实验中，数据是使用 $L = 50$ 个来自高斯分布 $\theta_i \sim N(\mu_0, \sigma_0^2 I)$ 的真实全局模型质心 $\theta_i \in \mathbb{R}^{50}$ 生成的。为创建异构的客户端数据集，对于每个客户端 $j = 1, ..., J$，研究者随机选择了一部分全局质心，并加入方差为 $\sigma 2$ 的噪声以获得"真实"的本地质心集合 $\{\boldsymbol{w}_{jl}\}_{l=1}^{L_j}$。这个数据模拟过程基于 7.4.1 节中高斯密度的模型描述。然后，每个数据集都是从具有相应本地质心集的 GMM 中采样得到的。

每个客户端在本地拟合一个 k-means 模型，并将聚类质心作为输入提供给 SPAHM。这可以看作一个聚类模型的单轮通信联邦学习。为量化客户端估计误差的影响，他们将其与使用真实数据生成本地参数的 SPAHM 进行比较。此外，考虑了两种基于聚类的融合方法，与 PFNM 情况类似，在模型融合的背景下，聚类方法不如匹配方法表现出色。这里基于估计值和生成全局质心的真实数据之间的 Hausdorff 距离比较了不同的方法。实验结果如图 7-3 所示。增加噪声方差 σ 增加了客户端数据集的异构性，使问题更困难；然而，在图 7-3(a)中，SPAHM 的性能仍然能保持良好。在图 7-3(b)中，增加客户端数量 J 并不会降低 SPAHM 的性能。

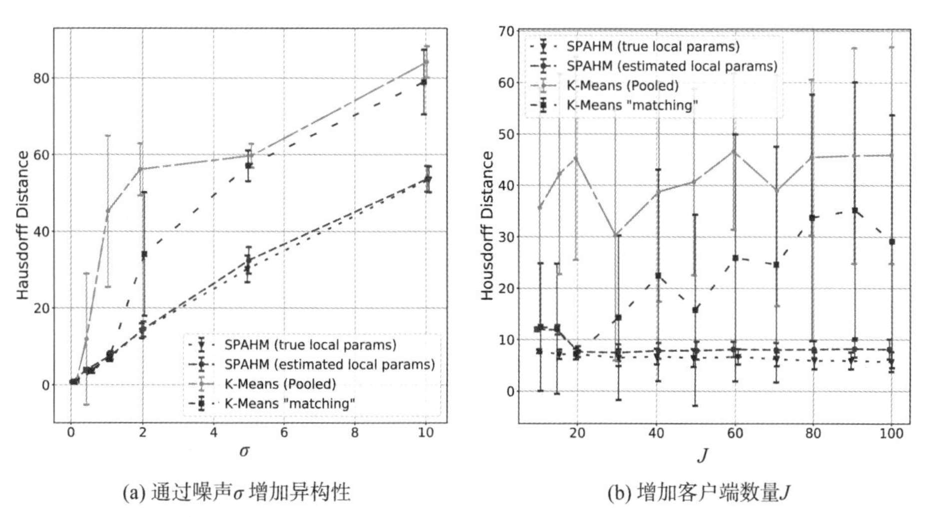

(a) 通过噪声 σ 增加异构性　　(b) 增加客户端数量 J

图 7-3　聚类模型的联邦学习：高斯混合模型的模拟实验。SPAHM 的估计误差(用 Hausdorff 距离测量)最小

2. 联邦主题建模

在这个实验中[48]，研究者对来自 Gutenberg 数据集的 40 本书进行联邦高斯 LDA 主题建模[16]。每个客户端被视为一本书，他们估计自己的主题，并将这些主题作为输入提供给 SPAHM，以融合成一个涵盖全部 40 本书的单一主题模型。融合过程的示意图如图 7-4 所示。

关于联邦无监督学习的更多示例，可参考 SPAHM 论文[48]。

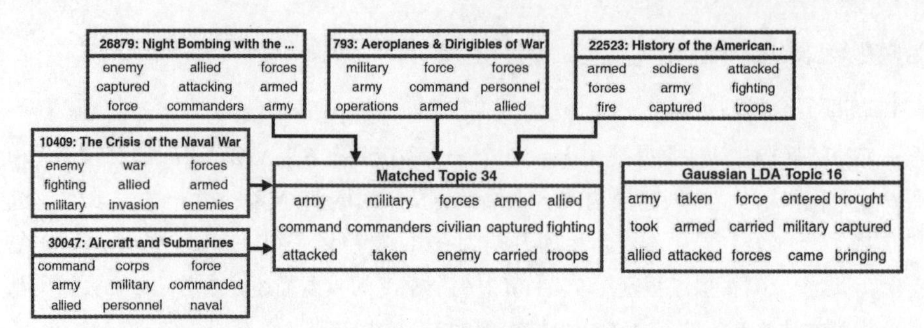

图 7-4　SPAHM 和高斯 LDA 发现的与战争相关的主题。指向匹配主题的 5 个方框表示 SPAHM 融合到全局主题中的本地主题。这 5 个方框的标题列出了书名和它们的 Gutenberg ID

扩展到带时间戳的客户端

在参考文献[50]中，首次提出使用 Beta-Bernoulli 过程来实现主题建模的模型融合方法，目的是将从不同时间和来源的(可能是异构的)文本语料中学习到的主题模型进行融合，例如不同年份发表的文章。按来源进行分区类似于联邦学习中的客户端分区，这也启发了 PFNM 和 SPAHM 的设计。然而，这种建模方法也适用于带时间戳的数据，即他们提出了一种方法，可以将不同年份发表的文章的主题进行融合，以研究主题随时间的演变。到目前为止，尚未将这种功能应用到联邦学习的背景中。

7.5　后验分布的模型融合

上文已经讨论了各种模型融合策略；然而，到目前为止，这些策略都是针对“频率派”模型的融合，即客户端学习被融合的参数的估计值。在需要考虑不确定性量化的情况下，客户端可能希望使用贝叶斯模型进行训练，例如贝叶斯神经网络[36]或高斯混合模型，这些模型的全局后验分布比仅关注聚类质心更为重要。这种情况下，我们需要能够接收客户端的后验分布并输出全局融合后验的模型融合技术。本节将介绍一种这样的技术，它可以实现贝叶斯模型的单轮通信联邦学习。

在参考文献[3, 9, 10, 24, 43]中，分布式后验估计一直备受关注；然而，与 Federated Averaging[34]的情况一样，它们通常需要许多轮通信才能收敛，并且仅限于同构的客户端数据集，无法处理许多模型的置换不变性。唯一一个考虑置换不变性的早期方法是在参考文献[11]中提出的；然而，它假设数据是同构的，并且计算上的开销过大。

7.5.1　KL 散度下的模型融合

我们将回顾参考文献[14]中的 KL-fusion 方法，该方法用于融合从异构数据集学习得到的后验分布。它假设每个客户端在本地进行均值场变分推断(VI)[27]，即客户端 j 获得如下后验分布。

$$p_j(z_1,\ldots,z_{L_j})=\prod_{l=1}^{L}q(z_l|\boldsymbol{w}_{jl}) \tag{7.26}$$

其中 $q(z_l|\boldsymbol{w}_{jl})$是由 $\boldsymbol{w}_{jl}$ 参数化的分量 z_l 的近似后验分布。注意，KL-fusion 也可以应用于其他近似参数后验推断技术，例如拉普拉斯近似[5]、预设密度滤波[38]和期望传播[35]；然而，这里重点讨论最常用的方法之一，即均值场 VI。

变分推断

变分推断[7, 27, 46]是一种通过参数近似分布来逼近真实后验分布的技术，通过最小化变分近似和真实后验之间的 KL 散度来实现。与马尔可夫链蒙特卡罗方法相比，VI 是一个优化问题，并且可以受益于现代随机梯度方法，使基于 VI 的算法能够扩展到大量数据和具有大量参数的模型，例如贝叶斯神经网络(Bayesian Neural Network，BNN)[36]。

KL-fusion 的目标是推断出具有相似均值场形式的全局后验分布。

$$\overline{p}(z_1,\ldots,z_L)=\prod_{i=1}^{L}q(z_i|\theta_i) \tag{7.27}$$

其中$\{\boldsymbol{\theta}_i\}$表示全局后验的参数。全局后验应该逼近客户端的本地后验。Claici 等人[14]提出了以下优化问题来实现这一目标。

$$\begin{gathered}\min_{\{\theta_i\},\{\pi^j\}}\sum_{j=1}^{J}D\left(\prod_{l=1}^{L_j}q\left(z_i\middle|\sum_{i=1}^{L}\pi_{il}^{j}\theta_i\right)\middle\|\prod_{l=1}^{L_j}q(z_l|\boldsymbol{w}_{jl})\right)\\ \text{满足}\sum_{l=1}^{L_j}\pi_{il}^{j}\leqslant 1,\sum_{i=1}^{L}\pi_{il}^{j}=1,p_{il}^{j}\in\{0,1\}\end{gathered} \tag{7.28}$$

这里，我们继续使用$\{\pi^j\}$来表示匹配变量。这个问题的可处理性取决于散度 $D(\cdot\|\cdot)$ 的选择。一个方便的选择是 Kullback-Leibler(KL)散度，因为它在乘积分布上有因子分解的特性。通过使用 KL 散度，式 7.28 可以简化为如下形式。

$$\begin{gathered}\min_{\{\theta_i\},\{\pi^j\}}\sum_{j=1}^{J}\sum_{l=1}^{L_j}\sum_{i=1}^{L}\pi_{il}^{j}\mathrm{KL}\Big(q\big(z_i\theta_i\big)\|q\big(z_l\boldsymbol{w}_{jl}\big)\Big)\\ \text{满足}\sum_{l=1}^{L_j}\pi_{il}^{j}\leqslant 1,\sum_{i=1}^{L}\pi_{il}^{j}=1,\pi_{il}^{j}\in\{0,1\}\end{gathered} \tag{7.29}$$

现在需要解决估计全局后验分量数 L 的问题。通过将式 7.28 与式 7.5、式 7.11 和式 7.22 进行比较，我们注意到它们的相似之处；然而，式中没有关于正则化 L 的项，而之前的正则化项是源自 IBP 先验。Claici 等人[14]提出了以下 $L_{2,2,1}$ 正则化项，灵感来自使用最优传输进行聚类的方法中使用的 $L_{2,1}$ 矩阵范数[12]。

$$\sum_{i=1}^{L}\left(\sum_{j=1}^{J}\sum_{l=1}^{L_j}(\pi_{il}^{j})^2\right)^{1/2} \tag{7.30}$$

这是 $L\times J$ 矩阵的 $L_{2,1}$ 范数，其位置(i,j)上的元素是 π^j 中第 i 行的范数。

KL-fusion 目标函数的最终形式如下。

$$\min_{\{\theta_i\},\{\pi^j\}}\sum_{j=1}^{J}\sum_{l=1}^{L_j}\sum_{i=1}^{L}\pi_i^j\mathrm{KL}\left(q\left(z_i\theta_i\right)\|q\left(z_l\boldsymbol{w}_{jl}\right)\right)+\lambda\sum_{i=1}^{L}\left(\sum_{j=1}^{J}\left(\sum_{l=1}^{L_j}(\pi_{ii}^{j})^2\right)\right)^{1/2}$$
$$满足\sum_{l=1}^{L_j}\pi_{il}^{j}\leqslant 1,\sum_{l=1}^{L}\pi_{il}^{j}=1,\pi_{il}^{j}\in\{0,1\} \tag{7.31}$$

KL-fusion 算法在每次迭代中交替更新$\{\pi^j\}$和 $\boldsymbol{\theta}_i$。由于正则化项将所有$\{\pi^j\}$联系起来，因此它不再适用于匈牙利算法。但是，通过对二元约束 $\pi_{il}^{j}\in\{0,1\}$ 的放宽，式 7.31 可以转化为一个在$\{\pi^j\}$上可解的凸问题。

更新 $\boldsymbol{\theta}_i$ 的过程需要解决一个 KL 重心问题。Banerjee 等人[2]研究了这个问题，并且表明如果这些分布属于同一指数族，则重心的自然参数等于输入分布自然参数的平均值。具体来说，假设$\{q_i\}$是同一指数族 Q 中的输入分布，具有自然参数$\{\eta_i\}$，让 $\lambda_i\geqslant 0$ 成为一组满足 $\sum_i\lambda_i=1$ 的权重，则 $\min_{q\in Q}\sum_{i=1}^{n}\lambda_i\mathrm{KL}(q\|q_i)$ 的解是一个自然参数为 $\eta^*=\sum_{i=1}^{n}\lambda_i\eta_i$ 的分布 $q^*\in Q$。在 KL-fusion 的背景下，给定匹配变量$\{\pi^j\}$，可以通过解类似的 KL 重心问题来更新每个 i 的$\{\boldsymbol{\theta}_i\}$。

$$\min_{q_i\in Q}\sum_{j=1}^{J}\sum_{l=1}^{L}\pi_{il}^{j}\mathrm{KL}(q_i\|q(z_l|\boldsymbol{w}_{jl})) \tag{7.32}$$

7.5.2　实践中的 KL-fusion

本节将提出一个类似于 7.4.3 节中所述的高斯混合模型的模拟实验。关键的区别在于，本地数据集是使用任意协方差矩阵生成的，而不是各向同性的协方差矩阵。客户端不是使用 k-means 算法，而是使用变分推断来学习其本地混合模型参数，同时估计均值和协方差。当融合本地模型时，SPAHM 只能利用均值，而 KL-fusion 可以从本地后验中获得协方差信息。DP-clustering[6,20]是一种基于非参数聚类的基准方法；VI-oracle 是一种理想化的非联邦场景，在该场景中，对所有客户端的组合数据执行 VI。结果如图 7-5 所示。

注意，在图 7-5(b)中，当生成混合分量的客户端数据的均值相似(即较低的 x 轴值)时，协方差信息对于有效融合至关重要。与 SPAHM 相反，KL-fusion 可以利用协方差信息，从而实现更低的估计误差。

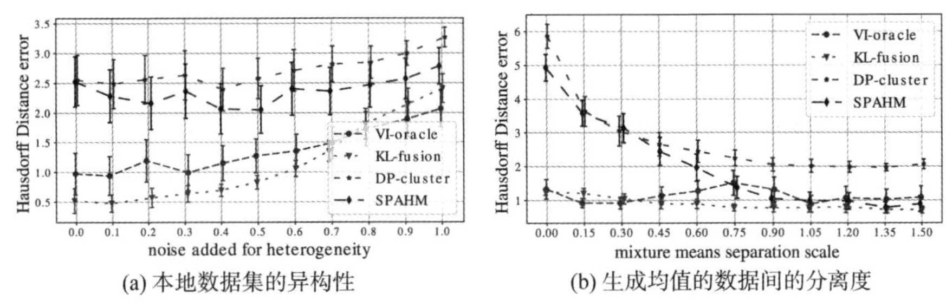

(a) 本地数据集的异构性 (b) 生成均值的数据间的分离度

图 7-5 贝叶斯聚类模型的联邦学习：使用高斯混合模型进行的模拟实验。KL-fusion 通过后验信息的利用改善了 SPAHM 的估计误差，特别是当所有混合分量的均值难以区分时

KL-fusion 的另一个重要应用是贝叶斯神经网络(BNN)的联邦学习。这些神经网络擅长量化预测的不确定性，并可用于在测试时识别超出分布范围的样例，而不会做出错误的预测。我们建议读者查看参考文献[14]的 5.4 节中使用 KL-fusion 进行 BNN 联邦学习的实验示例。

超越均值场 VI 和 KL

KL-fusion 专门用于后验近似，将后验分解为感兴趣的数量的分布乘积，例如均值场 VI。由于其可扩展性和计算可处理性，这种分解在 BNN 的上下文中尤其关键。然而，它强制要求后验中的感兴趣的数量之间相互独立，可能会在逼近真实后验时引入较大误差。贝叶斯文献中另一种主要的后验学习技术是基于采样的方法，如马尔可夫链蒙特卡罗方法(MCMC)或哈密顿蒙特卡罗方法(HMC)[4,37]。虽然这些技术可扩展性差，但提供更准确的后验分布。尽管有专门的软件包(例如 Stan[13])提供高效的 HMC 实现，但它们仍局限于较小的模型，不适用于 BNN。

将 KL-fusion 扩展到基于采样的方法的关键挑战在于，后验表示为样本集合，而不是分布的乘积。这种扩展是非常困难的，因为需要新的目标函数公式来执行后验融合。另外，KL-fusion 将 KL 散度视为融合的全局后验和客户端后验之间距离的度量(见式 7.28 中的一般形式)——这个选择是出于方便考虑，即乘积分布的 KL 散度等于相应项之间的 KL 散度之和，从而得到式 7.29。为适应基于采样的后验，更恰当的做法是选择 Wasserstein 距离，以考虑后验样本的几何性质。我们注意到参考文献[43]使用 Wasserstein 重心来研究后验聚合；然而，它仅适用于同构数据和没有置换不变性的模型。

7.6 低通信预算的深度神经网络融合

我们已经介绍了一系列能够在各种情境下进行单轮联邦学习的模型融合算法。尽管这些方法具有理想的通信效率，但正如 7.3.3 节末尾讨论的那样，当涉及深度神经网络(DNN)的联邦学习时，存在一些限制。本节将回顾 Federated Matched Averaging(FedMA)[47]算法，该算法旨在解决此类限制，代价是增加了额外的通信轮数。简单来说，FedMA 利用了 PFNM

融合浅层神经网络的优势：它逐层融合，并要求客户端在每轮通信中微调剩余的层。FedMA能够执行 DNN 的联邦学习，需要的通信轮数等于网络层数。在某些联邦学习应用中，通信限制由客户端和服务器之间交换的模型参数的大小来确定，而不是根据信息交换的次数确定。这种情况下，FedMA 特别适用，因为它每次只交换一个层的参数，从而保持了总通信成本与单个模型大小相等。从这个角度看，它也可以被视为一种单轮联邦学习算法。

7.6.1 将 PFNM 扩展到深度神经网络

前面 7.2 节讨论过单隐藏层全连接(FC)神经网络的置换不变性。式 7.3 背后的思想可以扩展到深度网络中。

$$\boldsymbol{x}_n = \sigma(\boldsymbol{x}_{n-1}\boldsymbol{\Pi}_{n-1}^{\mathrm{T}}\boldsymbol{W}_n\boldsymbol{\Pi}_n) \tag{7.33}$$

对于每一层 $n = 1, ..., N$，$\boldsymbol{\Pi}_0$ 表示输入特征 $\boldsymbol{x} = \boldsymbol{x}_0$ 的顺序明确。$\boldsymbol{\Pi}_N$ 表示客户端将相同的输出索引分配给相同的类。与以前一样，使用 $\sigma(\cdot)$非线性函数来处理每一层的输出，对于最后一层($f(\boldsymbol{x})=\boldsymbol{x}_N$)，可以选择恒等函数或 softmax 来得到概率值。注意，对于 N=2，我们恢复了式 7.3 的形式。

注意，每一对连续的中间层的排列都是相关的，这导致一个很难解决的 NP-hard 组合优化问题。然而，可通过递归方式利用 PFNM 来解决这个问题：假设得到了所有客户端(共 J 个)的 $\{\boldsymbol{\Pi}_{j,n-1}\}$，则取 $\{\boldsymbol{\Pi}_{j,n-1}^{\mathrm{T}}\boldsymbol{W}_{j,n}\}$ 为 PFNM 输入，估计 $\{\boldsymbol{\Pi}_{j,n}\}$ 并继续处理下一层。递归的起点是 $\{\boldsymbol{\Pi}_{j,0}\}$，它对于任何 j 都是已知的顺序。虽然这是一个可行的解决方案，但仍然是 NP-hard 问题，并且随着层数的增加，使用上述方法获得的近似结果的质量可能会下降。FedMA 的主要思想是，使用 PFNM 融合第 n 层后，要求客户端对第 n+1 层及以上的层进行本地微调。算法 7.2[47]中总结了 FedMA，接下来继续讨论如何处理卷积层和长短期记忆(LSTM)[25]层。

算法 7.2 联邦匹配平均(Federated Matched Averaging，FedMA)

Input：来自 J 个客户端的 N 层架构 $\{\boldsymbol{W}_{j,1},\ldots,\boldsymbol{W}_{j,N}\}_{j=1}^{J}$ 的本地权重

Output：全局模型权重 $\{\boldsymbol{W}_1,\ldots,\boldsymbol{W}_N\}$

1: $n = 1$

2: **while** $n \leqslant N$ *do*

3: **if** $n < N$ **then**

4: $\{\boldsymbol{\Pi}_j\}_{j=1}^{J} = \mathrm{PFNM}(\{\boldsymbol{W}_{j,n}\}_{j=1}^{J})$ (寻找与神经元匹配的置换矩阵)

5: $\boldsymbol{W}_n = \frac{1}{J}\sum_j \boldsymbol{W}_{j,n}\boldsymbol{\Pi}_j^{\mathrm{T}}$ (计算全局模型层 n 的权重)

6: **else**

7:　　$W_n = \sum_{k=1}^{K} \sum_j p_{jk} W_{jl,n}$，其中 p_k 是客户端 j(对最后一层进行基本加权平均)上具有标签 k 的数据点的比例

8:　**end if**

9:　**for** $j \in \{1, ..., \mathrm{J}\}$ **do**

10:　　$W_{j,n+1} \leftarrow \Pi_j W_{j,n+1}$(对下一层权重进行置换)

11:　　训练$\{W_{j,n+1},...,W_{j,L}\}$，且$\{W_{j,1},...,W_{j,n}\}$不变

12:　**end for**

13:　$n = n + 1$

14: **end while**

卷积层

在卷积神经网络(CNN)中，置换不变性是针对通道而不是神经元。令 Conv($\boldsymbol{x},\boldsymbol{W}$)表示输入 $\boldsymbol{x}$ 与权重 $\boldsymbol{W} \in \mathbb{R}^{C^{\text{in}} \times w \times h \times C^{\text{out}}}$ 的卷积操作，其中 C^{in}、C^{out} 是输入/输出通道数，w、h 表示过滤器的宽度和高度。如果将任意排列应用于网络层的输出通道维度，并且将相同排列应用于后续层的输入通道维度，不会改变 CNN 的结构。类似于式 7.33，可以得到

$$\boldsymbol{x}_n = \sigma(\text{Conv}(\boldsymbol{x}_{n-1}, \boldsymbol{\Pi}_{n-1}^T \boldsymbol{W}_n \boldsymbol{\Pi}_n)) \tag{7.34}$$

注意，池化操作不会影响该式子，因为它们是在通道内进行的。为了在 CNN 中使用 PFNM 或 FedMA，每个客户端 j 会形成一组输入，用于 PFNM 的匹配过程；这组输入由 $\{\boldsymbol{w}_{jl} \in \mathbb{R}^D\}_{l=1}^{C_n^{\text{out}}}, j=1,\ldots,J$ 组成，其中 D 是 $\boldsymbol{\Pi}_{j,n-1}^{\mathrm{T}} \boldsymbol{W}_{j,n}$ 展平后的 $C_n^{\text{in}} \times w \times h$ 维度大小。

LSTM 层

循环神经网络(RNN)中的 LSTM 层具有置换不变性，这是因为隐藏层状态的顺序不变。乍一看，它似乎与已经熟悉的 FC 和 CNN 类似；然而，在 RNN 的情况下，问题更微妙。这种微妙之处在于隐藏层到隐藏层的权重：设 L 为隐藏层状态的维度，$\boldsymbol{H} \in \mathbb{R}^{L \times L}$ 为隐藏层到隐藏层的权重，我们可以观察到隐藏层状态的任何排列都会影响 $\boldsymbol{H}$ 的行和列。例如，假设想要匹配两个客户端的 $\boldsymbol{H}_j$ 和 $\boldsymbol{H}_{j'}$，为找到最优匹配，需要在置换 $\boldsymbol{\Pi}$ 上最小化二者之间差异的平方和 $\| \boldsymbol{\Pi}^T \boldsymbol{H}_j \boldsymbol{\Pi} - H_{j'} \|_2^2$。这个问题被称为二次分配问题，即使在这种简单情况下也是 NP-hard[32]难题。

要完成 PFNM 对 RNN 的规范化，需要回顾基本的 RNN 单元。

$$h_t = \sigma(h_{t-1} \boldsymbol{\Pi}^{\mathrm{T}} \boldsymbol{H} \boldsymbol{\Pi} + x_t \boldsymbol{W} \boldsymbol{\Pi}) \tag{7.35}$$

其中 t 表示输入序列中的位置索引。PFNM 可以应用于输入到隐藏层的权重$\{\boldsymbol{W}_j\}$(就像

全连接网络一样)，然后使用估计的匹配结果 $\boldsymbol{H}=\frac{1}{J}\sum_{j}\boldsymbol{\Pi}_{j}\boldsymbol{H}_{j}\boldsymbol{\Pi}_{j}^{\mathrm{T}}$ 来计算全局的隐藏层到隐藏层的权重。将这个方法扩展到(多层)LSTM 单元很容易，具体可参见参考文献[47]。

注意，这种基于 PFNM 的方法在估计匹配时忽略了隐藏层到隐藏层权重中的信息。通过考虑使用来自最优传输相关文献中针对 Gromov-Wasserstein 度量[23](这是一个类似的二次分配问题)开发的近似优化工具，可以改进这个过程；例如用于计算 Gromov-Wasserstein 重心的近似算法[39]。

7.6.2 实践中的 FedMA

本节将总结参考文献[47]中的关键实验结果。在图 7-6 中，展示了 PFNM 和 FedMA 在卷积神经网络上的性能：在 MNIST 上使用 LeNet[29](4 层)，在 CIFAR10 上使用更复杂的 VGG-9[41](9 层)。PFNM 尝试在单轮通信中执行联邦学习，而 FedMA 则根据架构中的层数进行相应轮次的通信。我们发现，虽然 PFNM 在使用 LeNet 处理 MNIST 数据集时表现良好(即可以处理适度层数)，但在更深的网络 VGG-9 上，其性能显著下降。相反，FedMA 成功地在 VGG-9 客户端模型上执行联邦学习，并在 CIFAR10 上取得强大的测试性能，优于其他联邦学习基准方法(例如相同通信轮数下的 FedAvg[34]和 FedProx[40])。

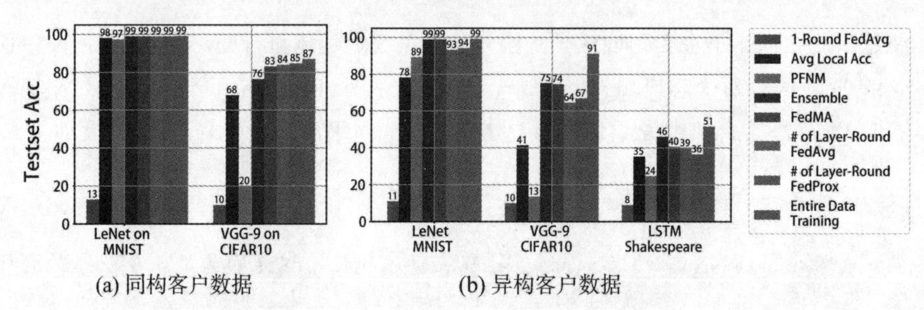

(a) 同构客户数据　　　(b) 异构客户数据

图 7-6 对于有限通信次数的联邦学习方法，对在 MNIST 上训练的 LeNet、在 CIFAR10 上训练的 VGG-9 和在 Shakespeare 数据集上训练的 LSTM 进行比较

FedMA 还可通过简单地在客户端神经网络层之间进行迭代来扩展，以获得额外的通信轮数。在图 7-7 中，比较了各种联邦学习技术随通信成本的增加达到的性能，其中通信成本用客户端和服务器之间的参数交换次数和传输的模型参数大小(以千兆字节为单位)测量。当通信预算受到计算基础架构带宽的限制，即通信量按交换消息的大小来衡量时，FedMA 的效率显著提高。

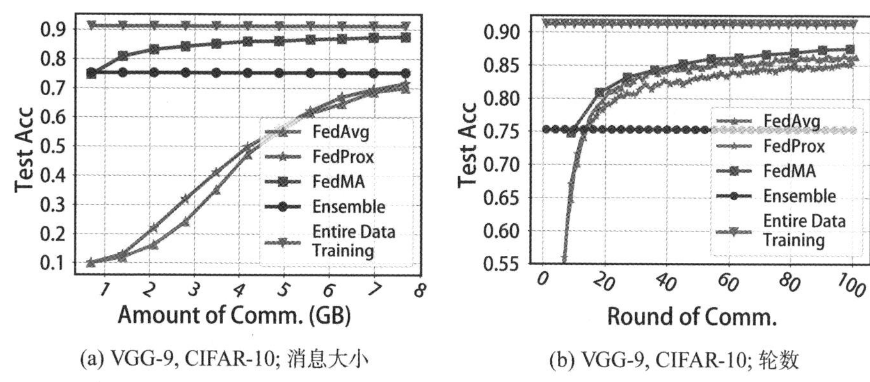

(a) VGG-9, CIFAR-10; 消息大小　　(b) VGG-9, CIFAR-10; 轮数

图 7-7　各联邦学习方法随着通信成本的增加达到的收敛速度：在 16 个客户端上针对 CIFAR10 训练 VGG-9 模型

7.7　模型融合的理论理解

在介绍了用于模型融合的算法之后，本节将讨论模型融合的统计特性。从算法的角度看，模型融合的主要挑战是建立不同客户端上独立学习的参数之间的对应关系。这是由于模型参数化中存在某些不变性。为便于讨论统计问题，本节将假设已经建立了正确的对应关系。换句话说，我们假设所考虑的模型参数化不存在不变性。

7.7.1　预备知识：参数化模型

统计模型是在样本空间 Z 上的一组(参数化的)概率分布 $\{P_\theta | \theta \in \Theta\}$。参数化模型是一个统计模型，其中参数 $\boldsymbol{\theta}$ 是 $\mathbb{R}^d$ 中的向量[1]。需要注意的是，“模型”这个术语的使用与其在机器学习(ML)中的典型用法不同。在机器学习中，“模型”通常指一组参数化的预测规则(例如，所有具有特定架构的神经网络)。为统一起见，将统计模型中的每个概率分布与一个预测规则相关联，以建立参数和预测规则之间的对应关系。

在这种设置下，主要任务是从独立同分布(IID)的观察值 $Z_1,\ldots,Z_N \sim P_{\theta_*}$ 中估计 θ_*。从 $Z_{1:N} \triangleq (Z_1,\ldots,Z_N)$ 中得出的 $\boldsymbol{\theta}_*$ 的估计值是一个随机变量，记为 $\hat{\theta}_N \triangleq T_N(Z_{1:N})$。注意，$T_N$ 可能很复杂和/或通过隐式定义得到：例如，最大似然估计(MLE)可以表示为 $\hat{\theta}_N = T_N(Z_{1:N})$，其中

$$T_N(Z_{1:N}) \triangleq \arg\max_{\theta\in\Theta} \frac{1}{N}\sum_{i=1}^{N} \log p(Z;\theta) \tag{7.36}$$

$p(\cdot,\boldsymbol{\theta})$是 P_θ 的密度函数。本章主要关注渐近线性估计器的性质和特点。

定义 7.1： 估计器 $\hat{\theta}_N \triangleq T_N(Z_{1:N})$ 是渐近线性的，当且仅当存在 $\varphi: Z \to \Theta$ (可能依赖于

---

1 为简单起见，我们假设所有可能参数的集合 Θ (称为参数空间)是 $\mathbb{R}^d$ 的开放子集。

θ_*)，使得 $\mathbb{E}_{\theta_*}[\varphi(Z)]=0$，且

$$\sqrt{N}(\hat{\theta}_N-\theta_*)=\frac{1}{\sqrt{N}}\sum_{i=1}^{N}\varphi(Z_i)+O_P(1)$$

其中 $O_P(1)$ 表示随着 n 的增长，其概率趋近于零的一个项。随机向量 $\varphi(Z_i)$ 称为 Z_i 的影响函数。

尽管渐近线性估计器的定义看起来很严格，但在实际应用中，我们遇到的大多数估计器都是渐近线性的。例如，在满足一定技术条件的统计模型下，最大似然估计器是渐近线性的。为看清这一点，注意 MLE $\hat{\theta}_N$ 的最优性意味着它满足零梯度最优条件，即

$$0=\frac{1}{N}\sum_{i=1}^{N}\partial_\theta l(Z_i;\hat{\theta}_N)$$

其中 $l(z;\theta)\triangleq\log p(z;\theta)$ 是对数似然函数，它关于 θ 的梯度是得分。将该得分在 θ_* 处展开，以获得

$$0=\frac{1}{N}\sum_{i=1}^{N}\partial_\theta l(Z_i;\theta_*)+\partial_\theta^2 l(Z_i;\theta_*)(\hat{\theta}_N-\theta_*)+O(\|\hat{\theta}_N-\theta_*\|_2^2)$$

重新整理后，可得

$$\sqrt{N}(\hat{\theta}_N-\theta_*)=\left(\frac{1}{N}\sum_{i=1}^{N}\partial_\theta^2 l\left(Z_i;\theta_*\right)\right)^{-1}\left(\frac{1}{\sqrt{N}}\sum_{i=1}^{N}\partial_\theta l\left(Z_i;\theta_*\right)+O\left(\sqrt{N}\|\hat{\theta}_N-\theta_*\|_2^2\right)\right) \quad (7.37)$$

这几乎是渐近线性估计器的定义。我们将 $\frac{1}{N}\sum_{i=1}^{N}\partial_\theta l(Z_i;\theta_*)$ 视为 IID 随机矩阵的平均值，因此它会收敛到其期望值(在某些尾部条件下)。

$$\frac{1}{N}\sum_{i=1}^{N}\partial_\theta l(Z_i;\theta_*)=\mathbb{E}_{\theta_*}[\partial_\theta^2 l(Z,\theta_*)]+O_P\left(\frac{1}{\sqrt{N}}\right)$$

将 $\mathbb{E}_{\theta_*}[\partial_\theta^2 l(Z,\theta_*)]$ 作为费舍尔信息，并将其表示为 $I(\theta_*)$。只要 $I(\theta_*)$ 是非奇异的，可得

$$\left(\frac{1}{N}\sum_{i=1}^{N}\partial_\theta l(Z_i;\theta_*)\right)^{-1}=I(\theta_*)^{-1}+O_P\left(\frac{1}{\sqrt{N}}\right)$$

MLE 收敛速度为 $\frac{1}{\sqrt{N}}$ (在某些技术条件下)，因此 $O(\sqrt{N}\|\hat{\theta}_N-\theta_*\|_2^2)$ 项是 $O_P\left(\frac{1}{\sqrt{N}}\right)$。结合式 7.37 得到

$$\sqrt{N}(\hat{\theta}_N-\theta_*)\ =\frac{1}{\sqrt{N}}\sum_{i=1}^{N}I(\theta_*)^{-1}\partial_\theta l(Z_i;\theta_*)+O_P\left(\frac{1}{\sqrt{N}}\right)\frac{1}{\sqrt{N}}\sum_{i=1}^{N}\partial_\theta l(Z_i;\theta_*)+O_P\left(\frac{1}{\sqrt{N}}\right)$$

最后，可以发现 $\frac{1}{\sqrt{N}}\sum_{i=1}^{N}\partial_\theta l(Z_i;\theta_*)$ 就是 $O_P(1)$[1]，从而得出结论。

$$\sqrt{N}(\hat{\theta}_N-\theta_*)=\frac{1}{\sqrt{N}}\sum_{i=1}^{N}I(\theta_*)^{-1}\partial_\theta l(Z_i;\theta_*)+O_P\left(\frac{1}{\sqrt{N}}\right)$$

---

1 方差是 $O(1)$。

因此，MLE 的影响函数是 $I(\theta_*)^{-1}\partial_\theta l(\cdot;\theta_*)$，它是渐近线性的。

接下来阐述机器学习中的另一个例子。在监督学习中，观察值 $\boldsymbol{Z}$ 是$(\boldsymbol{X}, \boldsymbol{Y})$对，其中 $\boldsymbol{X}$ 是特征向量，$\boldsymbol{Y}$ 是目标向量，并且未知参数通过一组矩方程来确定，即

$$\theta=\theta_* \Leftrightarrow \mathbb{E}_{\theta_*}[m(\boldsymbol{Z};\theta)|\boldsymbol{X}]=0 \tag{7.38}$$

其中 m 是一个 $\mathbb{R}^d$ 值映射。这种情况下，自然估计器是经验版本的矩方程的根：$\hat{\theta}_N$ 解决了

$$0=\frac{1}{N}\sum_{i=1}^{K} m(\boldsymbol{Z};\hat{\boldsymbol{\theta}}_N) \tag{7.39}$$

例如，考虑线性回归。

$$\hat{\theta}_N \triangleq \arg\min_{\theta\in\mathbb{R}^d} \frac{1}{N}\sum_{i=1}^{n}\frac{1}{2}(\boldsymbol{Y}_i-\theta^{\mathrm{T}}\boldsymbol{X}_i)^2$$

最小二乘成本函数的最优条件是正规方程组。

$$0=\frac{1}{N}\sum_{i=1}^{n}\boldsymbol{X}_i(\boldsymbol{Y}_i-\theta^{\mathrm{T}}\boldsymbol{X}_i) \tag{7.40}$$

可注意到，正规方程组具有与式 7.39 相似的形式。不难验证正规方程组对应的总体方程唯一地确定了 $\boldsymbol{\theta}_*$。

$$0=\mathbb{E}_{\theta_*}[\boldsymbol{X}(\boldsymbol{Y}-\theta^{\mathrm{T}}\boldsymbol{X})|\boldsymbol{X}]$$

通过类似的泰勒展开，可以得到以下结论。

$$\sqrt{N}(\hat{\boldsymbol{\theta}}_N-\theta_*)=\frac{1}{\sqrt{N}}\sum_{i=1}^{N}V(\theta_*)^{-1}m(\boldsymbol{Z}_i;\theta_*)+O_P\left(\frac{1}{\sqrt{N}}\right)$$

其中 $V(\theta)\triangleq\mathbb{E}_{\theta_*}[\partial_\theta m(\boldsymbol{Z},\theta)]$。因此，该估计器是渐近线性的，其影响函数为 $V(\boldsymbol{\theta}^*)^{-1}$ $m(\cdot;\boldsymbol{\theta}^*)$。

7.7.2　联邦设置中模型融合的优点和缺点

在联邦学习中，数据集 $Z_{1:N}$ 分布在 J 个客户端中。为简化问题，假设样本均匀分布在客户端之间；即每个客户端具有 $n = N/J$ 个样本。在模型融合过程中，每个客户端独立地从其数据中估计 θ_*，以获得一个估计器。客户端将它们的估计器发送到服务器，服务器对客户端的估计器进行平均，以获得全局估计器。

$$\hat{\boldsymbol{\theta}}_N \triangleq \frac{1}{J}\sum_{j=1}^{J}\hat{\boldsymbol{\theta}}_{n,j}$$

其中 $\hat{\boldsymbol{\theta}}_{n,j}$ 是第 j 个客户端从其 n 个样本中估计的 θ_*。如果 $\hat{\boldsymbol{\theta}}_{n,j}$ 是渐近线性的，则

$$\tilde{\theta}_N-\theta_*=\frac{1}{J}\sum_{j=1}^{J}\hat{\theta}_{n,j}-\theta_*=\frac{1}{N}\sum_{j=1}^{J}\sum_{i=1}^{n}\varphi(Z_{j,i})+Op\left(\frac{1}{\sqrt{n}}\right) \tag{7.41}$$

其中 φ 是 $\hat{\theta}_{n,j}$ 的影响函数，$Z_{j,i}$ 是第 j 个客户端上的第 i 个样本。如果忽略 $O_P\left(\frac{1}{\sqrt{n}}\right)$ 项，则 $\tilde{\theta}_N$ 是 N 个 IID 随机变量的平均值，因此 $\tilde{\theta}_N$ 围绕 θ_* 的波动是 $O_P\left(\frac{1}{\sqrt{N}}\right)$。这与假设情况下集中式估计器的阶相同；而且，即使是 $\tilde{\theta}_N$ 的渐近分布也与 $\tilde{\theta}_N$ 的分布相匹配。

$$\sqrt{n}(\tilde{\theta}_N - \theta_*) - \sqrt{n}(\tilde{\theta}_N - \theta_*) = O_P(1)$$

换句话说，估计 θ_* 时 $\tilde{\theta}_N$ 和 $\tilde{\theta}_N$ 的性能是无法区分的。

另外，对于前面提到的模型融合的乐观情况，需要注意以下几点。首先，忽略式 7.41 中的 $O_P\left(\frac{1}{\sqrt{n}}\right)$ 项。这个假设只在 $O_P\left(\frac{1}{\sqrt{n}}\right)$ 与线性项相比渐近可忽略时才成立。回顾 7.7.1 节中的 MLE 示例，可看到 $O_P\left(\frac{1}{\sqrt{n}}\right)$ 项实际上隐藏了 $O_P\left(\frac{1}{n}\right)$ 项。为了使忽略的项实际上渐近可行(渐近意义下可以忽略不计)，我们必须满足 $J \lesssim \sqrt{N}$ 。换句话说，在不增加每个客户端的样本数的情况下，客户端数量不能任意增加。这种情况不太理想，因为它意味着模型融合无法在大量客户端上扩展，除非升级客户端的计算和存储能力。

7.8　本章小结

本章最后给出 3 个方面的小结。

- 在联邦学习应用中进行模型融合的实践考虑；
- 模型融合和联邦学习算法的发展方向；
- 模型融合理论理解中的开放问题。

1. 实践考虑

模型融合的主要优点是能够在单轮通信中执行联邦学习。这是解决客户端模型已经训练的数据不再可用的问题的唯一解决方案。数据不可用的原因有很多。例如，出于法规(如 GDPR)的限制，数据可能已被删除。数据也可能由于系统故障或其他意外事件而丢失。即使在数据可用的应用程序中，建立基于优化的方法(如联邦平均)所需的支持在客户端和服务器之间频繁通信的计算及网络基础设施也是昂贵或不切实际的。

我们发现，模型融合在较简单的模型上特别有效，例如无监督模型和层数较少的神经网络。但是，模型融合在深度神经网络上的性能会下降。对于这样的深度神经网络，推荐使用 FedMA。虽然它需要多轮通信，无法适用于遗留模型用例，但由于其内存效率，可以大大简化网络负载。

根据观察，模型融合和 FedMA 存在两个主要限制：①因为匹配算法的复杂性，它们在实践中比联邦平均更难实现；②它们不能扩展到更多的客户端。

相比之下，联邦平均的通信效率较低，但由于其简单性，因此更易于实现，并且可以轻松扩展到数千个客户端。值得注意的是，IBM 联邦学习[33]提供了一些缓解实现障碍的模型融合功能。

2. 推进模型融合方法的方向

本章概述了一系列扩展和改进模型融合的方向：7.2 节中通过考虑神经网络损失情况来识别置换之外的不变类；7.3.3 节中开发更复杂的方法来估计深度神经网络融合的匹配变量；7.4.3 节中将模型融合扩展到具有时间戳的客户端；7.5.2 节中开发支持采样方法(如 MCMC)和其他分布散度(如 Wasserstein)的后验融合技术来扩展 KL 融合应用；7.6.1 节中考虑用于二次分配的近似优化技术来改善 LSTM 的融合效果。此外，我们注意到 FedMA 的一个限制值得探究：当前版本的 FedMA 假定所有客户端在每次迭代时都会传递其相应的层权重；然而，在具有大量客户端的联邦学习应用中，更实际的做法是考虑随机设置，即每轮只有一组随机的客户端进行通信。未来的研究方向之一是研究如何在逐层的 FedMA 学习算法中考虑这种随机性。最后，我们建议探索联邦学习之外的模型融合应用。例如，参考文献[47]中的实验结果表明，模型融合有潜力纠正数据中的偏差，即减少客户端模型对全局模型的错误相关性影响。

3. 模型融合理论理解中的开放问题

正如我们所看到的，模型融合的一个关键统计限制是 $\sqrt{N}$ 障碍。这个障碍是客户端对模型参数的估计存在偏差导致的。虽然通常情况下很难克服这个限制，但在特殊情况下，可以开发具有较小偏差的估计器，使得模型融合能够扩展到更多的客户端。

参考文献

[1] Agueh M, Carlier G (2011) Barycenters in the Wasserstein space. SIAM J Math Anal 43:904-924.

[2] Banerjee A, Dhillon IS, Ghosh J, Sra S (2005) Clustering on the unit hypersphere using von Mises-Fisher distributions. J Mach Learn Res 6:1345-1382.

[3] Bardenet R, Doucet A, Holmes C (2017) On Markov chain Monte Carlo methods for tall data. J Mach Learn Res 18(1):1515-1557.

[4] Betancourt M (2017) A conceptual introduction to Hamiltonian Monte Carlo. arXiv preprint arXiv:170102434.

[5] Bishop CM (2006) Pattern recognition and machine learning. Springer, New York.

[6] Blei DM,Jordan MI(2006) Variational inference for Dirichlet process mixtures.Bayesian Anal 1:121-143.

[7] Blei DM, Kucukelbir A, McAuliffe JD (2017) Variational inference: a review for statisticians. J Am Stat Assoc 112(518):859-877.

[8] Breiman L (2001) Random forests. Mach Learn 45:5-32.

[9] Broderick T, Boyd N, Wibisono A, Wilson AC, Jordan MI (2013) Streaming variational Bayes. In: Advances in neural information processing systems.

[10] Bui TD, Nguyen CV, Swaroop S, Turner RE (2018) Partitioned variational inference: a unified framework encompassing federated and continual learning. arXiv preprint arXiv:181111206.

[11] Campbell T, How JP (2014) Approximate decentralized Bayesian inference. arXiv: 14037471.

[12] Carli FP, Ning L, Georgiou TT (2013) Convex clustering via optimal mass transport. arXiv:13075459.

[13] Carpenter B, Gelman A, Hoffman M, Lee D, Goodrich B, Betancourt M, Brubaker MA, Guo J, Li P, Riddell A et al. (2017) Stan: a probabilistic programming language. J Stat Softw 76:1-32.

[14] Claici S, Yurochkin M, Ghosh S, Solomon J (2020) Model fusion with Kullback- Leibler divergence. In: International conference on machine learning.

[15] Cooper Y (2018) The loss landscape of overparameterized neural networks. arXiv preprint arXiv:180410200.

[16] Das R, Zaheer M, Dyer C (2015) Gaussian LDA for topic models with word embeddings. In: Proceedings of the 53rd annual meeting of the association for computational linguistics and the 7th international joint conference on natural language processing (Volume 1: Long Papers).

[17] Dietterich TG (2000) Ensemble methods in machine learning. In: International workshop

on multiple classifier systems.

[18] Draxler F, Veschgini K, Salmhofer M, Hamprecht F (2018) Essentially no barriers in neural network energy landscape. In: International conference on machine learning.

[19] EU (2016) Regulation (EU) 2016/679 of the European Parliament and of the Council of 27 April 2016 on the protection of natural persons with regard to the processing of personal data and on the free movement of such data, and repealing Directive 95/46/EC (General Data Protection Regulation). Official Journal of the European Union.

[20] Ferguson TS (1973) A Bayesian analysis of some nonparametric problems. Ann Stat 1:209-230.

[21] Garipov T, Izmailov P, Podoprikhin D, Vetrov D, Wilson AG (2018) Loss surfaces, mode connectivity, and fast ensembling of DNNs. arXiv preprint arXiv:180210026.

[22] Ghahramani Z, Griffiths TL (2005) Infinite latent feature models and the Indian buffet process. In: Advances in neural information processing systems.

[23] Gromov M, Katz M, Pansu P, Semmes S (1999) Metric structures for Riemannian and non- Riemannian spaces, vol 152. Birkhäuser, Boston.

[24] Hasenclever L, Webb S, Lienart T, Vollmer S, Lakshminarayanan B, Blundell C, Teh YW (2017) Distributed Bayesian learning with stochastic natural gradient expectation propagation and the posterior server. J Mach Learn Res 18:1–37

[25] Hochreiter S, Schmidhuber J (1997) Long short-term memory. Neural Comput 9:1735–1780

[26] Hsu TMH, Qi H, Brown M (2019) Measuring the effects of non-identical data distribution for federated visual classification. arXiv preprint arXiv:190906335.

[27] Jordan MI, Ghahramani Z, Jaakkola TS, Saul LK (1999) An introduction to variational methods for graphical models. Mach Learn 37:183-233.

[28] Kuhn HW (1955) The Hungarian method for the assignment problem. Nav Res Logist (NRL) 2:83-97.

[29] LeCun Y, Bottou L, Bengio Y, Haffner P et al. (1998) Gradient-based learning applied to document recognition. In: Proceedings of the IEEE.

[30] Li H, Xu Z, Taylor G, Studer C, Goldstein T (2017) Visualizing the loss landscape of neural nets. arXiv preprint arXiv:171209913.

[31] Lloyd S (1982) Least squares quantization in PCM. IEEE Trans Inf Theory 28:129-137.

[32] Loiola EM, de Abreu NMM, Boaventura-Netto PO, Hahn P, Querido T (2007) A survey for the quadratic assignment problem. Eur J Oper Res 176:657-690.

[33] Ludwig H, Baracaldo N, Thomas G, Zhou Y, Anwar A, Rajamoni S, Ong Y, Radhakrishnan J, Verma A, Sinn M et al. (2020) IBM federated learning: an enterprise framework white paper v0.1. arXiv preprint arXiv:200710987.

[34] McMahan B, Moore E, Ramage D, Hampson S, y Arcas BA (2017) Communication-

efficient learning of deep networks from decentralized data. In: Artificial intelligence and statistics.

[35] Minka TP (2001) Expectation propagation for approximate Bayesian inference. In: Conference on uncertainty in artificial intelligence.

[36] Neal RM (2012) Bayesian learning for neural networks. Springer Science & Business Media, Berlin/Heidelberg.

[37] Neal RM et al. (2011) MCMC using Hamiltonian dynamics. Handb Markov Chain Monte Carlo 2(11):2.

[38] Opper M (1998) A Bayesian approach to on-line learning. On-line Learning in Neural Networks.

[39] Peyré G, Cuturi M, Solomon J (2016) Gromov-Wasserstein averaging of kernel and distance matrices. In: International conference on machine learning.

[40] Sahu AK, Li T, Sanjabi M, Zaheer M, Talwalkar A, Smith V (2018) On the convergence of federated optimization in heterogeneous networks. arXiv preprint arXiv: 181206127.

[41] Simonyan K, Zisserman A (2014) Very deep convolutional networks for large-scale image recognition. arXiv preprint arXiv:14091556.

[42] Singh SP, Jaggi M (2019) Model fusion via optimal transport. arXiv preprint arXiv:191005653.

[43] Srivastava S, Cevher V, Dinh Q, Dunson D (2015) Wasp: scalable Bayes via barycenters of subset posteriors. In: Artificial intelligence and statistics.

[44] Teh YW, Grür D, Ghahramani Z (2007) Stick-breaking construction for the Indian buffet process. In: Artificial intelligence and statistics.

[45] Thibaux R, Jordan MI (2007) Hierarchical Beta processes and the Indian buffet process. In: Artificial intelligence and statistics.

[46] Wainwright MJ, Jordan MI et al. (2008) Graphical models, exponential families, and variational inference. Found Trends® Mach Learn 1:1-305.

[47] Wang H, Yurochkin M, Sun Y, Papailiopoulos D, Khazaeni Y (2020) Federated learning with matched averaging. In: International conference on learning representations.

[48] Yurochkin M, Agarwal M, Ghosh S, Greenewald K, Hoang N (2019) Statistical model aggregation via parameter matching. In: Advances in neural information processing systems.

[49] Yurochkin M, Agarwal M, Ghosh S, Greenewald K, Hoang N, Khazaeni Y (2019) Bayesian nonparametric federated learning of neural networks. In: International conference on machine learning.

[50] Yurochkin M,Fan Z,Guha A,Koutris P,Nguyen X(2019)Scalable inference of topice volution via models for latent geometric structures. In: Advances in neural information processing systems.

第 8 章

联邦学习与公平性

摘要：随着联邦学习广泛应用于各个行业，研究它与机器学习偏差的相互作用及影响变得越来越重要。本章旨在讨论联邦学习中的社会公平性，而不是对等的各参与方对全局模型的贡献中的公平性。机器学习中的社会公平性虽然涉及多方面，但我们主要关注的是确认机器学习预测是否公平的技术，排除数据集中存在的传统和历史上归为诱导歧视偏差的特征(如种族、性别等)的影响。本章将回顾与联邦学习相关的机器学习偏差产生的原因、联邦学习在公平性方面所面临的独特挑战，以及领域内值得关注的研究(这些研究涵盖了创建和衡量更公平的联邦模型的各种方法)。

8.1 介绍

随着机器学习越来越融入人类的日常生活，对创建具有歧视感知的机器学习模型的研究也急剧增加[11]，文献中也记录了它们的缺失所带来的负面影响。

在参考文献[4, 11]中，发现了一种在 12 个以上州的法官中使用的机器学习算法，它将黑人被告错误地分类为具有高再犯风险的可能性是白人被告的两倍，且会将白人被告错误地分类为具有低再犯风险。其预测结果影响了被告是否“应该在审判前被保释”，对囚犯的监管方式甚至影响了他们的刑期长度。另外，2020 年 8 月，英国全国范围内有超过 30 万名学生收到了由机器学习生成的 A-Level 考试成绩，这是大学申请的关键组成部分。采用的算法考虑了多种特征，包括学生所在学校的历史表现等信息。社会经济地位影响学生申请的成功率(例如能否支付导师费用、能否获得有偿资源、是否有更多时间完成学业而不用工作)，这种特征考虑(以及其他因素)使公立学校的学生处于劣势地位，而私立学校的学生受益。公立学校的学生的平均得分比老师预测的得分低了一个字母等级。数日的抗议活动促使政府决定不考虑该模型的结果，而是根据老师的预测成绩来评定。

正如前几章所述，联邦学习(FL)已成为一种协作训练机器学习模型的方法，这些模型可以保持所有参与方的数据隐私。联邦学习对数据隐私的优先考虑也扩大了其应用范围，可以说涵盖了各个行业和各种应用。本章将回顾联邦学习中偏差和公平性的讨论，包括偏差缓解方法的相似性和差异性、联邦学习设置中的挑战，以及影响创建和衡量更公平的联邦模型的方法及存在的重要差距。

什么是公平性

公平性没有一个统一的定义，它基于上下文而变化。Merriam Webster 将“公平性”定义为“公平或无偏对待的质量或状态，尤其是对一方或另一方没有偏袒”[24]。什么使得某事物是无偏的？如何避免偏袒？这些感知如何影响解决方案的设计？我们在后面的小节中探讨这些问题。

在联邦学习中分析公平性的讨论分为两个主要方面：贡献公平性和社会公平性。

- 贡献公平性关注不同的联邦学习参与方对全局模型的影响(即拥有更多训练数据的参与方是否被择优，而拥有较少训练数据的参与方是否被低估)。在评估贡献公平性时可以使用任何类型的数据集(例如 MNIST[29])，因为一般通过准确率和 F1 分数以及对全局模型的整体影响来检查各参与方的表现。
- 社会公平性关注历史上归为诱导歧视偏差的数据属性(例如性别、种族等)如何影响数据样本的预测标签。因此，在与机器学习的公平性有关的数据集中涉及的是关于人的数据，例如 Adult 数据集[22]，该数据集将个人的年收入分为高于或低于 5 万美元两类。

8.2 预备知识和现有的缓解方法

8.2.1 符号和术语

本章重点关注社会公平性。在机器学习中，有两种常见的社会公平性观点：个体公平和群体公平。个体公平的核心思想是，相似的个体应该接受类似的对待，而不考虑他们的敏感属性值。群体公平则强调，整个弱势群体应该得到类似于优势群体的对待。

敏感属性是指那些在历史上用于歧视某一群体的数据特征，如性别、种族、年龄、宗教等。偏差缓解方法通常是围绕敏感属性设计的，8.2.2 节将详细阐述。根据敏感属性的值以及在数据集中分析的内容，数据集可分为优势群体和弱势群体。

举例来说，Adult 数据集和 COMPAS 数据集是两个常用于社会公平性分析的数据集。Adult 数据集包含了 1994 年人口普查数据库中的数据，其中的一个分类标签是个人的年收入是否超过 5 万美元。如果我们以性别作为敏感属性进行研究，那么性别为男性的数据样本被划分为优势群体，而性别为女性的数据样本被划分为弱势群体。这是基于男性和女性之间收入差异的已有研究[27]。COMPAS 数据集由 2013 年和 2014 年佛罗里达州布罗沃德县被告的数据组成，用于预测犯罪嫌疑人是否会再次犯罪。如果再次以性别作为敏感属性进行研究，那么性别为女性的数据样本被划分为优势群体，而性别为男性的数据样本被划分为弱势群体。这是基于男性和女性之间关于监禁判决差异的已有研究[28]。

有利标签是指根据数据集和研究的内容认为具有优势的标签。例如，在 Adult 数据集中，“超过 5 万美元”是有利标签，“低于 5 万美元”是不利标签。同样，在 COMPAS 数据集中，有利标签是“不会再犯罪”，而“会再犯罪”则是不利标签。

$D := (\boldsymbol{X}, Y)$表示训练数据集，其中 $\boldsymbol{X}$ 指特征集，Y 指标签集。敏感属性集合是 $S \subseteq \boldsymbol{X}$，$s/s_i$ 是一个特定的敏感属性值。同样的，$\boldsymbol{x}/\boldsymbol{x}_i$ 和 y 分别表示特征向量和标签。

8.2.2 偏差缓解方法的类型

应对偏差的机器学习算法有 3 种，按照它们应用的训练阶段分为预处理、处理中和后处理算法，如图 8-1 所示。

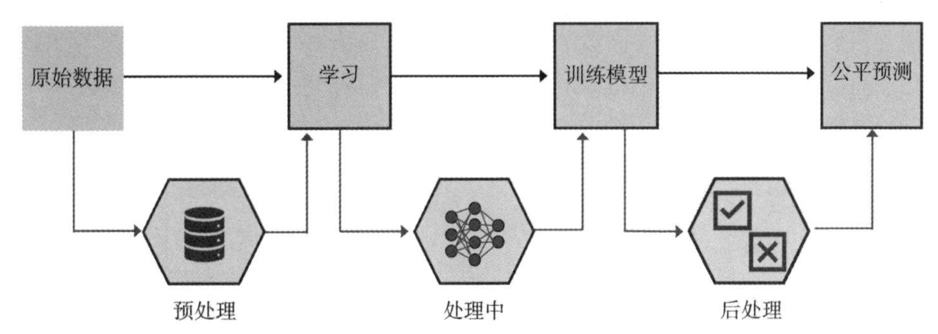

图 8-1　偏差缓解方法的类型

预处理方法[9, 10, 17, 32]在训练开始之前使用，并专注于减少数据集中的偏差。这类方法通常有两种工作方式。一是为不同的数据点分配样本权重；二是这些权重可以基于敏感属性值、标签或特征集中的其他属性进行计算。执行此操作的协议因方法而异。预处理方法对于联邦学习有两个优点。首先，它们可以与任何类型的机器学习模型配对，从而增加了用户池。其次，每个参与方都可以在自己的数据上执行数据预处理，而不影响学习过程，有助于保护数据隐私。

处理中方法[8, 12, 20, 31]在训练期间使用，并侧重于在模型学习时减少偏差。它们一般通过调整优化问题来减少偏差，可以采用多种方式；例如，通过向目标函数添加正则化项来减少“偏见指数”[21]。与预处理方法不同，处理中方法具有应用限制，大多数方法只适用于特定类型的模型。

后处理方法[13, 18, 26]在训练完成后使用，并专注于减少测试集中标签预测的偏差。这类方法将模型视为黑盒，并使用特定的协议将预测标签更改为更公平的标签。其中一个示例是参考文献[13]，它使用线性规划来计算概率，以更改数据点标签，实现公平性。

8.2.3 数据隐私和偏差

在设计适用于联邦学习的偏差缓解方法时，主要考虑因素是如何确保所有参与方的隐私得到保护。目前大多数偏差缓解方法都是以集中式机器学习为基础进行设计的，这些方法需要完全访问数据才能完成协议，例如访问敏感属性值等。虽然一些适用于联邦学习的方法可以解决这个问题[14, 15]，但这仍然是限制偏差缓解技术在联邦学习中广泛使用的一个障碍。

下一节将探讨机器学习中的偏差来源，并且在研究联邦学习中的偏差缓解时，还会提到其他来源。

8.3　偏差来源

绝大多数偏差缓解方法都是面向集中式机器学习而设计的。这类设计方法往往需要一定级别的数据访问权，而这与联邦学习的隐私协议不兼容。如前所述，评估机器学习模型的偏差通常需要一些信息，例如数据点的敏感属性值。我们将探讨机器学习模型如何学习偏差，并具体分析联邦学习模型中独特的偏差因素。图 8-2 作了一个概括。

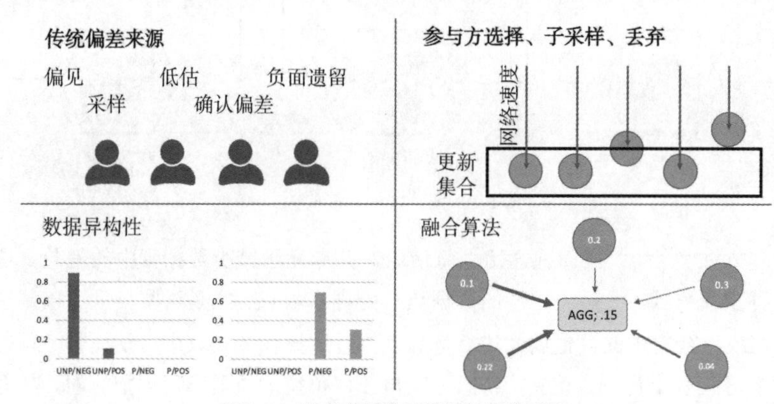

图 8-2　影响联邦学习模型的偏差原因

8.3.1　集中式和联邦式的原因

无论是集中式还是联邦式学习，都受到所谓“传统”偏差来源的影响，包括但不限于偏见、排除偏差、负面遗留和低估。

- 偏见：Kamishima 等人[21]将偏见定义为“敏感变量与目标变量或非敏感变量之间的统计依赖关系”。这进一步分为 3 种类型的偏见：直接偏见、间接偏见和潜在偏见。当训练机器学习模型时如果使用敏感属性，会发生直接偏见。模型预测的结果被定义为包含直接歧视[25]。为避免这种偏见，可以从训练集中删除敏感属性。但是，这可能会导致间接偏见，在没有直接偏见的情况下，存在“敏感变量和目标变量之间的统计依赖关系”[21]。除敏感属性外，如果特征集的方差较小，则敏感属性仍然与标签有很强的相关性。在另一方面，当敏感属性与另一个特征或多个特征高度相关时，会发生潜在偏见。这种情况下，敏感属性虽然不会直接影响标签集 *Y*，但它仍会影响标签的预测结果，从而产生偏见。

- 排除偏差：排除偏差[11]是指在数据预处理或"清洗"过程中删除数据特征，从而导致与模型预测相关的信息被排除在训练之外。Ghoneim[11]举了一个用泰坦尼克号上乘客的数据进行模型训练的例子，预测某位乘客是否会在事故中幸存。在这个例子中，在预处理过程中随机删除了乘客 ID 编号，因为认为这个数据对结果没有影响；但实际上乘客 ID 号与乘客房间号存在相关性，即编号较大的乘客的房间离救生艇更远，因此逃生更困难。
- 负面遗留：负面遗留[21]也称为采样偏差[16]，指的是数据采样或数据标记中存在歧视性。这是机器学习模型中的一种偏差原因，虽然普遍存在，但在应用中难以检测。
- 低估：低估是指训练的机器学习模型未完全收敛时出现的情况，这是由于训练数据集大小有限所导致的。在参考文献[21]中，通过计算训练集分布和模型预测分布之间的 Hellinger 距离来衡量低估。

8.3.2　联邦学习的特定原因

除了传统的偏差来源，联邦学习还有一些独特的因素会导致模型的偏差。这些因素在参考文献[1]中被总结为数据异构性、融合算法以及参与方选择和子采样。

1. 数据异构性

在联邦学习中，每个参与方需要使用自己的训练和测试集来训练本地模型。由于数据隐私的要求，其他参与方和聚合器并不知道每个参与方的数据组成情况。参与方之间可能具有非常不同的数据分布，与整体数据集的组成大相径庭。在某些联邦学习过程中，参与方可以动态地加入和退出，也就是在训练过程的不同轮数中可能会有参与方离开和回归。参与方的离开和回归可能会极大地影响整体数据的组成(无论是对本地模型还是对全局模型)。目前尚不清楚这对全局模型的影响有多大。

例如，假设一家连锁医院想要使用联邦学习来训练一个图像分类器，用于检测心脏病。其每个分院位于不同的地方，使用各自患者的数据来训练本地模型。对于一个位于少数民族人口较多的地区的医院来说，其本地数据集相比整个连锁医院患者数据集的总体组成可能会有很大不同[1]。

2. 融合算法

融合算法决定了如何将参与方的更新组合并加入全局模型中。因此，它们可以对最终模型中的偏差产生影响。某些融合算法会简单地对参与方的模型权重进行平均，而其他融合算法则使用不同的加权平均方法，例如基于参与方大小进行加权平均(即具有较大数据集的参与方比具有较小数据集的参与方对全局模型的影响更大)[23]。根据联邦学习任务的具体应用，这可能会对敏感群体产生负面影响。

研究人员提出，可以将参与方的更新与全局模型的性能进行比较，以计算模型更新对全局模型行为的影响程度。然而，许多研究只关注模型准确率的影响，而忽略了对模型偏差的影响。一些鲁棒的聚合方法会排除那些与其他参与方差异较大的回复[7, 30]，这在实际的联邦学习任务中，可能会导致某些少数群体被排除在外。

在上述医院示例中，一些一起训练的医院具有规模不同的数据集。这可能是因为某些医院位于人口经济处于劣势的地区，所以这些医院的患者较少能承担起昂贵的医疗费用；因此这些医院的数据集较小。在联邦学习过程中，如果较大规模的参与方能够对全局模型产生更大的影响，那么这些医院对全局模型的贡献就会减少，从而错误地让人误以为模型从整个连锁医院的患者群体中得到了全面的学习。同样，其他敏感属性(如年龄、性别或种族)也会导致用户数据被系统性地排除在联邦学习任务之外[1]。

3. 参与方选择和子采样

联邦学习场景通常可分为两大类：①参与方数据较小，但参与方数量很多，如参与方为手机；②参与方数据较大，但参与方数量很少，如参与方为公司。在每一轮训练中，聚合器将向参与方查询其模型更新，并将这些更新合并到全局模型中。但并不是所有参与方都会参与训练的每一轮[5, 30]，这可能会引入偏差。特别是在参与方数量众多的联邦学习任务中，目标可能是满足一定数量的参与方更新，才能开始下一轮训练。根据具体的联邦学习任务，不同的属性(其中一些可能与偏差相关)可能会影响一个参与方是否被纳入训练轮数。

考虑这样一种情况，即一家公司希望通过训练模型来改进其手机应用程序的用户体验，并邀请用户参与联邦学习过程。在这个例子中，每个手机都是一个参与方，而哪些模型更新被纳入训练取决于网络速度。更快的设备(即新款和更昂贵的设备)的参与率比较慢的设备要高。同样，网络速度较慢的地区的设备可能以较低的比率参与。这里的纳入与否与社会经济地位相关，是一种系统性的偏差来源[1]。

8.4 文献探究

8.4.1 集中式方法

如 8.2.2 节所述，偏差缓解方法可大致分为三类：预处理、处理中和后处理。以下是一些示例。

预处理方法：重新加权[17]是一种偏差缓解方法，它根据敏感属性值和类标签的配对，为数据点分配权重。权重的计算是基于配对的期望概率与观察到的概率之比。

$$\boldsymbol{W}(s,y) := \frac{P_{\exp}(s,y)}{P_{\mathrm{obs}}(s,y)} = \frac{|(X \in D \mid S=s)||(X \in D \mid Y=y)|}{|(X \in D \mid S=s) \wedge Y=y||D|},\ \forall s \in S, y \in Y \tag{8.1}$$

表 8-1 是 Adult 数据集[22]的一个样本计算表格。在该数据集中，敏感属性是性别和种族，标签是收入的分类(年收入超过或低于 5 万美元)。由于女性和有色人种在薪酬方面历史上都处于劣势地位，因此优势群体为{男性,白人}，劣势群体为{女性,黑人}。

如表中所示，重新加权的权重基于目标敏感属性而改变，因为这会影响计算的概率，从而改变权重。

表 8-1　Adult 数据集的样本权重计算

AGE	EDUCATION	SEX	RACE	CLASS	$\text{WEIGHT}_{\text{sex}}$	$\text{WEIGHT}_{\text{race}}$
21	MASTERS	FEMALE	WHITE	>50K	1.25	0.83
43	HS-GRAD	FEMALE	BLACK	≤50K	0.75	0.75
38	BACHELORS	MALE	WHITE	>50K	0.83	0.83
45	12TH	FEMALE	WHITE	≤50K	0.75	1.5
43	12TH	MALE	BLACK	≤50K	1.5	0.75
19	MASTERS	FEMALE	BLACK	>50K	1.25	1.25
61	BACHELORS	MALE	WHITE	>50K	0.83	0.83
29	ASSOC-VOC	MALE	BLACK	>50K	0.83	1.25

处理中方法：Prejudice Remover[20]是一种针对集中式机器学习提出的处理中偏差缓解方法。该方法将公平感知正则化器 $R(D,\Theta)$ 加入逻辑损失函数中，如下所示。

$$L(D;\Theta)+\frac{\lambda}{2}\|\Theta\|_2^2+\eta R(D,\Theta) \tag{8.2}$$

L 是常规损失函数，$\|\Theta\|_2^2$ 是一个防止过拟合的 l_2 正则化器，R 是公平正则化器，Θ 是模型参数集，λ 和 η 是正则化参数。通过减少偏见指数[20](用于衡量从训练数据集中学到的偏见)，R 能够最小化模型学习的偏差。

$$R=\sum_{(x_i,s_i)\in D}\sum_{y\in 0,1}M[y|\boldsymbol{x}_i,s_i;\Theta]\ln\frac{\hat{\Pr}[y|s_i]}{\hat{\Pr}[y]} \tag{8.3}$$

$M[y|\boldsymbol{x}_i,s_i;\Theta]$ 是预测的条件概率，$\hat{\Pr}$ 是由训练数据集得出的样本分布。评估 R 时需要了解本地数据分布，如果全局评估可能会导致数据泄露。

后处理方法：基于拒绝选项的分类(Reject Option-Based Classification，ROC)[19]是一种偏差缓解方法，它基于计算出的“临界区域”来改变分类标签(见算法 8.1)。

在这个临界区域内，该方法通过将正标签分配给弱势群体成员并将负标签分配给优势群体成员来改变标签。

算法 8.1　ROC

Input：$\{F_k\}_{k=1}^{K}$ ($K\geqslant 1$，在 D 上训练的概率分类器)、X(测试集)、X^d (非特权组)、θ

Output：$\{C_i\}_{i=1}^{M}$ (X 中实例的标签)

关键区域：

$\forall X_i\in\{Z|Z\in X,\max[p(C^+|Z),1-p(C^+|Z)]<\theta\}$:

if $X\in X^d$ **then**

　$C_i=C^+$

end if

if $X \notin X^d$ **then**

$C_i = C^-$

end if

标准决策规则：

$\forall X_i \in \{Z | Z \in X, \max[p(C^+|Z), 1-p(C^+|Z)] \geqslant \theta\}$:

$C_i = \arg\max_{\{C^+, C^-\}}[p(C^+| X_i), p(C^-| X_i)]$

8.4.2 联邦学习采用集中式方法

在为联邦学习创建偏差缓解方法时，主要问题是如何设计方法以满足隐私要求，因为许多方法需要访问整个训练集，而这在联邦学习中是不可能的。图 8-3 说明了联邦学习过程中不同类型的偏差缓解方法。

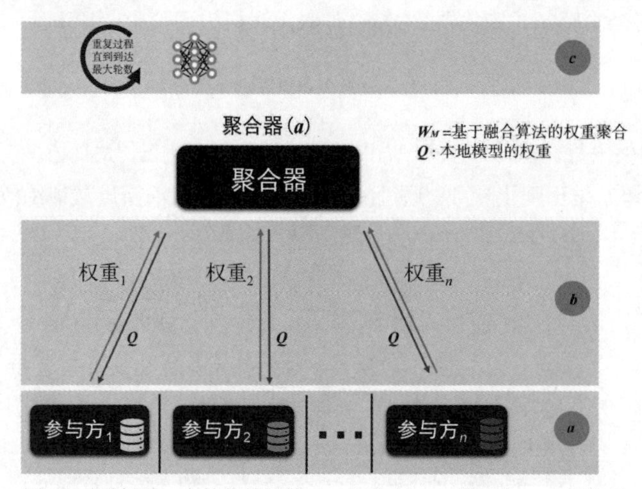

图 8-3 联邦学习中的偏差缓解：(a)预处理；(b)处理中；(c)后处理

之前的小节中讨论了重新加权，它是用于集中式学习的预处理方法。在参考文献[2]中，它被改为两种适用于联邦学习的方法，分别是本地重新加权和带有差分隐私(DP)的全局重新加权。

在本地重新加权中，每个参与方基于自己的训练数据集本地计算重新加权权重 $\boldsymbol{W}(s,y)$, $\forall s, y$ 。然后，每个参与方都具有一组唯一的重新加权权重，这些权重用于本地训练。参与方不需要与聚合器通信，也不会泄露其敏感属性或数据样本信息；数据隐私得到保护。参考文献[2]中的实验证明，本地重新加权和部分本地重新加权(只有一部分参与方使用偏差缓解方法)具有高准确性和有效的偏差缓解效果。这使该方法特别适用于联邦学习，其中参与方可能会退出，或只有一部分参与方愿意参与偏差缓解实践。

在带有差分隐私的全局重新加权中，全局重新加权权重 $\boldsymbol{W}(s, y)$不是每个参与方独有的。如果参与方同意共享敏感属性信息和加入差分隐私的噪声数据统计信息，则可以使用此方法创建一组全局权重，所有参与方都可以使用这组权重。参与方可以根据参数 $\in$ (在[0,1]范围内)控制添加到其数据统计信息中的噪声量。在参考文献[2]中，对 Adult 数据集的实验表明，当 $\in$ 值低至 0.4 时，此方法既能够有效缓解偏差，又能够保持高准确性。与本地重新加权不同，此方法不支持动态参与，因为这会改变整体数据组成，从而影响全局权重的计算。

联邦偏见消除也是在参考文献[2]中提出的，它是 Prejudice Remover[20]方法的联邦学习改进版。每个参与方在本地使用 Prejudice Remover 算法创建一个偏差较少的本地模型，并仅与聚合器共享模型参数。然后聚合器可以使用现有的联邦学习算法来更新全局模型，并且随着训练的进行，逐步减少偏差。

8.4.3　没有敏感属性的偏差缓解

正如 8.3 节所提到的，偏见与标签 Y 或特征集向量 $\boldsymbol{x}_i$ 对敏感属性 S 的依赖性有关。有论文已经开始研究在训练集中没有敏感属性的情况下创建偏差缓解技术。

Hashimoto 等人[14]利用分布式鲁棒优化(DRO)来创建更公平的模型。该研究利用 DRO 最小化训练集中所有群体的最坏情况风险，而不是使用经验风险最小化(ERM)，因为后者仅最小化平均损失。ERM 会导致表征差异，即模型具有高的整体准确性，但对于弱势群体的准确性要低得多。这样的情况会导致弱势群体在全局联邦模型中的贡献减少；其负面影响在 8.3 节已详细阐述。正如参考文献[14]中所述，表征差异构成了偏差；DRO 方法通过最小化表征差异，也解决了差异放大的问题。差异放大指的是偏差被数据分布中的改变放大，原因在于由于模型在弱势群体成员上的表现不佳，随着时间的推移，弱势群体的表征逐渐减少。

该研究中语音识别器的应用案例(它对少数族裔口音效果不好)恰当地说明了这一点。用户不愿使用对他们不起作用的服务，并会停止使用。对于语音识别器来说，这将导致来自非母语使用者的数据逐渐减少[3, 14]，从而影响用户数据的分布。由于少数族裔使用者的数据有限，未来少数族裔用户的表现可能会更差，这将增加差异放大效应并产生低估结果。

Hebert-Johnson 等人[15]通过多重校准的方法来创建更公平的模型，即根据定义的训练数据子集对训练好的模型进行校准。该研究将偏差问题定义为“有资格”的弱势群体成员得到负标签的情况。为解决这个问题，首先定义训练数据集的子群体 C，并且模型会对每个子群体进行校准。校准的目的是确保预测具有高准确率，通过确定数据样本是否属于 C 中定义的子群体来实现。随着 C 的增加，整体公平性保障也增加。但是，该方法有两个需要注意的假设。其一，假设能够“有效地”找到数据样本是否属于子群体。当进行预测时，模型会检查数据点与 C 中子群体之间的相关性，而增加 C 的大小会增加模型的复杂性；其二，假设数据分布足够代表弱势群体，以便在随机样本中出现。这种假设是有偏机器学习算法的一个常见问题：即没有足够的数据来支持弱势群体。这就是为什么会发生低估等问题，并且这种假设限制了该方法的应用范围。

目前，上述这些方法尚未在联邦学习设置中使用。在联邦学习中使用这些方法可能需要大规模扩展，这可能会有一定的困难[16]。

8.5 衡量偏差

当一个事物有多种定义方式时，是很难去量化它的。尽管如此，人们提出了多种量化公平性和偏差的方法。其中许多方法基于混淆矩阵进行操作——混淆矩阵是一种表格，用于分类真实标签和预测标签之间的不同方面性能。下面将简单介绍由参考文献[6]收集的 8 种常见的偏差指标的计算方式，包括统计均等差异、平等机会差异、平均概率差异、差别性影响、Thiel 指数、欧氏距离、马哈拉诺比斯距离和曼哈顿距离。

统计均等差异是指弱势群体和优势群体之间的成功率的差异。平等机会差异是指弱势群体和优势群体之间的真阳率的差异。平均概率差异是指弱势群体和优势群体之间的真阳率和假阳率之间差异的平均值。对于这 3 个指标，理想值为 0。负值表示对弱势群体存在偏见，正值表示对优势群体存在偏见。Bellamy 等人[6]将公平区间定义为-0.1～0.1，这意味着在这些边界内的度量值被视为“公平”的。差别性影响是通过比较弱势群体和优势群体的成功率来计算的。上述 4 个指标是机器学习公平性文献中最常见的指标。对于差别性影响，理想值为 1，参考文献[6]将其公平区间定义为 0.8～1.2。

此外，论文中还介绍了另外 4 个指标。Thiel 指数是指真实标签和分类器预测标签之间的熵度量。欧氏距离是指弱势群体和优势群体之间欧氏距离的平均值。马哈拉诺比斯距离是指弱势群体和优势群体之间马哈拉诺比斯距离的平均值。曼哈顿距离是指弱势群体和优势群体之间曼哈顿距离的平均值。

8.6 未解决的问题

在公平性和机器学习领域存在一些未解决的问题。其中一个问题是寻找可以测量和减少偏差的方法，而不需要直接检查敏感属性[16]。虽然已经找到一些方法[14, 15]，但扩展这些方法很困难，可选项也很少。

另一个更广泛的问题是如何设计方法来同时缓解多个敏感属性的偏差。这涉及交叉性。一种缓解方法只会减少一个敏感属性的偏差，并针对单个敏感属性评估其有效性，但样本标识是多方面的，会受到多个因素的影响。如果假设情况并非如此，那就太天真了，目前的偏差缓解方法尚未解决这个问题。

第三个未解决的问题是设计更细分的偏差方法，考虑非二元的敏感属性值范围的情况。大多数方法都设计了一个明确的优势群体和一个明确的非优势群体，这是一个与现实世界常常不一致的偏差框架。例如，对于 COMPAS 数据集，最早利用该数据集的一篇论文对数据进行了预处理，使得在种族属性上，所有非白人种族被归为同一类别，形成了“白人”和“非白人”两个类别。然而，并非所有有色人种(POC)都以相同的方式或程度遭受偏差，这种方法错误地将 POC 的情况归为一类并过于简化，这意味着无法正确地衡量或减轻偏差。另外，该领域缺乏为个体设计包含多个敏感属性值的方法，例如一个人可能同时属于两个或更多种族。同样，这也意味着无法正确地衡量或减轻偏差。

8.7　本章小结

本章讨论了社会偏差对机器学习的影响。我们探讨了公平性的多种定义，以及文献中常用的术语。本章对各种偏差缓解方法进行了调研并列举了每种方法的示例。随后，研究了不同的公平性指标以及它们的计算方法。此外，本章研究了机器学习算法中的偏差来源，包括影响集中式和联邦学习的因素，以及联邦学习的特定原因。我们还讨论了避免使用敏感属性值进行训练的方法。最后，讨论了该领域中存在的问题并提出了进一步研究的主题。

参考文献

[1] Abay A, Chuba E, Zhou Y, Baracaldo N, Ludwig H (2021) Addressing unique fairness obstacles within federated learning. AAAI RDAI-2021.

[2] Abay A, Zhou Y, Baracaldo N, Rajamoni S, Chuba E, Ludwig H (2020) Mitigating bias in federated learning. arXiv preprint arXiv:2012.02447.

[3] Amodei DEA (2012) Deep speech 2 end to end speech recognition in English and Putonghua. In: International conference on machine learning.

[4] Angwin J, Larson J, Mattu S, Mirchner L. There's software used across the country to predict future criminals. And its biased against blacks. https://github.com/propublica/compas-analysis. Accessed: 20219-10-08.

[5] Bellamy RK, Dey K, Hind M, Hoffman SC, Houde S, Kannan K, Lohia P, Martino J, Mehta S, Mojsilovic A et al. (2018) AI fairness 360: an extensible toolkit for detecting, understanding, and mitigating unwanted algorithmic bias. arXiv preprint arXiv:1810.01943.

[6] Bellamy RK, Dey K, Hind M, Hoffman SC, Houde S, Kannan K, Lohia P, Martino J, Mehta S, Mojsilovic A et al. (2018) AI fairness 360: an extensible toolkit for detecting, understanding, and mitigating unwanted algorithmic bias. arXiv preprint arXiv:1810.01943.

[7] Blanchard P, Guerraoui R, Stainer J et al. (2017) Machine learning with adversaries: byzantine tolerant gradient descent. In: Advances in neural information processing systems, pp 119.129.

[8] Calders T, Verwer S (2010) Three Naive Bayes approaches for discrimination-free classification. Data Mining Knowl Disc 21(2):277-292.

[9] Dwork C, Hardt M, Pitassi T, Reingold O, Zemel R (2012) Fairness through awareness. In: Proceedings of the 3rd innovations in theoretical computer science conference, pp 214-226.

[10] Feldman M, Friedler SA, Moeller J, Scheidegger C, Venkatasubramanian S (2015) Certifying and removing disparate impact. In: Proceedings of the 21th ACM SIGKDD international conference on knowledge discovery and data mining, pp 259-268.

[11] Ghoneim S (2019) 5 types of bias & how to eliminate them in your machine learning project. Towards Data Science.

[12] Goh G, Cotter A, Gupta M, Friedlander MP (2016) Satisfying real-world goals with dataset constraints. In: Advances in neural information processing systems, pp 2415-2423.

[13] Hardt M,Price E,Srebro N(2016) Equality of opportunity in supervised learning. In: Advances in neural information processing systems, pp 3315-3323.

[14] Hashimoto T, Srivastava M, Namkoong H, Liang P (2018) Fairness without demographics in repeated loss minimization. In: International conference on machine

learning.

[15] Hebert-Johnson U, Kim MP, Reingold O, Rothblum GN (2018) Multicalibration: calibration for the (computationally-identifiable) masses. In: International conference on machine learning.

[16] Kairouz P, McMahan HB, Avent B, Bellet A, Bennis M, Bhagoji AN, Bonawitz K, Charles Z, Cormode G, Cummings R et al. (2019) Advances and open problems in federated learning. arXiv preprint arXiv:1912.04977.

[17] Kamiran F, Calders T (2011) Data preprocessing techniques for classification without discrim-ination. Knowl Inf Syst 33:1-33.

[18] Kamiran F, Karim A, Zhang X (2012) Decision theory for discrimination-aware classification. In: 2012 IEEE 12th international conference on data mining. IEEE, pp 924-929.

[19] Kamiran F, Karim A, Zhang X (2012) Decision theory for discrimination-aware classification. In: IEEE international conference of data mining.

[20] Kamishima T, Akaho S, Asoh H, Sakuma J (2012) Fairness-aware classifier with prejudice remover regularizer. In: Proceedings of the European conference on machine learning and principles and practice of knowledge discovery in databases.

[21] Kamishima T, Akaho S, Asoh H, Sakuma J (2012) Fairness-aware classifier with prejudice remover regularizer. In: Proceedings of the European conference on machine learning and principles and practice of knowledge discovery in databases.

[22] Kohavi R. Scaling up the accuracy of naive-bayes classifiers: a decision-tree hybrid. http://archive.ics.uci.edu/ml/datasets/Adult. Accessed: 30 Sept 2019.

[23] McMahan HB,Moore E,Ramage D,Hampson S et al. (2016) Communication-efficient learning of deep networks from decentralized data. arXiv preprint arXiv:1602.05629.

[24] Merriam-Webster (2021) Fairness. https://www.merriam-webster.com/dictionary/fairness. Accessed: 10 Mar 2021.

[25] Pedreschi D, Ruggieri S, Turini F (2008) Discrimination-aware data mining. In: 14th international conference on knowledge discovery and data mining.

[26] Pleiss G, Raghavan M, Wu F, Kleinberg J, Weinberger KQ (2017) On fairness and calibration. In: Advances in neural information processing systems, pp 5680-5689.

[27] Sheth S, Gal S, Hoff M, Ward M (2021) 7 charts that show the glaring gap between men's and women's salaries in the US. Business Insider.

[28] Starr SB (2012) Estimating gender disparities in federal criminal cases. The social science research network electronic paper collection.

[29] LeCun Y, Cortes C, Burges CJ (2021) The MNIST database of handwritten digits. http://yann.lecun.com/exdb/mnist/.Accessed: 24 Feb 2021..

[30] Yin D, Chen Y, Ramchandran K, Bartlett P (2018) Byzantine-robust distributed learning: towards optimal statistical rates. arXiv preprint arXiv:1803.01498.

[31] Zafar MB, Valera I, Rodriguez MG, Gummadi KP (2015) Fairness constraints: mechanisms for fair classification. arXiv preprint arXiv:1507.05259.

[32] Zemel R, Wu Y, Swersky K, Pitassi T, Dwork C (2013) Learning fair representations. In: International conference on machine learning, pp 325-333.

第Ⅱ部分 系统和框架

本书的第Ⅱ部分探讨联邦学习作为分布式系统的内容，以及系统的选择对联邦学习过程结果的影响。

第 9 章概述联邦学习系统，并具体介绍联邦学习在企业跨孤岛场景中的应用，同时与嵌入式和移动系统的跨设备场景进行比较。

第 10 章着眼于本地训练和聚合器的可扩展性问题。参与方可以在诸如设备、手机或小型本地服务器上运行本地训练客户端，这些计算平台通常保存着数据，但不常用于模型训练。当参与方数量较多时，聚合器系统也需要具备可扩展性。该章讨论这一问题的多种解决策略。

第 11 章讨论掉队者管理，这在企业用例中尤为重要，需要及时管理延迟响应。

第 12 章关注参与公平性。不同设备的性能和连接可能会引入偏差，甚至超出在集中式学习中所发现的范围。该章将介绍一些相关技术方法，以确保在模型构建过程中所有参与方都能平等参与。

第9章

联邦学习系统介绍

摘要：本章从系统的角度介绍联邦学习。我们将详细介绍不同的联邦学习场景，这些场景具有不同的系统设计考虑。首先介绍两种最常见但截然不同的联邦学习场景，分别是跨设备联邦学习和跨孤岛联邦学习。跨设备联邦学习通常涉及大量参与方(例如数千到数百万个)，这些参与方通常使用移动设备或物联网设备，这些设备的计算和通信能力各不相同，可靠性较低。在跨孤岛联邦学习中，参与方通常是少量具有充足计算能力和可靠通信的组织。我们先描述两种联邦学习场景各自解决的两个完全不同的问题，之后阐述两者之间的架构差异及训练步骤。我们还讨论由于这些特性而带来的独特系统挑战，并简要描述这些问题的当前研究工作。

9.1 介绍

联邦学习系统旨在通过使用分布式数据孤岛来协作训练机器学习模型，在保护隐私的同时，不影响模型性能[20, 23]。该系统的关键设计是支持模型的本地训练，这与传统学习系统截然不同，传统学习系统是在完全受控的分布式集群上集中收集和管理数据。这种本地训练系统的最大优势在于能够更好地保护数据隐私和数据安全，因为隐私安全问题已经促成了一些新的法律法规的颁布，例如《通用数据保护条例》(GDPR)[39]和《健康保险携带和责任法案》(HIPAA)[32]，这些法规禁止将用户隐私数据传输到集中位置。然而，这种系统设计由于其独特的训练流程和隐私安全特性，在实现上有非常大的挑战。数据拥有者通常在数据和计算资源方面存在固有的异构性，这使得传统的集中式学习系统难以在这种情况下使用。本地训练方法要求数据拥有者之间进行更复杂的计算和通信资源协调工作。

一般而言，这些系统架构通常由商业集群(例如，企业专门用来存储数据的集群)或边缘设备(例如，传感器阵列和存储用户数据的智能设备)组成。由于边缘设备的日益普及，物联网网络每天都在产生大量的数据。此外，随着这些设备计算能力的增长，加上对传输个人隐私数据的担忧，使得将数据存储在本地并将网络计算推向边缘计算变成一种趋势，这是联邦系统设计的基础。边缘计算的概念并不新鲜。事实上，近几十年来，人们一直在研究如何在分布式、低功耗设备上进行简单查询的计算，这个领域被贴上了“传感器网络中的查询处理”“边缘计算”和“雾计算”等标签[28]。最近的研究还考虑了集中训练机器学习模型但在本地提供存储和服务的方法。对于移动用户建模和个性化服务，这是一种常用方法[7]。此类系统的一个重要挑战是缺乏计算能力，这限制了它们能够执行的任务类型[35, 36]。

然而，正如参考文献[2, 4, 31]所指出的，物联网设备硬件能力的增长已经可以实现在本地进行模型训练。作为执行大规模分布式训练的主流方法，联邦学习的可行性也引发了越来越多的关注[46]。正如本章将讨论的，这种学习方式与传统的分布式环境有很大的不同，需要在隐私、大规模机器学习和分布式优化等领域取得重大突破，并且在机器学习和系统等多个交叉领域会引发新的问题[4, 24, 46]。与传统大规模分布式训练应用相比，联邦学习面临的大多数问题都是类似的。例如，在具有大量节点的训练集群中，一个常见的问题是有些节点可能比其他节点慢，从而导致整体训练时间的增加或者出现收敛问题[22, 38, 47]。这在联邦学习系统中也可能发生[6, 41, 43]。另外，在同步策略[27, 42]、设备调度[5, 6, 12]、安全性[10, 17, 25]、资源效率[2, 6]等方面有一些类似的问题。除了这些问题，联邦系统还面临着一系列独特的问题，这源于它与分布式机器学习之间的根本区别，即缺乏对训练端的控制[19]。

在传统的分布式学习中，系统是完全可观测的，工程师对系统有一定程度的控制，例如可用的节点数量以及硬件类型。然而，在联邦系统中只包含用户的设备，其可用的硬件种类多样且动态变化，这给系统设计方面增加了额外的复杂性。为此，已经有大量研究来解决这个问题[2, 21, 37]，但仍有许多问题需要解决[18]。

本章概述

本章将重点讨论联邦学习面临的各种系统挑战，以及现有研究论文如何解决这些挑战，并展望未来的研究方向。首先介绍一些联邦学习的基础知识，然后详细介绍联邦学习系统的两个主要类别：横向联邦学习(跨设备联邦学习)和纵向联邦学习(跨孤岛联邦学习)。本章分为两个主要部分，分别介绍这两种系统类型。我们将深入讨论它们的系统组成部分，以及它们如何组合在一起形成整体架构，并逐步描述这两种系统的完整训练过程。然后，讨论它们面临的障碍以及对其改善的设计因素。再之后简要介绍参与方在本地训练期间面临的问题(例如参与方的选择策略、低计算吞吐量等)，并会提及解决这些问题的最新研究论文。

9.2 跨设备联邦学习与跨孤岛联邦学习

我们首先介绍联邦学习的基本背景，并解释两种主要的系统类型。我们将详细讨论它们的架构以及训练的逐步过程。同时，还进行详细比较并讨论它们各自的优缺点。

参考文献[29]中提出了联邦学习的开创性研究。在这篇论文中，作者解释了将系统命名为“联邦学习”的原因：“……之所以称我们的方法为联邦学习，是因为学习任务是通过一个由参与设备(我们称之为参与方)组成的松散联邦在一个中心聚合器的协调下解决的。”提出这个系统的动机是因为需要在通信带宽有限的情况下，对大量不可靠设备上的分区数据进行训练。又由于受到隐私约束，无法转移数据，因此需要在本地进行训练。传统的使用小批量随机梯度下降的方法对通信要求较高，而在边缘设备上训练时资源又是有限的。作者建议，不要每一步都传输梯度，而是发送完全训练好的模型权重并对其进行聚合。这种方法是值得权衡的：虽然它有可能对收敛过程有一些影响，但会显著减少通信轮数、带宽和训练时间。此外，该系统允许添加差分噪声和加密机制，以实现更安全的训练过程。因此，该系统已被学术界广泛采用，并被视为联邦学习系统的主流定义。

不过，这种系统仅限于在包含用户生成的数据的 IoT 设备上进行训练。另一种安全的机器学习方法是在独立的数据孤岛中，从不同的数据银行共享训练一个单一的模型。这些数据银行通常包含机构收集的敏感信息并受到严格的隐私限制，如金融数据、财务数据、医疗记录、交易历史等。然而，为开发先进的人工智能模型，需要大量分散在这些不同数据银行中的数据。此外，对于同一个数据点，通常这类数据银行的数据特征可能差异较大。例如，一家医院可能保存了某人的病史，而另一家医院则保存了这个人最近的检测结果。如果我们希望训练一个能够根据病史和检测结果来预测疾病的模型，就需要在不同硬件上使用这两种不同特征的数据进行训练。这也是联邦学习面临的挑战之一，但不同于在物联网设备上训练模型和在中心聚合器上聚合模型，我们需要在不同的数据孤岛中分别训练模型的不同部分。

这需要一种完全不同类型的系统，因此即使它们都属于联邦学习，也可以将它们大致分为两种不同的类型。第一种类型是在边缘设备上进行的联邦学习，也称为“跨设备”或“横向”联邦学习；而另一种类型是使用具有不同特征的数据进行训练，称为“跨孤岛”或“纵向”联邦学习(我们可以互换使用这些术语)。接下来将详细介绍这两种系统架构和训练步骤。

9.3 跨设备联邦学习

9.3.1 问题表述

主流的联邦学习问题是指在数据被分别存储的情况下对单一的全局机器学习模型进行训练。参与方设备数量可能从个位数到数千个不等。这种情况下，模型的训练是受限制的，因为数据必须本地存储，不能转移给其他参与方，甚至不能被其他参与方观察到。因此，需要在每个设备上单独地进行全局模型的本地训练，然后将其在一个集中的聚合服务器上进行汇总。参考文献[24]将跨设备联邦学习的目标函数定义为

$$\text{minimize } F(\boldsymbol{w}),\ \text{其中} F(\boldsymbol{w}) = \sum_{k=1}^{n} p_k F_k(\boldsymbol{w}) \tag{9.1}$$

这里，$F_k(\boldsymbol{w})$表示设备 k 的本地目标函数，其中 $\boldsymbol{w}$ 是模型的权重；p_k 为设备 k 对全局模型目标函数 $F(\boldsymbol{w})$贡献的重要程度。在跨设备联邦学习中，最常用的聚合算法称为 FedAvg[20]，它是问题表述的一个直观体现。具体而言，研究者将本地目标函数 $F_k(\boldsymbol{w})$定义为传统上与模型(其权重为 $\boldsymbol{w}$)的随机梯度下降训练相关的最小化损失函数。一个设备的 p_k 可简单地设为

$$p_k = \frac{j_k}{\sum_{l=1}^{n} j_l} \tag{9.2}$$

其中 j_k 是在设备 k 中训练本地模型 $\boldsymbol{w}_k$ 的数据点总量。因此，p_k 可以被视为每个设备数据点数量的加权平均值。因为 FedAvg 是最常用的技术，所以在本章的其余部分使用术语“聚合”来指代它(除非另有说明)。

根据此定义，我们可将联邦学习系统的目标描述为：对于给定的一组数据拥有者 $k_1, k_2, \ldots, k_n$(它们分别拥有数据 $d_1, d_2, \ldots, d_n$)，使用在数据 $d_1, d_2, \ldots, d_k$ 上训练的模型 $\boldsymbol{w}_1, \boldsymbol{w}_2, \ldots, \boldsymbol{w}_k$ 的加权平均聚合来训练全局模型 $\boldsymbol{W}_{\mathrm{g}}$。相比之下，传统方法将所有可用数据汇集在一起，形成数据集合 $D=d_1 \cup d_2 \ldots \cup d_n$ 来训练模型 $\boldsymbol{W}_{\mathrm{g}}$，而不需要给予任何数据拥有者 k 的模型不同的权重。

所有联邦系统都必须满足两个额外的软需求。首先，它必须确保没有第三方可以访问用户端的数据，即使数据被观察到，也不能将其与特定设备关联起来；其次，使用联邦学习得到的模型性能必须与使用传统方法训练得到的模型性能接近。要充分满足这两个要求，必然会使联邦学习系统设计复杂化，我们将在以下小节中详细讨论。

9.3.2 系统概述

典型的联邦学习系统与最初在参考文献[20]中提出的设计相比没有大的变化。虽然许多较新的研究提出了新颖的、技术上复杂的架构，但它们通常是标准参与方-聚合器系统的变体。图 9-1 展示了一个联邦学习系统的示意图。

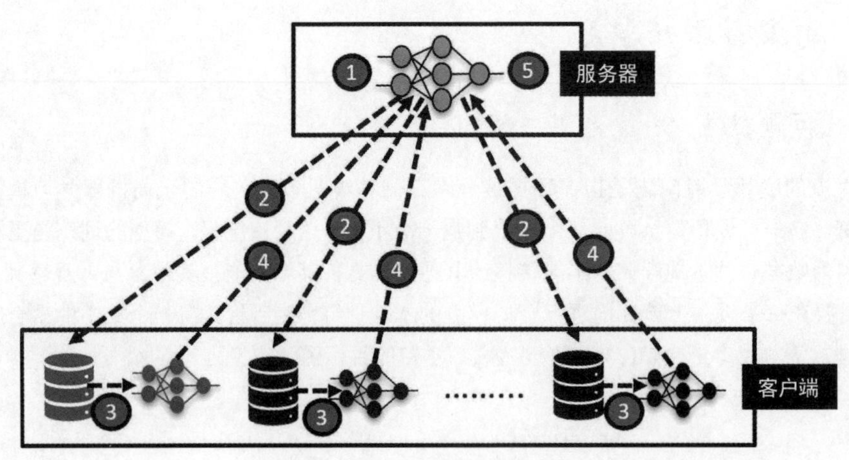

图 9-1 跨设备联邦学习系统概览

该架构通常包含两大组成部分。

- 聚合服务器：聚合服务器通常由第三方拥有,他们希望对用户拥有的数据进行模型训练。所使用的硬件可能位于云系统或专有聚合服务器中，通常不需要在高性能的硬件上部署。该服务器也被称为聚合服务器或聚合器，因为其主要功能是收集汇总模型权重。聚合服务器包含全局模型 G_n，它定期使用来自设备的权重进行模型更新。因此，它必须具有足够的内存来存储多个模型的权重。它还可以包含一个负载均衡器，以便管理潜在的大量设备连接。硬件的计算能力也非常重要，因为安全保障措施包括密集的计算操作。根据使用的类型，聚合算法的复杂性也会有所不同。该系统的某些变化可能包括不同的拓扑结构、配置文件和调度模块，在后面的章节中会进一步讨论。
- 参与方：这是一组用户拥有的硬件，通常由物联网设备组成，如手机、平板电脑、传感器阵列和其他智能设备。根据参考文献[6]中所指出的，由于数据拥有者使用的硬件的多样性，每个设备的硬件可能会有很大的不同。参与方设备往往计算资源非常有限，并且可能频繁停机[4]，因此需要采用高效的训练技术和框架。参与方设备涉及用户数据存储、模型训练和安全系统。由于无法控制参与方设备端硬件，目前大部分研究工作集中在优化本地训练过程上。

9.3.3 训练过程

跨设备联邦学习中全局模型的训练是按多轮迭代进行的，每一轮迭代意味着一个完整的训练步骤。每一轮迭代的步骤说明如下。

步骤 1：如图 9-1 所示，第一步是在聚合器侧进行的。我们从使用一个未经训练的全局模型 G_0 开始，其权重是随机初始化的。在每一轮迭代开始时，选择一个可用设备的子集进行训练。选择的设备和数量对系统的训练时间、模型性能、收敛时间和计算成本都有很大影响。因此，已经有许多研究工作提出了不同的策略，这些策略以不同的方式影响系统的训练过程，我们将对这些方面的研究现状作简要讨论。一般来说，基本的联邦学习系统会随机选择所有可用设备中的 10%进行训练。

步骤 2：一旦选择了 k 个设备，全局模型 G_n 的权重会发送到这 k 个设备中进行训练。这是训练过程中一个通信开销较大的阶段，因为深度学习模型可能非常庞大，传输它们会消耗大量的带宽。正如参考文献[4]中指出的那样，这对于带宽有限或有着脆弱连接的物联网设备来说，尤其令人担忧。

步骤 3：一旦全局模型 G_n 被传输到每个设备 k 上并在其各自的数据集 D^k 上分别进行独立训练，每个设备 k 将生成一个自己的 g_n^k 模型。这个阶段在参与方设备端需要进行大量的计算。

步骤 4：在生成本地模型后，会应用隐私保护机制(如差分隐私[40]和安全聚合[3])，对模型进行匿名化，使得观察模型时无法获取关于设备或数据集的任何信息。这些机制可能会大幅增加计算开销，给训练过程增加额外负担。来自每个设备的加密或加噪声的模型权重会被发送回聚合器，增加通信成本。

步骤 **5**：聚合器接收来自每个设备的模型 g_n^k，并使用聚合算法(见式 9.2)生成下一轮新的全局模型 G_n+1。然后，过程回到步骤 1，从 n+1 轮开始重复该过程。

重复上述步骤，直到满足停止条件(通常是一定轮数或达到收敛标准)。

9.3.4 挑战

虽然跨设备联邦学习的过程相对简单，但是底层基础设施的规模和多样性增加了框架设计的复杂性，进而引入了联邦学习特有的新的、有趣的系统挑战。我们可以将这些挑战分解为不同的部分，并对每个部分进行简要讨论。

1. 聚合服务器

在跨设备设置中，聚合服务器通常是功能强大的中心服务器。作为系统中的主要管理来源，它承担着许多职责，例如通信、聚合、安全等方面。因此需要有一个稳定可靠的服务器。上述系统由单个服务器组成，可能会存在单点故障的风险。因此，联邦学习系统的挑战之一是提供可靠的服务器集群，并设计拓扑以减少对单个服务器的依赖。

2. 参与方选择

正如上一节所提到的，对于跨设备系统而言，最具有影响力的决策之一是如何选择参与的设备。这对系统设计来说是一个挑战，因为它会对整个联邦学习过程产生很大影响。其中一个挑战就是资源异构性。正如参考文献[4,6,23,31]指出的，由于硬件类型的多样性，各参与方之间的设备可能存在很大差异。这意味着，即使是相同的模型，不同设备的训练时间也可能会有很大差异。因此，整个系统的总训练时间很大程度上取决于系统中掉队设备的延迟。在参与方选择过程中，有意识地选择设备并使得训练时间可控(例如只选择更快的设备)是一个需要考虑的设计决策。

每种设备都有不同的计算限制，如内存、带宽分配、电池容量等。由于联邦学习系统的一个目标是使训练过程尽可能减少对最终用户的干扰[4]，因此参与方选择策略要将干扰最小化。例如，如果设备的电池电量不足，训练模型可能会导致设备在一段时间后无法使用。因此，在选择参与方时，还必须满足一些条件。另外，设备的可用性也是一个挑战。并非所有设备在任何时候都可参与训练。以太阳能供电的传感器阵列为例，只有在产生足够的功率时才能执行计算密集型任务。因此，聚合器必须了解参与设备的可用性模式，并相应地对其进行调度。最后，数据异构性是联邦学习的一个重要特点，不同设备拥有不同数量和质量的数据，这导致训练过程可能存在偏差。有些设备的数据质量很好，而另一些设备则不太好。在联邦学习中，如何选择设备以减少有偏差的训练并充分利用所有可用的数据是一个主要的挑战。

3. 通信

在联邦系统网络中，通信可能成为一个关键的瓶颈，因为实际的训练节点(即设备)具有不同的通信能力。以前，对用户数据训练意味着将数据从设备传输到中心聚合器，然后在聚合器上进行训练。然而，现在由于隐私要求，数据不能被传输。这就需要数据所属的设备与聚合器之间进行频繁通信。联邦网络可由大量的设备组成，例如百万部智能手机[4]，这些设备之间的网络连接可能比本地计算的速度要慢得多(某些情况下，慢几个数量级[26])。这主要是由于物联网设备的通信能力有限。通常情况下，联邦学习的瓶颈不是计算而是通信，通信可能占据大部分的训练时间。因此，在构建高效的联邦系统时，通信效率是一个重要系统因素。

4. 本地计算

虽然关于在高效数据中心进行训练的研究已经很多，但是有关在资源有限设备上训练模型的论文却很少。除训练计算外，系统其他部分还存在加/解密、计算差分噪声、压缩、序列化和发送模型、测试等开销。一般来说，物联网设备并不适用于计算量大的工作，因此在软件和硬件层面上，本地操作都没有经过优化。此外，有限的带宽和功率容量等也会限制计算和内存的使用，因此为避免影响用户体验、管理硬件和操作系统的安全性等，在设计本地训练框架时，必须考虑这些特殊因素。这些考虑因素在不同基础设施下也会有所不同。例如，在对传感器阵列进行训练时，不需要考虑用户体验因素，但需要考虑资源的有限性。另一方面，在一组手机上进行训练时，则需要注意每个手机在某个时间点不要消耗过多的资源，但总体计算能力可能不是一个限制。因此，设计本地框架是构建高效联邦学习系统中非常重要的一个方面。

5. 聚合方案

最后，我们必须考虑从各种不同的终端设备中聚合模型参数的方式对系统的影响。对于每个联邦聚合器来说，首要挑战是确保参与方的隐私安全。最常见的两种低成本隐私保护技术是差分隐私和安全聚合，它们都需要进行同步聚合。差分隐私的核心思想是对模型权重添加一定量的噪声，使得它与其他设备的权重无法区分。这要求进行同步聚合，因为需要同时训练和接收多个模型，以便估计每个设备的模型权重以及所添加的噪声量。而安全聚合则采用加密方法，多个设备共享密钥。只有在所有设备都报告了密钥后，才能解密模型权重，这个过程也需要同步操作。然而，同步聚合方案比异步方案慢得多，因此在提出新的聚合方案时，必须仔细考虑设计决策以减少训练时间。当训练规模扩大至数千个设备时，会面临另一个挑战。这种情况下，使用单个聚合器会成为瓶颈，需要采用其他新颖的聚合方案(如分层聚合)，以应对扩展性需求。聚合方案也会影响模型的收敛速度和模型性能[1, 24]，因此必须寻求减少训练时间和计算成本的方法。聚合方案还可以决定系统的通信频率，因为其策略决定了设备的训练方式。因此，设计一个合适的聚合方案是一项重要而具有挑战性的任务，需要在联邦系统的各种属性之间进行平衡考虑。

通过这些因素可以看到，制定一个能开发出功能完善、高效的跨设备联邦学习系统的设计决策是一项复杂的任务，面临着大量的挑战，其中大部分挑战在一定程度上相互关联。因此，研究更好的框架来应对这些影响是一个重要的方向。在后续章节中，将讨论许多相关论文，并指明虽然针对其中的某个问题有最先进的解决方法，但对于所有挑战来说，还没有全面的解决方案，未来还需要很多研究工作。

9.4 跨孤岛联邦学习

9.4.1 问题表述

跨孤岛联邦学习系统的主要目标与跨设备系统相同，需要在不同的数据上训练一个全局模型。它们的主要区别在于数据的结构。跨孤岛联邦学习(也称为纵向联邦学习或基于特征的联邦学习)适用于存在两个或多个数据集的情况，这些数据集共享 ID 空间，但拥有不同的特征。例如，假设两家银行希望训练一个模型来预测用户的信用购买行为。其中一家银行拥有用户的资产和收入数据，而另一家银行包含用户的消费历史数据。因此，每个数据孤岛中可用的特征是不同的，但用户 ID 是有交集的。相反，跨设备联邦学习系统是指两家银行都有用户的购买历史记录，但涉及的用户群体不同。可以将纵向联邦学习的目标定义为

$$\text{minimize}\ L(\boldsymbol{W}) = \sum_{j=1}^{m}\sum_{i=1}^{n} L(\boldsymbol{w}_j, \boldsymbol{x}_j^i) \tag{9.3}$$

其中 $L(\boldsymbol{W})$是全局模型 $\boldsymbol{W}$ 的全局损失函数，i 是用户 ID，j 是数据提供者(即孤岛)，$\boldsymbol{w}_j$ 是由数据特征 $\boldsymbol{x}_j^i$ 训练得到的本地数据提供者模型。这个式子可以看作在保护隐私的前提下，对来自不同孤岛的不同特征的训练进行聚合的过程，其额外的条件也可以像参考文献[46]所讲解的那样进行定义。

$$\boldsymbol{X}_a \neq \boldsymbol{X}_b, Y_a \neq Y_b, I_a = I_b, \forall D_a, D_b(\text{其中}\, a \neq b) \tag{9.4}$$

其中 $\boldsymbol{X}$ 为数据孤岛 a 和 b 的特征，Y 为对应的标签，I 为用户 ID，D 为数据。因此，可以说跨孤岛联邦学习过程是在两个或多个独立的孤岛之间共享训练一个全局模型，使得所有可用数据中相同的数据点具有不同的特征和标签。

跨孤岛联邦学习系统中还有两个额外的软限制条件。第一个是关于隐私保护，指明训练过程中的任何一个参与方都不能将其他参与方的数据点 ID 与自己的数据点 ID 相关联。继续前面的例子，假设第一家银行只在自己的数据上进行训练，并将部分训练梯度发送给第二家银行。第二家银行可以将自己的数据点 ID 和输出梯度(下一节将详细介绍)对应起来，但不能通过逆向工程来还原第一家银行对应数据点的真实数据。实际上，这是通过一种叫做同态加密的方法实现的，它可以对数据进行加密转换，使得进行数学运算后的结果与没有加密前相同，但原始数据不会泄露。第二个限制条件是，通过这种训练方式得到的模型性能必须尽可能接近传统的将所有数据都集中在一个数据孤岛进行训练得到的模型性能。

9.4.2 系统概述

跨孤岛联邦学习系统比跨设备联邦学习系统稍复杂一些。不同于跨设备系统，目前还

没有一篇论文提出明确的跨孤岛联邦学习系统的架构。不过，随着时间的推移，行业已经开发出一种在当前绝大多数框架中适用的标准。图 9-2 给出了该联邦学习系统的示意图。

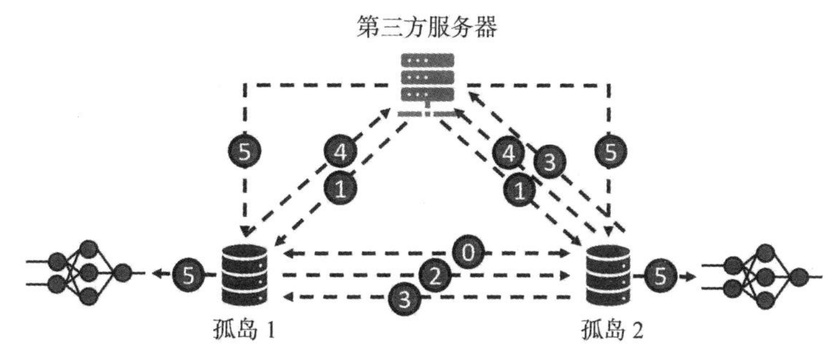

图 9-2　跨孤岛联邦学习系统概览

该系统也包含两大部分。

- 第三方聚合服务器：该服务器与数据拥有方分离，由第三方拥有，负责协调训练过程和管理安全方面的事务。由于需要执行大量的管理和计算工作，因此通常会采用商业级硬件集群。绝大多数情况下，该服务器不对待训练的模型执行任何操作，但其大部分的工作是同态加密的加密/解密操作，这是极其昂贵的操作。随着参与方数量的增加，计算成本呈指数增长。该服务器不包含任何模型、数据或训练代码。然而，根据各个数据孤岛的通信负载，它可能还需要作为负载均衡器。该服务器的一些变体还执行其他任务(如评估和检查)，会进一步增加计算成本。
- 数据孤岛：数据孤岛是一组用户拥有的硬件，其中包含了必须用于共同训练全局模型的专有数据。正如参考文献[30]所指出的，每个孤岛的硬件通常是商业级的，异构性较小，并且具有类似的训练延迟。它们也没有明显的计算限制或长时间的停机时间，因此非常适合长期训练。数据孤岛拥有者对其系统架构也有更多的控制权。因此，与跨设备联邦学习相比，这种情况下并不会面临像掉队者、退出或异构的数据集等问题。然而，正如将在后面的章节中解释的那样，数据孤岛之间的训练过程是以小批进行的，必须首先在一个孤岛上计算梯度，然后按顺序发送给其他孤岛。直到所有孤岛的所有数据都被用来计算最终的损失后，才对每个孤岛的模型进行反向传播。因此，孤岛的数量增加会导致训练延迟显著增加，这也带来了独特的系统挑战。还有一个问题，梯度的频繁传输会增加通信开销，而每次传输都需要使用同态加密，这会增加计算成本。因此，跨孤岛联邦学习系统的研究主要致力于降低这些成本。

9.4.3　训练过程

跨孤岛联邦学习的训练也是以轮数进行的，但有一个关键的区别，所有的数据孤岛都参与每一轮的训练。在这个过程中，还有一个更顺序化的操作，就是每个参与方之间会交换部分梯度和损失。为方便理解，在下面的示例中使用两个孤岛，但这可以扩展到多个参与方场景。训练步骤[24, 30, 46]如下。

步骤 0：在开始训练之前，参与方需要使用匿名数据对齐技术来对齐它们的数据集。这些技术包括隐私保护协议[25]、安全多方通信[34]、密钥共享[10]和随机响应[11]等方法。虽然这些方法计算成本较高，但通常只需要在训练过程开始时运行一次，因此总体成本并不会太高。这一步的目标是确保各方的数据匹配，使得具有相同 ID 的数据点具有相同的索引。那些无法匹配的数据点通常被丢弃，从而确保每个数据点的隐私得到保护[44]。

步骤 1：第三方聚合器生成并发送加密密钥对，用于保证参与方之间的安全通信，并初始化每个参与方需要训练的“部分模型”。我们之所以使用“部分模型”这个术语，是因为在跨孤岛联邦学习中，通常假设只有训练链中的最后一个参与方拥有标签。其他参与方只拥有训练特征和可以利用这些特征进行前向传播的模型部分。

步骤 2：第一个参与方(图 9-2 中的孤岛 1)对一小批本地数据进行训练，并从前向传播中生成输出结果；然后通过同态加密将其加密，并发送给下一个参与方(图 9-2 中的孤岛 2)。

步骤 3：孤岛 2 再利用自己的数据做前向传播。为简单起见，假设该参与方拥有标签，因此在这里计算损失函数。中间的输出结果(经过同态加密后)发送给孤岛 1，稍后将用于更新孤岛 1 的模型权重。损失值发送给第三方聚合器。

步骤 4：然后，这两个孤岛计算其部分梯度或中间输出，在它们上面添加另一层加密掩码并发送给第三方聚合器。这些部分梯度或中间结果可以是各种各样的值，具体取决于训练过程的实现方式。它们可以包括部分模型[8]的最后操作的输出向量、每个孤岛的中间预测结果[26]，甚至是估计损失的梯度[45]。添加额外的掩码是为了确保一个孤岛无法从这些中间输出中获取有关另一个参与方的数据信息。

步骤 5：第三方聚合器从接收到的每个中间数据中解密掩码，并将其与损失值一起使用，确定所有参与方中的部分模型的准确梯度，然后将其发送到相应的孤岛。接着，各孤岛利用这些接收到的梯度分别更新各自的本地模型，生成新的模型。最后循环回到步骤 1，重新开始整个过程。

迭代上述步骤，直到满足其收敛标准。注意，许多新系统可能采用完全不同的框架。例如，Chen 等人[8]使该过程异步化，不必等待所有参与方发送其中间输出，就可以从第三方聚合器获得梯度，而参考文献[48]则完全不使用第三方协调器。然而，这些系统的总体结构仍然相同——每个参与方对整个模型进行部分训练，然后将它们的结果整合起来计算完整模型的梯度。这些梯度将被发送回各自的参与方，用于更新它们的本地模型，而且所有这些操作都必须以保护隐私的方式进行。

9.4.4 挑战

标准的跨孤岛联邦学习系统与传统分布式学习系统一样，面临许多相同的挑战。例如，由于小批梯度的传输、每个训练节点之间的协调、掉队者等，会导致频繁的通信开销。这些问题同样存在于跨孤岛训练系统中。此外，此类系统还面临一些独特的挑战。

1. 资源异构性

通常情况下，参与纵向联邦学习的组织拥有比跨设备联邦学习中的组织更强大的硬件[8, 24, 46]。因此，实际的训练步骤更高效。然而，正如前面所述，整个过程仍然是一个同步且依次执行的过程，需要每个孤岛在每个步骤中都进行参与。这意味着，即使只有一个掉队者，也会显著减慢整个训练过程的速度。因此，必须仔细管理每个孤岛的训练资源，以避免出现性能瓶颈。不过，需要注意的是，相对于跨设备联邦学习，跨孤岛联邦学习更容易处理这个问题。跨孤岛联邦学习系统倾向于对其底层系统有更多的控制，从而更容易处理掉队者。

2. 单点故障

每个孤岛承担完整训练的一部分，为得到完整训练的模型，它们都需要对各自的部分进行完全训练。正如参考文献[8, 13, 49]所指出的，由于这种相互依赖性和逐步训练过程的顺序性，在这种系统的设置中，任何一个节点的故障都会导致整个系统故障。在跨设备联邦学习(或者说传统的分布式学习)中，设备或节点的故障不会导致整个系统停止，因为还有其他资源可用于训练，但是在跨孤岛联邦学习中，每个节点或孤岛都至关重要。因此，跨孤岛框架需要考虑特殊的系统设计因素，例如备份节点。

3. 安全开销

保证联邦学习系统隐私性的主要方法有 3 种。其中最常见的就是差分隐私[1, 33]。它在跨设备联邦学习中表现良好，运算时长合适[40]。但最近的研究表明，对于跨孤岛联邦学习来说，差分隐私并不有效，因为它对隐私的限制更强[49]。另一种常用的技术是安全聚合[3, 4]，但它有两个主要的缺点。首先，它允许第三方聚合器直接观察来自每个孤岛的梯度，这可能会泄露其数据集的机密信息。其次，加密过程涉及密钥共享，这意味着每个孤岛都需要报告相应部分的密钥，这对联邦学习系统的同步性设定了很强的限制[49]。唯一的替代选项是同态加密[15, 17]。然而，它的计算成本非常高。某些情况下，它可能占据每个小批量计算时间的 80%[49]，因此被视为每个孤岛最昂贵的操作，是决定总训练时间的最重要因素。虽然人们已经提出了许多方法在不影响隐私的情况下减少这种开销[9, 16, 49]，但这种开销仍然占据了大部分计算时间。因此，有人认为，设计更高效的联邦学习系统的最大挑战是降低跨孤岛系统的安全开销。

上述挑战为系统研究提供了有趣的方向。然而，目前跨孤岛联邦学习领域的研究主要关注隐私保护和减少开销，因为这是影响系统效率的最大因素。其他挑战与云存储(用于解决单点故障问题)和传统分布式系统(用于解决掉队者问题)等类型的系统类似。与跨孤岛联邦学习相比，跨设备联邦学习有更多独特而有趣的挑战，因此我们将在接下来的部分重点讨论跨设备场景。我们将详细讨论完整的跨设备联邦学习系统的各方面内容。

9.5 本章小结

尽管联邦学习系统的类型越来越多，但它们通常是本章提到的两个主要类别的变种。近来出现了一些全新的联邦学习技术，如联邦神经架构搜索，但它们还属于相对新颖的领域，还没有足够的研究成果使它们成为像纵向联邦学习和横向联邦学习这样的主要类别。此外，许多这些较新类型的系统通常是对这两种传统架构的改进或逐步完善。例如，最近提出的联邦迁移学习[14]可以看作一种更复杂的纵向联邦学习类型，主要利用迁移学习从不同的特征集中训练单个模型。因此，本章从系统角度给出的两种主要联邦学习类型的概述是理解各种可用的联邦学习框架的基础。

参考文献

[1] Abadi M, Chu A, Goodfellow I, McMahan HB, Mironov I, Talwar K, Zhang L (2016) Deep learning with differential privacy. In: Proceedings of the 2016 ACM SIGSAC conference on computer and communications security. ACM, pp 308-318.

[2] Balakrishnan R, Akdeniz M, Dhakal S, Himayat N (2020) Resource management and fairness for federated learning over wireless edge networks. In: 2020 IEEE 21st international workshop on signal processing advances in wireless communications (SPAWC). IEEE, pp 1-5.

[3] Bonawitz K, Ivanov V, Kreuter B, Marcedone A, McMahan HB, Patel S, Ramage D, Segal A, Seth K (2017) Practical secure aggregation for privacy-preserving machine learning. In: Proceedings of the 2017 ACMSIGSAC conference on computer and communications security. ACM, pp 1175-1191.

[4] Bonawitz K, Eichner H, Grieskamp W, Huba D, Ingerman A, Ivanov V, Kiddon C, Konecný J, Mazzocchi S, McMahan B, Overveldt TV, Petrou D, Ramage D, Roselander J (2019) Towards federated learning at scale: System design. In: Talwalkar A, Smith V, Zaharia M (eds) Proceedings of machine learning and systems 2019, MLSys 2019, Stanford, CA, USA, March 31-April 2, 2019, mlsys.org. https://proceedings.mlsys.org/book/271.pdf.

[5] Caldas S, Konečny J, McMahan HB, Talwalkar A (2018) Expanding the reach of federated learning by reducing client resource requirements. Preprint. arXiv:181207210.

[6] Chai Z, Ali A, Zawad S, Truex S, Anwar A, Baracaldo N, Zhou Y, Ludwig H, Yan F, Cheng Y (2020) Tifl: A tier-based federated learning system. In: Proceedings of the 29th international symposium on high-performance parallel and distributed computing, pp 125-136.

[7] Chan Z, Li J, Yang X, Chen X, Hu W, Zhao D, Yan R (2019) Modeling personalization in continuous space for response generation via augmented wasserstein autoencoders. In: Proceedings of the 2019 conference on empirical methods in natural language processing and the 9th international joint conference on natural language processing (emnlp-ijcnlp), pp 1931-1940.

[8] Chen T, Jin X, Sun Y, YinW(2020) Vafl: a method of vertical asynchronous federated learning. e-prints. arXiv-2007.

[9] Cheng K, Fan T, Jin Y, Liu Y, Chen T, Papadopoulos D, Yang Q (2019) Secureboost: A lossless federated learning framework. Preprint. arXiv:190108755.

[10] Du W, Atallah MJ (2001) Secure multi-party computation problems and their applications: a review and open problems. In: Proceedings of the 2001 workshop on new security paradigms, pp 13-22.

[11] Du W, Zhan Z (2003) Using randomized response techniques for privacy-preserving data mining. In: Proceedings of the ninth ACM SIGKDD international conference on Knowledge discovery and data mining, pp 505-510.

[12] Dwork C, Hardt M, Pitassi T, Reingold O, Zemel R (2012) Fairness through awareness. In:Proceedings of the 3rd innovations in theoretical computer science conference, pp 214-226.

[13] Feng S, Yu H (2020) Multi-participant multi-class vertical federated learning. Preprint.arXiv:200111154.

[14] Gao D, Liu Y, Huang A, Ju C, Yu H, Yang Q (2019) Privacy-preserving heterogeneous federated transfer learning. In: 2019 IEEE international conference on big data (Big Data).IEEE, pp 2552-2559.

[15] Gentry C et al. (2009) A fully homomorphic encryption scheme, vol 20. Stanford University, Stanford.

[16] Hao M, Li H, Xu G, Liu S, Yang H (2019) Towards efficient and privacy-preserving federated deep learning. In: ICC 2019-2019 IEEE international conference on communications (ICC).IEEE, pp 1-6.

[17] Hardy S, Henecka W, Ivey-Law H, Nock R, Patrini G, Smith G, Thorne B (2017) Private federated learning on vertically partitioned data via entity resolution and additively homomorphic encryption. Preprint. arXiv:171110677.

[18] Hosseinalipour S, Brinton CG, Aggarwal V, Dai H, Chiang M (2020) From federated to fog learning: Distributed machine learning over heterogeneous wireless networks. IEEE Commun Mag 58(12):41-47. https://doi.org/10.1109/MCOM.001.2000410.

[19] Kairouz P, McMahan HB, Avent B, Bellet A, Bennis M, Bhagoji AN, Bonawitz K, Charles Z, Cormode G, Cummings R et al. (2019) Advances and open problems in federated learning.Preprint. arXiv:191204977.

[20] Konecnỳ J, McMahan HB, Felix XY, Richtárik P, Suresh AT, Bacon D (2016) Federated learning: Strategies for improving communication efficiency. CoRR.

[21] Lalitha A, Shekhar S, Javidi T, Koushanfar F (2018) Fully decentralized federated learning. In:Third workshop on bayesian deep learning (NeurIPS).

[22] Li C, Shen H, Huang T (2016) Learning to diagnose stragglers in distributed computing. In:2016 9th workshop on many-task computing on clouds, grids, and supercomputers (MTAGS).IEEE, pp 1-6.

[23] Li X, Huang K, Yang W, Wang S, Zhang Z (2019) On the convergence of fedavg on non-iid data. In: International conference on learning representations.

[24] Li T, Sahu AK, Talwalkar A, Smith V (2020) Federated learning: Challenges, methods, and future directions. IEEE Signal Process Mag 37(3):50-60.

[25] Liang G, Chawathe SS (2004) Privacy-preserving inter-database operations. In: International conference on intelligence and security informatics. Springer, pp 66-82.

[26] Liu, Y., Kang, Y., Zhang, X., Li, L., Cheng, Y., Chen, T., ...&Yang, Q. A Communication efficient vertical federated learning framework. 2019. arXiv preprint arXiv: 1912.11187.

[27] Lo SK, Lu Q, Zhu L, Paik Hy, Xu X, Wang C (2021) Architectural patterns for the design of federated learning systems. Preprint. arXiv:210102373.

[28] Mao Y, You C, Zhang J, Huang K, Letaief KB (2017) A survey on mobile edge computing:The communication perspective. IEEE Commun Surv Tutorials 19(4):2322-2358.

[29] McMahan HB,Moore E, Ramage D, Hampson S et al. (2016) Communication-efficient learning of deep networks from decentralized data. Preprint. arXiv:160205629.

[30] McMahan HB, et al. (2021) Advances and open problems in federated learning. Found Trends® Mach Learn 14(1):1.

[31] Nishio T, Yonetani R (2019) Client selection for federated learning with heterogeneous resources in mobile edge. In: ICC 2019-2019 IEEE international conference on communications (ICC). IEEE, pp 1-7.

[32] O'herrin JK, Fost N, Kudsk KA (2004) Health insurance portability accountability act (hipaa) regulations: effect on medical record research. Ann Surg 239(6):772.

[33] Pathak MA, Rane S, Raj B (2010) Multiparty differential privacy via aggregation of locally trained classifiers. In: NIPS, Citeseer, pp 1876-1884.

[34] Scannapieco M, Figotin I, Bertino E, Elmagarmid AK (2007) Privacy preserving schema and data matching. In: Proceedings of the 2007 ACM SIGMOD international conference on Management of data, pp 653-664.

[35] Shi W, Dustdar S (2016) The promise of edge computing. Computer 49(5):78-81.

[36] Shi W, Cao J, Zhang Q, Li Y, Xu L (2016) Edge computing: Vision and challenges. IEEE Internet Things J 3(5):637-646.

[37] Sprague MR, Jalalirad A, Scavuzzo M, Capota C, Neun M, Do L, Kopp M (2018) Asynchronous federated learning for geospatial applications. In: Joint European conference on machine learning and knowledge discovery in databases. Springer, pp 21-28.

[38] Tandon R, Lei Q, Dimakis AG, Karampatziakis N (2017) Gradient coding: Avoiding stragglers in distributed learning. In: International conference on machine learning, PMLR, pp 3368-3376.

[39] Tankard C (2016) What the GDPR means for businesses. Netw Secur 2016(6):5-8.

[40] Wei K, Li J, Ding M, Ma C, Yang HH, Farokhi F, Jin S, Quek TQ, Poor HV (2020) Federated learning with differential privacy: Algorithms and performance analysis. IEEE Trans Inf Forensics Secur 15:3454-3469.

[41] Wu W, He L, Lin W, Mao R, Maple C, Jarvis SA (2020) Safa: a semi-asynchronous

protocol for fast federated learning with low overhead. IEEE Trans Comput 70:655.

[42] Xie C, Koyejo S, Gupta I (2019) Asynchronous federated optimization. Preprint. arXiv:190303934.

[43] Xu Z, Yang Z, Xiong J, Yang J, Chen X (2019) Elfish: Resource-aware federated learning on heterogeneous edge devices. Preprint. arXiv:191201684.

[44] Xu R, Baracaldo N, Zhou Y, Anwar A, Joshi J, Ludwig H (2021) Fedv: Privacy-preserving federated learning over vertically partitioned data. e-prints, pp arXiv-2103.

[45] Yang K, Fan T, Chen T, Shi Y, Yang Q (2019) A quasi-newton method based vertical federated learning framework for logistic regression. Preprint. arXiv:191200513.

[46] Yang Q, Liu Y, Chen T, Tong Y (2019) Federated machine learning: Concept and applications.ACM Trans Intell Syst Technol (TIST) 10(2):12.

[47] Yang R, Ouyang X, Chen Y, Townend P, Xu J (2018) Intelligent resource scheduling at scale: a machine learning perspective. In: 2018 IEEE symposium on service-oriented system engineering (SOSE). IEEE, pp 132-141.

[48] Yang S, Ren B, Zhou X, Liu L (2019) Parallel distributed logistic regression for vertical federated learning without third-party coordinator. Preprint. arXiv:191109824.

[49] Zhang C, Li S, Xia J, Wang W, Yan F, Liu Y (2020) Batchcrypt: Efficient homomorphic encryption for cross-silo federated learning. In: 2020 USENIX annual technical conference (USENIX ATC 20), pp 493-506.

第 10 章

联邦学习系统的本地训练和可扩展性

摘要： 本章将对联邦学习的系统层面进行深入的探讨，重点关注联邦学习的两个主要部分：参与设备(参与方)和聚合器的可扩展性。首先，讨论参与方影响本地训练的各种因素，如计算资源、内存、网络等。本章将简要讨论这些方面存在的挑战，并介绍一些应对这些挑战的最新论文。然后讨论如何开发大规模的联邦学习聚合系统。我们将讨论现有文献中用于解决可扩展性问题的各种聚合方案，讲解它们各自的优缺点并提出适用的场景。此外，还介绍使用这些方案的最新研究工作。

10.1 参与方本地训练

本节将讨论本地训练方面的系统复杂性。我们将本地训练所需的资源分解为 3 个部分(计算、内存和网络)，然后讨论它们的复杂性以及为解决这些问题而开发的最新技术。

我们主要关注本地训练，这是联邦学习系统中计算成本最高的部分。它决定了完成整个训练所需的总时间以及消耗的资源量，因此是制定联邦学习系统设计决策时的最重要因素。

然而，如前所述，联邦学习对参与方的硬件和可用性几乎没有控制权。通常情况下，跨设备系统的设计是基于资源明显少于标准集群中可用资源的预期。此外，我们还假设参与方的停机时间和训练中断更为频繁[1, 2, 20, 29]。人们针对这些问题已经提出了许多最新研究，接下来我们将讨论其中一些最前沿的研究。尽管大多数这些研究是针对联邦学习范围直接提出的，但其中一些研究来自其他交叉领域(如边缘计算)，并且可以直接应用。

10.1.1 计算资源

首先，训练时间的最重要决定因素是计算速度。因此，我们将讨论联邦学习和边缘计算领域有效利用计算资源的最新技术。

首先要介绍的一篇论文是 *Model Pruning Enables Efficient Federated Learning on Edge Devices*[11]。在该论文中，作者提出了一种称为 PruneFL 的新型联邦学习范式，旨在通过减小模型的大小来降低本地训练的成本。虽然模型剪枝在机器学习中是常用的方法，但这个框架的独特之处在于它利用参与方的数据进行修剪。作者提出了两种修剪方法：分布式修剪和自适应修剪。分布式修剪通过利用稀疏矩阵，在选定的参与方的模型上进行初始修剪。简单来说，它会丢弃那些在本地训练中权重变为 0 的操作。然而，由于参与方之间权重的不同，本地修剪可能会对模型造成一定的损害。为解决这个问题，作者提出了自适应修剪方法。在这个阶段，该框架通过不断跟踪准确性，确保模型的权重没有被过度修剪，以免整体性能下降。通过这样做，它在减少计算量和保持性能之间取得了良好的平衡。

接下来，讨论另一篇论文 *SLIDE: In Defense of Smart Algorithms over Hardware Acceleration for Large-scale Deep Learning Systems*[3]。作者在这篇论文中提出了一个名为 SLIDE(Sub-LInear Deep learning Engine)的框架。该框架的重点是在内核层面上高效地部署模型，而不是依赖硬件来提升效率。这对于联邦学习非常重要，因为增加硬件资源并不是可行的选择，重要的是能够从算法上提高性能。作者采用了智能随机算法、多核并行和工作负载优化等技术的有机组合。他们对当前的机器学习框架进行了一系列改进，例如提高 OpenMP 的效率、在基于 LSH 的稀疏化设计中应用一些新的算法和数据结构选择、利用稀疏梯度更新来缓解更新冲突等。论文指出，只使用一个 CPU 就能大大减少计算量，从而显著提高效率。

最后，我们讨论 *Accelerating Slide Deep Learning on Modern CPUs: Vectorization, Quantizations, Memory Optimizations, and More*[5]。该研究是对 SLIDE 的改进。作者在其中展示了 SLIDE 的计算方式如何通过 AVX-512 实现独特的向量化效果，这在之前没有被使用过。他们还强调了不同类型的内存优化方法，例如稀疏更新、量化、高度活跃和不活跃的参数检测等。他们也证明了在机器学习的软件方面还有很大的改进空间，因此这项研究对于提高 CPU 的效率非常重要。

10.1.2 内存

本地训练中面临的下一个挑战是参与方可用的内存空间有限。该问题与计算的问题类似，因为我们对它几乎没有控制权，而且这里的内存通常比传统集群中的内存弱得多。本节介绍解决这一问题的一些最新方法。

其中有一篇重要的论文是 *DeepX: A software accelerator for low-power deep learning inference on mobile devices*[14]。这是一个开创性研究，采用软件优先方法提高效率；DeepX 专注于在移动设备上开发深度学习模型。虽然在计算方面提供了一些改进，但是其主要贡献在于内存的利用。该论文提出了两种解决方案。首先，采用了运行时层压缩(RLC)技术，可以在运行时控制内存和计算(同时也会影响能耗)。通过逐层减少操作，使得只有最重要的操作使用更多的内存。其次，使用了深度架构分解(Deep Architecture Decomposition，DAD)，可以高效地识别架构的单元块，并根据访问频率将它们分配到本地或远程内存中。这进一步提高了内存的利用效率，可用于存储模型。在联邦学习参与方中，分布式内存并不常见，因此为深度模型提供算法来有效利用有限内存的 DeepX 是一个重要研究。

另一篇相关论文是 *FloatPIM: In-memory acceleration of deep neural network training with high precision*[9]。该研究在软件与硬件之间的接口层面提供了一种解决方案。内存中的处理(PIM)是一种利用非易失性存储器的模拟特性来支持内存中的矩阵乘法的技术。它通过将数字输入数据转换为模拟信号，并通过交叉开关 ReRAM 进行计算，从而实现矩阵乘法。作者证明了利用这种技术可以减少浮点内存的使用，并提出了一个框架，可以在计算误差允许范围内减少深度模型的内存占用。这种方法可以轻松地应用在联邦学习的各参与方上，并根据情况在内存使用和准确性之间进行权衡。

最后一篇论文是 *Exploring Processing In-Memory for Different Technologies*[7]；它尝试利用 PIM 技术，并更加注重使该系统适用于不同类型的内存。该研究提出了一些设计，可以在 3 种主要的内存技术(SRAM、DRAM 和 NVM)中实现 PIM。研究者利用不同内存的模拟特性来实现逻辑函数(如 OR、AND)和内存中的多数函数。然后进一步扩展了这个方法，实现在内存中进行加法和乘法运算。正如论文中指出的那样，机器学习库必须支持这样的系统，因为物联网设备可能使用各种类型的内存。

10.1.3　能量

能效也是设计高效的机器学习训练算法时的一个重要考虑因素，因为联邦学习的参与方通常是使用电池供电的设备。深度学习本身会消耗大量的能量，因为需要进行大量计算。因此，相比于针对 CPU 和内存的研究，人们对于物联网设备在联邦学习范围内的能效也已经作了相当多的研究。本节将介绍该领域的最新进展。

在论文 *Energy efficient federated learning over wireless communication networks*[30]中，作者认为学习过程和通信频率是决定联邦学习系统能效的关键因素。这是因为它们间接影响了本地训练次数，进而影响了总能量消耗。他们将这个问题描述为一个共同学习和通信优化问题，目标是在满足延迟要求的前提下最小化能量消耗。基于这个问题定义，他们开发了一个迭代算法，为每个本地步骤提供时间分配、带宽分配、功率控制、计算频率和学习准确性等方面的解决方案。然而，这个迭代算法需要一个初始的可行解，因此作者构造了完成时间最小化问题，并应用基于二分法的算法来获得最优解。这项研究大部分是理论性的，系统实现方面比较简化，但取得了良好的结果。这是该领域的一篇关键论文，因为它推导出了模型性能、通信开销和能耗之间的数学关系。

另一篇重要论文是 *To Talk or to Work: Flexible Communication Compression for Energy Efficient Federated Learning over Heterogeneous Mobile Edge Devices*[15]。该论文也很有意思，因为它描述了资源异构性和功耗之间的关系。论文的目标是提高移动边缘网络上联邦学习的能效，以适应参与方之间的资源异构性。为此，他们开发了一种在保证收敛前提下能够灵活进行通信压缩的联邦学习算法。他们推导出了一个收敛界限，并设计了一种压缩控制方案，以平衡本地计算和无线通信的能耗。其最终目标是优化系统的性能。他们根据参与方的计算和通信环境选择特定的压缩参数。这样可以动态地根据设备的异构性进行压缩机制的调整，更好地控制能耗机制。

论文 *Energy-aware analog aggregation for federated learning with redundant data*[26]采用了一种不同的能效方法。与其他论文侧重于减少本地计算以降低能耗不同，该论文通过使用调度策略来控制能耗。换句话说，研究者设计了一种聚合器选择策略，以做出能量感知的决策。他们将问题定义为预算分配问题，并为整个训练过程设定了能耗预算。此外，他们还引入了一个冗余度量，用于判断参与方的本地数据是否已存在于其他更高效的设备中。然后，他们在聚合器端提出了一种能量感知的动态参与方调度策略，以最大化已调度参与方的平均加权分数。该策略不需要未来能耗的先验知识，因此非常适用于联邦学习系统，因为其资源的使用不仅在硬件上有差异，而且在时间上也有变化。

论文 *Federated Learning over Wireless Networks: Optimization Model Design and Analysis*[27]从理论上阐明了收敛速度与能耗之间的关系。不过，除此之外，它指出了无线网络上的联邦学习问题(FEDL)存在两个主要的权衡：第一个是学习时间和移动设备能量消耗之间的权衡，以符合帕累托最优曲线；第二个是计算和通信频率之间的权衡，通过找到最佳的本地优化步骤数量(即小批大小)来确定。研究者从理论上证明了这个问题是非凸的。然而，由于 CPU 周期和数据异构性具有特殊模式，因此可以将问题分解为更小的子问题进行解决，这些子问题是可凸的。前两个子问题可以分别求解，并且它们的解可以用来解决更大范围的问题。通过对闭式解的分析，研究者提供了一种帕累托有效的控制旋钮，可以在计算(即能耗)和通信之间进行调节。该论文在能量效率方面具有重要意义，因为它证明了在权衡中存在帕累托最优性，未来的系统可以利用这一点来开发更高效或可调节的联邦学习框架。

10.1.4 网络

最后，我们讨论人们所认为的联邦学习中最大的系统瓶颈：网络。大多数先进的机器学习模型使用的都是神经网络，通常包含数百万参数。在联邦学习系统中，各参与方必须通过网络发送这些参数(经过加密/差分噪声处理)，这通常意味着要传输数十亿字节的数据，具体取决于模型的大小。然而，如前所述，许多联邦学习场景中的设备带宽较低，而且经常会出现连接中断的情况。接下来，我们将讨论几篇试图解决这些问题的论文。

论文 *Robust and Communication-Efficient Federated Learning from Non-IID Data*[23]提出了一个针对网络效率的有趣方法。在传统机器学习中，经常使用压缩机制来减少通信所需的带宽，而这种方法也可应用到联邦学习系统中。但是，论文的作者认为这些方法的效果有限，因为它们只能单方向压缩通信，或者只适用于某些在实际联邦学习场景中不太现实的情况。结合当前研究，作者提出了一种叫做稀疏三元压缩(Sparse Ternary Compression，

STC)的压缩框架。这是一个新的压缩框架，专门为满足联邦学习环境的要求而设计，因为它扩展了现有的 top-*k* 梯度稀疏化压缩技术，以实现下游压缩，对权重进行三元化和最优 Golomb 编码。作者进行了 4 个不同学习模型的实验，并展示了 STC 在性能上明显优于联邦平均算法。他们还在常见的联邦学习场景下进行了评估，例如参与方具有高度的数据异构性、参与方拥有小型数据集或者有多个参与方。研究结果表明，较小的模型可以显著减少通信带宽，同时降低数据异构性的影响。鉴于数据异构性在联邦学习中是一个常见问题，因此梯度三元化对于改善模型性能也具有重要的作用。

论文 *FedPAQ：A Communication-Efficient Federated Learning Method with Periodic Averaging and Quantization*[21]指出，联邦学习框架面临多个与系统相关的挑战。该论文特别提到，许多设备同时尝试进行交互时，通信瓶颈是一个重要的挑战。他们还指出，可扩展性也是联邦学习的一个非常重要的方面，因为这些系统可能涉及数百万个参与方。由于这些系统挑战以及数据异构性和隐私问题，联邦学习可能是一个非常具有挑战性的问题。为应对这些挑战，作者提出了 FedPAQ 方法。FedPAQ 是一种通信高效的方法，通过周期性的聚合和量化，它实现了对参与方之间的通信频率的控制，以减少参与方一侧的总带宽。此外，作者还设计了一种机制，以适应部分参与方可能有时不可用的情况。这些特性有助于解决联邦学习中的通信和可扩展性挑战。

CMFL: Mitigating communication overhead for federated learning[19]给出了另一个独特的视角。与现有的研究主要关注通过数据压缩减少每次更新中传输的总位数不同，该论文提出了一种不同的观点，即参与方可能进行与训练全局模型无关的更新。作者认为，在将这些更新传输给聚合器之前，可以先识别并排除它们，从而减少带宽的占用。基于这个想法，作者们提出了称为“通信缓解的联邦学习(CMFL)”的框架。该框架向各参与方提供有关全局模型更新方向的反馈信息。如果某个参与方的更新与全局模型过于相似，则可视为“不相关”的，这意味着该参与方没有独有的特征来帮助训练。通过避免将这些无关的更新上传到聚合器，CMFL 可以大大减少通信开销，同时确保模型的收敛性。这种方法揭示了联邦学习系统中的一个重要特点，即对于模型的收敛，某些参与方比其他参与方更为重要。稍后，我们将讨论如何利用这一特点来创建更高效的联邦学习框架。

还有一篇论文是 *FedBoost: Communication-Efficient Algorithms for Federated Learning*[8]，它提出了一种独特的方法来解决网络开销管理的问题。作者们介绍了一种名为集成训练的联邦学习方法，旨在提高模型训练的效率。他们首先从数学上证明，使用联邦学习可以将一个大型模型训练成由多个较小且更高效的模型组成的集成模型。然后展示了一种新的思路：相比于传统的本地训练完整模型的方式，只将集成模型的一小部分在预定的时间间隔内传输给参与方可以大大减少通信成本。此外，他们还进行了所谓的“基本预测器训练”，即先在聚合器侧使用可控且平衡的数据对集成模型进行预训练，达到一定程度后，将部分训练好的模型作为基本全局模型，然后开始在参与方上进行联邦学习训练。这种方法可以减少联邦学习的训练轮次，从而降低通信轮次的数量。

10.2 大规模联邦学习系统

跨设备联邦学习是一个庞大的系统，因为参与方的数量很多(最多可达数百万[1])。然而，它所面临的挑战与之前讨论的情况截然不同。在大规模联邦学习中，存在两个主要挑战：管理大量的连接和聚合，同时减少掉队者的影响。

到目前为止，我们只讨论了一种特定类型的联邦学习架构，即中心聚合器架构。这是联邦学习的开创性论文[12]所采用的架构，也是所有先进联邦学习系统的基础。然而，正如之前所述，这种简单的架构存在一些挑战，如通信瓶颈和掉队者。为应对这些挑战，许多新的系统对基本架构进行了创新和改进。本节将这些架构大致分为四类[17](聚类、分层、去中心化和异步)并进行详细讨论。

10.2.1 聚类联邦学习

图 10-1 展示了基本的跨设备架构，这也是我们讨论的基础。正如之前在 10.1.2 节中提到的那样，这种系统会遇到掉队者的问题，也就是每一轮的总训练时间会受到最慢的参与方的限制。而且，这种架构也缺乏针对数据异构性挑战的考虑。

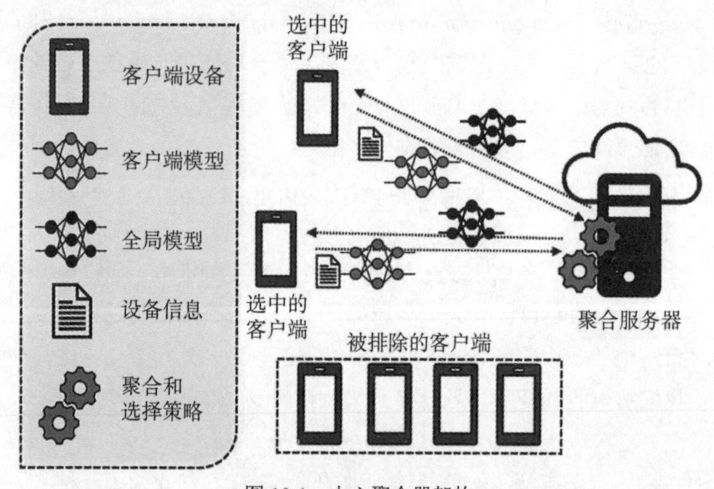

图 10-1 中心聚合器架构

为解决这些问题，最早的一种联邦学习被称为聚类联邦学习系统。其核心思想是将参与方分成不同的集群，每个集群内的设备具有某些相似的特性，如数据分布、训练延迟、硬件和位置等。该系统如图 10-2 所示。可以看出，与基本的联邦学习系统相比，这个系统在基础设施方面的差别并不大。相反，主要区别在于参与方的组织方式。集群的组织方式通常根据解决的问题而有所不同。例如，如果我们希望开发一种架构，让所有的参与方都能平等参与，但有些参与方更容易掉队，则可以根据其掉队概率进行分组。然后，更频繁地选择掉队率较高的参与方，以平衡参与度。同样的，对于数据异构性的挑战，我们可以根据参与方本地数据的平衡程度将它们分组。通过对不平衡和平衡数据集的采样频率的平衡，可以缓解数据异构性问题的影响。

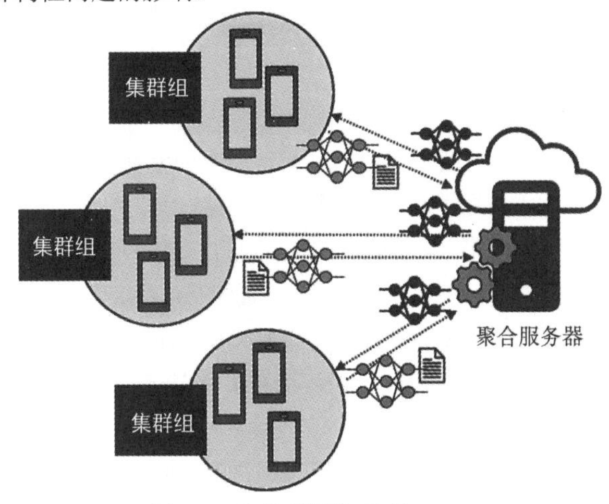

图 10-2　聚类联邦学习架构

1. 设计挑战

开发这种联邦学习系统存在一些挑战。

- 聚类标准：在这类系统中，确定参与方分组的标准是最重要的设计决策之一，因为它将完全定义框架的优先级。例如，如果基于资源而不是数据来分组参与方，那么可能会开发出一个能够控制训练速度但忽视模型性能的系统。
- 选择标准：在聚类后，下一个最重要的步骤是如何控制系统，以便充分利用分组属性。例如，过于频繁地选择带有偏数据集的参与方会导致模型的有偏，但选择太少则可能意味着重要特征无法被训练。
- 特征分析：根据聚类属性的不同，需要对参与方的特征进行分析。例如，如果基于数据进行聚类，则需要准确的量化和排序方法。受特征分析的准确性影响，设备可能会被分配到错误的分组，导致在定义良好的选择策略时引发更多问题。
- 动态属性：参与方的某些属性(如数据点数量、网络连接、可用的训练资源等)可能会因用户行为而随时间变化。因此，在整个训练过程中需要多次进行特征分析。
- 隐私：对数据进行特征分析与隐私保护的设计原则相悖。因此，需要采取特殊的预防措施(如安全聚合、区块链、差分隐私)，确保即使是特征分析和聚类属性也无法用于识别具体的参与方。

2. 优缺点

这种系统的优点如下。

- 易于实现：由于与基本联邦学习的基础设施相似，因此该系统很容易实现。实现过程中的主要障碍通常出现在定义聚类和选择标准的策略方面。
- 与其他架构互补：由于聚类和选择策略是一种算法附加组件，因此可以轻松应用于具有完全不同结构的其他类型的联邦学习架构。

- 可调节：通常，采用聚类联邦学习的方法会提供控制旋钮，允许调整系统的属性。例如，参考文献[2]中提供了可以改变的参数，以在收敛速度和最终模型性能之间作出权衡。

这种系统的缺点如下。

- 难以调整：如前文所提到的挑战所说，最大的困难在于定义一个良好的聚类和选择策略，通常需要经过漫长的反复试错调整过程。
- 可扩展性：聚类本身并不能构建可扩展的基础架构。聚类联邦学习需要与其他类型的联邦学习架构(如分层联邦学习)结合使用，以处理大量设备。此外，随着参与方数量的增加，特征分析和策略平衡变得更困难。
- 开销：特征分析(尤其是在动态系统中)对于聚类联邦学习系统来说是一种额外的负担。在联邦学习中，如果参与方的资源本来就有限，那么无论特征分析过程有多轻量级，都会带来额外的随时间推移而增加的成本。

3. 文献案例

An Efficient Framework for Clustered Federated Learning[6]是使用这种聚合方案的联邦学习系统的一个重要例子。该论文介绍了一种基于参与方梯度的损失值的聚类系统。作者在理论上分析了如何利用损失来减少模型因数据异构性而导致的性能损失，同时分析了该算法在平方损失、一般强凸损失和平滑损失函数下的收敛速度。作者证明了 IFCA 的收敛，并且还讨论了统计错误率的最优性。他们还指出，如果聚类不明确，可以将 IFCA 与权重共享技术结合使用在多任务学习中。另一篇相关的论文是 *Clustered Federated Learning*[24]，它提出了聚类联邦学习(CFL)。这是一种新颖的联邦多任务学习(Federated Multi-Task Learning，FMTL)框架，它利用了联邦学习训练系统的损失曲面的几何特性。CFL 根据权重的余弦相似度将参与方分组成簇。其思想是，如果选择具有共同可训练数据分布的参与方一起训练，将有助于更好地训练联邦学习系统。与其他现有的 FMTL 方法不同，CFL 适用于一般的非凸目标，不需要修改联邦学习通信协议，并且具有聚类质量的数学保证。不过，其作者更关注隐私方面，并且证明了通过添加差分噪声，可以对用户数据进行个体化分析并保持匿名。*TiFL: A Tier-based Federated Learning System*[2]是另一篇使用该方案的论文。作者提出了基于资源和数据异构性的聚类方法。他们首先在一个真实的分布式系统中进行大量实验，以展示数据异构性如何影响模型性能以及资源异构性如何导致参与方的掉队者问题。他们表明，通过将行为类似的参与方进行聚类并做出智能调度决策，可以应对由这两个属性引起的挑战。他们提出了一种使用选择概率和聚类的自动动态参与方选择过程，可以显著减小掉队者和数据偏差的影响。

10.2.2 分层联邦学习

虽然聚类联邦学习更容易实现和更灵活，但它缺乏可扩展性。为应对可能要同时与数千个设备进行通信的挑战，需要对整体结构进行重大调整。中心聚合器系统的最大劣势是它只有一个聚合器来处理所有参与方。解决这个问题的最直接的方法是添加额外的聚合服务器，每个服务器都参与全局模型的训练。因此，人们提出了分层联邦学习系统。顾名思义，它包含多个层级的聚合器，每个层级的聚合器负责管理自己的一组参与方，并将其聚合后的模型传递到更高的层级，最终到达管理全局模型的中心聚合器。图 10-3 展示了这种系统的架构。

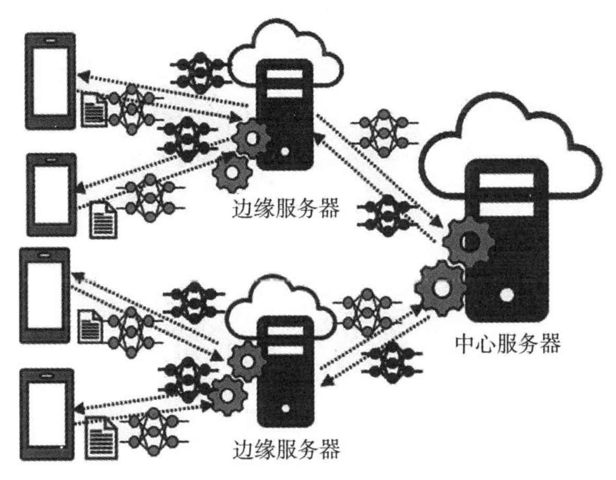

图 10-3　分层联邦学习架构

这里最显著的区别是参与方和中心聚合器之间的边缘聚合器。各参与方通常与自己的边缘聚合器通信，边缘聚合器承担了传统上由中心聚合器执行的一些任务，例如选择设备、发送和接收模型权重、隐私机制的加密/解密、聚合等。然而，这些边缘聚合器并不包含最终的全局模型。相反，它们拥有所谓的“中间”模型，并将其逐层向上传递到最终的中心聚合器。根据基础设施的规模，中心聚合器和参与方之间可以有任意数量的层级。位于其他边缘聚合器和中心聚合器之间的边缘聚合器通常也具备各自的聚合机制。这种层级结构把整个系统分解成更小、更易管理的部分，并实现了可扩展性。

1. 设计挑战

- 实现：这种系统通常规模很大，需要对底层架构进行重大修改。因此，在分布式系统中设置这样的系统需要一定成本。此外，还有一些实现决策会影响可扩展性、鲁棒性、易管理性和效率。例如，每个边缘聚合器要分配多少参与方将决定需要多少边缘聚合器来管理整个系统。太少意味着资源利用不足，而太多则会导致资源争用。
- 管理：参与方的数量通常远多于传统分布式机器学习系统中的工作者的数量。由于在整个系统中有更多的节点，添加边缘聚合器会增加更多的管理问题。在中心聚合器场景中，只需要管理一个聚合器。在边缘聚合器中，需要额外添加一些机制(如容错性、监控等)，这增加了系统的复杂性。

- 同步：由于每个聚合器都管理自己的一组参与方，边缘聚合器之间的更新同步变得很有挑战。在联邦学习系统中，参与方报告模型权重的速度差异很大。在只有一个中心聚合器时，我们只需要等待所有参与方完成一轮训练。然而，在不同层级具有多个边缘聚合器的情况下，需要在每个边缘聚合器内部、同一层级的边缘聚合器之间以及每个层级的边缘聚合器之间进行同步。如果处理不当，可能会加剧掉队者问题。
- 平衡异构性：参与方之间的数据分布不均也意味着不同边缘聚合器的“中间”模型质量不同。这将完全取决于分配给该边缘聚合器的各参与方。即使在同一层级中，也需要用先进的聚合算法处理边缘聚合器之间的模型质量不平衡。与同步挑战类似，如果处理不当，模型不平衡可能会因为多层级的聚合而加剧。

2. 优缺点

这种系统的优点如下。

- 可扩展性：由于系统架构的原因，它成为一个高度可扩展的系统。这也是系统的动态属性，我们可以根据底层基础设施的需要，轻松地增加或删除边缘聚合器。
- 系统效率：由于能够灵活地添加或删除节点，这使得系统可以变得更高效。在中心聚合器架构中，节点可能会因连接和模型更新而过载，从而导致资源争夺，降低系统效率。当有添加或删除聚合节点的选项时，负载平衡变得更容易。
- 鲁棒性：中心聚合方案存在单点故障的风险。分层系统同时拥有多个节点，每个节点都含有相对较新的“中间”模型副本。这意味着可以轻松处理节点离线的情况。

这种系统的缺点如下。

- 通信冗余：在层级系统中，模型权重在到达层级顶部的过程中需要多次计算和传输。而采用中心聚合器时，权重只需要每轮传输一次。
- 隐私开销：隐私机制(如加密)通常是资源密集型任务，并且每次在聚合器之间传输权重时都需要使用它。因此，多层级聚合意味着在每次传输中必须反复应用相同的隐私协议，从而导致随着时间推移的计算成本显著增加。
- 安全性：在层级系统中，由于节点数量较多，恶意参与方有更多的攻击方式。此外，由于边缘聚合器的数量众多，更难检测受损节点。相比之下，中心聚合服务器更容易监控和检测异常。

3. 文献案例

与此相关的一篇具有重要意义的论文是 *Towards Federated Learning at Scale: System Design*[1]。该论文首次指出了大规模联邦学习中的系统挑战，并提出了一种层级结构的模板，用于管理众多参与方。作者们重点确保每个参与方都能参与，而无须担心聚合器的资源问题，同时表明层级结构在基础设施不断变化的情况下是理想的选择。另一篇重要论文是 *Client-Edge-Cloud Hierarchical Federated Learning*[16]。虽然之前的研究更注重可扩展性，但没有考虑到简单的聚合算法对模型性能影响的局限性。这篇论文证明在不同的层级上可能需要使用不同的聚合算法，并且可以通过良好的聚合器来缓解数据异构性、参与方可用性、通信冗余和过时权重对模型的影响。*HFEL: Joint Edge Association and Resource Allocation for Cost-Efficient Hierarchical Federated Edge Learning*[18]介绍了一种新颖的层级联邦学习系统：HFEL。作者将层级设计挑战定义为共同计算和通信资源分配问题。通过求解优化问题，得出了一种有效的通信与节点资源权衡方法，并提出了一种针对聚合器的调度器，进一步降低了资源成本。

10.2.3　去中心化联邦学习

另一个与分层联邦学习系统类似的思路是去中心化联邦学习。分层联邦学习和去中心化联邦学习的主要区别在于去中心化系统中的聚合服务器的操作是相互独立的，如图 10-4 所示。与前者不同，聚合器之间不需要等待彼此的“中间”模型权重，也不需要将其传递给更高层级。相反，聚合器之间通过区块链或消息传递进行协调，以训练全局模型。

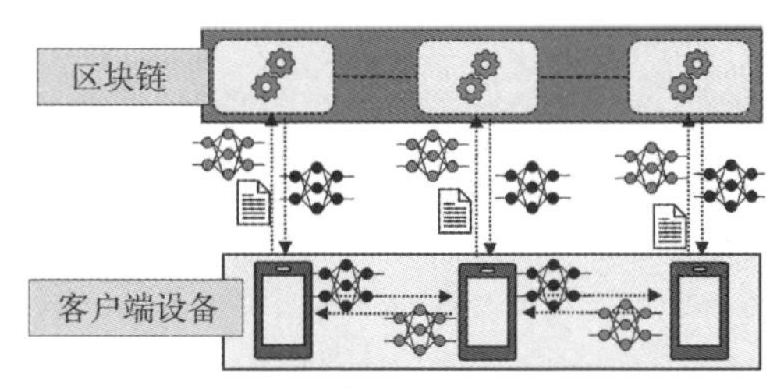

图 10-4　去中心化联邦学习架构

由于没有中心聚合器，因此训练过程也有较大差异。例如，BrainTorrent 系统[22]首先让各参与方并行地执行本地训练。这些模型最初的版本号均为 0。所有设备中的一个随机参与方向其他参与方发出 ping，以获取各自的本地模型版本。所有版本号高于当前参与方本地模型版本的参与方都需要发送模型权重，当前参与方接收这些权重后，与自己的本地模型合并，从而得到新版本的全局模型。然后，随机选择另一个参与方，重新开始并持续进行训练过程，直到所有参与方的模型收敛到相同的全局模型为止。在这样的系统中，每轮只更新一个参与方，而不是多个参与方。

与中心聚合系统相比，这种去中心化聚合系统在可扩展性方面具有明显的优势。通过利用各参与方作为聚合和通信节点，完全解决了通信瓶颈问题。它还可以随意增加用于训练的参与方数量，实现无限扩展。

1. 设计挑战

- 轻量级聚合和通信机制：这种基于点对点的聚合系统的主要问题就是减少了本地计算和通信开销。由于参与方的硬件任务繁重，而且通常这些硬件资源有限，因此设计轻量级机制非常重要。这样的系统并不适合在某些情况下运行，例如在低带宽区域。
- 不可预测性：由于没有聚合器来管理训练过程，因此通常难以对其进行控制。训练过程中存在一定的随机性，而系统的特性(如数据异构性、掉队者、丢包等)会以不可预测的方式影响模型性能、收敛速度和资源使用情况。如果不增加协调服务器之类的控制机制，要实现高效的去中心化系统几乎是不可能的。

- 存储和能量开销：由于各参与方轮流进行聚合和更新全局模型，因此它们必须承担巨大的存储成本，以同时处理多个大型模型。考虑到参与方设备的容量有限，这延伸出另一个紧迫的问题；必须实现压缩技术或内存利用方法来处理这些情况。这也可能意味着每次选择一个参与方都会消耗更多的能量。

2. 优缺点

这种系统的优点如下。

- 可扩展性：与分层联邦学习类似，该架构默认具有可扩展性。在系统中添加或移除参与方时，几乎不需要对结构进行更改。该系统可以自适应地处理参与方可用性的动态变化和数据变动。
- 聚合器节点较少：由于通常是参与方自己管理训练过程，因此训练过程只需要很少的节点。可以适当添加聚合器用于监视、调度等操作，但不需要实际的聚合操作；因此聚合器节点可以使用较低配置的硬件资源，从而降低实现成本。
- 鲁棒性：在该系统中，参与方即聚合器，这意味着少数节点的故障不会对训练过程产生太大影响。由于参与方都能自行保留模型版本，因此即使有大量参与方异常，系统也能够在一定程度上保留训练进展。

这种系统的缺点如下。

- 本地资源使用情况：如前所述，由参与方执行聚合操作，意味着每个设备的负担增加。从资源有限的系统(如传感器网络)的角度看，这可能不是一种合适的选择。此外，如果有太多的参与方在训练中落后，并且同时试图进行聚合，通信瓶颈可能会成为一个严重问题。
- 安全性：去中心化系统会在所有设备之间随机传递权重，相比之下，具有可管理的聚合器的系统会更安全。如果某恶意参与方被选中并进行训练，它会完全渗透系统，这是一个巨大的安全漏洞。要安全地实现这样的系统，必须保证所有的参与方完全可信。
- 缺乏控制：该系统很大程度上依赖被选中作为聚合器的参与方设备。如果参与方速度快并且能保持高带宽，系统将更快收敛。然而，如果出现太多的丢包、掉队者、有偏数据集等问题，系统的效率将大大降低。由于没有中心聚合器，因此几乎没有可实施的策略来控制这样的系统。

3. 文献案例

第一篇重要的论文是 *Brain Torrent：A Peer-to-Peer Environment for Decentralized Federated Learning*[22]。该论文介绍了 BrainTorrent，这是一种没有集中式聚合服务器的联邦学习框架。该系统通过点对点的方式进行聚合，使得所有的参与方可以训练一个共同的全局模型，而不需要协调器。BrainTorrent 最初是针对医疗机器学习模型设计的，但也可以扩展到其他类型的应用。在另一篇论文 *Decentralized Federated Learning with Adaptive Partial Gradient Aggregation*[10]中，作者对 FedAvg[12]进行扩展，提出了一种名为 FedPGA 的去中心化聚合算法。在 FedPGA 中，参与方交换部分梯度而不是全模型权重，这样可以显著降低网络负载。部分梯度作为移动全局权重的指引(类似于传统学习中的梯度)。该聚合算法与 FedAvg 非常相似，但基于部分梯度进行平均而不是权重。论文 *Fully Decentralized Federated Learning*[13]也提出了一种去中心化的联邦学习训练框架。不过，为减少通信开销，作者将点对点连接限制在一跳范围内。他们在理论上证明了他们的去中心化联邦学习机制也是可以收敛的。

10.2.4　异步联邦学习

最后一种独特的架构类型是异步联邦学习。迄今为止，我们只讨论了同步联邦学习算法，即在聚合之前需要等待所有参与方可用的权重都准备好。然而，这种联邦学习系统容易受到掉队者和通信瓶颈的影响，从而限制了系统的可扩展性。而在异步聚合机制中，全局模型不必等待每个参与方的权重都准备好，而是在某参与方上报权重时即可马上更新全局模型。

图 10-5 展示了一个典型的异步联邦学习系统架构。这里的主要区别在于聚合的时间线安排。当某参与方提交其最新权重更新时，聚合器会立即对接收到的权重执行聚合，并生成新版本的全局模型。如果另一组权重同时或紧接着到达，则会被聚合到全局模型的新迭代中。换句话说，权重按顺序聚合。在这种方法中，不需要等待所有权重都上报完，因此对于掉队者来说，也可以随时进入，而不会阻碍训练进度。

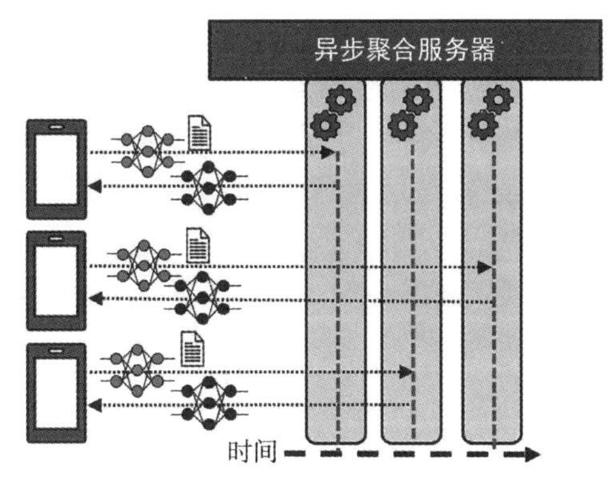

图 10-5　异步联邦学习架构

1. 设计挑战

- 聚合技术：由于聚合过程不同步，因此开发人员需要提出新的算法来执行权重聚合，以生成新的全局模型。这是一项具有挑战性的任务，因为异步方法的表现通常不如同步平均，从而导致最终模型的质量更差。对于联邦学习来说，如果没有一个良好的聚合算法来缓解数据异构性问题，情况可能会更严重。目前，还没有研究能提出理论上完备的异步算法，可以用来解决训练中的偏差问题。

- 滞后性：这也是传统分布式异步算法面临的挑战。如果参与方的权重到达得太晚，也就是说，在要上报的参与方接收并更新本地模型后，全局模型可能已经迭代了好几轮训练，那么此时“新”的权重可能会对模型训练产生负面影响。因此，需要舍弃那些“滞后”的权重。参与方之间的训练延迟差异较大，相对较慢的参与方的权重自然比较滞后。这将导致训练结果的偏差，并且无法充分利用完整的数据集。然而，目前尚未研究出解决这种问题的策略，即能够使较慢的参与方也能作出贡献，且不影响模型的准确性。
- 隐私保护机制：异步联邦学习面临的另一个挑战是隐私保护。目前，两种主要的隐私保护技术(安全聚合和差分隐私)需要每轮迭代都有多个参与方参与。差分隐私技术对每个参与方的模型权重添加一些噪声，使它们之间无法区分。但它只适用于多个参与方参与训练模型的情况，否则无法确定对单个参与方的模型权重添加多少噪声。类似的，安全聚合要求将密钥共享给多个参与方，只有在所有模型都上报后才能解密模型权重。这种技术并不适用于异步聚合，因为异步聚合中参与方是逐个上报权重的。

2. 优缺点

这种系统的优点如下。

- 消除掉队者影响：由于不同步，因此该系统可以容忍大量参与方的训练延迟。它不需要等待所有参与方进入，每轮训练时间不再受最慢到达的参与方的影响。训练过程可自由进行。
- 与其他架构一起使用：与聚类联邦学习一样，这种方法也可以与其他联邦学习架构类型一起使用，因为它只需要在策略层面上进行更改，而不涉及基础设施。例如，它可以应用于分层联邦学习，其中每个边缘聚合器可以异步训练其负责的设备。这样，它既可以获得可扩展性的好处，又可以规避掉队者的影响。
- 对丢包的鲁棒性：通常，异步联邦学习会有多个参与方同时运行，并且不需要关心这些参与方何时上报其模型参数。因此，即使某个模型超时或中断，并且未及时发送其权重，训练仍然可以正常进行，因为其他参与方可以继续参与训练和更新全局模型。

这种系统的缺点如下。

- 容易滞后：该系统虽然能够避免掉队者的影响，但也容易导致权重滞后的问题。正如前面提到的，由于训练延迟的差异，一些训练速度较慢的参与方往往会提交较旧的权重更新，这可能会对训练过程产生不利影响。
- 隐私保护：正如前面提到的，现有的隐私保护系统通常依赖多个参与方同步报告其权重。而异步设计与这些机制完全相反，这意味着需要开发新的隐私保护方法或者采用混合的异步方法(例如控制每轮异步参与方的数量)来解决这个问题。

3. 文献案例

Asynchronous Online Federated Learning for Edge Devices[25]是最早介绍异步联邦学习作为可行解决方案的论文之一。作者提出了 ASO-Fed 框架，其中边缘设备进行在线学习。他们的系统假设数据不断变化，参与方在不断变化的数据上进行本地训练，并定期向聚合器提供更新。他们使用了简单的滑动平均作为异步系统，但没有讨论隐私问题。作为该领域的开创性研究，他们证明了异步聚合可以完全解决掉队者的问题。在另一篇论文 *Asynchronous Federated Optimization*[28]中，作者提出了一个聚合器充当协调器的系统。该系统管理一个其中所有参与方并行运行的队列。每隔几次更新，协调器就会将一个参与方加入等待队列，并将其与队列中的另一个参与方交换。这样，他们通过控制训练过程来管理系统，并可以减轻由于滞后权重而引起的错误。该论文还通过将所提方法转换为非凸问题的形式来证明其收敛性。在论文 *Communication-Efficient Federated Deep Learning with Asynchronous Model Update and Temporally Weighted Aggregation*[4]中，作者提出了一种异步学习策略，将深度神经网络的不同层分为浅层和深层。深层参数的更新频率低于浅层参数。他们在聚合器上引入时间加权聚合策略，以利用先前训练的本地模型，提高中心模型的准确性和收敛性，同时减少通信开销。

10.3 本章小结

本章讨论了用于解决联邦学习系统的特定问题的各种聚合方案。目前，大多数最先进的框架都使用这些架构中的一个或多个版本。本章概述了它们的优缺点，并提供了一些文献案例，以展示它们如何在实际框架中应用。我们还指出了目前文献中有关开创性的独特方法的重要研究。虽然还有其他研究存在，但是这些论文提供了独特的技术，为其他研究奠定了基础。因此，本章很好地概括了应对联邦学习系统中的各种挑战的不同解决方案。

参考文献

[1] Bonawitz K, Eichner H, Grieskamp W, Huba D, Ingerman A, Ivanov V, Kiddon C, Konecný J, Mazzocchi S, McMahan B, Van Overveldt T, Petrou D, Ramage D, Roselander J (2019) Towards federated learning at scale: System design. In Talwalkar A, Smith V, and Zaharia M (eds) Proceedings of machine learning and systems 2019, MLSys 2019, Stanford, CA, USA, March 31-April 2, 2019. mlsys.org.

[2] Zheng Chai, Ahsan Ali, Syed Zawad, Stacey Truex, Ali Anwar, Nathalie Baracaldo, Yi Zhou, Heiko Ludwig, Feng Yan, and Yue Cheng (2020) Tifl: A tier-based federated learning system. In: Proceedings of the 29th international symposium on high-performance parallel and distributed computing, pp 125-136.

[3] Chen B, Medini T, Farwell J, Tai C, Shrivastava A (2020) Slide: in defense of smart algorithms over hardware acceleration for large-scale deep learning systems. Proceedings of Machine Learning and Systems 2:291-306.

[4] Chen Y, Xiaoyan Sun X, Yaochu Jin Y (2019) Communication-efficient federated deep learning with asynchronous model update and temporally weighted aggregation. Preprint. arXiv:1903.07424.

[5] Daghaghi S, Meisburger N, Zhao M, Shrivastava A (2021) Accelerating slide deep learning on modern cpus: Vectorization, quantizations, memory optimizations, and more. Proc Mach Learn Syst 3:156.

[6] Ghosh A, Chung J, Yin D, Ramchandran K (2020) An efficient framework for clustered federated learning. Preprint. arXiv:2006.04088.

[7] Gupta S, Imani M, Rosing T (2019) Exploring processing in-memory for different technolo-gies. In: Proceedings of the 2019 on great lakes symposium on VLSI, pp 201-206.

[8] Hamer J, Mohri M, Suresh AT (2020) Fedboost: A communication-efficient algorithm for federated learning. In: International conference on machine learning. PMLR, pp 3973-3983.

[9] Imani M, Gupta S, Kim Y, Rosing T (2019) Floatpim: In-memory acceleration of deep neural network training with high precision. In 2019 ACM/IEEE 46th annual international symposium on computer architecture (ISCA). IEEE, pp 802-815.

[10] Jiang J, Hu L (2020) Decentralised federated learning with adaptive partial gradient aggregation. CAAI Trans Intell Technol 5(3):230-236.

[11] Jiang Y, Wang S, Valls V, Ko BJ, Lee WH, Leung KK, Tassiulas L (2019) Model pruning enables efficient federated learning on edge devices. Preprint. arXiv:1909.12326.

[12] Konecnỳ J, McMahan HB, Yu FX, Richtárik P, Suresh AT, Bacon D (2016) Federated

learning: Strategies for improving communication efficiency. CoRR.

[13] Lalitha A, Shekhar S, Javidi T, Koushanfar F (2018) Fully decentralized federated learning. In: Third workshop on bayesian deep learning (NeurIPS).

[14] Lane ND, Bhattacharya S, Georgiev P, Forlivesi C, Jiao L, Qendro L, Kawsar F (2016) Deepx: A software accelerator for low-power deep learning inference on mobile devices. In: 2016 15th ACM/IEEE international conference on information processing in sensor networks (IPSN). IEEE, pp 1-12.

[15] Li L, Shi D, Hou R, Li H, Pan M, Han Z (2020) To talk or to work: Flexible communication compression for energy efficient federated learning over heterogeneous mobile edge devices. Preprint. arXiv:2012.11804.

[16] Liu L, Zhang J, Song SH, Letaief KB (2020) Client-edge-cloud hierarchical federated learning. In: ICC 2020-2020 IEEE international conference on communications (ICC), pp 1-6. IEEE.

[17] Lo SK, Lu Q, Zhu L, Paik HY, Xu X, Wang C Architectural patterns for the design of federated learning systems. Preprint. arXiv:2101.02373, 2021.

[18] Luo S, Chen X, Wu Q, Zhou Z, Yu S (2020) Hfel: Joint edge association and resource allocation for cost-efficient hierarchical federated edge learning. IEEE Trans Wirel Commun 19(10):6535-6548.

[19] Luping W, Wei W, Bo L (2019) Cmfl: Mitigating communication overhead for federated learning. In: 2019 IEEE 39th international conference on distributed computing systems (ICDCS). IEEE, pp 954-964.

[20] Kairouz P, McMahan HB, Avent B, Bellet A, Bennis M, Bhagoji AN et al. (2021) Advances and open problems in federated learning. Foundations and Trends?in Machine Learning 14(1-2):1-210.

[21] Reisizadeh A, Mokhtari A, Hassani H, Jadbabaie A, Pedarsani R (2020) Fedpaq: A communication-efficient federated learning method with periodic averaging and quantization. In: International conference on artificial intelligence and statistics. PMLR, pp 2021-2031.

[22] Roy AG, Siddiqui S, Pölsterl S, Navab N, Wachinger C (2019) Braintorrent: A peer-to-peer environment for decentralized federated learning. Preprint. arXiv:1905.06731.

[23] Sattler F, Wiedemann S, Müller KR, Samek W (2019) Robust and communication-efficient federated learning from non-iid data. IEEE Trans Neural Netw Learn Syst 31(9):3400-3413.

[24] Sattler F, Müller KR, Samek W (2020) Clustered federated learning: Model-agnostic distributed multitask optimization under privacy constraints. IEEE Trans Neural Netw Learn Syst 32:3710.

[25] Sprague MR, Jalalirad A, Scavuzzo M, Capota C, Neun M, Do L, Kopp M (2018) Asynchronous federated learning for geospatial applications. In: Joint European conference on machine learning and knowledge discovery in databases. Springer, pp 21-28.

[26] Sun Y, Zhou S, Gündüz D (2020) Energy-aware analog aggregation for federated learning with redundant data. In: ICC 2020-2020 ieee international conference on communications (ICC). IEEE, pp 1-7.

[27] Tran NH, Bao W, Zomaya A, Nguyen MN, Hong CS (2019) Federated learning over wireless networks: Optimization model design and analysis. In: IEEE INFOCOM 2019-IEEE conference on computer communications. IEEE, pp 1387-1395.

[28] Xie C, Koyejo S, Gupta I (2019) Asynchronous federated optimization. Preprint. arXiv:1903.03934.

[29] Xu Z, Yang Z, Xiong J, Yang J, Chen X (2019) Elfish: Resource-aware federated learning on heterogeneous edge devices. Preprint. arXiv:1912.01684.

[30] Yang Z, Chen M, Saad W, Hong CS, Shikh-Bahaei M (2020) Energy efficient federated learning over wireless communication networks. IEEE Trans Wirel Commun 20:1935.

第 11 章

掉队者管理

摘要：本章将详细阐述联邦学习中最常见的挑战之一——掉队者。前面第 9、10 章对此曾作过简要的论述，本章将进行更深入的研究。首先介绍这个问题是什么以及为什么它很重要。本章将讨论一项研究，以展示掉队者在实际环境中的影响。然后作为示例，我们将讨论一个名为 TiFL 的框架，该框架提出使用分组来解决此类问题。实验结果表明，这种系统可以帮助减轻掉队者的影响。

11.1 介绍

如前所述，联邦学习为新一代的高性能计算范式提供了可能性，它通过利用去中心化数据来应对安全和隐私挑战。具体方式是在每个参与方(或数据方)的本地数据上训练本地模型，并使用中心聚合器来汇总本地模型的梯度，从而训练出一个全局模型。尽管每个参与方的计算资源可能比传统超级计算机的计算节点要弱，但是通过大量参与方的计算能力的累积，可以形成一个非常强大的“去中心化的虚拟超级计算机”。根据使用场景的不同，联邦学习通常分为跨孤岛联邦学习和跨设备联邦学习[9]两种类型。在跨设备联邦学习中，参与方通常是大量的移动设备或物联网设备，它们的计算和通信能力各不相同[9, 10, 14]，而在跨孤岛联邦学习中，参与方是少量具有充足计算能力和可靠通信的组织[9, 16]。本节将重点关注跨设备联邦学习，它进一步加剧了计算和通信资源的异构性，这在传统的数据中心分布式学习和跨孤岛联邦学习中是没有的。更重要的是，联邦学习中的数据是由各参与方拥有的，其数量和内容可能存在很大的差异，会导致数据的异构性问题，而在数据中心分布式学习中通常不存在这种情况，因为数据中心的数据分布是经过控制的。

首先，通过一个 TiFL[8]的案例研究来量化参与方的数据和资源异构性对联邦学习的影响，主要关注使用 FedAvg 的训练性能和模型准确性。我们从中获取了一些关键发现。

- 训练吞吐量通常受限于计算能力较弱和通信较慢的参与方(即掉队者)，这被称为资源异构性。
- 不同的参与方可能在每轮训练中使用不同数量的样本进行训练，这会导致轮次时间的差异，类似于掉队者效应，从而影响训练时间，也可能会影响准确性。这被称为数据数量异构性。

- 在联邦学习中，数据类别和特征的分布取决于数据拥有者，因此导致数据分布不均匀，即非 IID 的数据异构性。实验表明，这种异构性会显著影响训练时间和准确性。

资源异构性和数据数量异构性的信息可以通过测量训练时间来反映，而非 IID 的数据异构性信息则很难获取。这是因为任何试图测量类别和特征分布的做法都可能违反隐私保护的要求。为解决这个问题，TiFL 提供了一种自适应的参与方选择算法，该算法使用准确性作为间接测量指标，推测非 IID 数据异构性信息，并按需动态地调整分层算法，以最小化对训练时间和准确性的影响。这种方法也可以在线使用，应用在异构性特征随时间变化的环境中。

11.2 异构性影响研究

与数据中心分布式学习和跨孤岛联邦学习相比，跨设备联邦学习的一个重要特点是参与方之间存在显著的资源和数据异构性，这可能会影响训练吞吐量和模型准确性。资源异构性的产生是因为训练过程中涉及大量计算和通信能力不同的设备。而数据异构性产生的主要原因有两个：①各参与方可获得的训练数据样本数量不同；②参与方之间的类别和特征分布不均匀。

11.2.1 制定标准的联邦学习

跨设备联邦学习的执行是一个迭代过程，通过多轮全局训练来训练模型，训练好的模型由所有参与方共享。我们用 K 表示每轮全局训练中可供选择的所有参与方总数，用 C 表示每轮选择的参与方集合。如算法 11.1 所示，在每一轮全局训练中，聚合器从 K 中随机选择部分成员 C_r。聚合器首先随机初始化全局模型权重，记为 $\boldsymbol{w}_0$。在每轮训练开始时，聚合器将当前模型权重发送给一部分随机选择的参与方。然后，每个被选中的参与方使用其本地数据训练自己的本地模型，并在完成本地训练后将更新后的权重反馈给聚合器。在每一轮训练中，聚合器等待所有被选中的参与方反馈其相应的训练权重。这个迭代过程不断地更新全局模型，直到完成一定数量的轮数或者达到期望的准确性。

算法 11.1 联邦平均训练算法

1: **Aggregator**: 初始化权重 $\boldsymbol{w}_0$
2: **for** 每轮 $r = 0$ to $N-1$ **do**
3: $C_r = (|C|$ 个参与方的随机集合$)$
4: **for** 每个参与方 $c \in C_r$ **in parallel do**

5: $\quad\quad \boldsymbol{W}_{r+1}^{c} = \text{TrainParty}(c)$

6: $\quad\quad s_c =$ (c 的训练规模)

7: $\quad$ **end for**

8: $\quad \boldsymbol{W}_{r+1} = \sum_{c=1}^{|C|} \boldsymbol{W}_{r+1}^{c} * \frac{s_c}{\sum_{c=1}^{|C|} s_c}$

9: **end for**

参考文献[3]提出的最新跨设备联邦学习系统采用随机选择参与方的策略。协调器负责创建和部署一个主聚合器和多个子聚合器，以确保系统的可扩展性，因为现实中的跨设备联邦学习系统可能涉及多达数万个参与方[3, 9, 12]。在每一轮训练中，主聚合器收集来自所有子聚合器的权重，进而更新全局模型。

11.2.2 异构性影响分析

在跨设备联邦学习过程中，参与方之间的资源和数据异构性可能导致不同的响应延迟(即一个参与方接收训练任务并返回结果的时间间隔)，这通常被称为掉队者问题。我们用 L_i 表示一个参与方 c_i 的响应延迟，全局训练延迟可定义为

$$L_r = \text{Max}(L_1, L_2, L_3, L_4 \ldots L_{|C|}) \tag{11.1}$$

式中 L_r 为第 r 轮的延迟。如式 11.1 所示，全局训练的延迟受到 C 中训练延迟最长的参与方(也就是最慢的参与方)的限制。

先定义参与方的级别数为 τ，在同一个级别内，这些参与方的响应延迟相近。假设总共有 m 个级别，τ_m 为最慢的级别，里面有 $|\tau_m|$ 个参与方。在基准情况下，聚合器会随机选择参与方，得到来自多个级别的参与方组合。

从除最慢级别 τ_m 之外的所有级别中选择 $|C|$ 个参与方的概率表示如下。

$$\text{Pr} = \frac{\binom{|K| - |\tau_m|}{|C|}}{\binom{|K|}{|C|}} \tag{11.2}$$

相应地，C 中至少有一个参与方来自 τ_m 的概率可以表示为

$$\text{Pr}_s = 1 - \text{Pr} \tag{11.3}$$

定理 11.1：当 $1 < a < b$ 时，$\frac{a-1}{b-1} < \frac{a}{b}$。

证明：因为 $1 < a < b$，所以可以得到 $ab - b < ab - a$，也就是 $(a-1)b < (b-1)a$，即 $\frac{a-1}{b-1} < \frac{a}{b}$。

$$\Pr_s = 1 - \frac{\binom{|K|-|\tau_m|}{|C|}}{\binom{|K|}{|C|}}$$
$$= 1 - \frac{(|K|-|\tau_m|)\ldots(|K|-|\tau_m|-|C|+1)}{|K|\ldots(|K|-|C|+1)} \tag{11.4}$$
$$= 1 - \frac{|K|-|\tau_m|}{|K|}\ldots\frac{|K|-|\tau_m|-|C|+1}{|K|-|C|+1}$$

通过应用定理 11.1，得到

$$\Pr_s > 1 - \frac{|K|-|\tau_m|}{|K|}\ldots\frac{|K|-|\tau_m|}{|K|} = 1 - \left(\frac{|K|-|\tau_m|}{|K|}\right)^{|C|} \tag{11.5}$$

在现实场景中，每一轮训练都可以选择大量的参与方，这使得$|K|$非常大。作为 K 的子集，C 也可能很大。由于$\frac{|K|-|\tau_m|}{|K|}<1$，得到$\left(\frac{|K|-|\tau_m|}{|K|}\right)^{|C|} \approx 0$，这使得 $\Pr_s \approx 1$；意味着在标准的跨设备联邦学习训练过程中，对于每一轮，从最慢的级别中选择至少一个参与方的概率相当高。根据式 11.1，目前最先进的跨设备联邦学习系统采用的随机选择策略可能存在训练速度缓慢的问题。

11.2.3 实验研究

为了通过实验验证上述关于资源异构性和数据数量异构性的影响的分析，本节将进行与论文[7]类似的研究。实验设置简要总结如下。

- 共使用 20 个参与方，并进一步分为 5 个小组，每组 4 个参与方。
- 分别为来自第 1～5 组的每个参与方分配 4 个 CPU、2 个 CPU、1 个 CPU、1/3 个 CPU 和 1/5 个 CPU，以模拟资源异构性。
- 在图像分类数据集 CIFAR10[11]上，使用 11.2.1 节介绍的标准跨设备联邦学习过程训练模型(模型和学习参数在 11.4 节中详细说明)。
- 对各参与方进行不同数据大小的实验，以产生数据异构性结果。

如图 11-1(a)所示，在 CPU 资源相同的情况下，将数据规模从 500 增加到 5000，每轮训练时间会近似线性增长。随着分配给各参与方的 CPU 资源增加，训练时间变短。此外，在 CPU 资源相同的情况下，训练时间随着数据点数量的增加而增加。这些初步结果表明，在复杂和异构的跨设备联邦学习环境中，存在严重的掉队者问题。

为评估数据分布异构性的影响，各参与方保持相同的 CPU 资源(即 2 个 CPU)，并按照参考文献[17]的方法生成一个有偏的类别和特征分布。具体来说，数据集的分布方式是每个参与方拥有的图像数量相等，分别为 2 个、5 个和 10 个非 IID 类别。如图 11-1(b)所示，不同非 IID 分布下的准确性存在明显差异。IID 情况下的准确性是最好的，因为它代表了类别和特征的一致分布。随着每个参与方的类别数量减少，可观察到相应的准确性降低。与 IID 相比，每个参与方使用 10 个类别时，最终准确性降低约 6%(注意，非 IID(10)与 IID 不同，因为它的特征分布相对于 IID 是有偏的)。在每个参与方为 5 个类别时，准确性降低 8%；每个参与方为 2 个类别时的准确性最低(显著下降 18%)。

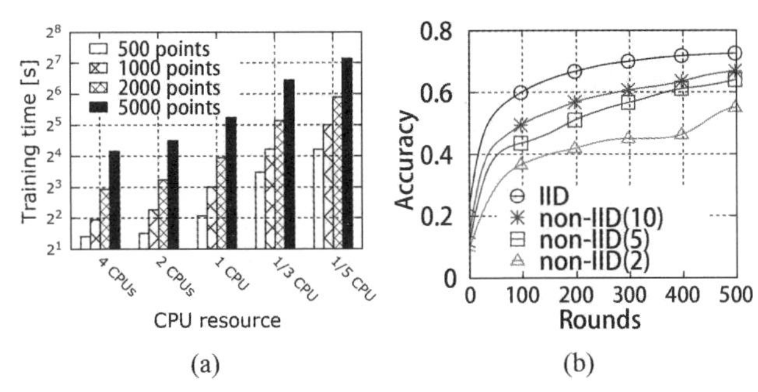

图 11-1　实验情况：(a)一个参与方在不同资源量和训练数据量(训练点数)下的每轮训练时间(取对数)；(b)在固定计算资源的情况下，每个参与方在不同类别数量(非 IID)时的准确性

这些研究表明，在跨设备联邦学习中，数据和资源的异构性会对训练时间和训练准确性产生重大影响。为解决这个问题，人们提出了一种名为 TiFL 的框架，即基于层的联邦学习框架[8]。这是一种异构性感知的参与方选择方法，在每一轮训练中选择最合适的参与方，以最小化异构性影响，同时保留联邦学习的隐私属性，从而提高跨设备联邦学习的整体训练性能。

11.3　TiFL 的设计

本节将介绍 TiFL 的设计。基于层的系统的核心思想是，在每一轮训练中，全局训练时间会受到最慢参与方的限制(见式 11.1)，而在每轮中选择具有相似响应延迟的参与方可以显著减少训练时间。本节首先概述 TiFL 系统的架构和主要流程，然后介绍分析和分层方法。我们将解释层选择算法如何通过一个“稻草人提议”来减少异构性影响，以及这种静态选择方法的局限性。然后，讨论自适应层选择算法，以解决这个稻草人系统的问题。

11.3.1　系统概述

TiFL 的整体系统架构如图 11-2 所示。它借鉴了前沿联邦学习系统[3]的设计，并增加了两个新组件：分层模块(分析器和分层算法)和层调度器。这些新增的组件可以加入现有联邦学习系统的协调器中[4]。TiFL 支持主-子聚合器设计，以提高可扩展性和容错性。

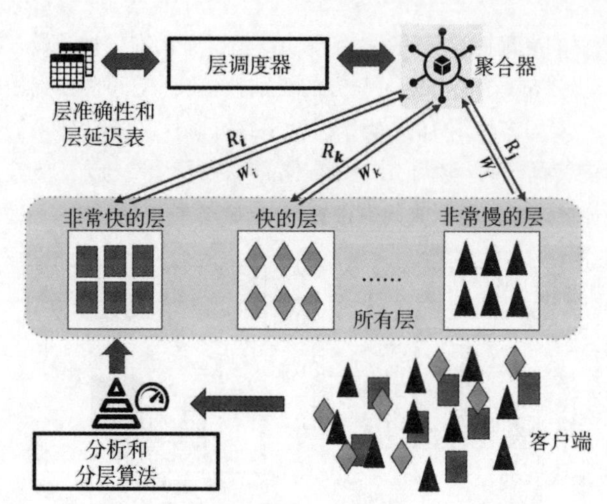

图 11-2 TiFL 概览

在 TiFL 中，第一步是通过一种轻量级的分析方法(详见 11.3.2 节)收集所有可用参与方的延迟指标。分层算法将进一步利用分析后的数据，把各参与方分组到不同的逻辑池(称为层)。一旦调度器获得分层信息(即参与方所属的层和层的平均响应延时)，训练过程即可开始。不同于标准联邦学习系统的随机参与方选择策略，在 TiFL 中，调度器首先选择一个层，然后从该层中随机选择一定数量的参与方进行训练。一旦选择好参与方，就会像先进联邦学习系统一样进行训练过程。根据设计，TiFL 是非侵入式的系统，可以轻松地集成到任何现有的联邦学习系统中，其分层模块和调度器模块仅调整参与方的选择，而不会干扰底层的训练过程。

11.3.2 分析和分层

前面提到，每一轮全局训练时间都受到该轮中最慢的参与方的限制(见式 11.1)，如果系统能够在每轮中选择响应延迟相似的参与方，则可以优化训练时间。然而，在联邦学习中，响应延迟是无法预知的，这使得上述想法的实现变得非常困难。为解决这个问题，我们提出了一种通过“分析和分层模块”对参与方进行分层(分组)的方法，如图 11-2 所示。首先，将所有可用参与方的响应延迟 L_i 初始化为 0。然后，分析和分层模块为所有可用的参与方分配分析任务。分析任务执行 sync_rounds 轮，在每轮分析中，聚合器要求各参与方对本地数据进行训练，并在 $T_{\max}$ 秒内等待它们的响应。如果参与方在 $T_{\max}$ 内作出响应，其响应延迟值 RT_i 将增加实际训练时间，而超时的参与方则增加 $T_{\max}$。完成 sync_rounds 轮后，响应延迟值 $L_i \geqslant \text{sync\_rounds} * T_{\max}$ 的参与方被视为退出，并从后续的计算中排除。离线分析所产生的总开销为 $\text{sync\_rounds} * T_{\max}$，因为 TiFL 将在 sync_rounds 轮中进行分析，并且每轮所需的训练时间为 $T_{\max}$。通过分析参与方所收集的训练延迟可用于创建一个直方图，并被分成 m 组，每组中的参与方形成一个层。然后，调度器会存储每个参与方的响应延迟，以用于后续的调度和层选择。由于参与方的计算和通信性能会随时间而变化，因此需要定期进行分析和分层，以便将参与方自适应地分组到正确的层。

11.3.3　稻草人提议：静态层选择算法

本节将介绍一种朴素的基于静态层的参与方选择策略并讨论其局限性(这也推动了下一节中要讨论的自适应层选择算法的开发)。11.3.2 节中介绍的分析和分层模块根据响应延迟将参与方分为 m 层，层选择算法则关注如何在联邦学习过程中从合适的层中选择参与方以提高训练性能。提高训练时间的通常方式是优先选择更快的层，而不是随机从所有层(即整个 K 池)中选择参与方。不过，这种选择方法只关注训练时间，而忽略了模型的准确性和隐私性。为了使选择更具有泛化性，可以指定基于预定义的概率从所有层中选择一个层 n_j (所有层的概率总和为 1)。在每个层中，均匀随机地选择 $|C|$ 个参与方。

在实际的联邦学习场景中，参与联邦学习的参与方可能非常多(例如高达 10^{10})[3,9, 12]。因此，在基于层的方法中，层的数量 $m << |K|$，且每层的参与方数量 n_j 总是大于 $|C|$。层的选择概率是可以调控的，以便作不同的权衡。如果用户的目标是减少整体训练时间，那么可以增加选择速度更快的层的概率。然而，由于不同层上的参与方可能拥有不同的异构训练数据集，仅从最快的层中选择参与方可能会引入训练偏差；因而可能影响到全局模型的准确性。为避免这种情况，最好选择来自不同层的参与方，以覆盖多样化的训练数据集。11.4 节中将进行有关延迟和准确性之间权衡的实证分析。

11.3.4　自适应层选择算法

上述朴素静态选择方法虽然直观，但并没有提供一种自动调整权衡以优化训练性能的方法，也不能根据系统的变化调整选择策略。本节将介绍 TiFL 的自适应层选择算法，该算法能够自动地平衡训练时间和准确性，并根据变化的系统条件在训练轮次中自适应地调整选择概率。

可以看到，过度选择某些层(例如更快的层)可能最终导致模型产生偏差；TiFL 需要平衡对其他层(例如较慢的层)的参与方的选择。那么应该使用什么指标来平衡选择呢？由于我们的目标是最小化训练模型的偏差，因此 TiFL 可以在整个训练过程中监测每个层的准确性。如果某个层 t 的准确性较低，则通常意味着该层的参与度较小，因此在下一轮训练中，应该让层 t 更多地作出贡献。为此，TiFL 可以增加对准确性较低的层的选择概率。为保证足够的训练时间，它还需要在训练的不同轮次中限制较慢层的选择。因此，我们引入了 Credits_t 的概念(一个用于定义某个特定层可选择次数的限制值)。

具体来说，先以相等的选择概率随机初始化一个层。在接收到权重和更新全局模型后，每轮训练都对每个层的参与方进行全局模型评估(基于各参与方的 TestData)。将得到的准确性作为第 r 轮训练中相应层 t 的准确性，记作 A_t^r，它是训练轮 r 中层 t 所有参与方的平均准确性。在后续的训练轮次中，自适应算法每隔 I 轮根据各个层的测试准确性来调整对应层的选择概率。这里通过 ChangeProbs 函数调整概率，使得准确性较低的层获得较高的选择概率；然后根据新的层级选择概率(NewProbs)，从所有可用的层 τ 中选择具有剩余 Credits_t 的层。被选择的层的 Credits_t 值会减少。随着训练轮次的进行，某个层的参与方会多次被选择，若某层的 Credits_t 最终减少到零，则意味着在未来的训练中将不会再选择该层。该方法旨在限制某个层被选择的次数，通过控制较慢层被选择的最大次数控制其训练时间。这相当于一个控制旋钮，用于限制选择某个层的次数，通过设定对应的上限，TiFL 可以限制较慢层对训练的贡献次数，从而有效地设置总训练时间的软上界。在稻草人实现中，使用了一种有偏的选择概率来调节训练时间。由于 TiFL 希望自适应地调整概率，因此加入 Credits_t 来控制对训练时间的限制。

一方面，层级准确性 A_t^r 本质上使得 TiFL 的自适应层选择算法能够感知数据异构性；因此，TiFL 在进行层选择决策时，会考虑底层数据集的选择偏差，并随时间变化自动地调整层的选择概率。另一方面，引入 Credits_t 来控制对相对较慢层的选择，以限制训练时间。虽然 Credits_t 和 A_t^r 机制分别针对两个不同的甚至是相互矛盾的目标(即训练时间和准确性)，但是 TiFL 巧妙地结合了这两个机制，以在训练时间和准确性之间取得平衡。更重要的是，TiFL 通过自动化的决策过程，减轻了用户的大量手动操作。可能有人会担忧：选择概率的不均衡可能导致模型在某些层上过拟合或在质量较差的层上训练时间过长，从而影响整体准确性。不过研究发现，如果质量较差的层被选择的次数过多，会对其他层的准确性产生影响，即导致其他层的准确性下降。因此，在接下来的训练轮次中，其他层会被赋予更高的选择概率，更频繁地被选择，以减轻质量较差层的影响，这都得益于 TiFL 动态算法的自适应能力。TiFL 的自适应算法在算法 11.2 中进行了总结。

算法 11.2 自适应层选择算法。Credits_t：第 t 层的信用；I：改变概率的间隔；TestData_t：特定于第 t 层的评估数据集；A_t^r：第 t 层在第 r 轮的测试准确性；τ：层的集合

1: **Aggregator**：初始化权重 $\boldsymbol{w}_0$、currentTier = 1、TestData_t 和 Credits_t，每层 t 的概率等于 $\frac{1}{T}$。
2: **for** 每轮 $r = 0$ **to** $N-1$ **do**
3:   **if** $r\%I == 0$ 且 $r \geqslant I$ **then**
4:     **if** $A_{\text{currentTier}}^r \leqslant A_{\text{currentTier}}^{r-I}$ **then**
5:       NewProbs = ChangeProbs$(A_1^r, A_2^r, \ldots, A_T^r)$
6:     **end if**
7:   **end if**
8:   **while** True **do**
9:     currentTier = (使用 NewProbs 从 T 层中选择一个层)
10:    **if** $\text{Credits}_{\text{currentTier}} > 0$ **then**
11:       $\text{Credits}_{\text{currentTier}} = \text{Credits}_{\text{currentTier}} - 1$
12:       **break**

```
13:         end if
14:     end while
15:     C_r = (来自currentTier的|C|个参与方的随机集合)
16:     for 每个参与方 c ∈ C_r in parallel do
17:         w_r^c = TrainParty(c)
18:         s_c = (c 的训练规模)
19:     end for
20:     w_r = Σ_{c=1}^{|C|} w_{r+1}^c * s_c / Σ_{c=1}^{|C|} s_c
21:     for τ 中每个 t do
22:         A_t^r = Eval(w_r, TestData_t)
23:     end for
24: end for
25:
26: function ChangeProbsAccuraciesByTier
27:     A = SortAscending(AccuraciesByTier)
28:     D = n*(n-1)/2 其中 n为Credits_t > 0 的层级数量
29:     NewProbs = []
30:     for 每个索引 i，A 中的层 t do
31:         NewProbs[t] = i/D
32:     end for
33:     return NewProbs
34: end function
```

11.3.5 训练时间估计模型

在实际应用中，训练时间和资源预算通常是有限的。因此，在联邦学习中，用户可能需要在训练时间和准确性之间作出权衡。训练时间估计模型将为用户确定训练时间-准确性的权衡曲线，以有效地实现期望的训练目标。因此，用户可建立一个训练时间估计模型，根据给定的延迟值和各层的选择概率来估计总体训练时间。

$$L_{\text{all}} = \sum_{i=1}^{n} (\max(L_{\text{tier\_i}}) * P_i) * R \tag{11.6}$$

其中，L_{all} 为总训练时间，$L_{\text{tier\_i}}$ 为层 i 中所有参与方的响应延迟，P_i 为层 i 的概率，R 为总训练轮数。该模型是层和每层的最大延迟的乘积的总和，给出了每一轮的延迟预期

(将此乘以总训练轮数得到总训练时间)。

对于参与方 c_i，在进行一轮本地训练时，可以使用 (ϵ,δ) -差分隐私算法，其中 ϵ 限制个体对算法输出的影响，δ 定义违反这个界限的概率。ϵ 值越小意味着更严格的界限和更强的隐私保证。为实现更小的 ϵ 值，需要在参与方将模型更新发送给聚合器时添加更多噪声，但这会导致模型的准确性降低。在联邦学习中，每轮训练选择参与方对于保护个体隐私和确保准确性有不同的影响。为简化问题，假设所有参与方都遵循相同的隐私预算，因此具有相同的 (ϵ,δ) 值。首先考虑每轮随机均匀选择参与方 C 的情况。相比于每个参与方每轮都参与，该方法通过随机采样放大[2]，使得整体隐私保证从 (ϵ,δ) 提高到 $(O(q\epsilon),q\delta)$，其中 $q=\frac{|C|}{|K|}$。这意味着在相同的噪声水平下，有更强的隐私保证。因此，参与方可以每轮添加更少的噪声或进行更多轮次的训练，而不会牺牲隐私。对于分层式方法，隐私保证也有所改善。相比于全体参与方情况下的 (ϵ,δ)，分层式方法优化为 $(O(q_{\max}\epsilon),$ $q_{\max}\delta)$ 隐私保证，其中权重为 θ_j 的层被选择的概率为 $\frac{1}{n_{\text{tiers}}}*\theta_j$，$q_{\max}=\max_{j=1\ldots|n_{\text{tiers}}|}q_j$，$q_j=\left(\frac{1}{n_{\text{tiers}}}*\theta_j\right)\frac{|C|}{|n_j|}$。

11.4　实验评估

本节将讨论朴素选择方法和自适应选择方法下的 TiFL 原型结果，并在资源异构性、数据异构性、资源加数据异构性 3 种情况下进行实验测试。

11.4.1　实验设置

作为概念证明的案例研究，这里在一个 CPU 集群上使用 TensorFlow[1]构建一个用于合成数据集的联邦学习测试平台。其中包括 50 个参与方，每个参与方都有自己独立的 CPU。在每轮训练中，选择 5 个参与方，让其对各自的数据进行训练，并将训练得到的权重发送给服务器，服务器对权重进行聚合并更新全局模型(类似于参考文献[4,14]中的方法)。Bonawitz 等人[4]提出了多级服务器聚合器，以实现极大规模情况下的可扩展性和容错性，如有数百万个参与方的情况。在这个原型中，作者将系统简化为只使用一个强大的单一聚合器，因为它足以达到研究目的；也就是说，系统在可扩展性和容错性方面没有问题，尽管 TiFL 可以轻松地集成多个层级的聚合器。

TiFL 是基于广泛采用的大规模分布式联邦学习框架 LEAF[6]扩展出来的。LEAF 框架本身提供了数据数量和类别分布的异构性，即数据是非独立同分布的。不过，LEAF 框架并没有提供参与方之间的资源异构性，而这是现实的联邦学习系统中的一个关键特点。目前 LEAF 框架的实现是对联邦学习系统的模拟，其参与方和聚合器运行在同一台机器上。为加入资源异构性，研究者首先扩展了 LEAF，以支持分布式联邦学习，其中每个参与方和聚合器都可以运行在独立的机器上，从而创建一个真正的分布式系统。然后，将聚合器和参与方部署在各自独立的硬件上。采用均匀随机分布进行参与方的资源分配，以确保每种硬件类型都有相同数量的参与方。通过引入资源异构性并将参与方部署在不同的硬件上，每个参与方都模拟了真实世界中的边缘设备。考虑到 LEAF 已具备非 IID 特性，通过新增加的资源异构性，TiFL 框架提供了一个现实版的联邦学习系统，支持数据数量、质量和资源异构性。对于实验设置，作者使用了与 LEAF[6]论文相同的采样比例(0.05)，总共有 182 个参与方，每个参与方有不同的图像数量。在准确性方面，所有数据集的测试集都是按每个参与方的总数据量的 10%采样得到的，因此测试集的分布代表了训练集的分布情况。

1. 实验结果

模型和数据集：TiFL 使用 4 种图像分类应用进行评估。它们使用 MNIST[1]和 Fashion-MNIST[15]，每个数据集包含 60 000 张训练图像和 10 000 张测试图像，每张图像都是 28×28 像素。TiFL 使用 CNN 模型来处理这两个数据集，该模型的结构首先是一个带有 32 通道和 ReLU 激活函数的 3×3 卷积层，接着是一个带有 64 通道和 ReLU 激活函数的 3×3 卷积层、一个大小为 2×2 的最大池化层、一个包含 128 个单元和 ReLU 激活函数的全连接层，最后是一个包含 10 个单元和 ReLU 激活函数的全连接层。在最大池化层之后加入丢弃率 0.25，在最后一个全连接层之前加入丢弃率 0.5。此外，还使用了 CIFAR10[11]数据集，它与 MNIST 和 Fashion-MNIST 相比，包含更多的特征。CIFAR10 数据集总共有 60 000 张彩色图像，每张图像为 32×32 像素。整个数据集被均匀分成 10 个类别，其中 50 000 张图像用于训练，10 000 张图像用于测试。模型是一个带有四个卷积层和两个全连接层的网络，最后是一个 softmax 层。模型在训练中使用的丢弃率为 0.25。最后，还使用了 LEAF 框架中的 FEMNIST 数据集[6]。这是一个包含 62 个类别的图像分类数据集，其数据的数量和类别分布是非 IID 的。它使用 LEAF[5]提供的标准模型结构。

训练超参数：TiFL 在本地训练中使用 RMSprop 作为优化器，初始学习率(η)设置为 0.01，衰减率为 0.995。每个参与方的本地批大小为 10，本地训练周期数为 1。对于 CIFAR10 数据集，总参与方数量($|K|$)为 50，每轮参与训练的参与方数量($|C|$)为 5。对于 FEMNIST 数据集，使用与 CIFAR10 相同的总参与方数量和每轮参与方数量，并使用 LEAF 框架提供的默认训练参数(使用 SGD，学习率为 0.004，批大小为 10)。对于 FEMNIST 数据集，TiFL 总共进行 2000 轮训练；对于合成数据集，TiFL 进行 500 轮训练。每个实验重复 5 次，结果取平均值。

异构资源设置：将所有参与方分为 5 组，每组参与方数量相等。对于 MNIST 和 Fashion-MNIST 数据集，每组的参与方分别分配 2 个 CPU、1 个 CPU、0.75 个 CPU、0.5 个 CPU 和 0.25 个 CPU。对于较大的 CIFAR10 和 FEMINIST 数据集，每组的参与方分别

1 http://yann.lecun.com/exdb/mnist/。

分配 4 个 CPU、2 个 CPU、1 个 CPU、0.5 个 CPU 和 0.1 个 CPU。这就导致不同组参与方的训练时间不同。通过使用 TiFL 的分层算法，得到 5 个层。

异构数据分布：联邦学习中的异构数据分布与数据中心分布式学习的不同之处在于，联邦学习训练过程中的参与方的数据分布可能是不均匀的，包括每个参与方拥有的数据量以及非 IID 的数据分布。对于数据数量异构性，训练数据样本分布按照不同组分别为总数据集的 10%、15%、20%、25%、30%(除非另有说明)。对于非 IID 异构性，TiFL 论文针对不同的数据集采用不同的非 IID 策略。对于 MNIST 和 Fashion-MNIST 数据集，采用了参考文献[14]中的设置，先按标签值排序，平均分成 100 个片段，然后为每个参与方分配两个片段，使得每个参与方最多持有两个类别的数据样本。对于 CIFAR10 数据集，以类似的方式不均匀地共享数据集，并按参考文献[13, 17]的方法，将每个参与方的类别数量限制为 5 个(除非另有说明)。对于 FEMINIST 数据集，使用默认的非 IID 设置。

调度策略：研究者评估了所提出的基于层的选择方法的几种不同的朴素调度策略，这些策略由各层的选择概率定义，并与现有联邦学习实践中采用的策略(或不采用策略)进行比较。这些策略大致归为如下几类。

- *standard* 策略：每轮从所有参与方中随机选择 5 个参与方[4, 14]，对系统中的任何异构性不加区分(在原始论文[8]和相关图表中称为 *vanilla*)。
- *fast* 策略：TiFL 每轮只选择最快的参与方。
- *random* 策略：优先选择最快层而不是较慢层级。
- *uniform* 策略：基于层的朴素选择策略的基准情况，每个层被选择的概率相等。
- *slow* 慢速策略：TiFL 仅从最慢的层选择参与方，是最差的策略，用于演示最坏情况。

论文中还演示了当策略更积极地优先选择快层时的敏感性分析，即从 *fast1* 到 *fast3*，最慢层的选择概率从 0.1 减少到 0，而其他层的选择概率相等。此外还包括了 *uniform* 策略的比较(它与 CIFAR 10 中的情况相同)。表 11-1 通过选择概率总结了所有这些调度策略。

表 11-1 调度策略配置

数据集	策略	选择概率				
		第 1 层	第 2 层	第 3 层	第 4 层	第 5 层
CIFAR10/FEMNIST	*standard*	N/A	N/A	N/A	N/A	N/A
	slow	0.0	0.0	0.0	0.0	1.0
	uniform	0.2	0.2	0.2	0.2	0.2
	random	0.7	0.1	0.1	0.05	0.05
	fast	1.0	0.0	0.0	0.0	0.0
MNIST/FMNIST	*standard*	N/A	N/A	N/A	N/A	N/A
	uniform	0.2	0.2	0.2	0.2	0.2

(续表)

数据集	策略	选择概率				
MNIST/FMNIST	*fast1*	0.225	F0.225	0.225	0.225	0.1
	fast2	0.2375	0.2375	0.2375	0.2375	0.05
	fast3	0.25	0.25	0.25	0.25	0.0

2. 基于分析模型的训练时间估计

本节通过将模型的估计结果与实验获得的测量结果进行比较，讨论训练时间估计模型在不同朴素层选择策略上的准确性。估计模型以各层的平均延迟、选择概率和总训练轮数作为输入，来估计训练时间。作者使用平均预测误差(MAPE)作为评价指标，其定义如下。

$$\text{MAPE} = \frac{\left| L_{\text{all}}^{\text{est}} - L_{\text{all}}^{\text{act}} \right|}{L_{\text{all}}^{\text{act}}} * 100 \tag{11.7}$$

其中 $L_{\text{all}}^{\text{est}}$ 是通过估计模型计算得到的估计训练时间，$L_{\text{all}}^{\text{act}}$ 是在训练过程中测量得到的实际训练时间。表 11-2 为调度策略的对比结果。结果表明，分析模型非常准确，估计误差不超过 6%。

表 11-2 估计训练时间与实际训练时间

策略	估计(秒)	实际(秒)	MAPE(%)
slow	46 242	44 977	2.76
uniform	12 693	12 643	0.4
random	5143	5053	1.8
fast	1837	1750	5.01

11.4.2 资源异构性

本节将展示资源异构环境(见 11.4.1 节)下使用静态选择策略的 TiFL 在训练时间和模型准确性方面的表现，并假设不存在数据异构性。11.4.5 节将评估 TiFL 使用自适应选择策略的性能。在实际应用中，数据异构性是联邦学习的一种常态，这种场景展示了 TiFL 如何应对资源异构性问题。11.4.4 节将展示同时存在资源和数据异构性的情况。

结果如图 11-3(第 1 列)所示，它清楚地表明当优先选择快层时，训练时间显著缩短。与 *standard* 策略相比，*fast* 策略在训练时间上提高了近 11 倍，如图 11-3(a)所示。有趣的是，即使使用 *uniform* 策略，训练时间也比 *standard* 策略提高 6 倍以上。这是因为训练时间总是受每轮训练中选择的最慢的参与方的限制。在 TiFL 中，从同一层选择参与方可最小化每轮中掉队者问题的影响，从而大大缩短训练时间。在准确性比较方面，图 11-3(c)显示了各种策略之间的差异非常小，在进行 500 轮训练后差异不到 3.71%。然而，如果从实际训练时间的角度来比较准确性，TiFL 相比 *standard* 策略获得了更好的准确性，即使在有限的训练时间下，准确性也能提高 6.19%；这要归功于 TiFL，它使得每轮训练时间更快，

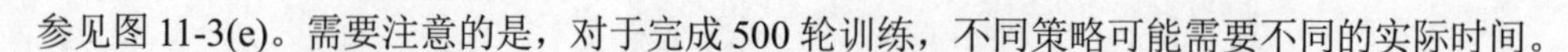

参见图 11-3(e)。需要注意的是，对于完成 500 轮训练，不同策略可能需要不同的实际时间。

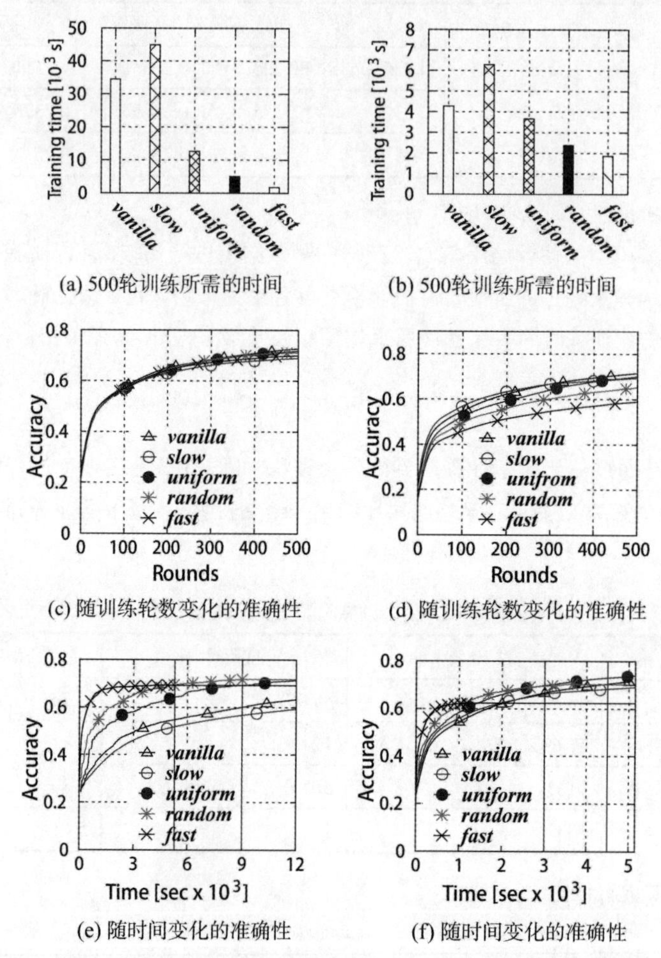

图 11-3　在 CIFAR10 数据集上使用不同选择策略时的比较结果：第 1 列展示资源异构性(0.5～4 个 CPU)但数据数量同构；第 2 列展示数据数量异构性但资源同构(每个参与方有 2 个 CPU)

11.4.3　数据异构性

本节将展示 TiFL 在数据异构性方面的性能，包括数据数量异构性和非 IID 异构性(具体见11.4.1 节)。为了仅展示数据异构性的影响，研究人员为每个参与方分配了相同的资源，即每个参与方都拥有 2 个 CPU。

1. 数据数量异构性

图 11-3(第 2 列)展示了训练时间和准确性结果。有趣的是，通过图 11-3(b)的训练时间比较可见，TiFL 在仅考虑数据异构性的情况下也能发挥作用，并且实现了高达 3 倍的加速。原因在于数据数量异构性也可能导致不同轮次的训练时间，从而产生与资源异构性相似的

影响。图 11-3(d)和(f)显示了准确性的比较，其中可以看到与其他策略相比，*fast* 策略的准确性明显下降，因为第 1 层只包含 10%的数据，其训练数据量显著减少。*slow* 策略也倾向于只选择一个层，但由于第 5 层包含了 30%的数据，因此 *slow* 策略虽然训练时间很长，但仍能保持较好的准确性。这些结果意味着，与仅考虑资源异构性类似，仅考虑数据异构性也能从 TiFL 获益。然而，对于偏向于快层的策略，需要非常谨慎地使用，这是因为快层中的参与方由于使用的样本量较少，因此轮次训练时间更快。同样值得指出的是，实验中总的数据量相对有限。在数据明显较多的实际情况下，*fast* 策略引起的准确性下降并不明显。

2. 非 IID 异构性

非 IID 异构性会影响准确性。图 11-4 展示了在非 IID 环境下，每个参与方拥有 2、5 和 10 个类别时的准确性随轮次的变化情况。图中也展示了 IID 结果以供比较。这些结果表明，随着非 IID 异构性水平的增加，由于训练数据存在较大偏差，因此策略准确性会受到更大的影响。另一个重要的发现是，由于无偏的选择行为，*standard* 策略和 *uniform* 策略比其他策略具有更好的弹性，这有助于减少参与方选择过程中引入的偏差。

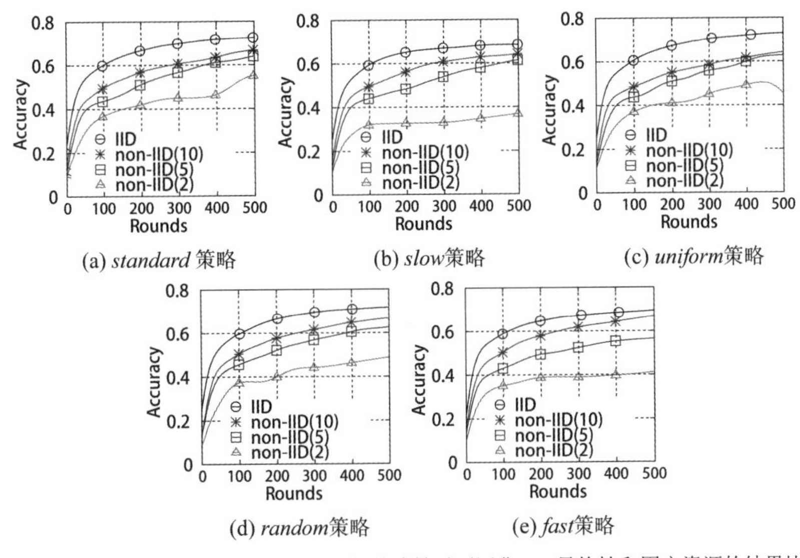

图 11-4　在 CIFAR10 数据集上，不同选择策略针对不同非 IID 异构性和固定资源的结果比较

11.4.4　资源加数据异构性

本节将介绍静态选择策略的最实用的案例研究，结合资源异构性和数据异构性进行评估。11.4.5 节将结合自适应选择策略对 TiFL 作资源异构性和数据异构性方面的评估。

MNIST 和 Fashion-MNIST(FMNIST)的结果分别见图 11-5 的第 1 列和第 2 列。总的来说，对快层更积极的策略在训练时间上得到更多提升。在准确性方面，除忽略第 5 层中数据的 *fast3* 外，TiFL 的所有策略都接近 *standard* 策略。

CIFAR10 的结果见图 11-6 的第 1 列。这个结果是在资源异构性加上非 IID 数据异构性，且每个参与方数据数量相等的情况下得出的，结果与仅有资源异构性的情况类似，因为非 IID 数据在每个参与方的数据数量相等时，会对训练时间产生与资源异构性类似的影响。然而，由于非独立同分布性中特征是有偏的，因此加剧了不同类别之间的训练偏差，导致准确性有所下降。

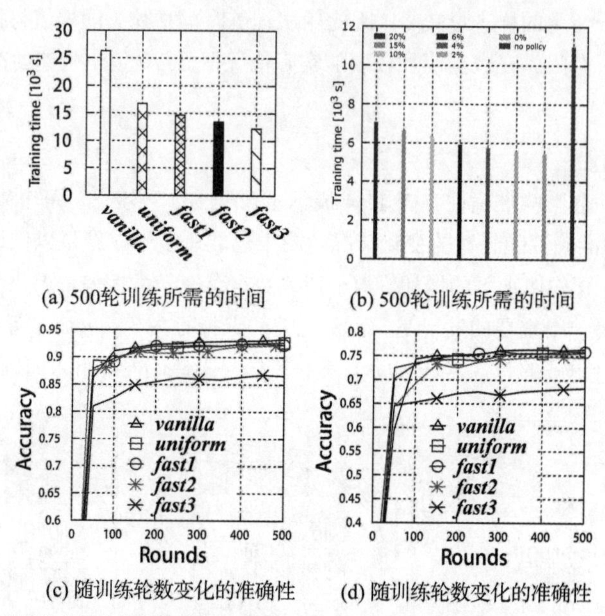

(a) 500轮训练所需的时间 (b) 500轮训练所需的时间

(c) 随训练轮数变化的准确性 (d) 随训练轮数变化的准确性

图 11-5 不同选择策略在具有资源加数据异构性的 MNIST(第 1 列)和 FMNIST(第 2 列)上的结果比较

图 11-6 的第 2 列展示了同时存在资源异构性、数据数量异构性和非 IID 异构性的情况。如预期的那样，图 11-6(b)中的训练时间与图 11-6(a)相似，因为通过使用 TiFL 可以纠正不同数据数量对训练时间的影响。然而，图 11-6(d)中展示的每轮准确性表现却有很大的差异。*fast* 策略的准确性下降更多，这是因为数据数量异构性进一步放大了训练类别偏差(即某些类别的数据非常少甚至没有)，导致原来非 IID 异构性引起的数据分布偏差更严重。其他策略也是类似的情况。准确性方面表现最好的是 *uniform* 策略，它接近 *standard* 策略，这要归功于其均匀选择的特性，几乎不增加训练类别的偏差。图 11-6(f)展示了实际训练时间内的准确性。如预期的那样，TiFL 通过显著改进每轮训练时间的特性在这里展现出其优势，因为在相同的时间预算内，通过缩短轮次时间可以进行更多的迭代，从而弥补了每轮准确性的劣势。然而，由于数据数量有限且存在偏差，限制了更多迭代带来的好处，因此在更多的训练时间情况下，*fast* 策略仍然不如 *standard* 策略。此外，*fast* 策略的整体表现也比 *standard* 策略差，因为它没有其他训练优势。

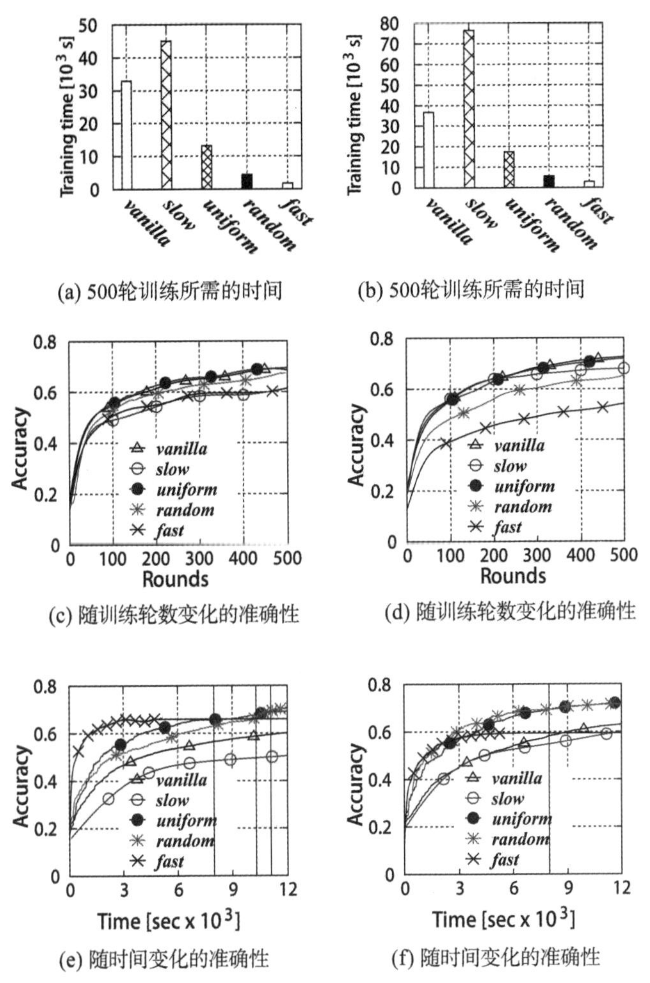

(a) 500轮训练所需的时间　(b) 500轮训练所需的时间

(c) 随训练轮数变化的准确性　(d) 随训练轮数变化的准确性

(e) 随时间变化的准确性　(f) 随时间变化的准确性

图 11-6　在 CIFAR10 数据集上进行不同选择策略的结果比较，分别考虑资源加非 IID 异构性(第 1 列)和资源、数据数量加非 IID 异构性(第 2 列)

11.4.5　自适应选择策略

上述评估表明，TiFL 中的朴素选择方法可以显著提高训练时间，但这种方法并不考虑数据异构性，因此有时会导致准确性不佳，特别是当数据异构性较强的情况下。本节将展示 TiFL 的自适应层选择方法的评估结果，该方法在进行调度决策时，能够在不泄露隐私的情况下综合考虑资源和数据的异构性。我们比较了自适应策略、*standard* 策略(图中为 *vanilla*)和 *uniform* 策略的结果，其中 *uniform* 策略作为静态策略具有最好的准确性。

如图 11-7 所示，自适应策略在资源异构性、数据数量异构性(Amount)和非 IID 异构性(Class)的情况下，其训练时间和准确性方面都优于 *standard* 策略和 *uniform* 策略，这要归功于对数据异构性的感知。在资源和数据异构性结合的情况(Combine)下，自适应策略以一半的训练时间就达到与 *standard* 策略相当的准确性，其训练时间比 *uniform* 策略略高。

自适应策略在平衡训练时间和准确性时会出现时间差异，也就是说，在准确性提升 5%的同时，训练时间差异约为 10%。*standard* 策略也可以达到这个准确性，但其训练时间几乎比自适应策略多 2 倍。综合以上这些因素可得出结论：自适应策略的训练时间差异并不显著，该策略在训练时间上与 *uniform* 策略接近，但在准确性方面有明显的提升。

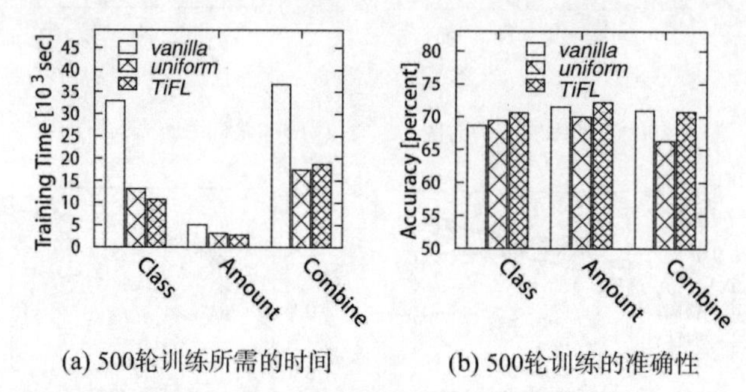

(a) 500轮训练所需的时间　　(b) 500轮训练的准确性

图 11-7　不同选择策略在 CIFAR10 数据集上针对数据数量异构性(Amount)、非 IID 异构性(Class)和资源加数据异构性(Combine)的结果比较

自适应策略的鲁棒表现要归功于资源和数据异构性感知的方案。图 11-8 展示了不同非 IID 异构性下各种策略的准确性随训练轮数的变化情况。很明显，在不同程度的非 IID 异构性下，自适应策略的表现始终优于 *standard* 策略和 *uniform* 策略。

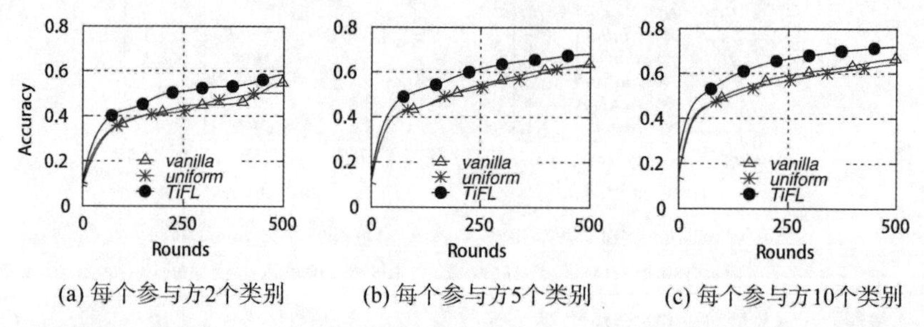

(a) 每个参与方2个类别　　(b) 每个参与方5个类别　　(c) 每个参与方10个类别

图 11-8　在 CIFAR10 数据集上，在非 IID 异构性情况下针对每个参与方有固定资源(2 个 CPU)使用不同选择策略的结果比较

11.4.6　TiFL 的评估

本节通过 LEAF 框架[6]中广泛采用的大规模分布式联邦学习数据集 FEMINIST 对 TiFL 进行评估。这个数据集与参考文献[6]中提到的配置(数据分布、参与方总数、模型和训练超参数)完全相同，参与方由 182 个可部署的边缘设备组成。由于 LEAF 在设备间提供了自己的数据分布，加上资源异构性，因此导致各种不同的训练时间，造成了每个边缘设备的训练延迟各不相同的情况。这里，系统将 TiFL 的分层模块和选择策略融入扩展的 LEAF 框架中。分析模块收集每个参与方的训练延迟，并创建一个层的逻辑池，以供调度器进一步利用。调度器在每轮训练中选择一个层，然后从该层中选择边缘设备参与训练。在 LEAF

实验中，将总层数量限制为 5，每轮选择 10 个参与方，每轮 1 个本地周期。

图 11-9 展示了 LEAF 在不同参与方选择策略下的多轮训练时间和准确性。图 11-9(a)显示了不同选择策略的训练时间。通过使用 *fast* 选择策略可以获得最短的训练时间；然而与 *standard* 选择策略相比，它会使最终模型的准确性下降近 10%。*fast* 准确性较低是因为第 1 层的参与方中的训练数据较少。有趣的是，*slow* 策略在准确性方面的表现比 *fast* 策略更好，尽管这两个选择策略只依赖一个层的数据。需要注意的是，慢层不仅是计算资源较少的原因，也是训练数据点数量较多的原因。这些结果与 11.4.3 节中呈现的结果一致。

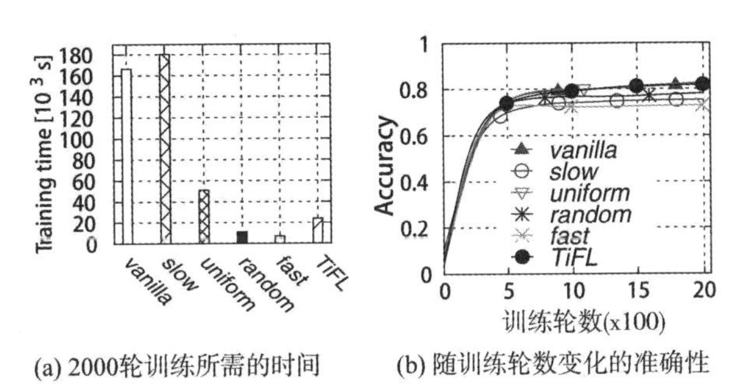

(a) 2000轮训练所需的时间　　(b) 随训练轮数变化的准确性

图 11-9　在默认数据异构性(数量、非 IID 异构性)和资源异构性的情况下，比较不同选择策略对 LEAF 的影响

图 11-9(b)展示了不同选择策略在多轮训练中的准确性。自适应选择策略的准确性达 82.1%，比 *slow* 和 *fast* 选择策略分别高出 7%和 10%。自适应策略与 *standard* 策略(82.4%)和 *uniform* 策略(82.6%)相当；同样进行 2000 轮训练，自适应策略的总训练时间比 *standard* 和 *uniform* 分别提高了 7 倍和 2 倍。*fast* 策略和 *random* 策略在训练时间方面都优于自适应策略；然而，即使在收敛后，这两种选择策略对最终模型准确性的影响仍然明显。对于使用扩展 LEAF 框架的 FEMNIST 数据集来说，无论是准确性还是训练时间，其结果与 11.4.5 节报告的结果也都是一致的。

11.5　本章小结

本节对联邦学习系统的异构性影响作了调查和量化。我们观察到掉队者的确是一个问题，而且数据异构性会使问题进一步复杂化。为展示掉队者的影响以及可能的缓解解决方案，本章提出了 TiFL 框架并对其进行了详细讨论。

参考文献

[1] Abadi M, Barham P, Chen J, Chen Z, Davis A, Dean J, Devin M, Ghemawat S, Irving G, Isard M et al. (2016) Tensorflow: A system for large-scale machine learning. In: 12th USENIX symposium on operating systems design and implementation (OSDI 16), pp 265–283.

[2] Beimel A, Kasiviswanathan SP, Nissim K (2010) Bounds on the sample complexity for private learning and private data release. In: Theory of cryptography conference. Springer, pp 437-454.

[3] Bonawitz K, Ivanov V, Kreuter B, Marcedone A, McMahan HB, Patel S, Ramage D, Segal A, Seth K (2017) Practical secure aggregation for privacy-preserving machine learning. In: Proceedings of the 2017 ACM SIGSAC conference on computer and communications security. ACM, pp 1175-1191.

[4] Bonawitz K, Eichner H, Grieskamp W, Huba D, Ingerman A, Ivanov V, Kiddon C, Konecny J, Mazzocchi S, McMahan HB et al. (2019) Towards federated learning at scale: System design. Preprint. arXiv:1902.01046.

[5] Caldas S, Konečnỳ J, McMahan HB, Talwalkar A (2018) Expanding the reach of federated learning by reducing client resource requirements. Preprint. arXiv:1812.07210.

[6] Caldas S, Wu P, Li T, Konečnỳ J, McMahan HB, Smith V, Talwalkar A (2018) Leaf: A benchmark for federated settings. Preprint. arXiv:1812.01097.

[7] Chai Z, Fayyaz H, Fayyaz Z, Anwar A, Zhou Y, Baracaldo N, Ludwig H, Cheng Y (2019) Towards taming the resource and data heterogeneity in federated learning. In: 2019 USENIX conference on operational machine learning (OpML 19), pp 19-21.

[8] Chai Z, Ali A, Zawad S, Truex S, Anwar A, Baracaldo N, Zhou Y, Ludwig H, Yan F, Cheng Y (2020) Tifl: A tier-based federated learning system. In: Proceedings of the 29th international symposium on high-performance parallel and distributed computing, pp 125-136.

[9] Kairouz P, McMahan HB, Avent B, Bellet A, Bennis M, Bhagoji AN, Bonawitz K, Charles Z, Cormode G, Cummings R et al. (2019) Advances and open problems in federated learning. Preprint. arXiv:1912.04977.

[10] Konečnỳ J, McMahan HB, Yu FX, Richtárik P, Suresh AT, Bacon D (2016) Federated learning: Strategies for improving communication efficiency. Preprint. arXiv:1610.05492.

[11] Krizhevsky A, Nair V, Hinton G (2014) The cifar-10 dataset. Online: http://www.cs.toronto.edu/kriz/cifar.html, 55.

[12] Li T, Sahu AK, Talwalkar A, Smith V (2019) Federated learning: Challenges, methods, and future directions. Preprint. arXiv:1908.07873.

[13] Liu L, Zhang J, Song SH, Letaief KB (2019) Edge-assisted hierarchical federated learning with non-iid data. Preprint. arXiv:1905.06641.

[14] McMahan HB, Moore E, Ramage D, Hampson S et al. (2016) Communication-efficient learning of deep networks from decentralized data. Preprint. arXiv:1602.05629.

[15] Xiao H, Rasul K, Vollgraf R (2017) Fashion-mnist: a novel image dataset for benchmarking machine learning algorithms. Preprint. arXiv:1708.07747.

[16] Yang Q, Liu Y, Chen T, Tong Y (2019) Federated machine learning: Concept and applications. ACM Trans Intell Syst Technol (TIST) 10(2):12.

[17] Zhao Y, Li M, Lai L, Suda N, Civin D, Chandra V (2018) Federated learning with non-iid data. Preprint. arXiv:1806.00582.

第 12 章

联邦学习中的系统偏差

摘要：数据参与方通常在数据质量、硬件资源和稳定性等方面存在很大差异，因此引入诸如训练次数增加、资源成本提高、模型性能下降和训练结果有偏等挑战。这些挑战给系统实现带来了一些困难，而现有的研究只单独处理其中的某些挑战。具体来说，硬件和数据上的偏差会导致模型有偏。当出现参与方退出时，还会引入额外的挑战。第 11 章主要关注掉队者的影响，本章则重点关注偏差的影响。本章从系统的角度研究诸如设备丢包、设备数据有偏、有偏参与等因素如何影响联邦学习过程。我们给出了一个特性研究，从实证上说明这些挑战如何共同影响重要的性能指标(如模型误差、公平性、成本和训练时间)，以及为什么要综合地考虑这些因素，而不是单独地考虑。然后，介绍一种名为 DCFair 的方法，它是一个综合考虑实际联邦学习系统的多个上述重要挑战的框架。关于特性研究和潜在解决方案的讨论有助于更深入地理解联邦学习中系统属性的相互依赖性。

12.1 介绍

近年来，随着移动设备和物联网设备的普及，产生了海量的数据，这些数据可用来训练先进的机器学习模型。然而，出于安全和隐私的考虑，HIPAA[3, 36]和 GDPR[16, 43]等法规限制了个人数据的访问和传输。为了能够在保护隐私的情况下使用个人数据训练机器学习模型，人们提出了联邦学习(FL)[23, 31]，其主要思想是数据拥有者或参与方在本地训练机器学习模型，只将训练好的模型权重发送给第三方进行聚合。例如，参考文献[30]使用制造机器人的数据来预测它们在不同工厂之间的故障，而不会泄露实际制造过程的信息。Leroy 等人[25]利用应用生成的数据训练关键词识别模型。在传统的机器学习训练中，数据通常由单个参与方拥有，并在中心位置进行维护。数据和计算都可以可控地分布在计算节点的集群上。然而，联邦学习中的数据是由参与方生成和拥有的，隐私要求阻止了在训练过程中访问或移动个人数据。这使得联邦学习存在一些特有的挑战。其中一个问题是，各参与方之间的数据质量和数量可能存在很大差异(称为数据异构性)。这会导致有偏的模型训练和一个欠佳的整体模型[26, 40, 45]。联邦学习模型中的偏差一般通过在各参与方测试集的数据上评估后的全局模型的准确性方差来衡量(称为善意公平性[33])。此外，每个设备的数据点数量也有很大差异，导致每个设备的训练成本各不相同。

另一个挑战是，各参与方之间的本地训练时间因其硬件资源的不同而存在很大差异(称为资源异构性)，这可能导致掉队者的产生，延长整体训练时间。此外，移动设备和物联网设备不是专门用于训练任务的。只有当参与方的设备属性(如电池状态、空闲时间、训练时间、网络状态等[6])满足一定标准，它们才可以参与训练。而且，这些条件在训练过程中可能会发生变化，导致一些参与方在训练过程中退出，进而导致训练失衡。

数据异构性、资源异构性和参与方退出是联邦学习的重要特征，12.3 节的研究表明它们会严重影响模型的误差、公平性、成本和训练时间。然而，以往的研究通常只单独地考虑其中的因素，导致模型效果不佳和训练时间较长。例如，一些研究[6, 8, 11, 17, 35]只解决了掉队者问题，但没有考虑模型性能、成本和公平性等问题。参考文献[6, 44]中的系统指出在联邦学习中，参与方退出是常见和重要的现象，但它没有提供详细的分析，也没有给出处理其负面影响的方案。其他研究[9, 39, 47]考虑了本地训练的成本，但忽略了其他因素。Mohri 等人[33]和 Yu 等人[48]研究了训练公平性，但没有考虑参与方退出的影响和资源异构性问题。另外，关于新型聚合方案的一系列研究[37, 40]主要集中在数据异构性挑战方面。

本章将讨论一个名为 DCFair 的框架——在选择参与方进行查询时，它能够全面考虑数据异构性、资源异构性和参与方退出对模型误差、公平性、成本和训练时间的影响。DCFair 可以基于这些因素对模型收敛和训练时间的量化影响做出明智的参与方选择决策，以实现最佳的训练结果。DCFair 将问题建模为一个多目标优化问题，并在制定调度决策时考虑两个关键属性：选择概率和选择互惠性。这两个属性都是在考虑数据异构性、资源异构性和参与方退出的情况下得出的。选择概率描述了每个参与方的选择频率，通过使用低估指数(Underestimation Index，UEI)[21]作为统一的度量，对模型误差、公平性和成本进行表征，并满足隐私要求。选择互惠性是描述特定的训练轮次中各参与方之间在训练时间方面的互惠关系，通过最小化掉队者和参与方退出的影响来提高整体训练时间。

DCFair 是在一个真实的分布式集群上实现的，其中各参与方和聚合服务器都在自己的硬件上进行部署。然后使用 3 个基准数据集(FEMNIST、CIFAR10 和 Shakespeare)对系统进行评估。通过将 DCFai 与最先进的大规模联邦学习系统[6]和广泛使用的基础联邦学习系统[31]进行比较，可以发现 DCFair 取得了更好的帕累托前沿，并在模型准确性方面比这些系统提高了 4%～10%，同时在善意公平性、成本和训练时间方面也有所改善[46]。本章将提供这些讨论和评估，因为它们有助于理解联邦学习系统中的各种属性是如何相互影响的。

12.2　背景

本节将讨论联邦学习中的重要属性，为本章的其余部分提供一些背景和上下文。同时也将讨论目前解决了这些属性问题的系统的最新研究进展。

12.2.1　机器学习中的公平性

在传统机器学习领域，模型的公平性是一个被广泛探讨的概念[7, 12–14, 18, 38]，许多研究都对其进行了定义。例如，参考文献[24]提出了反事实公平性的概念，即如果一个模型对某个体的决策在该个体属于不同样本组时保持一致，那么就认为这个决策对该个体是公平的。最近，Abay 等人在联邦学习领域对这个问题进行了研究[2]。Dwork 等人[15]讨论了分类公平性，用于衡量模型在推断特定目标类别时的偏差程度。Hardt 等人[18]提出了一种针对受保护类别中敏感属性的判别标准，适用于一般的监督学习。Mehrabi 等人[32]广泛讨论了机器学习中当前的公平性问题。不过，这些方法主要关注缓解对非优势群体(例如种族或性别)的偏差，其公平性的定义并没有考虑受保护属性。

12.2.2　联邦学习中的公平性

在参考文献[33]中，善意公平性被定义为模型在各参与方测试数据上的准确性的方差。如果一个模型在某个参与方的数据集上表现良好，但在另一个参与方的数据集上表现糟糕，则意味着该模型对表现较差的参与方的特征存在偏差，因此是不公平的。本节中将使用这个公平性定义。Mohri 等人[33]提出了一种称为不可知联邦学习(Agnostic Federated Learning，AFL)的极小极大优化框架，该框架通过对损失最高的参与方进行学习界限优化，来减少对本地参与方数据的过拟合现象。在联邦学习中，资源使用和参与方的有偏参与也是重要的实际问题，但 AFL 并未考虑这些因素。

Balakrishnan 等人[4]讨论了公平利用资源的问题，但没有考虑资源异构性或数据异构性。Li 等人[27]提出了 q-FFL 方法，该方法通过让参与方准确性更均匀(即增加善意公平性)来减少全局模型中的偏差。具体做法是为具有较高经验损失值的参与方更新分配更多的权重，从而确保最差的参与方更新仍然能够对全局模型作出足够的贡献，使各参与方之间的测试准确性更均匀。对于这项研究，我们使用相同的公平性定义和目标。不过，我们关注的不是聚合算法，而是联邦学习中的参与方退出现象(即如果参与方在联邦学习训练过程中始终如一地作出贡献，那么如何公平对待它们)。与参考文献[33]的假设相同，这项研究在假设所有参与方平等参与的情况下进行。Yu 等人[48]和 Khan 等人[22]谈论的公平性不是善意公平性，而是一个参与方从参与中获得价值的程度。他们将成本以货币报酬的形式进行考虑，而这与本研究无关。本章的重点是关注资源效率方面的成本(用于训练的总样本量)。

12.2.3　联邦学习中的资源使用

在联邦学习中，大部分研究都关注通信和能效[39, 42, 44, 47]，而很少有人研究基于策略的调度器。Wang 等人[44]从理论上分析了在给定资源预算的情况下如何权衡本地更新和全局参数聚合，以最小化损失函数。Mulya Saputra 等人[39]使用强化学习来优化缓存、本地计算和通信效率。Nishio 和 Yonetani[35]每轮都选择参与方，使得其可以在限制的时间内完成训练，从而控制每轮消耗的资源量。Caldas 等人[9]专注于使用压缩方法和更新频率来减少模型大小，从而整体减少资源的使用。Muhammad 等人[34]提出了一种新的聚合和全局模型分发方案，减少了收敛时间，并在训练过程的早期降低通信成本。Reisizadeh 等人[37]引入了 FedPAQ，旨在减少过多设备同时与中心聚合器通信的开销。Bonawitz 等人[6]提出了一个综合系统，以实现大规模分布式联邦学习框架。Hosseinalipour 等人[19]专注于扩展边缘设备的无线通信系统。还有一些研究关注资源和数据异构性[8, 29, 41]。Li 等人[26]提出了 FedProx，该聚合算法通过考虑数据异构性来得到更好的模型。Chai 等人[11]提出了一种新的系统，在不降低模型性能的情况下缓解掉队者的影响。而本章的研究从不同的角度出发，更加注重优化资源效率，而不只是在本地和全局层面上进行优化。这是在联邦学习领域中针对这个问题的首个研究。

12.3 特性研究

由于之前没有系统地对联邦学习中的多个变化点进行深入研究，因此为更好地理解这个问题，本节将正式定义联邦学习中的多个重要指标。然后，进行特性研究，展示它们之间的各种权衡。

12.3.1 性能指标

在联邦学习中，全局模型的拥有者一般希望利用其他参与方的隐私数据(这些数据无法通过其他方式获得)来训练一个准确性高且具有普适性的机器学习模型。模型的性能和训练时间是两个与模型拥有者最终应用相关的重要指标。另一方面，联邦学习中本地数据的拥有者希望在保护隐私的前提下，将自己的数据贡献给全局模型的拥有者，以获得更优质的服务。因此，数据拥有者通常希望在使用过程中用户体验良好(即成本尽可能低)，并且得到公平的回报(即训练好的模型在其数据上表现良好)。我们确定了 4 个评估联邦学习的重要性能指标：模型误差、训练时间、成本和公平性。它们的定义如下。

- 模型误差被定义为在所有数据集上的测试准确性误差，即全局模型在每个参与方采样测试数据上的平均误差，表示为$1-\frac{\sum_{i=0}^{n} A^i}{n}$(其中 A^i 为全局模型在 i 的测试数据上的准确性，n 为参与方总数)。
- 训练时间被定义为训练的实际时间。之所以选择训练时间而不是训练轮数，是因为数据和资源的异构性会导致每一轮的时间有很大的差异。
- 成本被定义为用于训练的样本数。注意，即使某参与方在训练过程中退出，其使用的数据样本也计入成本。由于联邦学习中各参与方之间的资源存在很大的异构性，因此使用训练样本数而不是耗费资源数来衡量成本。值得注意的是，也可以使用更复杂的成本衡量指标(如碳足迹、执行的浮点运算等)，但为简单起见，这里使用训练样本数。

- 公平性被定义为善意公平性[33]，即全局模型在每个参与方测试数据上的准确性的方差，用 $\sqrt{\dfrac{\sum_{i=0}^{n}(A^i-\overline{A})^2}{n-1}}$ 表示(其中 A^i 为全局模型在参与方 i 的测试数据上的准确性，n 为参与方总数，$\overline{A}$ 为平均准确性)。之所以选择善意公平性，因为它有效地反映了联邦学习中主要贡献者(参与方)之间的偏差问题。公平性值越低，模型越公平。

这些指标用来度量联邦学习系统在不同方面的性能。为了解这些指标之间的相互影响，接下来将进行一系列的特性研究。

12.3.2　公平性与训练时间的权衡

先进大规模联邦学习系统(例如见参考文献[6])的一个关注点是减少整体训练时间。由于本地参与方的高度异构性，因此训练延迟(定义为参与方的本地训练时间)差异很大。又由于每轮训练时间受限于最慢的参与方(即掉队者)，因此掉队者效应对整体训练时间有着显著影响。为解决这个问题，Bonawitz 等人[6]建议选择 100%的参与方，但只使用前 70%的权重来训练全局模型，而删除最慢的 30%的权重。这虽然解决了掉队者问题，但也会导致训练结果存在偏差，因为这种方法总是排除掉速度较慢的参与方。

图 12-1(a)展示了公平性和训练时间之间的权衡关系(实验设置详见 12.5 节)。GLOBAL 曲线代表各参与方误差的均值。FAST 曲线代表全局模型在最快的 70%参与方上的平均误差。SLOW 代表最慢的 30%参与方的平均误差。最后，DEFAULT 表示默认的联邦学习系统在没有删除参与方更新时的平均全局误差。我们观察到最快的 70%和最慢的 30%的参与方之间的测试误差相差约 15%，说明较快和较慢的参与方之间模型性能存在显著差异，即导致了公平性问题。然而，图 12-1(b)显示，如果实施 LS-FL 策略[6]，则总训练时间显著减少，证明了该策略确实可以减少训练时间。从这些结果中可以观察到，参与方选择策略对模型的公平性和训练时间有着重大影响，说明了其中存在某种权衡关系。

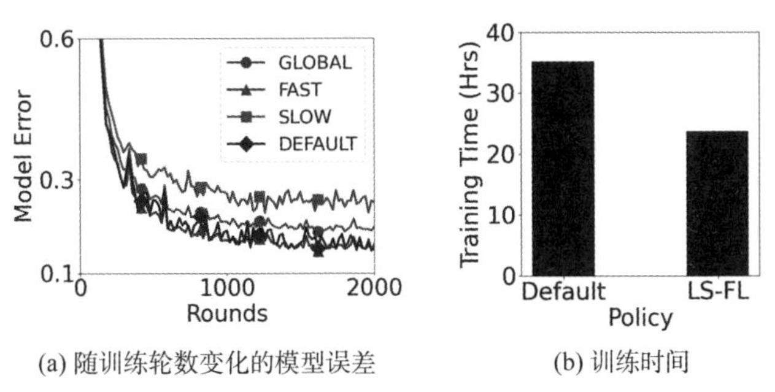

(a) 随训练轮数变化的模型误差　　(b) 训练时间

图 12-1　公平性与训练时间的权衡。左图为不同训练速度的参与方随时间变化的测试准确性。使用 LS-FL 策略会导致较慢参与方的模型误差较高(SLOW 曲线)，整体性能相对于默认联邦学习策略而言较差。右图表明 LS-FL 策略确实减少了训练时间，因为它删除了掉队者的更新

12.3.3 参与方退出对公平性和模型误差的影响

除策略外，参与方侧还会出现参与方退出。正如参考文献[6, 9, 20, 28]中所指出的，在物联网设备上进行训练的一个主要问题是可用性，因为即使在训练中，参与方也可能中途退出。因此，即使使用全方位的选择策略，联邦学习训练也可能因参与方停止运行(参与方侧退出)而导致权重丢失。这种参与方侧的退出是不确定的，因此可通过概率来建模。为研究参与方侧退出的影响，我们给每个参与方随机分配一个名为退出率(Dropout Ratio，DR)的概率，其服从以 0.4 为参数的指数分布，模拟参与方之间 DR 分布的不均衡。在训练过程中，每当选择一个参与方时，其退出的概率等于其分配的 DR。与上一节相同，我们再次使用 LEAF FEMNIST 数据集进行实验，但这次使用默认策略而不是 LS-FL。图 12-2(a)展示了 DROPOUTS 情况下每个参与方收敛时的测试误差分布的互补累积分布函数(CCDF)，并将其与没有 DR 的参与方(DEFAULT)的测试误差分布进行对比。

可以看到，参与方 DROPOUTS 误差分布的尾部明显长于 DEFAULT 分布。这一端的参与方具有较高退出率(DR > 0.7)，它们的表现往往比其他参与方差得多。这表明，当有参与方从训练过程中退出时，会导致全局模型无法充分地对它们进行训练，因此在它们的测试数据集上表现非常糟糕。另外，参与方 DROPOUTS 情况下的平均模型误差也显著高于DEFAULT情况，表明由于参与方退出导致的训练数据丢失会对模型性能产生不良影响。在图 12-2(b)中可以看到，分配给一组参与方的 DR 与其在收敛时对应的测试准确性之间存在明显的相关性。我们可以观察到一个明显的趋势，即 DR 越低的参与方越倾向于更多地参与到训练过程，从而获得更高的准确性，反之亦然。由这些结果得出的结论是：参与方退出会减少其在整个训练过程中的参与度，导致全局准确性的降低和不公平。为弥补因参与方退出而导致的参与度不均衡，我们将讨论一种选择策略，它可以增加高退出率参与方的参与度，同时不会显著增加成本。

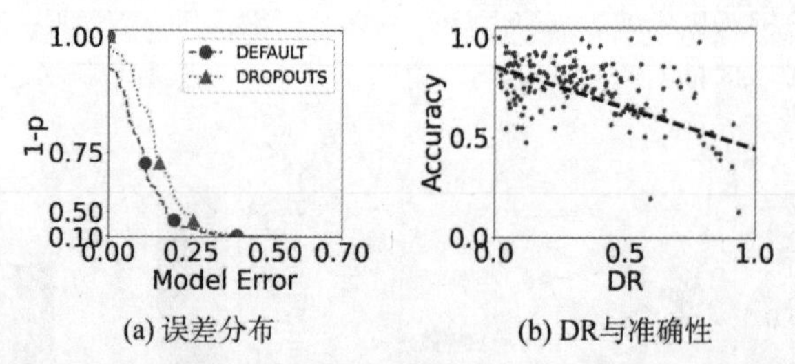

(a) 误差分布　　(b) DR与准确性

图 12-2 左图为所有参与方的本地测试数据集上的全局模型误差的 CCDF。对于有退出的参与方侧来说，误差分布的右侧尾部更糟糕，意味着参与程度对公平的训练过程至关重要。右图为参与方测试准确性与退出率(DR)之间的关系。参与方退出训练的概率越高(即 DR 增加)，全局模型在其测试数据集上表现变差的概率越高

12.3.4 成本与模型误差的权衡

增加整体参与度的一个简单方法是增加每轮选择的参与方数量。这使得各参与方有更

多的机会在一轮中被选中，从而提高了总参与度。这里在图 12-2(a)的实验基础上再次进行测试，引入参与方的退出，并将每轮选取的参与方数量从 10 增加到 20，观察其在成本和模型误差方面的影响，如图 12-3 所示。在图 12-3(a)中，展示了在相同轮数(2000)下每轮选择不同数量参与方的样本总数，以进行比较。如预期的那样，将参与方总数增加两倍会导致消耗的资源增加两倍。虽然这确实因参与度的提高而降低了全局模型的平均误差(见图 12-3(b))，但两倍的资源增加对于本地资源受限的参与方来说是一个重大负担。通过实验可知，增加参与度有益于全局模型的训练，但也伴随着参与方本地资源使用的显著增加。下一节将基于这些发现详细介绍 DCFair 的参与方选择方法。

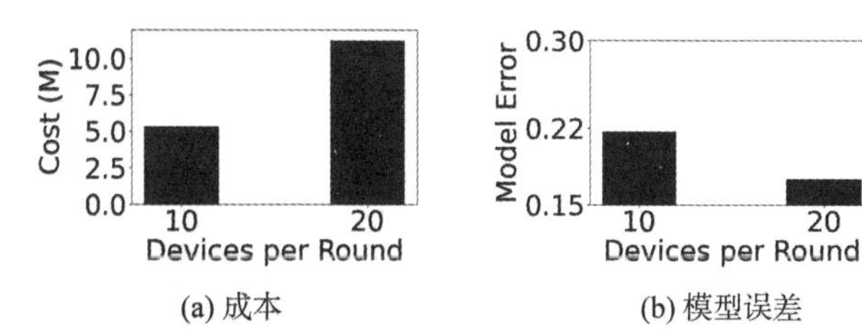

(a) 成本　　(b) 模型误差

图 12-3　左图为成本(2000 轮训练的数据点总数，以百万为单位)与每轮选择的参与方数量的关系。增加每轮选取的参与方数量会显著增加系统的总成本。右图为每轮选择不同数量的参与方的平均模型误差。尽管每轮选择更多的参与方会增加成本，但它也会带来更好的模型性能，从而证明这两个因素之间存在权衡关系

12.4　方法论

本节将正式定义前述问题，并利用对特性研究的观察结果来讨论它们对 DCFair 框架的研发的贡献。

12.4.1　问题表述

我们的目标是设计一个有效的参与方选择调度器，优化联邦学习中的性能指标。调度参数被定义为每轮训练中每个参与方的选择概率。考虑到有 4 个性能指标(模型误差、公平性、成本和训练时间)，因此将问题建模为多目标优化问题。假设联邦学习系统在一组参与方 $D=[d_1,d_2,d_3,\dots d_n,\dots d_N]$ 上训练一个全局模型 G，将选择调度器 S 定义为每个参与方在第 i 轮训练中的选择概率：$S_i=[s_1^i,s_2^i,s_3^i,\dots s_n^i,\dots s_N^i]$。设 G 在 D 中单个参与方数据上的评价误差为 $A=[a_1,a_2,a_3,\dots a_n,\dots a_N]$。目标是优化定义为 $a(S)=1-\mathrm{mean}(A)$ 的模型的平均测试误差、定义为 $f(S)=\mathrm{var}(A)$ 的善意公平性、定义为处理的数据点总数(包括退出的数据点)的总训练成本 $c(S)$ 以及训练时间 $t(S)$。

$$\mathrm{minimize}(a(S),f(S),c(S),t(S)) \tag{12.1}$$

12.4.2 DCFair 概述

在联邦学习中，同时优化模型误差、公平性、成本和训练时间是具有挑战性的，因为由于隐私要求，数据分布无法访问。此外，调度概率很难与这些性能指标建立直接联系。为解决上述挑战，关键的思路是找到一个具有以下性质的可度量的指标：①满足隐私要求；②易于用调度概率建模；③能够代表和统一部分或全部优化指标。

参考文献[21]中提出的低估指数(UEI)可能可以满足上述要求。UEI 是一种度量模型预测结果与实际标签之间差距的指标，可以很好地反映模型对数据集特征的学习程度。其定义为

$$\mathrm{UEI}_n = \frac{1}{\sqrt{2}} || \sqrt{P_n^{\mathrm{pr}}} - \sqrt{P_n^{\mathrm{act}}} ||_2 \tag{12.2}$$

其中 n 为参与方索引，P_n^{act} 为训练数据集的类别分布，P_n^{pr} 为全局模型的预测类别分布。UEI 的取值范围为 0.0～1.0，UEI 越高意味着对训练数据集的偏差越大。如果某个参与方的 UEI 值较高，则说明全局模型没有很好地学习到该参与方的数据特征，因此该参与方在训练中受到了一定程度的权利“剥夺”，增加该参与方的训练量有助于提高公平性。此外，各方 UEI 降低意味着全局数据的特征已经被充分学习，从而可改善模型误差。UEI 较低的参与方对训练的益处较小，因此这种参与可能会降低资源效率，增加成本。对于具有相同 UEI 的参与方，它们的资源效率可能不同；例如，为了将 UEI 值降低 10%，有的参与方需要训练 10 000 个样本，而有的参与方可能只需要训练 500 个样本。为反映资源效率的差异，DCFair 引入了成本归一化 UEI，其定义为

$$\mathrm{CUEI}_n = \frac{\mathrm{UEI}_n}{c_n} \tag{12.3}$$

对于训练时间的优化，其主要思想是最小化掉队者和参与方退出的影响。DCFair 提出了选择互惠性的思想，它描述了某轮训练中参与方之间的互惠关系。具体来说，在同一轮训练中选择训练延迟相近的参与方，以降低掉队者影响；同时，每次训练中所有参与方的平均退出率需要小于用户定义的阈值。选择互惠性的灵感来自参考文献[11]中提出的分层式联邦学习方法。选择互惠性更具有泛化性，因为它删除了参考文献[11]中的固定层，并增加了对参与方退出影响的缓解处理，优化了训练时间。DCFair 采用上述方法进行最佳参与方选择调度决策。接下来将详细介绍 DCFair 中如何量化选择概率和选择互惠性，并且将把它们结合起来求解式 12-1 中定义的多目标优化问题。

12.4.3 选择概率

由于联邦学习中的参与方退出问题，一个参与方的最终参与率 PR_n 取决于参与方的选择概率 S_n 和其退出率 DR_n。

$$\mathrm{PR}_n = S_n \times (1 - \mathrm{DR}_n) \tag{12.4}$$

为设计能够同时最小化模型误差、公平性和成本的参与方选择调度器，可以通过设置

选择概率来最小化 CUEI。换句话说，CUEI 较高的参与方需要更高的选择概率。此外，退出率较高的参与方也需要通过增加选择概率来进行补偿，使其最终参与率与其选择概率保持一致。因此，首先将参与方 n 的参与率作为 CUEI 的函数，然后加入参与方退出率，来计算选择概率。DCFair 使用标准的指数函数进行计算，因为它能够将 CUEI 转换为参与率，并且产生适当的偏差。具体如下。

$$\mathrm{PR}_n^i = f(\mathrm{CUEI}_n^i) = \sigma * \frac{1}{\mathrm{e}^{-\mathrm{CUEI}_n^i}} \tag{12.5}$$

其中 i 是轮数索引，n 是参与方的索引。σ 是一个归一化项，它将基于 CUEI 的指标转换成基于概率的指标。加入参与方退出率后，则第 i 轮参与方 n 的选择概率为

$$S_n^i = \begin{cases} \dfrac{\mathrm{PR}_n^i}{1-\mathrm{DR}_n^i} = \sigma * \dfrac{1}{\mathrm{e}^{-\mathrm{CUEI}_n^i} \times (1-\mathrm{DR}_n^i)}, & 若\mathrm{DR}_n^i < 1.0 \\ \mathrm{PR}_n^i = \sigma * \dfrac{1}{\mathrm{e}^{-\mathrm{CUEI}_n^i}}, & 若\mathrm{DR}_n^i = 1.0 \end{cases} \tag{12.6}$$

因为参与方选择概率和等于 $1\left(\sum_{n=1}^{N} S_n^i = 1\right)$，所以可以计算 σ。

$$\sigma = \begin{cases} \dfrac{1}{\sum_{n=1}^{N} \dfrac{1}{\mathrm{e}^{-\mathrm{CUEI}_n^i} \times (1-\mathrm{DR}_n^i)}}, & 若\mathrm{DR}_n^i < 1.0 \\ \dfrac{1}{\sum_{n=1}^{N} \dfrac{1}{\mathrm{e}^{-\mathrm{CUEI}_n^i}}}, & 若\mathrm{DR}_n^i = 1.0 \end{cases} \tag{12.7}$$

12.4.4　选择互惠性

由于每轮训练时间受到最慢参与方(即掉队者)的限制，因此最小化掉队者影响的关键思想是调整选择概率，使得在同一轮中选择训练延迟相似的参与方。具体来说，在每一轮训练中，DCFair 在选择第一个参与方后，将其训练延迟作为该轮的标准，记为 L。DCFair 根据参与方与 L 的训练延迟差异调整参与方的选择概率。研究者将互惠性调整后的选择概率表示为

$$S_n'^i = f(S_n^i, L_n, L) = \theta * S_n^i * \mathrm{e}^{|L_n - L|} \tag{12.8}$$

其中 L_n 为参与方 n 的训练延迟。研究者选择指数函数作为示例来反映训练延迟差异对选择概率的影响，并且可以调整该函数以适应影响。θ 是归一化系数，使得 $\sum_{i=1}^{N} S_n'^i = 1$，其计算如下。

$$\theta = \frac{1}{\sum_{n=1}^{N} S_n^i * \mathrm{e}^{|L_n - L|}} \tag{12.9}$$

为了最小化参与方退出的影响，所选择的参与方的平均退出率应低于阈值 DR_{max}。这样做是为了避免由于过多的参与方退出，导致剩余的参与方数量无法满足最低参与方的要求(例如，参与方太少可能导致差分隐私[1]和安全聚合[5]等隐私保护失效)。DR_{max} 可根据具体场景进行配置。

总训练时间 $t(S)$计算如下。

$$t(S) = \sum_{i=1}^{I} \mathrm{LS}^i \tag{12.10}$$

其中 i 为训练轮数索引，I 为总轮数。LS^i 是第 i 轮中选择的最慢参与方的训练延迟，它受到上述基于互惠性的选择概率调整的影响。DCFair 的详细算法见算法 12.1。

算法 12.1 DCFair 算法。$\boldsymbol{w}_i$：第 i 轮的全局模型；D：所有参与方列表；R：训练轮数总数；I：指标更新频率；UEI, c, DR, L：各参与方的 UEI、C、DR 和训练时间指标列表；DR_{max}：某轮训练的最小平均 DR

1: **Aggregator**: 初始化权重 $\boldsymbol{w}_0$
2: **for** 每轮 $i = 1$ **to** R **do**
3: **if** $i\%I == 0$ **then**
4: SendGlobalModel($\boldsymbol{w}_i$, D)
5: UEI,c,DR,L = GetPartyMetrics(D)
6: **end if**
7: S = (利用式 12.6 和式 12.7 以及 UEI、c 和 DR 计算)
8: d = (利用 S 从所有参与方中随机选择一个参与方)
9: S'= (利用式 12.8 和式 12.9 以及 S 和 L 计算)
10: s = (利用 S'随机选择 n 个参与方，使得 DR_{max} 满足条件)
11: $\boldsymbol{w}_{i+1}$ = Train($s + d$)
12: **end for**

12.5 评估

本节使用不同应用程序的 4 个性能指标(模型误差、公平性、成本和训练时间)，将 DCFair 与 LS-FL[6]和 DEFAULT 联邦学习系统[31]进行比较。

基准测试：DCFair 在一个真实的分布式集群上进行评估，使用了 3 个基准测试。研究者使用了广泛应用于联邦学习文献中的 CIFAR10 数据集[2, 11, 49]，还使用了联邦学习框架 LEAF[10]中的 FEMNIST(图像分类)和 Shakespeare(字符预测)数据集(LEAF 提供了设备之间真实的数据异构分布，是最新联邦学习研究中的标准[9, 11])。

测试平台设置： 聚合服务器部署在一个 32 核 CPU 节点上，每个参与方分别部署在独立的 2 核 CPU 节点上。各参与方在不同的独立硬件上启动(详见表 12-1)。系统使用 TensorFlow Keras 框架实现，通过套接字协议进行通信。通过睡眠函数的方法，在每个参与方上引入训练延迟。需要注意的是，这是联邦学习研究中最实用且规模最大的测试平台(据我所知，只有参考文献[6, 11]使用了类似的测试平台)，而大多数现有的联邦学习研究(包括最新的研究)都使用基于模拟的测试平台[5, 26, 49]。

表 12-1　训练配置

数据集	模型	训练集/测试集拆分	总参与方数/每轮选择数	学习率/批大小
FEMNIST	2 个卷积层+2 个稠密层	53 839/5383	179/10	0.004/10
CIFAR10	4 个卷积层+2 个稠密层	50 000/10 000	100/10	0.0005/32
Shakespeare	256 个单元的 LSTM 层+1 个稠密层	115 135/11 513	30/3	0.0003/2

资源异构性： 通过使用均值为 5 秒和标准差为 1.5 秒的高斯分布随机分配每个参与方的训练延迟来模拟资源异构性[11]。这样就生成了一组具有不同训练延迟的参与方，以反映资源异构性并帮助分析训练时间。同时，还使用 0.4 的指数分布为每个参与方分配退出率(即在某轮中退出的概率)，以确保有足够多的高退出率和低退出率的参与方，从而模拟对训练产生明显影响。

12.5.1　成本分析

对于 CIFAR10 数据集，使用参考文献[11, 49]中定义的类别分布生成数据异构性。对于 FEMNIST 和 Shakespeare 数据集，使用 LEAF 提供的默认数据异构性和数据数量。数据集和训练集的更多细节见表 12-1。

12.5.2　模型误差与公平性分析

首先查看没有任何约束条件下 DCFair 在公平性指标方面的表现。图 12-4 展示了收敛时各参与方上测试误差的 CCDF。对于所有情况，都可以注意到性能最差的系统是 LS-FL，因为它的误差尾部很大，而且中位数和平均值明显高于 DEFAULT 和 DCFair。原因有两点：①LS-FL 主动丢弃速度较慢的参与方；②LS-FL 没有处理参与方退出的机制，因而容易受到参与程度不均衡的影响。由于 DEFAULT 没有动态的参与方退出策略，参与方的参与度没有 LS-FL 低，因此平均误差和中位数误差的分布都较低。DCFair 在平均误差和误差分布方面表现最好。这可以归因于其在制定参与度决策的策略时考虑了参与方的退出率和 CUEI。由于 DCFair 促进了高退出参与方以及对模型欠拟合的参与方(具有高 UEI)的参与，每一轮都会选择对模型性能和公平性最重要的参与方，因此改善了整个训练过程。

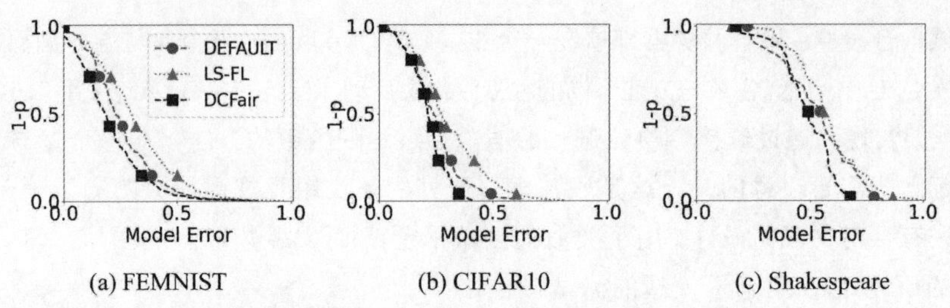

(a) FEMNIST (b) CIFAR10 (c) Shakespeare

图 12-4 全局模型的模型误差 CCDF 分布。与 LS-FL 和 DEFAULT 相比，DCFair 在各设备之间的准确性(公平性)分布方差始终较低

12.5.3 训练时间分析

接下来评估 DCFair 相较于其他框架在训练时间方面的表现。图 12-5 中展示了收敛时总训练时间与误差分布的平均值和方差(即公平性)之间的关系。可以观察到，相比 LS-FL 和 DEFAULT，DCFair 始终具有较低的测试误差分布的平均值和方差。DEFAULT 在整个过程中的训练时间最长，而 LS-FL 的性能最好，因为前者没有处理掉队者的机制，而后者只选择了速度较快的 75%的设备。例如，在 FEMNIST 比较中，DEFAULT 的训练时间为 35 小时，LS-FL 约为 24 小时，而 DCFair 约为 29 小时。这里，LS-FL 在训练时间方面最佳，因为最慢的 25%的参与方由于选择偏差而无法参与训练。然而，LS-FL 在整个过程中的方差和测试误差最高，表明训练时间的缩短是以模型误差和公平性为代价的。DCFair 比 DEFAULT 表现更好，但比 LS-FL 更慢，因为它没有区分速度较慢的参与方。不过由于选择互惠性，DCFair 的表现确实优于 DEFAULT。它通过将参与方分组，使得每轮中只选择速度较快或速度较慢的参与方，而不同时选择两者，从而让每轮的训练时间更加一致。这样就降低了在每轮中选择较慢参与方的概率，减少了整体的训练时间。

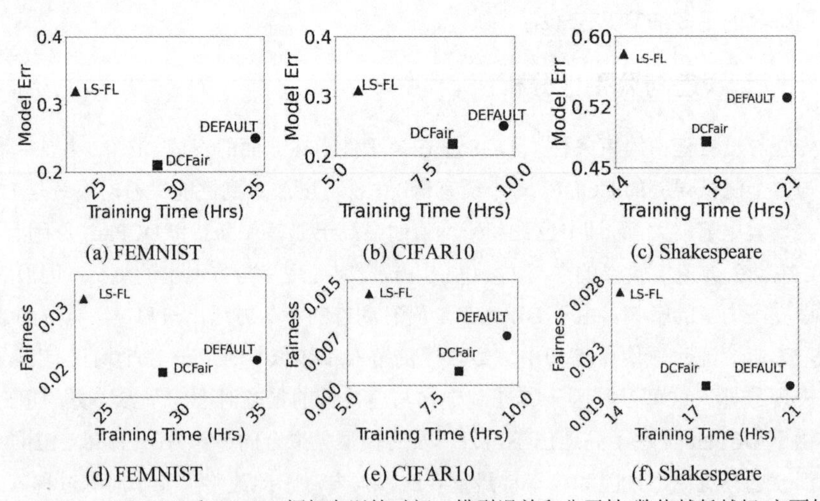

(a) FEMNIST (b) CIFAR10 (c) Shakespeare

(d) FEMNIST (e) CIFAR10 (f) Shakespeare

图 12-5 LS-FL、DEFAULT 和 DCFair 框架在训练时间、模型误差和公平性(数值越低越好)方面的比较。LS-FL 可以获得更短的训练时间，但在模型误差和公平性方面，DCFair 表现更好。3 个基准测试的结果是一致的。注意，公平值越低，模型越公平

本节还观察 DCFair 相对于其他框架在成本方面的表现。图 12-6 展示了收敛时和时间限制内产生的总成本。我们观察到，在所有数据集上，DCFair 的成本都低于其他两个系统。使用 CUEI 进行参与方选择使得 DCFair 能够考虑成本，因此 DCFair 倾向于优先选择成本较低的参与方。由于 DEFAULT 和 LS-FL 都没有处理成本的机制，它们训练的数据点更多，因此成本也更高。

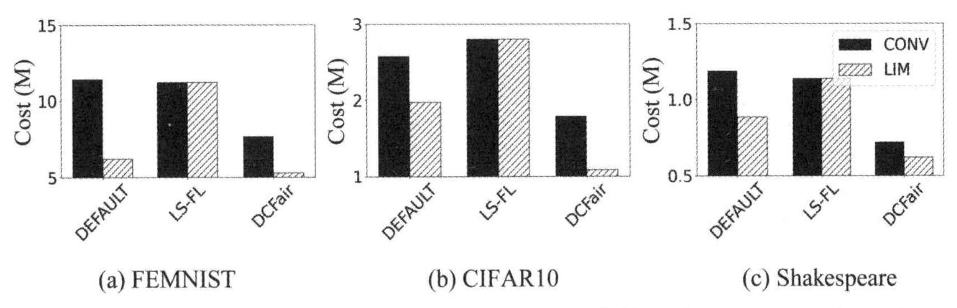

图 12-6　在 FEMNIST、CIFAR10 和 Shakespeare 数据集上，分别对收敛时间(CONV)内和限制训练时间(LIM)为 24、5 和 14 小时的成本进行比较。M 代表百万。基于收敛速度最快的框架(即 LS-FL)选择时间限制。DCFair 由于其成本感知的设计，始终保持较低的成本

12.5.4　帕累托最优性分析

最后，通过观察帕累托边界，以端到端的方式全面分析所有的性能指标。图 12-7 展示了 FEMNIST 数据集上模型误差和公平性与成本和训练时间之间的关系。我们对 DCFair、LS-FL 和 DEFAULT 进行调整，使它们以不同的训练时间和成本进行训练，并绘制相应的误差和公平性数值图。在所有指标组合中，DCFair 都优于其他两个框架，实现了更好的帕累托边界。由于有意丢弃参与方，因此 LS-FL 的模型误差一直较大，这也对公平性造成了不利影响。虽然 DEFAULT 表现较好，但是仍无法处理参与方的退出问题，因此导致训练时间和成本方面较差。可以说，DCFiar 在所有性能指标上实现了最佳的平衡。

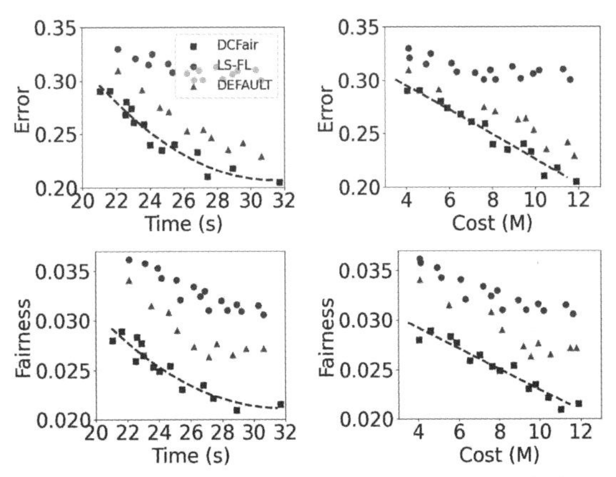

图 12-7　通过公平性和模型误差与训练时间和成本(训练的数据点)之间的关系，展示 DCFair 和其他框架之间的帕累托最优性比较结果

12.6 本章小结

本章讨论了联邦学习的不同属性(如设备退出、硬件异构性和公平性)，分析了它们之间是如何相互影响的、它们的偏差如何影响模型质量以及它们如何影响整个训练过程和结果。本章还讨论了 DCFair，这是第一个综合考虑资源异构性、数据异构性和参与方退出的框架，旨在同时优化一组重要的性能指标以减轻偏差的影响。我们在不同的调优方式下使用这个框架，以展示各种指标之间如何相互作用，并在这个过程中更好地理解整个联邦学习过程。

参考文献

[1] Abadi M, Chu A, Goodfellow I, McMahan HB, Mironov I, Talwar K, Zhang L (2016) Deep learning with differential privacy. In: Proceedings of the 2016 ACM SIGSAC Conference on computer and communications security. ACM, pp 308-318.

[2] Abay A, Zhou Y, Baracaldo N, Rajamoni S, Chuba E, Ludwig H (2020) Mitigating bias in federated learning. Preprint. arXiv:2012.02447.

[3] Accountability Act (1996) Health insurance portability and accountability act of 1996. Public Law 104:191.

[4] Balakrishnan R, Akdeniz M, Dhakal S, Himayat N (2020) Resource management and fairness for federated learning over wireless edge networks. In: 2020 IEEE 21st international workshop on signal processing advances in wireless communications (SPAWC). IEEE, pp 1-5.

[5] Bonawitz K, Ivanov V, Kreuter B, Marcedone A, McMahan HB, Patel S, Ramage D, Segal A, Seth K (2017) Practical secure aggregation for privacy-preserving machine learning. In: Proceedings of the 2017 ACM SIGSAC conference on computer and communications security. ACM, pp 1175-1191.

[6] Bonawitz K, Eichner H, Grieskamp W, Huba D, Ingerman A, Ivanov V, Kiddon C, Konecny J, Mazzocchi S, McMahan HB et al (2019) Towards federated learning at scale: System design. Preprint. arXiv:1902.01046.

[7] Buolamwini J, Gebru T (2018) Gender shades: Intersectional accuracy disparities in commercial gender classification. In: Conference on fairness, accountability and transparency, pp 77-91.

[8] Cai L, Lin D, Zhang J, Yu S (2020) Dynamic sample selection for federated learning with heterogeneous data in fog computing. In: 2020 IEEE international conference on communications, ICC 2020, Dublin, Ireland, June 7–11, 2020. IEEE, pp 1-6.

[9] Caldas S, Konečnỳ, McMahan HB, Talwalkar A (2018) Expanding the reach of federated learning by reducing client resource requirements. Preprint. arXiv:1812.07210.

[10] Caldas S, Wu P, Li T, Konečnỳ J, McMahan HB, Smith V, Talwalkar A (2018) Leaf: A benchmark for federated settings. Preprint. arXiv:1812.01097.

[11] Chai Z, Ali A, Zawad S, Truex S, Anwar A, Baracaldo N, Zhou Y, Ludwig H, Yan F, Cheng Y (2020) Tifl: A tier-based federated learning system. In: Proceedings of the 29th international symposium on high-performance parallel and distributed computing, pp 125-136.

[12] Chen IY, Szolovits P, Ghassemi M (2019) Can AI help reduce disparities in general

medical and mental health care? AMA J Ethics 21(2):167-179.

[13] Cortes C, Mohri M, Medina AM (2015) Adaptation algorithm and theory based on generalized discrepancy. In: 21st ACM SIGKDD conference on knowledge discovery and data mining, KDD 2015. Association for Computing Machinery, pp 169-178.

[14] DiCiccio C, Vasudevan S, Basu K, Kenthapadi K, Agarwal D (2020) Evaluating fairness using permutation tests. In: Gupta R, Liu Y, Tang J, Prakash BA (eds) KDD '20: The 26th ACM SIGKDD conference on knowledge discovery and data mining, Virtual Event, CA, USA, August 23–27, 2020. ACM, pp 1467-1477.

[15] Dwork C, Hardt M, Pitassi T, Reingold O, Zemel R (2012) Fairness through awareness. In: Proceedings of the 3rd innovations in theoretical computer science conference, pp 214-226.

[16] General Data Protection Regulation (2016) Regulation (EU) 2016/679 of the European parliament and of the council of 27 April 2016 on the protection of natural persons with regard to the processing of personal data and on the free movement of such data, and repealing directive 95/46. Off J Eur Union (OJ) 59(1-88):294.

[17] Gudur GK, Balaji BS, Perepu SK (2020) Resource-constrained federated learning with heterogeneous labels and models. In: 3rd International workshop on artificial intelligence of things (AIoT'20), KDD 2020.

[18] Hardt M, Price E, Srebro N (2016) Equality of opportunity in supervised learning. In: Advances in neural information processing systems, pp 3315-3323.

[19] Hosseinalipour S, Brinton CG, Aggarwal V, Dai H, Chiang M (2020) From federated to fog learning: Distributed machine learning over heterogeneous wireless networks. IEEE Commun Mag 58(12):41-47.

[20] Kairouz P, McMahan HB, Avent B, Bellet A, Bennis M, Bhagoji AN, Bonawitz K, Charles Z, Cormode G, Cummings R et al. (2019) Advances and open problems in federated learning. Preprint. arXiv:1912.04977.

[21] Kamishima T, Akaho S, Sakuma J (2011) Fairness-aware learning through regularization approach. In: 2011 IEEE 11th international conference on data mining workshops. IEEE, pp 643-650.

[22] Khan LU, Pandey SR, Tran NH, Saad W, Han Z, Nguyen MNH, Hong CS (2020) Federated learning for edge networks: Resource optimization and incentive mechanism. IEEE Commun Mag 58(10):88-93.

[23] Konečný J, McMahan HB, Yu FX, Richtárik P, Suresh AT, Bacon D (2016) Federated learning: Strategies for improving communication efficiency. Preprint. arXiv:1610.05492.

[24] Kusner MJ, Loftus J, Russell C, Silva R (2017) Counterfactual fairness. In: Advances in neural information processing systems, pp 4066-4076.

[25] Leroy D, Coucke A, Lavril T, Gisselbrecht T, Dureau J (2019) Federated learning for keyword spotting. In: ICASSP 2019–2019 IEEE international conference on acoustics, speech and signal processing (ICASSP). IEEE, pp 6341-6345.

[26] Li T, Sahu AK, Zaheer M, Sanjabi M, Talwalkar A, Smith V (2018) Federated optimization in heterogeneous networks. Preprint. arXiv:1812.06127.

[27] Li T, Sanjabi M, Beirami A, Smith V (2019) Fair resource allocation in federated learning. In: International conference on learning representations.

[28] Li T, Sahu AK, Talwalkar A, Smith V (2020) Federated learning: Challenges, methods, and future directions. IEEE Signal Process Mag 37(3):50-60.

[29] Lu S, Zhang Y, Wang Y (2020) Decentralized federated learning for electronic health records. In: 2020 54th Annual conference on information sciences and systems (CISS). IEEE, pp 1-5.

[30] Machine learning to augment shared knowledge in federated privacy-preserving scenarios (musketeer).https://musketeer.eu/wp-content/uploads/2019/10/MUSKETEER_D2.1-v1.1. pdf. Accessed 03 Jan 2021.

[31] McMahan HB, Moore E, Ramage D, Hampson S et al. (2016) Communication-efficient learning of deep networks from decentralized data. Preprint. arXiv:1602.05629.

[32] Mehrabi N, Morstatter F, Saxena N, Lerman K, Galstyan A (2019) A survey on bias and fairness in machine learning. Preprint. arXiv:1908.09635.

[33] Mohri M, Sivek G, Suresh AT (2019) Agnostic federated learning. In: international conference on machine learning. PMLR, pp 4615-4625.

[34] Muhammad K, Wang Q, O'Reilly-Morgan D, Tragos E, Smyth B, Hurley N, Geraci J, Lawlor A (2020) Fedfast: Going beyond average for faster training of federated recommender systems. In: Proceedings of the 26th ACM SIGKDD international conference on knowledge discovery & data mining, pp 1234-1242.

[35] Nishio T, Yonetani R (2019) Client selection for federated learning with heterogeneous resources in mobile edge. In: ICC 2019–2019 IEEE international conference on communi cations (ICC). IEEE, pp 1-7.

[36] O'herrin JK, Fost N, Kudsk KA (2004) Health insurance portability accountability act (HIPAA) regulations: effect on medical record research. Ann Surg 239(6):772.

[37] Reisizadeh A, Mokhtari A, Hassani H, Jadbabaie A, Pedarsani R (2020) Fedpaq: A communication-efficient federated learning method with periodic averaging and quantization. In: International conference on artificial intelligence and statistics. PMLR, pp 2021-2031.

[38] Saleiro P, Rodolfa KT, Ghani R (2020) Dealing with bias and fairness in data science systems: A practical hands-on tutorial. In Gupta R, Liu Y, Tang J, Prakash BA (eds)

KDD '20: The 26th ACM SIGKDD conference on knowledge discovery and data mining, Virtual Event, CA, USA, August 23–27, 2020. ACM, pp 3513-3514.

[39] Saputra YM, Hoang DT, Nguyen DN, Dutkiewicz E, Mueck MD, Srikanteswara S (2019) Energy demand prediction with federated learning for electric vehicle networks. In: 2019 IEEE global communications conference (GLOBECOM). IEEE, pp 1-6.

[40] Sattler F, Wiedemann S, Müller KR, Samek W (2019) Robust and communication-efficient federated learning from non-iid data. IEEE Trans Neural Netw Learn Syst 31(9):3400-3413.

[41] Savazzi S, Nicoli M, Rampa V (2020) Federated learning with cooperating devices: A consensus approach for massive IoT networks. IEEE Internet Things J 7(5):4641-4654.

[42] Sun Y, Zhou S, Gündüz D (2020) Energy-aware analog aggregation for federated learning with redundant data. In: ICC 2020-2020 IEEE international conference on communications (ICC). IEEE, pp 1-7.

[43] Voigt P, Von dem Bussche A (2017) The EU general data protection regulation (GDPR). A Practical Guide, 1st Ed., Springer International Publishing, Cham 10:3152676.

[44] Wang S, Tuor T, Salonidis T, Leung KK, Makaya C, He T, Chan K (2019) Adaptive federatedlearninginresourceconstrainededgecomputingsystems. IEEEJSelAreasCommun 37(6): 1205-1221.

[45] Wang X, Han Y, Leung VCM, Niyato D, Yan X, Chen X (2020) Convergence of edge computing and deep learning: A comprehensive survey. IEEE Commun Surv Tutorials 22(2):869-904.

[46] Xu Z, Yang Z, Xiong J, Yang J, Chen X (2019) Elfish: Resource-aware federated learning on heterogeneous edge devices. Preprint. arXiv:1912.01684.

[47] Yang Z, Chen M, Saad W, Hong CS, Shikh-Bahaei M (2020) Energy efficient federated learning over wireless communication networks. IEEE Trans Wirel Commun 20:1935.

[48] Yu H, Liu Z, Liu Y, Chen T, Cong M, Weng X, Niyato D, Yang Q (2020) A fairness-aware incentive scheme for federated learning. In: Proceedings of the AAAI/ACM conference on AI, ethics, and society, pp 393-399.

[49] Zhao Y, Li M, Lai L, Suda N, Civin D, Chandra V (2018) Federated learning with non-iid data. Preprint. arXiv:1806.00582.

第Ⅲ部分 隐私和安全

隐私和安全是在企业和消费者领域应用联邦学习时需要考虑的两个重要方面。本部分将详细介绍它们。

第 13 章将全面概述联邦学习系统的现有隐私威胁，并详细介绍常见的防御措施及其优缺点。描述的威胁包括模型反演、训练数据提取、成员推断和属性攻击。该章将讨论多种最先进的防御措施，包括多种加密系统、成对屏蔽、差分隐私等，同时介绍这些防御方法适用的不同场景。第 14 章将更详细地介绍两种现有的防御方法，而第 15 章则深入解析常见的基于梯度的数据提取攻击。

联邦学习为恶意参与方提供了破坏学习过程和结果的新途径。第 16 章将讨论包括拜占庭、投毒和规避威胁在内的安全问题，同时回顾针对这些操纵攻击的几种防御措施。第 17 章将深入探讨在训练神经网络时可能遇到的拜占庭威胁和相应的防御措施。

第 13 章

联邦学习中应对隐私威胁的防御措施

摘要：联邦学习(FL)是一种隐私设计的范例，其主要优势和固有约束是确保数据永远不会被传输。在这种范式中，数据始终保留在其所有者手中。遗憾的是，事实已经证明多种攻击手段能够通过检查联邦学习训练过程中生成的机器学习模型或交换的信息来提取隐私训练数据。因此，涌现了大量的防御措施。本章将概述现有的推断攻击，以评估它们的相关风险，并仔细研究旨在缓解这些问题的大量常用的防御措施。此外，还将分析常见的场景，以帮助明确适用于不同用例的防御措施，并证明在选择适当的防御策略时，一种方法并不能适用于所有场景。

13.1 介绍

隐私设计一直是推动联邦学习(FL)的主要因素之一，其中每个训练参与方在本地保持其数据的同时，协同训练一个机器学习(ML)模型。与现有的需要将训练数据收集到一个中心位置的机器学习技术相比，这种新的范式带来了一个重大改进，能够在数据效用和隐私之间取得平衡。鉴于数据收集方式的重大变化，联邦学习正在成为保护数据隐私的常用方法。

在联邦学习的基本形式(见图 13-1)中，其训练过程需要聚合器和各参与方之间交换模型更新。虽然在训练过程中没有共享训练数据，但这种基本设置容易被推断隐私训练数据。推断隐私信息的风险普遍存在于联邦学习过程的多个阶段。根据获取隐私数据的攻击面的不同，可将推断攻击分为两类：①在联邦产生的最终模型上执行的推断攻击；②使用联邦学习训练过程中交换的信息执行的推断攻击。

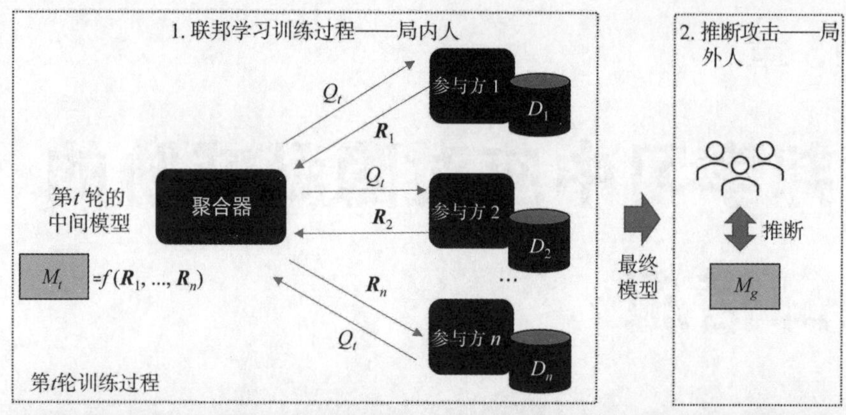

每个实体在普通联邦学习系统中都可以访问的信息（攻击面）				
潜在对手	模型更新$\boldsymbol{R}_1, ..., \boldsymbol{R}_n$	查询$Q_1, ..., Q_t$、中间模型$M_1, ..., M_t$和超参数	最终模型M_g	操作机会
聚合器	✓	✓	✓	Q_t、M_t和M_g
参与方P_i		✓	✓	模型更新 $\boldsymbol{R}_i$
局内人			✓	推断样本

图 13-1 有 n 个参与方 $P_1,...,P_n$ 的联邦学习系统(没有任何隐私保护技术)。在联邦学习训练过程中，所有参与的实体都被视为局内人，而能够获取最终预测模型的实体则被视为局外人。表格中显示了每个实体的攻击面，这些信息在多个轮次中都是可用的

针对最终模型进行的攻击不仅适用于所有的机器学习模型，也同样适用于联邦学习。换句话说，无论模型如何训练，基于模型本身进行的推断攻击都是机器学习中固有的。这一类攻击包括数据提取、成员推断、模型反演和属性推断攻击等，例如见参考文献[12, 57, 70]。它们都可以推断关于训练数据的信息，某些情况下甚至还能推断出训练数据本身。

第二类攻击是针对联邦学习的，是一种新的威胁。这些攻击利用了联邦学习训练过程中传输的信息。例如，参考文献[28, 39, 89, 91]中的攻击技术利用新交换的信息，尝试操纵训练过程。某些情况下，这种利用新信息的攻击较容易得逞，而另一些情况下，这种攻击只适用于某些人工设置，威胁程度不大。本章 13.2 节将详细介绍并对比基于模型和联邦学习过程的攻击的差异和相似之处。

为应对推断风险，人们提出了许多不同的防御措施，以提供不同隐私保证。其中包括在参与方侧引入差分隐私[30, 80, 84]和在聚合器侧集成不同的加密系统以实现安全聚合，如Paillier[60]、Threshold Paillier[19]、不同类型的函数加密[2-4, 8, 11]、成对掩码[10]、同态加密(HE)[29]或者它们的多种组合。可供选择的方案有很多，其中一些方案已经被证明其自身也存在着易受推断攻击的漏洞。

面对如此多的攻击和防御措施，有一些重要问题需要回答：推断攻击有多严重？其风险大吗？如果需要减轻风险，应该使用什么防御措施？

本章旨在帮助回答这些问题。选择一种用于隐私保护的防御技术并不简单，并且在当前的环境下，比较不同解决方案的假设条件和优缺点是具有挑战的。

“一刀切”并不适用于所有情况，并且必须考虑最初被视为不同防御措施的微妙差异。实际上，在安全和隐私领域经常需要进行全面的风险评估，以确定适合特定应用的威胁模型[1]。某些情况下，需要使用多个防御措施来满足严格的隐私要求。

遗憾的是，在将防御措施纳入联邦学习过程时，并非没有代价。引入这些措施可能导致训练时间更长、模型性能降低或部署成本增加。因此，对于特定的联邦，选择适当的保护级别至关重要。这个最佳选择取决于联邦学习应用的具体情况。例如，假设一个公司将数据存储在多个云端，并希望运行联邦学习以获得一个机器学习模型。这种情况下，潜在的推断攻击可能无关紧要。然而，如果多个竞争对手决定共同训练一个模型，则可能存在不信任的情况，并且它们可能有动机试图推断其他参与方的隐私信息。其他情况下，监管和合规要求可能需要有额外的保护措施，如医疗数据和个人信息的保护[14, 63]。

本章将对联邦学习中的推断攻击进行清晰的解释，并帮助理解哪些攻击是相关的和哪些防御措施是合适的。13.2 节中将首先详细介绍联邦学习系统中的实体、假设条件和攻击面以及潜在的对手。然后，全面概述相关的最新推断攻击。13.3 节中将对现有的防御措施进行分类和介绍，包括功能、缺点和已知的漏洞。为此，我们仔细定义了各种隐私目标，然后根据所提供的不同隐私保护程度和可以防止的攻击类型来比较防御措施。此外还讨论了一些防御措施在某些情况下的潜在漏洞。13.4 节中将给出一些指南，介绍如何将威胁模型对应到某些防御系统。13.5 节是本章内容的总结。

13.2　系统实体、攻击面和推断攻击

图 13-1 展示了训练和推断过程中涉及的实体的概况。我们将相关实体分为局内人和局外人，其中局内人是在训练过程中参与的实体，而局外人是唯一访问联邦产生的最终模型的实体。

参与联邦学习训练过程的内部实体主要有两个：拥有数据的参与方和协调学习过程的聚合器。图 13-1 为一个简单的联邦学习系统，说它简单是因为它没有添加任何隐私保护措施。联邦由 n 个参与方 P_1, P_2, …, P_n 组成，其中每个参与方 P_i 都拥有其隐私数据集 D_i。训练过程从聚合器向各参与方发送查询 Q_t 开始，请求聚合所需的信息来构建机器学习模型，各参与方使用其训练数据回答该查询。我们将回复给聚合器的内容称为模型更新，并将 P_i 的模型更新表示为 $\boldsymbol{R}_i$。当聚合器收到所有回复 $\boldsymbol{R}_1, \boldsymbol{R}_2, ..., \boldsymbol{R}_n$ 后，将它们进行融合或聚合，形成新的中间全局模型。在第 t 轮结束时，中间全局模型记为 M_t。然后将全局模型作为输入，为各参与方创建下一个查询并重复该过程，直到达到目标模型性能要求。

1　威胁模型定义了系统中每个实体的信任假设位置。例如，它决定了参与方是否完全信任聚合器，或者它们是否仅在一定程度上信任聚合器。

大多数隐私攻击都是针对梯度下降及其变体设计的，因为该算法可以用于训练神经网络、线性模型、支持向量机(SVM)等模型类型。因此，我们简要回顾这一算法在联邦学习中的应用。对于训练轮次 t，聚合器将模型的初始权重发送给每个参与方。然后，每个参与方 P_i 使用自己的数据集 D_i 进行梯度下降或随机梯度下降(SGD)，根据指定的周期数和超参数进行训练。最后，参与方会将训练得到的模型权重[1]或梯度作为模型更新发送回聚合器。聚合器会以最简单的形式将所有参与方的模型更新进行融合。最常用的聚合模型更新的方法是使用 FedAvg[53]，即聚合器根据参与方的样本数量来计算模型更新的加权平均值。然后，新的模型权重会发回给各参与方，重复该过程，直到达到目标准确性或最大训练轮数。注意，聚合器得到的融合模型更新可用来生成机器学习模型。

13.2.1 系统设置、假设和攻击面

为充分理解联邦学习中的攻击面和存在的风险，我们首先明确定义有关联邦学习分布式系统设置的常见假设，以及通常在训练过程开始之前局内人已知的信息。

从机器学习的角度看，有多个常见的假设。在联邦学习开始之前，通常假设各参与方的数据已经被标注，标签集合是已知的，并且模型定义可行[24, 50]。因此，在联邦形成之前，聚合器和参与方知道有 5 个类别(假设)，并且每个参与方都以相同的方式对其数据集进行了预处理。如果使用结构化数据，则所有参与方和聚合器也知道特征集的数量、顺序、分类以及要使用的预处理技术。因此，本章中假设所有参与联邦学习过程的局内人都知道这些信息。此外，聚合器可以访问所有参与方发送的模型更新和中间模型，而参与方可以访问各自的训练数据、聚合模型和模型更新。

从系统的角度看，安全地建立分布式系统非常重要。特别地，在整个联邦学习过程中，参与方和聚合器之间交换的消息需要经过适当的身份验证，并且需要建立安全通道。通过这种方式，可以防止外部实体窥探聚合器和各参与方之间交换的消息。同时，还可以阻止中间人攻击，以防对手试图冒充目标参与方或聚合器。因此，在下面的讨论中，假设外部实体不能通过查看交换的消息或模拟局内人来窥探隐私信息。

13.2.2 潜在对手

在联邦学习中，训练数据是不共享的。因此，我们重点关注推断威胁。攻击者的目标是根据自己能够接触到的信息推断隐私数据(稍后将更详细地阐述攻击者的目标，因为它们在每次攻击中都有所不同)。

图 13-1 中的表格总结了每个潜在对手可以获取的以及它们可以操纵以获取利益的信息。恶意的聚合器有机会操纵聚合过程，产生不正确的中间模型和查询。它甚至可能操纵最终的模型。类似的，恶意参与方可能会操纵发送给聚合器的模型更新。最后，局外人可以通过操纵对最终模型的推断查询来试图推断隐私信息。

1 在实验中，我们发现交换模型权重的收敛速度比交换梯度更快。

可以根据对手的行为，对其进行如下分类。

- 好奇而被动的聚合器：这个对手可能会试图根据在训练过程中交换的所有模型更新来推断隐私信息。如果最终模型或中间模型已知，它还可能试图使用模型来推断参与方的隐私数据。
- 好奇而主动的聚合器：这个对手可能会利用相同的信息进行推断，但也可能会试图操纵发送给每个参与方的查询、中间模型更新和最终模型更新。
- 好奇的参与方：这个对手可能会根据收到的查询和对学习目标的了解来试图推断隐私信息。
- 好奇而主动的参与方：这个对手可能会根据收到的查询尝试推断隐私信息，并且可能会精心设计攻击，试图进一步确定其他参与方的隐私数据信息。
- 串通的参与方：这个对手是一起密谋的参与方，它们可能通过协作攻击来试图推断信息。这些参与方之间会共享信息，并可能主动或被动地攻击系统，以推断其他参与方的隐私信息。
- 好奇的串通聚合器和参与方：这个对手可能存在一个好奇的聚合器和一些恶意的参与方，它们试图被动或主动地发起隐私攻击，以推断与目标参与方的训练数据和属性相关的信息。
- 好奇的局外人：这个对手是由外部对手冒充的，它们不参与训练过程，但可以访问最终的机器学习模型。它们可能尝试使用最终模型及其预测来推断隐私训练数据或相关信息。

所有这些类型的对手都可能会进行攻击，试图推断隐私信息。接下来将概述多种推断攻击。

13.2.3　联邦学习中的推断攻击

前面已经说明了在联邦学习系统中存在多种推断攻击。可以根据推断目的将它们分为以下四类。

- 训练数据提取：这些攻击旨在还原训练过程中使用的准确的个体训练样本。例如，对于图像处理任务，攻击的结果是训练数据的像素级输出；而对于文本分类任务，攻击的结果是训练语料的逐字文本。
- 成员推断：这种类型攻击的目标是判断某个特定的样本是否是用于创建模型的训练数据的一部分。如果作为训练集的一部分暴露出如医疗状况、社会或政治关系等信息，则显然构成隐私侵犯。
- 模型反演：这里，对手的目标是构建每个类别的代表性样本。这种类型的攻击在每个类别中样本相似度较高时会严重侵犯隐私。例如，在人脸识别模型中，每个类别代表一个特定个体的信息。这种情况下，模型反演的结果与训练过程中使用的个体的图像相似。然而，如果类别的样本并不都相似，那么攻击的结果不能近似地还原训练数据[70]，因此这种攻击的结果可能不构成危害。

- 属性推断：这类攻击旨在揭示与当前训练任务无关的训练数据的属性。这种设置下的攻击可以提取训练数据集的全局属性(例如包含的样本的比率)，或者可以集中于提取训练数据的子集的属性。

图 13-2 中总结了这四类攻击的目标和输出。在表 13-1 中，我们从执行攻击的对手和它们用来推断隐私训练数据的信息两方面对典型的攻击分别作了描述。要强调的是，局外人的攻击并非只针对联邦学习。

隐私攻击	提取攻击	成员推断	模型反演	属性推断
目标	还原准确的个体训练样本	某样本是否用于训练	查找每个类别的代表	识别与训练任务无关的训练数据的属性
攻击的输出	准确的训练数据 …	是/否	每个类别的平均样本数	任务：人脸识别 输出：戴眼镜的人的百分比 任务：漏洞检测 输出：是否在软件的1.3版本中收集日志

图 13-2 机器学习中的推断攻击。该图对比了每种攻击的不同目标并给出了不同攻击的样本输出。我们使用剑桥 AT&T 实验室的人脸 ORL 数据集进行说明。模型反演攻击的输出是使用参考文献[26]中的攻击生成的

接下来将简要概述以上攻击的实施方式。这将有助于理解系统的漏洞，并确定在 13.3 节中采取哪些防御措施来应对不同的攻击。

表 13-1 针对没有防御的联邦学习系统的推断攻击

攻击	攻击面		对手
	模型	模型更新	
训练数据提取			
Henderson et al.[33]、Carlini et al.[12]、Zanella et al.[87]、Carlini et al.[13]	黑盒		局外人、局内人
DLG[91]、iDLG[89]、Geping et al.[28]、Cafe [39]		梯度	好奇的聚合器
Wang et al.[81]、Wei et al.[83]	白盒	梯度	好奇的聚合器
Song et al. [75]		梯度	聚合器的主动和被动模式
成员推断			
Shokri et al.[70]、Salem et al.[68]、Hayes et al. [32]、Choquette et al. [16]	黑盒		局外人、局内人
Nasr et al.[57] (多次攻击)	黑盒		好奇的聚合器或参与方

(续表)

攻击	攻击面		对手
	模型	模型更新	
Nasr et al.[57] (多次攻击)		梯度	好奇而主动的参与方
		梯度	好奇而主动的聚合器
		梯度	主动而孤立的聚合器
模型反演			
Fredrikson et al.[25, 26]	黑盒		局外人、局内人
Hitaj et al.[34]		梯度	好奇的参与方
属性攻击			
Ateniese et al.[7]、Ganju et al.[27]	白盒		局外人、局内人
Melis et al.[54]		梯度	好奇的参与方

1. 训练数据提取攻击

目前已经发现多种攻击方法通过查询已发布的模型来提取训练过程中使用的数据样本[12, 13, 33, 73, 87]。其中大多数致力于从神经网络[12]、基于文本的模型[13, 87]和嵌入[73]中提取训练数据，但也有一些方法用于其他类型的模型，例如见参考文献[33]。

在参考文献[12]和[78]中，分别针对传统机器学习和联邦学习设置研究了生成式文本模型的数据记忆。生成式文本模型可以帮助用户在快速输入文本和写邮件时自动完成短语。对手在此场景下的目标是提取文本的秘密序列，以获取隐私信息；例如，当用户输入句子 my social security number is 时，可能会导致训练过程中使用的社保号码被泄露。在参考文献[12]中，Carlini 等人提出了一种度量这类模型中记忆能力的指标，前提是攻击者对一个可随意查询的已发布模型具有黑盒[1]访问权限。随后，Thakkar 等人[78]比较了在联邦学习中训练的模型与传统方式训练的模型之间的数据记忆方面的差异。他们的实验表明，联邦学习中的训练可能有助于减少数据记忆问题，并且他们假设用户之间的数据分布的差异是造成这种情况的原因。然而，这两个研究都是基于黑盒访问，即他们只考虑局外人的情况。我们需要进一步地分析，以确定当对手拥有更多信息时会泄露的信息量，这是针对联邦学习局内人的情况。

在联邦学习中，针对通用模型的数据提取攻击已经引起了广泛关注，其中绝大多数攻击使用包含梯度的模型更新[5, 28, 39, 81, 89, 91]。为理解这些攻击是如何实现的，可以考虑一个简单的基于文本的分类器，它使用词袋模型来编码训练数据。我们知道，当某个参与方被查询初始模型后，它会使用其本地训练数据训练几个周期，然后将梯度返回给聚合器。一个好奇的聚合器可能会观察到从某参与方接收到的梯度，这些梯度可能是稀疏的；

1 机器学习中的黑盒访问是指对手无法访问模型参数而只能查询模型的情况。相反，白盒访问是指对手可以访问模型的内部工作设置。

通过判断梯度是否为非零，聚合器可以轻松地知道一个单词是否在参与方的训练数据中出现过[53]。基于梯度的攻击也被证明同样适用于图像领域，包括数字位数[5]、人脸[91]和其他数据集[28]。

参考文献[91]中提出了一种高效的攻击方法，称为深度梯度泄露(Deep Leakage from Gradients，DLG)，它可以让一个好奇的聚合器获得受害参与方的训练样本和标签。DLG攻击已被证实在某些网络拓扑结构下表现出很高的攻击成功率，但它只有在使用较小的批大小(例如 8)时才有效。之后出现的攻击[81]通过使用基于梯度的高斯核的距离度量来提高一般模型初始化的还原准确性。然而，该方法对于较大的批大小的攻击成功率有限。基于这个明显的局限性，人们开始猜测使用更大的批大小是否可以遏制这个问题。

遗憾的是，在参考文献[39]中证明了，通过增加批大小来防范这些攻击是一种天真的防御策略，其中提出了一种新的基于梯度的攻击方法 CAFE。事实上，即使在较大的批大小为 40 的情况下，CAFE 攻击也能成功。这种攻击使用离线创建的替代数据集或合成数据集。假设模型是已知的(尤其对于聚合器来说)，聚合器可以将替代数据输入模型并计算伪梯度。然后，聚合器将得到的替代梯度与来自受害参与方的真实梯度进行比较，并通过更新其替代数据集来尝试最小化差异。这个过程可以在训练过程中持续进行，以重新创建原始数据集。参考文献[89]对标签猜测进行了改进。此外，Geiping 等人[28]提出的研究和方法揭示了 DLG 最初考虑的拓扑结构以外的常用视觉网络架构的漏洞。受原始 DLG 的启发，学术文献中还出现了其他的攻击优化方法。

虽然大多数攻击都是采用基于梯度的推断，但在联邦学习中，基于梯度的算法经常通过交换模型权重进行训练。如前所述，在实验中已观察到，通过交换模型权重可以加快收敛时间。某些情况下，一个好奇的聚合器仍然可通过计算两次迭代之间同一参与方的梯度来执行相同的推断过程。然而，这要求在接下来的训练轮次中对受害方查询的时间间隔不要太长。因此，需要进一步的实验分析来评估这些系统设置下的攻击。最后，从这些攻击的概述中可以看出，不断改进现有数据提取攻击的限制是一种趋势。

2. 成员推断攻击

多个成员推断攻击[57, 68, 70]已经证明，当训练集中包含的是敏感信息时，如果知道了一个样本(称为目标样本)是训练数据集的一部分，那么就会侵犯隐私。例如，假设一个机器学习模型是基于患有禁忌疾病或者具有某种政治或团体关系的人的照片训练的。这种情况下，了解一个人是否是训练集的一部分将暴露其健康状况或其属于某个特定群体的信息。

这类攻击利用了模型被查询时在其训练数据上表现出的高预测置信度。这主要是由于模型对训练样本的过拟合造成的。这类攻击通常假设对手对模型具有黑盒访问权限(无法获取模型参数)，只能查询模型进行预测。对手多次查询模型，观察其对一组经过处理的输入的预测行为，从而重建模型的损失曲面。经过多次这样的查询后，对手可以判断一个样本是否为训练数据集的一部分。这类攻击中的大多数利用预测查询的置信度分数来指导生成相关信息的查询。

由于各种攻击都是利用置信度分数来达到目的，因此人们提出了一些隐藏置信度分数或减少分类器可回答的查询数量的方法作为可能的缓解技术[38, 68, 85]。然而，这些解决方案并不能有效地防止成员推断。研究表明，即使模型不暴露与其分类相关的置信度分数，对手仍然能够进行成员攻击[16]。在参考文献[16]提出的仅基于标签的攻击中，对于目标样本，对手生成多个扰动样本并查询分类器，以确定模型对修改的鲁棒性。扰动样本可通过使用数据增强和对抗样本生成。基于分类器的回复，可以判断是否存在强或弱的成员信号。

在联邦学习中也可以基于交换的消息进行成员推断攻击。具体而言，Nasr 等人[57]提出了利用训练过程中交换的模型更新的多种攻击方法。参考文献[57]中提出的所有攻击方法会分别检查神经网络各层的梯度，以利用神经网络的高层相比低层经过微调后能更好地提取高层特征的事实(这些特征可能更高效地揭示隐私信息)。为判断网络是否使用目标样本进行训练，对手可以在对受害者数据有一定背景了解的情况下使用基于自动编码器的无监督推断模型或浅层模型进行攻击。

Nasr 等人提出可以由好奇的聚合器或参与方以主动或被动模式发起攻击。一个好奇的聚合器可以进行 3 种类型的攻击：①被动攻击，即观察每个参与方的模型更新并试图确定该参与方的目标样本；②主动攻击，即聚合器根据前面的讨论操纵聚合模型；③主动而孤立的攻击，即好奇的聚合器不聚合其他参与方的模型更新，以提高攻击成功率。

恶意参与方发起的攻击的威胁相对于聚合器发起的攻击是有限的，因为参与方只能看到中间模型。因此，好奇的参与方的目标仅限于确定其他参与方是否包含目标样本。对于恶意参与方，攻击可以是被动的(无模型更新操纵)，也可以是主动的。

主动成员推断攻击是联邦学习独有的攻击方式；主动攻击是指对手通过操纵模型更新或模型本身来诱导成员样本上产生可观测的梯度行为。如果一个好奇的参与方(对手)试图推断目标样本 x 的成员身份，那么会基于模型对样本 x 使用梯度上升方法，并沿着样本上损失增加的方向更新其本地模型。然后，对手将修改后的模型权重共享给聚合器，由聚合器将新的模型更新发送给各参与方。有趣的是，当某参与方有样本 x 时，其本地 SGD 会突然降低样本 x 上损失函数的梯度。通过这个信号可以使用监督或无监督的推断模型来推断参与方是否具有目标样本。因为训练模型需要多轮迭代，所以对手有多次机会操纵模型更新，因此会提高攻击的成功率。

总之，联邦学习确实存在易被对手实施成员推断攻击的漏洞。

3. 模型反演攻击

模型反演攻击的目标是构造每个类别的代表性样本。参考文献[25, 26]中介绍的是针对传统训练过程的模型反演攻击。通常这些攻击使用模型输出的置信度分数来指导已知和目标标签的数据样本的重建。例如，Fredrikson 等人的研究表明，具有模型和患者的一些人口统计信息访问权限的对手可以预测患者的基因标记[25]。

参考文献[34]针对联邦学习改进了模型反演攻击，Hitaj 等人在其中提出了一个基于生成对抗网络(Generative Adversarial Network，GAN)的方法，通过操纵模型更新并巧妙设计梯度，迫使受害者泄露更多信息。这种攻击可以由任何参与方实施，其中好奇的参与方旨在获取目标标签的相关信息。对手基于观察到的模型更新训练一个GAN，然后使用该GAN生成隐私训练集的原型样本。好奇的参与方可以创造训练过程的输入，迫使受害方泄露更准确的隐私信息。具体来说，对手会对还原的样本生成误差，确保受害方调整模型并进一步泄露目标样本的信息。在这种攻击中，对手主动操纵训练过程。

最后，如果某个类别存在有意义的平均表示，则模型反演攻击尤其危险；否则，输出可能不会向对手提供有用的信息。

4. 属性推断攻击

对手可以通过输入的属性推断如产生数据的环境等信息(即使模型任务与这些信息完全无关)。一些方法侧重于提取训练集的全局属性[7, 27]，而最近的方法则侧重于提取子样本的属性[54]。全局属性包括训练数据集中不同类别的分布情况，例如一个用于分类笑脸的神经网络可能会泄露训练集中个体的相对吸引力。Ganju 等人[27]提供了另一个关于全局属性推断的相对有一定风险的例子，他们证明了模型可以帮助对手确定收集训练日志的机器是否包含两个重要的漏洞，这些漏洞可能被对手利用来非法获取比特币。子样本属性是指训练数据中特定样本的属性，例如，在对医学评论进行分类的模型中，对手可能推断这些样本所属的医学专业[54]。

全局属性推断最早由 Ateniese 等人在参考文献[7]中提出，他们指出 SVM 和隐马尔可夫模型(HMM)更容易泄露全局属性。他们的方法是使用在替代数据集(这些数据集中包含测试的属性)中训练过的多个元分类器，并且需要对模型进行白盒访问。后来，参考文献[27]将该方法推广到全连接神经网络。

随着联邦学习的发展，出现了一些可以进一步分析子样本属性的攻击方法。最近，Melis 等人在参考文献[54]中提出了一种新颖的、更细粒度的攻击，它结合了联邦学习设置中的成员推断和属性推断。在这种攻击中，好奇的参与方可以首先通过运行成员推断攻击来识别受害方的训练数据集中是否存在特定记录。与全局属性攻击类似，该攻击也使用辅助标记数据训练元分类器，并用来判断一个子样本中是否存在某个属性。实验结果表明，该攻击对于图像和文本分类器是有效的，并且适用于有 2～30 个参与方的情形。这种情况下，联邦学习向恶意局内人暴露了攻击面，会泄露更多的隐私信息。

13.3 减轻联邦学习中的推断威胁

随着对联邦学习系统的攻击越来越多，针对这些威胁提出的解决方案的数量也越来越多。目前有多种不同的防御措施用于保护联邦学习训练过程或模型部署的不同方面。总的来说，该领域的防御措施包括如下几类。

- 修改训练过程和限制模型查询接口：这类方法包括模型剪枝[37]或压缩发送到聚合器的模型更新，以防止基于梯度的攻击；添加正则化项以减少过拟合[70]和防止提取攻击；最小化查询次数或避免报告模型的置信度，以防止成员推断攻击[85]。然而，已经有研究证明所有这些防御措施面对自适应攻击时都失效[16, 83, 83]。由于这些解决方案可能给人一种隐私保护的错觉，因此我们在下面的分析中不展开介绍。

- 句法和扰动技术：这类技术包括改进的 k 匿名[76]和差分隐私(DP)[22]，它们分别被多种防御措施(例如参考文献[80]和[17])应用于联邦学习训练过程中。这些方法可能有助于抵御上面提到的一些攻击。
- 安全聚合和安全硬件技术：这类技术包括使用不同的密码系统来确保聚合器无法访问个体模型更新，以及使用专门的硬件执行环境来确保遵循执行流程和保持计算的隐私性。

这些技术之间有什么区别？我们将根据所维护的隐私类型(如图 13-3 所示)对这些技术进行区分。

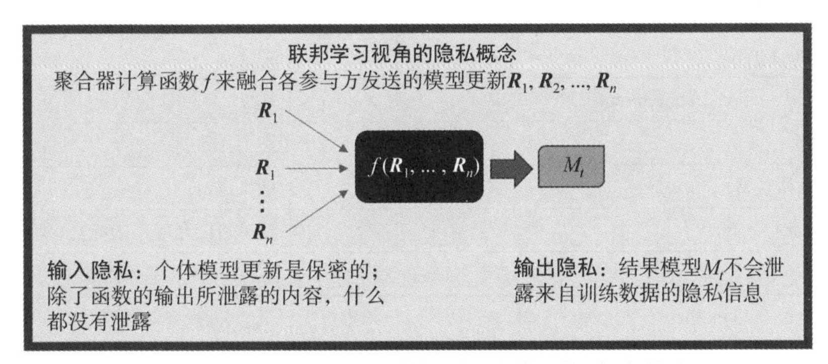

图 13-3　联邦学习场景下的输入隐私和输出隐私概念说明

- 输入隐私：该类解决方案保护了各个参与方共享的模型更新的隐私。换句话说，只有在联邦学习训练过程中未泄露除通过最终机器学习模型可以推断出的信息之外的任何内容时，解决方案才算提供输入隐私的保护。这类技术可用来防止来自恶意聚合器的试图隔离或推断参与方的隐私信息的威胁。通常使用多方计算技术来实现这种类型的隐私。然而，我们会看到，这些技术有多种方案并且提供了不同的隐私保护，其中一些也容易受到推断攻击的影响。
- 输出隐私：该类技术保证了最终模型或中间模型不会泄露训练数据的隐私信息。这类防御措施旨在防止局外人和局内人基于模型进行推断攻击。差分隐私就是其中一种防御方法，但它也有自身的局限性。
- 输入和输出隐私：该类方法同时保护输入和输出的隐私性。

基于这 3 个定义，我们在表 13-2 中对一些代表性防御措施进行了分类。第 2 列是预定的隐私目标，其中一些方法如果没有正确部署，可能会导致隐私泄露。特别是，如果不结合其他保护措施一起部署，明文结果可能遭受分解推断。在表中，还增加了一列，以强调现有技术在中间模型或最终模型是否以明文形式暴露给聚合器方面的差异。这反映了一种不同的信任模型，对于为不同的应用场景选择合适的解决方案至关重要。注意，即使模型没有以明文形式透露给聚合器，一个解决方案也可能无法保护输出的隐私，因为最终的模型在被各参与方解密时，仍然容易受到输出推断的影响。接下来，我们将简要介绍现有的防御措施，并介绍它们能够解决的和无法阻止的攻击类型。

表 13-2 联邦学习的隐私保护防御措施

现有的方案	隐私类型		聚合器对融合模型更新的访问
	输入	输出	
安全聚合			
Partial HE[58, 88]	✓	✗	加密
Fully HE[67]	✓	✗	加密
Threshold Paillier(TP)[80]	✓	✗	明文
Garbled Circuit(GC)	✓	✗	明文
Pairwise Mask(PM)[10, 40, 72]	✓	✗	明文
TPA-based Functional Encryption(FE)[84]	✓	✗	明文
差分隐私			
Global DP(聚合器)	✗	✓	明文
Local DP(参与方侧)[6, 30, 80, 84]	✓	✓	带差分隐私噪声的明文
混合方法			
DP with Threshold Paillier[80]	✓	✓	带差分隐私噪声的明文
DP with Functional Encryption[84]	✓	✓	带差分隐私噪声的明文
DP with Pairwise Masking[42]	✓	✓	带差分隐私噪声的明文
专用硬件支持			
Truda (3 个聚合器)[15]	✓	✗	明文的部分模型
专门针对 **XGBoost** 的方法			
Pairwise Mask[48]	✓	✗	明文
Oblivious TEE-based XGBoost[46]	✓	✗	明文

13.3.1 安全聚合方法

为保护输入的隐私性，人们提出了安全多方计算来实现安全聚合(SA)。SA 允许实体计算一个函数 f，该函数以 $R_1,R_2,\ldots,R_n$ 为输入，而不需要知道任何输入的内容。实现 SA 的方法有很多种，包括成对掩码和现代密码方案(如全同态加密、函数加密、部分同态加密、Threshold Paillier 等)。这些技术在很多方面有所不同，如表 13-2 和表 13-3 所示。关键区别在于如下几个方面。

- 支持的威胁模型：这些方法所涵盖的威胁模型在每种 SA 技术对聚合器的信任程度上有所不同。一些方法将中间模型暴露给聚合器，而其他方法只暴露加密数据(见表 13-2)。此外，一些技术还提供验证机制，以确保聚合器只能融合最少数量的模型更新(见表 13-3 的第 2 列)。

- 动态参与：SA 技术不同的另一个方面是它们在联邦训练过程中对加入参与方的适应性，以及对某些参与方故意或意外离开联邦的容忍度。有些技术需要完全停止训练过程，才能在参与方退出或加入时重新设置系统密钥，而另一些技术则对这些变化具有更强的弹性，可以在不需要进行修改的情况下继续训练(见表 13-3 的第 3 列)。显然，不需要重新设置整个系统密钥的技术更受欢迎。
- 基础设施：每种方法可能需要不同的基础设施设置。一些方法需要使用额外的完全可信的机构或专用硬件，而另一些方法则需要多个非串通的服务器，这可能会增加部署解决方案或专用硬件的成本。

接下来，我们将详细介绍每种 SA 技术并讨论它们的优缺点。

表 13-3　动态参与方参与下的解决方案行为

方法	验证聚合	新参与方	退出	专用硬件
安全聚合				
Partial HE[58, 88]	✓	不需要重新设置密钥	✗	✗
Fully HE[67]	✓	不需要重新设置密钥	✓	✗
Threshold Paillier[80]	✗	需要重新设置密钥	✓	✗
Pairwise Mask[10, 40, 72]	✗	需要重新设置密钥	✓	✗
HybridAlpha(TPA-based FE)[84]	✓	不需要重新设置密钥	✓	✗
专用硬件支持				
Truda(3 个聚合器)[15]	✓	不需要重新设置密钥	✓	✓
联邦提升模型				
Secure Federated GBM 48]	✗	需要重新设置密钥	✓	✗
Oblivious TEE-based XGBoost[46]	✓	不需要重新设置密钥	✓	✓

1. 基于同态加密的安全聚合

根据可对加密数据执行的计算类型可将同态加密(HE)分为部分同态加密和全同态加密。

部分同态加密方案允许不可信实体对加密数据进行加法运算。Paillier 密码系统[60]及其变体[56, 59]是这类方案中使用最多的密码系统。部分同态加密密码系统满足以下性质。

$$\mathrm{Enc}(m_1)\circ\mathrm{Enc}(m_2)=\mathrm{Enc}(m_1+m_2)$$

其中 $\mathrm{Enc}(m_1)$和 $\mathrm{Enc}(m_2)$表示加密后的数据，$\circ$表示一个预定义的函数。也就是说，接收 $\mathrm{Enc}(m_1)$和 $\mathrm{Enc}(m_2)$的不可信实体可以直接对 m_1 和 m_2 它们进行加法计算，而不需要解密。注意，不可信实体只能获取加密形式的 $\mathrm{Enc}(m_1+m_2)$结果。

由于联邦学习中的大多数聚合函数只需要加法运算，因此这些密码系统是联邦学习中常见的选择[58, 88]。这里将更详细地介绍这个密码系统在联邦学习中的应用。在设置过程中，各参与方商定一个公钥/私钥对(pk，sk)，而聚合器会接收一个公共加密密钥 pk。参与方在将模型更新发送给聚合器之前，使用 pk 对其进行加密。一旦聚合器接收到所有加密的模型更新，它就使用自己的公钥 pk 执行模型更新的加法运算并得到加密结果。然后将加密后的结果发给各个参与方，参与方使用 sk 进行解密并以明文形式继续训练。

与其他 SA 方法相比，聚合的最终结果不会泄露给聚合器，聚合器只能获取加密后的融合结果。此外，在新参与方加入或退出联邦的情况下，不需要重新设置密钥。然而，根据参考文献[84]所说，与其他方法相比，部分同态加密可能导致更高的计算和通信成本。为克服这个缺点，人们最近在参考文献[88]中提出了一种方法 BatchCrypt，其中每个参与方将其梯度值量化为低比特整数表示，然后将一批量化值编码为一个长整数进行加密。这些预处理操作可以加快加密解密的速度。

这类 SA 方法仅限于加法运算。因此，要求不只是对模型更新进行简单平均的融合算法不能用部分同态加密方案实现。

全同态加密方案支持对加密数据的所有操作。因此，它们可以用来实现更多的融合算法。不过，从计算的角度看，它们成本更高。参考文献[67]中给出了一种这样的方法。

所有的同态加密方法本身都能够防止好奇的聚合器从中间模型和最终模型中推断数据。这是由于聚合器只能看到被加密后的信息。但是，参与方可以对模型进行解密，因此仍然可以从模型本身推断信息。因而，在表 13-2 中，我们将同态加密方法标记为不保证输出的隐私性。

2. 基于 Threshold Paillier 的安全聚合

Threshold Paillier 密码系统[19]是 Paillier 加密系统[60]的一种变体，因此支持加法同态加密。主要区别在于，在该变体中，需要预定义一定数量(t)的可信参与方协同解密密文。

在联邦学习设置中，使用 Threshold Paillier 加密系统[80]的目的是防止串通攻击，确保只有在 t 个可信参与方共同解密后，才能获得最终的融合结果。在设置过程中，每个参与方都会获得一个用于加密的公钥 pk 和一个用于部分解密的共享私钥 sk_i，聚合器接收一个组合解密密钥 dk。每个参与方使用 pk 加密其模型更新并发送给聚合器。聚合器将接收到的加密模型更新进行融合，并将融合结果返回给 t 个参与方。然后每个参与方使用自己的 sk_i 执行其部分解密，并将解密结果发送给聚合器。最后，聚合器接收到至少 t 个部分解密结果后，使用 dk 来获取明文形式的聚合模型更新。

基于 Threshold Paillier 的安全聚合方法适用于可信任的聚合器能够以明文方式获取聚合模型更新的联邦场景。此外，这种方法有一个有趣的特性，就是确保至少有 t 个可信参与方同意解密模型更新。不过，这种特性需要参与方和聚合器之间进行更多轮的通信，会导致训练时间更长。

3. 基于成对掩码的安全聚合

各参与方使用成对的随机掩码来隐藏其模型更新，以保护用户输入的个人隐私。然后，聚合器简单地将经过掩码的模型更新相加，得到全局模型。该协议的构建使得在所有模型更新聚合后，成对的随机掩码相互抵消。最初的成对掩码设计[10]依赖 t-of-n 秘密共享[69]，需要参与方和聚合器之间进行 4 轮通信。参考文献[10]指出其开销随参与方数量的增加呈二次方增长。为进一步提高参考文献[10]中研究的效率和可扩展性，Turbo-Aggregate[72]采用加法秘密共享和多组循环策略来进行模型聚合，而 FastSecAgg[40]基于快速傅里叶变换的有限域版本提出了一种新的多秘密共享方案。

虽然基于成对掩码的方法支持参与方退出，但应用这些技术增加了参与方和聚合器之间交换的消息数量，同时增加了训练时间。此外，当新的参与方加入联邦中时，该方法需要重新设置密钥。

4. 基于函数加密的安全聚合

函数加密(FE)[11]是一种新兴的密码系统，允许函数 f 在一组加密的输入上进行计算，其中解密方可以获得 f 的最终结果的明文形式。为计算函数，解密者实体需要使用一个函数密钥，该密钥依赖评估函数 f 和加密数据。这个函数密钥由可信第三方(TPA)提供。然而，最近出现了新的加密系统，不再需要这个实体(TPA)的支持。

在参考文献[84]中，Xu 等人首次提出了在联邦学习中使用函数加密的想法，他们具体采用的加密系统是多输入内点函数加密[31]。该加密系统使得聚合器能够以明文的形式获得函数 $f(x,y)=\sum_i x_i y_i$ 的结果，其中 x_i 对应来自参与方 i 的隐私加密模型更新，y_i 则代表用于融合模型更新 x_i 的权重。也就是说，当 $\boldsymbol{y}$ 是一个单位向量时，所有的模型更新具有相同的权重。当 $y_i=0$ 时，意味着在聚合过程中 x_i 将被忽略。

在系统设置过程中，指定最多支持的参与方数量后，TPA 初始化函数加密系统。然后，每个参与方从 TPA 处接收其特定的秘密密钥 sk_i。在训练过程中，每个参与方使用 sk_i 对其模型更新进行加密，并将得到的密文结果发送给聚合器。经过预定的时间后，聚合器融合接收到的所有加密的模型更新，并准备一个向量 $\boldsymbol{y}$。向量 $\boldsymbol{y}$ 向 TPA 请求一个函数解密密钥 dk_y，以便对接收到的模型更新进行融合，得到明文结果。如果某些参与方没有回复，则聚合器的向量 $\boldsymbol{y}$ 中不包含该参与方。这样就有效地处理了参与方退出的问题，而不需要重新调整密钥或进行进一步的通信。然后，聚合方将向量 $\boldsymbol{y}$ 发送给 TPA，TPA 检查 $\boldsymbol{y}$ 以确保向接收到的向量所提供的函数密钥不受推断攻击，因为恶意聚合器可能会试图隔离某个或少数几个参与方的模型更新。如果 $\boldsymbol{y}$ 符合预定的回复数量，则 TPA 将函数加密密钥发送给聚合器。否则，聚合器无法计算聚合结果。

参考文献[84]中提出的方法的一个明显优势是它可以验证聚合模型更新的数量，以防止好奇的聚合器试图隔离少数模型回复的攻击。与其他 SA 方法(如成对掩码或 Threshold Paillier)相比，它也支持参与方动态退出和新参与方的加入，且只需要参与方和聚合器之间进行一次消息交换。但这个方法的一个限制是需要使用 TPA。不过，随着函数加密领域技术的新进展，这个限制可能会得到解除。

5. 安全聚合小结

前面概述了几种具有代表性的 SA 方法，并强调了它们的差异和缺点。其中一些方法仅限于加法融合算法，并且在参与方加入和退出时无法快速适应动态设置，需要进行昂贵的密钥重置操作。另一个显著的差异是为获得SA结果需要在聚合器和各参与方之间交换的消息数量，其中函数加密方案需要1次消息交换，而成对掩码方案需要4次消息交换，Threshold Paillier需要3次消息交换。

SA方案的另一个主要区别是它们在聚合器中的可信假设。大多数方法都相信聚合器，SA结果以明文形式发送(见表13-2)，而部分同态加密方案则不同，其SA模型更新是加密的，聚合器无法知道其内容。在聚合器部署最终模型并能够通过测试数据来评估模型性能的情况下，使用明文模型是可行的。而对于聚合器完全不可信的应用场景来说，部分同态加密技术可能更合适。

最近的研究表明，融合结果为明文的SA技术更容易受到解聚攻击的威胁[45, 71]。在解聚攻击中，一个好奇的聚合器可能会利用多轮的SA结果来推断单个参与方的模型。当某参与方的模型被分离出来时，好奇的聚合器可以利用表13-1中的任何攻击方式，这些攻击将模型本身作为输入，使得SA失去意义。为防止这类攻击，参考文献[71]提出了谨慎地对参与方进行子采样的方法。这种方法增加了额外的保护层，并且需要集成可信执行环境(TEE)以构建信任(见13.3.3节)。不过，需要注意的是，该方案仅适用于参与方数量较多的联邦。因此，鉴于目前的技术现状，在小型联邦中，为防止解聚攻击，最好使用结果加密的SA技术。

最后要说明的是，充分使用SA防御[1]只能防止基于个体模型更新的推断。SA本身并不能阻止任何基于最终或中间模型的攻击。为此，人们提出了句法和扰动方法，下面将对其进行概述。

13.3.2 句法和扰动方法

此类防御措施的解决方案旨在防止使用最终模型或模型更新的推断攻击。k匿名和差分隐私就是属于其中的推断攻击防御技术。

2. 基于k匿名的方法

k匿名是一种数据匿名化的技术[76]，通过将记录隐藏在k个分组中来实现——这些分组由准标识符定义，准标识符是可用于识别潜在个人记录的信息。例如，邮政编码、年龄、性别和种族都是可以用来识别个体的准标识符。定义准标识符需要事先确定对手可能使用哪些背景信息来识别训练数据中的记录。

参考文献[17]提出了一种适应联邦学习训练的k匿名方法，Choudhury等人声称该方法在法律上符合美国、加拿大和西班牙(2020年)的隐私立法。该方法适用于表格数据，它在训练之前在每个参与方中独立地应用k匿名算法，从而产生多个匿名化模式。当使用模型进行推断时，根据每个参与方最接近的k匿名化模式对输入进行预处理。

---

1 如前文所述，充分指的是对容易受到解聚攻击的SA方法应用所需的额外的子采样技术。

这种方法的一个有利方面是使用的参数的可解释性：将样本隐藏在 k 个组中是一个非常直观的概念。基于 k 匿名的方法的主要缺点之一是它非常依赖防御者有效预测对手可能拥有的背景信息的能力。因此，如果对手拥有比预期更多的背景信息，那么隐私可能被泄露[51]，不过这些攻击在联邦学习设置中尚未得到证实。差分隐私是解决这一问题的替代方法。

2. 基于差分隐私的方法

差分隐私[21]是一种数学框架，用于为在计算函数时所使用的个体记录的信息泄露程度提供严格度量。当且仅当在训练数据中包含单个样本，而算法输出在统计学上没有明显变化时，这样的训练算法才能被称为差分隐私。

差分隐私的定义如下[21]：对于任意两个相邻的数据库 D_1、D_2，如果它们仅在一个条目中存在差异，$\forall S \subseteq \mathrm{Range}(M)$，且

$$\Pr[M(D_1) \in S] \leqslant \mathrm{e}^{\epsilon} \cdot \Pr[M(D_2) \in S] + \delta$$

则称一个随机化机制[1] M 提供 (ϵ,δ) -差分隐私。当 δ=0 时，则认为 M 满足 ϵ - 差分隐私。

ϵ 越小，隐私保护程度越高。附加项 δ 允许放宽定义，使运算机制能够更高效，在联邦学习中，这意味着模型性能的提高。为创建差分隐私机制，可在算法输出中加入与输出敏感度成正比的噪声。敏感度衡量了单个数据样本对输出的最大影响。拉普拉斯机制和高斯机制是实现差分隐私和降低敏感度的常用函数，裁剪值是一种常见的做法。

在数据集中化的机器学习模型训练的场景下，有大量的机制可以巧妙地添加差分隐私噪声，例如见参考文献[1, 36, 74, 79]。大多数情况下，这些机制适用于联邦学习。

在联邦学习中，应用差分隐私的方式有 3 种：本地式、集中式和混合式。这些方法可以应对不同的威胁模型。

- 本地差分隐私[41, 65]：适用于各参与方不信任聚合器的情况。为此，在将模型更新发送给不可信的聚合器之前，每个参与方独立地向模型更新添加噪声。这种方法的缺点是噪声的数量通常会导致模型性能下降。
- 全局差分隐私：适用于聚合器是可信的并可向模型添加差分隐私噪声的情况。与本地差分隐私相比，全局差分隐私保证了添加的噪声更少，从而获得较好的模型性能。
- SA 和本地差分隐私混合[80]：这种方法是为了克服本地差分隐私的局限性，以确保更快的收敛时间和更好的模型性能。它适用于参与方不信任聚合器的场景。该方法是将 SA 技术与本地差分隐私相结合。这种结合保证了模型更新对聚合器来说是不可见的。因此，每个参与方在保持与仅使用本地差分隐私所带来的相同隐私保证的同时，可以减少其模型更新添加的噪声量。换句话说，这种混合方法使得在总噪声注入量减少为 $1/n$ 的情况下，可以获得相同的差分隐私保证，其中 n 是参与方的数量。关于为什么会出现这种情况的数学表述可以见参考文献[80]。参考文献[80]中提出的

1 机制可以理解为一种旨在注入差分隐私噪声的算法。

SA 方法是 Threshold Paillier，但该技术也适用于其他类型的 SA，如参考文献[84]中所述。

差分隐私的一个非常吸引人的特点是，它提供了数学保证，而不需要对对手可能拥有的背景信息做出假设。同时，应用差分隐私也面临一些挑战，包括定义适用于特定用例的 ϵ 值，以及添加噪声可能导致模型性能下降。理想情况下，ϵ 值不应超过 0.1，且建议不超过 1[23]；但现实中，简单查询的 ϵ 值可能高达 1，而传统机器学习模型的 ϵ 值可能高达 10。对于神经网络而言，ϵ 值常常大于 100[16]，这引发了对差分隐私获得的实际保护的担忧。ϵ 的可解释性困难和较大的取值问题促进了本节前面介绍的基于 k 匿名的方法的发展。为解决这一困难，Holohan 等人[35]提出了一种将随机响应调查技术[82]映射到 ϵ 值的方法，为 ϵ 提供了一定的可解释性。

与大众认知相反，差分隐私并不能完全防止 13.2 节中介绍的所有隐私攻击。差分隐私可以防止成员推断、反演攻击和提取攻击[12]。我们可以重新审视差分隐私定义，以理解为什么无法通过添加噪声来防止其他攻击。根据定义，差分隐私提供了个体样本不可区分性的量化隐私保证。然而，关于样本的整体信息仍然是可获得的。事实上，人们应用差分隐私的其中一个主要原因是：在不损害个体隐私记录的前提下获得一个良好的可泛化的模型。差分隐私的另一个假设是同一数据集中的记录是独立的[18, 44]，这在联邦学习或一般的机器学习设置中可能并非如此。基于差分隐私的定义和假设，参考文献[7, 27, 54]已经证明它并不能阻止基于属性的攻击。差分隐私对属性攻击不起作用的原因是，属性攻击依赖样本的聚合属性，而差分隐私侧重于保护个体样本。理解这种差异是非常重要的，可避免陷入一种错误的隐私意识。

目前，差分隐私是保护个体样本隐私的最佳方法之一，且仍是一个正在发展的领域。Domingo 等人在参考文献[20]中对差分隐私在实际应用中的挑战和缺陷方面进行了有趣的讨论。此外，还有其他研究聚焦于减少联邦学习由于交互性质而在聚合器和参与方之间的多轮通信中引入的噪声量。

13.3.3 可信执行环境

另一组防御措施依赖可信执行环境(TEE)[46]。TEE 是计算机主处理器的安全区域，旨在保护内部加载的代码和数据的机密性和完整性。一些常见的 TEE 示例包括 IBM Hyper Protect™[62]、Intel SGX™[52]、AME Memory Encryption™[43]等。TEE 的核心特征之一是具有远程认证的能力。远程认证允许远程客户端验证特定软件版本是否已经安全地加载到保护区域中。因此，TEE 适合在不可信环境中运行代码，同时保证代码的运行符合预期。

因为安全认证的特性，所以可以确保运行在 TEE 上的聚合器使用预期代码来防止恶意聚合器偏离预期行为的主动攻击。因此，可以确保聚合器组合模型更新的数量最少，能防止隔离一个或几个模型更新的主动攻击。同时，也可以确保聚合器充分地执行全局差分隐私，并且正当地遵循协议。如果可以部署专用的硬件，那么在参与方侧使用 TEE 也可以提高系统的安全性，确保所有参与方运行预先指定的源代码。然而，对于参与方是消费者设备、在旧硬件中运行或预算有限的情况，这可能并不容易实现。

TEE 的潜在漏洞包括侧信道攻击和 cukoo 攻击[64]，它们使攻击者能够侵犯 TEE 所加载数据的隐私。为防止潜在的侧信道攻击，Law 等人[46]重新设计了 XGBoost，提出了一种适用于联邦学习的改进版本，使得数据无感知。最后，使用 TEE 时需要专用的硬件和正确设置系统中的密钥，以防止 cukoo 攻击破坏系统的加密密钥[64]。

在参考文献[15]中，好奇的聚合器利用交换的梯度进行的数据提取攻击可通过解聚过程来阻止。该解决方案称为 Truda，它通过引入 3 个 TEE 聚合器来改变联邦学习的架构，每个聚合器只接收部分模型。各参与方协商决定将模型的哪些部分发送给这些聚合器，并确保聚合器都无法获得全部模型。Truda 适用于只需要平均模型更新的融合算法。对于需要训练提升树模型的更高级算法或 PFMN[86]，这种架构则不适用。

13.3.4　其他分布式机器学习和纵向联邦学习技术

除上面讨论的隐私保护方法外，还有其他针对分布式机器学习设计的技术，它们的架构与联邦学习略有不同。这些技术包括 Helen[90]、Private Aggregation of Teacher Ensembles (PATE)[61]及其变体[49]，以及 SecureML[55]，其中数据分布在两个非串通的服务器上，通过两方计算共同训练模型。由于它们的架构与联邦学习不同，因此本章不对其展开讨论。

本章主要关注横向联邦学习案例，其中所有参与方都有相同的输入数据，因此可以在本地训练自己的模型。纵向联邦学习(见第 18 章)和拆分学习(见第 19 章)适用于不同的设置。在纵向联邦学习中，每个参与方只持有部分特征集，并且通常只有一个参与方持有标签；而在拆分学习中，模型的不同部分可能在不同的参与方中进行训练。因此，单个参与方无法单独训练一个完整的模型。针对这些不同的设置，也有各种推断攻击和防御措施[39, 47]。这些设置中的威胁可能有所不同，例如标签推断是一种潜在的攻击方式[47]。如何确定它们的漏洞并设计防御措施是一个尚待解决的问题。

13.4　选择合适的防御措施

我们已经回顾了现有的攻击和防御措施，接下来介绍不同情况下适用的防御措施。遗憾的是，正如前一节的介绍中强调的，应用防御措施并非没有代价。采用不同的防御可能导致训练时间变长、模型性能降低或部署成本增加。因此，有必要找到一个平衡点，以防止每个联邦中的相关攻击。接下来分析不同的场景。

13.4.1　完全可信的联邦

考虑一个情景，其中联邦中所有的参与方都属于同一家公司。该公司可能将数据存储在不同的云端、数据仓库、国家或者收购了其他公司，导致数据被分散在不同地方。另一个类似的情景是联邦学习任务不涉及敏感数据的使用；然而，由于数据量庞大，参与方不希望将数据传输到单个地方。

这些情景属于低风险情况，没有理由不信任每个参与方或聚合器。因此，除我们假设的安全认证通道外，可以仅使用普通的联邦学习，而不需要其他保护措施。对于潜在的局外人，可以使用全局差分隐私来最小化基于最终模型的攻击威胁。通常情况下，不需要添加差分隐私保护。

13.4.2 确保聚合器可信

在联邦中，有多种方法可以确保聚合器可信。一种常见的方法是由可信参与方来运行聚合器。或者，聚合器可以作为一种服务来运行，通过合同条款以实现信任；也可以要求聚合器在 TEE 中运行，以便各参与方通过认证来验证聚合器是否运行正确的代码。这种作为服务的聚合器是一种实用的解决方案，能在联盟案例中保证快速部署，所有参与方都可以找到可信的公司来托管聚合器。

某些情况下，可以通过增加适当的问责机制来提升对聚合器和参与方的信任。最近，参考文献[9]中提出了一个针对联邦学习的问责框架，所有参与的实体都可以在需要时进行审计。对于提供聚合器服务的公司来说，遵守合同符合其最大利益，如果能够对其进行审计，则更为关键。问责机制有助于确保有一种方法来验证不同实体的行为是否符合预期，同时也为潜在的不信任参与方提供一种验证系统在训练过程中是否正常运行的方法。尽管问责不能通过检查执行过程的结果来阻止信息推断，但它可以帮助确保聚合器是一个“好奇但诚实”的对手；也就是说，该聚合器遵守协议，但可能会试图根据它在过程中获得的信息来推断信息。

聚合器可信当然是最好的。这种部署的一个重要优势是，聚合器可以提供额外的功能来检查各参与方的回复。其中包括强大的学习算法(这些算法能够抵御含噪声的模型更新或设置中的故障)，以及检测和缓解由恶意参与方执行的潜在主动攻击的算法。换句话说，需要进行风险评估，以确定对于联邦学习来说更重要的事情。某些情况下，只需要通过使用上述列出的技术限制聚合器进行推断的能力，并与防止参与方的攻击的方法进行搭配。而在其他一些场景中，其风险可能是难以承受的。

13.4.3 聚合器不可信的联邦

某些情况下，上述条件可能不足以令参与方信任聚合器来获取其模型更新。例如，在消费者领域，用户可能担心他们的隐私信息被大公司获取。这些情况下，可以采用 SA 技术和差分隐私技术。事实上，谷歌、苹果和其他大公司已经在使用本地差分隐私来保护用户的隐私信息，并在提供服务改进的同时建立用户之间的信任[66, 77]。

并非所有的 SA 技术都提供相同的保护。我们需要同时根据聚合器和其他参与方是否可信任的情况选用不同的 SA 机制。下面展开分析。

1. 聚合器可信，可以提供需要访问模型的附加功能

考虑这样一种场景，联邦希望使用聚合器提供的扩展服务，这些服务需要聚合器以明文方式访问模型。例如，联邦可能希望聚合器基于公共数据评估模型的性能或者将生成的模型部署为服务。对于这些用例场景，若 SA 允许聚合器以明文形式查看模型，则这样的解决方案是合适的。

需要强调的是，使聚合器能够以明文形式获得模型的 SA 机制还需要与其他限制相结合，以防止解聚攻击。为降低解聚推断的风险，需要保证选择所有参与方且聚合其模型更新，或者多轮中选择的子样本参与方不会导致推断。显然，第一种方案只适用于小型联邦，而第二种方案只适用于大型联邦。对于小型联邦来说，这种修改并不困难，因为通常的做法是在所有轮次中包括所有参与方，以充分利用它们的数据。

为减轻恶意聚合器隔离少数参与方回复的风险，HybridAlpha[84](这是一种基于函数加密的 SA 技术)中设计了一个推断模块，它在提供一个函数密钥以获得模型之前，验证是否已经聚合了最小回复数。该模块可以防止这种类型的攻击。另一个潜在的解决方案是在个 TEE 中运行，以验证聚合了指定数量的参与方。

现在考虑这样的一个联邦情景，其中各参与方并不完全信任对方，并且担心其他参与方可能试图获取隐私信息。典型场景是有多个竞争参与方协作进行欺诈检测，每个竞争参与方都可能从其他参与方的学习数据中获益。这种情况下，联邦担心来自不同参与方的推断，例如担心少数好奇的参与方可能串通起来进行攻击。针对这些情况，参考文献[80]中提出了一种特别有用的解决方案，它结合了 SA 和差分隐私。选择的加密系统是 Threshold Paillier，它要求在总共 n 个参与方中，至少有 t 个可信参与方作出贡献才能以明文形式获取模型。该解决方案有一个额外的优势，相比于本地差分隐私的方法，它可以通过较少噪声就能防止推断。

2. 聚合器不可信，不能访问模型

一个联邦中的参与方可能会担心风险太大而无法将模型提供给聚合器。这些情况下，建议采用同态加密技术。注意，最终模型只能由拥有加密密钥的各参与方访问。如果模型上的推断具有相关性，那么可以添加差分隐私技术。

在上述分析中，我们没有讨论具体的法规，因为法规是不断发展的，而且到目前为止，法规要求和技术解决方案之间没有明确的对应关系。这是一个相关的开放性问题，随着联邦学习在受监管环境中的应用越来越广泛，这个问题将会得到解决。

13.5　本章小结

联邦学习是一个注重隐私保护的系统，它大大缓解了传统技术中需要将隐私数据传输到中心位置的问题。从隐私的角度看，与其他要传输数据的方法相比，联邦学习有一个明显的优势，因为其数据始终保留在其原始所有者手中。尽管有遭受一些推断攻击的可能性，

但可以结合当前的防御措施和研究工作来缓解这些攻击。对于一些联邦来说，隐私数据推断是一个需要重视的风险，因为它们非常担心其隐私数据被暴露。本章对攻击面、威胁和防御措施进行了概述，以帮助全面了解参与联邦学习所面临的风险。我们还介绍了多种攻击方式，并根据攻击面、对手的目标进行了分类，同时详细介绍了这些攻击的实施方式。正如文献综述中所强调的，有些攻击可能并不可怕，因为只需要简单地调整训练过程的超参数，就可以很容易地阻止它们，而在另一些情况下，它们可能会给联邦学习带来威胁。

本章还介绍了多种防御方法，并强调了它们的优缺点，同时指出没有一种方法能适用于所有情况。每个防御措施的设计细节都涉及不同的信任假设，又由于它们具有不同的计算和传输成本，因此适用于不同的应用。为确保添加的防御措施只产生必要的开销，同时也能够阻止相关风险，使用与用例相匹配的适当保护级别是非常重要的。毫无疑问，新的攻击方式将不断出现，形成防守方和对手之间的持续对抗。对于未来的研究来说，需要改进不同的技术来降低开销，并了解如何在具体的技术中结合不同的法规和监管。我们希望本章已澄清攻击方式的现状和可用的防御措施，能够帮助改善和促进决策过程。

参考文献

[1] Abadi M, Chu A, Goodfellow I, McMahan HB, Mironov I, Talwar K, Zhang L (2016) Deep learning with differential privacy. In: Proceedings of the 2016 ACM SIGSAC conference on computer and communications security, pp 308-318.

[2] Abdalla M, Bourse F, De Caro A, Pointcheval D (2015) Simple functional encryption schemes for inner products. In: IACR international workshop on public key cryptography. Springer, pp 733-751.

[3] Abdalla M, Benhamouda F, Gay R (2019) From single-input to multi-client inner-product functional encryption. In: International conference on the theory and application of cryptology and information security. Springer, pp 552-582.

[4] Ananth P, Vaikuntanathan V (2019) Optimal bounded-collusion secure functional encryption. In: Theory of cryptography conference. Springer, pp 174-198.

[5] Aono Y, Hayashi T, Wang L, Moriai S et al. (2017) Privacy-preserving deep learning via additively homomorphic encryption. IEEE Trans Inf Forens Secur 13(5):1333-1345.

[6] Asoodeh S, Calmon F (2020) Differentially private federated learning: An information-theoretic perspective. In: Proc. ICML-FL.

[7] Ateniese G, Mancini LV, Spognardi A, Villani A, Vitali D, Felici G (2015) Hacking smart machines with smarter ones: How to extract meaningful data from machine learning classifiers. Int J Secur Netw 10(3):137-150.

[8] Attrapadung N, Libert B (2010) Functional encryption for inner product: Achieving constant-size ciphertexts with adaptive security or support for negation. In: International workshop on public key cryptography. Springer, pp 384-402.

[9] Balta D, Sellami M, Kuhn P, Schöpp U, Buchinger M, Baracaldo N, Anwar A, Sinn M, Purcell M, Altakrouri B IFIP EGOV (2021) Accountable Federated Machine Learning in Government: Engineering and Management Insights (Best paper award), IFIP EGOV 2021.

[10] Bonawitz K, Ivanov V, Kreuter B, Marcedone A, McMahan HB, Patel S, Ramage D, Segal A, Seth K (2017) Practical secure aggregation for privacy-preserving machine learning. In: Proceedings of the 2017 ACM SIGSAC conference on computer and communications security, pp 1175-1191.

[11] Boneh D, Sahai A, Waters B (2011) Functional encryption: Definitions and challenges. In: Theory of cryptography conference. Springer, pp 253-273.

[12] Carlini N, Liu C, Erlingsson Ú, Kos J, Song D (2019) The secret sharer: Evaluating and testing unintended memorization in neural networks. In: 28th USENIX security symposium (USENIX Sec 19), pp 267-284.

[13] Carlini N, Tramer F, Wallace E, Jagielski M, Herbert-Voss A, Lee K, Roberts A, Brown T,

Song D, Erlingsson U et al. (2020) Extracting training data from large language models. Preprint. arXiv:2012.07805.

[14] Centers for Medicare & Medicaid Services: The Health Insurance Portability and Accountability Act of 1996 (HIPAA) (1996) Online at http://www.cms.hhs.gov/hipaa/.

[15] Cheng PC, Eykholt K, Gu Z, Jamjoom H, Jayaram K, Valdez E, Verma A (2021) Separation of powers in federated learning. Preprint. arXiv:2105.09400.

[16] Choquette-Choo CA, Tramer F, Carlini N, Papernot N (2021) Label-only membership infer-ence attacks. In: Meila M, Zhang T (eds) Proceedings of the 38th international conference on machine learning, Proceedings of machine learning research. PMLR, vol 139, pp 1964–1974. http://proceedings.mlr.press/v139/choquette-choo21a.html.

[17] Choudhury O, Gkoulalas-Divanis A, Salonidis T, Sylla I, Park Y, Hsu G, Das A (2020) A syntactic approach for privacy-preserving federated learning. In: ECAI 2020. IOS Press, pp 1762-1769.

[18] Clifton C, Tassa T (2013) On syntactic anonymity and differential privacy. In: 2013 IEEE 29th international conference on data engineering workshops (ICDEW). IEEE, pp 88-93.

[19] Damgård I, Jurik M (2001) A generalisation, a simpli. cation and some applications of paillier's probabilistic public-key system. In: International workshop on public key cryptography. Springer, pp 119-136.

[20] Domingo-Ferrer J, Sánchez D, Blanco-Justicia A (2021) The limits of differential privacy (and its misuse in data release and machine learning). Commun ACM 64(7):33-35.

[21] Dwork C (2008) Differential privacy: A survey of results. In: International conference on theory and applications of models of computation. Springer, pp 1-19.

[22] Dwork C, Lei J (2009) Differential privacy and robust statistics. In: STOC, vol 9. ACM, pp 371-380.

[23] Dwork C, Roth A et al. (2014) The algorithmic foundations of differential privacy. Found Trends Theor Comput Sci 9(3-4):211-407.

[24] FederatedAI: Fate (federated AI technology enabler). Online at https://fate.fedai.org/.

[25] Fredrikson M, Lantz E, Jha S, Lin S, Page D, Ristenpart T (2014) Privacy in pharmacogenetics: An end-to-end case study of personalized warfarin dosing. In: 23rd {USENIX} Security Symposium ({USENIX} Security 14), pp 17-32.

[26] Fredrikson M, Jha S, Ristenpart T (2015) Model inversion attacks that exploit confidence information and basic counter measures. In: Proceedings of the 22nd ACM SIGSAC conference on computer and communications security, pp 1322-1333.

[27] Ganju K, Wang Q, Yang W, Gunter C.A, Borisov N (2018) Property inference attacks on fully connected neural networks using permutation invariant representations. In: Proceedings of the 2018 ACM SIGSAC conference on computer and communications

security, pp 619-633.

[28] Geiping J, Bauermeister H, Dröge H, Moeller M (2020) Inverting gradients–how easy is it to break privacy in federated learning? Preprint. arXiv:2003.14053.

[29] Gentry C (2009) A fully homomorphic encryption scheme. Ph.D. thesis, Stanford University.

[30] Geyer RC, Klein T, Nabi M (2017) Differentially private federated learning: A client level perspective. Preprint. arXiv:1712.07557.

[31] Goldwasser S, Gordon S.D, Goyal V, Jain A, Katz J, Liu FH, Sahai A, Shi E, Zhou HS (2014) Multi-input functional encryption. In: Annual international conference on the theory and applications of cryptographic techniques. Springer, pp 578-602.

[32] Hayes J, Melis L, Danezis G, De Cristofaro E (2017) Logan: Membership inference attacks against generative models. Preprint. arXiv:1705.07663.

[33] Henderson P, Sinha K, Angelard-Gontier N, Ke NR, Fried G, Lowe R, Pineau J (2018) Ethical challenges in data-driven dialogue systems. In: Proceedings of the 2018 AAAI/ACM conference on AI, ethics, and society, pp 123-129.

[34] Hitaj B, Ateniese G, Perez-Cruz F (2017) Deep models under the GAN: information leakage from collaborative deep learning. In: Proceedings of the 2017 ACM SIGSAC conference on computer and communications security, pp 603-618.

[35] Holohan N, Leith DJ, Mason O (2017) Optimal differentially private mechanisms for randomised response. IEEE Trans Inf Forens Secur 12(11):2726-2735.

[36] Holohan N, Braghin S, Mac Aonghusa P, Levacher K (2019) Diffprivlib: the IBM TM differential privacy library. Preprint. arXiv:1907.02444.

[37] Huang Y, Su Y, Ravi S, Song Z, Arora S, Li K (2020) Privacy-preserving learning via deep net pruning. Preprint. arXiv:2003.01876.

[38] Jia J, Salem A, Backes M, Zhang Y, Gong NZ (2019) Memguard: Defending against black-box membership inference attacks via adversarial examples. In: Proceedings of the 2019 ACM SIGSAC conference on computer and communications security, pp 259-274.

[39] Jin X, Du R, Chen PY, Chen T (2020) Cafe: Catastrophic data leakage in federated learning. OpenReview – Preprint.

[40] Kadhe S, Rajaraman N, Koyluoglu OO, Ramchandran K (2020) Fastsecagg: Scalable secure aggregation for privacy-preserving federated learning. Preprint. arXiv:2009.11248.

[41] Kairouz P, Oh S, Viswanath P (2014) Extremal mechanisms for local differential privacy. Preprint. arXiv:1407.1338.

[42] Kairouz P, Liu Z, Steinke T (2021) The distributed discrete gaussian mechanism for federated learning with secure aggregation. Preprint. arXiv:2102.06387.

[43] Kaplan D, Powell J, Woller T (2016) Amd memory encryption. White paper.

[44] Kifer D, Machanavajjhala A (2011) No free lunch in data privacy. In: Proceedings of the 2011 ACM SIGMOD international conference on management of data, pp 193-204.

[45] Lam M, Wei GY, Brooks D, Reddi VJ, Mitzenmacher M (2021) Gradient disaggregation: Breaking privacy in federated learning by reconstructing the user participant matrix. Preprint. arXiv:2106.06089.

[46] Law A, Leung C, Poddar R, Popa R.A, Shi C, Sima O, Yu C, Zhang X, Zheng W (2020) Secure collaborative training and inference for xgboost. In: Proceedings of the 2020 workshop on privacy-preserving machine learning in practice, pp 21-26.

[47] Li O, Sun J, Yang X, Gao W, Zhang H, Xie J, Smith V, Wang C (2021) Label leakage and protection in two-party split learning. Preprint. arXiv:2102.08504.

[48] Liu Y, Ma Z, Liu X, Ma S, Nepal S, Deng R (2019) Boosting privately: Privacy-preserving federated extreme boosting for mobile crowdsensing. Preprint. arXiv: 1907.10218.

[49] Liu C, Zhu Y, Chaudhuri K, Wang YX (2020) Revisiting model-agnostic private learning: Faster rates and active learning. Preprint. arXiv:2011.03186.

[50] Ludwig H, Baracaldo N, Thomas G, Zhou Y, Anwar A, Rajamoni S, Ong Y, Radhakrishnan J, Verma A, Sinn M et al. (2020) Ibm TM federated learning: an enterprise framework white paper v0.1. Preprint. arXiv:2007.10987.

[51] Machanavajjhala A, Kifer D, Gehrke J, Venkitasubramaniam M (2007) l-diversity: Privacy beyond k-anonymity. ACM Trans Knowl Discov Data (TKDD) 1(1):3-es.

[52] McKeen F, Alexandrovich I, Berenzon A, Rozas C.V, Shafi H, Shanbhogue V, Savagaonkar UR (2013) Innovative instructions and software model for isolated execution. In: Proceedings of the 2nd international workshop on hardware and architectural support for security and privacy, HASP '13. Association for Computing Machinery, New York.

[53] McMahan B, Moore E, Ramage D, Hampson, S, y Arcas BA (2017) Communication-efficient learning of deep networks from decentralized data. In: Artificial intelligence and statistics. PMLR, pp 1273-1282.

[54] Melis L, Song C, De Cristofaro E, Shmatikov V (2019) Exploiting unintended feature leakage in collaborative learning. In: 2019 IEEE symposium on security and privacy (SP). IEEE, pp 691-706.

[55] Mohassel P, Zhang Y (2017) Secureml: A system for scalable privacy-preserving machine learning. In: 2017 IEEE symposium on security and privacy (SP). IEEE, pp 19-38.

[56] Naccache D, Stern J (1997) A new public-key cryptosystem. In: International conference on the theory and applications of cryptographic techniques. Springer, pp 27-36.

[57] Nasr M, Shokri R, Houmansadr A (2019) Comprehensive privacy analysis of deep

learning: Stand-alone and federated learning under passive and active white-box inference attacks. 2019 IEEE symposium on security and privacy (SP).

[58] Nikolaenko V, Weinsberg U, Ioannidis S, Joye M, Boneh D, Taft N (2013) Privacy-preserving ridge regression on hundreds of millions of records. In: 2013 IEEE symposium on security and privacy. IEEE, pp 334-348.

[59] Okamoto T, Uchiyama S (1998) A new public-key cryptosystem as secure as factoring. In: International conference on the theory and applications of cryptographic techniques. Springer, pp 308-318.

[60] Paillier P (1999) Public-key cryptosystems based on composite degree residuosity classes. In: International conference on the theory and applications of cryptographic techniques. Springer, pp 223-238.

[61] Papernot N, Abadi M, Erlingsson U, Goodfellow I, Talwar K (2016) Semi-supervised knowledge transfer for deep learning from private training data. Preprint. arXiv: 1610.05755.

[62] Park S, McMullen A (2021) Announcing secure build for ibm TM cloud hyper protect virtual servers. IBM TM Cloud Blog. https://www.ibm.com/cloud/blog/announcements/secure-build-for-ibm-cloud-hyper-protect-virtual-servers.

[63] Parliament E of the European Union C (2016) General data protection regulation (GDPR) -official legal text. https://gdpr-info.eu/.

[64] Parno B (2008) Bootstrapping trust in a "trusted" platform. In: HotSec.

[65] Qin Z, Yang Y, Yu T, Khalil I, Xiao X, Ren K (2016) Heavy hitter estimation over set-valued data with local differential privacy. In: Proceedings of the 2016 ACM SIGSAC conference on computer and communications security, pp 192-203.

[66] Radebaugh C, Erlingsson U.: Introducing TensorFlow privacy: Learning with differential privacy for training data. https://blog.tensorflow.org/2019/03/introducing-tensorflow-privacy-learning.html.

[67] Roth H, Zephyr M, Harouni A (2021) Federated learning with homomorphic encryption. NVIDIA TM Developer Blog. https://developer.nvidia.com/blog/federated-learning-with-homomorphic-encryption/.

[68] Salem A,Zhang Y,Humbert M,Berrang P,Fritz M,Backes M(2018)Ml-leaks:Model and data independent membership inference attacks and defenses on machine learning models. Preprint. arXiv:1806.01246.

[69] Shamir A (1979) How to share a secret. Commun ACM 22(11):612-613.

[70] Shokri R, Stronati M, Song C, Shmatikov V (2017) Membership inference attacks against machine learning models. In: 2017 IEEE symposium on security and privacy (SP). IEEE, pp 3-18.

[71] So J, Ali RE, Guler B, Jiao J, Avestimehr S (2021) Securing secure aggregation: Mitigating multi-round privacy leakage in federated learning. Preprint. arXiv:2106.03328.

[72] So J, Güler B, Avestimehr AS (2021) Turbo-aggregate: Breaking the quadratic aggregation barrier in secure federated learning. IEEE J Sel Areas Inf Theory 2:479.

[73] Song C, Raghunathan A (2020) Information leakage in embedding models. In: Proceedings of the 2020 ACM SIGSAC conference on computer and communications security, pp 377-390.

[74] Song S, Chaudhuri K, Sarwate AD (2013) Stochastic gradient descent with differentially private updates. In: 2013 IEEE global conference on signal and information processing. IEEE, pp 245-248.

[75] Song M, Wang Z, Zhang Z, Song Y, Wang Q, Ren J, Qi H (2020) Analyzing user-level privacy attack against federated learning. IEEE J Sel Areas Commun 38(10):2430-2444.

[76] Sweeney L (2002) k-anonymity: A model for protecting privacy. Int J Uncertainty Fuzziness Knowl Based Syst 10(05):557-570.

[77] Team DP (2017) Learning with privacy at scale. Machine Learning Research at Apple TM.

[78] Thakkar O, Ramaswamy S, Mathews R, Beaufays F (2020) Understanding unintended memorization in federated learning. Preprint. arXiv:2006.07490.

[79] Tramèr F, Boneh D (2020) Differentially private learning needs better features (or much more data). Preprint. arXiv:2011.11660.

[80] Truex S, Baracaldo N, Anwar A, Steinke T, Ludwig H, Zhang R, Zhou Y (2019) A hybrid approach to privacy-preserving federated learning. In: Proceedings of the 12th ACM workshop on artificial intelligence and security, pp 1-11.

[81] Wang Y, Deng J, Guo D, Wang C, Meng X, Liu H, Ding C, Rajasekaran S (2020) Sapag: a self-adaptive privacy attack from gradients. Preprint. arXiv:2009.06228.

[82] Warner SL (1965) Randomized response: A survey technique for eliminating evasive answer bias. J Am Stat Assoc 60(309):63-69.

[83] Wei W, Liu L, Loper M, Chow KH, Gursoy ME, Truex S, Wu Y (2020) A framework for evaluating gradient leakage attacks in federated learning. Preprint. arXiv:2004.10397.

[84] Xu R, Baracaldo N, Zhou Y, Anwar A, Ludwig H (2019) Hybridalpha: An efficient approach for privacy-preserving federated learning. In: Proceedings of the 12th ACM workshop on artificial intelligence and security, pp 13-23.

[85] Yang Z, Shao B, Xuan B, Chang EC, Zhang F (2020) Defending model inversion and membership inference attacks via prediction purification. Preprint. arXiv:2005.03915.

[86] Yurochkin M, Agarwal M, Ghosh S, Greenewald K, Hoang N, Khazaeni Y (2019) Bayesian nonparametric federated learning of neural networks. In: International

conference on machine learning. PMLR, pp 7252-7261.

[87] Zanella-Béguelin S, Wutschitz L, Tople S, Rühle V, Paverd A, Ohrimenko O, Köpf B, Brockschmidt M (2020) Analyzing information leakage of updates to natural language models. In: Proceedings of the 2020 ACM SIGSAC conference on computer and communications security, pp 363-375.

[88] Zhang C, Li S, Xia J, Wang W, Yan F, Liu Y (2020) Batchcrypt: Efficient homomorphic encryption for cross-silo federated learning. In: 2020 USENIX annual technical conference (USENIX ATC 20), pp 493-506.

[89] Zhao B, Mopuri KR, Bilen H (2020) IDLG: Improved deep leakage from gradients. Preprint. arXiv:2001.02610.

[90] Zheng, W Popa RA, Gonzalez JE, Stoica I (2019) Helen: Maliciously secure coopetitive learning for linear models. In: 2019 IEEE symposium on security and privacy (SP). IEEE, pp 724-738.

[91] Zhu L, Han S (2020) Deep leakage from gradients. In: Federated learning. Springer, pp 17-31 .

第 14 章

联邦学习中的隐私参数聚合

摘要：联邦学习通过共享参数或梯度，使多个分布式参与方(可能在不同的数据中心或云端)能够协作训练机器学习模型或深度学习模型。然而，与集中化数据不同，仅共享梯度可能无法达到预期的隐私保护水平。研究证明，对明文梯度进行逆向工程攻击是可行的。由于参与方或聚合器在诚实参与协议的同时可能会对模型参数进行逆向工程(即所谓的诚实但好奇的信任模型)，因此使这个问题变得更棘手。尽管现有的差分隐私联邦学习解决方案很有前景，但会导致模型准确性下降，并且需要复杂的超参数调优。本章包括如下内容：①描述联邦学习中的各种信任模型及其面临的挑战；②探索安全多方计算技术在联邦学习中的应用；③探讨如何高效地使用加法同态加密进行联邦学习；④将这些技术与其他技术进行比较，例如添加差分隐私噪声和使用专用硬件；⑤通过实际例子说明这些技术的应用。

14.1 介绍

在一些应用领域，分布式机器学习和深度学习(ML/DL)的落地[29, 31]是在大规模的集中式数据收集的环境中进行的，例如单一的数据中心或云服务。然而，在(第三方)云服务上进行的集中式数据收集可能会严重侵犯隐私，并且当数据泄露时，会使组织(云服务的客户)面临巨大的法律责任(尤其是医疗数据、语音记录、家庭摄像头、金融交易等场景)。集中式的数据收集往往导致数据一旦上传，就会“失去对数据的控制”。用户常常会问“云服务是否按照承诺使用我的数据”“它在声称删除我的数据时是否真正删除了”，但这些问题往往没有得到满意的答复。有些组织即使对于隐私侵犯和失去数据控制权犹豫不决，在政府法规(如 HIPAA 和 GDPR[34])的强制下，也不得不限制与第三方服务的数据共享。

联邦学习(FL)旨在缓解上述问题，同时保持机器学习/深度学习模型的准确性。在联邦学习任务中，参与方可以是小到智能手机或手表，也可以大到拥有多个数据中心的组织。联邦学习算法旨在在多个参与方之间训练一个机器学习或深度学习模型(例如特定的神经网络模型或 XGBoost 模型)，每个参与方都有自己的“本地”数据集，而不需要交换任何数据。这过程中会产生多个“本地模型”，然后只通过交换参数(例如神经网络模型的权重)来合并(聚合)。联邦学习算法可以使用中心协调器来收集所有本地模型的参数进行聚合，也可以是点对点算法(广播、覆盖多播等)。

最初，人们认为在联邦学习(FL)通信中交换的模型更新几乎不包含有关原始训练数据的信息。因此，共享模型更新可视为“受到隐私保护”的。然而，即使无法直接识别，训练数据的信息仍然存在于模型更新中。最近的研究[14, 15, 17, 33, 42, 48, 50, 51]证明了通过利用模型更新来推断隐私属性和重构大部分训练数据的可行性和易用性，因而诚实但好奇的聚合服务器的存在会对联邦学习的隐私承诺构成挑战。

14.2 重点、信任模型和假设

联邦学习通常部署为两种情境：跨设备和跨孤岛[23]。跨设备场景涉及的参与方较多(>1000)，但每个参与方数据项较少，计算能力有限，能量(例如手机或物联网设备)也有限。它们可靠性较低，并且通常频繁地退出和加入。例如，一个大型组织从员工设备上存储的数据中进行学习、一个设备制造商利用数百万设备(例如 Google Gboard[4])上的隐私数据训练模型。在跨设备的场景中，通常会出现一个可信任的权威机构，负责执行聚合和协调训练。相反，在跨孤岛场景中，参与方数量较少，但每个参与方都有强大的计算能力(稳定电力供应或配备硬件机器学习加速器)和大量的数据。这些参与方能够可靠地参与整个联邦学习训练过程，但也更容易面临敏感数据泄露的风险。例如，多家医院合作在 X 光片上训练一个肿瘤检测模型、多家银行合作训练一个信用卡欺诈检测模型等。在跨孤岛场景中，不存在假定的中心可信权威机构。参与训练的各参与方都是平等的合作者。通常的部署方式是将聚合操作托管在公共云中，或者由其中某个参与方充当提供聚合能力的基础设施。本章将重点关注跨孤岛场景下的隐私参数聚合。

我们假设每个参与方都确信联邦学习是有好处的(如提高准确性、鲁棒性等)。至于如何让参与方相信通过联邦学习可以获得更高的准确性而进行合作则是一个尚未解决的研究问题。我们关注的是所谓的诚实但好奇的信任模型。在这个模型中，每个参与方都足够可信，会按照联邦协议的步骤进行操作，并且不会与协调者串通以违反协议。但参与方可能对他人的数据感到好奇，因此逆向推导模型参数，试图了解其他参与方的数据。我们还假设协调者对于个体参与方的数据是诚实但好奇的。参与方希望尽可能减少对协调者的信任程度。此外，还假设每个参与方不会试图通过恶意生成权重来毒害或扭曲全局模型。该信任模型还包括更简单的情况，即由于监管原因(例如 FedRAMP、欧盟数据保护指南[34])，参与方被禁止共享数据或从数据中推导模型参数。

这种信任模型主要应用于企业联邦学习中。例如，一家跨国银行在多个国家设有分支机构，并在当地受到监管(A 银行、美国的 A 银行、英国的 A 银行、印度的 A 银行等)。该银行希望通过其所有子公司的数据来学习欺诈检测模型，但由于当地政府数据主权和司法管辖法律，其数据不能传输到中心位置进行处理[34]。其中每个参与方都是具有国家级数据中心的子公司，协调者可能位于云平台或全球数据中心。另一个例子是多个医院想要合作训练肿瘤检测模型，但每个医院都无法信任其他医院，也不愿意将数据转移到一个中心服务机构中。还有一个例子是云托管的机器学习服务(例如 Azure ML)，它有多个(相互竞争的)企业客户端，这些客户端之间互不信任，但对云服务有一定程度的信任，可以方便和安全地进行联邦学习。

14.3　差分隐私联邦学习

差分隐私[12, 30]是一个框架，当发布在数据集上进行计算或查询后的结果时，它可以限制隐私信息泄露。简单来说，如果一个数据集上的计算是具有差分隐私的，那么观察者无法通过查看其计算结果判断其中是否使用了特定个人的信息。ϵ-差分隐私是常用的差分隐私概念，它用数学方式定义了与从数据集中派生的信息相关的隐私损失。

最近，许多研究人员在联邦学习模型训练中开始使用差分隐私[1, 2, 32, 43]。在联邦学习中引入差分隐私的常见方式是在训练过程中，由参与方在外部共享的模型/数据派生结果中添加随机噪声。添加的随机噪声总量取决于参与方所需的隐私级别。不过，这种噪声的添加会对训练模型的准确性产生负面影响。尽管有研究指出通过添加少量的噪声并选择合适的训练超参数可以最小化对准确性的影响[1, 43]，但目前还没有系统性的研究来确切了解噪声水平对模型收敛的影响。这可能需要进行长时间的实证过程来确定在不牺牲太多准确性的情况下可达到的隐私级别。本节将详细描述这个问题并提供实践证明。

14.3.1　差分隐私的背景知识

近年来，差分隐私文献在计算机科学领域引起了很大的关注。这里将简要介绍差分隐私(DP)框架，以便让本章内容更完整。有关差分隐私的详细说明可以参见参考文献[12]。差分隐私文献指出，如果对于所有数据集 X、X'，它们仅相差一个数据项且 t 的所有值满足如下条件，则一个(随机)函数 $f(\cdot)$ 可被称为 ϵ-差分隐私的。

$$\left|\ln\frac{P(f(X)=t)}{P(f(X')=t)}\right|\leqslant\epsilon \tag{14.1}$$

参数 ϵ 量化隐私风险；ϵ 越小，隐私保护级别越高。我们使用参考文献[12]中描述的原始差分隐私定义的一个实际变体，它称为 (ϵ,δ)-差分隐私，适用于函数 $f(\cdot)$。

$$P(f(X)=t)\leqslant \mathrm{e}^{\epsilon}P(f(X')=t)+\delta \tag{14.2}$$

这个定义可理解为：对于函数 $f(\cdot)$，ϵ-差分隐私的概率为 $1-\delta$。为实现差分隐私，在 $f(\cdot)$ 的输出中添加一个噪声项，其方差取决于参数 ϵ 和 δ。此外，研究证明，使用均值为 0 且方差如下的加性高斯噪声项可实现 (ϵ,δ)-差分隐私[12]。

$$\sigma^2 = \Delta f \cdot \frac{2\ln\frac{1.25}{\delta}}{\epsilon} \tag{14.3}$$

其中 Δf 是 $f(\cdot)$ 的敏感度。敏感度用来衡量基础数据集的单个元素发生变化时导致的计算结果变化。具体来说，敏感度 Δf 由下式给出。

$$\Delta f = \sup_{(X,X')} (\| f(X) - f(X') \|_l) \tag{14.4}$$

上述定义是关于单个查询的差分隐私，但训练神经网络需要多次迭代，会多次查询数据。这意味着不能仅选择一个固定的 ϵ 值，而必须考虑整个训练过程中的全部隐私损失。根据参考文献[12]中的组合定理 3.16，使用多个 (ϵ,δ) -差分隐私仍然能满足差分隐私的要求，而总隐私损失即隐私预算(β)等于所有使用的 ϵ 值的总和。这意味着如果进行 T 次迭代训练，每次迭代使用常量值 ϵ_0，则所需的总隐私预算为 $\beta = \sum_{i=1}^{T} \epsilon_0 = T\epsilon_0$。

当然，我们不必以这种天真的方式消耗个人的隐私预算。有几位作者考虑了不同的策略，他们通过合理分配隐私预算实现了更好的效果。Shokri 和 Shmatikov[41]提出了一种限制查询总数的方法，从而减少整体隐私损失；而参考文献[35]中的研究则使用差分隐私的泛化方法，来实现对每个查询的隐私损失的更严格限制。

14.3.2 将差分隐私应用于 SGD

随机梯度下降(SGD)是训练深度学习和其他各种机器学习模型最常用的优化技术之一[5]。在分布式 SGD 中，一小批样本被分发到多个学习器上，学习器在本地计算出模型的梯度，然后将梯度共享给集中的参数服务器。参数服务器计算出学习器间的平均梯度，更新模型参数，并将更新后的模型参数重新分发给学习器。

在典型的联邦学习设置中，参与方在其隐私数据集上计算模型参数的梯度，并将其与集中式聚合器共享。此外，差分隐私的概念被用来改进 SGD 算法，以防止通过共享的梯度泄露数据的信息。这种改进被称为差分隐私 SGD[1]，其详细描述如下。

现在，讨论如何在使用 SGD 的联邦学习中使用 (ϵ,δ) -差分隐私。这里，$f(\cdot)$ 表示在本地数据集上计算模型参数的梯度。

对于批大小为 S 和学习率为 η 的小批 SGD，其更新规则为

$$\theta_{k+1} = \theta_k - \eta \frac{1}{S} \sum_{i=1}^{S} \boldsymbol{g}(x_i) \tag{14.5}$$

其中，$\boldsymbol{g}(x_i)$ 是在数据点 $x_i \in X$ 上计算的损失函数的梯度。在梯度交换过程中，共享的梯度为 $f(x) = \eta \frac{1}{S} \sum_{i=1}^{S} \boldsymbol{g}(x_i)$。注意，根据上述式子，敏感度将取决于唯一一个数据点(该数据点在两个数据集 X 和 X'上是不同的)的梯度。

$$
\begin{aligned}
\Delta f &= \| f(X) - f(X') \|_l \\
&= \frac{\eta}{S}\left\| \sum_{i=1}^{S} (\boldsymbol{g}(x_i) - \boldsymbol{g}(x_i')) \right\|_l \\
&= \frac{\eta}{S} \| \boldsymbol{g}(x_j) - \boldsymbol{g}(x_j') \|_l \\
&\leqslant \frac{\eta}{S} \cdot 2C
\end{aligned}
$$

其中，常数 C 是梯度的上界。因此，根据参考文献[12]的上述结果，为实现梯度的 (ϵ,δ) -差分隐私，需要添加高斯噪声项，其方差为 $2C\frac{\eta}{S}\frac{\ln\frac{1.25}{\delta}}{\epsilon}$。算法 14.1 描述了差分隐私 SGD[1]的高层算法。

算法 14.1　(ϵ,δ) -差分隐私 SGD

Inputs： 学习率 η，批大小 S，裁剪长度 C，隐私预算 $T\ \epsilon_0$，初始权重 θ_0

　for $t = 0, 1, 2, 3, \ldots, T$ **do**

　样本 S 个数据点均匀随机分布

　计算 $f(X) = \sum_{i=1}^{S} \boldsymbol{g}(x_i)$

　裁剪梯度：$f(X) \leftarrow f(X) / \max(1, \frac{\| f(X) \|}{C})$

　样本 Z_k 来自分布 $N(0, 2C\frac{\eta}{S}\frac{\ln\frac{1.25}{\delta}}{\epsilon})$

　$\theta_{t+1} \leftarrow \theta_t - \eta f(X) + Z_k$

　end for

14.3.3　实验和讨论

现在讨论一些实验，以详细了解在联邦学习中应用差分隐私所面临的挑战。考虑在两个不同的数据集上训练两个模型——在 CIFAR10[27]数据集上训练 Resnet-18 模型[19]和在 SVHN[37]数据集上训练 Resnet-50[19]模型。模型分别使用普通版 SGD 和差分隐私版 SGD，且都进行 200 个周期的训练。学习率调整策略为：前 80 个周期使用 0.1，接下来的 40 个周期使用 0.01，剩余的 80 个周期使用 0.001。

1. 准确性与 ϵ 值

图 14-1 和图 14-2 展示了不同训练次数的收敛曲线，并针对不同批大小和 ϵ 值进行比较。第一个观察结果是，当降低 ϵ 值时，模型的准确性会降低。从图 14-1 可以看出，对于

给定的批大小(如 1024)，加入较少噪声的训练方案(对应∊值较高，如 10、1 和 0.1)的准确性接近于非隐私训练的准确性。一旦添加足够的噪声(对应∊值为 0.05 及以下)，准确性会下降，尤其当∊值为 0.01 及以下时，准确性会急剧下降。在图 14-1 和图 14-2 中，对于所有模型和给定的批大小都可以看到这种现象。

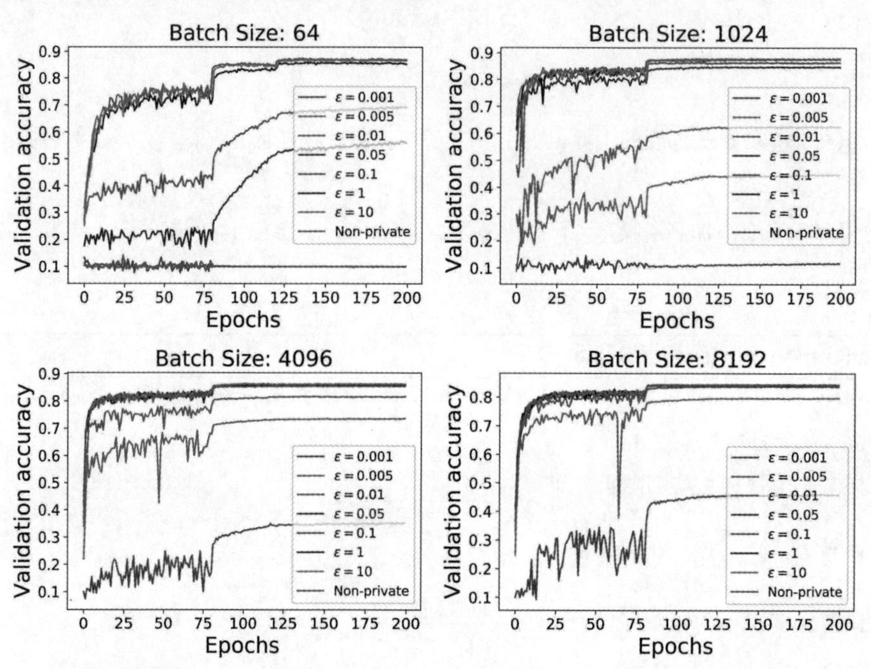

图 14-1 CIFAR10 数据集上对于不同的批大小(64、1K、4K 和 8K)和∊值(从 10 降至 0.001)，每个周期的 Resnet18-模型的验证准确性。较低的∊值意味着添加了更多的噪声，具有更高的隐私保护程度

2. 准确性与批大小(固定∊值)

从图 14-1 和图 14-2 可以得出一个重要的观察结论，即尽管非隐私版本的模型准确性在不同批大小的情况下几乎没有变化，但是隐私版本的训练对于批大小 S 非常敏感。通过简单地增加批大小，即使在非常低的∊值下也能够实现与非隐私版本相似的准确性水平。在以 CIFAR10+Resnet-18 为例的图 14-1 中，对于 $\epsilon = 0.005$ 和 0.01，这种情况尤为明显，但其实它对于所有的∊值都是如此。

定量地看，对于隐私级别更高的情况(即 $\epsilon = 0.01$ 和 0.005)，将批大小从 1024 增加到 8192 时，CIFAR10+Resnet-18 模型的最终准确性分别提高了约 37%和 78.5%。从图 14-2 中也可以观察到类似的趋势。总的来说，虽然差分隐私是一种有潜力的方法，但似乎需要仔细的超参数调整才能最小化对准确性的影响。这可能涉及生成多个对应不同超参数的联邦学习作业。

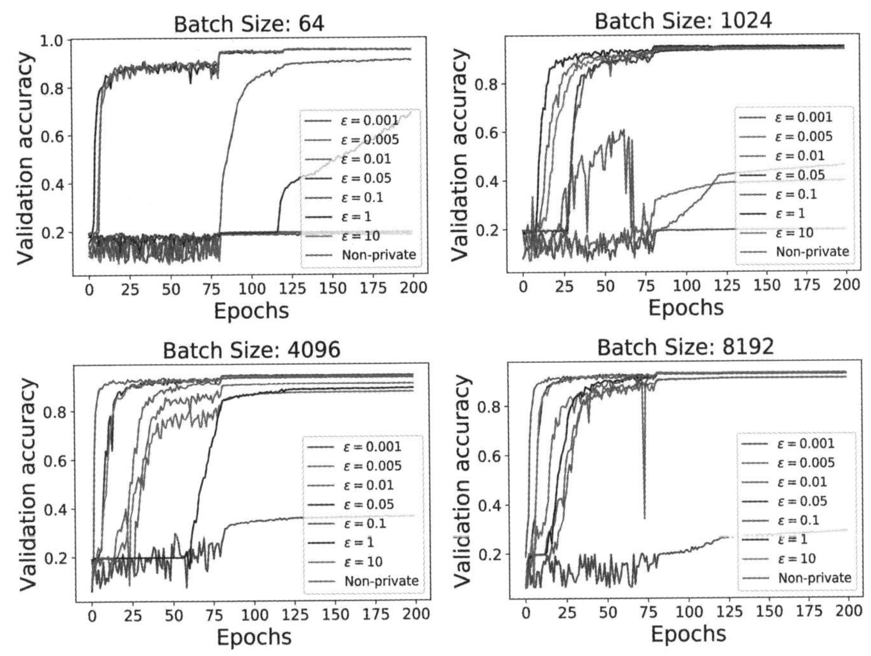

图 14-2　SVHN 数据集上对于不同的批大小(64、1K、4K 和 8K)和 ∈ 值(从 10 降至 0.001)，每个周期的 Resnet-50 模型的验证准确性。较低的 ∈ 值意味着添加了更多的噪声，具有更高的隐私保护程度

14.4　加法同态加密

安全和隐私联邦学习以及梯度下降算法的研究主要基于两种方法：①巧妙使用密码学技术(同态加密和安全多方计算)[3, 8, 10, 13, 16, 25, 26, 38]；②通过向模型参数或梯度添加统计噪声来实现差分隐私[1, 2, 43]。而有些技术[45, 47]则将这两种方法结合起来使用。

同态加密允许在密文上进行计算，生成的加密结果在解密后与在明文上执行这些操作得到的结果匹配[18]。无论是在加密/解密时间还是密文大小方面，全同态加密的成本都较高。然而，在联邦梯度下降中，对梯度向量的平均计算需要的仅是加法运算(除以参与方总数的运算可以在加密聚合之前或之后进行)。因此，可以轻松地使用加法同态加密(如 Paillier 加密系统[22])，以确保联邦训练期间梯度的隐私性。Paillier 加密系统是一种用于公钥加密的非对称算法。只要拥有公钥及对 m_1 和 m_2 的加密，就可以计算出 m_1+m_2 的加密结果。同态加密的定义很好地描述了将其应用于隐私梯度聚合时所面临的挑战。所有参与方都必须使用相同的公钥加密其梯度/参数。这需要一个可信的密钥生成器/分发器。但是，如果所有参与方都将其 Paillier 加密梯度发送给这个密钥生成器/分发器，它就可以解密这些内容，并可能对数据进行逆向工程。因此，理想情况下，聚合操作应在密钥生成器/分发器之外发生。此外，密钥生成器/分发器必须完全可信，以确保不会将私钥泄露给任何参与方。有几种设计方案可以满足这些限制条件。本节将以 Mystiko[20]为例来描述其中一种系统，并将其与差分隐私和安全多方计算(SMC)进行比较。

需要强调的是，Mystiko只是使用Paillier加密学来安全聚合的许多系统中的一种。在参考文献[3, 38]中，参与方共同生成一个Paillier密钥对，并将加密的梯度向量发送给协调者，其中协调者完全不可信，只能够添加使用Paillier加密的权重。然后，参与方可以解密聚合后的梯度向量。然而，这种方法要求每个参与方与其他人合作来生成Paillier密钥，并且需要参与方高度可信，确保参与方不会与不可信的协调者串通来解密个别的梯度向量。一个不可信的参与方可能会泄露Paillier密钥，从而导致隐私损失。

SMC是密码学的一个分支领域，旨在创建一种方法，使各参与方能够共同计算其输入的函数，同时保持这些输入的隐私性。与传统的密码学任务不同，其中传统密码学致力于保证通信或存储的安全性和完整性，对手是参与方系统之外的外部窃听者(发送方和接收方的窃听者)，而SMC致力于保护参与方之间的隐私。SPDZ[10]及其变体[16, 25, 26]优化了经典的SMC协议。这种协议的优点是可以适用于任何数量的诚实且好奇的参与方，不会改变训练模型的最终准确性，并且只有大量串通的参与方才能破解。然而，SMC协议的缺点是效率较低，即它们的计算成本很高(见14.6节)。

14.4.1 参与方、学习器和管理域

从逻辑上看，用管理域的概念来定义联邦学习算法是有帮助的。一个管理域是一组计算实体(服务器、虚拟机、台式机、笔记本电脑等)。同一个管理域内的每个实体都彼此信任，不存在恶意行为的隐患，并且没有共享数据和从数据中派生信息方面的法律/监管障碍。注意，管理域并不一定意味着是一个公司或非公司组织。它可以是公司内处理机密数据的项目；也可能不位于公司的数据中心，而是与公共云上的一个账户相关联。一个组织可以拥有多个管理域。在联邦学习算法中，每个参与方对应一个管理域。从计算上看，执行神经网络训练的实际学习过程(通常在GPU上运行)被称为学习器。每个学习器在参与方的(一批)数据上计算梯度向量。

14.4.2 架构

任何提供隐私保护的联邦学习方案都主要考虑两个方面：①用于加密参与方数据(或添加噪声)的方法；②用于在参与方和协调者(如果有)之间进行模型参数或梯度聚合的通信协议。在MYSTIKO中，所有参与方使用同一个Paillier公钥对其各自数据进行加密，然后将加密的梯度向量相加并仅解密总和。这样，只有参与方能够查看其个人数据，确保了隐私性。现在的问题是：如何分发一个公共的Paillier公钥给所有参与方，同时对相应的私钥进行保密？如何防止任何人解密个体权重？这些将在下面的章节中进行解释。

为简单起见，假设每个参与方恰好有一个学习器。14.4.4节中将放宽这个假设。MYSTIKO通常作为云服务部署，用于协调多个参与方。它包括作业管理器、成员管理器、密钥生成器和解密器。成员管理器负责建立每个参与方和MYSTIKO之间的关系，并跟踪属于每个联邦学习作业的参与方。作业管理器负责管理整个联邦学习作业的生命周期，包括跟踪参

与方、帮助它们达成超参数的一致、检测故障并更新成员关系。虽然本章的重点是讨论对联邦内的数据隐私的攻击，但传统的通信安全对于防止来自外部的攻击也很重要。为此，MYSTIKO 和参与方(学习器)同意使用公共密钥基础设施(PKI)[44]。PKI 有助于确保 MYSTIKO 组件和学习器之间的通信保密性，并有助于启动 Paillier 基础设施。PKI 提供认证机构(CA)以及相应的中间和根 CA，创建学习器和 MYSTIKO 之间的信任网络。MYSTIKO 使用 PKI 创建一个双向 TLS 通道[39]，以保障控制消息的安全性。TLS 通道使用强大而常见(非同态)的加密算法创建(例如，RSA 用于密钥交换/协商和身份验证、AES 用于消息保密性、SHA 用于消息认证[39, 44])。TLS 通道不用于梯度聚合，而是用于其他所有通信，例如将学习器注册到 MYSTIKO 拓扑结构、分配秩、向每个学习器传输 Paillier 公钥以及向每个学习器传输解密后的聚合梯度向量。

14.4.3 MYSTIKO 算法

本节将描述 MYSTIKO 算法，首先是简单的基于环的算法，然后通过广播和基于 All-Reduce 的通信添加并行性和弹性。

1. 基本的环形算法

基本的环形聚合算法如图 14-3 和图 14-4 所示。该算法在 P 个参与方之间运行，每个参与方在自己的管理域内并由一个学习器(L)表示。算法启动时，每个参与方向 MYSTIKO 注册。MYSTIKO 扮演协调者的角色。学习器不必完全信任 MYSTIKO；它们只需要相信 MYSTIKO 能够生成良好的加密密钥对、保持私钥保密性并遵循协议即可。

一旦所有预期的学习器都注册完毕，MYSTIKO 的成员管理器就会启动联邦学习协议。第一步是将学习器按照环形拓扑进行排列(如图 14-3 所示)。这可以通过几种简单的方法实现：①按照地理位置排列，最小化参与方之间的地理距离；②根据参与方的名称(升序或降序)进行层次结构排序；③使用一致性哈希[24]对参与方的名称/身份进行处理。一旦学习器在环形中排列好，每个学习器都会获得一个排序(从 1 到 P)，该排序基于它在环中的位置。

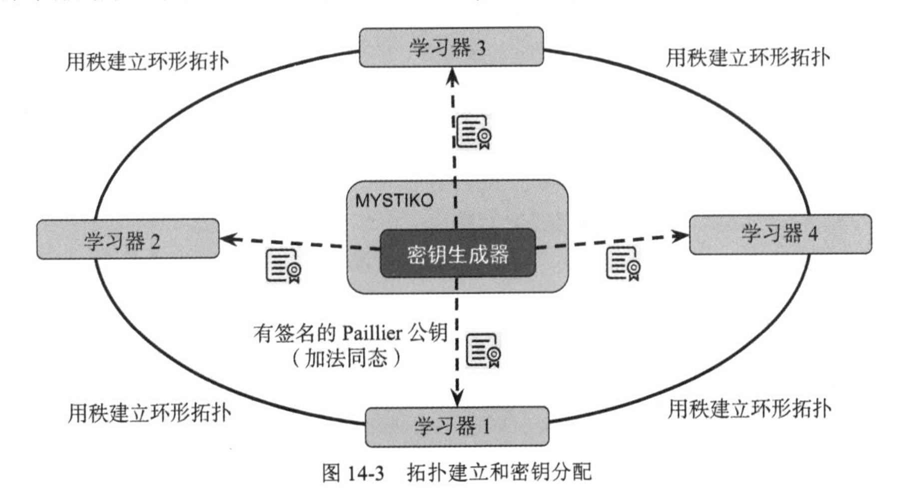

图 14-3 拓扑建立和密钥分配

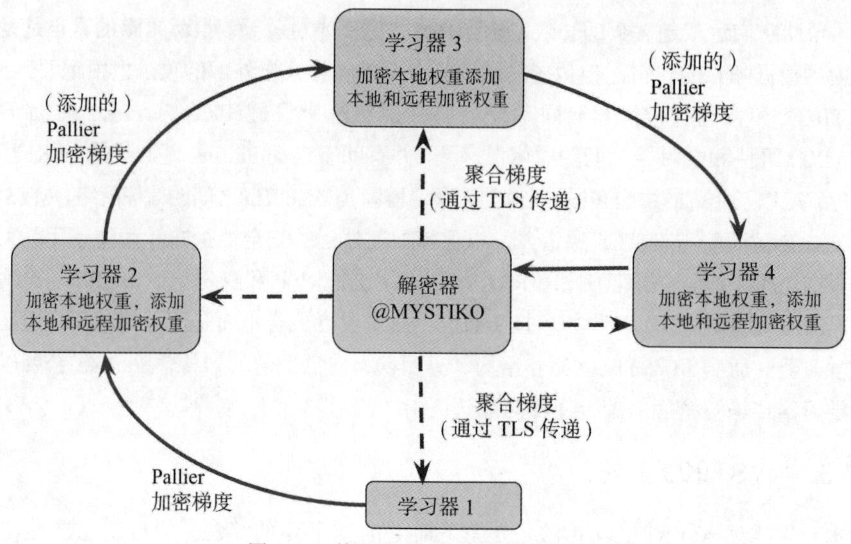

图 14-4 基于环形拓扑的基本聚合协议

MYSTIKO 的 Paillier 密钥生成器为每个联邦学习作业生成一个 Paillier 公钥和私钥对。通常，每个联邦学习作业生成唯一的 Paillier 密钥对，并将 Paillier 公钥(通过 TLS)安全地分发给所有的学习器。对于长时间运行的作业，每个周期或每隔 h 分钟(可配置)生成一个单独的密钥对。MYSTIKO 的解密器负责解密 Paillier 加密的聚合梯度向量并分发给学习器。每个学习器从环上的上一个学习器接收一个 Paillier 加密的梯度向量，使用 Paillier 公钥对自己的梯度向量进行加密，然后将两个 Paillier 加密的向量相加(聚合)。接着，将聚合的 Paillier 加密的梯度向量传输到环上的下一个学习器。环上的最后一个学习器将完全聚合的加密梯度向量传输给 MYSTIKO 进行解密。MYSTIKO 的解密器对聚合向量进行解密，并通过 TLS 协议安全地传输给每个学习器。

安全分析：数据永远不会离开学习器，也就是说不会离开任何管理域。这确保了数据的隐私性，前提是管理域内的每个服务器都有足够的防御措施来防止入侵。未加密的梯度向量不会离开学习器。如果有 P 个参与方，在 P-1 个情况下，只有聚合的 Paillier 加密的梯度向量会离开学习器。只有 MYSTIKO 拥有解密这些向量的私钥。对于环中的第一个学习器，非聚合的梯度向量会传输给第二个学习器，但它是 Paillier 加密的，是无法被解密的。实际上，参与方都没有能力查看部分聚合的梯度向量。解密后，聚合的梯度向量通过 TLS 安全地分发给参与方。逆向工程攻击(如参考文献[15]和[14]中的攻击)旨在找到参与方中特定数据记录的存在或找到导致梯度向量特定变化的数据项；当从大型数据集计算出的多个梯度向量被平均时，这两个目的都难以达成[21]。平均后再进行解密可以确保梯度的隐私性。MYSTIKO 只能看到聚合的梯度，而无法访问单个学习器的数据或梯度。

参与方串通：基本的环形算法可以抵御 P-2 个参与方之间的串通。也就是说，对于诚实且未被破坏的 MYSTIKO 部署的情况，只有当 P-1 个学习器串通时，算法才会被破解。学习器 $L_1,L_2,\dots,L_{i-1}$ 和 $L_{i+1},\dots,L_P$ 必须串通，才能暴露学习器 L_i 的梯度，也就是它们只需要将传入的加密梯度向量简单地传递给下一个学习器，而不必添加任何自己的梯度。

容错性：基于环的聚合算法的缺点在于环可能会中断；为获得良好的性能，每个学习器与 MYSTIKO 之间的连接必须保持稳固。可以使用基于心跳和往返时间估计的传统故障检测技术。分布式同步梯度下降由多次迭代组成，在每次迭代结束时对梯度进行平均运算。如果检测到学习器发生故障，则暂停梯度向量的平均运算，直到 MYSTIKO 的成员管理器将该学习器从环中删除或重新建立与该学习器的连接。当与 MYSTIKO 的连接暂时中断时，也可以暂停梯度平均运算。

2. 广播算法

环形算法的主要缺点之一是要建立和维护环形拓扑。为解决这个问题，可以使用组成员关系和广播作为替代方法。除建立环形拓扑外，其他设置保持不变。学习器向 MYSTIKO 的成员管理器注册，同意使用共同的 PKI，并了解参与方的身份和数量。MYSTIKO 为每个联邦作业生成一个 Paillier 公钥-私钥对，并将公钥安全地分发给每个学习器。

每个学习器都对其梯度向量进行 Paillier 加密，并将加密后的向量广播给所有其他学习器。每个学习器在收到来自 $P-1$ 个学习器的加密向量后，将它们相加并将 Paillier 加密后的总和发送给 MYSTIKO 进行解密。解密后，聚合的梯度向量通过 TLS 安全地传输到所有学习器。广播算法存在冗余和资源浪费的问题，因为每个学习器都参与聚合计算。但是，随着冗余的增加，系统故障容错能力也会增强。对于环形算法，一个参与方的故障可能导致聚合梯度的部分丢失，这种情况在广播算法中则不会出现。

参与方串通：破解此算法的根本是确定特定 LA 的明文梯度向量。该算法对于串通是有抗性的，只有在 $P-1$ 个参与方同时串通的情况下才可能被破解，不过这种情况不太可能发生。此外，如果 $P-1$ 个学习器串通，用 Paillier 加密零向量而不是实际的梯度向量，则所有 $P-1$ 个学习器广播的 Paillier 密文将相同，这可以作为启用串通检测的警告标志。实际上，考虑到每个参与方的数据可能不同，即使从两个学习器中获得完全相同的 Paillier 加密梯度向量，也可以视其为一种警告标志。

3. All-Reduce

基于环的 All-Reduce[28]本质上是前面描述的基于环的聚合协议的并行版本，如图 14-5 所示。基本的环形协议的问题在于每个学习器必须等待其前面的学习器。但是，在 All-Reduce 中，Paillier 加密的梯度向量被分成 P 个块，其中 P 是参与方的数量。然后，所有学习器并行聚合 Paillier 加密的块。例如，在图 14-5 中，有 3 个学习器，并且将梯度向量分成每个学习器有 3 个块。学习器 2 不必等待学习器 1 的整个向量全部接收完毕。相反，学习器 2 在接收学习器 1 的第一个块时，它会将自己的第二个块传输给学习器 3，学习器 3 并行地将自己的第三个块传输给学习器 1。在步骤 2 中，学习器 2 将部分聚合的块 1 传输给学习器 3，学习器 3 将部分聚合的块 2 传输给学习器 1，学习器 1 将部分聚合的块 3 传输给学习器 2。在步骤 2 结束时，每个学习器都有 Paillier 加密的聚合块，这些块被传输到 MYSTIKO 的解密器进行连接和解密。

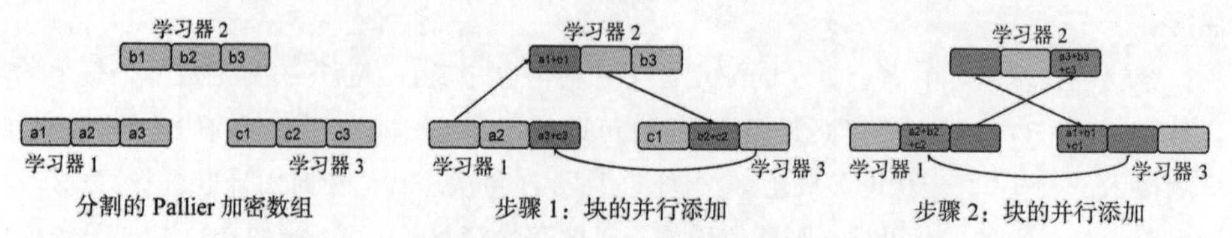

图 14-5 MYSTIKO 基于 Paillier 加密数组的环形 All-Reduce

安全分析：我们注意到，All-Reduce 是最高效的 MYSTIKO 协议。对于 P 个学习器，All-Reduce 本质上是 P−1 个环，所有环并行运行。在图 14-5 中，第一个环从学习器 1 的第一个块开始，第二个环从学习器 2 的第二个块开始，第三个环从学习器 3 的第三个块开始。这意味着 All-Reduce 的安全性保证与基本的环形协议的安全性保证相同。

14.4.4 一个管理域内有多个学习器

为简化演示，前面假设每个参与方只有一个学习过程(学习器)。但实际上，在一个管理域内，数据被分割存储在多个服务器和多个训练过程(学习器)之间，并定期使用该管理域内的一个本地聚合器进程来同步其梯度向量。这样做有几个原因，包括数据集很大、计算资源便宜且可用以及希望减少训练时间。MYSTIKO 的协议可以直接应用于这种情况，它在本地聚合器(LA)之间运行，而不是在学习器之间运行。本地聚合不是 Paillier 加密的，是非隐私的，因为管理域内的计算资源是可信的，甚至可以共享原始数据。但是，LA 之间的聚合需要遵循 MYSTIKO 的协议。具体如图 14-6 所示。

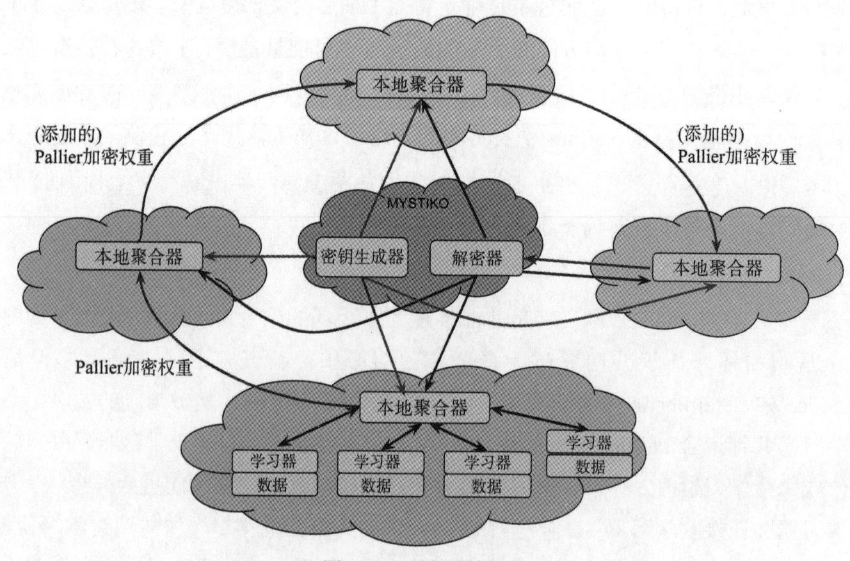

图 14-6 联邦梯度下降

14.5　可信执行环境

可信执行环境(TEE)[40, 46]是主处理器的安全区域。它是隔离的执行环境，提供关键的安全功能，例如隔离执行、在 TEE 中执行的应用程序的完整性，以及数据资产的机密性。TEE 建立了一个与标准操作系统(例如 Linux 和 Microsoft Windows)并行运行的隔离执行环境，旨在保护敏感代码和数据免受受损的本地 OS 上的特权软件的攻击。ARM TrustZone、IBM Hyperprotect 和 Intel SGX 是 TEE 技术的示例，它们使用硬件和软件机制的组合来保护敏感资产。TEE 通常设计为仅有验证过完整性的可信应用程序才能访问服务器处理器、外设和内存的全部功能。TEE 提供的硬件隔离保护其中的应用程序免受主机操作系统上已安装的应用程序(包括恶意软件和病毒)的影响。如果在 TEE 中包含多个应用程序，那么软件和加密隔离通常可以保护它们相互之间的安全。

为防止在服务器上使用攻击者或用户控制的软件模拟 TEE，TEE 采用“硬件可信根”。这意味着在芯片制造时，将一组私钥直接嵌入 TEE 中，使用一次性可编程内存。即使在设备复位或重新启动后，这些私钥也不能改变。这些私钥的公共对应物与可信方(通常是芯片供应商)的公钥的非机密哈希值一起存储在制造商的数据库中。后者用于对执行加密操作和控制访问的电路及可信固件进行签名。TEE 硬件的设计方式可以防止未经可信任方密钥签名的所有软件访问特权功能。供应商的公钥在运行时提供并进行哈希处理；然后将此哈希与芯片中嵌入的哈希进行比较。如果哈希匹配，则使用公钥验证可信供应商控制的固件(例如 Android 设备上的启动程序链或 SGX 中的“架构隔离区”)的数字签名。然后使用可信固件来实现远程认证。

本章将介绍一种名为 TRUDA 的系统[7]如何利用 TEE 保护模型融合过程。其他例子见参考文献[6，49]和[36]，它们还采用了一些优化方法。这里，我们主要以 TRUDA 为例介绍基本聚合过程中采用 TEE 的情况。TRUDA 通过 AMD Secure Encrypted Virtualization(SEV)在加密虚拟机(EVM)中运行每个聚合器。在模型聚合过程中，所有内存数据都在运行时保持加密状态。为建立各参与方和聚合器之间的信任，TRUDA 使用两阶段认证协议，并开发了一系列工具来集成/自动化联邦学习中的保密计算。在参与联邦学习训练之前，每个参与方可以对可信聚合器进行身份验证。完成认证后，建立从各参与方到 EVM 的端到端安全通道，以保护模型更新在传输过程中的安全性。

可信聚合

TRUDA 通过 SEV 在联邦学习聚合过程中实施密码隔离。聚合器在 EVM 中执行。每个 EVM 的内存都使用不同的临时虚拟加密密钥(VEK)进行保护。因此，TRUDA 可以保护模型聚合的机密性，防止未经授权的用户(例如系统管理员)和运行在托管服务器上的特权软件进行访问。AMD 提供了认证原语，可以验证 SEV 硬件/固件的真实性。TRUDA 在这些原语的基础上采用了一种新的认证协议，用于在分布式联邦学习环境中建立各参与方和聚合器之间的信任。这个联邦学习的认证协议包括两个阶段。

1. 第一阶段：启动可信聚合器

首先，TRUDA 安全地启动内部运行聚合器的 SEV EVM。为建立 EVM 的可信性，需要进行认证来证明两个方面：①该平台是真实的 AMD SEV 硬件，能够提供所需的安全特性；②用于启动 EVM 的开放虚拟机固件(Open Virtual Machine Firmware，OVMF)镜像没有被篡改。远程认证完成后，TRUDA 向 EVM 提供一个秘密，作为可信聚合器的唯一标识符。该秘密被注入 EVM 的加密物理内存中，并在第二阶段用于聚合器认证。

EVM 所有者指示 AMD 安全处理器(SP)将证书链从 Platform Diffie-Hellman(PDH) Public Key 导出到 AMD Root Key(ARK)。该证书链可通过 AMD 根证书进行验证。认证报告中除了证书链还包括 OVMF 镜像的摘要。

认证报告被发送到配备有 AMD 根证书的认证服务器。认证服务器验证证书链，以便验证平台并检查 OVMF 固件的完整性。然后，认证服务器生成一个启动块和一个 Guest Owner Diffie-Hellman Public Key(GODH)证书。它们被发送回聚合器上的 SP，用于通过 Diffie-Hellman Key Exchange(DHKE)协商传输加密密钥(TEK)和传输完整性密钥(TIK)，并启动 EVM。

TRUDA 在启动过程中暂停 EVM 的运行，通过 SP 来检索 OVMF 运行时测量结果。它将这个测量结果(以及 SEV API 版本和 EVM 部署策略)发送给认证服务器，以证明 UEFI 启动过程的完整性。认证服务器在验证测量结果后，生成一个打包的秘密，其中包括 ECDSA prime251v1 密钥。虚拟机监管程序将此秘密注入 EVM 的物理内存空间中作为可信聚合器的唯一标识符，并继续启动过程。

2. 第二阶段：聚合器身份验证

参与联邦学习的各参与方必须确保它们是与可信的、具有运行时内存加密保护的聚合器进行交互。为进行聚合器身份验证，在第一阶段中，认证服务器在 EVM 部署过程中为聚合器提供了一个 ECDSA 密钥作为秘密。该密钥用于对挑战请求进行签名，以便识别合法的聚合器。在参与联邦学习之前，参与方首先通过参与挑战响应协议来验证聚合器。参与方向聚合器发送一个随机生成的数值(nonce)。聚合器使用其相应的 ECDSA 密钥对 nonce 进行数字签名，然后将签名后的 nonce 返回给请求的参与方。参与方验证 nonce 是否使用相应的 ECDSA 密钥进行签名。如果验证成功，参与方就可以注册到聚合器中，以参与联邦学习。对于所有聚合器都需要重复这个过程。

注册后，可以建立端到端的安全通道，以保护聚合器和参与方之间的通信，来交换模型更新。TRUDA 通过 TLS 支持参与方和聚合器之间的相互验证。因此，所有模型更新都在 EVM 内部和传输中得到保护。

14.6　基于 HE 和 TEE 的聚合与 SMC 的比较

本节将所有 3 种 MYSTIKO 算法与用于安全多方计算的最新协议(SPDZ[10, 11, 25])和通过添加统计噪声来实现差分隐私(DP)的方案进行比较。我们使用不同的图像处理神经网络模型和不同规模的数据集，包括：①5 层 CNN(小型，1MB)，在 MNIST 数据集(60K 张手写数字图像)上进行训练；②Resnet-18(小到中型，50MB)，在 SVHN 数据集(600K 张街道数字图像)上进行训练；③Resnet-50(中型，110MB)，在 CIFAR100 数据集(60K 张 100 类彩色图像)上进行训练；④VGG-16(大型，600MB)，在 Imagenet-1K 数据集(1420 万张 1000 类图像)上进行训练。

实验在一个由 40 台机器组成的集群上进行，以评估所有算法在不同数量的参与方(2～40)上的性能。每台机器上最多只运行一个参与方，每台机器都配备 8 个 Intel Xeon E5-4110(2.10 GHz)核、64GB RAM、1 个 NVIDIA V100 GPU 和 1 个 10GbE 网络链路。这些机器分布在 4 个数据中心中，对于每个实验，参与方均匀分布在数据中心中，数据集均匀随机地分配给参与方。MYSTIKO 在一个数据中心的专用机器上执行。随后的所有数据点都是通过对 10 次实验运行结果取平均值得出的。

14.6.1　MYSTIKO 和 SPDZ 的比较

在联邦学习中，学习器(或本地聚合器)会在本地数据上进行一定数量的迭代学习，然后进行联邦梯度聚合和模型更新。隐私损失发生在梯度聚合过程中，这就是 MYSTIKO 和其他系统(如 SPDZ)介入的地方。我们使用以下两个指标来评估 MYSTIKO 和 SPDZ 的性能：①总同步时间，该指标度量隐私保护梯度变换(MYSTIKO 中的 Paillier 加密、SPDZ 中的共享生成等)所需的总时间以及将变换后的梯度传递给参与方进行联邦学习所需的时间；②通信时间，该指标仅度量通信时间。

图 14-7 绘制了不同模型/数据集组合下，总同步时间和通信时间与联邦参与方数量的关系。从图 14-7 可以看出，随着参与方数量的增加，All-Reduce 是所有协议中最具有可扩展性的。这主要是因为 All-Reduce 是一个并行协议，其中每个学习器/LA 都在不断地传输梯度矩阵的一小部分。相比之下，基本的环形协议的可扩展性最差，因为它是按顺序执行的。广播协议的性能和可扩展性都优于基本的环形协议，因为每个参与方都可以在不等待其他参与方的情况下进行广播。SPDZ 的性能和可扩展性都比广播协议差，因为其通信模式近似于(但不完全等同于)双向广播——在每个参与方处，梯度向量中的每一项都会被分割成秘密份额并广播到其他参与方；然后，经过安全聚合后，结果再次广播回来。而 MYSTIKO 通过使用 Paillier 加密和集中式解密聚合梯度的方式替代了双重广播。表 14-1 说明了在两种情况(即图 14-7 中的 20 个和 40 个参与方)下使用其他协议的性能影响。

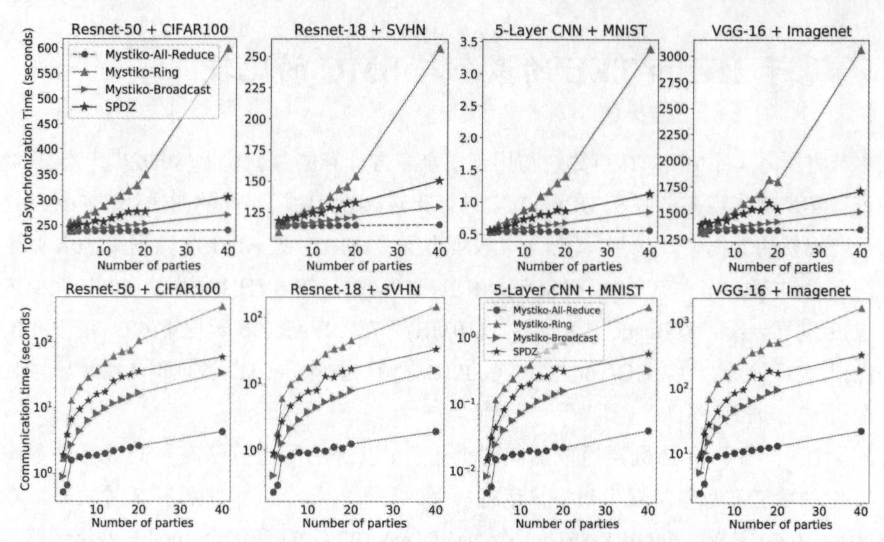

图 14-7 MYSTIKO：总同步时间(秒)与参与方数量之间的关系(上方图表)以及总通信时间(秒)与参与方数量之间的关系(下方图表)。注意，总同步时间是通信时间和梯度变换时间的和

表 14-1 MYSTIKO：广播、环形算法和 SPDZ 的性能相对低于 All-Reduce。完整趋势见图 14-7

通信时间				
	MYSTIKO			
参与方数	All-Reduce	广播	环形	SPDZ
20	1	6.4～7.2×	38.2～39.9×	13.1～14.2×
40	1	7.9～8.6×	70.5～80.8×	13.8～14.7×
总同步时间				
	MYSTIKO			
参与方数	All-Reduce	广播	环形	SPDZ
20	1	12%～51%	27%～100%	2.2～6.1×
40	1	6%～25%	15%～59%	1.3～2.6×

然而，当考虑总同步时间时，使用 All-Reduce 的“巨大”加速并没有得到体现。4 种协议之间的可扩展性趋势保持不变；总同步时间中的加速效果仍然显著(如表 14-1 中的两个情况所示)，但加速比低于由通信导致的加速比。这表明了相对于非隐私梯度下降，MYSTIKO 和 SPDZ 中的隐私梯度下降的主要开销在于通信之前的梯度变换。从图 14-7 和表 14-1 中也观察到，对于小模型(5 层 CNN 和 Resnet-18)，通信时间发挥了更大的作用。但对于大型模型(Resnet-50 和 VGG-16)，梯度变换发挥了更大的作用。

最后可观察到，与训练时间(用周期时间表示)相比，隐私梯度下降的同步时间显著大于非隐私梯度下降。这主要是因为训练发生在 V100 GPU 上(具有数千个核)，而梯度变换发生在 CPU 上。虽然有一种 GPU 上加速的全同态加密版本(见参考文献[9]，它在 CPU 上的性能不如 Paillier 算法)，但我们不知道是否有 GPU 上加速的 Paillier 算法版本。

14.6.2　使用 TEE 的开销：AMD SEV

与 MYSTIKO 和 SPDZ 相比，TEE 最大的优势在于开销非常低。使用 TEE 的开销来自在 EVM 内执行聚合的过程。在每次联邦同步轮次中，开销以端到端延迟的形式呈现，增加的时间只占总时间的 2%～4%[7]。而在准确性和收敛速度方面，TEE 并没有任何差异[7]。

14.7　本章小结

本章研究了联邦学习中隐私参数聚合的各种可选方案。很明显，每种方法都有独特的优缺点，寻找完美的解决方案仍然是一个活跃的研究领域。在信息泄露方面，差分隐私非常有潜力，但它会降低模型的准确性，同时需要复杂的超参数调整(批大小、学习率调度)才能获得最优结果(甚至是接近最优的结果)。在联邦学习环境中，由于不能保证所有参与方都会长时间可用，而且运行多个实验会增加总延迟，因此尝试不同参数进行超参数调整可能并不可行。同态加密和安全多方计算不会改变模型的准确性或收敛速度，并且不需要超参数调整，但它们会产生高昂的运行时开销。不过，正如 MYSTIKO 的研究所示，如果聚合协议经过精心设计，则使用加法同态加密可以在很大程度上最小化运行时开销。最后，使用 TEE 有潜力使聚合开销变得可以忽略不计，而且不会对模型的准确性和收敛速度造成任何影响，但它需要使用专门的硬件。

参考文献

[1] Abadi M, Chu A, Goodfellow I, McMahan HB, Mironov I, Talwar K, Zhang L (2016) Deep learning with differential privacy. In: Proceedings of the 2016 ACM SIGSAC conference on computer and communications security, association for computing machinery, New York, NY, CCS '16, pp 308-318.

[2] Agarwal N, Suresh AT, Yu FXX, Kumar S, McMahan B (2018) cpSGD: Communication-efficient and differentially-private distributed SGD. In: NeurIPS 2018.

[3] Aono Y, Hayashi T, Trieu Phong L, Wang L (2016) Scalable and secure logistic regression via homomorphic encryption. In: Proceedings of the Sixth ACM conference on data and application security and privacy. Association for Computing Machinery, New York, NY, CODASPY '16, pp 142-144.

[4] Bonawitz K, Eichner H, Grieskamp W, Huba D, Ingerman A, Ivanov V, Kiddon C, Konečnỳ J, Mazzocchi S, McMahan HB et al. (2019) Towards federated learning at scale: System design. Preprint. arXiv:190201046.

[5] Bottou L (1998) On-line learning and stochastic approximations. In: On-line learning in neural networks. Cambridge University Press, New York.

[6] Chen Y, Luo F, Li T, Xiang T, Liu Z, Li J (2020) A training-integrity privacy-preserving federated learning scheme with trusted execution environment. Inf Sci 522:69-79.

[7] Cheng P, Eykholt K, Gu Z, Jamjoom H, Jayaram KR, Valdez E, Verma A (2021) Separation of powers in federated learning. CoRR abs/2105.09400. https://arxiv.org/abs/2105.09400, http://2105.09400.

[8] Cramer R, Damgrd IB, Nielsen JB (2015) Secure multiparty computation and secret sharing, 1st edn. Cambridge University Press, Cambridge.

[9] Dai W,Sunar B(2016)cuHE:A homomorphic encryption accelerator library.In: Cryptography and information security in the Balkans. Springer International Publishing.

[10] Damgård I, Pastro V, Smart N, Zakarias S (2012) Multiparty computation from somewhat homomorphic encryption. In: Proceedings of the 32nd annual cryptology conference on advances in cryptology - CRYPTO 2012 - Volume 7417. Springer-Verlag, Berlin, Heidelberg, pp 643-662.

[11] Data61 C (2020) Multi-Protocol SPDZ. https://github.com/data61/MP-SPDZ.

[12] Dwork C, Roth A (2014) The algorithmic foundations of differential privacy. Found Trends Theor Comput Sci 9(3-4):211-407.

[13] Evans D, Kolesnikov V, Rosulek M (2018) A pragmatic introduction to secure multi-party computation. Found Trends Privacy Secur 2:70.

[14] Fredrikson M, Lantz E, Jha S, Lin S, Page D, Ristenpart T (2014) Privacy in

pharmacogenetics: An end-to-end case study of personalized warfarin dosing. In: 23rd USENIX security symposium (USENIX Security 14). USENIX Association, San Diego, CA, pp 17-32. https://www.usenix.org/conference/usenixsecurity14/technical-sessions/presentation/fredrikson_matthew.

[15] Fredrikson M, Jha S, Ristenpart T (2015) Model inversion attacks that exploit confidence information and basic countermeasures. In: Proceedings of the 22nd ACM SIGSAC conference on computer and communications security. Association for Computing Machinery, New York, NY, CCS '15, pp 1322-1333.

[16] Garg S, Sahai A (2012) Adaptively secure multi-party computation with dishonest majority. In: Safavi-Naini R, Canetti R (eds) Advances in Cryptology – CRYPTO 2012. Springer Berlin Heidelberg, Berlin, Heidelberg, pp 105-123.

[17] Geiping J, Bauermeister H, Dröge H, Moeller M (2020) Inverting gradients–how easy is it to break privacy in federated learning? Preprint. arXiv:200314053.

[18] Gentry C (2010) Computing arbitrary functions of encrypted data. Commun ACM 53(3):97-105.

[19] He K, Zhang X, Ren S, Sun J (2016) Deep residual learning for image recognition. In: 2016 IEEE conference on computer vision and pattern recognition (CVPR), pp 770-778.

[20] Jayaram KR, Verma A, Verma A, Thomas G, Sutcher-Shepard C (2020) Mystiko: Cloud-mediated, private, federated gradient descent. In: 2020 IEEE 13th international conference on cloud computing (CLOUD). IEEE Computer Society, Los Alamitos, CA, pp 201-210.

[21] Jayaraman B, Evans D (2019) Evaluating differentially private machine learning in practice. In: 28th USENIX Security Symposium (USENIX Security 19), USENIX Association, Santa Clara, CA, pp 1895-1912. https://www.usenix.org/conference/usenixsecurity19/presentation/ jayaraman.

[22] Jost C, Lam H, Maximov A, Smeets BJM (2015) Encryption performance improvements of the paillier cryptosystem. IACR Cryptology ePrint Archive. https://eprint.iacr.org/2015/864.

[23] Kairouz P, McMahan HB, Avent B, Bellet A, Bennis M, Bhagoji AN, Bonawitz K, Charles Z, Cormode G, Cummings R et al (2019) Advances and open problems in federated learning. Preprint. arXiv:191204977.

[24] Karger D, Lehman E, Leighton T, Panigrahy R, Levine M, Lewin D (1997) Consistent hashing and random trees: Distributed caching protocols for relieving hot spots on the world wide web. In: Proceedings of the twenty-ninth annual ACM symposium on theory of computing. Association for Computing Machinery, New York, NY, STOC '97, pp 654-663.

[25] Keller M, Yanai A (2018) Efficient maliciously secure multiparty computation for ram. In: EUROCRYPT (3). Springer, pp 91–124. https://doi.org/10.1007/978-3-319-78372-7_4.

[26] Keller M, Pastro V, Rotaru D (2018) Overdrive: Making SPDZ great again. In: Nielsen JB, Rijmen V (eds) Advances in cryptology - EUROCRYPT 2018. Springer International Publishing, Cham, pp 158-189.

[27] Krizhevsky A (2009) Learning multiple layers of features from tiny images. https://www.cs. toronto.edu/~kriz/learning-features-2009-TR.pdf, https://www.cs.toronto. edu/~kriz/cifar.html.

[28] Kumar V, Grama A, Gupta A, Karypis G (1994) Introduction to parallel computing: design and analysis of algorithms. Benjamin-Cummings Publishing, California.

[29] Lecun Y, Bengio Y, Hinton G (2015) Deep learning. Nat Cell Biol 521(7553):436-444.

[30] Lee J, Clifton C (2011) How much is enough? choosing ? for differential privacy. In: Lai X, Zhou J, Li H (eds) Information security. Springer Berlin Heidelberg, Berlin, Heidelberg, pp 325-340.

[31] Marr B (2018) 27 Incredible examples of AI and machine learning in practice. Forbes Magazine.

[32] McMahan HB, Andrew G (2018) A general approach to adding differential privacy to iterative training procedures. CoRR abs/1812.06210. http://arxiv.org/abs/1812.06210.

[33] Melis L, Song C, De Cristofaro E, Shmatikov V (2019) Exploiting unintended feature leakage incollaborative learning. In: 2019 IEEEsymposium on securityand privacy. IEEE,pp 691-706.

[34] Millard C (2013) Cloud computing law. Oxford University Press.

[35] Mironov I (2017) Rényi differential privacy. In: 2017 IEEE 30th computer security foundations symposium (CSF), pp 263-275.

[36] Mo F, Haddadi H, Katevas K, Marin E, Perino D, Kourtellis N (2021) PPFL: Privacy-preserving federated learning with trusted execution environments. In: Proceedings of the 19th annual international conference on mobile systems, applications, and services. Association for Computing Machinery, New York, NY, MobiSys '21, pp 94-108.

[37] Yuval Netzer, Tao Wang, Adam Coates, Alessandro Bissacco, Bo Wu, Andrew Y. Ng Reading digits in natural images with unsupervised feature learning NIPS workshop on deep learning and unsupervised feature learning 2011.

[38] Phong LT, Aono Y, Hayashi T, Wang L, Moriai S (2018) Privacy-preserving deep learning via additively homomorphic encryption. Trans Inf Forens Secur 13(5):1333-1345.

[39] Rescorla E (2018) The transport layer security (TLS) protocol version 1.3. RFC 8446.

[40] Sabt M, Achemlal M, Bouabdallah A (2015) Trusted execution environment: What it is, and what it is not. In: 2015 IEEE Trustcom/BigDataSE/ISPA, vol 1, pp 57-64.

https://doi.org/10.1109/Trustcom.2015.357.

[41] Shokri R, Shmatikov V (2015) Privacy-preserving deep learning. In: ACM CCS ’15.

[42] Shokri R, Stronati M, Song C, Shmatikov V (2017) Membership inference attacks against machine learning models. In: 2017 IEEE symposium on security and privacy (SP), pp 3-18.

[43] Song S, Chaudhuri K, Sarwate A (2013) Stochastic gradient descent with differentially private updates. In: 2013 IEEE global conference on signal and information processing, GlobalSIP 2013 - Proceedings, 2013 IEEE global conference on signal and information processing, GlobalSIP 2013 - Proceedings, pp 245-248.

[44] Stallings W (2013) Cryptography and network security: principles and practice, 6th edn. Prentice Hall Press, Upper Saddle River.

[45] Truex S, Baracaldo N, Anwar A, Steinke T, Ludwig H, Zhang R, Zhou Y (2019) A hybrid approach to privacy-preserving federated learning. In: Proceedings of the 12th ACM workshop on artificial intelligence and security. Association for Computing Machinery, New York, NY, AISec’19, pp 1-11.

[46] Volos S, Vaswani K, Bruno R (2018) Graviton: Trusted execution environments on GPUs. In: 13th USENIX symposium on operating systems design and implementation (OSDI 18). USENIX Association, Carlsbad, CA, pp 681–696. https://www.usenix.org/conference/osdi18/presentation/volos.

[47] Xu R, Baracaldo N, Zhou Y, Anwar A, Ludwig H (2019) Hybridalpha: An efficient approach for privacy-preserving federated learning. In: Proceedings of the 12th ACM workshop onartificial intelligence and security. Association for Computing Machinery, New York, NY, AISec’19, pp 13-23. https://doi.org/10.1145/3338501.3357371.

[48] Yin H, Mallya A, Vahdat A, Alvarez JM, Kautz J, Molchanov P (2021) See through gradients: Image batch recovery via GradInversion. Preprint. arXiv:210407586.

[49] Zhang X, Li F, Zhang Z, Li Q, Wang C, Wu J (2020) Enabling execution assurance of federated learning at untrusted participants. In: IEEE INFOCOM 2020 - IEEE conference on computer communications, pp 1877-1886.

[50] Zhao B, Mopuri KR, Bilen H (2020) iDLG: Improved deep leakage from gradients. Preprint. arXiv:200102610.

[51] Zhu L, Liu Z, Han S (2019) Deep leakage from gradients. In: Advances in neural information processing systems, pp 14774-14784.

第 15 章

联邦学习中的数据泄露

摘要：联邦学习是一种新兴的分布式机器学习方法，它允许数据拥有者参与训练过程并保持数据隐私。然而，最近的研究表明，在联邦学习中，梯度共享机制仍然可能会泄露数据。增加批大小通常被视为防止数据泄露的一种有前途的防御策略。本章将概述联邦学习中的数据泄露问题，重新审视这种攻击前提，并提出一个先进的数据泄露攻击方法，以高效地从聚合梯度中还原批数据。我们将这种方法称为“联邦学习中的灾难性数据泄露(CAFE)”。与现有的数据泄露攻击相比，CAFE 展示了在大批数据泄露攻击中高质量的还原能力。实验结果表明，在联邦学习中，特别是纵向的情况下，参与方的数据被从训练梯度中泄露的风险很高。

15.1　介绍

本节将介绍联邦学习的动机并提供必要的背景知识。

15.1.1　动机

深度神经网络是目前人工智能任务(例如分类和识别任务[27])中最常用的模型之一。由于深度学习技术的性能与训练数据量密切相关，因此像谷歌和 Meta 等大型公司可能从用户那里收集大量的训练数据，并拥有大量的计算能力以进行大规模的训练。然而，数据的集中收集存在一些隐私泄露风险。提供个人敏感数据的用户可能包含敏感信息，他们既无法删除这些信息，也无法访问训练过程。此外，在某些领域(如医疗和金融)，共享或收集个体数据是不合法的。

在这种背景下，人们提出了联邦学习(FL)的概念作为一种新的机器学习系统，其中多个参与方共同训练如神经网络等机器学习模型，而不需要共享它们自己的本地数据集。这种新的协议有一个优点，即企业可以花费更少的时间和成本来收集数据。同时，一旦获得隐私保护，还可以挖掘更多潜在的训练数据参与模型训练。

因此，在联邦学习过程中，开发隐私保护算法和防御策略以防止信息泄露是至关重要的。

15.1.2 背景及相关研究

我们将为联邦学习和从梯度中泄露数据介绍必要的背景信息。

联邦学习的核心是在保护数据隐私的前提下，在分布于多个设备的数据上构建机器学习模型或深度学习模型。数据拥有者集合(N个所有者)可以表示为$\{F_1,F_2,\dots,F_N\}$。

我们还定义它们相应的数据集为如下[36]。

$$D_{\text{fed}}=\{D_1,D_2,\cdots,D_N\} \tag{15.1}$$

通过传统的集成数据D训练的机器学习模型可以表示为M_{sum}，其中[36]

$$D=D_1\cup D_2\cdots\cup D_N \tag{15.2}$$

参与联邦学习的数据D的特征空间表示为X，标签空间表示为Y，样本身份(ID)空间表示为I。因此，联邦数据集D_{fed}可以重写为如下[36]。

$$D_{\text{fed}}=\{I,X,Y\} \tag{15.3}$$

根据特征和样本ID空间中的数据分布，联邦学习可以简要地分为横向联邦学习、纵向联邦学习和联邦迁移学习。

横向联邦学习(HFL)代表的场景中，分布在不同参与方中的数据共享相同的特征空间，但具有不同样本ID。可以用以下式子概括HFL[36]。

$$\boldsymbol{X}_i=\boldsymbol{X}_j,Y_i=Y_j,I_i\neq I_j,\forall D_i,D_j,i\neq j \tag{15.4}$$

图15-1演示了HFL系统的一般架构示例。该系统中有k个参与方参与模型训练，并由一个参数聚合器进行控制。

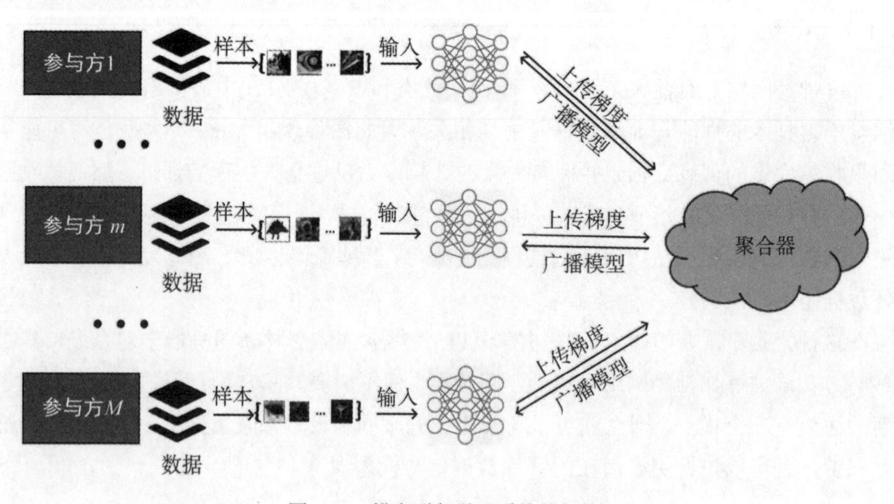

图15-1 横向联邦学习系统的架构

训练过程可分为以下几个步骤。

(1) 聚合器向所有参与方广播模型。

(2) 参与方使用当前模型计算梯度、加密并上传至聚合器。

(3) 聚合器根据一些梯度聚合算法(如 FedAvg [21])安全地聚合上传的加密梯度。

(4) 聚合器使用聚合后的梯度更新模型。

每轮训练将依次执行以上所有步骤，直到联邦模型完全收敛。但对于企业用户而言，情况可能有所不同。下面将介绍针对企业用户的情况。

某些情况下，一些本地数据集可能共享相同的 ID 空间，但在特征空间上存在差异。因此，纵向联邦学习(VFL)适用于这些情况。对于 VFL 系统，可以将其概括为如下[36]。

$$\boldsymbol{X}_i \neq \boldsymbol{X}_j, Y_i \neq Y_j, I_i = I_j, \forall D_i, D_j, i \neq j \tag{15.5}$$

图 15-2 展示了 VFL 系统的一般架构示例。在该系统中，我们假设几个合作参与方在第三方可信参与方(即聚合器)的授权下参与 VFL 训练过程。训练过程分为两个部分。

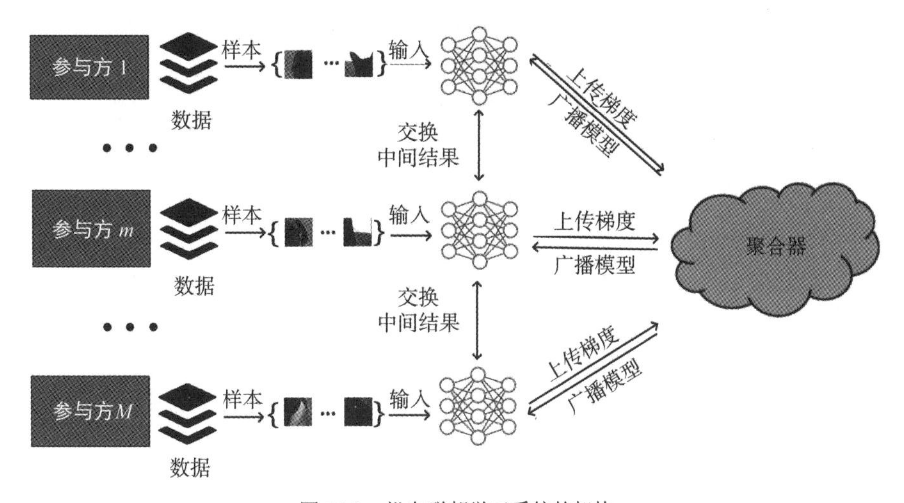

图 15-2　纵向联邦学习系统的架构

1. 实体对齐

首先，系统需要通过基于加密的数据 ID 技术[16, 26]来对齐数据，以保护参与方的数据隐私。

2. 模型训练

训练过程可总结为以下几个步骤。

(1) 聚合器创建加密密钥对，并向各参与方发送公钥。

(2) 所有参与方加密和交换其中间结果，计算出损失。

(3) 所有参与方计算各自的梯度、加密其梯度并上传到聚合器。

(4) 聚合器解密梯度并更新模型。

一般认为，让各参与方交换中间结果是安全的。与原始训练数据的维度相比，中间结果的维度非常小，因此可以保证隐私保护。由于两个参与方只拥有特征空间不完整的数据，因此它们只能计算模型的不完整梯度。可信的第三方(即聚合器)在某种程度上需要将不完整的梯度聚合在一起，以获得整个模型的完整梯度。

15.1.3 隐私保护

与传统的集中式机器学习场景不同，联邦学习需要不可信的各参与方之间进行协作。因此，每个诚实的参与方必须根据自己的本地数据为联邦学习作出贡献，同时抵御来自其他攻击者的各种攻击[20, 35]。攻击可以来自联邦学习系统中的任何设备，包括本地部分和聚合器部分[10]。

对抗性推断：在参考文献[6]中，作者提出了一种模型反演方法，它可以推断表征每个类别的特征，从而构建这些类别的代表。而Hitaj等人[11]通过另一种方式训练了一个GAN来推断类别代表。成员推断是联邦学习中最简单的推断攻击之一。像[4, 19, 28]等参考文献展示了机器学习模型上的黑盒成员推断技术。

梯度深层泄露(DLG)：尽管攻击者可通过多种方式发起推断攻击，但人们普遍认为在各参与方和聚合器之间共享联邦模型的梯度是安全的，并且不会泄露训练数据。然而，Zhu等人[39]提出了一种有效的方式，可以从共享的梯度中重构训练数据。尽管一些先前的研究[6, 11, 22]已经从梯度中揭示了一些数据信息，但DLG不需要任何生成模型和先验知识，它可通过几轮优化直接从共享的公共梯度中推断出数据和标签。

图15-3提供了DLG算法的概览，所有需要改变的变量都用粗边框标记。假设真实数据为 $\boldsymbol{X}$，真实标签为 y，假数据为 $\hat{\boldsymbol{X}}$，假标签为 $\hat{y}$。联邦模型为 $L(\boldsymbol{X};y,\boldsymbol{\theta})$，其中 $\boldsymbol{\theta}$ 是模型参数，输出是损失。第 t 次迭代的真实梯度 $\nabla_\theta L(\boldsymbol{X}^t;y^t,\boldsymbol{\theta}^t)$ 和假梯度 $\nabla_\theta L(\hat{\boldsymbol{X}}^t;\hat{y}^t,\boldsymbol{\theta}^t)$ 可以表示为如下。

$$\nabla_\theta L(\boldsymbol{X}^t;y^t,\boldsymbol{\theta}^t)=\frac{1}{N}\sum_i^N \nabla_\theta L(\boldsymbol{X}_i^t;y_i^t,\boldsymbol{\theta}^t) \tag{15.6}$$

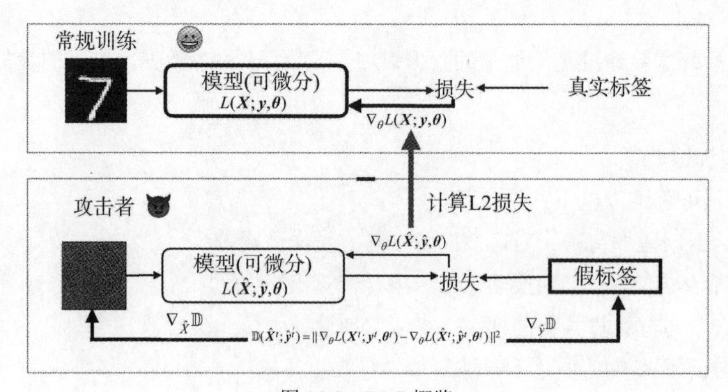

图15-3 DLG概览

$$\nabla_{\theta}L(\boldsymbol{X}_i^t;y_i^t,\boldsymbol{\theta}^t)=\frac{\partial L(\boldsymbol{X}_i^t;y_i^t,\boldsymbol{\theta}^t)}{\partial\boldsymbol{\theta}^t} \tag{15.7}$$

$$\nabla_{\theta}L(\hat{\boldsymbol{X}}^t;\hat{y}^t,\boldsymbol{\theta}^t)=\frac{1}{N}\sum_{i}^{N}\nabla_{\theta}L(\hat{\boldsymbol{X}}_i^t;\hat{y}_i^t,\boldsymbol{\theta}^t) \tag{15.8}$$

$$\nabla_{\theta}L(\hat{\boldsymbol{X}}_i^t;\hat{y}_i^t,\boldsymbol{\theta}^t)=\frac{\partial L(\hat{\boldsymbol{X}}_i^t;\hat{y}_i^t,\boldsymbol{\theta}^t)}{\partial\boldsymbol{\theta}^t} \tag{15.9}$$

$$(\hat{\boldsymbol{X}}^t;\hat{y}^t)=\|\nabla_{\theta}L(\boldsymbol{X}^t;y^t,\boldsymbol{\theta}^t)-\nabla_{\theta}L(\hat{\boldsymbol{X}}^t;\hat{y}^t,\boldsymbol{\theta}^t)\|^2 \tag{15.10}$$

其中 $\nabla_{\theta}L(\boldsymbol{X}_i^t;y_i^t,\boldsymbol{\theta}^t)$ 和 $\nabla_{\theta}L(\hat{\boldsymbol{X}}_i^t;\hat{y}_i^t,\boldsymbol{\theta}^t)$ 分别表示由本地部分 i 上传的本地梯度及其相应的假梯度。式 15.10 中的 $\mathbb{D}(\hat{\boldsymbol{X}}^t;\hat{y}^t)$ 衡量真梯度和假梯度之间的距离。项 $\boldsymbol{X}_i^t$ / $\hat{\boldsymbol{X}}_i^t$ 和 y_i^t / $\hat{y}_i^t$ 表示本地部分 i 在第 t 轮的真/假训练数据和真/假训练标签。整个训练数据的真/假梯度可以用 Zhu 等人[39]的方法表示。

$$\nabla_{\theta}L(\boldsymbol{X};y,\boldsymbol{\theta})=\frac{\partial L(\boldsymbol{X};y,\boldsymbol{\theta})}{\partial\boldsymbol{\theta}} \tag{15.11}$$

$$\nabla_{\theta}L(\hat{\boldsymbol{X}};\hat{y},\boldsymbol{\theta})=\frac{\partial L(\hat{\boldsymbol{X}};\hat{y},\boldsymbol{\theta})}{\partial\boldsymbol{\theta}} \tag{15.12}$$

$$\mathbb{D}(\hat{\boldsymbol{X}};\hat{y})=\|\nabla_{\theta}L(\boldsymbol{X};y,\boldsymbol{\theta})-\nabla_{\theta}L(\hat{\boldsymbol{X}};\hat{y},\boldsymbol{\theta})\|^2 \tag{15.13}$$

DLG 算法的目标函数可以用 Zhu 等人[39]的方法表示。

$$\hat{\boldsymbol{X}}^*;\hat{y}^*=\arg\min_{\hat{X};\hat{y}}\mathbb{D}(\hat{\boldsymbol{X}};\hat{y}) \tag{15.14}$$

由于新定义的目标函数均可对 $\hat{\boldsymbol{X}}$ 和 $\hat{y}$ 进行微分，因此可以通过计算目标函数的梯度来优化 $\hat{\boldsymbol{X}}$ 和 $\hat{y}$ [39]。

$$\nabla_{\hat{X}}\mathbb{D}(\hat{\boldsymbol{X}};\hat{y})=\frac{\partial\mathbb{D}(\hat{\boldsymbol{X}};\hat{y})}{\partial\hat{\boldsymbol{X}}} \tag{15.15}$$

$$\nabla_{\hat{y}}\mathbb{D}(\hat{\boldsymbol{X}};\hat{y})=\frac{\partial\mathbb{D}(\hat{\boldsymbol{X}};\hat{y})}{\partial\hat{y}} \tag{15.16}$$

算法 15.1 展示了 DLG 算法的伪代码。DLG 在许多数据集上性能良好，只需要几轮就能完全还原训练数据。

图 15-4 展示了 DLG 在几个数据集的图像上的效果。该算法在像素准确性和速度方面都优于所有先前的数据泄露方法。

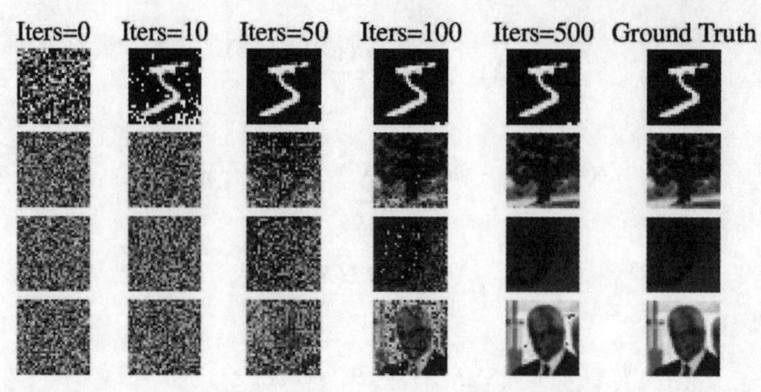

图 15-4　在 MNIST、CIFAR100、SVHM 和 LFW 数据集的图像上的 DLG 可视化结果

算法 15.1　DLG

1: 输入可微模型 $L(.)$、参数权重 $\boldsymbol{\theta}$、由真实训练数据计算出的真实梯度 $\nabla\theta$、学习率 η

2: **procedure** DLG($L(.),\boldsymbol{\theta},\nabla_{\theta}L(\boldsymbol{X};y,\boldsymbol{\theta})$)

3: 初始化虚拟数据 $\hat{\boldsymbol{X}}^1$ 和虚拟标签 $\hat{y}^1$

4: **for** $t \leftarrow 1,\cdots,n$ **do**

5: 　计算伪损失 $L(\hat{\boldsymbol{X}}^t,\hat{y}^t,\boldsymbol{\theta})$

6: 　计算伪梯度 $\nabla_{\boldsymbol{\theta}}L(\hat{\boldsymbol{X}}^t;\hat{y}^t,\boldsymbol{\theta}) \leftarrow \dfrac{\partial L(\hat{\boldsymbol{X}}^t,\hat{y}^t,\boldsymbol{\theta})}{\partial\boldsymbol{\theta}}$

7: 　$\mathbb{D}\left(\hat{\boldsymbol{X}}^t;\hat{y}^t\right) \leftarrow \| \nabla_{\theta}L(\boldsymbol{X};y,\boldsymbol{\theta}) - \nabla_{\theta}L(\hat{\boldsymbol{X}}^t;\hat{y}^t,\boldsymbol{\theta}) \|^2$

8: 　计算 $\nabla_{\hat{X}}\mathbb{D}(\hat{\boldsymbol{X}}^t;\hat{y}^t),\nabla_{\hat{y}}\mathbb{D}(\hat{\boldsymbol{X}}^t;\hat{y}^t)$

9: 　$\hat{\boldsymbol{X}}^{t+1} \leftarrow \hat{\boldsymbol{X}}^t - \eta\nabla_{\hat{X}}\mathbb{D}(\hat{\boldsymbol{X}}^t;\hat{y}^t)$

10: 　$\hat{\boldsymbol{y}}^{t+1} \leftarrow \boldsymbol{y}\hat{y}^t - \eta\nabla_{\hat{y}}\mathbb{D}(\hat{\boldsymbol{X}}^t;\hat{y}^t)$

11: **end for**

12: **return** $\hat{\boldsymbol{X}}^{t+1},\hat{y}^{t+1}$

13: **end procedure**

尽管 DLG 会对联邦学习构成巨大的威胁，但仍然有一些防御策略可以有效防止数据泄露。

- 增加噪声梯度和随机掩码[9, 29]。模拟结果表明，当在真梯度上添加的噪声方差大于 10^{-2} 时，可以有效防止数据泄露[12]。然而，模型的准确性也会受到影响。
- 剪枝和压缩。剪枝[13]和压缩[1]是防御数据泄露的有效方法。但是，仍然需要在隐私保护和模型准确性之间进行平衡。
- 扰动。另一种防御策略是扰动数据表示，降低所还原数据的质量[32]。
- 大批量。DLG 仅适用于批大小小于 8 且图像分辨率小于 64×64 的情况。因此，增加批大小被认为是有效防止数据泄露的方法。不过，我们提出了一种基于 DLG 的新算法，以实现大批数据泄露。15.2 节中将详细讨论这个新算法。

其他相关研究：基于参考文献[34, 39]的一些其他研究从许多方面改进了算法。Zhao

等人[37]提出了一种有效的方法，当在单标签分类任务上使用交叉熵损失训练模型时，以100%的准确性提取出真实标签。参考文献[15]提出了几种防止 VFL 中标签泄露的策略。Li 等人[14]讨论了联邦近似逻辑回归模型的信息泄露问题。Geiping 等人[7]讨论了网络结构和 DLG 性能之间的关系。他们发现，一般未经训练的网络比经过训练的网络更容易泄露数据。通道更多的卷积层比通道更少的卷积层更易受攻击。在参考文献[7]中，提出了一种新设计的成本函数来比较真假梯度之间的余弦相似度，以替换 DLG 中的成本函数(见式 15.14)。

$$\hat{\boldsymbol{X}}^*;\hat{y}^* = \arg\min_{\hat{X}\in[0,1]^n;\hat{y}} 1-\frac{<\nabla_\theta L(\boldsymbol{X};y,\boldsymbol{\theta}),\nabla_\theta L(\hat{\boldsymbol{X}};\hat{y},\boldsymbol{\theta})>}{\|\nabla_\theta L(\boldsymbol{X};y,\boldsymbol{\theta})-\nabla_\theta L(\hat{\boldsymbol{X}};\hat{y},\boldsymbol{\theta})\|}+\alpha \mathrm{TV}(\hat{\boldsymbol{X}}) \tag{15.17}$$

式 15.17 中的损失函数由真梯度和假梯度之间的余弦相似度以及 $\hat{\boldsymbol{X}}$ 的总变差范数组成。此外，参考文献[7]还提出，带偏置的全连接层的输入可以通过解析推导的方式获得，这意味着大多数全连接层容易受到攻击。这是我们在设计 CAFE 算法时充分利用的一个重要观点。此外，参考文献[38]将参考文献[7]中的攻击扩展到更一般的 CNN 和 FCN，包括有或没有偏置项的情况。

15.2 联邦学习中的数据泄露攻击

这里对本章的贡献作了简单总结。

- 提出了一种先进的数据泄露攻击方法(名为 CAFÉ)，以克服当前数据泄露攻击在联邦学习上的限制。CAFE 能够还原 VFL 和 HFL 中的大规模数据。
- 大批数据还原是基于在联邦学习中使用数据索引对齐和内部表示对齐的新方法，可以显著提高还原性能。
- 在动态联邦学习训练环境下，在模型每轮更新时进行评估，验证了数据泄露算法的有效性和实际风险。

来自批梯度的灾难性数据泄露

为实现从聚合梯度还原大规模数据，我们提出了 CAFE 算法。虽然 CAFE 可以应用于任何类型的数据，但为了不失普遍性，本章将一直使用图像数据集。

为什么大批数据泄露攻击很难

为更好地理解从聚合梯度中进行大批数据泄露的难度，我们首先基于 DLG 的表述提供一些直观的解释。假设选择了 N 张图像作为某一轮学习的输入。数据批次定义为 $\boldsymbol{X}=\{\boldsymbol{x}_n,y_n|\,\boldsymbol{x}_n\in\mathbb{R}^{H\times W\times C},n=1,2,\ldots,N\}$，其中 H、W 和 C 表示每张图像的高度、宽度和通道数。同样，用 $\hat{\boldsymbol{X}}=\{\hat{\boldsymbol{x}}_n,\hat{y}_n|\,\hat{\boldsymbol{x}}_n\in\mathbb{R}^{H\times W\times C},n=1,2,\ldots,N\}$ 表示批“还原数据”，它们与 $\boldsymbol{X}$ 具有相同的维度。然后，目标函数为

$$\hat{\boldsymbol{X}}^* = \arg\min_{\hat{X}} \left\| \frac{1}{N}\sum_{n=1}^{N} \nabla_\theta L(\boldsymbol{\theta}, \boldsymbol{x}_n, y_n) - \frac{1}{N}\sum_{n=1}^{N} \nabla_\theta L(\boldsymbol{\theta}, \hat{\boldsymbol{x}}_n, \hat{y}_n) \right\|^2 \tag{15.18}$$

注意，在式 15.18 中，聚合梯度的维度是固定的。但是，随着 N 的增加，$\hat{\boldsymbol{X}}$ 和 $\boldsymbol{X}$ 的维度也会增加。当 N 足够大时，要找到对应真实数据集 $\boldsymbol{X}$ 的式 15.18 的“正确”解 $\hat{\boldsymbol{X}}$ 将变得更困难。然而，CAFE 通过数据索引对齐解决了这个大批量问题，它可以有效地排除不理想的解。

CAFE 对比 **DLG**：假设 $N=3$，并且式 15.18 可以改写为

$$\hat{\boldsymbol{X}}^* = \arg\min_{\hat{x}} \left\| \frac{1}{3}\sum_{n=1}^{3} \nabla_\theta L(\boldsymbol{\theta}, \boldsymbol{x}_n, y_n) - \frac{1}{3}\sum_{n=1}^{3} \nabla_\theta L(\boldsymbol{\theta}, \hat{\boldsymbol{x}}_n, \hat{y}_n) \right\|^2 \tag{15.19}$$

又设在式 15.19 中存在的全局最优解为

$$\hat{\boldsymbol{X}}^* = [\{\boldsymbol{x}_1, y_1\}; \{\boldsymbol{x}_2, y_2\}; \{\boldsymbol{x}_3, y_3\}] \tag{15.20}$$

然而，除了最优解，可能还存在其他不理想的解，如式 15.21 中所示的 $\boldsymbol{X}^*$，其梯度满足式 15.22。

$$\hat{\boldsymbol{X}}^* = [\{\hat{\boldsymbol{x}}_1^*, \hat{y}_1^*\}; \{\hat{\boldsymbol{x}}_2^*, \hat{y}_2^*\}; \{\boldsymbol{x}_3, y_3\}] \tag{15.21}$$

$$\begin{gathered} \sum_{n=1}^{2} \nabla_\theta L(\theta, \boldsymbol{x}_n, y_n) = \sum_{n=1}^{2} \nabla_\theta L(\theta, \hat{\boldsymbol{x}}_n^*, \hat{y}_n{}^*) \\ \nabla_\theta L(\boldsymbol{\theta}, \boldsymbol{x}_n, y_n) \neq \nabla_\theta L(\boldsymbol{\theta}, \hat{\boldsymbol{x}}_n^*, \hat{y}_n{}^*) \end{gathered} \tag{15.22}$$

虽然式 15.20 和式 15.21 中的解在式 15.19 中具有相同的损失值，但是解 15.21 不是还原数据的理想解，需要通过引入更多的约束条件来消除它。当 N 增加时，最优解和不理想的解的数量会急剧增加。仅通过一个目标函数很难找到一个确定的解。然而，在 CAFE 中，目标函数的数量可以多达 $\binom{N}{N_b}$。对于上面的案例，假设 N_b=2。那么，所有的目标函数如下。

$$\begin{cases} \hat{\boldsymbol{X}}^{0*} = \arg\min_{\hat{X}^0} \left\| \frac{1}{2}\sum_{n=1}^{2} \nabla_\theta L\left(\boldsymbol{\theta}, \boldsymbol{x}_n, y_n\right) - \frac{1}{2}\sum_{n=1}^{2} \nabla_\theta L\left(\boldsymbol{\theta}, \hat{\boldsymbol{x}}_n, \hat{y}_n\right) \right\|^2 \\ \hat{\boldsymbol{X}}^{1*} = \arg\min_{\hat{X}^1} \left\| \frac{1}{2}\sum_{n=2}^{3} \nabla_\theta L(\boldsymbol{\theta}, \boldsymbol{x}_n, y_n) - \frac{1}{2}\sum_{n=2}^{3} \nabla_\theta L(\boldsymbol{\theta}, \hat{\boldsymbol{x}}_n, \hat{y}_n) \right\|^2 \\ \hat{\boldsymbol{X}}^{2*} = \arg\min_{\hat{X}^2} \left\| \frac{1}{2}\sum_{n=1, n\neq 2}^{3} \nabla_\theta L(\theta, \boldsymbol{x}_n, y_n) - \frac{1}{2}\sum_{n=1, n\neq 2}^{3} \nabla_\theta L(\theta, \hat{\boldsymbol{x}}_n, \hat{y}_n) \right\|^2 \end{cases} \tag{15.23}$$

与式 15.19 相比，式 15.23 引入更多的约束函数，它限制 $\hat{\boldsymbol{X}}$ 并显著减少了不理想的解

的数量。因此，解 15.21 可通过式 15.23 中的第二个和第三个等式消除。这意味着 CAFE 有助于假数据收敛到最优解。

作为一个相关的例子，图 15-5 对比了我们所提出的攻击与 DLG 在一批 40 张图像上的效果。DLG 的还原质量远不如人意，而 CAFE 可以成功还原批中的所有图像。值得注意的是，由于 DLG 在大批还原方面效果不佳，因此参考文献[39]中增加批大小的建议可能是一种可行的防御方法。然而，CAFE 的成功还原表明，这种防御前提在数据泄露方面给人一种不真实的安全感，即当前联邦学习存在风险，因为可以完成大批数据还原。

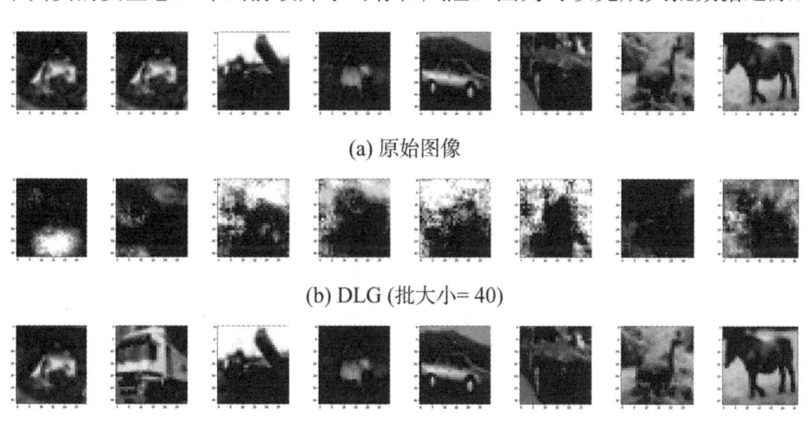

(a) 原始图像

(b) DLG (批大小= 40)

(c) CAFE (批大小= 10×4)

图 15-5　联邦学习中在 CIFAR10 上的来自共享梯度的大批数据泄露

VFL 中的 CAFE：在 VFL 中，聚合器向各参与方发送公钥，并决定每轮训练和评估中的数据索引[2, 3, 36]。在训练过程中，各参与方互相交换中间结果，以计算梯度并上传它们。因此，聚合器可以访问模型参数及其梯度。注意，CAFE 可以直接应用于现有的 VFL 协议，其中已经分配了批数据的索引。

图 15-6 概述了 VFL 设置中的 CAFE。左边框中代表正常的 VFL 范例，右边框中代表 CAFE 攻击。由于数据在不同参与方之间纵向分割，因此数据索引对齐成为纵向训练过程中的必要步骤，这为聚合器(攻击者)提供了控制所选批数据索引的机会。假设有 M 个参与方参与联邦学习，批大小为 N。聚合梯度表示为

$$\nabla_\theta L(\theta, X^t) = \frac{1}{N_b}\sum_{n=1}^{N_b}\nabla_\theta L(\boldsymbol{\theta}, \boldsymbol{X}_n^t),\ \text{其中}\boldsymbol{X}_n^t = [\boldsymbol{x}_{n1}^t, \boldsymbol{x}_{n2}^t, \ldots, \boldsymbol{x}_{nM}^t, y_n^t] \tag{15.24}$$

正常聚合器将按照联邦学习协议执行合法计算。但是，如图 15-6 所示，一个好奇的聚合器可以在执行合法计算的同时，以隐蔽的方式进行数据还原。聚合器生成对应于真实数据的假图像。一旦选择了一批原始数据，聚合器便会使用相应的假批并得到假梯度。

$$\nabla_\theta L(\theta, \hat{\boldsymbol{X}}^t) = \frac{1}{N_b}\sum_{n=1}^{N_b}\nabla_\theta L(\theta, \hat{\boldsymbol{X}}_n^t),\ \text{其中}\hat{\boldsymbol{X}}_n^t = [\hat{\boldsymbol{x}}_{n1}^t, \hat{\boldsymbol{x}}_{n2}^t, \ldots, \hat{\boldsymbol{x}}_{nM}^t, \hat{y}_n^t] \tag{15.25}$$

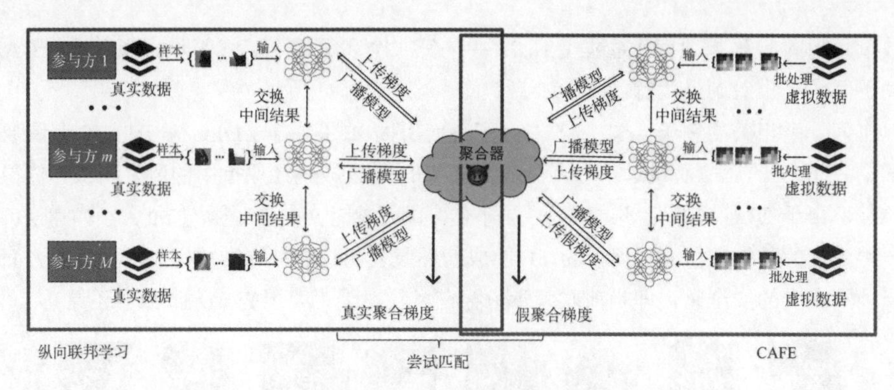

图 15-6 VFL 中的 CAFE 概览

算法 15.2 提供了用于在 VFL 案例中实现 CAFE 攻击的伪代码。算法的关键部分是将真数据批索引与假数据的索引对齐。式 15.26 定义了真聚合梯度和假聚合梯度之间的差的平方 l_2 范数。由于聚合器可以访问模型参数，因此攻击者能够通过式 15.26 中的损失计算出假数据的梯度，并为还原真实数据对假数据进行优化。

算法 15.2 VFL 中的 CAFE (常规 VFL 协议和 CAFE 协议分别用浅灰色和深灰色表示)

1: **for** $t = 1,2, \ldots,T$ **do**
2: 聚合器将模型广播给所有 M 个参与方
3: **for** $m = 1,2,\ldots,M$ **do**
4: 参与方 m 获取真的批数据
5: 参与方 m 计算中间结果并与其他参与方交换
6: 参与方 m 使用交换的中间结果计算本地聚合梯度
7: 参与方 m 将真的本地聚合梯度上传至聚合器
8: **end for**
9: 聚合器计算真的全局聚合梯度 $\nabla_\theta L(\theta,\boldsymbol{X}^t)$
10: 聚合器计算假的全局聚合梯度 $\nabla_\theta L(\theta,\hat{\boldsymbol{X}}^t)$
11: 聚合器计算 CAFE 损失：$\mathbb{D}(\boldsymbol{X}^t;\hat{\boldsymbol{X}}^t)$ 和 $\nabla_{\hat{X}^t}\mathbb{D}(\boldsymbol{X}^t;\hat{\boldsymbol{X}}^t)$
12: 聚合器用 $\nabla_{\hat{X}^t}\mathbb{D}(\boldsymbol{X}^t;\hat{\boldsymbol{X}}^t)$ 更新批数据 $\hat{\boldsymbol{X}}^t$
13: 聚合器用 $\nabla_\theta L(\theta,\boldsymbol{X}^t)$ 更新模型参数 θ
14: **end for**

$$\mathbb{D}(\boldsymbol{X}^t;\hat{\boldsymbol{X}}^t) = \| \nabla_\theta L(\theta,\boldsymbol{X}^t) - \nabla_\theta L(\theta,\hat{\boldsymbol{X}}^t) \|^2 \tag{15.26}$$

辅助正则化器：除了式 15.26 中的梯度匹配损失外，我们进一步引入了两个正则化项：内部表征正则化和总变差(TV)范数。受 Geiping 等人[7]的启发，第一全连接层的输入向量可以直接从梯度中导出，第 t 轮的真/假输入定义为 $\boldsymbol{Z}^t / \hat{\boldsymbol{Z}}^t \in \mathbb{R}^{N\times P}$，并使用它们的差的 l_2 范数作为内部表征正则化。

为了使假图像更平滑，假设真图像的 TV 范数为常数 ξ，并将其与假图像的 TV 范数 $\mathrm{TV}(\hat{\boldsymbol{X}})$ 进行比较。对于批数据 $\boldsymbol{X}^t$ 中的每个图像 $\boldsymbol{x} \in \mathbb{R}^{H\times W\times C}$，其 TV 范数表示为：$\mathrm{TV}(\boldsymbol{x}) = \sum_c \sum_{h,w} [|\boldsymbol{x}_{h+1,w,c} - \boldsymbol{x}_{h,w,c}| + |\boldsymbol{x}_{h,w+1,c} - \boldsymbol{x}_{h,w,c}|]$ 。

因此，第 t 轮的损失 $\mathbb{D}(\boldsymbol{X}^t, \hat{\boldsymbol{X}}^t)$ 可以改写为

$$\mathbb{D}(\boldsymbol{X}^t; \hat{\boldsymbol{X}}^t) = \| \nabla_\theta L(\theta, \boldsymbol{X}^t) - \nabla_\theta L(\theta, \hat{\boldsymbol{X}}^t) \|^2 + \beta \mathrm{TV}(\hat{\boldsymbol{X}}^t) \cdot 1_{\{\mathrm{TV}(\hat{X}^t)-\xi \geqslant 0\}} + \gamma \| \boldsymbol{Z}^t - \hat{\boldsymbol{Z}}^t \|_F^2 \tag{15.27}$$

其中 β 和 γ 是系数，$1_{\{\mathrm{TV}(\hat{X}^t)-\xi \geqslant 0\}}$ 是指示函数。我们将在 15.3.5 节中提供一项消融实验，以证明这些正则化器的实用性。

HFL 中的 CAFE：类似的，也可以在 HFL 中使用 CAFE。假设 $\boldsymbol{X}_m^t$ 表示第 m 个本地部分在第 t 轮获取的原始批数据和标签。第 t 轮的参数梯度为

$$\nabla_\theta L\left(\theta, \boldsymbol{X}^t\right) = \frac{1}{M} \sum_{m=1}^{M} \nabla_\theta L\left(\theta, \boldsymbol{X}_m^t\right), \boldsymbol{X}^t = \{\boldsymbol{X}_1^t, \boldsymbol{X}_2^t, \ldots, \boldsymbol{X}_m^t, \ldots, \boldsymbol{X}_M^t\} \tag{15.28}$$

同样，假批数据和假聚合梯度被定义为

$$\nabla_\theta L(\boldsymbol{\theta}, \hat{\boldsymbol{X}}^t) = \frac{1}{M} \sum_{m=1}^{M} \nabla_\theta L(\boldsymbol{\theta}, \hat{\boldsymbol{X}}_m^t),\ \hat{\boldsymbol{X}}^t = \{\hat{\boldsymbol{X}}_1^t, \hat{\boldsymbol{X}}_2^t, \ldots, \hat{\boldsymbol{X}}_m^t, \ldots, \hat{\boldsymbol{X}}_M^t\} \tag{15.29}$$

算法 15.3 提供了用于在 HFL 案例中实现 CAFE 攻击的伪代码，图 15-7 展示了 HFL 中的 CAFE。左侧部分表示正常的 HFL 过程，右侧部分则代表 CAFE 攻击。根据模拟，CAFE 可以泄露来自 4 个参与方的两千多张隐私图像。

算法 15.3　HFL 中的 CAFE(常规 HFL 协议和 CAFE 协议分别用浅灰色和深灰色表示)

1: **for** $t = 1,2,\ldots,T$ **do**
2: 　聚合器将模型广播给所有 M 个参与方
3: 　　**for** $m = 1,2,\cdots,M$ **do**
4: 　　　参与方 m 获取真的批数据 $\boldsymbol{X}_m^t$
5: 　　　参与方 m 使用接收到的模型计算 $L(\boldsymbol{\theta}, \boldsymbol{X}_m^t)$ 和梯度 $\nabla_\theta L(\boldsymbol{\theta}, \boldsymbol{X}_m^t)$
6: 　　　参与方 m 将真实的本地聚合梯度上传至聚合器
7: 　　**end for**
8: 　　聚合器计算真实的全局聚合梯度 $\nabla_\theta L(\boldsymbol{\theta}, \boldsymbol{X}^t)$
9: 　　**for** $m = 1,2,\ldots,M$ **do**
10: 　　　聚合器获取相应的批量数据 $\hat{\boldsymbol{X}}_m^t$
11: 　　　聚合器使用接收到的模型计算 $L(\boldsymbol{\theta}, \hat{X}_m^t)$ 和梯度 $\nabla_\theta L(\boldsymbol{\theta}, \hat{\boldsymbol{X}}_m^t)$
12: 　　**end for**
13: 　　聚合器计算假的全局聚合梯度 $\nabla_\theta L(\boldsymbol{\theta}, \hat{\boldsymbol{X}}^t)$

14: 聚合器计算 CAFE 损失：$\mathbb{D}(\boldsymbol{X}^t;\hat{\boldsymbol{X}}^t)$ 和 $\nabla_{\hat{X}_m^t}\mathbb{D}(\boldsymbol{X}^t;\hat{\boldsymbol{X}}^t)$

15: **for** $m=1,2,\cdots,M$ **do**

16: 聚合器更新批量数据 $\hat{\boldsymbol{X}}_m^t$

17: **end for**

聚合器使用 $\nabla_\theta L(\theta,\boldsymbol{X}^t)$ 更新模型参数 $\boldsymbol{\theta}$

18: **end for**

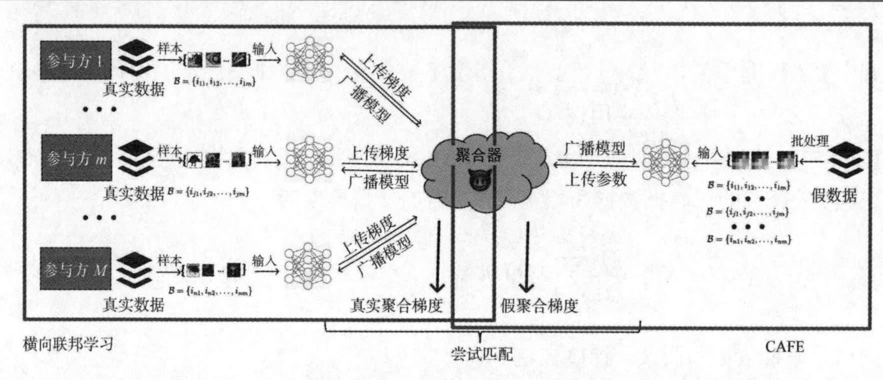

图 15-7 HFL 中的 CAFE 概览

15.3 性能评估

本章介绍了算法 CAFE，我们将提供图表和表格形式的模拟结果来支持它。

15.3.1 实验设置和数据集

我们在 HFL 和 VFL 设置中对 CIFAR10、CIFAR100 和 Linnaeus 数据集进行实验，使用归一化梯度下降方法对所有的假数据进行均匀初始化和优化。CAFE 算法可以使用相对较大的批大小(大于 40)还原参与联邦学习的所有数据。在硬件限制下，CAFE 在 VFL 设置中可以泄露高达 2000 张图像，包括 4 个参与方的数据。

评估指标：为衡量数据泄露的性能，我们引入峰值信噪比(PSNR)值[8]和均方误差(MSE)，它们分别在式 15.30 和式 15.31 中定义。泄露数据的 PSNR 值越高，数据还原的性能越好。

$$\mathrm{MSE}_c(\boldsymbol{x},\hat{\mathbf{x}})=\frac{1}{HW}\sum_{i=1}^{H}\sum_{j=1}^{W}[\boldsymbol{x}_{ijc}-\hat{\boldsymbol{x}}_{ijc}]^2 \tag{15.30}$$

$$\mathrm{PSNR}(\boldsymbol{x},\hat{\boldsymbol{x}})=\frac{1}{C}\sum_{c=1}^{C}[20\log_{10}(\max_{i,j}\boldsymbol{x}_{ijc})-10\log_{10}(\mathrm{MSE}_c(\boldsymbol{x},\hat{\boldsymbol{x}}))] \tag{15.31}$$

用于比较的基准方法：我们将 CAFE 与 3 个基准方法进行比较，它们分别是①DLG[39]；

②带标签的 DLG(iDLG)[37]；③使用余弦相似度比较真假梯度[7]。我们在相同的模型和优化方法下实现原始的 DLG 和 CAFE 算法；分别在 50 个单独的图像上运行 DLG，并计算使单个泄露图像的 PSNR 值超过 30 所需的平均轮数；同时还计算对于 CAFE 算法来说每个图像泄露的期望轮数。此外，固定批大小并将 CAFE 获得的 PSNR 值与 DLG 进行比较。通过使用参考文献[37]中的技术来测试给定标签对 CAFE 的影响。另外，还比较 CAFE 在不同损失函数下的性能：①用两个梯度的余弦相似度替换平方 l_2 范数项的损失函数(CAFE 带余弦相似度)和②在参考文献[7]中提出的只包含 TV 范数正则化器的损失函数。

15.3.2　HFL 设置中的 CAFE

在 HFL 设置中，使用由 2 个卷积层和 3 个全连接层组成的神经网络。卷积层的输出通道数分别为 64 和 128。前两个全连接层的节点数为 512 和 256。最后一层是 softmax 分类层。假设有 4 个参与方参与 HFL，每个参与方都有一个包括 100 张图像的数据集。每个参与方的批大小为 10，因此每轮总共有 40(10×4)张图像参与训练。对于每个实验，使用均匀分布初始化假数据，然后优化 800 个周期。

图 15-8(a)和(b)展示了在 HFL 情况下 3 个数据集上的 CAFE 损失曲线和 PSNR 曲线。在损失比率曲线中，将当前 CAFE 损失和初始 CAFE 损失的比例 $\dfrac{L(\boldsymbol{\theta},\boldsymbol{X}^t)}{L(\boldsymbol{\theta},\boldsymbol{X}^0)}$ 作为标签 y。每次 CAFE 攻击过程结束时，PSNR 值始终高于 35，表明具有高数据还原质量(以图 15-5 为例)。图 15-9 展示了 CAFE 在 Linnaeus 数据集上的攻击过程。在 CAFE 下，PSNR 在第 450 个周期达到 35，此时隐私数据已完全泄露。

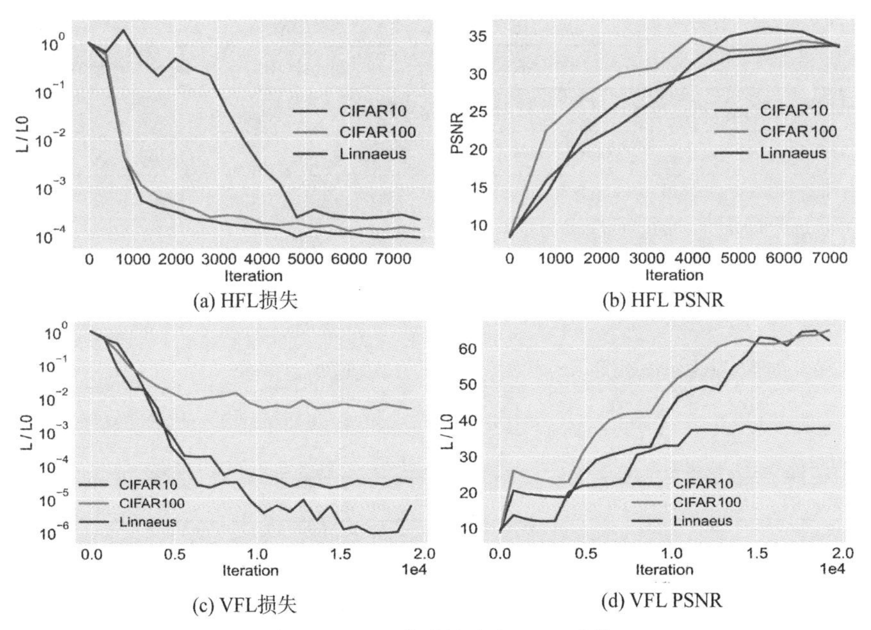

(a) HFL损失　(b) HFL PSNR

(c) VFL损失　(d) VFL PSNR

图 15-8　CAFE 损失比率和 PSNR 曲线

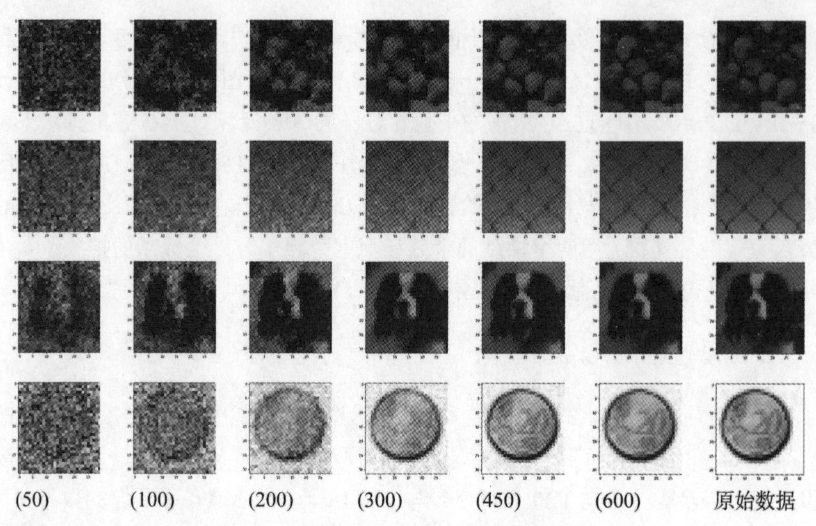

图 15-9 CAFE 在 Linnaeus 数据集上的结果

与 **DLG** 基准方法的比较：在表 15-1(a)中，将 CAFE 中的批比率设置为 0.1，并将其与不同批大小下的 DLG 进行比较。显然，由于对大批数据泄露攻击进行了创新设计，CAFE 的性能优于 DLG。如表 15-2(a)所示，当批大小增加到 40 时，DLG 无法获得令人满意的结果，而 CAFE 成功还原了所有图像。我们还比较了在给定标签和未给定标签的情况下算法的性能。

表 15-1 CAFE 与 DLG 的速度对比

迭代/图像			
批大小	数据集		
	CIFAR10	CIFAR100	Linnaeus
(a) HFL 协议中数据泄露速度的比较。轮数越低，则速度越快			
1(DLG)	284.4	266.9	366.7
10×4(CAFE)	9.50	6.00	9.50
20×4(CAFE)	6.75	3.86	4.75
30×4(CAFE)	4.83	3.41	3.17
40×4(CAFE)	3.75	3.75	2.375
(b) VFL 协议中数据泄露速度的比较。迭代次数越低，则速度越快			
1(DLG)	1530	1590	1630
10(DLG)	16.4	13.7	35.9
10(CAFE)	9.26	6.48	8.00
40(CAFE)	6.50	6.00	5.50
160(CAFE)	1.19	1.50	1.56

表 15-2　CAFE 与 DLG 的性能对比

PSNR			
算法	数据集		
	CIFAR10	CIFAR100	Linnaeus
(a) HFL 协议中泄露性能的比较。PSNR 值越高越好。批大小= 40			
CAFE	35.03	36.9	36.37
DLG	10.09	10.79	10.1
(b) VFL 协议中泄露性能的比较。PSNR 值越高越好。批大小= 40			
CAFE	66.2	66.33	38.72
DLG	34.67	45.12	29.49

从表 15-3(a)和图 15-10 中可以看出，如果给定标签，则在具有更多类别的数据集上还原结果更容易受到影响。但是，在类别较少(10 或 5)的数据集上，还原结果几乎没有影响。

表 15-3　给定标签的影响

PSNR			
设置	数据集		
	CIFAR10	CIFAR100	Linnaeus
(a) HFL			
没有给定标签	35.03	36.90	36.37
给定标签	35.93	39.51	38.07
类别数量	10	100	5
(b) VFL			
没有给定标签	41.80	44.42	38.96
给定标签	40.20	40.29	39.50
类别数量	10	100	5

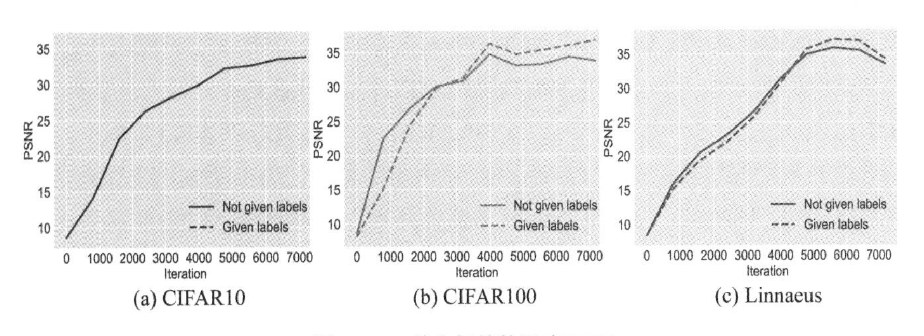

(a) CIFAR10　(b) CIFAR100　(c) Linnaeus

图 15-10　给定标签的影响(HFL)

与余弦相似度的比较：表 15-4(a)显示，如果使用余弦相似度代替 l_2 范数，则 PSNR

值仍然保持 30 以上。PSNR 值的略微下降可能是由于余弦相似度中存在缩放不确定性。CAFE 的损失与参考文献[7]中的损失之间存在性能差距，这证实了我们所提出的辅助正则化器的重要性。

表15-4 损失下的 PSNR

PSNR			
损失	数据集		
	CIFAR10	CIFAR100	Linnaeus
(a) HFL(4 个参与方，批比率=0.1，批大小=10×4)			
CAFE (15.27)	35.03	36.90	36.37
具有余弦相似度的 CAFE	30.15	31.38	30.76
参考文献[7]中的损失	16.95	19.74	16.42
(b) VFL(4 个参与方，批比率=0.1，批大小=10×4)			
CAFE (15.27)	66.20	66.33	38.72
具有余弦相似度的 CAFE	30.96	43.68	34.90
参考文献[7]中的损失	12.76	10.85	10.46

15.3.3 VFL 设置中的 CAFE

我们对 CAFE 在各个方面的性能进行测试。将一张图像切成 4 个小块。每个参与方各持有一块，每块的特征空间维度为 16×16×3。模型由两部分构成。第一部分由 2 个卷积层和 3 个全连接层组成。第二部分只包含 softmax 层。在训练过程中，各块图像被分别送入第一部分，转换为中间结果向量。随后，参与方交换中间结果，将它们连接在一起并输入第二部分。在 VFL 中设置批大小为 40。图 15-8(c)和(d)展示了在 VFL 情况下 3 个数据集上的 CAFE 损失曲线和 PSNR 曲线。数据还原效果甚至优于 HFL 中的结果。CIFAR10 和 CIFAR100 的 PSNR 值均超过 40。通过与 iDLG 进行比较，得出了与 HFL 部分讨论的相同结论，详见表 15-3(b)。

与 **DLG** 基准方法的比较：在表 15-1(b)中，也将 CAFE 的批比率设置为 0.1，并将其与在不同批大小下使用单张图像和小批大小(10 张图像)的 DLG 进行比较。显然，CAFE 仍然优于 DLG。如表 15-2(b)所示，CAFE 的 PSNR 值平均比 DLG 高出 40 个单位。

与余弦相似度的比较：从表 15-4(b)中可以得出结论，使用 CAFE 的 PSNR 值仍然接近于使用余弦相似度的结果。余弦相似度中的缩放不确定性也可能导致 PSNR 值下降。CAFE 损失与参考文献[7]中的损失之间的性能差距很大，远超过 VFL 中的差距，这说明了辅助正则化器的实用性。

15.3.4 在联邦学习训练过程中攻击

之前的研究表明，DLG 在未经过训练的模型上的性能要优于经过训练的模型[7]。我们还在“边学边攻击”模式下实现了 CAFE，即在联邦学习过程中进行攻击。当网络正在训练时，每轮选择的批数据和模型参数都会发生变化，这可能会导致攻击损失的扩散。为解决这个问题，对于每批真数据，计算真梯度并优化相应的假数据 k 次。以 Linnaeus 数据集为例，设置 $k=10$，并在 1000 轮(100 个周期)后停止 CAFE。图 15-11 显示了训练损失和相应 PSNR 值的曲线。PSNR 值仍然可以提高到相对较高的水平。这表明，在联邦学习的动态训练环境中，CAFE 可以成为一种可行的数据泄露攻击方式，并且在模型完全收敛之前可以更容易地还原数据。这主要是因为在训练过程的最后阶段，梯度变得太小，所以无法完全还原数据。

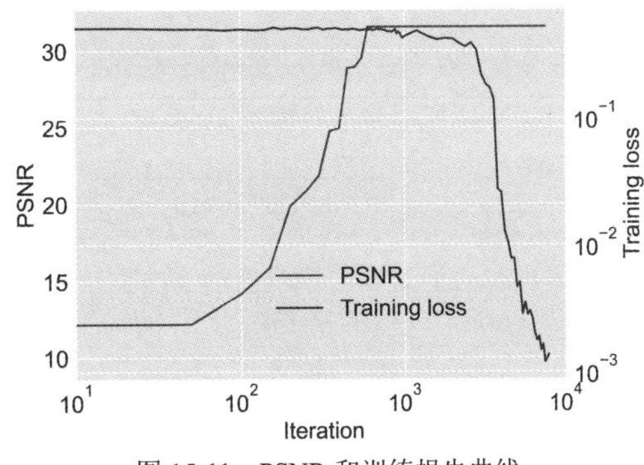

图 15-11　PSNR 和训练损失曲线

15.3.5　消融实验

接下来在不同的批大小、批比率以及使用(或不使用)辅助正则化器的情况下测试 CAFE。

批大小对 PSNR 的影响：表 15-5 显示，当参与方数量和批比率固定而批大小增加时，PSNR 值仍然保持在 30 以上。结果表明，增加批大小对 CAFE 的数据泄露性能几乎没有影响。

表 15-5　不同批大小下的 PSNR

PSNR			
批大小	数据集		
	CIFAR10	CIFAR100	Linnaeus
(a) HFL(4 个参与方，批比率= 0.1)			
10(每个参与方)	35.03	36.90	36.37
20(每个参与方)	33.14	33.99	36.32
30(每个参与方)	32.31	33.21	35.96
40(每个参与方)	30.59	30.70	35.49
(b) VFL(4 个参与方，批比率= 0.1)			
8	41.80	44.42	39.96
40	59.51	65.00	41.37
80	57.20	63.10	43.66
160	54.74	64.75	38.72

不同批比率下的 PSNR：在 HFL 中，4 个参与方参与学习设置，将每个参与方持有的

数据量固定为 500。在 VFL 情况下，在总共 800 张图像上使用 CAFE。在表 15-6 中，将批比率从 0.1 调整为 0.01，同时保持训练的轮数为 800。对于这两种设置，数据泄露性能都保持在相同水平。

表 15-6 不同批比率下的 PSNR

PSNR			
批比率	数据集		
	CIFAR10	CIFAR100	Linnaeus
0.1	34.10	35.38	48.78
0.05	34.49	32.92	55.46
0.02	37.96	35.66	48.45
0.01	35.39	36.56	46.46

辅助正则化器的影响：表 15-7 展示了辅助正则化器的影响。从图 15-12 中可以看出，调整阈值 ξ 可以在重建过程中防止图像过度模糊。TV 范数可以消除还原图像中的噪声模式并提高 PSNR。如果没有对内部表示 $\boldsymbol{Z}$ 和 $\hat{\boldsymbol{Z}}$ 之间的差异的 Frobenius 范数[33]进行正则化，泄露的图像可能会丢失一些细节并导致 PSNR 下降。

表 15-7 辅助正则化器的影响

PSNR			
算法	数据集		
	CIFAR10	CIFAR100	Linnaeus
(a) HFL(4 个参与方，批大小=10，800 个周期)			
CAFE	35.03	36.90	36.37
CAFE ($\xi=0$)	26.53	27.43	28.99
CAFE ($\beta=0$)	23.19	22.09	31.67
CAEE ($\gamma=0$)	25.41	18.14	24.17
CAEE ($\beta,\gamma=0$)	20.42	16.50	20.33
(b) VFL(4 个参与方，批大小= 40，800 个周期)			
CAFE	66.20	66.33	38.72
CAFE ($\xi=0$)	45.35	36.86	37.37
CAFE ($\beta=0$)	67.94	52.02	44.13
CAEE ($\gamma=0$)	12.51	12.60	13.03
CAEE ($\beta,\gamma=0$)	8.49	8.72	9.30

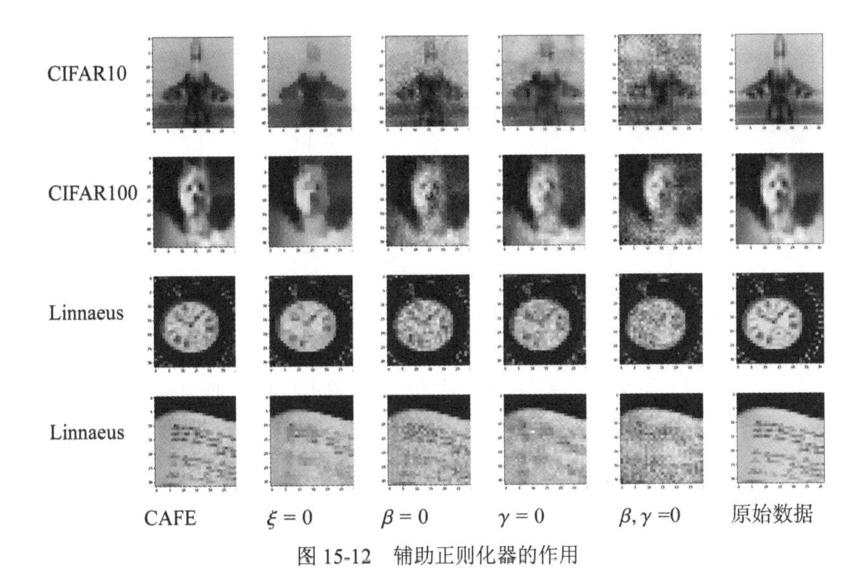

图 15-12　辅助正则化器的作用

实验小结：我们通过一种具有高数据还原质量的可实现大批数据泄露的算法，揭示了 CAFE 的风险。大量的实验结果表明，CAFE 可以在纵向和横向的联邦学习设置中，通过共享的聚合梯度还原大规模的隐私数据，并克服当前数据泄露攻击中的批大小限制问题。这种先进的数据泄露攻击及其隐蔽性特点提醒我们要关注联邦学习中的实际数据隐私问题，它们会对未来的防御提出新的挑战。

15.4　本章小结

本节将总结 CAFE 算法并讨论相关的未来研究方向。

15.4.1　CAFE 小结

本章回顾了先前在联邦学习上的相关研究以及其潜在的攻击算法。我们引入了一种在联邦学习中用于数据攻击的新算法 DLG。然后改进了这个算法并提出一种新的攻击方法 CAFE。通过比较，可发现当训练批大小较大时，CAFE 的性能优于 DLG。此外，我们还引入了额外的正则化器，以帮助改善算法性能。模拟结果表明，在联邦学习系统中(尤其是在需要更高隐私保护等级的纵向联邦学习协议中)，CAFE 是一种强大的攻击方法。这种攻击方式简单而有效。

15.4.2　相关讨论

在 HFL 设置中，有关聚合器知道样本索引的假设是很强大的。但是，我们已经证明了在 VFL 设置中，CAFE 是一种有效的攻击方法。为了使模拟结果更有说服力，应该添加更多关于其他分布式数据集的 VFL 模拟。目前对 CAFE 的模拟仅基于图像数据，将来也会添加基于时间序列或自然语言处理模型的模拟，以展示攻击性能。在 CAFE 中，TV 范数仅设计用于图像重构。因此，可以设计新的正则化器来帮助攻击算法还原其他类型的数据。

在联邦学习中，参与方通常传递的是本地训练的权重而不是梯度[23]。因此，聚合器可以使用参数的变化来推导模型部分的梯度。即使不需要在每轮都进行通信，聚合器也可以将两次连续通信之间的所有更新视为一个大轮次，其中批大小是每轮批大小的总和，这使得可以将 CAFE 应用于除上述情况以外的其他联邦学习场景。我们需要进行更多的模拟来讨论不同联邦学习场景下算法性能的影响。

虽然参考文献[7]提供了带偏置的全连接层输入的完整推导证明，参考文献[5, 25]也声称在某些条件下可以重构输入数据，但它们无法直接将结论推广到输入是批数据的情况[24]。在我们的示例下，假设已知道真实的内部表示。从另一个角度看，构建新的安全和隐私保护的联邦学习协议[17, 18, 23, 30, 31]以防止数据泄露是值得的。

参考文献

[1] Beguier C,Tramel EW(2020) SAFER:Sparse secure aggregation for federated learning. arXiv, eprint:200714861.

[2] Chen T, Jin X, Sun Y, Yin W (2020) VAFL: a method of vertical asynchronous federated learning. In: International workshop on federated learning for user privacy and data confidentiality in conjunction with ICML.

[3] Cheng K,Fan T,Jin Y,Liu Y,Chen T,Yang Q(2019)Secureboost:A lossless federated learning framework. arXiv, eprint:190108755.

[4] Dwork C, Smith A, Steinke T, Ullman J, Vadhan S (2015) Robust traceability from trace amounts. In: 2015 IEEE 56th annual symposium on foundations of computer science, USA, pp 650-669.

[5] Fan L, Ng K, Ju C, Zhang T, Liu C, Chan CS, Yang Q (2020) Rethinking privacy preserving deep learning: How to evaluate and thwart privacy attacks. arXiv, eprint: 200611601.

[6] Fredrikson M, Jha S, Ristenpart T (2015) Model inversion attacks that exploit confidence information and basic countermeasures. In: Proceedings of the 22nd ACM SIGSAC conference on computer and communications security. Association for Computing Machinery, New York, NY, pp 1322-1333.

[7] Geiping J, Bauermeister H, Dröge H, Moeller M (2020) Inverting gradients - how easy is it to break privacy in federated learning? In: Advances in neural information processing systems, vol 33, pp 16937-16947.

[8] Gonzalez RC, Woods RE (1992) Digital image processing. Addison-Wesley, New York.

[9] Guerraoui R, Gupta N, Pinot R, Rouault S, Stephan J (2021) Differential privacy and byzantine resilience in SGD: Do they add up? arXiv, eprint:210208166.

[10] Guo S, Zhang T, Xiang T, Liu Y (2020) Differentially private decentralized learning. arXiv, eprint:200607817.

[11] Hitaj B, Ateniese G, Pérez-Cruz F (2017) Deep models under the GAN: information leakage from collaborative deep learning. arXiv, eprint:170207464.

[12] Huang Y, Song Z, Chen D, Li K, Arora S (2020) TextHide: Tackling data privacy in language understanding tasks. In: The conference on empirical methods in natural language processing.

[13] Huang Y, Su Y, Ravi S, Song Z, Arora S, Li K (2020) Privacy-preserving learning via deep net pruning. arXiv, eprint:200301876.

[14] Li Z, Huang Z, Chen C, Hong C (2019) Quantification of the leakage in federated

learning. In: International workshop on federated learning for user privacy and data confidentiality. West 118-120 Vancouver Convention Center, Vancouver.

[15] Li O, Sun J, Yang X, Gao W, Zhang H, Xie J, Smith V, Wang C (2021) Label leakage and protection in two-party split learning. arXiv, eprint:210208504.

[16] Liang G, Chawathe SS (2004) Privacy-preserving inter-database operations. In: 2nd Symposium on intelligence and security informatics (ISI 2004), Berlin, Heidelberg, pp 66-82.

[17] Liu R, Cao Y, Yoshikawa M, Chen H (2020) FedSel: Federated SGD under local differential privacy with top-k dimension selection. arXiv, eprint:200310637.

[18] Liu Y, Kang Y, Zhang X, Li L, Cheng Y, Chen T, Hong M, Yang Q (2020) A communication efficient vertical federated learning framework. arXiv, eprint:191211187.

[19] Long Y, Bindschaedler V, Wang L, Bu D, Wang X, Tang H, Gunter CA, Chen K (2018) Understanding membership inferences on well-generalized learning models.arXiv,eprint: 180204889.

[20] Lyu L, Yu H, Ma X, Sun L, Zhao J, Yang Q, Yu PS (2020) Privacy and robustness in federated learning: Attacks and defenses. arXiv, eprint:201206337.

[21] McMahan HB, Moore E, Ramage D, y Arcas BA (2016) Federated learning of deep networks using model averaging. arXiv, eprint:160205629.

[22] Melis L, Song C, Cristofaro ED, Shmatikov V (2018) Inference attacks against collaborative learning. In: Proceedings of the 35th annual computer security applications conference. Association for Computing Machinery, New York, NY, pp 148–162.

[23] Niu C, Wu F, Tang S, Hua L, Jia R, Lv C, Wu Z, Chen G (2019) Secure federated submodel learning. arXiv, eprint:191102254.

[24] Pan X, Zhang M, Yan Y, Zhu J, Yang M (2020) Theory-oriented deep leakage from gradients via linear equation solver. arXiv, eprint:201013356.

[25] Qian J, Nassar H, Hansen LK (2021) On the limits to learning input data from gradients. arXiv, eprint:201015718.

[26] Scannapieco M, Figotin I, Bertino E, Elmagarmid A (2007) Privacy preserving schema and datamatching. In: Proceedings ofthe ACMSIGMOD internationalconference on management of data, Beijing, pp 653-664.

[27] Shokri R, Shmatikov V (2015) Privacy-preserving deep learning. In: Proceedings of the 22nd ACM SIGSAC Conference on Computer and Communications Security, Association for Computing Machinery, New York, NY, CCS '15, pp 1310–1321.

[28] Shokri R, Stronati M, Song C, Shmatikov V (2017) Membership inference attacks against machine learning models. In: 2017 IEEE symposium on security and privacy (SP), pp 3-18.

[29] So J, Guler B, Avestimehr AS (2021) Byzantine-resilient secure federated learning. arXiv, eprint:200711115.

[30] So J, Guler B, Avestimehr AS (2021) Turbo-aggregate: Breaking the quadratic aggregation barrier in secure federated learning. arXiv, eprint:200204156.

[31] Sun L, Lyu L (2020) Federated model distillation with noise-free differential privacy. arXiv, eprint:200905537.

[32] Sun J, Li A, Wang B, Yang H, Li H, Chen Y (2020) Provable defense against privacy leakage in federated learning from representation perspective. arXiv, eprint:201206043.

[33] Trefethen LN, Bau D (1997) Numerical linear algebra. SIAM, Philadelphia.

[34] Wei W, Liu L, Loper M, Chow KH, Gursoy ME, Truex S, Wu Y (2020) A framework for evaluating gradient leakage attacks in federated learning. arXiv, eprint:200410397.

[35] Wei K, Li J, Ding M, Ma C, Su H, Zhang B, Poor HV (2021) User-level privacy-preserving federated learning: Analysis and performance optimization. arXiv, eprint:200300229.

[36] Yang Q, Liu Y, Chen T, Tong Y (2019) Federated machine learning: Concept and applications, vol 10. Association for Computing Machinery, New York, NY.

[37] Zhao B, Mopuri KR, Bilen H (2020) iDLG: Improved deep leakage from gradients. arXiv, eprint:200102610.

[38] Zhu J, Blaschko MB (2021) R-GAP: Recursive gradient attack on privacy. In: International conference on learning representations.

[39] Zhu L, Liu Z, Han S (2019) Deep leakage from gradients. In: Advances in neural information processing systems, Vancouver, pp 14774-14784.

第 16 章

联邦学习中的安全性和鲁棒性

摘要：联邦学习(FL)已成为分散机器学习算法训练的一种强大方法，允许在训练合作模型的同时，保护不同参与方提供的数据集的隐私。类似于集中式环境下的其他机器学习(ML)算法，尽管联邦学习有很多优点，但它也存在着一些漏洞，容易受到攻击。例如，在联邦学习任务中只要有一个恶意的或者有错误的参与方，当使用不安全的实现时，就足以完全损害模型的性能。本章将对联邦学习算法的漏洞进行全面分析，并介绍可能会危及其性能的不同类型的攻击。我们使用一种分类方法对这些攻击进行描述，并与集中式机器学习算法比较相似之处和不同之处。然后，介绍并分析现有的可用来减轻这些威胁的不同防御方法。最后，回顾旨在破坏联邦学习的性能和收敛性的一系列全面的攻击。

16.1 介绍

人工智能(AI)尤其是机器学习(ML)是第四次工业革命的核心。机器学习已成为许多系统和应用的主要组成部分，成功应用于不同行业，包括医疗[37]、金融市场[10]或物联网(IoT)[19]。机器学习技术的好处是显而易见的，能够通过分析大量数据来实现许多过程和任务的高效自动化。

近来，联邦学习(FL)已成为开发分布式机器学习系统的一种有前景的方法，可帮助解决一些应用领域的挑战。联邦学习允许从参与方的联邦中训练一个共享的机器学习模型，这些参与方使用自己的数据集在本地进行模型训练，同时在联邦内保护其数据集的隐私。在这种方法中，存在一个中心聚合器(服务器)，它负责整合控制学习过程的信息，并在机器学习模型的训练过程中聚合来自各参与方(客户端)的信息。参与方使用自己的数据集在本地训练模型，并以迭代的方式将模型更新发送回中心聚合器。这样，在训练过程中，数据始终保留在参与方手中，确保了其数据集的隐私性。

由于目前的法律和隐私规定(例如 GDPR、HIPAA)的存在，联邦学习为在敏感领域(如医疗保健或金融市场)的不同机构或公司之间建立合作模型提供了一种有吸引力的选择，因为它可以保护各参与方数据的隐私。另一方面，随着包括智能手机、传感器等物联网设备在内的边缘设备计算能力的不断增强，联邦学习也允许将机器学习模型的训练去中心化，将计算推向边缘设备。因此，数据不需要收集和集中存储，而是由边缘设备使用自己的数据执行本地计算为共享联邦学习模型作出贡献。

尽管机器学习和联邦学习技术具有诸多好处和优势，但仍然存在需要分析、理解和应对的挑战和风险。众所周知，机器学习算法容易受到攻击者的攻击。在训练时，机器学习算法可能受到投毒攻击，攻击者可通过影响学习算法的训练，从而操纵和降低其性能。这可通过操纵用于训练机器学习模型的数据来实现。攻击者还可以在学习算法的训练过程中引入后门，使得模型对于正常输入的性能不受影响，但是对于包含激活后门的触发器的输入，模型会表现出特定和意外的行为[12]。在部署过程中，机器学习算法特别容易受到对抗性样本的攻击，这些对抗性样本是攻击者专门设计的输入，与原始样本相比只有微小的改动，旨在引发系统错误[16]。

这些学习算法的漏洞也存在于联邦学习中。然而，某些情况下，攻击者可以利用这些机制来损害学习算法，这与将机器学习应用于集中式数据源的机制不同，需要特别关注。本章将全面描述可以威胁联邦学习算法的不同攻击类型，包括与常用于集中式学习算法的分类方法相比的用于对攻击面进行建模的扩展分类方法。通过使用此分类方法，我们对这些不同的攻击集合以及可用于在训练和测试时应对攻击的防御措施进行分类。这包括旨在破坏联邦学习算法的性能或收敛性的数据和模型的投毒攻击、后门和规避攻击，如对抗性样本所示。

本章其余部分的组织情况如下：16.2 节描述威胁模型，并给出一个可以对联邦学习算法执行的攻击分类方法。16.3 节解释能够缓解这些威胁的不同防御方案。16.4 节详细介绍可以在训练和测试过程中破坏联邦学习算法的不同攻击策略。最后，16.5 节对本章进行总结。

符号说明

本章的剩余部分主要以分类模型为示例，其中许多原则也适用于其他类型的机器学习任务。在联邦学习过程中，带有各自数据源 $\{D_i\}_{i=1}^{C}$ (由(x, y)数据标签对组成)的 C 个参与方旨在学习一个共同的机器学习模型 f_w。在每轮训练中，N 个参与方通过向中心聚合器发送更新向量 $\{\boldsymbol{v}_i\}_{i=1}^{N}$ 来参与训练。它们通过优化其各自隐私数据分区的共同目标函数 L 来获得此更新向量。聚合器通常通过平均计算来合并这些更新向量，并将相应的向量广播给所有 C 个参与方。对于下一节中的大多数讨论，假设所有 N 个参与方都参加了每一轮训练。

16.2 联邦学习中的威胁

本节将提出一个威胁模型，来描述针对联邦学习系统的不同威胁和攻击。这有助于我们理解系统的漏洞，并用一个系统化的框架来进行联邦学习的安全方面的分析。

为此，我们借鉴了最初在参考文献[2, 18]中提出并在参考文献[25]中进行扩展和修订的适用于标准机器学习算法的框架。我们根据攻击者的目标、操纵数据和影响学习系统的能力、对目标系统和数据的了解以及攻击者的策略，来描述体现攻击方式的威胁模型。尽管其中一些方面与标准学习算法类似，但威胁模型的某些方面是联邦学习场景所特有的，将在接下来的章节中进行讨论。

16.2.1　攻击者的类型

在将威胁模型与非分布式机器学习算法的类似方面相互对比之前，需要定义联邦学习场景中可能存在的特定类型攻击者。这与集中式机器学习算法不同，后者中攻击者通常是系统外部的，并旨在破坏或降低系统的性能、导致系统出错或者泄露有关目标系统或用于训练模型的数据的信息。其他情况下，攻击者还可以操纵用于训练机器学习模型的软件或代码实现。此外，在联邦学习中，系统中的某些参与方(用户)也可能有恶意行为。

因此，在联邦学习系统中，可以将攻击者分为以下两种。

- 局外人：与集中式学习算法的情况类似，局外人是非平台用户(参与方)的攻击者。它们可在训练时通过操纵良性参与方的训练数据集来破坏联邦学习系统，如进行投毒或后门攻击。在测试时，它们可以利用生成的模型的弱点和盲点来产生错误(例如使用对抗性样本[16])，或从目标模型中提取某些知识(例如成员推断攻击[28])。该类别中还包括能够截取和篡改联邦学习平台中中心节点与某些参与方之间的通信的攻击者。
- 局内人：这包括联邦学习平台中一个或多个用户(参与方)存在恶意行为的情况。这些攻击者也可以操纵和降低系统的性能，以获得相比其他参与方的某些优势，但比局外人更具自由度。例如，在投毒联邦学习模型方面，局内人可以直接操纵发送到聚合器的模型参数。局内人还可以泄露其他用户使用的数据集中的信息，例如使用属性推断攻击[17, 23, 28]。在联邦学习平台中有多个局内人的情况下(如图 16-1 所示)，根据攻击者是否串通来达到相同的恶意目标，存在不同的可能情况。

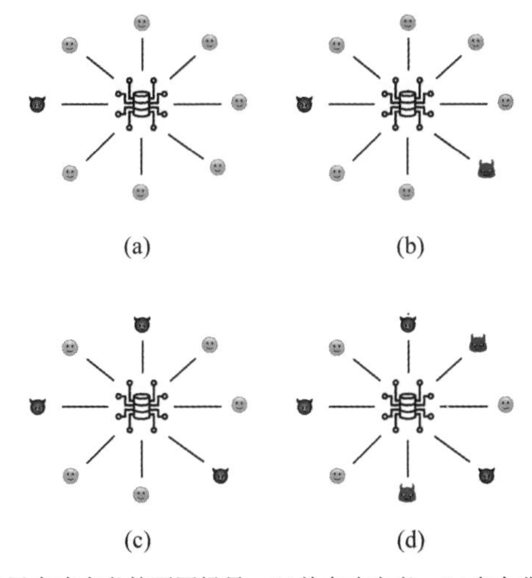

图 16-1　联邦学习中有关局内攻击者的不同场景：(a)单个攻击者；(b)多个非串通的攻击者，即攻击者具有不同的目标；(c)一组串通的攻击者；(d)多组串通的攻击者

16.2.2 攻击者的能力

攻击者对联邦学习系统的破坏能力可以从攻击者对数据、模型的影响以及受到的任何额外的约束(如防御算法的存在)等方面进行分类讨论。

1. 攻击影响

根据攻击者对机器学习模型进行影响或破坏的能力，可将攻击分为以下几种。

- 因果型攻击：如果攻击者可通过注入或操纵用于训练学习算法的数据，或者提供恶意信息来操纵系统的参数，从而影响学习算法，那么这些攻击通常被称为投毒攻击。发送任意更新以损害模型性能的拜占庭攻击[8]也属于因果型攻击。
- 探索型攻击：攻击者无法影响训练过程，但可以尝试在测试过程中利用系统的弱点和盲点，或从目标系统中提取信息。攻击者蓄意在目标系统中产生错误的情形通常被称为规避攻击。

在训练数据不可信的情况下，投毒攻击可对训练学习算法构成重要的威胁。这种情况在从可能不诚实的人或存在风险的设备那里收集数据的应用中非常普遍。在联邦学习系统中，投毒攻击可以由局内人和局外人发起。对于局外人而言，它可通过将恶意数据注入参与方使用的训练数据集，破坏参与方使用的软件的完整性或干扰参与方与中心节点之间的通信来实现投毒攻击。这种情况下，攻击者可通过模型投毒[5]来进行更强的投毒攻击。

在运行时，如果是规避攻击，即使用于训练联邦学习模型的数据是可信的，并且所有参与方都是诚实的，攻击者也可以探测结果模型以产生有意的错误，例如通过制作对抗性样本。另一方面，还有其他旨在破坏模型隐私的探索型攻击，它们会提取或泄露有关模型及其训练数据的信息。在这方面，与非分布式机器学习设置类似，联邦学习模型易遭受成员推断攻击，其中攻击者会试图确定某个数据点是否已用于训练学习算法。这种情况下，联邦学习中的区别在于攻击者可能不知道哪个参与方提供了该数据点。相比于集中式情况，联邦学习通常使用来自更多参与方的数据点来训练模型，这增加了攻击者执行成员推断攻击的难度[28]。某些情况下，局内攻击者也可以执行属性推断攻击，旨在从其他参与方使用的训练数据中推断出属性信息[17, 23]。这可通过在训练过程中检查模型更新来实现。然而，这些攻击只能在特定条件下取得一定程度的成功；即只有有限的参与方数量以及参与方数据集之间具有高度差异化的属性。

2. 数据操纵约束

在模型投毒攻击的情况下，攻击者的能力可能受到数据或模型参数操纵的限制。攻击者也可以自行增加一些约束，以保持不被检测并进行隐秘攻击，例如制作与良性数据点区别不大的攻击点。操纵约束一般与具体的应用领域密切相关。例如，在基于机器学习的恶意软件检测中，攻击者的目标是通过操纵恶意软件代码来逃避检测，但这些操纵需要保留程序的恶意功能[11, 32]。相反，在某些计算机视觉应用中，可以合理地假设攻击者可操纵图像中的每个像素或视频中的每一帧。

在数据投毒攻击中，对手可以有不同程度的自由度来操纵数据。对于某些情况，攻击者可能控制部分标注过程(例如，使用众包)。这些被称为标签翻转攻击。其他情况下，即使攻击者无法控制投毒点所分配的标签，它们仍然可以准确地估计注入的恶意点将被分配的标签。例如，在垃圾邮件检测应用中，攻击者可以假定系统中注入的大多数恶意电子邮件将被标记为垃圾邮件。

在评估机器学习和联邦学习算法对攻击的鲁棒性时，重要的是要对现实数据约束进行建模，以更好地描述最坏情况的情形，例如通过最优攻击策略，使攻击者最大化对目标算法的破坏。然而，重要的是考虑适当的可检测性约束；否则，攻击可能是微不足道的，并且可以使用正交方法轻松检测到，如数据预过滤或异常值检测[30, 31]。

16.2.3 攻击者的目标

攻击者的目标可以根据攻击者寻求实现的安全违规类型和攻击的特异性(用受攻击影响的数据点数描述)进行分类，也可以根据要在系统中引发的错误类型来分类。

1. 安全违规

针对机器学习和联邦学习系统，有 3 种不同的安全违规情况。

- 完整性违规：攻击者在不被系统察觉的情况下进行攻击，且不影响系统的正常运行。
- 可用性违规：攻击者旨在破坏系统的功能。
- 隐私违规：攻击者获取有关目标系统、用于训练的数据或系统用户的隐私信息。

完整性和可用性违规取决于具体的应用场景以及攻击者对学习算法训练的影响能力。在这个方面，如果是局内人威胁，则联邦学习中的攻击者不仅可以对学习算法投毒，还可以阻止算法在训练过程中收敛。在隐私方面，如前所述，联邦学习模型可能容易受到成员推断攻击和属性推断攻击的威胁。

2. 攻击特异性

攻击特异性描述了攻击者的意图范围，包括针对性攻击和无差别攻击。

- 针对性攻击：攻击者旨在降低系统的性能或者在一小部分目标数据点上产生错误。
- 无差别攻击：攻击者旨在降低系统的性能或者以不加区分的方式产生错误，即广泛地影响用例或数据点。

与最初在参考文献[2, 18]中提出的分类方法不同，在有关对抗性样本(即针对特定输入的规避攻击)的研究文献中，“针对性攻击”通常是指攻击者旨在规避目标模型产生特定类型的错误的情况，而“无差别攻击”是指只想产生错误而不考虑错误性质的攻击。然而，在有关投毒攻击的相关研究中，仍遵循了最初的分类法[2, 18]，因此无差别投毒攻击是指针对大量输入产生错误的攻击，而针对性投毒攻击是指对一小部分目标输入产生错误的攻击。不过参考文献[2, 18]中的分类方法仅限于根据错误性质描述攻击。Muñoz-González 等人[26]突破了这种局限性，他们将分类方法扩展为根据攻击者想要产生的错误类型对攻击进行分类。

3. 错误特异性

如参考文献[26]中所述，某些情况下(例如多类别分类问题)，根据攻击者希望在系统中产生的错误性质，可将攻击分为以下几类。

- 通用错误攻击：攻击者只想在目标系统中产生错误，而不管其类型如何。
- 特定错误攻击：攻击者意图在系统中产生特定类型的错误。这可能取决于具体应用程序。实际上，根据攻击者的能力，可以用系统中可能产生的错误类型对攻击者进行限制。

对针对性攻击和无差别攻击进行分类时，重点在于数据样本相关的特异性，而错误特异性则描述了错误质量的正交维度——例如，特定错误攻击者可能会寻求特定的错误分类，而通用错误攻击者可能会关注通用性的系统破坏目标。例如，在数据投毒的背景下，特定错误无差别投毒攻击旨在最大化模型在大量测试输入上的性能，产生特定类型的错误(如将所有类别的样本分类为0类的样本)；而在通用错误无差别攻击的情况下，攻击者不关心系统中产生的错误性质，只是想最大化模型对大量输入的总体错误率。

16.2.4 攻击者的了解程度

攻击者对目标联邦学习系统的了解包括以下方面。

- 一个或多个参与方使用的数据集；
- 用于训练学习算法的特征及其有效值范围；
- 学习算法、要优化的目标函数以及中心节点使用的聚合方法；
- 联邦学习算法的参数以及生成的模型。

根据攻击者对上述内容的了解程度，可分为两种主要场景：完全了解攻击和有限了解攻击。

1. 完全了解攻击

这些场景假设攻击者对目标系统的一切都了解。虽然大多数情况下这种假设可能不太现实，但在最坏情况下，完全了解攻击有助于评估机器学习和联邦学习算法的鲁棒性和安全性，并帮助确定算法在不同攻击强度下的性能下限。此外，这些攻击还可以用于模型选择，通过比较不同算法和架构在这些类型的攻击下的性能和鲁棒性来进行测试。

2. 有限了解攻击

有限了解攻击的模拟有很多种可能性。通常，在研究文献中，考虑两类主要攻击。

- 基于替代数据的有限了解攻击：在这类攻击场景中，攻击者了解用于学习算法的模型、特征表示、目标函数以及聚合器使用的聚合方案。但是，攻击者不能访问训练数据，不过它们可以访问一个具有与用于训练目标学习算法的数据集类似特征的替代数据集。然后，攻击者可以使用这个替代数据集来估算目标模型的参数，攻击的成功与否取决于替代数据集的质量。在联邦学习中，这个假设可用于模拟局内攻击者。这样的对手可以访问模型信息和自己的数据集，但不能访问其他参与方的数据集。
- 基于替代模型的有限了解攻击：在这类攻击场景中，攻击者可以访问目标系统使用的数据集和特征表示，但不能访问机器学习模型、要优化的目标函数或者中心节点使用的聚合方法。这些情况下，攻击者可以训练一个替代模型来估算系统的行为。通过对这个替代模型进行攻击，可以得到恶意攻击点来用于攻击真实模型。这种策略可以有效地实施攻击，特别是当替代模型相似时，因为某些情况下，不同模型架构和学习算法的漏洞是类似的。这通常被称为攻击可迁移性，并已被证明能用于规避攻击[29]和投毒攻击[26]。

虽然完全了解攻击可以模拟最坏的情况，对于测试许多联邦学习系统的鲁棒性的研究很有帮助，但在实际应用中需要考虑现实情况和最坏情况之间的平衡。例如，大多数情况下，局内和局外的攻击者都无法访问所有参与方的数据集。因此，可考虑验证联邦学习算法对于较弱的对手的鲁棒性，可作为一种有用且合理的威胁模型来进行研究。

16.2.5　攻击策略

针对标准机器学习和联邦学习系统的攻击策略可被建模成一个优化问题，涵盖威胁模型的不同方面。攻击者的目标可以用一个在预定义数据点进行评估的目标函数进行表示，这些数据点可以是特定的目标点，或者对于无差别攻击来说，可以是目标系统使用的底层数据分布的代表性点集。该目标函数通常有助于攻击者评估攻击策略的有效性。目标函数也可以包括特定的约束条件，以防被防御者察觉。16.4 节将展示一系列全面的可用来破坏联邦学习算法的攻击策略。

最后，表 16-1 总结了本节介绍的威胁模型。

表16-1　联邦学习中的威胁模型

攻击者的类型	• 局外人：平台外部的攻击者 • 局内人：参与联邦学习任务的攻击者
攻击者的能力	攻击影响 • 因果型攻击：攻击者可以影响学习算法(例如，投毒或后门攻击) • 探索型攻击：攻击者只能在测试时操纵数据(例如，对抗性样本)
攻击者的目标	安全违规 • 完整性违规 • 可用性违规 • 隐私违规 攻击特异性 • 针对性攻击：专注于一组特定的用例或数据点 • 无差别攻击：针对更广泛的用例或数据点 错误特异性 • 通用错误攻击：攻击者只是为了在系统中产生错误，而无论其性质如何 　• 特定错误攻击：攻击者的目标是在目标系统中产生特定类型的错误

(续表)

攻击者的了解程度	● 完全了解攻击：攻击者对目标系统了如指掌 ● 有限了解攻击 • 替代数据集：攻击者知道目标模型，但不知道训练数据集(或部分了解它) • 替代模型：攻击者知道训练数据集，但不知道模型(例如迁移攻击)

16.3　防御策略

接下来了解针对上一节中描述的不同类型攻击所设计的不同防御策略。设计防御方法面临着几个挑战。例如，防御机制必须在没有恶意参与方的情况下保持模型性能。联邦学习模型的假设也会影响防御策略的设计。例如，聚合器可能无法检查模型更新[9]。本节选取了一些用于设计联邦学习系统防御的广泛主题。首先，将介绍针对收敛攻击开发的防御措施。总的来说，这些方法在每轮训练期间检查所有参与方的更新集合，并在聚合过程中使用过滤条件。然后，将描述一条备选防御线路，该线路把更新历史记录纳入其中。第三种防御策略是基于参与方数据分区之间的冗余。

值得注意的是，为集中式系统开发的大量防御措施都适用于联邦设置。但是，联邦学习特定的情况确实需要专门的方法，下面的章节将展开讨论。

后门攻击通常包括一个子任务，对手会试图在该任务上寻求高性能。对此类攻击的首要防御策略实施在聚合器上，并假设用于后门任务的更新会超出正常更新的范围。有两种策略可以处理这种情况，分别是范数裁剪和弱差分隐私。在范数裁剪中，中心聚合器检查广播的全局模型和所选参与方收到的更新之间的差异，并裁剪其中超出预先指定的范数阈值的更新[39]。另一方面，像参考文献[39, 43]中的弱差分隐私方法会在聚合之前，将带有小标准差的高斯噪声添加到模型更新中。可通过这样的防御措施轻松应对弱后门攻击，因为添加高斯噪声可以抵消后门更新的影响。

在联邦学习中，可以采用类似于抵抗规避攻击的防御方法。其中一种常见的防御方法是对抗性训练[22]，防御者通过与对抗性样本进行训练来提高模型的鲁棒性。然而，这种训练任务在联邦学习环境下变得更具有挑战性。例如，Shah 等人[36]观察到对对抗性样本的抵抗性能在很大程度上取决于各参与方进行的本地计算量；而 Zizzo 等人[50]指出，一批中对抗性样本与干净数据的比例对性能有显著影响。参考文献[41]中的研究还表明，对抗仿射分布偏移(可能在联邦学习中的参与方之间发生)的鲁棒性可以提供针对对抗性样本的保护。然而，在联邦环境中有效地进行对抗训练仍然是一个未解决的问题，不仅是因为底层优化的困难，还因为攻击者可以干扰训练过程，并为防御者创造具有误导性能指标的脆弱模型[50]。

16.3.1　防御收敛攻击

对于收敛攻击，我们需要保护模型免受以任意方式降低模型性能的对手的攻击。在此情况下，通常需要防御的攻击者模型是拜占庭攻击者。拜占庭攻击者是一个强大的对手，可以发送任意模型更新。通常，在这些攻击中，恶意的模型更新与良性参与方发送的模型更新有很大的差异，其目标是生成一个完全无用的机器学习模型，即所得到的模型的性能非常差。例如，可通过向模型的所有参数添加具有非常大的方差噪声的随机模型更新来实现这一目标。Blanchard 等人[8]的研究结果表明，当使用标准的聚合方法(如联邦平均)时，一个拜占庭攻击者足以完全破坏联邦学习模型。

这可以很容易地得到证明：对于一组参与方更新 $\{\boldsymbol{v}_k\}_{k=1}^{N}$，如果攻击者的目标是让全局模型具有特定的一组参数 $\boldsymbol{w}$，并且它们控制参与方 k=N，则所需的更新可以准确地计算为

$$\boldsymbol{w}=\frac{1}{N}\sum_{k=1}^{N-1}\boldsymbol{v}_k+\frac{1}{N}\boldsymbol{v}_N \tag{16.1}$$

$$\boldsymbol{v}_N=N\boldsymbol{w}-\sum_{k=1}^{N-1}\boldsymbol{v}_k \tag{16.2}$$

即使不了解良性参与方的更新，攻击者也可以轻易地破坏系统。攻击者控制的参与方可以发送任意大的更新，当与良性参与方进行平均运算时，即可破坏模型。

因此，在实际的联邦学习部署中，有必要采取一些机制来过滤掉可能破坏整个系统性能的恶意(或有故障)的模型更新。该漏洞促进了旨在检测和缓解不同类型投毒攻击(包括拜占庭对手)的鲁棒聚合器方法的研究。

1. Krum

Krum 是联邦学习中最早提出的防御收敛攻击的算法之一[8]。一个普通的防御者可以根据更新 i 与所有其他接收到的更新之间的平方距离计算一个得分，并根据得分选择距离最小的更新来过滤攻击者。但这种机制只会容忍一个拜占庭参与方。一旦两个拜占庭参与方串通，那么其中一个拜占庭参与方就可以提出一个更新，将良性参与方更新的重心偏向另一个拜占庭更新的方向。

Krum 在解决这个问题时，会更谨慎地选择计算距离。给定 N 个参与方的更新 $\{\boldsymbol{v}_k\}_{k=1}^{N}$，Krum 选择与其相邻的 $N-F-2$ 个参与方中具有最小平方欧氏距离的更新 $\boldsymbol{u}$，其中 F 是系统中允许的恶意参与方数量。可将其表述为

$$s(i)=\sum_{i\to j}||\boldsymbol{v}_i-\boldsymbol{v}_j||^2 \tag{16.3}$$

其中只对具有最小平方距离的 $N-F-2$ 个参与方进行求和。Krum 要求恶意参与方的数量满足 $2F+2<N$。在图 16-2 中可看到，Krum 作用于一个二维更新集，其中只对具有最小平方距离的 $N-F-2$ 个参与方方求和。

虽然 Krum 可以有效地应对一些攻击，特别是拜占庭对手，但研究表明这种防御方法

不能有效地应对其他类型的攻击，如标签翻转攻击[27]，或者面对针对 Krum 的自适应攻击很脆弱[39]。此外，Krum 的使用减慢了联邦学习算法的收敛速度，需要更多的训练轮数才能达到良好的性能水平[8]。另一方面，Krum 需要计算每轮训练中所有参与方发送的模型更新之间的欧氏距离，在参与方数量较多的场景下，其计算量非常大。

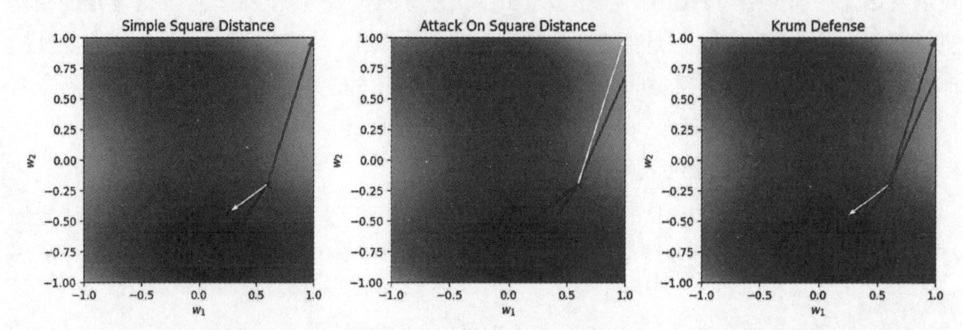

图 16-2 对联邦学习模型使用两个参数的合成示例中的 Krum 防御示意图。如果根据每个更新与其他所有更新的平方距离对其进行评分，那么通过选择得分最小的更新(白色向量)，即可成功处理一个拜占庭参与方。然而，两个恶意参与方可以串通，其中一个更新会使得所有提供的更新的重心偏移，从而选择原来的攻击者更新。注意，这个新的拜占庭更新(见中图)非常大，因为它需要对抗所有良性参与方的影响。事实上，正如中图中所示，它的范围远远超出了 $\boldsymbol{w}_1$ 和 $\boldsymbol{w}_2$ 的范围。然而，从右图中可以看出，如果应用 Krum(只考虑最接近的 $N-F-2$ 个参与方)，那么许多良性参与方的评分不会受到恶意参与方的影响，可以看到 Krum 重新选择了一个良性参与方

Multi-Krum 算法可以部分缓解 Krum 算法收敛速度慢的问题。Multi-Krum 算法是 Krum 算法的一个简单变体，它选择得分最低的 M 个更新，而不是仅选择一个更新，因此最终更新为

$$\frac{1}{M}\sum_{i}\boldsymbol{v}_i^* \tag{16.4}$$

其中 $\boldsymbol{v}^*$是 M 个最低得分参与方更新的集合。这直观上是在 Krum 和联邦平均之间进行折中，其中 M 作为一个可调参数，防御者可以根据需要来优先考虑收敛速度或鲁棒性。

2. 基于中位数的防御

基于中位数的方法形成了一组广泛的防御策略。如果恶意参与方的数量 F 小于总参与方数量 N 的一半(即 $F\leqslant\left\lceil\frac{N}{2}\right\rceil-1$)，则某个参数的中位数一定来自良性参与方。因此，在这组防御策略中，独立地计算参数更新的每个维度的中位数。这与 Krum 不同，Krum 使用两个更新之间的平方欧氏距离，因此无法区分在只有几个组件上更新明显不同和在许多组件上更新略有差异的情况。

简单来说就是，独立计算每个维度上的中位数并将其作为全局模型的更新。但是，有一组防御是围绕中位数进行过滤，并对剩余的参与方进行平均计算。这些策略被称为基于

修剪均值的防御策略[24, 45, 49]。具体而言，计算 N 个参与方更新 $\{\boldsymbol{v}_k\}_{k=1}^{N}$ 中第 j 维的中位数并进行过滤操作。然后对每个维度上的剩余更新进行平均，得到最终的更新向量。这表示为

$$\boldsymbol{w}^{(j)} = \frac{1}{|U_j|}\sum_{i\in U_j}\boldsymbol{v}_i^{(j)} \tag{16.5}$$

其中 $|U_j|$ 是维度 j 上所选更新的基数。不同的修剪均值算法在过滤步骤上存在差异，具体如下。

- 在参考文献[45]中，当 $F \leqslant \left\lceil \frac{N}{2} \right\rceil - 1$ 时，选取与中位数最接近的 $N-F$ 个值进行平均计算。
- 在参考文献[24]中，当 $N-2F \geqslant 3$ 时，只选择最近的 $N-2F$ 个更新。
- 在参考文献[49]中，当 $F \leqslant \left\lceil \frac{N}{2} \right\rceil - 1$ 时，删除每个维度上最大和最小的 F 个更新。

3. Bulyan

Bulyan[24]防御策略旨在综合前面讨论的防御的优点。Krum 存在一个缺点，它基于各参与方的本地模型的欧氏距离来分析参与方更新。因此，对手可以提出仅在少数参数上有显著差异的模型更新，这些参数对来自良性参与方的模型更新的总体距离影响不大，但会对模型性能产生严重影响。Bulyan 由此采用了一个两步过程：首先 Krum 产生一组可能的良性参与方集合，然后对这个集合进行修剪均值。具体做法如下。

- 在接收的参与方更新集合 $\boldsymbol{V} = \{\boldsymbol{v}_i\}_{i=1}^{N}$ 上，应用 Krum 选择一个更新。
- 将 Krum 选择的更新添加到一个选择集合 S 中，并从 $\boldsymbol{V}$ 中移除该更新。
- 重复上述两个步骤 $N-2F$ 次。每次迭代中，都对 $\boldsymbol{V}$ 减少和对 S 增加一个更新。
- 最后，对得到的选择集合 S 进行修剪均值。

Bulyan 防御策略的鲁棒性可达 $N \geqslant 4F+3$。

另一种方法是直接限制每个参与方更新的绝对值对整体聚合的影响。实现这一点的一种方法是考虑更新的符号[4, 20]。该方法除了限制个别参与方的影响，还可以提高参与方与聚合器之间的通信效率，因为更新向量中的每个维度上只需要一个比特的更新。研究表明，在更新是单峰且关于均值对称的假设下，基于符号的方法能够收敛[20]。正如参考文献[20]中一样，基于符号的方法也可以看成 L1 正则化的一种形式。然而，简单的基于符号的方法容易受到自适应对手的攻击。考虑以下攻击中的算法[4]。

示例：假设一个由 9 个参与方组成的系统。良性更新被模拟为符合高斯分布 $N(0.2, 0.15)$。我们模拟 5 个良性工作者，它们生成的更新 $\boldsymbol{v}_\mathrm{b} = \{0.037, 0.4, 0.24, -0.026, 0.11\}$，其中提取正负号后得到 $\boldsymbol{v}_\mathrm{b} = \{1, 1, 1, -1, 1\}$。攻击者打破更新单峰性的要求，并且提交来自 4 个恶意参与方的更新数据 $\boldsymbol{v}_\mathrm{m} = \{-1, -1, -1, -1\}$。虽然真正的更新方向应该是正的，但是所有正负号更新的总和变成了-1。

4. Zeno

如果聚合器具有访问数据本身的附加功能，则可通过检查更新对聚合器数据上模型性能的影响来进行进一步分析。参考文献[48]中对此作了研究，提出了 Zeno 防御方法。Zeno 为每个提供的梯度更新 $\boldsymbol{v}$ 生成一个分数 s，来表明其可靠性。这里的关键思想是使用验证数据来估计应用参与方更新后损失函数值的下降程度。分数 s 被定义为

$$s = L(\boldsymbol{w}, \boldsymbol{X}) - L(\boldsymbol{w} - \gamma \boldsymbol{v}, \boldsymbol{X}) - \rho ||\boldsymbol{v}||^2 \tag{16.6}$$

其中 $\boldsymbol{w}$ 是当前参数向量，γ 是聚合器的学习率，$\boldsymbol{X}$ 表示从数据分布中提取的数据样本，L 是底层机器学习任务的损失函数。选择得分最高的更新进行平均计算，并用于更新 $\boldsymbol{w}$。这种方法可以提供非常强大的防御性能，但聚合器侧数据集的存在为联邦学习系统引入了额外的要求。

16.3.2 基于参与方的时间一致性的防御

在前一节中，我们讨论了防御聚合方法，这些方法独立地分析每个训练轮次中各参与方的更新情况，而不考虑它们在之前轮次中的行为。这意味着一个参与方在一轮训练中的更新不会影响其在后期阶段参与整体聚合。受攻击影响的各参与方可能会在不同的训练轮数中表现出一致的恶意行为，防御方案可通过在训练过程中监控一个参与方的时间行为来从这些知识中受益。获得的见解可用于高效、更准确地检测恶意参与方。参考文献[27, 41]中提出了基于这些观察结果的鲁棒聚合方案，它们要么直接模拟训练过程中的参与方行为，要么使用检测方案来识别在训练过程中发送恶意更新的参与方。此外，一旦识别出恶意参与方，就可以阻止它们进一步参与训练过程，从而降低聚合器方面的通信成本。

1. 自适应模型平均(AFA)

Muñoz-González 等人[27]提出了一种算法，包含两个主要组成部分：①一个鲁棒的聚合规则，用于检测恶意模型更新；②一个概率模型，使用隐马尔可夫模型(HMM)学习各参与方在训练过程中提供的模型更新的质量，并对其行为进行模拟。

HMM 的参数在每轮训练中进行更新，并隐式地包含每个参与方的更新历史记录的质量。研究人员进一步使用 HMM 检测恶意参与方，并在随后阻止恶意参与方进一步参与训练过程。所提出的鲁棒方案将第 $t+1$ 轮迭代的更新聚合为

$$\sum_{k \in K_t^g} \frac{p_{k_t} n_k}{P} \boldsymbol{v}_k \tag{16.7}$$

其中 p_{k_t} 是参与方 k 在第 t 轮迭代提供有用模型更新的概率。$P = \sum_{k \in K_t^g} p_{k_t} n_k$，其中 n_k 是参与方 k 拥有的数据集的大小。集合 $K_t^g \subset K_t$ 包含根据本章提出的鲁棒聚合算法提供良好更新的各参与方。为此，在每轮训练中，AFA 旨在使用基于距离的算法(使用余弦相似度或欧氏距离)迭代检测恶意模型更新。此检测算法不考虑各参与方过去的贡献，以

避免攻击者在某些训练轮次中保持沉默的情况。在训练过程开始时，所有参与方的更新都位于良好的更新集中。根据参与方的概率和提供的训练数据点的数量，通过式 16.7 估计聚合模型。然后，计算各参与方相对于聚合模型的相似度，最后计算所有这些相似度的平均值 $\hat{\mu}$ 和中位数 $\bar{\mu}$，如图 16-3 所示。接着，将每个参与方的相似度分数与基于中位数分数 $\bar{\mu}$ 和相似度标准差的阈值进行比较。所有超出该阈值(低于或高于取决于平均值相对于中位数的位置)的模型更新都被视为恶意的。然后，重新计算全局模型并重复该过程，直到没有模型更新被视为恶意。这种迭代过程可以识别同时发生的多种类型的攻击，如图 16-3 所示。最后，根据每个参与方当前训练迭代中的模型更新是否被视为恶意，相应地使用 HMM 更新每个参与方的概率 p_{k_t}。如果某个参与方持续发送恶意模型更新，AFA 算法还包含一种机制，可以根据用于对各参与方行为进行模拟的 beta 后验概率分布来阻止该用户的参与。

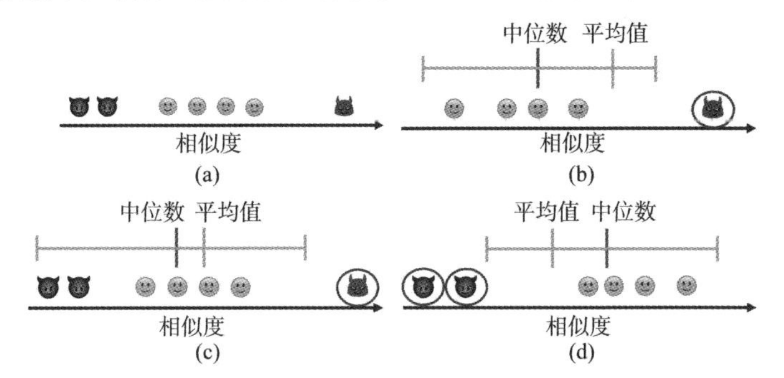

图16-3 (a)考虑到训练过程中良性参与方占多数，它们倾向于发送“相似”的更新；(b)AFA 计算参与方更新与聚合更新的相似度的中位数和平均值。当某个参与方的相似度与这些中位数和平均值相差超过一定阈值时，就可以轻松地识别出，尤其是在只有一个攻击者的情况下；(c、d)AFA 通过在每一轮训练中迭代删除不良的模型更新，来检测具有不同目标的不同攻击者组

与 Krum 相比，AFA 更具可扩展性，因为它只需要计算每个参与方模型更新相对于聚合模型的相似度，而 Krum 需要计算来自所有参与方的模型更新之间的相似度。另一方面，与 Krum 和基于中位数的聚合规则相比，AFA 还能够检测恶意参与方，并通过阻止持续发送恶意模型更新的参与方来提高通信效率。

2. PCA

参考文献[41]中提出了一种新的方法，利用历史记录来专门对抗标签翻转攻击。具体来说，每当有更新时，针对每个输出类别，提取神经网络最后一层中相应行的变化(或增量)，并存储每个输出类别的多轮通信的历史记录。根据历史记录，将这些增量通过 PCA 投影到二维空间中，恶意和良性参与方将形成明显分离的簇。

3. FoolsGold

同样，Fung 等人[15]提出了一种基于多参与方之间历史更新比较的防御策略。该算法的工作原理是假设来自恶意参与方的更新与诚实参与方的更新相比往往相似度较高且变化较少。使用余弦相似度比较不同参与方的历史记录，并重新调整参与方更新以反映后续聚合之前的置信度。

4. LEGATO

Varma 等人[42]提出了一种融合算法，用于在联邦学习中训练神经网络，减轻恶意梯度对训练过程的影响，尤其适用于各种拜占庭攻击场景。具体而言，该算法分析每层梯度范数的变化情况，并基于用梯度分析计算的层特定的鲁棒性，采用动态梯度重加权方案。有关 LEGATO 的详细信息参见第 17 章。

16.3.3 基于冗余的防御

到目前为止，我们讨论的防御措施都是通过改进聚合机制来实现的。不过，还有一种替代的防御措施是基于冗余的[13, 34, 38]。这类防御措施通过跨多个设备复制数据来运行，确保每个数据分区至少被 R 个参与方看到。如果 $R \geqslant 2S+1$，其中 S 是恶意参与方的数量，那么通过简单的多数投票，可以还原真实的更新。图 16-4 展示了一个示例。然而，问题在于简单地将数据复制到 R 个参与方并要求每个参与方发送与复制数据部分相对应的 R 个梯度更新，这在计算上是非常昂贵的。因此，有些方法考虑对每个参与方计算的所有梯度进行编码。然后，发送编码后的表示，聚合器将解码各个梯度[13]。或者，像参考文献[34]中那样，考虑一种分层方案，与鲁棒聚合相结合。具体来说，参与方被分配到不同的组中，同一组内的参与方都执行相同的冗余计算。然后将来自不同组的结果分层组合，得到最终模型。

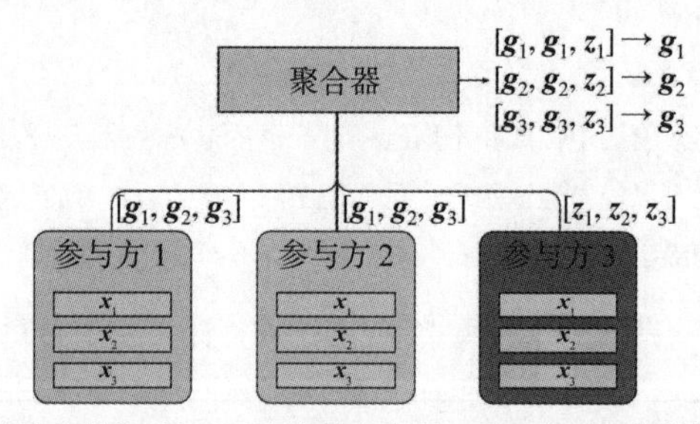

图16-4 简单的基于冗余的防御措施示例。两个良性参与方 1 和 2 分别计算数据点 x_1～x_3 上的梯度 g_1～g_3。参与方 3 提供任意更新 z_1～z_3。通过多数投票，使用正确的梯度 g_1～g_3

通常，基于冗余的防御可以非常强大，并提供可靠的鲁棒性保证。但是，这些方法在联邦学习(与分布式学习相对)中应用时有几个明显的问题。首先，数据需要在多个设备之间复制，存在不可避免的通信开销。其次，以这种方式共享数据存在隐私方面的隐患。数据可以在传输之前进行匿名化处理(通过采用差分隐私或其他隐私机制)，但其风险仍然高于完全不共享数据的情况。

16.4 攻击

有了对不同威胁模型和防御策略的广泛了解，现在进一步地研究具体的攻击方式。在模型训练过程中能够提供任意更新这一点使得攻击者可以追求各种针对数据和模型投毒的目标。这里，我们将攻击类型分为三大类。首先是收敛攻击，其旨在无差别地降低全局模型在底层任务上的性能。其次，在针对性攻击中，攻击者试图针对特定目标数据点产生错误或引入后门。例如，后门攻击者可以在数据中引入密钥(或触发器)，这将导致当输入该密钥时，机器学习模型会始终输出攻击者选择的类别，或者后门任务可能会导致对某些样本产生特定的错误分类。与针对性投毒攻击相比，后门攻击不会影响系统的正常运行，即对于常规示例，结果模型的性能不受影响，它只会为包含密钥的输入产生“意外”输出。最后，简要讨论来自集中式设置的其他攻击策略，这些攻击策略可以自然地扩展到联邦学习的设置中。

这些攻击中有许多是专门针对某些防御策略而设计的。在防御者没有采取任何防御措施的情况下，破坏正在进行联邦学习的模型可能是非常容易的[8]。攻击策略需要考虑的一个重要因素是为实现攻击目标所需的系统妥协程度。例如，后门攻击往往只要求较低的妥协，成功的攻击只需要一个恶意参与方。对于跨设备设置，攻击的频率也会影响其成功率。攻击者可以控制每个选定对象的固定妥协程度，也可以控制多个设备，在每轮联邦学习时选择其中一部分设备。

另一种攻击方式是对手在运行时制造样本，以暴露已部署模型的漏洞。众所周知，机器学习模型在面对这种被称为“对抗性样本”的攻击时特别脆弱。这些样本代表了从人类视角来看无法区分的微小扰动输入，但对于被训练过的机器学习模型来说，却会以高置信度将其错误分类[7, 16, 40]。这种攻击方式适用于白盒和黑盒场景，并且可以在不同的模型之间传播。联邦学习中用于共享和广播模型更新的通信通道可能会为这些白盒攻击提供更多的攻击面，特别是对于局内人。

16.4.1　收敛攻击

对于收敛攻击，攻击者试图在防御性聚合方案的限制下寻求对模型性能的最大损害。根据 16.2 节中的分类法，这些攻击属于无差别的因果型攻击，其中攻击者可通过提供恶意的本地模型更新来操纵聚合模型的参数，从而损害整体模型的性能。

这种情况下，最简单的攻击方式是拜占庭攻击；正如参考文献[8]中提出的那样，恶意参与方发送具有非常大数值的模型更新，足以破坏普通的聚合器方法，如联邦平均。另一种有效的收敛攻击方法是让聚合方案选择与真实更新方向相反的更新。这方面的研究已在参考文献[14, 47]中作了探讨。如果被攻击的安全聚合方案采用基于中位数的防御策略，则其攻击方式与参考文献[14, 47]中提出的类似。这种策略利用了那些可能提供与其他良性参与方更新符号相反的更新的良性参与方。攻击者可通过提供大于任何良性客户端的更新来强制选择它们的更新，从而尝试强制选择一个正向的更新。或者，通过提供小于任何良性客户端的更新，以尝试选择一个负向的更新。

示例： 若良性更新 $V=\{-0.2, 0.2, 0.5\}$，则真实更新的均值 $\mu=0.167$。在这个集合上进行简单的基于中位数的聚合的结果为 0.2。但是如果攻击者提供小于 $\min(V)$的更新，则可能导致选择负梯度。假设攻击者提交 $V_{\text{attacker}} = \{-1, -1\}$；现在组合更新集合为 $V = \{-1, -1, -0.2, 0.2, 0.5\}$，中位数选择-0.2。

对于 Krum 而言，这两种方法[14, 47]有较大的差异。两种方法都试图使选择的更新向量偏离真实更新均值 μ 的相反符号。在参考文献[47]中，攻击的形式类似于对基于中位数的防御策略进行攻击，恶意更新为

$$\boldsymbol{v}_{\text{attacker}} = -\epsilon\,\mu \tag{16.8}$$

而在参考文献[14]中，恶意更新为

$$\boldsymbol{v}_{\text{attacker}} = \boldsymbol{w} - \lambda s \tag{16.9}$$

其中 $\boldsymbol{w}$ 是全局模型，s 是参数只在良性参与方参与时应该改变的方向的符号，λ 是扰动参数。

在这两种情况下，我们希望最大化偏差 ϵ 或 λ，同时仍然能够被 Krum 选中。在参考文献[47]中，偏差被手动设置为一个相对较小的数值，以增加被选择的机会。相反在参考文献[14]中，λ 的最大值通过二分搜索来确定。

示例：在良性更新为 $V = \{0.0, 0.1, 0.25, 0.35, 0.5, 0.65\}$时，我们希望得到一个被 Krum 选中的负向更新。如果攻击者控制了 3 个恶意方，在一个简单的网格搜索中搜索$-\lambda$，可以看到选择 $\lambda = 0.21$。因此，攻击者提供 $V_{\text{attacker}} = \{-0.21, -0.21, -0.21\}$。聚合器看到的更新为$\{-0.21, -0.21, -0.21, 0.0, 0.1, 0.25, 0.35, 0.5, 0.65\}$，最低的 Krum 分数属于提供-0.21 更新的参与方。

这两种攻击都没有使用 Bulyan 作为防御策略，这个问题在参考文献[3]中得到了解决。作者在他们的攻击策略中发现了一个关键点，那就是恶意更新可以通过隐藏在良性更新的自然分布中来造成显著的破坏。对良性更新按照平均值为 μ 和方差为 σ 的正态分布进行建模。然后攻击者提交 $\mu+k\sigma$ 形式的更新。通过设置适当的 k 值，可以确保存在比恶意更新更远离平均值的良性参与方更新。这些参与方支持选择恶意更新，恶意更新在鲁棒的聚合算法下被选中概率很高。可以在图 16-5 中看到这种攻击的二维示例。

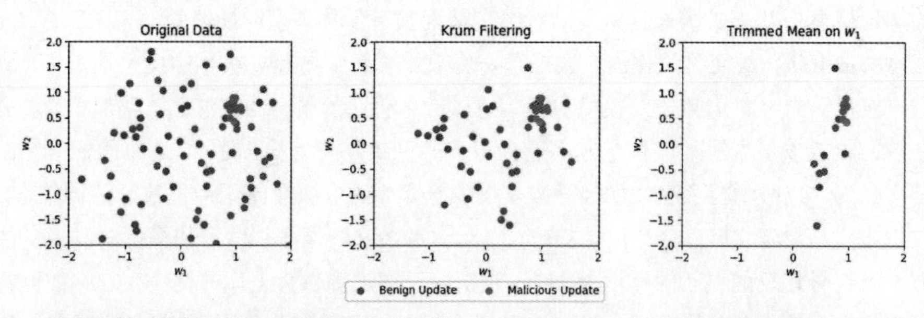

图16-5 参考文献[3]中针对 Bulyan 的攻击的示例说明。左图中为良性参与方(黑色圆点)提交的两个模型参数 $\boldsymbol{w}_1$ 和 $\boldsymbol{w}_2$ 的分布。攻击者提交的模型更新(灰色圆点)偏离真实均值，但仍在更新方差内。然后，在中图中应用初始的 Krum 过滤，可以看到仍然存在许多恶意更新。在右图中，对 $\boldsymbol{w}_1$ 使用修剪均值并在 $\boldsymbol{w}_1$ 的最终平均中包含大量的对抗性更新。然后对 $\boldsymbol{w}_2$ 进行相同的操作

16.4.2　针对性的模型投毒

在研究了基于收敛的攻击后，现在将注意力转向模型投毒攻击，这类攻击的目标更加明确。具体而言，这里面涉及一种基于攻击的训练模型，即这个模型的数据特征已经被操纵(例如插入了后门)，或者进行了针对性的标签翻转攻击(在这种攻击中，特定的数据点会被打上错误标签)。通过执行其中一种攻击，攻击者可以强迫模型学习攻击者选择的相关性，从而在测试时对某些数据点进行错误分类。注意，这种类型的错误分类与对抗性样本的情况不同，因为这是由于训练过程中的明确操作造成的。

无论是后门攻击还是标签翻转攻击，都涉及在被操纵的数据上训练模型。达成目的的其中一种方式是对手能够干扰联邦学习系统中良性参与方的数据收集过程。因此，如果能够将被操纵的数据传递给良性参与方，那么通过联邦学习过程学习到的模型就会受到威胁。然而，更常见的模拟攻击向量是攻击者加入联邦学习系统并控制一个或多个参与方。然后，对手向聚合器发送损坏的更新。这可以被视为一种比仅对良性参与方可访问的数据投毒更强大的对抗模型，因为对手能够控制更新向量及其参与率，并且甚至可以与其他恶意参与方串通以提高攻击成功率[5]。

如果对手通过标签翻转进行攻击，则特定训练数据样本的特征将保持不变，但其对应的标签将被更改。实践中的一个例子是将数据集中所有绿色汽车的标签更改为攻击者选择的类别[1]。然后，模型将学习把绿色汽车与攻击者的类别相关联，而不是其原始标签。许多参考文献对标签翻转攻击作了探索[6, 15, 21, 30, 41, 44]。对于标签翻转攻击，研究表明，与训练初始阶段的模型攻击相比，训练接近收敛时的后期模型攻击更容易成功[41]。

另一方面，对手可通过操纵特征来设置后门(如在图像中操纵某些像素)，也可以改变数据点的标签。因此，如果存在后门，模型将学习把后门与特定标签关联起来，并忽略数据点中的其他特征。虽然这是插入后门最常见的攻击方法，但也可能有干净的标签后门攻击，即标签未被改变[35]。

影响后门攻击的其他细微差别还取决于攻击者可控制的训练集样本比例。继续沿用前面的示例，即攻击者希望将绿色汽车错误分类为攻击者的类别；如果攻击者能够完全控制数据集中的所有绿色汽车，而不只是其中的一部分，那么攻击将更加容易[39]。

在尝试后门攻击时，对手面临的挑战取决于两个方面。

- 目标子任务的复杂程度。如果子任务非常复杂，对手可能需要多个恶意参与方，并且可能需要频繁参与。
- 聚合器端的鲁棒聚合方法和异常检测器(对手在制造恶意更新时必须考虑如何绕过这些防御措施)。

在最简单的情况下，聚合器使用联邦平均作为更新规则，如果攻击者在训练本地模型过程中执行后门任务并发送更新，由于攻击者控制的参与方数量相对于参加联邦学习训练的参与方总数可能较小，那么后门更新就可能被抵消掉。有研究者[1]观察到在接近收敛时，诚实参与方发送的更新往往相似，为了使这些攻击生效，他们利用这一点设计了攻击策略。

对手可以利用这一点重新调整它们的更新幅度，以确保后门在最终的聚合中得以保留，从而成功地将全局模型替换为恶意模型。具体而言，对于第 t 轮的全局模型 $\boldsymbol{w}_t$，攻击者可以通过计算并提交恶意更新 $\boldsymbol{v}_{\text{attacker}}$，将模型替换为损坏的模型 $\boldsymbol{w}_{\text{corrupt}}$。

$$\boldsymbol{v}_{\text{attacker}} \leftarrow \gamma(\boldsymbol{w}_{\text{corrupt}} - \boldsymbol{w}_t) + \boldsymbol{w}_t \tag{16.10}$$

其中 γ 是缩放参数。另外，其他相关研究[5]也提出了类似的重新缩放策略(显式提升)，该策略考虑了聚合时的缩放因素。

示例：接近收敛时，对于参数值为{4.03}的全局模型，诚实参与方可能会提交的更新为 0.08、0.083、0.09。恶意模型可能希望将参数值替换为{3.98}。假设聚合器使用学习率 0.015 来对更新进行合并，这种情况下对手提供的更新为 $\frac{1}{0.015}(3.98-4.03)+4.03=0.696$，而不是-0.05。

为了提供与从非恶意参与方收到的更新的自然分布相符的更新，攻击者可以增加额外的约束条件。例如，Bhagoji 等人[5]建议添加与良性训练样本相对应的额外损失项，并将当前更新正则化，尽可能接近上一轮通信中良性参与方的合并更新。类似的，Wang 等人[43]考虑了采用投影梯度下降的对手，其中中间参数状态周期性地投影到先前接收到的全局更新周围的 ϵ -球形区域内。此外，不同于在所有数据上使用相同的后门密钥，参考文献[46]中的方法根据一定的分解规则将密钥拆分给每个恶意参与方。因此，每个恶意参与方只向其数据中插入部分后门密钥。所有密钥片段的总和等于完整的后门密钥。对 LOAN 和 3 个图像数据集的测试表明，这种方法不仅能够获得更高的攻击成功率，并且对 FoolsGold[15]和 RFA[33]等方法更具隐蔽性。

16.5 本章小结

本章讨论了联邦学习系统的安全性。与标准的非分布式机器学习系统类似，联邦学习在训练和测试时都容易受到攻击。例如，在使用标准的聚合方法时，只要有一个恶意参与方，就足以完全破坏联邦学习算法。因此，在实际应用中，对联邦学习的鲁棒性方法进行全面分析至关重要。

本章对不同的攻击策略和防御方法进行了全面的概述。然而，联邦学习的某些漏洞仍需要进一步理解，并且对某些类型攻击的防御仍然是一个未解决的研究挑战。另外，还需要进一步分析联邦学习系统设计中存在的不同权衡，例如性能、鲁棒性和数据异构性之间的权衡，或者性能、鲁棒性和隐私之间的权衡。

参考文献

[1] Bagdasaryan E, Veit A, Hua Y, Estrin D, Shmatikov V (2020) How to backdoor federated learning. In: Chiappa S, Calandra R (eds) The 23rd international conference on artificial intelligence and statistics, AISTATS 2020, 26-28 August 2020, Online [Palermo, Sicily, Italy], Proceedings of machine learning research. PMLR, vol 108, pp 2938-2948.

[2] Barreno M, Nelson B, Joseph AD, Tygar JD (2010) The security of machine learning. Mach Learn 81(2):121-148.

[3] Baruch G, Baruch M, Goldberg Y (2019) A little is enough: Circumventing defenses for distributed learning. In: Wallach H, Larochelle H, Beygelzimer A, d'Alché-Buc F, Fox E, Garnett R (eds) Advances in neural information processing systems 32, pp 8635–8645. Curran Associates. http://papers.nips.cc/paper/9069-a-little-is-enough-circumventing-defenses-for-distributed-learning.pdf.

[4] Bernstein J, Zhao J, Azizzadenesheli K, Anandkumar A (2018) signSGD with majority vote is communication efficient and fault tolerant. Preprint. arXiv:1810.05291.

[5] Bhagoji AN, Chakraborty S, Mittal P, Calo S (2019) Analyzing federated learning through an adversarial lens. In: International conference on machine learning. PMLR, pp 634–643.

[6] Biggio B, Nelson B, Laskov P (2012) Poisoning attacks against support vector machines. In: Proceedings of the 29th international conference on machine learning, ICML 2012, Edinburgh, Scotland, June 26-July 1, 2012. icml.cc/Omnipress. http://icml.cc/2012/papers/880.pdf.

[7] Biggio B, Corona I, Maiorca D, Nelson B, Srndic N, Laskov P, Giacinto G, Roli F (2013) Evasion attacks against machine learning at test time. In: Blockeel H, Kersting K, Nijssen S, Zelezný F (eds) Machine learning and knowledge discovery in databases - European conference, ECML PKDD 2013, Prague, September 23-27, 2013, Proceedings, Part III, Lecture notes in computer science, vol 8190. Springer, pp 387-402.

[8] Blanchard P, Guerraoui R, Stainer J et al. (2017) Machine learning with adversaries: Byzantine tolerant gradient descent. In: Advances in neural information processing systems, pp 119-129.

[9] Bonawitz K, Ivanov V, Kreuter B, Marcedone A, McMahan HB, Patel S, Ramage D, Segal A, Seth K (2017) Practical secure aggregation for privacy-preserving machine learning. In: Thuraisingham BM, Evans D, Malkin T, Xu D (eds) Proceedings of the 2017 ACM SIGSAC conference on computer and communications security, CCS 2017, Dallas, TX, October 30-November 03, 2017. ACM, pp 1175-1191.

[10] Buehler H, Gonon L, Teichmann J, Wood B (2019) Deep hedging. Quant Financ 19(8):1271-1291.

[11] Castro RL, Muñoz-González L, Pendlebury F, Rodosek GD, Pierazzi F, Cavallaro L (2021) Universal adversarial perturbations for malware. CoRR abs/2102.06747. https://arxiv.org/abs/2102.06747.

[12] Chen X, Liu C, Li B, Lu K, Song D (2017) Targeted backdoor attacks on deep learning systems using data poisoning. Preprint. arXiv:1712.05526.

[13] Chen L, Wang H, Charles Z, Papailiopoulos D (2018) Draco: Byzantine-resilient distributed training via redundant gradients. In: International conference on machine learning. PMLR, pp 903-912.

[14] Fang M, Cao X, Jia J, Gong N (2020) Local model poisoning attacks to byzantine-robust federated learning. In:29th {USENIX} security symposium({USENIX} Security 20),pp 1605-1622.

[15] Fung C, Yoon CJ, Beschastnikh I (2018) Mitigating sybils in federated learning poisoning. Preprint. arXiv:1808.04866.

[16] Goodfellow IJ, Shlens J, Szegedy C (2015) Explaining and harnessing adversarial examples. In: International conference on learning representations.

[17] Hitaj B, Ateniese G, Pérez-Cruz F (2017) Deep models under the GAN: information leakage from collaborative deep learning. In: Thuraisingham BM, Evans D, Malkin T, Xu D (eds) Proceedings of the 2017 ACM SIGSAC conference on computer and communications security, CCS 2017, Dallas, TX, October 30-November 03, 2017. ACM, pp 603-618.

[18] Huang L, Joseph AD, Nelson B, Rubinstein BIP, Tygar JD (2011) Adversarial machine learning. In: Chen Y, Cárdenas AA, Greenstadt R, Rubinstein BIP (eds) Proceedings of the 4th ACM workshop on security and artificial intelligence, AISec 2011, Chicago, IL, October 21, 2011. ACM, pp 43-58.

[19] Hussain F, Hussain R, Hassan S.A, Hossain E (2020) Machine learning in IoT security: Current solutions and future challenges. IEEE Commun Surv Tutorials 22(3):1686-1721.

[20] Li L, Xu W, Chen T, Giannakis GB, Ling Q (2019) RSA: Byzantine-robust stochastic aggregation methods for distributed learning from heterogeneous datasets. In: Proceedings of the AAAI conference on artificial intelligence, vol 33, pp 1544-1551.

[21] Liu Y, Ma S, Aafer Y, Lee W, Zhai J, Wang W, Zhang X (2018) Trojaning attack on neural networks. In: 25th Annual network and distributed system security symposium, NDSS 2018, San Diego, California, February 18-21, 2018. The Internet Society.

[22] Madry A, Makelov A, Schmidt L, Tsipras D, Vladu A (2018) Towards deep learning models resistant to adversarial attacks. In: International conference on learning representations. https://openreview.net/forum?id=rJzIBfZAb.

[23] Melis L, Song C, Cristofaro ED, Shmatikov V (2019) Exploiting unintended feature leakage in collaborative learning. In: 2019 IEEE symposium on security and privacy, SP 2019, San Francisco, CA, May 19-23, 2019. IEEE, pp 691-706.

[24] Mhamdi EME, Guerraoui R, Rouault S (2018) The hidden vulnerability of distributed learning in Byzantium. Preprint. arXiv:1802.07927.

[25] Muñoz-González L, Lupu EC (2019) The security of machine learning systems. In: AI in cybersecurity. Springer, pp 47-79.

[26] Muñoz-González L, Biggio B, Demontis A, Paudice A, Wongrassamee V, Lupu EC, Roli F (2017) Towards poisoning of deep learning algorithms with back-gradient optimization. In: Thuraisingham BM, Biggio B, Freeman DM, Miller B, Sinha A (eds) Proceedings of the 10th ACM workshop on artificial intelligence and security, AISec@CCS 2017, Dallas, TX, November 3, 2017. ACM, pp 27-38.

[27] Muñoz-González L, Co KT, Lupu EC (2019) Byzantine-robust federated machine learning through adaptive model averaging. Preprint. arXiv:1909.05125.

[28] Nasr M, Shokri R, Houmansadr A (2019) Comprehensive privacy analysis of deep learning: Passive and active white-box inference attacks against centralized and federated learning. In: 2019 IEEE symposium on security and privacy, SP 2019, San Francisco, CA, May 19–23, 2019. IEEE, pp 739–753.

[29] Papernot N, McDaniel PD, Goodfellow IJ (2016) Transferability in machine learning: from phenomena to black-box attacks using adversarial samples. CoRR abs/1605.07277. http://arxiv.org/abs/1605.07277.

[30] Paudice A, Muñoz-González L, György A, Lupu EC (2018) Detection of adversarial training examples in poisoning attacks through anomaly detection. CoRR abs/1802.03041. http://arxiv. org/abs/1802.03041.

[31] Paudice A, Muñoz-González L, Lupu EC (2018) Label sanitization against label flipping poisoning attacks. In: Alzate C, Monreale A, Assem H, Bifet A, Buda TS, Caglayan B, Drury B, García-Martín E, Gavaldà R, Kramer S, Lavesson N, Madden M, Molloy I, Nicolae M, Sinn M (eds) ECML PKDD 2018 Workshops - Nemesis 2018, UrbReas 2018, SoGood 2018, IWAISe 2018, and Green Data Mining 2018, Dublin, September 10-14, 2018, Proceedings, Lecture Notes in Computer Science, vol 11329. Springer, pp 5-15.

[32] Pierazzi, F, Pendlebury, F, Cortellazzi, J, Cavallaro, L (2020) Intriguing properties of adversarial ML attacks in the problem space. In: 2020 IEEE symposium on security and privacy, SP 2020, San Francisco, CA, May 18-21, 2020. IEEE, pp 1332-1349.

[33] Pillutla VK,Kakade SM,Harchaoui Z(2019) Robust aggregation for federatedl earning. CoRR abs/1912.13445. http://arxiv.org/abs/1912.13445.

[34] Rajput S, Wang H, Charles Z, Papailiopoulos D (2019) Detox: A redundancy-based

framework for faster and more robust gradient aggregation. Preprint. arXiv:1907.12205.

[35] Shafahi A, Huang WR, Najibi M, Suciu O, Studer C, Dumitras T, Goldstein T (2018) Poison frogs! targeted clean-label poisoning attacks on neural networks. Preprint. arXiv:1804.00792.

[36] Shah D, Dube P, Chakraborty S, Verma A (2021) Adversarial training in communication constrained federated learning. Preprint. arXiv:2103.01319.

[37] Shen L, Margolies LR, Rothstein JH, Fluder E, McBride R, Sieh W (2019) Deep learning to improve breast cancer detection on screening mammography. Sci Rep 9(1):1-12.

[38] Sohn Jy, Han DJ, Choi B, Moon J (2019) Election coding for distributed learning: Protecting signSGD against byzantine attacks. Preprint. arXiv:1910.06093.

[39] Sun Z, Kairouz P, Suresh AT, McMahan HB (2019) Can you really backdoor federated learning? Preprint. arXiv:1911.07963.

[40] Szegedy C, Zaremba W, Sutskever I, Bruna J, Erhan D, Goodfellow IJ, Fergus R (2014) Intriguing properties of neural networks. In: Bengio Y, LeCun Y (eds) 2nd International conference on learning representations, ICLR 2014, Banff, AB, April 14-16, 2014, Conference Track Proceedings. http://arxiv.org/abs/1312.6199.

[41] Tolpegin V, Truex S, Gursoy ME, Liu L (2020) Data poisoning attacks against federated learning systems. In: European symposium on research in computer security. Springer, pp 480–501.

[42] Varma K, Zhou Y, Baracaldo N, Anwar A (2021) Legato: A layerwise gradient aggregation algorithm for mitigating byzantine attacks in federated learning. In: 2021 IEEE 14th international conference on cloud computing (CLOUD).

[43] Wang H, Sreenivasan K, Rajput S, Vishwakarma H, Agarwal S, Sohn Jy, Lee K, Papailiopoulos D (2020) Attack of the tails: Yes, you really can backdoor federated learning. Preprint. arXiv:2007.05084.

[44] Xiao H, Xiao H, Eckert C (2012) Adversarial label flips attack on support vector machines. In: Raedt LD, Bessiere C, Dubois D, Doherty P, Frasconi P, Heintz F, Lucas PJF (eds) ECAI 2012 - 20th European conference on artificial intelligence. Including prestigious applications of artificial intelligence (PAIS-2012) System demonstrations track, Montpellier, August 27-31, 2012, Frontiers in artificial intelligence and applications, vol 242. IOS Press, pp 870-875.

[45] Xie C, Koyejo O, Gupta I (2018) Generalized byzantine-tolerant SGD. Preprint. arXiv:1802.10116.

[46] Xie C, Huang K, Chen PY, Li B (2019) Dba: Distributed backdoor attacks against federated learning. In: International conference on learning representations.

[47] Xie C, Koyejo O, Gupta I (2019) Fall of empires: Breaking byzantine-tolerant SGD by

inner product manipulation. In: Globerson A, Silva R (eds) Proceedings of the thirty-fifth conference on uncertainty in artificial intelligence, UAI 2019, Tel Aviv, Israel, July 22-25, 2019. AUAI Press, p83. http://auai.org/uai2019/proceedings/papers/83.pdf.

[48] Xie C, Koyejo S, Gupta I (2019) Zeno: Distributed stochastic gradient descent with suspicion-based fault-tolerance. In: International conference on machine learning. PMLR, pp 6893-6901.

[49] Yin D, Chen Y, Ramchandran K, Bartlett P (2018) Byzantine-robust distributed learning: Towards optimal statistical rates. Preprint. arXiv:1803.01498.

[50] Zizzo G, Rawat A, Sinn M, Buesser B (2020) Fat: Federated adversarial training. Preprint. arXiv:2012.01791.

第 17 章

处理神经网络中的拜占庭威胁

摘要：在联邦学习系统中，聚合器与参与方之间交换的消息可能会由于计算机故障或恶意意图而损坏。这被称为拜占庭失败或拜占庭攻击。因此，在许多联邦学习设置中，参与方发送的回复可能无法完全信任。一组竞争对手可以通过联邦学习协同工作以检测欺诈行为，其中每个参与方提供本地梯度，聚合器使用这些梯度来更新全局模型。当一个或多个参与方发送恶意梯度时，这个全局模型可能会损坏。此时需要使用鲁棒的方法来聚合梯度，以减轻拜占庭回复的不利影响。本章将重点介绍在联邦学习设置下训练神经网络时减轻拜占庭效应的方法，尤其是当参与方具有高度不同的训练数据集时的影响。不平衡的标签比例或不同的特征值范围可能会导致不同的训练数据集或非 IID 的数据集。本章还将介绍几种最先进的鲁棒梯度聚合算法，并研究它们防御各种攻击设置时的性能。我们通过实验证明了某些现有的强大聚合算法的局限性，特别是在某些拜占庭攻击下以及当各参与方采用非 IID 数据分布时。此外，LayerwisE Gradient AggregaTiOn(LEGATO)比许多现有的鲁棒聚合算法计算效率更高，并且在各种攻击环境下都具有更强的鲁棒性。

17.1 背景和动机

本节旨在提供更多关于非 IID 参与方分布的背景信息，以及他们在应对拜占庭威胁时可能面临的相关挑战。

正如前言章节所讨论的，在一个联邦学习系统中，各参与方会收集和维护自己的训练数据集，并且训练数据样本不会离开其所有者。因此，参与方是从不同的数据源收集其训练数据样本。例如，在涉及多家医院协作的联邦学习任务中，由于医院的特殊性，本地训练数据分布可能会受到影响，从而导致异构的本地分布。例如，儿科医疗中心有更多的年幼患者，综合医院有更多的成年患者。另一个例子是考虑一个由多部手机组成的联邦学习系统，该系统试图利用参与方手机上的照片来训练一个识别动物的图像识别模型。拥有宠物狗的手机所有者在他们的本地训练数据集中会有更多的狗图片，而猫主人会有更多的猫图片。

作为联邦学习的关键特性之一，异构的本地数据分布甚至对于基本的联邦学习设置都提出了挑战。它显著影响到全局模型的性能，因此引发了一条新的研究路线来解决这个问题，具体可查阅参考文献[6, 10, 18]及其引用的资料。然而，由于联邦学习系统中可能存在拜占庭威胁，因此在实际场景中情况更加复杂。

17.1.1 拜占庭威胁

本节的目标是正式定义联邦学习系统中可能存在的拜占庭威胁。本节将特别讨论拜占庭失败和拜占庭攻击，它们都旨在降低最终全局模型的性能。

我们将拜占庭失败[8]正式定义为联邦学习系统中的以下场景，即一个或多个参与方的计算设备出现故障或遇到通信错误，随后向聚合器发送损坏的信息，而这可能会损害全局模型的质量。如图 17-1 所示，考虑一个具有 n 个参与方的联邦学习系统，在第 t 轮，聚合器收到的来自参与方 P_2 的回复损坏，用红色表示。这种拜占庭失败可能是无意中发生的，也可能是以攻击的形式执行的(我们称之为拜占庭攻击)。恶意实体通过在策略上提供不诚实的回复，故意破坏联邦学习系统。这种强大的攻击可以由图 17-1 中 P_2 这样的单个参与方执行，并且会对医疗、银行、个人设备等敏感领域中使用的众多数量的模型产生不利影响。我们将无意发送不准确回复或故意实施拜占庭攻击的参与方称为拜占庭参与方。拜占庭攻击的目标是产生性能较差的最终全局模型，通常指的是较差的准确性和 F1 分数，从而破坏联邦学习协作。人们已经引入了一类鲁棒聚合算法(又名鲁棒融合算法)来防御拜占庭攻击，特别是减轻这些攻击的不良影响，并确保最终的全局模型具有良好的性能。

现在正式介绍两种可能发生在联邦学习系统中的常见拜占庭攻击。

高斯攻击：这种类型的拜占庭攻击最早出现在参考文献[20]中，可以由联邦学习系统中的单个参与方执行，不需要拜占庭参与方之间的任何协作。实施该攻击的参与方将从一个高斯分布 $N(\mu,\sigma^2 * I)$ 中随机采样它们的回复，其概率密度函数为 $\frac{1}{\sigma}\frac{\exp\{-(x-\mu)^2/2\sigma^2\}}{2\pi}$，其中 μ 和 σ 分别为均值和标准差，而不考虑它们的本地训练数据集。

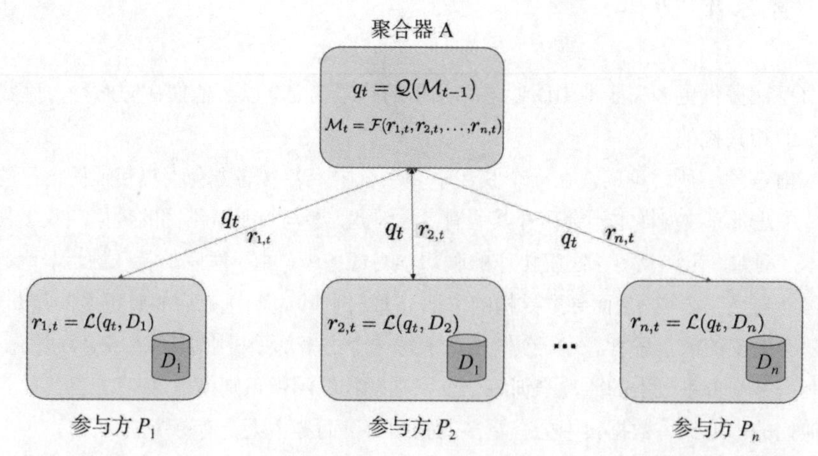

图 17-1 具有 n 个参与方的联邦学习系统，其中第二个参与方的回复遭遇拜占庭失败

帝国崩溃攻击：该攻击在参考文献[22]中被提出，旨在破坏像 Krum[1]和坐标中位数(CWM)[23]这样的鲁棒聚合算法。这种攻击需要一定数量的拜占庭参与方，以协作方式进行攻击，参与方数量的多少取决于算法的鲁棒性。此外，它属于第 16 章中定义的完全了解攻击类别，该类别假设拜占庭参与方知道诚实参与方发送的回复。令 $\boldsymbol{v}_i$(其中 $i=1,\ldots,m$) 为 m 个诚实参与方发送的回复。执行帝国崩溃攻击的拜占庭参与方发送的恶意回复 u_j 可以表述为

$$\boldsymbol{u}_1=\boldsymbol{u}_2=\ldots=\boldsymbol{u}_{n-m}=-\frac{\epsilon}{m}\sum_{i=1}^{m}\boldsymbol{v}_i \tag{17.1}$$

其中，ϵ 为真实非负因子，取决于每个回复之间距离的下界和上界。这种攻击的详细定义可以在第 16 章中找到。

17.1.2　缓解拜占庭威胁影响的挑战

前面提到的拜占庭攻击非常强大。从图 17-2 可以看出，σ 值越大的高斯攻击对全局模型的性能破坏越大，即导致全局模型的测试准确性越差。

在参与方拥有独立同分布(IID)本地数据集的场景下(见图 17-3)，Krum 和 CWM 被证明可以成功识别恶意拜占庭参与方。除了 IID 场景，我们还研究了当参与方具有异构数据分布(这是联邦学习的一个特点[12])时它们防御拜占庭攻击的性能。从图 17-3 中可见，当参与方具有异构的本地数据集时，它们的表现明显不理想。同时，即使没有任何拜占庭攻击，这些鲁棒的聚合算法也不能保证在参与方数据分布异构的情况下获得良好性能的全局模型。17.2.3 节和 17.2.4 节将详细介绍这两个鲁棒算法。

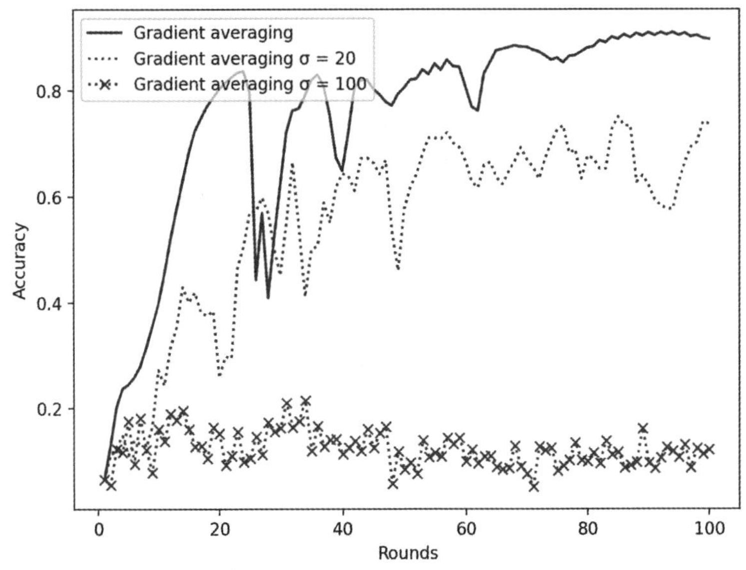

图17-2　本实验涉及 25 个参与方，有来自 MNIST 的 1000 个 IID 数据点。我们比较了梯度平均的性能，其中 4 个拜占庭参与方执行 $\mu=0$ 和具有不同 σ 的高斯攻击。这里，使用的批大小为 50，学习率为 0.05

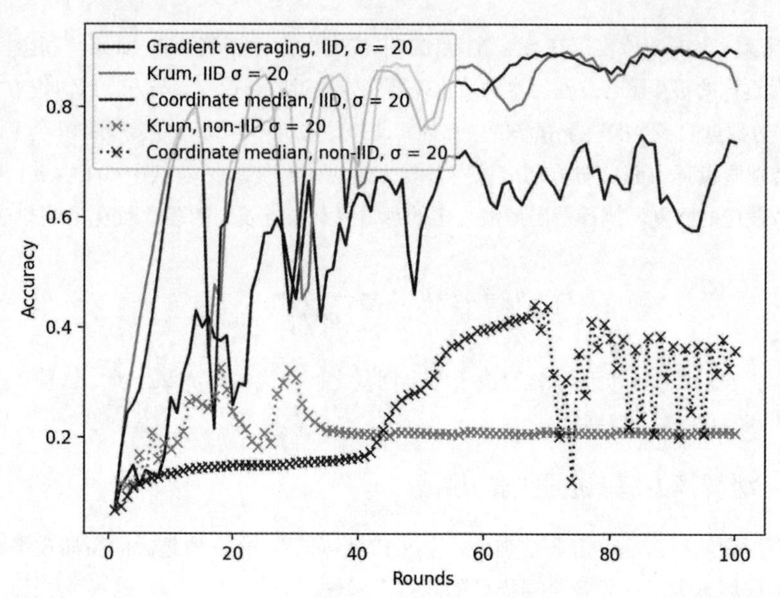

图17-3 本实验涉及25个参与方，从MNIST中随机抽取1000个数据点用于IID设置，每个参与方只包含1个标签的1000个数据点用于非IID设置。我们比较了梯度平均、Krum和坐标中位数的性能，其中4个拜占庭参与方执行高斯攻击($\mu=0$，$\sigma=20$)。这里，使用的批大小为50，学习率为0.05

到目前为止，我们已经从实验上证明了几个著名的融合算法无法有效防御拜占庭攻击，特别是在非IID环境下。在这个领域中可能面临的机遇和挑战如下。

- 挑战一：一个鲁棒的聚合算法能否智能地检测发送“不同”回复的参与方是拥有不典型本地数据分布的恶意参与方还是良性参与方？
- 挑战二：一个鲁棒的聚合算法能否在非IID本地数据分布设置下训练出性能不错的全局模型？
- 挑战三：一个鲁棒的聚合算法能否利用从参与方收集到的所有信息来诊断参与方的行为？

神经网络的不同层具有不同的功能，对不同的输入数据样本可能有不同的表现。在面对拜占庭威胁时，联邦学习设置中可以利用神经网络的这一特点进行训练。我们将提出一种有前景的方法，以在很大程度上减轻拜占庭威胁，特别是在非IID环境中，用于在联邦学习系统中训练神经网络。不过首先将从理论角度讨论梯度平均、Krum和CWM，并指出这些算法的缺点。

17.2 基于梯度的鲁棒性

本节简要介绍联邦学习系统中广泛用于训练神经网络的一类常用算法。特别地，参与方将共享基于其本地数据集计算的梯度作为模型更新，聚合器将使用收集的梯度来更新全局模型。

首先在 17.2.1 节中介绍基本的梯度平均算法，然后在介绍威胁模型后，转向基于梯度的鲁棒算法。现有的鲁棒梯度聚合方法可分为两个不同的方向：鲁棒统计和异常检测。使用鲁棒统计的算法包括 CWM、修剪均值[23]及其变体[2, 3, 7, 15, 20]。Krum[1]和其他算法(例如见参考文献[5, 13, 14, 16, 19, 21])则利用诸如收集的梯度的 l_2 距离等进行异常检测。本节将仔细研究 CWM(见 17.2.3 节)和 Krum(见 17.2.4 节)，因为它们是文献中最常用的先进鲁棒聚合算法。

17.2.1　梯度平均

与参考文献[12]中提出的 FedAvg 非常相似，梯度平均算法是(小批)随机梯度下降的“分布式”版本。梯度平均算法不像 FedAvg 那样共享本地模型权重，而是要求参与方共享梯度。具体而言，梯度平均算法要求聚合器在每一轮中向所有注册参与方请求梯度信息(这些梯度信息由参与方根据其本地数据集和全局模型的权重进行计算)，然后对收集的梯度执行简单的平均聚合。接着，使用生成的聚合梯度和预定义的学习率通过梯度下降步骤更新全局模型的权重。算法 17.1 展示了梯度平均算法的基本算法框架。

要指出的是，在算法 17.1 的第 7 行中对收集的梯度进行了一个简单平均，但是也可以采用更复杂的聚合步骤，例如对收集的梯度进行加权平均，其中的权重取决于各参与方的本地训练数据集大小。这与参考文献[12]中 FedAvg 使用的加权方法相同。

算法 17.1　梯度平均算法

Input: 初始权重向量 $\boldsymbol{w}_0$、最大全局轮次 K、学习率策略$\{\eta_k\}$、训练批大小 B、(可选)目标准确性 ϵ

1: **procedure:** Aggregator($\boldsymbol{w}_0, K, \eta, \epsilon$)
2: 　**for** 轮次 $k = 1,\cdots, K$ **do**
3: 　　**if** (可选)当前全局模型达到目标准确性 ϵ **then**
4: 　　　**return** $\boldsymbol{w}_k$
5: 　　**else**
6: 　　　用当前全局模型权重 w_{k-1} 查询参与方 $i \in P$，获取其当前梯度 $\boldsymbol{g}_k^i$。
7: 　　　$\boldsymbol{w}_k = \boldsymbol{w}_{k-1} - \eta_k \frac{1}{|P|}\sum_{i\in P}\boldsymbol{g}_k^i$
8: 　　**end if**
9: 　**end for**
10: 　**return** $\boldsymbol{w}_k$
11: **end procedure**
12: **procedure**: Party (B,$\boldsymbol{w}$)
13: 　用 $\boldsymbol{w}_0 = \boldsymbol{w}$ 初始化本地模型

14: $\boldsymbol{g}=\nabla l(\boldsymbol{w}_0;B)$ {l 表示损失函数}

15: **return** g

16: **end procedure**

最近，研究人员开发了更鲁棒的聚合方法来融合联邦学习系统中收集的各参与方信息。它们中的大多数都是由联邦学习系统中潜在的拜占庭威胁所驱动的。下面将讨论几种先进的鲁棒梯度聚合算法。

17.2.2 威胁模型

这里首先描述整个章节中假设的威胁模型。我们假设聚合器是诚实的，并遵循所提供的过程来检测接收到的恶意或错误的梯度，并在训练过程中迭代地聚合梯度来更新全局模型。参与方可能不诚实，并可能试图提供一些旨在逃避检测的梯度更新。假设恶意参与方可能串通，并能够获得其他参与方的梯度来执行这些攻击。在此威胁模型下，我们将评估本章讨论的所有融合算法。

17.2.3 坐标中位数

坐标中位数[23](参见算法 17.2)与梯度平均法非常相似，但第 6 行除外；该行不是计算收集的梯度的平均值，而是计算所有收集的梯度的坐标中位数。根据参考文献[23]的内容，坐标中位数的定义如下。

对于向量 $\boldsymbol{x}^i\in\mathbb{R}^d, i\in[m]$，坐标中位数 $\boldsymbol{g}:=\text{med}\{\boldsymbol{x}^i:i\in[m]\}$ 是一个向量，其第 k 个坐标对于每个 $k\in[d]$ 为 $\boldsymbol{g}_k=\text{med}\{\boldsymbol{x}_k^i:i\in[m]\}$，其中 med 是通常的(一维)中位数。

算法 17.2 坐标中位数算法

Input: 初始权重向量 $\boldsymbol{w}_0$、最大全局轮次 K、学习率策略$\{\eta_k\}$、训练批大小 B、(可选)目标准确性$\in$

1: **procedure:** Aggregator($\boldsymbol{w}_0,K,\eta,\in$)

2: **for** 轮次 $k=1,\ldots,K$ **do**

3: **if** (可选)当前全局模型达到目标准确性$\in$ **then return** $\boldsymbol{w}_k$

4: **else**

5: 用当前全局模型权重 $\boldsymbol{w}_{k-1}$ 查询参与方 $i\in P$, 获取其当前梯度 $\boldsymbol{g}_k^i$ 。

6: $\boldsymbol{g}_k=\text{med}\{\boldsymbol{g}_k^i:i\in P\}$

7: $\boldsymbol{w}_k=\boldsymbol{w}_{k-1}-\eta_k\boldsymbol{g}_k$

8: **return** $\boldsymbol{w}_k$

9: **end if**

10: **end for**

11: **end procedure**

12: **procedure**: Party $(B,\boldsymbol{w})$
13:　用 $\boldsymbol{w}_0 = \boldsymbol{w}$ 初始化本地模型
14:　$\boldsymbol{g} = \nabla l(\boldsymbol{w}_0; B)$ {l 表示损失函数}
15:　**return** g
16: **end procedure**

CWM 要求对每个损失函数 f_i 和整体的泛化损失函数 F 都有如下假设。它还要求获取参与方 $i \in P$ 的损失函数 f_i 的梯度。

- 假设 1(f_i 和 F 的平滑度)：对于任意的训练数据样本，假设对于每个 $k \in [d]$，f_i 关于权重向量 $\boldsymbol{w}$ 的偏导数的第 k 个坐标是 L_k-Lipschitz 的，并且每个损失函数 f_i 是 L-smooth 的。同时假设泛化损失函数 $F(\cdot) := \mathbb{E}_{z\sim D}[f(\boldsymbol{w};z)]$ 是 L_F-smooth 的，其中 D 表示数据在各参与方之间的总体分布。
- 假设 2(梯度的有界方差)：对于任意 $\boldsymbol{w} \in \boldsymbol{W}$，$\mathrm{Var}\left(\nabla f_i\left(\boldsymbol{w}\right)\right) \leqslant V^2$，$\forall i \in P$。
- 假设 3(梯度的有界偏度)：对于任意 $\boldsymbol{w} \in \boldsymbol{W}, \| \gamma\left(\nabla f_i\left(\boldsymbol{w}\right)\right) \|_\infty \leqslant S$，$\forall i \in P$，其中 $\gamma(\boldsymbol{X}) := \dfrac{\mathrm{E}[\boldsymbol{X} - \mathrm{E}(\boldsymbol{x})]^3}{\mathrm{Var}(\boldsymbol{X})^{3/2}}$ 是向量 $\boldsymbol{X}$ 的绝对偏度。

这些假设通常在参与方的本地数据分布为 IID 且数据收集过程中增加的潜在噪声也为 IID 的情况下成立。然而，对于参与方拥有异构数据资源的非 IID 情况，这些假设则不成立。

17.2.4　Krum

在参考文献[1]中，Krum 使用选择函数 $\mathrm{Kr}(\boldsymbol{X}_1, \boldsymbol{X}_2, \ldots, \boldsymbol{X}_n)$ 选择参与方梯度进行聚合，其定义如下。对于每个参与方 i，令 $s(i) = \sum_{i \to j, i \neq j} \| \boldsymbol{X}_i - \boldsymbol{X}_j \|^2$，其中 $i \to j$ 表示与 $\boldsymbol{X}_i$ 最接近的 $n-t-2$ 个向量的集合，t 为联邦学习系统中拜占庭参与方的最大数量。另外，$\mathrm{Kr}(\boldsymbol{X}_1, \boldsymbol{X}_2, \ldots, \boldsymbol{X}_n) := \boldsymbol{X}_{i^*}$，其中 $s(i^*) \leqslant s(i)$，$\forall i \in P$。

如算法 17.3 所示，假设拜占庭参与方的最大数为 $0 \leqslant t \leqslant n$，Krum[1]算法可以抵御拜占庭攻击。具体来说，Krum 允许聚合器在全局训练轮中仅使用单个参与方的梯度来更新全局模型，而不是计算包含所有参与方梯度的聚合梯度。第 6 行调用 Krum 选择函数，在每一轮中选择一个被视为最值得信赖的参与方，其与其他参与方的梯度之间的 l_2 距离最小。换句话说，它的本地梯度与所有其他本地梯度最为相似。由于 Krum 选择函数要求每个参与方至少有 $n-t-2$ 个最近距离，因此 Krum 将联邦学习系统中的最小参与方数限制为至少 5 个。对于少于 5 个参与方的小型联邦来说，Krum 算法将不起作用。此外，与 CWM 类似，Krum 算法假设良性参与方提出的梯度向量 $\boldsymbol{g}_k^i$ 为 IID 分布的随机向量，这对于参与方具有非 IID 本地数据分布的情况可能不成立。Krum 算法所需的计算复杂度也远远高于梯度平均算法(其复杂度为 $O(dn)$)。

Krum 函数 $\mathrm{Kr}(\boldsymbol{X}_1,\boldsymbol{X}_2,\ldots,\boldsymbol{X}_n)$ 的时间复杂度为 $O(n^2(d+\log n))$，其中 $\boldsymbol{X}_1,\ldots,\boldsymbol{X}_n$ 是 d 维向量。

我们可以得出结论，上述所有算法都会拒绝那些被假设为拜占庭的梯度，前提是如果收集的梯度与其他梯度相比更远，则该梯度就被视为不诚实的。然而，上述所有解决方案都有一个共同的弱点，就是它们要求对诚实梯度的方差进行定义[4]。在实际应用中，我们并不知道这个方差的具体值，这给攻击者提供了机会，他们可以利用这一点进行攻击，如使用帝国崩溃攻击[22]。

算法 17.3 Krum 算法

Input：初始权重向量 $\boldsymbol{w}_0$、最大全局轮次 K、学习率策略$\{\eta_k\}$、训练批大小 B、(可选)目标准确性 ϵ

1: **procedure:** Aggregator$(\boldsymbol{w}_0,K,\eta,\in)$
2: **for** 轮次 $k=1,\ldots,K$ **do**
3: **if** (可选)当前全局模型达到目标准确性 **then return** $\boldsymbol{w}_k$
4: **else**
5: 用当前全局模型权重 $\boldsymbol{w}_{k-1}$ 查询参与方 $i\in P$, 获取其当前梯度 $\boldsymbol{g}_k^i$ 。
6: $\boldsymbol{g}_k=\mathrm{Kr}(\boldsymbol{g}_k^1,\boldsymbol{g}_k^2,\ldots,\boldsymbol{g}_k^{|P|})$
7: $\boldsymbol{w}_k=\boldsymbol{w}_{k-1}-\eta_k\boldsymbol{g}_k$
8: **return** $\boldsymbol{w}_k$
9: **end if**
10: **end for**
11: **end procedure**
12: **procedure**: Party$(B,\boldsymbol{w})$
13: 用 $\boldsymbol{w}_0=\boldsymbol{w}$ 初始化本地模型
14: $\boldsymbol{g}=\nabla l(\boldsymbol{w}_0;B)$ $\{l$ 表示损失函数$\}$
15: **return** $\boldsymbol{g}$
16: **end procedure**

17.3 对拜占庭威胁的分层鲁棒性

正如从 17.2 节中得出的结论，许多鲁棒的聚合算法利用某种形式的“离群点检测”来识别和过滤潜在的拜占庭梯度。这些算法的基本假设是，与拜占庭梯度相比，诚实的梯度会更加相似。然而，不难发现梯度之间的相似性与每个参与方的本地分布密切相关。下面用一个简单的例子来说明。在图 17-4 中看到，两个聚类对应于分类问题中的两个类别，用黑色和灰色表示。如果每个参与方在其本地训练数据集中只有一个类别标签，那么该参与方发送的梯度会将梯度下降方向拉向其本地数据所属的簇(分布)。梯度之间的相似性将随着其本地分布相似性的降低而降低。为简单起见，这里将拥有黑色类的参与方称为黑队，将拥有灰色类的参与方称为灰队。一旦鲁棒聚合算法(如 Krum)确定黑队发送的梯度是可信的(通常是因为在联邦学习系统中黑队的参与方更多)，它将排除灰队各参与方发送的梯度。这是因为这些梯度与黑队发送的回复相差甚远，被视为“恶意的”。这种情况下，全局模型总是根据黑队发送的梯度进行更新，从而准确地预测黑色类别，而不是灰色类别，因为模型从来没有收到基于灰色类别数据样本计算的梯度。

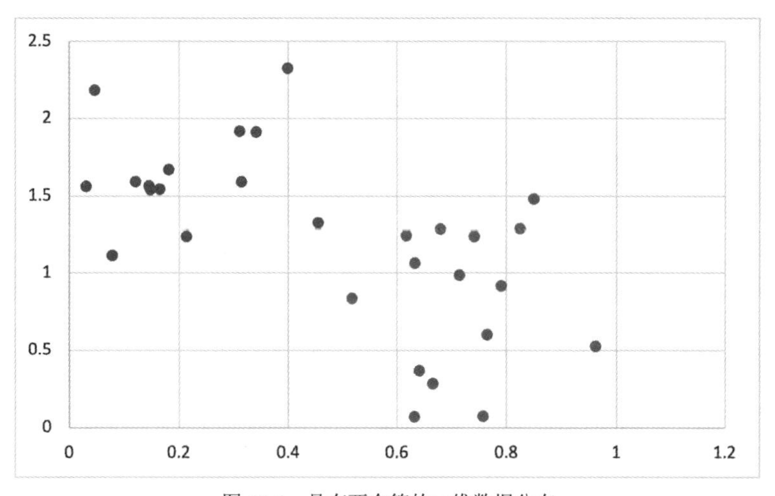

图 17-4　具有两个簇的二维数据分布

我们不准备消除任何看似恶意的梯度，而是考虑通过评估神经网络层在某些拜占庭攻击下的反应来减轻拜占庭威胁的问题。因此，通过初步研究以验证我们的猜想，即在拜占庭攻击下，神经网络的不同层将表现出不同的行为。在本研究中，构建了一个包含 10 个参与方的联邦学习系统，协同训练一个具有两个卷积层和稠密层的 CNN(我们将这些层称为 conv1、conv2、dens1 和 dens2)。表 17-1 中列出了可训练层的权重和偏置。注意，我们将权重和偏置从同一层中分离出来，因为根据实验结果(见图 17-5)，它们对高斯攻击的表现不同。每个参与方从 MNIST 数据集中随机抽取 1000 个数据点[9]，因此参与方的本地分布为 IID。

表 17-1　简单 CNN 的可训练层列表

序号	层	参数	维度
1	conv1	权重	288
		偏置	32
2	conv2	权重	18 432
		偏置	64

(续表)

序号	层	参数	维度
3	dense1	权重	1 179 648
		偏置	128
4	dense2	权重	1280
		偏置	10

在讨论实验研究的细节和关键观察之前，我们首先介绍本章剩余部分使用的符号表示。

符号：使用 n 来表示联邦学习系统中的参与方总数。为表示全局训练轮次 k 中第 l 层的参与方 p 的 d 维梯度，使用 $\boldsymbol{g}_{p,l}^{k} \in \mathbb{R}^{d}$。使用 L 来表示神经网络中的总层数。为表示参与方 p 在第 k 轮的完整梯度集合，使用 $\boldsymbol{G}_{p}^{k}$。最后，使用 $\boldsymbol{G}^{k}$ 来表示在第 k 轮收集的参与方梯度向量列表。

由于各参与方的本地数据分布为 IID，因此预期它们发送的本地梯度较为相似。在研究中，使用 l_2 范数来衡量它们之间的差异。特别地，在第 k 轮，计算了特定层的归一化 l_2 范数 P_l^k。

$$P_l^k \leftarrow \frac{\|[\boldsymbol{g}_{1,l}^k, \boldsymbol{g}_{2,l}^k, \ldots, \boldsymbol{g}_{n,l}^k]\|_2}{\sum_{p=1}^{n} x_p} \tag{17.2}$$

式中：x_p 为参与方 p 当前梯度的范数，即 $x_p = \|< \boldsymbol{g}_{p,0}^k, \boldsymbol{g}_{p,1}^k, \ldots, \boldsymbol{g}_{p,L}^k >\|_2$；$[\boldsymbol{g}_{1,l}^k, \boldsymbol{g}_{2,l}^k, \ldots, \boldsymbol{g}_{n,l}^k]$ 表示一个矩阵，第 p 行是参与方 p 当前梯度的第 l 层。在每一轮计算所有 10 个参与方的这些归一化的 l_2 范数，并比较层权重和偏置随时间的变化。在两种设置下进行实验，其中一种是没有任何攻击的普通联邦学习训练，另一种是有两个拜占庭参与方的联邦学习训练。这些拜占庭参与方通过发送从高斯分布 $N(0, 200^2 I)$ 中随机采样的梯度来执行高斯攻击(我们可从参考文献[20]中获取这个高斯分布)。

图 17-5 比较了非攻击和拜占庭攻击场景下两层参数的梯度结果。在没有拜占庭攻击的情况下，第一个卷积层的偏置梯度与第一个稠密层的权重梯度具有相似的 l_2 范数，直到大约 150 轮。然后，卷积层的偏置梯度的 l_2 范数明显比第一个稠密层的权重大，且在各轮之间变化更大。然而，即使在 150 轮之后，也可以看到归一化 l_2 范数在联邦学习中没有拜占庭参与方的情况下变化不大。因此，证实了之前的说法，即在 IID 本地数据分布的情况下，每个参与方发送的本地梯度在层级上相对相似。

我们进一步研究了在包含拜占庭梯度的情况下网络层级之间的相似性。在拜占庭案例中，卷积层的偏置范数在训练早期阶段就开始明显超过稠密层的权重范数。虽然在两种设置下，稠密层的 l_2 范数在不同轮次之间的方差都比较小，但是加入拜占庭参与方后，卷积层范数的方差显著增大。这些模式表明，拜占庭参与方引入的梯度方差对卷积层偏置梯度的影响更为显著，而不是对稠密层的权重更为显著。在攻击和非攻击场景中，它们的范数也在不同轮次之间变得更大且更具变化。因此，可以得出一般结论，梯度范数在不同轮次之间变化更大的层具有更大的内在脆弱性，而这种脆弱性更容易被拜占庭攻击所利用。

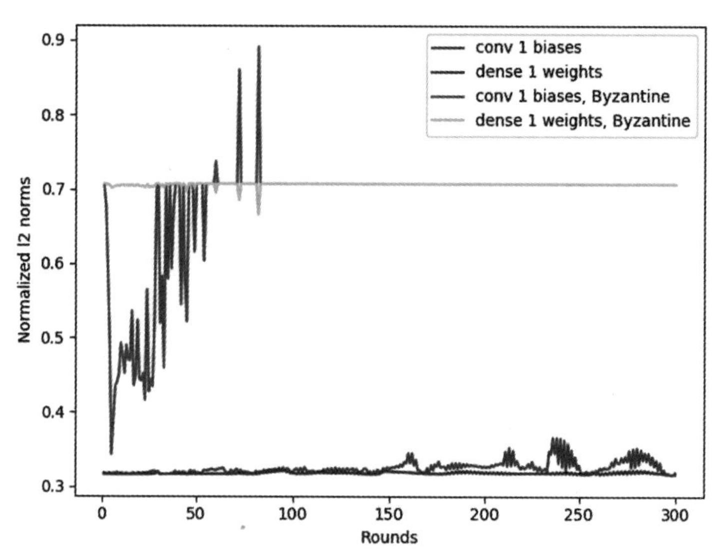

图 17-5　归一化 l_2 范数与第一个卷积层的偏置和第一个稠密层的权重相关。本实验涉及 10 个工作者，有来自 MNIST 的 1000 个 IID 数据点。我们比较了有和没有两个拜占庭参与方执行的高斯攻击($\mu = 0$ 和 $\sigma = 200$)的结果

17.4　LEGATO：分层梯度聚合

在联邦学习设置中，我们引入了一种新的鲁棒梯度聚合方法，该方法利用分层鲁棒性因子对收集到的梯度进行重新加权，用于训练神经网络。这种方法受到了 17.3 节的初步研究观察的启发。这种新的鲁棒算法被称为分层梯度聚合(LEGATO)[17]。LEGATO 的目标是能够减轻错误或恶意梯度的影响，同时保留从拥有稀有训练数据样本的各参与方收集的潜在有用信息。

17.4.1　LEGATO

在介绍有关 LEGATO 算法的详细信息之前，首先描述算法 17.4 中的基本联邦学习过程。在这种联邦学习设置中，采用小批随机梯度下降的方法，让各参与方计算本地梯度，聚合器通过聚合梯度更新全局模型。具体来说，聚合器将迭代地请求系统中的所有参与方，让它们发送基于共享全局模型权重及其本地数据集计算的当前梯度，如算法 17.4 的第 4 行所示。然后，它通过一种鲁棒的聚合方法(例如 LEGATO)聚合收集到的梯度(见第 5 行)，使用聚合的梯度执行梯度下降来更新全局模型(见第 6 行)。需要指出的是，我们只考虑同步设置，也就是说，聚合器需要等待直到收到所有查询参与方

的响应。聚合器还保留了来自各参与方的最近的过去梯度的日志。对于第 k 轮迭代，这个日志表示为 $\text{GLog} := [\boldsymbol{G}^{k-m}, \boldsymbol{G}^{k-m+1}, \dots, \boldsymbol{G}^{l-1}]$，其中 m 为日志的最大大小。

算法 17.4 采用 LEGATO 的联邦学习

Input：初始权重向量 $\boldsymbol{w}_0$、最大全局轮次 K、学习率策略$\{\eta_k\}$、训练批大小 B
1: **procedure:** Aggregator($\boldsymbol{w}_0, K, \{\eta_k\}$)
2: **for** 轮次 $k = 1,\dots,K$ **do**
3: $\boldsymbol{g}^k \leftarrow$ 新建列表
4: 用当前全局模型权重 $\boldsymbol{w}_{k-1}$ 查询参与方 $p \in P$，获取其当前梯度 $\boldsymbol{G}_p^k$ 并加入 $\boldsymbol{G}^k$ 中
5: $\boldsymbol{G}_{\text{agg}}^k = \text{LEGATO}(\boldsymbol{G}^k)$ {聚合梯度，如算法 17.5 所示}
6: $\boldsymbol{w}_k = \boldsymbol{w}_{k-1} - \eta_k \boldsymbol{G}_{\text{agg}}^k$
7: **end for**
8: **end procedure**
9: **procedure**: Party(B,$\boldsymbol{w}$)
10: 用 $\boldsymbol{w}_0 = \boldsymbol{w}$ 初始化本地模型
11: $\boldsymbol{g} = \nabla l(\boldsymbol{w}_0; B)$ {l 表示损失函数}
12: **return** $\boldsymbol{g}$
13: **end procedure**

在每一轮训练中，当聚合器收到所有参与方的梯度时，LEGATO 算法开始执行。首先，聚合器更新梯度日志 GLog，其中包含从各参与方收集到的最近 m 个梯度。接着，在第 7～11 行，聚合器利用梯度日志 Glog，按照与式 17.2 相同的方式计算层 l 在第 k 轮的归一化 l_2 范数 P_l^k。然后，它计算所有记录轮次中这些范数的标准差的倒数，作为鲁棒性因子分配给每层，并在所有层中进行归一化(见第 13、14 行)。这些步骤的灵感来自 17.3 节中进行的实验研究的观察结果，即 l_2 在不同轮次的变化越小，层的鲁棒性就越强。在第 17 行，每个参与方的梯度信息更新为其过去梯度的平均值及其当前梯度向量的加权和。权重作为每层鲁棒性因子的函数使得不太鲁棒的层的更新更多地依赖过去梯度的平均值。最后，在第 19 行，将所有这些重新加权的梯度在所有参与方上进行平均计算，并将结果作为第 k 轮的聚合梯度 $\boldsymbol{G}_{\text{agg}}^t$。

LEGATO 具有鲁棒性，并且提升了聚合器充分利用参与方提供的信息的能力。一方面，第 19 行中的这种重新加权策略最终减少了梯度中可能由拜占庭攻击导致的噪声，目的是减轻拜占庭梯度对聚合梯度偏离真实值的影响。另一方面，LEGATO 将这种减噪步骤应用于最脆弱的层的事实使得可靠层的当前梯度(最准确的梯度)在聚合梯度中仍然占有较高的权重，从而限制了使用过去梯度可能导致的收敛速度的牺牲。此外，通过在线计算鲁棒性因子，LEGATO 能够适用于各种模型架构，因为它采用了在线的因子分配方式，而不是依赖对鲁棒性的绝对量化。正如参考文献[24]所示，不同的架构对分层鲁棒性的了解程度存

在差异，因此采用在线且与模型无关的方法更可行。

算法 17.5　LEGATO(一种用于在第 k 轮聚合梯度的聚合算法)

Input: 当前训练轮次 k、当前各参与方梯度的列表 $\boldsymbol{G}^k=[\boldsymbol{G}_1^k,\boldsymbol{G}_2^k,\ldots,\boldsymbol{G}_n^k]$，以及最大大小为 m 的最近参与方梯度的日志 $\text{GLog}:=[\boldsymbol{G}^{k-m},\boldsymbol{G}^{k-m+1},\ldots,\boldsymbol{G}^{k-1}]$。

1: **procedure**: **Aggregator** $(k,\boldsymbol{g}^t)$

2: **if** $k=1$ **then**

3: 初始化一个空日志 Glog

4: **else**

5: **UpdateGradientLog**(GLog, $\boldsymbol{G}^t$)

6: **end if**

7: **for** Glog 中的 $\boldsymbol{G}^k$ 和 P 中每个参与方 p **do**

8: $\boldsymbol{x}_p=\|\boldsymbol{G}_p^k\|_2$

9: **end for**

10: **for** 每层 l **do**

11: $P_l^k\leftarrow\dfrac{\|[\boldsymbol{g}_{1,l}^k,\boldsymbol{g}_{2,l}^k,\ldots,\boldsymbol{g}_{n,l}^k]\|_2}{\|[\boldsymbol{x}_0,\boldsymbol{x}_1,\ldots,\boldsymbol{x}_n]\|_1}$

12: **end for**

13: **for** 每层 l **do**

14: $\boldsymbol{w}_l\leftarrow\text{Normalize}\left(\dfrac{1}{\sqrt{\text{Var}(P_1^1,\ldots,P_i^k)}}\right)$

15: **end for**

16: **for** P 中的 p 和每层 l **do**

17: $\boldsymbol{G}_{p,l}^*\leftarrow\boldsymbol{w}_l\boldsymbol{G}_{p,l}^k+\dfrac{1-\boldsymbol{w}_l}{m-1}\sum_{j=1}^{m-1}\boldsymbol{G}_{p,l}^{k-j}$

18: **end for**

19: **return** $\sum_{p\in P}\boldsymbol{G}_{p,l}^*$

20: **end procedure**

21: **procedure**: UpdateGradientLog(GLog, $\boldsymbol{G}^k$)

22: $\text{GLog}\leftarrow\text{GLog}+\boldsymbol{G}^k$

23: **if** $len(\text{GLog})>m$ **then**

24: $\text{GLog}\leftarrow\text{GLog}[1:]$

25: **end if**

26: **end procedure**

17.4.2 LEGATO 的复杂度分析

梯度平均由于其简单性，是最高效的梯度聚合算法之一。它的计算复杂度与参与方数量 n 成线性关系。其他利用鲁棒统计方法的鲁棒算法也具有类似的计算复杂度，例如坐标中位数算法。

前面假设联邦学习系统中有 n 个参与方，每个神经网络层最多有 d 维。命题 17.1 指出，LEGATO 具有时间复杂度 $O(dn+d)$，且与 n 也是线性相关的。这是 LEGATO 相对于最先进的鲁棒算法(如 Krum[1]和 Bulyan[13])的关键改进之处，后者的时间复杂度为 $O(n^2)$。

命题 17.1：LEGATO 具有时间复杂度 $O(dn+d)$。

证明：首先，在每层的每个日志轮次中，聚合器计算每个工作者梯度的 l_2 范数，其时间复杂度为 $O(dn)$。然后，聚合器计算参与方梯度矩阵的 l_2 范数，并通过除以所有参与方的 l_2 梯度范数的 l_1 范数对其进行归一化，这个计算会增加 $O(dn)$的时间复杂度。接着，计算每层归一化后的轮次 l_2 范数的标准差，这个计算的时间复杂度是 $O(dn)$。然后，聚合器对每层的标准差的倒数进行归一化，这个计算会增加 $O(d)$的时间复杂度。之后，聚合器计算每层每个工作者记录的梯度的平均值，这个计算的时间复杂度是 $O(dn)$。最后，工作者根据分配的权重向量计算梯度的加权平均值，这个计算的时间复杂度是 $O(dn)$。

注意，迭代遍历每层的梯度并不会增加时间复杂度的因子 l，因为 d 包含所有层的所有梯度。因此，逐层迭代所有梯度的时间复杂度是 $O(d)$，按展开后的向量迭代所有梯度的时间复杂度也是 $O(d)$。

总之，将所有步骤的时间复杂度相加，得到的时间复杂度是 $O(dn + d)$。

LEGATO 的空间复杂度可用下面的命题来描述。

命题 17.2：LEGATO 的空间复杂度为 $O(dmn)$，其中 m 是为 LEGATO 选择的日志大小。

证明：LEGATO 维护了一个梯度日志，它存储了每个参与方的 m 个过去梯度。因此，所需的空间复杂度为 $O(dmn)$。

17.5 比较基于梯度和分层的鲁棒性

本节将在多种非攻击和攻击设置下相比较 Krum[1]和坐标中位数(CWM)[23]对 LEGATO 进行性能评估。同时，还展示 LEGATO 在过参数化神经网络设置中相对于梯度平均(参见算法 17.1)的潜在优势。

通过数值实验，可以作出以下断言。

- 在没有严格限制的诚实梯度方差的设置下(通过非 IID 数据的实验证明)，LEGATO 比 Krum 和 CWM 更具鲁棒性。
- 在没有遭受拜占庭攻击的情况下，针对 IID 和非 IID 设置，LEGATO 是 3 种算法中性能最好的。
- 针对两种攻击设置，LEGATO 是 3 种鲁棒聚合算法中最鲁棒的。

本节使用 IBM 联邦学习库[11]进行一系列数值实验。我们使用一个标准的数据集：MNIST 手写数字。这些实验的设置为：在一个由 25 个参与方组成的联邦学习系统中训练全局模型，每个参与方的训练数据点从整个数据集中随机采样(在 IID 设置下)，或者仅限于一个类别(在非 IID 设置下，与参考文献[25]中相同)。在每个全局训练轮中，在响应聚合器的请求之前，参与方使用小批技术根据其本地数据集计算梯度。针对 MNIST 数据集，实验采用了一个简单的卷积神经网络模型，包括两个卷积层、一个丢弃层和两个稠密层。我们将过去的 10 个梯度记录作为梯度的日志/历史记录。由于使用几乎平衡的全局测试集来评估全局模型的性能，因此这里使用全局训练轮次上的准确性作为性能指标，这相当于 F1 分数。

17.5.1　处理非 IID 参与方数据分布

许多鲁棒的聚合算法都假设从诚实参与方收集的梯度是有界的(详见 17.2.3 节和 17.2.4 节)。然而，在非 IID 设置中，这可能不一定成立，其中每个参与方在其本地训练数据集中只有一些标签，特别是本实验设置中只有一个标签。

从图 17-6 中可见，在没有任何攻击的情况下，Krum 和 CWM 在非 IID 设置中性能不佳。事实上，它们将来自拥有不同本地分布的参与方的良性梯度错误地识别为拜占庭回复。相比之下，不依赖上述假设的 LEGATO 在这种非 IID 设置中表现得相当不错。

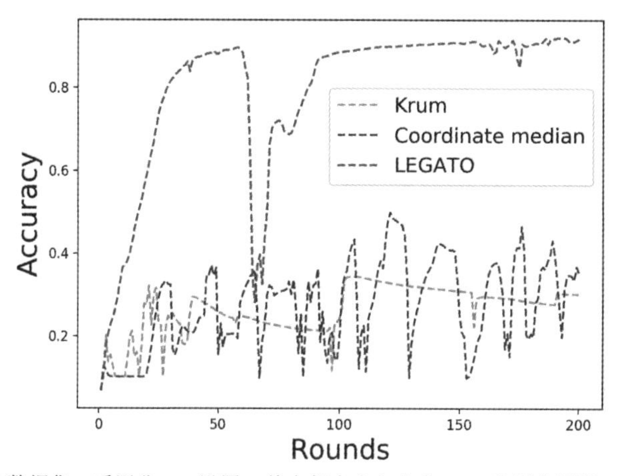

图 17-6　MNIST 数据集，采用非 IID 设置，其中每个参与方有 1000 张训练图像。所有算法使用的批大小为 50，学习率为 0.05

17.5.2　处理拜占庭失败

本节考虑联邦学习系统中可能存在拜占庭攻击的情况。具体而言，我们评估 LEGATO、Krum 和 CWM 在以下拜占庭攻击下的性能。

- 帝国崩溃：对于 Krum，在总共 25 个参与方的联邦学习系统中创建 11 个拜占庭参与方，设置 $\epsilon = 0.001$，采用类似于参考文献[22]中的攻击设置。

- 高斯攻击：在实验中，设置 $\mu=0$，并根据需要将 σ 改为相对较大或相对较小的值。

1. 防御帝国崩溃攻击

首先研究帝国崩溃攻击的案例。图 17-7 展示了在 MNIST 数据集上训练时面对帝国崩溃攻击的鲁棒算法的结果。从图中可以看出，帝国崩溃攻击对 Krum 有效，但对 LEGATO 或梯度平均算法无效。其原因在于，这种攻击中的所有拜占庭梯度都是相同的，形成了一个大的簇。因此，Krum 认为这些拜占庭参与方的梯度更可信，并将使用它们来更新全局模型。帝国崩溃攻击利用了 Krum 对诚实梯度会充分聚合的假设的依赖[4]，并且 CWM 算法也显示出类似的效果。

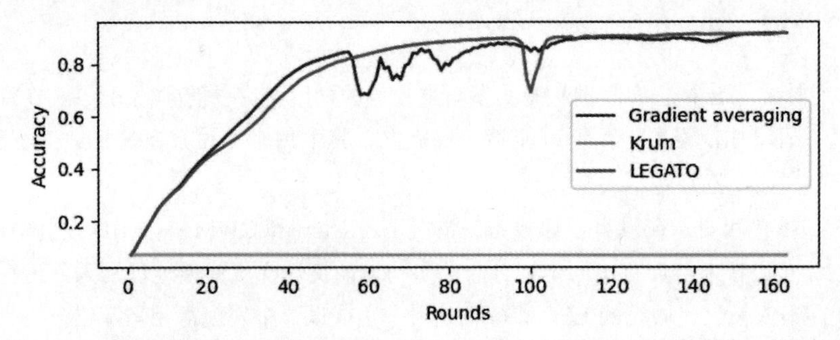

图 17-7 MNIST 数据集，采用 IID 设置，其中每个参与方有 1000 张训练图像。所有算法使用的批大小为 50，学习率为 0.05

2. 防御高斯攻击

本节研究 3 种鲁棒算法在不同方差大小的高斯攻击下的性能。

从图 17-8 可以看出，在拜占庭攻击的方差从 20 变化到 100 时，Krum 和 CWM 的性能几乎相同。它们无法区分由具有不同本地分布的各参与方发送的拜占庭梯度和良性梯度。Krum 和 CWM 都需要假设良性梯度看起来“相似”；换句话说，从各参与方发送的梯度应该是 IID 的。实验结果表明，LEGATO 不依赖这个假设。尽管受到拜占庭参与方的影响，LEGATO 仍然能够获得比 Krum 和 CWM 更高的模型测试准确性。尤其是，当高斯攻击使用较小的方差($\sigma=20$)时，LEGATO 在模型准确性方面相比 Krum 和 CWM 有显著的改进。经过 200 轮后，LEGATO 依然比梯度平均算法略优。当 $\sigma=100$ 时，LEGATO 在模型准确性方面显著优于 Krum 和梯度平均算法，但在 175 轮后，模型准确性仅略高于 CWM，因为高标准差利用了 LEGATO 对极端异常值的脆弱性。

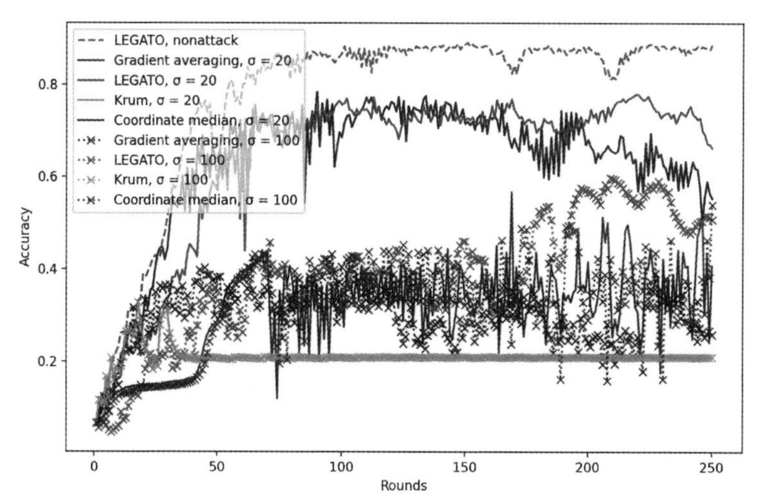

图 17-8 MNIST 数据集，采用非 IID 设置，其中每个参与方有 1000 张训练图像。对于高斯攻击，25 参与方中有 4 个是拜占庭参与方，随机地从 $N(0,\sigma^2 I)$ 中采样梯度。所有情况下的批大小为 50，学习率为 0.03

17.5.3 处理过参数化神经网络

在实践中，模型的过参数化现象普遍存在，这也是一个值得研究的条件。本节将研究一种特殊的神经网络结构，其中待训练的神经网络是过参数化的。具体来说，全局模型拥有更多的卷积层，能够在训练过程中捕获更多的信息和/或噪声。我们的目标是观察 LEGATO 在这种特殊情况下是否比梯度平均更具鲁棒性。

图 17-9 显示，当模型架构中加入更多的卷积层时，LEGATO 和梯度平均算法之间的性能差距变大。随着参数数量的增加，神经网络变得更容易学习到高斯噪声，就像在训练数据中更容易学习噪声和在非攻击设置中更容易过拟合一样。由于 LEGATO 利用分层鲁棒性因子来聚合收集到的梯度，因此它能够减轻梯度波动，这类似于正则化方法减少过拟合的效果。值得一提的是，与训练具有两个卷积层的模型相比，LEGATO 算法和梯度平均算法的整体性能都有所下降，因为过参数化神经网络更容易受到高斯攻击的影响。

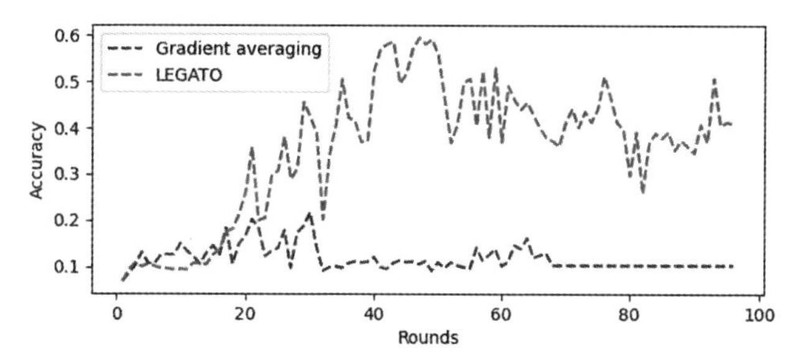

图 17-9 比较梯度平均法和 LEGATO 训练一个具有 8 个卷积层的 CNN 而不是常见的两层卷积结构的准确性。所有算法使用的批大小为 50，学习率为 0.05。25 个参与方中有 4 个是执行高斯攻击的拜占庭参与方，其中梯度从 $N(0,20^2 I)$ 中随机采样

17.5.4　日志大小的有效性

本节将研究日志大小对 LEGATO 算法的影响，特别是日志大小如何影响 LEGATO 防御拜占庭威胁的能力。

从图 17-10 可以看出，在非攻击和方差较小的高斯攻击的情况下，选择不同的日志大小对模型的性能影响不大，但在方差较大的高斯攻击的情况下，选择合适的日志大小非常重要。当日志大小较小(如 5)时，LEGATO 的性能将接近于梯度平均算法，而随着日志大小的增加，LEGATO 算法变得更保守，不轻易朝新的梯度方向迈出一步。因此，当日志大小增至 30 时，模型的收敛速度会非常缓慢，甚至长时间围绕某个点波动。

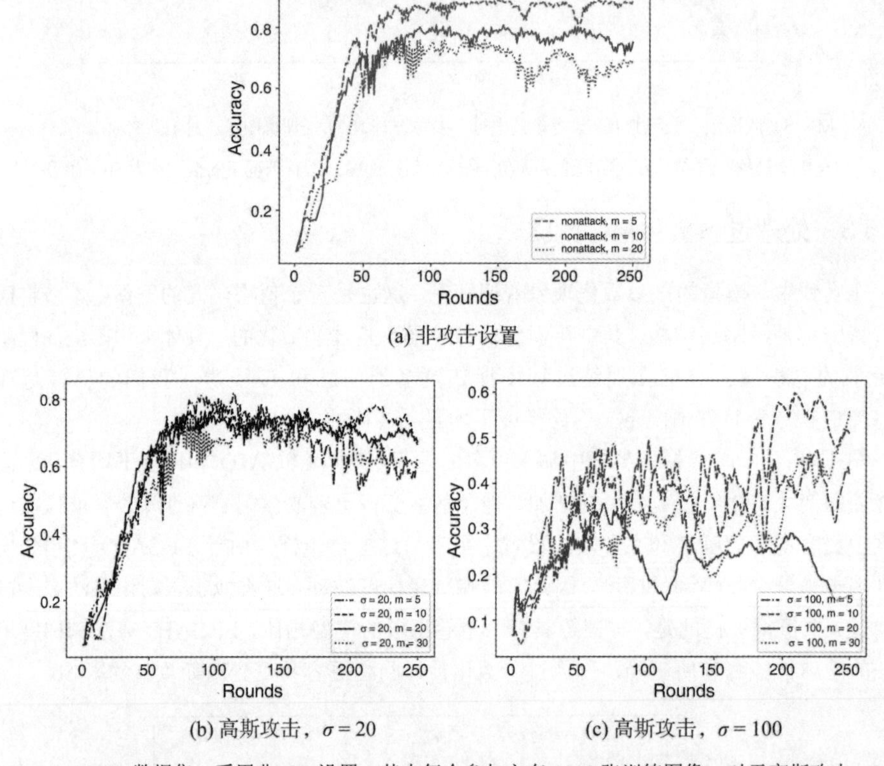

(a) 非攻击设置

(b) 高斯攻击，$\sigma = 20$　　(c) 高斯攻击，$\sigma = 100$

图 17-10　MNIST 数据集，采用非 IID 设置，其中每个参与方有 1000 张训练图像。对于高斯攻击，25 个参与方中有 4 个是拜占庭参与方，从 $N(0, \sigma * I)$ 中随机采样梯度。所有情况下的批大小为 50，学习率为 0.03；同时将日志大小从 5 改到 3

17.6　本章小结

我们已经证明，当在受到拜占庭攻击的非 IID 环境中训练神经网络时(这种情况下，某个参与方或一部分参与方会通过发送精心制作的恶意回复给聚合器来破坏最终模型的性能)，LEGATO 的性能要好于其他基于梯度的鲁棒算法(例如 Krum 和 CWM)。虽然 LEGATO 是在联邦学习中训练神经网络时用于缓解拜占庭威胁的首个成功尝试，但它并不适用于所有类型的机器学习模型的训练，因为其他模型(如线性模型、SVM 和 XGBoost 等)没有与神经网络类似的分层结构，会导致 LEGATO 无法使用。该领域的一个未解决问题是找到一个通用的鲁棒聚合算法，即使在非 IID 本地数据分布设置下，也可以用于缓解拜占庭威胁。

此外，当高斯攻击的方差很高时，LEGATO 的有效性受到很大影响，因为它不会拒绝任何梯度信息，因此容易受到极端异常值的影响。该领域的另一个未解决问题是如何根据具体问题来定义和识别“极端异常值”。特别是，定义和识别这些“极端异常值”的过程应该是数据感知的，即需要基于来自各参与方的本地数据分布。这是一个非常具有挑战性的问题，因为在要求保护参与方本地数据隐私的情况下很难识别“极端异常值”。

参考文献

[1] Blanchard P, El Mhamdi EM, Guerraoui R, Stainer J (2017) Machine learning with adversaries: byzantine tolerant gradient descent. Advances in Neural Information Processing Systems, p 30.

[2] Charikar M, Steinhardt J, Valiant G (2017, June) Learning from untrusted data. In: Proceedings of the 49th annual ACM SIGACT symposium on theory of computing, pp 47-60.

[3] Chen, Y., Su, L., & Xu, J. (2017). Distributed statistical machine learning in adversarial settings: Byzantine gradient descent. Proceedings of the ACM on measurement and analysis of computing systems, 1(2), 1-25.

[4] El-Mhamdi, E. M., Guerraoui, R., & Rouault, S. (2020). Distributed momentum for byzantine-resilient learning. arXiv preprint arXiv:2003.00010.

[5] Fung, C., Yoon, C. J., & Beschastnikh, I. (2018). Mitigating sybils in federated learning poisoning. arXiv preprint arXiv:1808.04866.

[6] Gao D, Liu Y, Huang A, Ju C, Yu H, Yang Q (2019) Privacy-preserving heterogeneous federated transfer learning. In: 2019 IEEE international conference on big data (Big Data). IEEE, pp 2552-2559.

[7] Krishnaswamy R, Li S, Sandeep S (2018, June) Constant approximation for k-median and k-means with outliers via iterative rounding. In: Proceedings of the 50th annual ACM SIGACT symposium on theory of computing, pp 646-659.

[8] Lamport L, Shostak R, Pease M (1982) The byzantine generals problem. ACM Trans Program Lang Syst 4(3):382-401. https://doi.org/10.1145/357172.357176.

[9] Lecun Y, Bottou L, Bengio Y, Haffner P (1998) Gradient-based learning applied to document recognition. Proc IEEE 86:2278-2324.

[10] Li T, Sahu AK, Zaheer M, Sanjabi M, Talwalkar A, Smith V (2018) Federated optimization in heterogeneous networks. Preprint. arXiv:1812.06127.

[11] Ludwig H, Baracaldo N, Thomas G, Zhou Y, Anwar A, Rajamoni S, Ong Y, Radhakrishnan J, Verma A, Sinn M et al. (2020) IBM federated learning: an enterprise framework white paper v0. 1. Preprint. arXiv:2007.10987.

[12] McMahan B, Moore E, Ramage D, Hampson S, y Arcas, B. A. (2017, April) Communication-efficient learning of deep networks from decentralized data. In: Artificial intelligence and statistics, PMLR, pp 1273-1282.

[13] Guerraoui R, Rouault S (2018, July) The hidden vulnerability of distributed learning in byzantium. In: International conference on machine learning. PMLR, pp 3521-3530.

[14] Muñoz-González, L., Co, K. T., & Lupu, E. C. (2019). Byzantine-robust federated

machine learning through adaptive model averaging. arXiv preprint arXiv:1909.05125.

[15] Pillutla, K., Kakade, S. M., & Harchaoui, Z. (2019). Robust aggregation for federated learning. arXiv preprint arXiv:1912.13445.

[16] Rajput S, Wang H, Charles ZB, Papailiopoulos DS (2019) DETOX: A redundancy-based framework for faster and more robust gradient aggregation. CoRR abs/1907.12205. http://arxiv.org/abs/1907.12205.

[17] Varma K, Zhou Y, Baracaldo N, Anwar A (2021) Legato: A layerwise gradient aggregation algorithm for mitigating byzantine attacks in federated learning.

[18] Wang H, Yurochkin M, Sun Y, Papailiopoulos D, Khazaeni Y (2020) Federated learning with matched averaging.

[19] Xia Q, Tao Z, Hao Z, Li Q (2019) Faba: An algorithm for fast aggregation against byzantine attacks in distributed neural networks. In: Proceedings of the twenty-eighth international joint conference on artificial intelligence, IJCAI-19. International joint conferences on artificial intelligence organization, pp 4824–4830. https://doi.org/10.24963/ijcai.2019/670.

[20] Xie, C., Koyejo, O., & Gupta, I. (2018). Generalized byzantine-tolerant sgd. arXiv preprint arXiv:1802.10116.

[21] Xie C, Koyejo S, Gupta I (2019, May) Zeno: distributed stochastic gradient descent with suspicion-based fault-tolerance. In: International conference on machine learning. PMLR, pp 6893-6901.

[22] Xie C, Koyejo O, Gupta I (2020, August) Fall of empires: breaking byzantine-tolerant sgd by inner product manipulation. In: Uncertainty in artificial intelligence. PMLR, pp 261-270.

[23] Yin D, Chen Y, Kannan R, Bartlett P (2018, July) Byzantine-robust distributed learning: towards optimal statistical rates. In: International conference on machine learning. PMLR, pp 5650-5659.

[24] Zhang, C., Bengio, S., & Singer, Y. (2019). Are all layers created equal?. arXiv preprint arXiv:1902.01996.

[25] Zhao, Y., Li, M., Lai, L., Suda, N., Civin, D., & Chandra, V. (2018). Federated learning with non-iid data. arXiv preprint arXiv:1806.00582.

第Ⅳ部分

横向联邦学习之外：以不同方式划分模型和数据

本书的这一部分涵盖了两种企业用例，它们与我们之前讨论的横向联邦学习设置不同。特别是，本部分将聚焦于两个新的范例，即纵向联邦学习和拆分学习，其中单个参与方无法独自拥有训练模型所需的全部信息。

纵向联邦学习产生于单个参与方无法独自拥有训练模型所需的全部数据的企业环境。因此，这种情况下不能应用横向联邦学习训练的算法。第 18 章将提供纵向联邦学习技术的概述，并特别地讨论一种基于函数加密的新颖高效方法，考虑一些重要的企业需求，包括参与方之间不需要点对点连接。

拆分学习是另一种方法，多个参与方可以训练模型的不同部分，确保其数据保持隐私。系统可以有多种设置方式。第 19 章将详细介绍这种新颖方法及其相关算法。

第 18 章

保护隐私的纵向联邦学习

摘要：许多联邦学习(FL)提议遵循横向联邦学习的结构，其中每个参与方都可以访问训练模型需要的所有信息。然而，在一些重要的现实联邦学习场景中，并非所有参与方都可以访问相同的信息，也不是所有参与方都具备训练机器学习模型所需的条件。在被称为纵向场景的情况下，多个参与方提供不相交的信息集合，当这些信息汇集在一起时，可以创建一个带有标签的完整特征集用于训练。法规、实际考虑和隐私要求阻碍了将所有数据移动到单一位置或在参与方之间自由共享。横向联邦学习技术无法应用于纵向设置。本章将讨论纵向联邦学习的用例和挑战，介绍纵向联邦学习的最重要方法，并详细描述 FedV(这是一种可以对常见的机器学习模型执行安全梯度计算的高效解决方案)。FedV 旨在克服应用现有的最先进技术时固有的一些缺陷。使用 FedV 显著减少了训练时间和数据传输量，并使纵向联邦学习能够在更多现实世界的用例中得到应用。

18.1　介绍

联邦学习[21]最近被提出作为一种有前景的方法，用于实现机器学习模型的协作训练。在一个中心节点(聚合器)的协调下，各参与方可以共同训练，而不需要共享任何原始训练数据。

有两种类型的联邦学习方法(横向联邦学习和纵向联邦学习)，两者根据数据在参与方之间的划分方式而有所不同。在横向联邦学习中，每个参与方都可以访问其自己的全部特征集和标签，因此每个参与方都可以基于其数据集训练完整的本地模型。聚合器可以查询每个参与方的模型更新，并通过将更新的模型权重融合在一起来创建一个全局模型。大多数关于联邦学习的文献都集中在横向联邦学习上，解决了与隐私和安全[10, 32]、系统架构[3, 19]和新的学习算法[7, 37]相关的问题。

相反，纵向联邦学习(VFL)是指单个参与方没有完整的特征集和标签的联邦学习场景。因此，它们不能使用自己的数据训练本地模型。例如，在涉及一组银行和一个监管机构的金融场景中，银行可能希望使用其数据协作创建一个机器学习模型，以便标记涉及洗钱的账户。如果几家银行合作为共同的客户找到公共的特征向量，监管机构提供标签显示哪些客户已经洗钱，就可以识别和规避这种欺诈行为。然而，银行可能不想分享其客户的账户详细信息，并且某些情况下，法规会禁止他们共享数据。因此，这种洗钱检测场景将极大受益于 VFL 解决方案。

VFL 的关键步骤包括隐私实体解析和隐私纵向训练。在隐私实体解析中，需要对参与方的数据集进行对齐，以创建完整的特征集，同时保持数据隐私。隐私纵向训练专注于以隐私保护的方式训练全局模型。人们已经提出了各种各样的方法用于执行 VFL[5 9, 12, 13, 26, 31, 34, 36]。大多数方法都是针对特定模型的，并依赖特定的隐私保护技术，例如混淆电路、安全多方计算(SMC)、差分隐私噪声扰动、部分加法同态加密(HE)和内积函数加密方案。

本章将概述 VFL、其挑战和最先进的技术。18.2 节概述在 VFL 设置中训练模型所需的整个过程。18.3 节解释按照 VFL 所施加的限制使用梯度下降进行训练的固有挑战。18.4 节探讨代表性的 VFL 解决方案，包括通信拓扑、系统效率和支持的机器学习模型。18.5 节介绍一种高效的 VFL 解决方案 FedV。18.6 节总结本章内容。

18.2 理解纵向联邦学习

VFL 是一种可在许多实际场景中帮助创建机器学习模型的强大方法，它适用于横向联邦学习无法解决的情况，即单个实体无法访问所有训练特征或标签。在医疗保健领域，不同的实体机构可能收集关于患者的不同数据，如果这些数据能够结合起来，就可以显著提高对患者健康状况的预测和诊断能力。例如，一个传感器公司可能会收集有关患者的身体传感器记录(包括心率和睡眠周期数据)。然后，一家医院可以使用 VFL 来训练机器学习模型，更准确地诊断患者的健康状况，因为它掌握了患者的医疗历史数据(包括标签)。另一个示例用例是使用有关制造、运输和保存期的信息来预测产品的生命周期，以确定其是否会因为故障而被退货。通过整合从设备生产工厂收集的信息、运输期间收集的信息(例如监测温度和震动等)，以及从商店收集的信息(包括销售时间和是否退货)，可以帮助实现这个应用场景的目标。这种情况下，产品是否销售以及是否在某个时间点被退货都是有价值的标签。

在所有这些示例中，不同的信息分布在多个位置，并由不同的组织(参与方)拥有，它们彼此不共享其信息。在 VFL 中，通常假设单个参与方可以访问标签。但是，存在 3 种潜在情况。

- 单个参与方拥有标签且标签是隐私的。这符合先前讨论的大多数示例的情况。
- 单个参与方拥有标签，但这些标签不是隐私的，可以与所有其他参与方共享。
- 所有参与方都有自己数据的标签。标记数据通常是昂贵和烦琐的。因此，这种用例不常见。此外，这也会导致标签存在潜在的差异。

本章重点讨论第一种情况，因为它反映了现实场景中遇到的大多数用例。因此，这里将在仅有一个参与方拥有类别标签并希望保持隐私的情况下讨论 VFL。我们将拥有标签的参与方称为主动参与方，而没有标签的其他参与方称为被动参与方。

18.2.1　符号、术语和假设

为更好地进行讨论，现在介绍本章剩余部分使用的符号表示法。我们让 $P=\{p_i\}_{i\in\{1,\dots,n\}}$ 表示 VFL 中的 n 个参与方的集合。令 $D^{[X,Y]}$ 表示跨参与方集合 P 的训练数据集，其中 $\boldsymbol{X}\in\mathbb{R}^d$ 表示特征集，$Y\in\mathbb{R}$ 表示标签。VFL 的目标是在不泄露任何参与方数据的情况下，从参与方集合 P 和数据集 D 训练出一个机器学习模型 M。

在 VFL 中，数据集 D 纵向分布在多个参与方之间，每个本地数据集 D_{p_i} 都具有所有的训练数据样本，但只有部分特征集。图 18-1 简单展示了如何将数据集 D 在两个参与方之间进行纵向划分。根据之前描述的场景，在 VFL 过程中所涉及的用于学习的特征集和标签需要保持隐私。

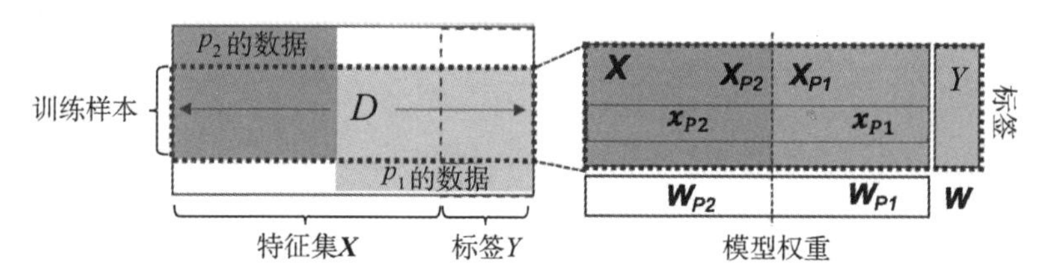

图 18-1　跨各参与方纵向划分的数据。在本例中，p_1 和 p_2 具有重叠的标识符特征，p_1 是拥有标签的主动参与方

18.2.2　纵向联邦学习的两个阶段

当特征在各参与方之间分布时，会出现两个问题。

- 如何在不泄露数据的情况下，正确地将来自不同参与方的数据样本和相应的特征值进行匹配？
- 如何在遵守联邦学习隐私约束的同时，使用纵向分区数据进行模型训练？

当每个参与方独立收集数据时，首先需要找出共同的记录并进行匹配。这个过程称为实体匹配或实体解析，要求所有参与方都有一个标识符或一组标识符，从而确定两个记录是否属于同一个样本。例如，在多家医院收集患者数据的情况下，每个患者的社会安全号码可以用来链接来自不同医院的患者信息。隐私实体解析是一组技术，用于处理记录匹配，同时不会向参与方透露他们共享的记录。

完成隐私实体解析后，就可以开始进行纵向训练。通常情况下，聚合器会协调各参与方之间的实体解析和训练过程。接下来，详细介绍隐私实体解析过程，并强调在纵向环境中进行训练所面临的一些挑战。

1. 第一阶段：隐私实体解析(PER)

在实体解析中，确保该过程不泄露各参与方训练数据的隐私信息是一个至关重要的要求。即使是一个诚实但好奇的参与方或对手也不应该推断出特定数据样本的存在或缺失。为实现保护隐私的实体解析，现有方法(例如见参考文献[14, 23])通常采用像 Bloom 过滤器、随机不经意传输或隐私求交集等技术或工具，以在进行数据匹配的同时保证隐私。在这些方法中，一个常见的假设是存在公共记录标识符，例如姓名、出生日期或通用身份号码，它们可用于执行实体匹配。

图 18-2 展示了 VFL 技术(例如见参考文献[13, 33])采用的常见 PER 方法。这种典型的实体解析方法使用了一种称为加密长期密钥(CLK)的匿名链接编码技术，以及相应的匹配方法“Dice 系数[24]”。首先，每个参与方基于本地数据集的标识符生成一组 CLK，并将其与聚合器共享。聚合器匹配接收到的 CLK 并生成一个排列向量，每个参与方使用该向量来打乱其本地数据集。因此，打乱后的本地数据集按照相似的顺序排序并用于隐私 VFL 训练。

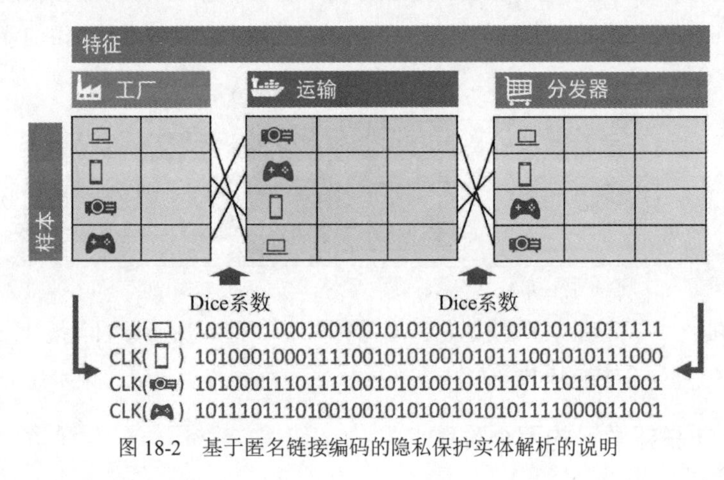

图 18-2　基于匿名链接编码的隐私保护实体解析的说明

2. 第二阶段：隐私纵向训练

在完成 PER 匹配和对齐后，就可以开始训练过程。在纵向训练中，聚合器负责协调各参与方之间的训练过程。每个参与方都会进行“部分模型更新”(即获取部分梯度计算结果或中间结果)，并采用隐私保护方法来保护这些“部分模型更新”。在每一轮训练中，聚合器会组织一个经过特殊设计的训练过程，执行安全计算，以确保数据不会被移动或共享。下面将概述在 VFL 中应用梯度下降所面临的挑战。

18.3　在纵向联邦学习中应用梯度下降的挑战

梯度下降(GD)及其变体(例如见参考文献[8,11,16,17,21])已成为训练(分布式)机器学习模型的主要方法。特别地，GD 可用于训练非基于树的传统模型，包括逻辑回归、LASSO 回归、支持向量机以及深度学习模型。

由于特征集的子集在不同的参与方之间分布，因此在纵向划分设置中无法直接采用常规的基于梯度的方法。接下来介绍采用这种方法所面临的挑战。

18.3.1　集中式机器学习中的梯度下降

GD方法[22]代表了一类优化算法，用于找到目标损失函数的最小值；例如，典型的损失函数可以定义如下。

$$E_D(\boldsymbol{w})=\frac{1}{n}\sum_{i=1}^{n}L(y^{(i)},f(\boldsymbol{x}^{(i)};\boldsymbol{w}))+\lambda R(\boldsymbol{w}) \tag{18.1}$$

其中 L 是损失函数，$y^{(i)}$是数据样本 $\boldsymbol{x}^{(i)}$对应的类别标签，$\boldsymbol{w}$ 表示模型参数，f 是预测函数，R 是带有系数 λ 的正则化项。GD 通过迭代地沿着本地最陡峭的下降方向(也就是梯度的负方向)移动来寻找最小化式 18.1 的最佳 $\boldsymbol{w}$。

$$\boldsymbol{w}\leftarrow\boldsymbol{w}-\alpha\nabla E_D(\boldsymbol{w}) \tag{18.2}$$

其中 α 是学习率，而 $\nabla E_D(\boldsymbol{w})$ 是在当前迭代中计算的梯度。由于具有简单的算法结构[22]，因此 GD 及其变体(即 SGD)已成为寻找机器学习模型的最优参数(权重)的常见方法。

18.3.2　纵向联邦学习中的梯度下降

在 VFL 设置中，由于数据集 D 在各参与方之间进行纵向划分，因此梯度计算 $\nabla E_D(\boldsymbol{w})$ 比在集中式机器学习设置中更复杂。考虑最简单的情况，即在 VFL 系统中只有两个参与方 p_1 和 p_2(如图 18-1 所示)，并且将均方误差(MSE)用作目标损失函数，即

$$E_D(\boldsymbol{w})=\frac{1}{n}\sum_{i=1}^{n}(y^{(i)}-f(\boldsymbol{x}^{(i)};\boldsymbol{w}))^2 \tag{18.3}$$

$E_D(\boldsymbol{w})$的梯度计算为

$$\nabla E_D(\boldsymbol{w})=-\frac{2}{n}\sum_{i=1}^{n}(y^{(i)}-f(\boldsymbol{x}^{(i)};\boldsymbol{w}))\nabla f(\boldsymbol{x}^{(i)};\boldsymbol{w}) \tag{18.4}$$

如果展开式 18.4 并计算求和结果，则需要计算 $i=1,\ldots,n$ 的 $-y^{(i)}\nabla f(\boldsymbol{x}^{(i)};\boldsymbol{w})$，其中需要来自 p_1 和 p_2 的特征信息以及来自 p_1 的标签。而且，显然

$$\nabla f(\boldsymbol{x}^{(i)};\boldsymbol{w})=[\partial_{w_{p_1}}f(\boldsymbol{x}_{p_1}^{(i)};\boldsymbol{w});\partial_{w_{p_2}}f(\boldsymbol{x}_{p_2}^{(i)};\boldsymbol{w})]$$

并不总是对于任何函数 f 都成立，因为 f 可能不是关于 $\boldsymbol{w}$ 完全可分离的。例如，当它应用于线性函数时，如下所示。

$$f(\boldsymbol{x}^{(i)};\boldsymbol{w})=\boldsymbol{x}^{(i)}\boldsymbol{w}=\boldsymbol{x}_{p_1}^{(i)}\boldsymbol{w}_{p_1}+\boldsymbol{x}_{p_2}^{(i)}\boldsymbol{w}_{p_2} \tag{18.5}$$

式 18.4(即部分梯度 $\nabla E_D(\boldsymbol{w})$)会有所减少，具体如下所示。

$$\frac{2}{n}\sum_{i=1}^{n}\Big([(\boldsymbol{x}_{p_1}^{(i)}\boldsymbol{w}_{p_1}-y_{p_1}^{(i)}+\boldsymbol{x}_{p_2}^{(i)}\boldsymbol{w}_{p_2})\boldsymbol{x}_{p_1}^{(i)};(\boldsymbol{x}_{p_1}^{(i)}\boldsymbol{w}_{p_1}-y_{p_1}^{(i)}+\boldsymbol{x}_{p_2}^{(i)}\boldsymbol{w}_{p_2})\boldsymbol{x}_{p_2}^{(i)}]\Big) \tag{18.6}$$

这种情况下，由于计算一些项，可能会导致两个参与方之间的训练数据暴露，如

式 18.6 所示。例如，这可能导致第二个参与方 p_2 的输入 $\boldsymbol{x}_{p_2}^{(i)}$ 泄露给第一个参与方 p_1。

简而言之，在 VFL 设置下，每轮训练中的梯度计算要么需要各参与方相互协作，交换各自的"部分模型更新"；要么需要各参与方与聚合器共享其数据以计算最终梯度更新。因此，任何简单的解决方案都会导致明显的隐私泄露风险，这与联邦学习的最初目标(即保护数据隐私)是相悖的。

18.4 典型的纵向联邦学习解决方案

在机器学习文献中，研究和挖掘纵向划分的数据集并不是一个新课题。人们已经开发了多种方法[26, 28, 29, 35]用于分布式数据挖掘。这些方法可以训练特定机器学习模型，例如支持向量机[35]、逻辑回归[26]和决策树[29]。Vaidya 的调研[28]总结了纵向数据挖掘方法。这些解决方案更注重在纵向上下文中开发分布式数据挖掘算法，而不是在各种威胁模型情况下确保强大的隐私保护。因此，它们不是为了防止对隐私数据的推断威胁而设计的。例如，参考文献[29]中的保护隐私的决策树模型必须在给定属性上显示类别分布，因此很容易泄露隐私信息。

此外，最近还提出了拆分学习[25, 30]这种新的训练深度学习的范例，它在学习神经网络时不需要共享原始数据。拆分学习也是实现 VFL 的一种方法[27]。然而，该方法的主要目标是在各参与方之间横向或纵向地拆分神经网络，而不是确保强大的隐私保护。乍一看，拆分学习似乎是一个隐私过程，因为只有切割层的中间计算结果在各参与方之间交换，而不是原始特征或标签。然而，事实已经证明这种梯度交换方法容易受到推断攻击的影响。例如，Li 等人描述了如何利用主动参与方交换的梯度范数来暴露标签[18]。

参考文献[15, 18, 20]中提出了许多新兴的推断攻击，它们重点关注纵向联邦学习。这些设置中的威胁包括在训练阶段进行标签推断[18]和批梯度推断[15]，以及在预测阶段进行特征推断[20]。为解决 VFL 背景下这些推断攻击所带来的隐私泄露问题，一些新兴的 VFL 解决方案已经将保护隐私的机制纳入 VFL 中。本节将从通信拓扑、提供的隐私保护和支持的机器学习模型等 3 个方面比较和总结这些方法。

18.4.1 对比通信拓扑和效率

VFL 的一个关键挑战是在纵向设置中计算梯度下降，如 18.3 节所述。为简单起见，这里以线性函数为例。如式 18.6 所示，在 VFL 中计算梯度 $\nabla E_D(\boldsymbol{w})$ 的关键步骤如下。

(1) 以隐私方式使所有参与方协作计算部分模型预测值 $u^{(i)}$。

$$u^{(i)} \leftarrow y^{(i)} - \sum_i \boldsymbol{x}_{p_i}^{(i)} \boldsymbol{w}_{p_i}$$

(2) 允许聚合器计算梯度更新 $\nabla E_D(\boldsymbol{w})$，而不泄露隐私数据。

$$\nabla E_D(\boldsymbol{w}) \leftarrow -\frac{2}{n}\sum_i^n ([u^{(i)}\boldsymbol{x}_{p_1}^{(i)}; u^{(i)}\boldsymbol{x}_{p_2}^{(i)}])$$

图 18-3 总结了现有 VFL 提案使用的 5 种计算纵向梯度更新的通信拓扑类型。通信类型包括通用多方计算通信、点对聚合器通信和(部分)点对点通信。值得注意的是，如图 18-3 中的类型 E 所示，利用通用混淆电路的 VFL 解决方案与先前提到的基于 SGD 的梯度计算不同，因此具有不同且更复杂的架构。除了 18.5 节详细介绍的最近的一种 VFL 框架[33]外，大多数现有的纵向解决方案都需要至少两轮通信来计算梯度下降步骤。

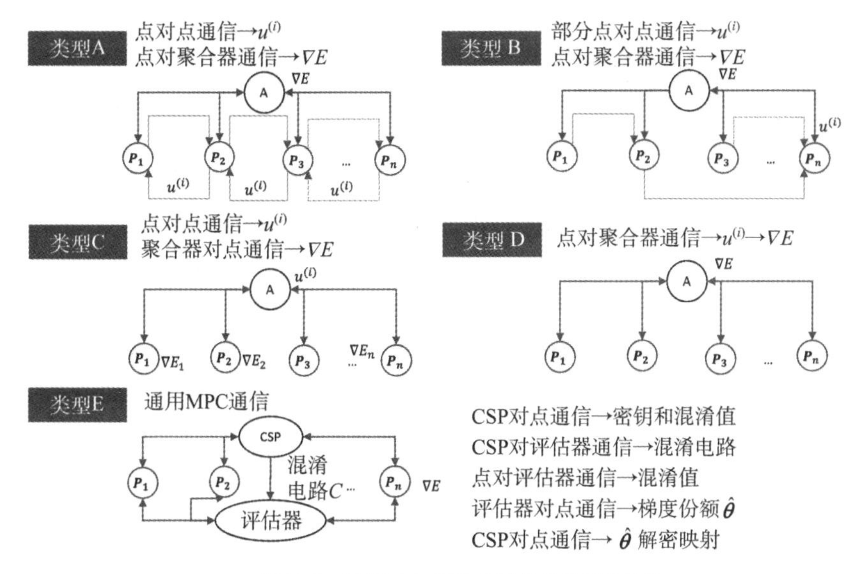

图 18-3 现有 VFL 解决方案的通信拓扑结构

表 18-1 展示了 VFL 提案中通信和交互拓扑的对比情况。参考文献[13,34]中提出的方案依赖完全的点对点通信来计算 $u^{(i)}$，然后每个参与方 p_i 将 $u^{(i)}\boldsymbol{x}_{p_i}$ 共享给聚合器，以完成梯度更新。参考文献[12, 36]中的解决方案通过采用基于树的部分点对点和点对聚合器通信来计算 $u^{(i)}$，放宽了完全点对点通信的要求。

表 18-1 VFL 解决方案的通信拓扑总结

提案	通信和交互拓扑
Gascón et al.[9]	多方计算交互
Hardy et al.[13]	完全点对点+一轮点对聚合器
Yang et al.[34]	完全点对点+一轮点对聚合器
Gu et al.[12]	部分点对点+两轮点对聚合器
Zhang et al.[36]	部分点对点+两轮点对聚合器
Chen et al.[5]	两轮点对聚合器
Wang et al.[31]	两轮点对聚合器
Xu et al.[33]	一轮点对聚合器

另一项研究[5, 31]专注于异步 VFL，使用坐标下降(CD)方法而不是标准梯度下降方法。这些系统不依赖点对点通信，而是依赖两轮点对聚合器通信来协调直接结果并计算最终梯度更新。最近的 FedV 框架[33]仅需要一轮点对聚合器通信。

18.4.2　对比隐私保护机制及其威胁模型

现有的解决方案采用多样的隐私保护机制，包括基于混合协议多方计算和其他加密系统(如 HE 和函数加密)的多种应用技术。表 18-2 中介绍了每个 VFL 解决方案使用的隐私保护方法。Gascón 等人[9]采用混合的传统 MPC 技术，例如秘密共享、混淆电路和不经意传输。参考文献[12, 36]提出的方法采用基于树的通信与随机掩码，而参考文献[5, 31]采用差分隐私机制。参考文献[13, 33, 34]中提出的解决方案依赖加密系统，例如部分加法同态加密(即 Paillier 加密系统)和内积函数加密。

如表 18-2 所示，VFL 解决方案涉及 3 种计算类型：基于混淆电路的安全计算、密文计算和明文计算(其中模型更新以未加密的方式传输给聚合器)。遗憾的是，在计算梯度下降的同时实现隐私保护目标会对计算、通信和模型性能产生负面影响。特别是，基于树结构通信和随机噪声扰动的解决方案只能用于所有参与方都被视为可信且不串通的情况，从而限制了这些方法的适用范围。差分隐私通常会导致模型的准确性下降，而混合协议 MPC 技术需要多轮通信才能实现简单的函数计算，造成了大量的传输开销；此外，这些方法中的加密系统也会消耗额外的计算资源。

表 18-2　VFL 解决方案的隐私保护方法总结

提案	计算类型	隐私保护方法
Gascón et al.[9]	混淆电路	混合协议多方计算
Gu et al.[12]	明文	随机掩码+树结构通信
Zhang et al.[36]	明文	随机掩码+树结构通信
Chen et al.[5]	明文	高斯差分隐私扰动
Wang et al.[31]	明文	高斯差分隐私扰动
Hardy et al.[13]	密文	加密系统(部分同态加密)
Yang et al.[34]	密文	加密系统(部分同态加密)
Xu et al.[33]	密文	加密系统(函数加密)

表 18-2 中介绍的不同隐私机制旨在应对各种威胁模型，可能需要部署额外的实体。威胁模型定义了系统中不同实体的行为方式，以确保满足隐私目标。表 18-3 总结了被分析的解决方案所涉及的威胁模型。半诚实实体是指遵守协议但可能使用操作期间产生的信息来推断隐私数据的实体[1]。

1 “诚实但好奇”一词在加密社区中与“半诚实”一词具有相同的含义。

表 18-3　典型 VFL 解决方案的实体和假设

提案	实体和假设
Gascón et al.[9]	半诚实、非串通的加密服务提供商(CSP)和评估器
Hardy et al.[13]	半诚实参与方和聚合器
Yang et al.[34]	半诚实参与方和聚合器
Gu et al.[12]	半诚实且非串通的参与方
Zhang et al.[36]	半诚实且非串通的参与方
Chen et al.[5]	半诚实的参与方和聚合器
Wang et al.[31]	半诚实参与方
Xu et al.[33]	半诚实的聚合器、不诚实的被动参与方和可信的加密服务

Gascón 等人[9]采用混淆电路和一个包括两个额外的半诚实、非串通实体的架构：其中一个是加密服务提供商，用于生成加密相关参数；另一个是评估器，用于协助安全协议评估。Hardy 等人[13]和 Yang 等人[34]依赖加法同态加密系统来确保隐私。他们的架构利用聚合器协调 VFL 训练过程，并假设所有参与方和聚合器都是半诚实的。

Chen 等人[5]也采用聚合器来协调训练过程，并假设参与方和聚合器都是半诚实的。Wang 等人[31]提出一种架构，其中主动参与方充当整个过程的协调者。同样，Gu 等人[12]和 Zhang 等人[36]提出采用基于树的通信与随机噪声扰动来保护所有半诚实的主动参与方和被动参与方的隐私，但要求各参与方不串通。Xu 等人[33]部署了一个诚实但好奇的聚合器以及不诚实的被动参与方，并假设聚合器和被动参与方不串通。此外，他们需要一个可信的加密基础设施，从而提供关键服务。

18.4.3　对比支持的机器学习模型

表 18-4 总结了现有 VFL 解决方案支持的机器学习模型。其中，逻辑回归是最受支持的模型。对于非加密的解决方案，只有参考文献[5]提出的方案可应用于神经网络模型。基于同态加密的方法(例如见参考文献[13, 34])依赖泰勒级数近似技术，将回归模型使用的非线性损失函数转换为近似的线性损失函数。然而，这些方法可能导致模型的性能下降。只有 FedV 框架[33]可以用于训练逻辑回归模型，而不需要进行泰勒级数近似。

现有技术存在一个或多个限制。

- 大多数方法适用于有限的模型集合。它们需要使用泰勒级数近似来训练非线性机器学习模型(例如见逻辑回归)，这可能削弱模型的性能，并且不能推广到解决分类问题。此外，这些 VFL 解决方案的预测和推理阶段依赖基于近似的安全计算或噪声扰动，因此，这些解决方案的预测准确性不如集中式机器学习模型好。
- 使用加密系统作为训练过程的一部分的大多数方法可能会显著增加训练时间，除非减少通信轮数。
- 大多数协议都需要各参与方之间进行大量点对点通信，这使得在连接质量较差的系统中部署这些协议具有挑战性。另外，由于 HIPAA 等法规，通信仅限于少数特定实体。

- 如参考文献[35]所述的方法要求共享类别分布，这可能导致泄露参与方的隐私信息。

表 18-4　VFL 解决方案支持的机器学习模型(不依赖泰勒级数近似的解决方案更受欢迎)

提案	支持 SGD 训练的模型
Gascón et al.[9]	线性回归
Hardy et al.[13]	使用泰勒近似的逻辑回归(LR)
Yang et al.[34]	使用拟牛顿法的基于泰勒近似的 LR
Gu et al.[12]	带核的 SVM
Zhang et al.[36]	逻辑回归
Chen et al.[5]	注入差分隐私噪声的 LR 和神经网络
Wang et al.[31]	注入差分隐私噪声的 LR
Xu et al.[33]	线性模型、LR 和带核的 SVM

18.5　FedV：一种高效的纵向联邦学习框架

本节介绍 FedV 框架(一种高效的纵向联邦学习解决方案)，它可以显著减少训练模型所需的通信交互次数。FedV 不需要各参与方之间的点对点通信，可以使用基于梯度的算法(如随机梯度下降及其派生算法)来训练一系列机器学习模型。FedV 通过组合各种非交互式函数加密技术加速了训练过程，比当前最先进的方法更高效。此外，FedV 支持多个参与方参与，并允许各参与方退出和重新加入，不需要动态重新设置密钥，而这些是其他方法所不支持的。

18.5.1　FedV 概述

FedV 框架由 3 个部分组成：聚合器、一组参与方和一个可选的用于函数加密的 TPA 加密基础设施(加密方式取决于所采用的具体加密系统)。聚合器负责协调隐私实体解析过程并监督各参与方的训练。每个参与方都有一个训练数据集，其中包含一部分特征，并希望共同训练一个全局模型。有两种类型的参与方：一类是主动参与方，拥有部分特征集和类别标签(在本节中表示为 p_1)；另一类是多个被动参与方，只拥有部分特征集。

算法 18.1 说明了 FedV 的通用操作。首先，通过创建必要的加密密钥来初始化系统。接着进行 PER 过程，对齐所有参与方的训练数据样本。每个参与方接收一个实体解析向量 $\boldsymbol{\pi}_i$ 并适当地打乱其本地数据样本。

对于每个训练周期，使用联合纵向安全梯度下降(FedV-SecGrad)方法来安全计算梯度更新，并用于指导训练过程。FedV-SecGrad 是一个两阶段的安全聚合操作，可以按照 18.2

节中所述的方式计算梯度，各参与方需要对样本和特征维度进行加密并将密文传输给聚合器。

算法 18.1　FedV 框架

Input：批大小 s、maxEpochs、每个周期的总批数 S、特征总数 d

Output：TPA 用密钥初始化密码系统并为每个参与方提供一个秘密种子 r

　Party：

　　使用实体解析向量 $(\pi_1,\ldots,\pi_n)$ 重新打乱样本

　　使用 r 生成用于批选择的一次性密码链

　Aggregator：

　　$\boldsymbol{w} \leftarrow$ 随机初始化

　　for maxEpochs 中的每个周期 **do**

　　　$\nabla E(\boldsymbol{w}) \leftarrow$ FedV-SecGrad(epoch, $s, S, d, \boldsymbol{w}$)

　　　$\boldsymbol{w} \leftarrow \boldsymbol{w} - \alpha\nabla E(\boldsymbol{w})$

　　end for

　　return $\boldsymbol{w}$

然后，聚合器根据每个参与方分配的权重生成融合权重向量并提交给 TPA，以获取函数解密密钥。例如，当聚合器分别从参与方 p_1 和 p_2 收到两个加密输入 ct_1 和 ct_2 时，它构造一个融合权重向量$(\boldsymbol{w}_1, \boldsymbol{w}_2)$，其中每个元素对应参与方分配的权重。之后，聚合器将其传输给 TPA。TPA 为聚合器提供函数解密密钥，以计算(ct_1,ct_2)和$(\boldsymbol{w}_1,\boldsymbol{w}_2)$之间的内积。需要注意的是，TPA 无法访问 ct_1、ct_2 或聚合结果。此外，融合权重向量不包含任何秘密信息；它们只包含聚合各参与方的密文所需的权重。

好奇的聚合器可能会尝试操纵融合权重向量来推断隐私梯度数据。为消除这种潜在的推断威胁，一旦 TPA 接收到融合权重向量，就会使用一个名为推断预防模块(IPM)的特殊模块检查该向量，以确保它不会根据预先指定的聚合策略隔离任何回复。如果 IPM 确定融合权重向量没有被好奇的聚合器操纵，则 TPA 会向聚合器提供函数解密密钥。

值得注意的是，FedV 还与没有 TPA 的 FE 方案兼容，这种情况下，函数解密密钥由所有参与方共同生成。IPM 也可以部署在每个参与方上。然后，聚合器通过解密获得相应内积的结果，解密过程使用函数解密密钥进行。因此，聚合器可以获得精确的梯度以更新模型。

18.5.2　FedV 威胁模型和假设

FedV 的主要目标是在保护每个参与方提供的特征的隐私的同时训练机器学习模型。因此，FedV 保证了输入的隐私，而对手的目标是推断各参与方的特征。

FedV 考虑的是一个诚实但好奇的聚合器，该聚合器会遵循算法和协议，但可能试图从

聚合的模型更新中获取隐私信息。此外，FedV 还假设存在少量不诚实的参与方，它们可能试图推断诚实参与方的隐私信息。在实际应用中，聚合器通常由大型企业运行，这使得对手难以在不被察觉的情况下操纵协议。不诚实的参与方可能会相互串通，试图获取其他参与方的特征。值得注意的是，FedV 中排除了聚合器和各参与方之间串通的可能性。

可以使用 TPA 来帮助函数加密。但是，FedV 也与不使用 TPA 的函数加密系统兼容，例如参考文献[1, 6]中的系统。在使用 TPA 的加密系统中，系统中的其他实体必须完全信任 TPA，以便其为聚合器和参与方提供相应的密钥。在现实情况下，各个领域已经有能力担任 TPA 角色的实体。例如，在银行业务中，联邦储备系统通常担当此角色。在其他领域，TPA 可以由第三方公司(如咨询公司)管理。

最后，FedV 没有明确涵盖拒绝服务攻击或后门攻击[2, 4]，这些攻击意味着各参与方试图强制最终模型生成特定的错误分类。

18.5.3 纵向训练过程：FedV-SecGrad

FedV-SecGrad 支持各种机器学习模型，包括逻辑回归、SVM 等。形式上，它可以包含任何预测函数，可写为

$$f(\boldsymbol{x};\boldsymbol{w}) := g(\boldsymbol{w}^{\mathrm{T}}\boldsymbol{x}) \tag{18.7}$$

其中 $g:\mathbb{R}\to\mathbb{R}$ 是一个可微函数，$\boldsymbol{x}$ 和 $\boldsymbol{w}$ 分别表示特征向量和模型权重。

如果 g 是恒等函数，则 f 简化为线性模型；否则，它定义一类非线性机器学习模型。例如，当 g 是 sigmoid 函数时，定义的机器学习目标是逻辑分类/回归模型。接下来的部分将更深入地讨论这个问题。

1. 线性模型的 FedV-SecGrad

假设使用均方损失作为损失函数，并且为简单起见，g 是恒等函数，即 $g(\boldsymbol{w}^{\mathrm{T}}\boldsymbol{x}) = \boldsymbol{w}^{\mathrm{T}}\boldsymbol{x}$。在线性模型的情况下，目标损失被表示为

$$E(\boldsymbol{w}) = \frac{1}{2n}\sum_{i=1}^{n}(y^{(i)} - \boldsymbol{w}^{\mathrm{T}}\boldsymbol{x}^{(i)})^2 \tag{18.8}$$

接着，在 FedV-SecGrad 中，对纵向拆分数据进行梯度计算的过程被表示为

$$\nabla E(\boldsymbol{w}) = -\frac{2}{n}\sum_{i=1}^{n}(y^{(i)} - \boldsymbol{w}^{\mathrm{T}}\boldsymbol{x}^{(i)})\boldsymbol{x}^{(i)} \tag{18.9}$$

然后，安全计算可以简化为两种类型的操作：特征维度聚合和样本/批维度聚合。FedV-SecGrad 使用两阶段安全聚合(2Phase-SA)技术执行这两个动作。特征维度安全聚合通过在特征上进行分组，安全地聚合来自所有参与方的一批训练数据，以获取每个数据样本的 $y^{(i)} - \boldsymbol{w}^{\mathrm{T}}\boldsymbol{x}^{(i)}$ 的值。接着，样本维度安全聚合可通过对每个样本进行 $y^{(i)} - \boldsymbol{w}^{\mathrm{T}}\boldsymbol{x}^{(i)}$ 的加权聚合，来安全地聚合参与方的训练数据，以获得批梯度 $\nabla E(\boldsymbol{w})$，如式 18.9 所示。参与方和聚合器之间的交互是单向的，只需要一轮消息传递。

为说明 FedV-SecGrad，这里假设一个简单的例子，其中有两个参与方(p_1 是主动参与方，p_2 是被动参与方)。前面说过，训练批大小为 s，总特征数为 d。p_1 和 p_2 的当前训练批样本可以表示为

$$B_{p_1}^{s\times m}:\{y^{(i)};\boldsymbol{x}_{k_1}^{(i)}\}_{1\leqslant k_1\leqslant m}^{1\leqslant i\leqslant s} \tag{18.10}$$

$$B_{p_2}^{s\times(d-m)}:\{\boldsymbol{x}_{k_2}^{(i)}\}_{m+1\leqslant k_2\leqslant d}^{1\leqslant i\leqslant s} \tag{18.11}$$

更确切地说，主动参与方 p_1 具有标签 $y(i)$和从 1 到 m 索引的部分特征，而被动参与方 p_2 仅具有从 m+1 到 d 索引的部分特征。然后，执行两种不同类型的安全聚合。

- 特征维度安全聚合。特征维度安全聚合的目标是安全地聚合多个参与方的部分模型预测之和，表示为

$$\boldsymbol{w}_{p_1}^{\mathrm{T}}\boldsymbol{x}_{p_1}^{(i)}=\boldsymbol{w}_1\boldsymbol{x}_1^{(i)}+\boldsymbol{w}_2\boldsymbol{x}_2^{(i)}+\ldots+\boldsymbol{w}_m\boldsymbol{x}_m^{(i)} \tag{18.12}$$

$$\boldsymbol{w}_{P_2}^{\mathrm{T}}\boldsymbol{x}_{P_2}^{(i)}=\boldsymbol{w}_{m+1}\boldsymbol{x}_{m+1}^{(i)}+\boldsymbol{w}_{m+2}\boldsymbol{x}_{m+2}^{(i)}+\ldots+\boldsymbol{w}_d\boldsymbol{x}_d^{(i)} \tag{18.13}$$

  在这个过程中，不会将输入 $\boldsymbol{x}_{p_1}^{(i)}$ 和 $\boldsymbol{x}_{p_2}^{(i)}$ 泄露给聚合器。以批中的第 s 个数据样本为例，聚合器能够安全地聚合 $\boldsymbol{w}_{p_1}^{\mathrm{T}}\boldsymbol{x}_{p_1}^{(s)}-y^{(s)}+\boldsymbol{w}_{p_2}^{\mathrm{T}}\boldsymbol{x}_{p_2}^{(s)}$。为实现这一目标，在调用 FedV-SecGrad 之前，主动参与方和所有其他被动参与方需要执行稍微不同的预处理步骤。主动参与方 p_1 直接将 $\boldsymbol{w}_{p_1}^{\mathrm{T}}\boldsymbol{x}_{p_1}^{(i)}$ 与标签 y 相减，以获得 $\boldsymbol{w}_{p_1}^{\mathrm{T}}\boldsymbol{x}_{p_1}^{(s)}-y^{(s)}$ 作为其“部分模型预测”。对于被动参与方 p_2，其“部分模型预测”由 $\boldsymbol{x}_{p_2}^{(i)}\boldsymbol{w}_{p_2}$ 定义。每个参与方 p_i 使用多输入函数加密(MIFE)算法，使用其加密密钥 $\mathrm{sk}_{p_i}^{\mathrm{MIFE}}$ 对其“部分模型预测”进行加密，并将其发送到聚合器。一旦聚合器收到部分模型预测结果，它会准备一个大小等于参与聚合的参与方数量的融合权重向量 $\boldsymbol{v}_p$ (如 18.5.1 节所述)，并将其发送给 TPA，请求一个函数解密密钥 $\mathrm{dk}_{v_p}^{\mathrm{MIFE}}$。通过接收的密钥 $\mathrm{dk}_{v_p}^{\mathrm{MIFE}}$，聚合器可使用一次解密获得 $\boldsymbol{w}_{p_1}^{m\times1}B_{p_1}^{s\times m}-y^{1\times s}$ 和 $\boldsymbol{w}_{P_2}^{(d-m)\times1}B_{P_2}^{s\times(d-m)}$ 的总和。

- 样本维度安全聚合。样本维度安全聚合的目的是安全地聚合批梯度。例如，对于来自参与方 p_1 的特征权重 $\boldsymbol{w}_1$，聚合器能够通过样本维度安全聚合安全地聚合“部分梯度更新”，表示为

$$\nabla E(\boldsymbol{w}_1)=\sum_{k=1}^{s}\boldsymbol{x}_1^{(k)}u_k \tag{18.14}$$

  其中，聚合模型预测值 $u_k=\boldsymbol{w}_{p_1}^{\mathrm{T}}\boldsymbol{x}_{p_1}^{(k)}-y^{(k)}+\boldsymbol{w}_{p_2}^{\mathrm{T}}\boldsymbol{x}_{p_2}^{(k)}$ 是先前特征维度安全聚合的聚合结果。该安全聚合协议要求参与方通过单输入函数加密(SIFE)密码系统，使用其

公钥 pk^{SIFE} 对批样本进行加密。然后，聚合器使用特征维度安全聚合的结果，即上述讨论中的聚合模型预测 u，向 TPA 请求一个函数解密密钥 dk_u^{SIFE}。接着，聚合器可以使用函数解密密钥 dk_u^{SIFE} 解密密文并获得批梯度 $\nabla E(\boldsymbol{w})$。

上述协议可简单地推广到 n 个参与方的情况。这种情况下，融合向量 v 可以被指定为具有 n 个元素的二进制向量，其中 1 表示聚合器已收到来自相应参与方的响应，0 表示尚未收到。

2. 非线性模型的 FedV-SecGrad

对于非线性模型，FedV-SecGrad 要求主动参与方向聚合器共享明文标签。由于 g 不是恒等函数且可能是非线性的，因此相关的梯度计算并不仅涉及线性操作。在此简要讨论逻辑回归和 SVM 模型的扩展。更多信息请参见参考文献[33]。

- 逻辑回归模型。根据式 18.7，预测函数被描述为

$$f(\boldsymbol{x};\boldsymbol{w})=\frac{1}{1+\mathrm{e}^{-\boldsymbol{w}^{\mathrm{T}}\boldsymbol{x}}} \tag{18.15}$$

其中 $g(\cdot)$是 sigmoid 函数，即 $g(z)=\frac{1}{1+\mathrm{e}^{-z}}$。假设处理的是分类问题并使用交叉熵损失，对于大小为 s 的小批 B 上的梯度计算可以表示为

$$\nabla E_B(\boldsymbol{w})=\frac{1}{S}\sum_{k\in B}(g(\boldsymbol{w}^{\mathrm{T}}\boldsymbol{x}^{(k)}))-y^{(k)})\boldsymbol{x}^{(k)} \tag{18.16}$$

如上所述，聚合器能够通过特征维度 SA 过程安全地获得 $z^{(k)}=\boldsymbol{w}^{\mathrm{T}}\boldsymbol{x}^{(k)}$。然后，它可以使用共享标签计算聚合的模型预测值 u_k=$g(z)$−$y^{(k)}$。最后，应用样本维度 SA 过程来计算 $\nabla E_B(\boldsymbol{w})=\sum_{i\in B}u_i\boldsymbol{x}^{(i)}$。

在标签无法共享的情况下，FedV-SecGrad 还提供了一种替代策略，即通过泰勒近似将逻辑计算转换为线性计算(如现有的一些 VFL 解决方案[13, 34]所示)。

- SVM 模型。当数据不可线性分离时，通常使用带核的支持向量机(SVM)。线性 SVM 模型采用平方 hinge 损失函数，目标是最小化以下函数。

$$\frac{1}{n}\sum_{k\in B}(\max(0,1-y^{(k)}\boldsymbol{w}^{\mathrm{T}}\boldsymbol{x}^{(k)}))^2 \tag{18.17}$$

然后，对于大小为 s 的小批 B 上的梯度计算可以描述为

$$\nabla E_B(\boldsymbol{w})=\frac{1}{s}\sum_{k\in B}-2y^{(k)}(\max(0,1-y^{(k)}\boldsymbol{w}^{\mathrm{T}}\boldsymbol{x}^{(k)}))\boldsymbol{x}^{(k)} \tag{18.18}$$

通过提供的标签和上述获得的 $\boldsymbol{w}^{\mathrm{T}}\boldsymbol{x}^{(k)}$，聚合器能够安全地计算以下聚合的模型预测值。

$$u_k=-2y^{(k)}\max\left(0,1-y^{(k)}\boldsymbol{w}^{\mathrm{T}}\boldsymbol{x}^{(k)}\right) \tag{18.19}$$

在此之后，部分梯度 $\nabla E_B(\boldsymbol{w})=\frac{1}{s}\sum_{k\in B}u_k\boldsymbol{x}^{(k)}$ 可以使用相同的简单维度安全聚合方法进行更新。

此外，对于具有非线性核的 SVM，假设预测函数为

$$f(\boldsymbol{x};\boldsymbol{w})=\sum_{i=1}^{n}w_i y_i k(\boldsymbol{x}_i,\boldsymbol{x}) \tag{18.20}$$

其中 $k(\cdot)$表示相应的核函数。像多项式核函数 $(\boldsymbol{x}_i^{\top}\boldsymbol{x}_j)^d$ 和 sigmoid 核函数 $\tanh(\beta\boldsymbol{x}_i^{\top}\boldsymbol{x}_j+\theta)$ (β 和 θ 是内核系数)等非线性函数基于内积计算，这种计算方式是特征维度安全聚合和样本维度安全聚合协议支持的。这些核矩阵可以在训练过程开始之前生成。通过使用预先计算的核矩阵，之前针对具有非线性核的 SVM 的目标将简化为针对具有线性核的 SVM。然后，这些 SVM 模型的梯度计算过程将简化为传统线性 SVM 的梯度计算过程，对此 FedV-SecGrad 可以明确地支持。

18.5.4　分析与讨论

本节将展示 FedV、Hardy 等人[13]提出的 HE-VFL 和集中式 LR 的性能比较。HE-VFL 是一种 VFL 解决方案，带有使用加法同态加密(HE)开发的安全协议；集中式 LR 是一种集中式(非联邦学习)逻辑回归方法，包括有和没有泰勒级数近似的情况，用“集中式 LR”和“集中式 LR(近似)”表示。相应地，FedV 也训练了两个模型：一个是逻辑回归模型，称为 FedV；另一个是具有泰勒级数近似的逻辑回归模型，泰勒级数近似可将逻辑回归模型简化为线性模型，称为 FedV(近似)。

图 18-4 中展示了每种逻辑回归训练方法在多个数据集上的测试准确性和训练时间。FedV 和 FedV(近似)以及 HE-VFL 和集中式在所有 4 个数据集上的准确性相近。在总训练周期为 360 的情况下，FedV 和 FedV(近似)在一组选定的数据集上缩短了训练时间。跨数据集训练时间减少的差异是数据样本量和模型收敛速度不同造成的。如图 18-5 所示，与基于加法同态加密的 VFL 方案相比，FedV 在数据传输效率方面也有所改善；这是因为 FedV 完全依赖非交互式安全聚合方法，不需要多轮通信。

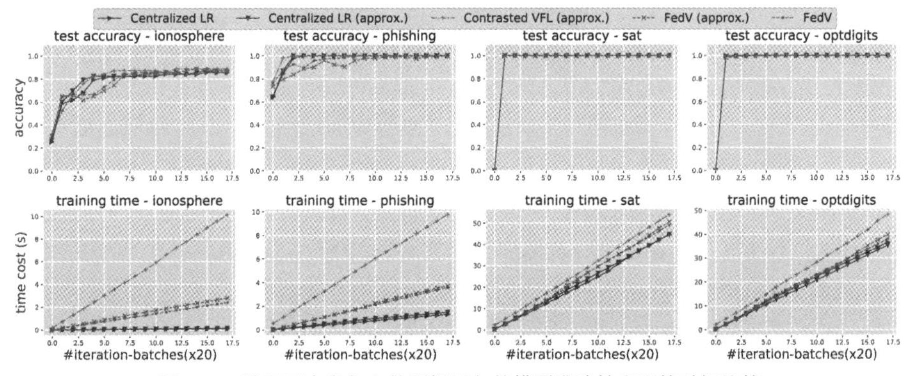

图 18-4　涉及两个参与方的逻辑回归的模型准确性和训练时间比较

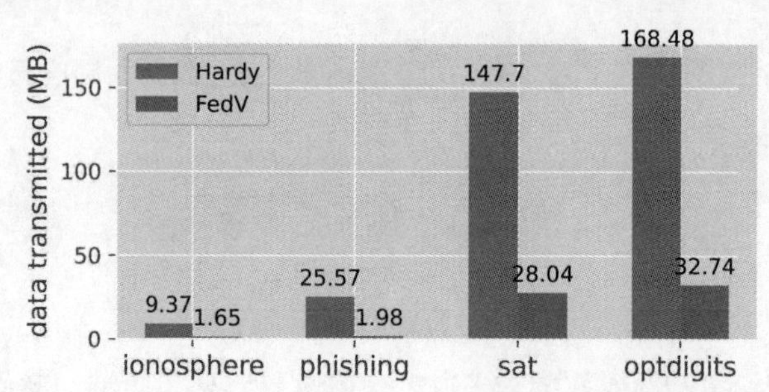

图 18-5 两个参与方训练 LR 模型超过 20 个训练周期时传输的总数据

在某些应用中，参与方可能会遇到连接问题，暂时无法与聚合器进行通信。在不损失其他参与方计算量的情况下，轻松地从这些干扰中恢复将有助于减少训练时间。FedV 在整个训练阶段允许一定数量的非主动参与方动态地离开和重新加入。这是因为 FedV 不需要参与方之间的顺序点对点通信，也不需要在参与方出现失败的情况下进行重新设置密钥过程。FedV 允许聚合器将融合权重向量中对应的元素置零，以应对这些问题。

18.6 本章小结

现有的隐私保护联邦学习系统大多局限于横向划分的数据集。在一些实际的联邦学习场景中，数据集可能是纵向划分的，这意味着并非所有的参与方都可以访问相同的特征集。因此，参与方无法像横向联邦学习中那样独立训练一个完整的本地模型。为突破该局限性，人们提出了多种 VFL 解决方案。本章回顾了这些解决方案，并展示了它们在通信、计算需求、参与方的数量和信任假设方面的差异。这些差异使得这些解决方案适用于不同类型的联邦学习场景。我们还提出了 FedV，该方法通过消除各参与方之间的所有通信大幅减少了训练时间和数据传输。

参考文献

[1] Abdalla M, Benhamouda F, Kohlweiss M, Waldner H (2019) Decentralizing inner-product functional encryption. In: IACR international workshop on public key cryptography. Springer, pp 128-157.

[2] Bagdasaryan E, Veit A, Hua Y, Estrin D, Shmatikov V (2018) How to backdoor federated learning. Preprint. arXiv:1807.00459.

[3] Bonawitz K, Eichner H, Grieskamp W, Huba D, Ingerman A, Ivanov V, Kiddon C, Konecny J, Mazzocchi S, McMahan HB et al. (2019) Towards federated learning at scale: System design. Preprint. arXiv:1902.01046.

[4] Chen B, Carvalho W, Baracaldo N, Ludwig H, Edwards B, Lee T, Molloy I, Srivastava B (2018) Detecting backdoor attacks on deep neural networks by activation clustering. Preprint. arXiv:1811.03728.

[5] Chen T, Jin X, Sun Y, Yin W (2020) Vafl: a method of vertical asynchronous federated learning. Preprint. arXiv:2007.06081.

[6] Chotard J, Sans ED, Gay R, Phan DH, Pointcheval D (2018) Decentralized multi-client functional encryption for inner product. In: International conference on the theory and application of cryptology and information security. Springer, pp 703-732.

[7] Corinzia L, Buhmann JM (2019) Variational federated multi-task learning. Preprint. arXiv:1906.06268

[8] Fang C, Li CJ, Lin Z, Zhang T (2018) Spider: Near-optimal non-convex optimization via stochastic path integrated differential estimator. Preprint. arXiv:1807.01695.

[9] Gascón A, Schoppmann P, Balle B, Raykova M, Doerner J, Zahur S, Evans D (2016) Secure linear regression on vertically partitioned datasets. IACR Cryptology ePrint Archive 2016, 892.

[10] Geyer RC, Klein T, Nabi M (2017) Differentially private federated learning: A client level perspective. Preprint. arXiv:1712.07557.

[11] Ghadimi S, Lan G (2013) Stochastic first-and zeroth-order methods for nonconvex stochastic programming. SIAM J Optim 23(4):2341-2368.

[12] Gu B, Dang Z, Li X, Huang H (2020) Federated doubly stochastic kernel learning for vertically partitioned data. In: Proceedings of the 26th ACM SIGKDD international conference on knowledge discovery & data mining, pp 2483-2493.

[13] Hardy S, Henecka W, Ivey-Law H, Nock R, Patrini G, Smith G, Thorne B (2017) Private federated learning on vertically partitioned data via entity resolution and additively homomorphic encryption. Preprint. arXiv:1711.10677.

[14] Ion M, Kreuter B, Nergiz AE, Patel S, Raykova M, Saxena S, Seth K, Shanahan D, Yung

M (2019) On deploying secure computing commercially: Private intersection-sum protocols and their business applications. IACR Cryptol. ePrint Arch. 2019, 723.

[15] Jin X, Du R, Chen PY, Chen T (2020) Cafe: Catastrophic data leakage in federated learning. OpenReview-Preprint.

[16] Kingma DP, Ba J (2014) Adam: A method for stochastic optimization. Preprint. arXiv:1412.6980.

[17] Lan G, Lee S, Zhou Y (2020) Communication-efficient algorithms for decentralized and stochastic optimization. Math Program 180(1):237-284.

[18] Li O, Sun J, Yang X, Gao W, Zhang H, Xie J, Smith V, Wang C (2021) Label leakage and protection in two-party split learning. Preprint. arXiv:2102.08504.

[19] Ludwig H, Baracaldo N, Thomas G, Zhou Y, Anwar A, Rajamoni S, Ong Y, Radhakrishnan J, Verma A, Sinn M, et al. (2020) IBM federated learning: an enterprise framework white paper v0.1 Preprint. arXiv:2007.10987.

[20] Luo X, Wu Y, Xiao X, Ooi BC (2021) Feature inference attack on model predictions in vertical federated learning. In: 2021 IEEE 37th international conference on data engineering (ICDE). IEEE, pp 181-192.

[21] McMahan HB,Moore E,Ramage D,Hampson S et al. (2016) Communication-efficient learning of deep networks from decentralized data. Preprint. arXiv:1602.05629.

[22] Nesterov Y (1998) Introductory lectures on convex programming volume I: Basic course. Lecture Notes 3(4):5.

[23] Nock R, Hardy S, Henecka W, Ivey-Law H, Patrini G, Smith G, Thorne B (2018) Entity resolution and federated learning get a federated resolution. Preprint. arXiv:1803.04035.

[24] Schnell R, Bachteler T, Reiher J (2011) A novel error-tolerant anonymous linking code. German Record Linkage Center, Working Paper Series No. WP-GRLC-2011-02.

[25] Singh A, Vepakomma P, Gupta O, Raskar R (2019) Detailed comparison of communication efficiency of split learning and federated learning. Preprint. arXiv:1909.09145.

[26] Slavkovic AB, Nardi Y, Tibbits MM (2007) Secure logistic regression of horizontally and vertically partitioned distributed databases. In: Seventh IEEE international conference on data mining workshops (ICDMW 2007). IEEE, pp. 723-728.

[27] Thapa C, Chamikara MAP, Camtepe S (2020) Splitfed: When federated learning meets split learning. Preprint. arXiv:2004.12088.

[28] Vaidya J (2008) A survey of privacy-preserving methods across vertically partitioned data. In: Privacy-preserving data mining. Springer, pp 337-358.

[29] Vaidya J, Clifton C, Kantarcioglu M, Patterson AS (2008) Privacy-preserving decision trees over vertically partitioned data. ACM Trans Knowl Discov Data (TKDD) 2(3):14.

[30] Vepakomma P, Gupta O, Swedish T, Raskar R (2018) Split learning for health:

Distributed deep learning without sharing raw patient data. Preprint. arXiv:1812.00564.

[31] Wang C, Liang J, Huang M, Bai B, Bai K, Li H (2020) Hybrid differentially private federated learning on vertically partitioned data. Preprint. arXiv:2009.02763.

[32] Xu R, Baracaldo N, Zhou Y, Anwar A, Ludwig H (2019) Hybridalpha: An efficient approach for privacy-preserving federated learning. In: Proceedings of the 12th ACM workshop on artificial intelligence and security. ACM.

[33] Xu R, Baracaldo N, Zhou Y, Anwar A, Joshi J, Ludwig H (2021) Fedv: Privacy-preserving federated learning over vertically partitioned data. Preprint. arXiv:2103.03918.

[34] Yang, K, Fan T, Chen T, Shi Y, Yang Q (2019) A quasi-newton method based vertical federated learning framework for logistic regression. Preprint. arXiv:1912.00513.

[35] Yu H, Vaidya J, Jiang X (2006) Privacy-preserving SVM classification on vertically spartitioned data. In: Pacific-Asia conference on knowledge discovery and data mining. Springer, pp 647-656.

[36] Zhang Q, Gu B, Deng C, Huang H (2021) Secure bilevel asynchronous vertical federated learning with backward updating. Preprint. arXiv:2103.00958.

[37] Zhao Y, Li M, Lai L, Suda N, Civin D, Chandra V (2018) Federated learning with non-IID data. Preprint. arXiv:1806.00582.

第 19 章

拆分学习

摘要：资源限制、工作负载开销、缺乏信任、竞争等因素阻碍了在多个机构之间共享原始数据。这将导致无法满足训练最先进的深度学习模型的需要。拆分学习(Split Learning)是一种用于分布式机器学习的模型和数据并行方法，是可以克服上述问题的高度资源有效的解决方案。拆分学习将传统的深度学习模型架构划分为客户端私有和服务器集中共享的网络层。这样可以在不共享原始数据的情况下训练分布式机器学习模型，同时减少任何客户端所需的计算或通信量。拆分学习的范式在不同的具体问题上有不同的变种。本章将分享执行拆分学习及其变种的理论、经验和实践方面的知识，并根据具体应用程序选择拆分学习类型。

19.1　介绍

联邦学习[1]是一种数据并行方法，其中数据被分布在各个客户端上，每个客户端在一个训练轮次中使用自己的本地数据训练完全相同的模型架构。在现实中，可能存在相对于服务器来说资源受限的客户端，而服务器只需要执行相对简单的计算，即对每个客户端学习的权重进行加权平均。

拆分学习[2,3]通过将模型架构分层以适应这种实际情况，这样每个客户端将权重保留到一个称为拆分层的中间层。其余层在服务器上保留。

优点和局限性：这种方法不仅可以减少每个客户端需要执行的计算工作量，还可以减小在分布式训练期间发送的通信负载大小。这是因为在前向传播步骤中，客户端只需要将一个层(拆分层)的激活值发送到服务器。同时，在反向传播步骤中，服务器只需要将一个层(拆分层后面的层)的梯度发送到客户端。在模型性能方面，通过实验证明，SplitNN(见算法 19.1)的收敛速度比联邦学习和大批同步随机梯度下降[4]要快得多。尽管这样，当训练的客户端数量较少时，它需要相对较大的通信带宽(虽然远低于大量客户端的情况下与其他方法相比所需的带宽)。可以使用先进的神经网络压缩方法[5-7]来减少通信负载，也可以增加通信带宽来支持客户端上的计算，方法是允许客户端使用更多层来表示进一步的压缩。

与联邦学习中的权重共享相反，拆分学习中来自中间层的激活值的共享在本地并行[8]、特征重放[9]和分治量化[10]的分布式学习方法中也是有意义的。

普通的拆分学习

在此方法中，每个客户端训练网络，直至一个称为“拆分层”的特定层，并将其权重发送到服务器(见图 19-1)。然后，服务器会对其余层的网络进行训练。这样就完成了前向传播过程。接着，服务器会为最后一层生成梯度，并将误差进行反向传播，直至拆分层。然后将梯度传递给客户端，客户端完成其余的反向传播过程。这个过程将一直持续，直到网络训练完成。分离层的形状可以是任意的，并不一定是纵向的。在这个框架中，也没有明确共享原始数据。

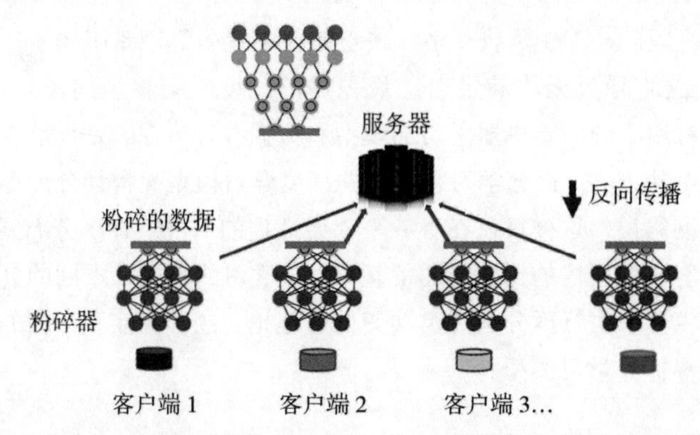

图 19-1　使用多个客户端和一个服务器的拆分学习设置，其中灰色短线表示客户端的网络层和服务器的网络层的拆分。前向传播时只共享来自拆分层(客户端最后一层)的激活值，反向传播时只与客户端共享来自服务器第一层的梯度

1. 同步步骤

在每个客户端完成一个训练周期后，下一个等待进行训练的客户端从上一个客户端那里接收本地权重(直至拆分层的权重)，作为其周期的初始化参数。

2. 放宽同步要求

对于拆分学习，通过像 BlindLearning[11]这样的方法可以避免客户端之间的额外通信，主要做法是使用一个损失函数(它是每个客户端完成的前向传播的损失的平均值)。类似的，通过 SplitFedv1[12]、SplitFedv2[12]和 SplitFedv3[13]等将拆分学习和联邦学习结合起来的混合方法，可以进一步减少通信和同步要求。参考文献[14]中还提供了一种改善延迟的混合方法。

算法 19.1　SplitNN。K 个客户端以 k 为索引；B 为本地小批大小，η 为学习率

Server executes at round $t \geqslant 0$:

　for 每个客户端 $k \in S_t$ **in parallel do**

　　$A_t^k \leftarrow \text{ClientUpdate}(k,t)$

计算 $\boldsymbol{W}_t \leftarrow \boldsymbol{W}_t - \eta \nabla L(\boldsymbol{W}_t; \boldsymbol{A}_t)$

将 $\nabla L(\boldsymbol{A}_t; \boldsymbol{W}_t)$ 发送给客户端 k 进行 ClientBackprop(k,t)

end for

ClientUpdate(k,t)：//在客户端 k 上运行

$\boldsymbol{A}_t^k = \phi$

for 从 1 到 E 的每个本地周期 i **do**

for 批 $b \in B$ **do**

将 $f(b, \boldsymbol{H}_t^k)$ 拼接到 $\boldsymbol{A}_t^k$

end for

end for

return $\boldsymbol{A}_t^k$ 到服务器

ClientBackprop$\left(k, t, \nabla L\left(\boldsymbol{A}_t; \boldsymbol{W}_t\right)\right)$ //在客户端 k 上运行

for 批 $b \in B$ **do**

$\boldsymbol{H}_t^k = \boldsymbol{H}_t^k - \eta \nabla L(\boldsymbol{A}_t; \boldsymbol{W}_t; b)$

end for

19.2 通信效率[15]

本节描述在拆分学习和联邦学习的两种分布式学习环境中通信效率的计算方法。为分析通信效率，考虑每个客户端传输的用于训练和客户端权重同步的数据量，因为其他影响通信速率的因素取决于训练集群的设置，并且与分布式学习设置无关。我们使用以下符号从数学上测量通信效率。

符号：K=客户端数，N=模型参数数，p=总数据集大小，q=拆分层的大小，η=客户端模型参数(权重)的比例(因此 $1-\eta$ 表示服务器端所占的比例)。

表 19-1 中展示了每个客户端每一个周期所需的通信量，以及所有客户端每一个周期所需的总通信量。因为有 K 个客户端，当每个客户端的训练数据集大小相同时，在拆分学习中，每个客户端会有 p/K 个数据记录。因此，在前向传播期间，拆分学习中每个客户端通信的激活值大小为$(p/K)*q$，在反向传播期间每个客户端通信的梯度大小也是$(p/K)*q$。在普通拆分学习的情况下，如果存在客户端权重共享，将权重传递给下一个客户端需要的通信量是 ηN。在联邦学习中，每个客户端上传权重/梯度和下载平均权重的通信量大小都是 N。

表 19-1 分布式学习环境的每客户端通信量和总通信量(用学习环境中所有节点传输的数据来衡量)

方法	每客户端通信量	总通信量
拆分学习(客户端权重共享)	$(p/K)q + (p/K)q + \eta N$	$2pq + \eta NK$
拆分学习(无客户端权重共享)	$(p/K)q + (p/K)q$	$2pq$
联邦学习	$2N$	$2KN$

19.3 延迟

受客户端和服务器的计算能力限制，需要尽量减少计算中的延迟，同时保持高效的通信。因此，参考文献[14]提供了普通拆分学习、SplitFed和其他一些方法的延迟分析比较。作者假定模型大小为$|\boldsymbol{w}|$，权重在客户端处的比例为$\alpha\boldsymbol{w}$且在服务器上的比例是$(1-\alpha)|\boldsymbol{w}|$，客户端的计算能力为$P_{\mathrm{C}}$，服务器的计算能力为$P_{\mathrm{S}}$，上行链路和下行链路的传输速率为$R$，$K$为客户端数量。前向传播所需的时间被建模为$\frac{\beta|D||\boldsymbol{w}|}{P}$，反向传播所需的时间为$\frac{(1-\beta)|D||\boldsymbol{w}|}{P}$。基于这些符号，参考文献[14]提供了表19-2，比较了联邦学习、SplitFed以及最近提出的拆分学习和联邦学习之间的混合方法的延迟和资源效率。

表 19-2 每个客户端的计算负载、总通信负载和一次全局循环所需的延迟

方法	计算量	通信量	延迟
联邦学习	$\lvert D\rvert\lvert\boldsymbol{w}\rvert$	$2\lvert\boldsymbol{w}\rvert K$	$\frac{2\lvert\boldsymbol{w}\rvert K}{R}+\frac{\lvert D\rvert\lvert\boldsymbol{w}\rvert}{P_{\mathrm{c}}}$
SplitFed	$\alpha\lvert D\rvert\lvert\boldsymbol{w}\rvert$	$(2q\lvert D\rvert+2\alpha\lvert\boldsymbol{w}\rvert)K$	$\frac{(2q\lvert D\rvert+2\alpha\lvert\boldsymbol{w}\rvert)K}{R}+\frac{\alpha\lvert D\rvert\lvert\boldsymbol{w}\rvert}{P}+\frac{(1-\alpha)\lvert D\rvert\lvert\boldsymbol{w}\rvert K}{P_{\mathrm{S}}}$
混合方法	$\alpha\lvert D\rvert\lvert\boldsymbol{w}\rvert$	$(q\lvert D\rvert+2\alpha\lvert\boldsymbol{w}\rvert)K$	$\frac{(q\lvert D\rvert+\alpha\lvert\boldsymbol{w}\rvert)K}{R}+\frac{\alpha\beta\lvert D\rvert\lvert\boldsymbol{w}\rvert}{P_{\mathrm{c}}}+\max\left(\frac{\alpha\lvert\boldsymbol{w}\rvert K}{R}+\frac{\alpha(1-\beta)\lvert D\rvert\lvert\boldsymbol{w}\rvert}{P_{\mathrm{c}}},\frac{(1-\alpha)\lvert D\rvert\lvert\boldsymbol{w}\rvert K}{P_{\mathrm{S}}}\right)$

19.4 拆分学习拓扑结构

19.4.1 多样的配置

除了讨论过的只需要较少同步的普通拆分学习及其变体，还有其他一些拓扑结构可以使用拆分学习，如下所述。

1. 无标签共享的拆分学习U型配置[3,16]

本节中介绍的另外两种配置涉及标签共享(尽管它们不会共享任何原始输入数据)。可

以通过一个 U 型配置完全解决这个问题，该配置不需要客户端共享任何标签。在这种设置中，我们将网络围绕在服务器的最末端层上，并将输出发送回客户端实体，如图 19-2(b)所示。尽管服务器仍保留了大多数层，但客户端从末层生成梯度并用于反向传播，而不共享相应的标签。对于标签包含高度敏感信息(例如患者的疾病状态)的情况，该设置非常适合进行分布式深度学习。

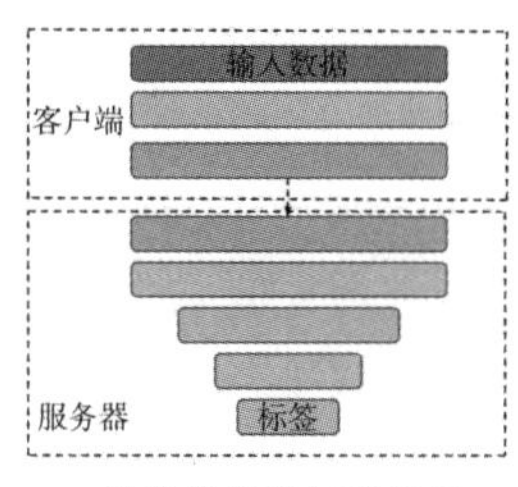

(a) 简单的普通拆分学习

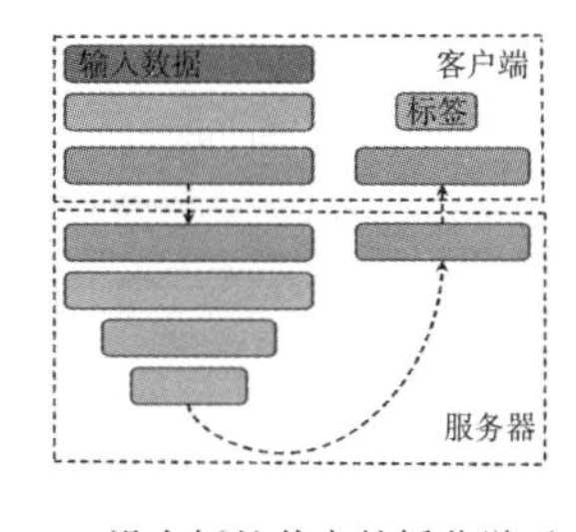

(b) 没有标签共享的拆分学习

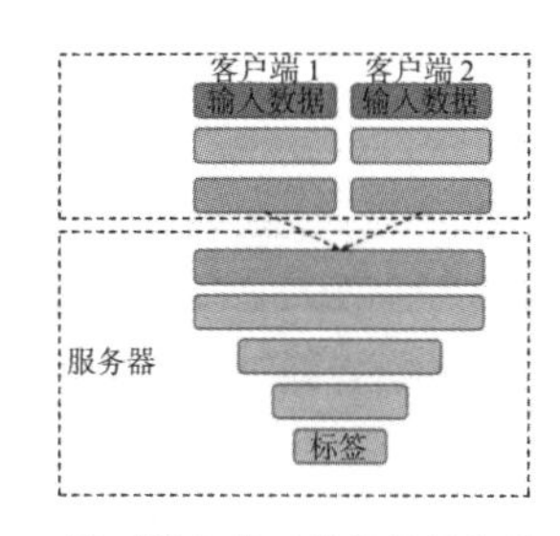

(c) 针对纵向分区数据的拆分学习

图 19-2　对于使用 SplitNN 进行分布式深度学习模型训练和推断来说，有关健康状况的拆分学习配置显示原始数据不会在客户端和服务器健康实体之间传输

2. 用于拆分学习的纵向分区数据[17]

此配置允许持有不同患者数据模态的多个机构学习分布式模型，而不需要共享数据。如图 19-2(c)所示，展示了一个适用于这种多模态、多机构协作的 SplitNN 示例配置。作为具体示例，我们介绍了放射学中心与病理测试中心以及疾病诊断服务器合作的情况。如图 19-2(c)所示，持有影像数据模态的放射学中心训练了一个部分模型，直到拆分层。同样，持有患者检验结果的病理检测中心训练了一个部分模型，直到其自己的拆分层。然后，将这两个中心的拆分层输出连接并发送到疾病诊断服务器，该服务器训练其余模型。为训练分布式深度学习模型而不必共享彼此的原始数据，此过程会不断来回进行，以完成前向传播和反向传播。

3. 扩展的普通拆分学习

如图 19-3(a)所示，提供了普通拆分学习的另一种修改形式，其中连接输出的结果在传递给服务器之前将在另一个客户端上进一步处理。

4. 用于多任务拆分学习的配置

如图 19-3(b)所示，在此配置中，使用来自不同客户端的多模态数据来训练部分网络，直到它们各自的拆分层。每个拆分层的输出被连接，然后发送到多个服务器。这些服务器用于训练解决不同监督学习任务的多个模型。

5. 类似 Tor 的多跳拆分学习配置[18]

该配置是普通配置的类比扩展。在这种设置中，多个客户端按顺序训练部分网络，其中每个客户端训练到拆分层，然后将其输出传输到下一个客户端。如图 19-3(c)所示，该过程持续进行，直到最后一个客户端将其拆分层的激活值发送到服务器，以完成训练。

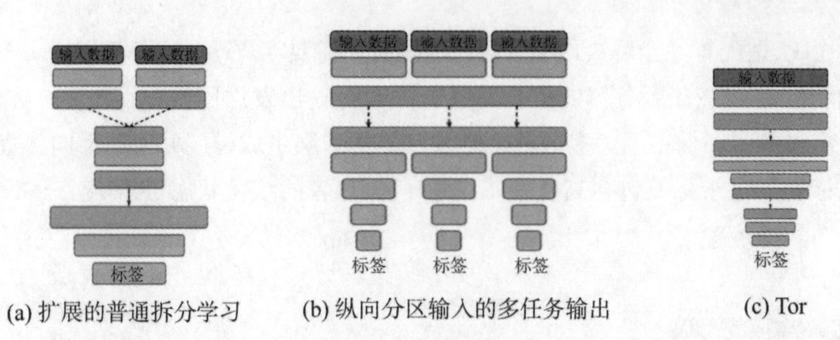

图 19-3 有关健康状况的拆分学习配置同样表明原始数据不会在客户端和服务器健康实体之间传输

需要指出的是，尽管这些示例配置显示了 SplitNN 的一些多功能应用，但实际并不局限于这些配置，还有其他可能的配置方式。

19.4.2 用 ExpertMatcher[19]进行模型选择

在某些情况下，一台强大的服务器托管着一个有着多个专有模型的存储库，我们希望通过预测 API 在“机器学习即服务(MLaaS)”商业模型中使用它们。这些专有模型不能被客户端下载。同时，客户端通常拥有一些敏感数据集，我们希望获取对这些数据集进行预测的结果。在这种设置中，出现了一个问题，即如何从服务器存储库中选择与客户端所持有的数据集最匹配的模型。ExpertMatcher 是一种基于 U 型回旋拆分学习拓扑结构的模型选择架构。

19.4.3 实现详情

假设在集中式服务器上有 K 个预训练的专家网络，每个网络都有其对应的在特定任务的数据集上预训练的无监督表示学习模型 ϕ_K，在本例中考虑自编码器(AE)。给定 AE 所训练的数据集，提取整个数据集的编码表示，并计算数据集的平均表示 $\mu_k \in \mathbb{R}^d, k \in \{1,\dots,K\}$，其中 d 是特征维度。假设数据集由 N 个对象类别组成，计算数据集中每个类别的平均表示 $\mu_k^n \in \mathbb{R}^d, n \in \{1,\dots,N\}, k \in \{1,\dots,K\}$。

客户端(客户端 A 和客户端 B)采用与服务器类似的方法，它们为每 p 和 q 个数据集训练其唯一的 AE，对于客户端 A 有 $p \in \{1,\dots,P\}$，对于客户端 B 有 $q \in \{1,\dots,Q\}$。假设对于客户端 A，从隐藏层中提取出的中间特征对于样本 $\boldsymbol{X}_p^1$ 的表示为 $\boldsymbol{x}_p^1 = \phi_p^1(\boldsymbol{X}_p^1)$；对于客户端 B，中间特征表示为 $\boldsymbol{x}_q^2 = \phi_q^2(\boldsymbol{X}_q^2)$。为简洁起见，将来自任何客户端的中间特征表示为 $\boldsymbol{x}'$。

首先解释标签的粗粒度或细粒度概念，即指数据中的类别是根据高级(粗粒度)或低级(细粒度)的语义类别分开的。例如，将狗和猫分开的类别是粗粒度的类别，而将不同种类的狗分开的类别是细粒度类别。在 ExpertMatcher 的概念中，对于客户端数据的粗粒度分配(CA)为：将编码表示 $\boldsymbol{x}'$ 分配给一个服务器 AE，$k^* \in \{1, ..., K\}$，其中 $\boldsymbol{x}'$ 与 $\boldsymbol{\mu}_k$ 具有最大相似度(如图 19-4 所示)。

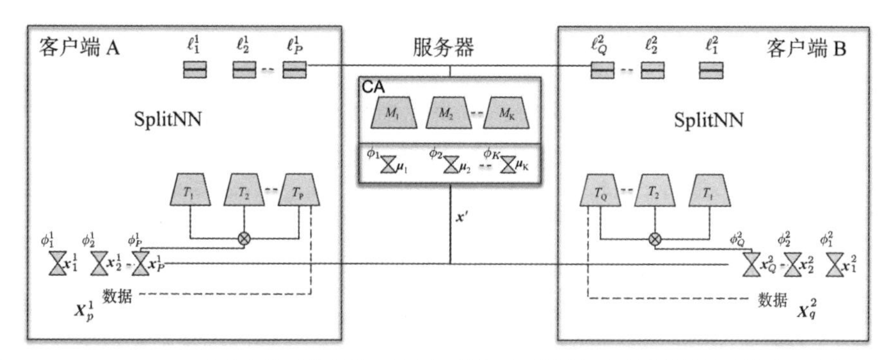

图 19-4　ExpertMatcher 在客户端和服务器上进行编码表示，根据与客户端托管的查询数据集的相关性从服务器模型库中自动选择模型。匹配是基于编码的中间表示进行的

对于客户端数据的细粒度分配(FA)为：将编码表示 $\boldsymbol{x}'$ 分配给一个专家网络 M_n，$n \in \{1, \ldots, N\}$，其中 $\boldsymbol{x}'_{k^*}$ 与 μ_k^n 具有最大相似度。具体选择使用哪种相似性度量取决于用户的需求。余弦相似度、距离相关度、信息论度量、希尔伯特-施密特独立标准、最大均值差异、核目标对齐和积分概率度量等都是可能用于相似性度量的方法之一。

最后，在将给定的样本分配给模型之后，可以轻松地训练 SplitNN 类型的架构[3]。

在当前的设置中，服务器无法访问客户端的原始数据，只能获取一个非常低维的编码表示，因此保留了一定程度的隐私。

需要注意这种方法存在一个缺点。如果服务器没有针对客户端数据的 AE 模型，则由于最大余弦相似度准则，会发生客户端数据的错误分配。这个问题可通过在服务器上添加一个额外的模型来解决：该模型用于执行二元分类，判断客户端数据是否与服务器数据匹配。

19.5　利用拆分学习进行协作推断

随着组织能够利用大规模计算资源在庞大数据集上训练超大型机器学习模型，这给希望使用这些模型进行预测的外部客户端带来了一系列新问题。鉴于这些模型通常具有数十亿个参数，这些客户端不希望在设备上完整地下载这些庞大的模型。而且，使用这些模型进行预测需要大量的计算资源，在设备上进行预测并不现实。这就引出了隐私协作推断(PCI)的问题，即将模型拆分到客户端和服务器之间(见表 19-3)。

客户端的数据是隐私的，因此在这种设置下，传输的激活值需要进行形式上的隐私保护，以防止其他参与方进行成员推断和重建攻击。在另一种设置中，服务器希望私密地共享训练好的模型的权重，这方面已经有了相当多的研究。PCI 设置中考虑的隐私是针对服务器自己的数据。PCI 的设置是相对较新的，因为它要求在隐私推断中共享客户隐私数据的激活值，而不是在隐私训练后共享服务器数据的权重。这需要在分布式机器学习和激活值共享方面进行创新，而不是在权重共享和形式化隐私方面。

表 19-3 隐私协作推断与隐私分布式模型训练设置的差异

	隐私协作推断	隐私模型训练
通信有效载荷	中间激活值	权重
推断机制	模型推断是分布式的	客户端下载模型
隐私化的实体	查询样本	训练数据

19.5.1 在协作推断中防止重建攻击

需要获取预测的客户端数据记录是隐私的，因此在PCI设置中，需要对模型的中间表示(或激活值)进行去敏感化处理，以防止重建攻击(见图19-5)。从架构角度看，隐私保护机器学习尚未达到AlexNet时刻。该领域在DP-SGD[24]及其变体等形式化隐私机制方面已经取得了快速进展。然而，在隐私与效用之间的权衡方面仍有很大的提升空间，以使这些方法适用于许多生产用例。接下来，将描述PCI设置中激活值共享方面的一些进展：一是用于防止基于训练数据的成员推断攻击；二是用于防止预测查询数据的重建攻击。

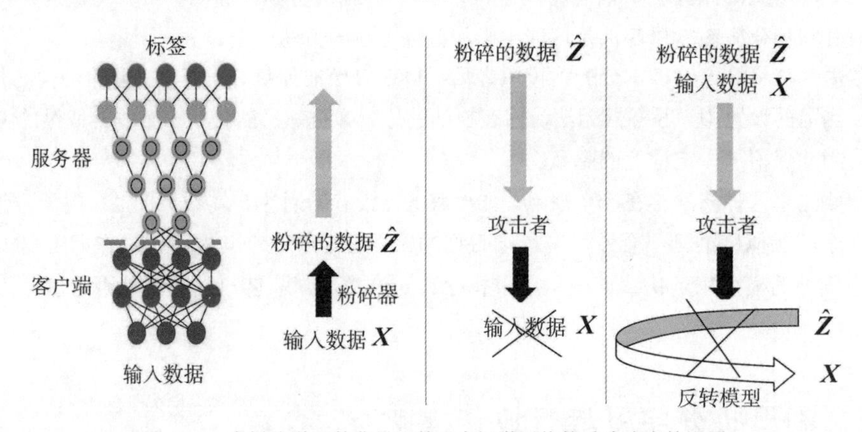

图 19-5 在拆分学习的背景下基于中间激活值的重建攻击的设置

1. 通道剪枝

参考文献[20]中的研究表明，在拆分层中学习剪枝过滤器有选择地修剪潜在表示空间中的通道将有助于在PCI设置中的预测阶段防止各种最先进的重建攻击(见图19-6)。

2. 去相关性

这里的关键思想是通过向常用分类损失项(分类交叉熵)中添加额外的损失项来减少信息泄露。使用的信息泄露减少损失项是距离相关度(这是一种强大的统计度量，用于测量随机变量之间的非线性/线性相关性)。方法是将距离相关度损失最小化应用在原始输入数据和需要从客户端传递到另一个不可信的客户端或不可信的服务器的任意选择层的输出之间。这种设置对某些需要从中间层共享激活值的常见的分布式机器学习至关重要。这在19.5.2节中有详细解释。

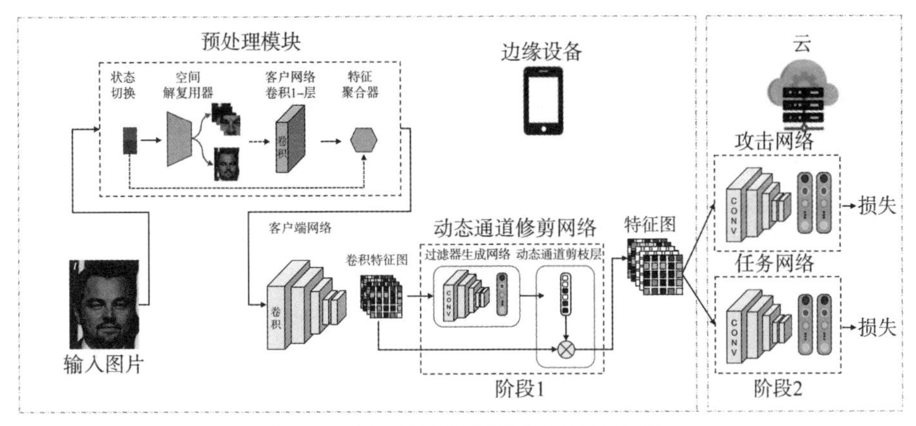

图 19-6　学习剪枝过滤器有选择地修剪通道

通过优化这些损失的组合，有助于确保由受保护层产生的激活值对于重建原始数据的信息最小并仍足够有用，可以在后处理期间实现合理的分类准确性。在实验部分，通过定性和定量的方式，证明了该方法可以在保持分类准确性的同时，防止原始输入数据被重构。另外，通过联合最小化距离相关度和交叉熵，实现了一种专门的特征提取或转换，既不会对人类视觉系统产生明显影响，也能抵御更复杂的重构攻击对原始数据集的信息泄露。

3. 损失函数

对于输入数据 $\boldsymbol{X}$ 的 n 个样本、受保护层的激活值 $\boldsymbol{Z}$、真实标签 $\boldsymbol{Y}_{\text{true}}$、预测标签 $\boldsymbol{Y}$ 和标量权重 α，总的损失函数如下。

$$\alpha \mathrm{DCOR}(\boldsymbol{X},\boldsymbol{Z})+(1-\alpha)\mathrm{CCE}(\boldsymbol{Y}_{\text{true}},\boldsymbol{Y}) \tag{19.1}$$

19.5.2　激活值共享的差分隐私

Arachchige 等人[21]提出了一种差分隐私机制，用于在卷积和池化层之后的展平层中共享激活值。这些展平的输出转化为二进制形式，通过 RAPPOR 的“效用增强的随机化”机制来创建差分隐私的二进制表示。然后将其传输到服务器，通过全连接层进行处理以生成最终的预测结果。参考文献[22]也提出了一种差分隐私机制，用于监督流形嵌入，该方法从深度网络中提取特征，以便在服务器的数据库中执行图像检索任务。参考文献[23]的研究着眼于在拆分学习的背景下防止关于标签的信息泄露。研究者提供了一些防御措施，以防止标签信息通过范数攻击和提示攻击被揭示出来。

19.6　本章小结

关于分布式机器学习方法(如拆分学习和联邦学习)，有多个方面需要研究。这些方面包括资源效率、隐私、收敛性、现实世界数据中的非同构性、训练延迟、协作推断、掉队的客户端、通信拓扑结构、攻击测试平台等，使得该领域成为当前研究的一个活跃领域。

参考文献

[1] Konečnỳ J, McMahan HB, Yu FX, Richtárik P, Suresh AT, Bacon D (2016) Federated learning: Strategies for improving communication efficiency. Preprint. arXiv:1610.05492.

[2] Gupta O, Raskar R (2018) Distributed learning of deep neural network over multiple agents. J Netw Comput Appl 116:1-8.

[3] Vepakomma P, Gupta O, Swedish T, Raskar R (2018) Split learning for health: Distributed deep learning without sharing raw patient data. Preprint. arXiv:1812.00564.

[4] Chen J, Pan X, Monga R, Bengio S, Jozefowicz R (2016) Revisiting distributed synchronous SGD. Preprint. arXiv:1604.00981.

[5] Lin Y, Han S, Mao H, Wang Y, Dally WJ (2017) Deep gradient compression: Reducing the communication bandwidth for distributed training. Preprint. arXiv:1712.01887.

[6] Han S, Mao H, Dally WJ (2015) Deep compression: Compressing deep neural networks with pruning, trained quantization and huffman coding. Preprint. arXiv:1510.00149.

[7] Louizos C, Ullrich K, Welling M (2017) Bayesian compression for deep learning. Preprint. arXiv:1705.08665.

[8] Laskin M, Metz L, Nabarro S, Saroufim M, Noune B, Luschi C, Sohl-Dickstein J, Abbeel P (2020) Parallel training of deep networks with local updates. Preprint. arXiv: 2012.03837.

[9] Huo Z, Gu B, Huang H (2018) Training neural networks using features replay. Preprint. arXiv:1807.04511.

[10] Elthakeb AT, Pilligundla P, Mireshghallah F, Cloninger A, Esmaeilzadeh H (2020) Divide and conquer: Leveraging intermediate feature representations for quantized training of neural networks. In: International conference on machine learning. PMLR, pp 2880-2891.

[11] Gharib G, Vepakomma P (2021) Blind learning: An efficient privacy-preserving approach for distributed learning. In: Workshop on split learning for distributed machine learning (SLDML'21).

[12] Thapa C, Chamikara MAP, Camtepe S (2020) Splitfed: When federated learning meets split learning. Preprint. arXiv:2004.12088.

[13] Madaan H, Gawali M, Kulkarni V, Pant A (2021) Vulnerability due to training order in split learning. Preprint. arXiv:2103.14291.

[14] Han DJ, Bhatti HI, Lee J, Moon J (2021) Han DJ, Bhatti HI, Lee J, Moon J (2021) Accelerating federated learning with split learning on locally generated losses. In: ICML 2021 workshop on federated learning for user privacy and data confidentiality. ICML Board.

[15] Singh A, Vepakomma P, Gupta O, Raskar R (2019) Detailed comparison of communication efficiency of split learning and federated learning. Preprint. arXiv:1909.09145.

[16] Poirot MG, Vepakomma P, Chang K, Kalpathy-Cramer J, Gupta R, Raskar R (2019) Split learning for collaborative deep learning in healthcare. Preprint. arXiv:1912.12115.

[17] Ceballos I, Sharma V, Mugica E, Singh A, Roman A, Vepakomma P, Raskar R (2020) SplitNN-driven vertical partitioning. Preprint. arXiv:2008.04137.

[18] Dingledine R, Mathewson N, Syverson P (2004) Tor: The second-generation onion router. Technical report, Naval Research Lab Washington DC.

[19] Sharma V, Vepakomma P, Swedish T, Chang K, Kalpathy-Cramer J, Raskar R (2019) Expertmatcher: Automating ML model selection for clients using hidden representations. Preprint. arXiv:1910.03731.

[20] Singh A, Chopra A, Garza E, Zhang E, Vepakomma P, Sharma V, Raskar R (2020) Disco: Dynamic and invariant sensitive channel obfuscation for deep neural networks. Preprint. arXiv:2012.11025.

[21] Arachchige PCM, Bertok P, Khalil I, Liu D, Camtepe S, Atiquzzaman M (2019) Local differential privacy for deep learning. IEEE Internet Things J 7(7):5827-5842.

[22] Vepakomma P, Balla J, Raskar R (2021) Differentially private supervised manifold learning with applications like private image retrieval. Preprint. arXiv:2102.10802.

[23] Li O, Sun J, Yang X, Gao W, Zhang H, Xie J, Smith V, Wang C Label leakage and protection in two-party split learning. Preprint. arXiv:2102.08504.

[24] Abadi M, Chu A, Goodfellow I, McMahan HB, Mironov I, Talwar K, Zhang L (2016) Deep learning with differential privacy. In: Proceedings of the 2016 ACM SIGSAC conference on computer and communications security, pp 308-318.

第V部分

应用

本部分将更详细地介绍联邦学习在企业中的多个应用场景用例，主要包括金融服务和医疗保健两个领域，这两个领域由于其严格的隐私监管而较早采用了联邦学习。本部分还将讨论零售和电信领域以及这些领域的需求。

首先从各自领域中对联邦学习应用的正式讨论开始，并延伸到联邦学习平台提供商的经验以及为电信行业提供的机会。

第 20 章回顾联邦学习在金融犯罪检测中的应用，特别是反洗钱中的应用。这是非竞争性领域中不同机构之间合作的典型例子。由于毒品交易、人口贩卖、逃税等产生的社会成本，金融监管机构要求金融机构采取措施打击欺诈和洗钱行为。

第 21 章介绍一个有趣的案例，即联邦学习在金融投资组合管理中的应用。该章展示了强化学习在联邦环境中的使用。

第 22 章提供一个在医学影像中使用联邦学习进行分割和分类任务的有趣例子。第 23 章讨论联邦学习在医疗领域的实际应用。该章由 Persistent Systems 的一位作者编写，该系统为医疗领域的客户提供联邦学习服务。第 23 章旨在根据实践经验为医疗行业中联邦学习平台的发展提供指导。

第 24 章介绍面向产品推荐系统的零售用例和联邦学习算法。这是一个很好的例子，说明了如何在大规模零售网络中避免聚合数据，从而避免隐私风险和监管审查。该章还将概述对诸如商店之间数据集的严重不平衡等实际问题的见解。

最后，第 25 章讨论联邦学习潜在最大用户之一的电信行业的潜在用例。

第 20 章

联邦学习在协同金融犯罪侦查中的应用

摘要：缓解金融犯罪(例如诈骗、盗窃、洗钱等)风险是一个巨大且不断增长的问题。在某种程度上，几乎每个金融机构以及许多个人(有时甚至整个社会)都会受到影响。该领域所使用的技术的进步(包括基于机器学习的方法)可以提高金融机构现有流程的效率。然而，大多数金融机构所面临的一个关键挑战是，他们在没有来自其他公司的任何洞察的情况下孤立地处理金融犯罪问题。当金融机构通过自己的视角来处理金融犯罪时，犯罪人可能会设计出跨越机构和地域的复杂策略。本章将描述一种通过使用联邦图学习平台跨机构共享关键信息的方法，并利用联邦学习和图学习方法来训练更准确的检测模型。我们在英国金融行为监管局(UK FCA)的 TechSprint 数据集上证明了该联邦模型比本地模型性能提升了 20%。这个新平台为高效检测全球洗钱活动打开了大门。

20.1 金融犯罪侦查简介

金融犯罪[3-6, 8, 14]是涉及对具有货币价值的实体滥用、挪用或虚假陈述的一类广泛且不断增长的犯罪活动。常见的金融犯罪种类包括盗窃罪、诈骗罪、洗钱罪(即为逃避监管或避税而掩盖货币实体的真实来源)。此类犯罪的货币价值可以从几美元到数十亿美元不等。然而，此类犯罪的总体负面后果远远超出其货币价值。事实上，其后果甚至可能具有社会影响范围，例如在导致主要机构和政府崩溃的恐怖主义融资或大规模欺诈案件中。

对此，监管机构要求大力打击金融机构的洗钱行为。金融机构花费大量资源开发合规计划和基础设施，以打击金融犯罪。由于工作的规模(大型银行可能有超过 1 亿的客户,这些客户共同产生了数十亿笔需要进行筛查的交易)和数据的可用性(当交易跨越银行或国家边界时,对远程交易对手的了解可能知之甚少)，因此对管理金融犯罪风险提出了挑战。目前用于辅助这些过程的技术侧重于识别异常和已知的犯罪模式。然而，在此过程中通常也会产生大量的误报警报。这些警报需要进一步审查(通常是人工)，以区分可疑行为和模型错误发现的合法金融活动(简称“误报警报”)。

20.1.1 利用机器学习和图学习打击金融犯罪

近来，金融机构一直在探索利用机器学习技术来增强现有的交易监控能力。机器学习技术有望提供一种有效的方法，可以从大量的交易中识别出可疑活动，并过滤掉当前技术所产生的误报警报，从而提高现有流程的效率和准确性。这些机器学习技术依赖从交易参与方的相关信息中提取出的特征，包括个体和整体交易指标，以及从静态知识和交易历史中得出的参与方之间的关系。拓扑特征可以通过图嵌入或从传统图算法(如 PageRank[13])来计算，例如 ego 网络中可疑方的数量。ego 网络由一个聚焦节点(ego)和直接连接到 ego 的节点(称为 alter)以及 alte 之间的联结(如果有)组成。

总的来说，该方法已被证明与当前部署的方法相比具有积极的效果。在一次评估中，误报率降低了 20%～30%。

20.1.2 全球金融犯罪检测的需求与贡献

尽管在交易监控的背景下利用机器学习具有价值，但金融机构仅限于识别与其组织相关的可疑活动。这提出了一个难题，因为不法分子的技术日益复杂，往往跨越多个组织和地理区域(也就是说，很多人利用多家银行来洗钱)。金融机构意识到，如果不跨多个组织查看数据，就无法检测出部分可疑活动。监管要求、数据隐私问题以及商业竞争力都对金融机构之间明确共享信息提出了挑战。鉴于目前的挑战，需要一种创新的解决方案来检测跨组织的可疑活动。本章使用一种方法将跨参与方的联邦图学习与联邦机器学习方法相结合，以促进多个金融机构在训练更好的洗钱检测模型方面的协作。其主要贡献如下。

- 一个联邦图学习平台，可以检测多个金融机构的全球金融犯罪活动；
- 使用英国金融行为监管局(FCA)提供的数据集和用例，展示了联邦图学习作为一种工具，在 2019 年 FCA 主办的 TechSprint 期间帮助识别金融犯罪的有效性；
- 将联邦学习与图学习相结合，作为一种手段来检测潜在的金融犯罪，并在多个金融机构之间共享拓扑，其中洗钱检测是一项非竞争性活动。

本章的其余部分将概述核心技术，包括图学习的预备知识。其次是整体架构和联邦图学习能力。然后，概述一个实现过程，并使用 UK FCA 为其 TechSprint 提供的数据集进行评估。最后描述结论和未来方向。

20.2 图学习

本节将介绍构成平台的底层技术以及相关的先前研究，包括用于检测金融犯罪的图学习或机器学习技术。

图学习被定义为一种机器学习，它利用基于图的特征来为数据增加更丰富的上下文，首先将数据链接到一起作为图结构，然后从图上的不同度量中提取特征。通过利用一组图分析技术(如连通性、中心性、社区检测和模式匹配)，可以定义各种图特征。图特征也可以与非图特征(例如，特定数据点的属性特征)相结合。一旦定义了一组包括图特征和非图特征在内的特征，问题就可以被形式化为一个有监督的机器学习问题(假设提供了标签数据)。如果没有提供标签数据，则可以将其作为一个无监督的机器学习问题来处理，从而可以应用聚类(例如 k-means)或离群点检测(如 LoF 或 DBScan)。最近，针对亿级甚至万亿级图的可扩展的图计算已经取得了很多进展[7, 16]。因此，有理由相信，即使对于大型的图，这种方法仍然是可行的。

Akoglu 等人[2]的论文对基于图的方法在一般异常检测问题中的研究现状进行了很好的综述。Molloy 等人[11]使用基于 PageRank 的特征进行欺诈检测。参考文献[9]和[17]针对反洗钱(AML)等金融犯罪检测应用探索了图嵌入方法。最近，研究社区也在探索使用神经网络来计算图嵌入，而不是将预定义的图拓扑作为图特征。然而，神经网络黑盒模型缺乏可解释性，这对于那些对决策解释性有严格要求的金融机构而言，带来了采用方面的挑战。

值得注意的是，这些先前的研究更侧重于局部图特征，而本章的方法则侧重于跨多个金融机构的全局图特征。

20.3　用于金融犯罪检测的联邦学习

本节提出了一个新的平台，它能够捕获跨多个金融机构的复杂全球洗钱活动，而不像以前的 AML(反洗钱)系统(该系统只检测单个银行中的交易)。提出的联邦学习系统包括 3 个步骤：首先计算本地特征，然后计算全局图特征，最后对计算的特征进行联邦学习。下文将对每一步进行描述。

20.3.1　本地特征计算

首先计算每个金融机构的本地特征。作为本地特征，先可以根据 Know Your Customer (KYC)属性计算客户的人口统计特征，如账户类型(个人或企业)、业务类型、国家、开户日期和一些风险标志。KYC 是指客户开立银行账户，通过提供其个人信息(如驾照信息等)来证明其身份的注册过程。然后，计算交易行为的各种统计特征，如国际电汇、国内电汇、信贷、现金、支票等各类交易的最小值、最大值、平均值和标准差。另外还可以计算图特征(如 ego 网络、网页排名和度分布)，与单个银行案例中的做法类似。

20.3.2　全局特征计算

接着，使用称为 GraphSC[12]的隐私保护图计算框架计算全局特征，提供有关多个金融机构中的可疑活动的全局上下文。全局图特征主要是在整个事务图和参与方关系图上使用图分析来计算，每个参与方不必向其他参与方显示它们的图。全局图特征包括 1 跳/2 跳 ego 网络、周期和时间周期、中介中心性、社区发现等。使用全局特征相比使用本地图特征的好处是，如果可通过组合多个图中的子图来创建更丰富和更稠密的图，那么图特征应该更有效，因为也可以从其他金融机构获得关于哪些银行账户可能与不良行为者有关联的上下文信息。

对于计算全局图特征，需要考虑到隐私性，以免泄露每个金融机构的任何敏感信息。例如，如果在两个不同的金融机构中存在一个由 3 个账户组成的交易周期——从金融机构 X 中的一个账户 A 开始，到金融机构 Y 中的一个账户 B，再到金融机构 Y 中的一个账户 C。一个挑战是金融机构 Y 中从 B 到 C 的交易不能透露给金融机构 X。因此，需要设计和实现一个安全协议，允许金融机构 X 向金融机构 Y 发送查询，询问 B 和 C 之间是否存在交易，而不让金融机构 Y 透露敏感信息。GraphSC 就是满足这一要求的安全的图计算框架之一，我们基于这种方法实现了一些图特征，如时间周期特征。

20.3.3 联邦学习

再接着，使用前面描述的本地特征和全局特征构建一个联邦学习模型。它使用联邦学习平台之一[10]，实现一种集中式的联邦学习方法。数据拥有者与中心服务器(即聚合器)共享模型更新，聚合器无权访问任何一方的数据。该中心服务器由第三方托管，如金融情报中心(FIU)，这是许多成熟金融市场中常见的金融犯罪监督机构。为进一步保护隐私，即使是与聚合器共享的模型更新也可通过差分隐私、安全多方计算或不同的加密技巧等隐私保护技术进行严格保护。

针对不同金融机构合作的场景，目标是训练一个能够更准确地预测可疑洗钱行为的模型。在设置中，每个金融机构在其本地数据上进行训练，并与中心聚合器共享训练好的模型参数。聚合器融合所有模型参数并生成一个全局模型，其权重将被发回给所有的协作银行，用于重新初始化它们的本地模型，进行下一轮的本地训练。这个过程会重复一定的轮数，或直到达到期望的模型准确性为止。

我们所使用的框架[10]是为企业环境中的联邦学习而设计的。它为联邦学习提供了一个基本框架，可以在此基础上增加差分隐私和安全多方计算等高级特性。它不依赖所使用的特定机器学习平台，支持不同的学习拓扑结构(例如共享聚合器)和协议。

20.4 评估

本节将描述联邦学习如何帮助改善用于跨多个金融机构的 AML 问题的模型的准确性。

20.4.1 数据集和图建模

为评估本章中描述的方法，这里使用 FCA 于 2019 年举办的 TechSprint 提供的数据集[1]。该数据集是一个模拟但真实的数据集，由英国 6 家金融机构的数据组成，并反映了现实世界的统计分布和常见的可疑模式。

该数据集覆盖了两年的活动情况，包括客户资料、交易、客户关系数据、可疑活动警报指示器以及客户关系是否因涉嫌不当行为而终止的指示。我们将最后一项用作可疑活动的基本事实。

基于这个数据集，构建了两种类型的图：一种称为交易图，其中顶点代表一个银行账户，边代表资金转移。另一种图称为参与方关系图，其中顶点代表客户，边代表客户之间的社会关系，如家庭关系等。

20.4.2　参与方关系图的图特征

作为初步评估，首先仅关注参与方关系图，该图由银行账户之间的社会关系组成。例如，拥有公司的人可以同时使用个人账户和公司的业务账户。这种情况下，这两个银行账户可通过所有者相互关联。这种关系可能是金融犯罪的重要指示器，因为犯罪分子可能会通过这种关系(例如，拥有一家公司)间接使用账户，将个人资金转移以混淆真实的来源或受益方(即分层交易)。

在此，假设银行对每位客户都拥有以下信息。

- 客户资料(例如，账户 ID、姓名、出生日期、国籍等)；
- 相关方资料(例如，姓名、出生日期等)；
- 客户与相关方之间的关系(例如，董事、所有者、家人等)；
- 客户风险情报(例如，过去的可疑活动报告[SAR]标志、金融犯罪退出标记)。

这些信息是在 KYC 流程中(当注册新客户时或对现有客户进行定期评估时)获得的，或者在进行 AML 预报的详细调查时获得的。相关参与方可能是或不是金融机构的客户，可能包括客户本身。如果多个客户与共同的相关方建立关系，则表明这些客户的账户可能受到单个参与方的影响，因此可能会协同工作。

由于市场上有许多金融机构，因此需要考虑一个人在多个金融机构拥有账户的情况。同样，同一个相关参与方可能会出现在多个金融机构的数据中。为了解跨金融机构边界的账户之间的联系，需要进行“实体解析”的过程，即通过比较诸如姓名、地址或身份证号码等属性来确定对应同一个实体的资料。

针对实体解析应用以下简单规则。

- 个人客户或参与方：(姓名、出生日期和国籍相等)OR(身份证件类型、身份证件号码和国籍相等)。
- 商业客户或参与方：(全名、成立日期和注册国家相等)OR(公司注册类型、公司注册号和注册国家相等)。

但实际上，由于存在打字错误、文档质量问题、OCR 错误或非拉丁字符的转换波动性，实体解析面临许多挑战。在原始数据可以共享的情况下，有许多商业产品可以应对这一挑战。然而，在隐私保护的约束下进行实体解析仍然是未来研究的领域。

一旦对客户及其相关方的实体解析完成后，将得到这些实体的图，如图 20-1 所示。在图中，CP1, CP2, ...表示客户，每个客户都有一个账户；RP1, RP2, ...表示它们的相关方；

GRP1, GRP2, ...和 GCP1, GCP2, ...是在实体解析过程中发放的分组 ID。客户和其相关方之间的边是社会关系，如果这些相关方被实体解析确定为属于同一实体，则在客户或相关方与分组 ID 之间创建一条边。

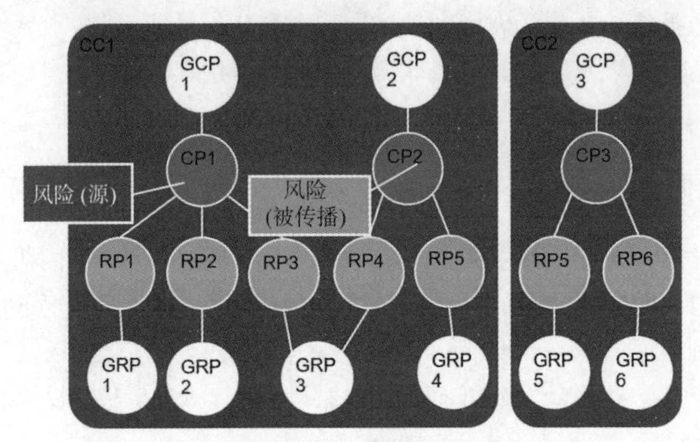

图 20-1 客户与相关方的关系

由于图中的连通账户(客户)可能是合作伙伴，因此参与洗钱的风险在账户之间是共享的。从这个假设出发，根据图中每个(弱)连接组件中的统计数据来计算每个客户的特征。在当前的实现中，使用了以下特征。

- 连接组件内过去曾被交易监控系统警告的客户数量；
- 连接组件内过去曾有 SAR 标志的客户数量；
- 连接组件内过去曾有金融犯罪退出标记的客户数量；
- 连接组件内的节点数量。

风险标志(SAR、金融犯罪退出标记等)的状态可以从本节前面提到的客户风险情报数据中获得。注意，在基于机器学习的金融犯罪预测/分类任务中，客户的风险标志状态经常被用作目标变量。这种情况下，当这些特征被用作训练或测试数据集时，它们不能包括所涉及客户的风险标志的状态，而只能包含来自其他客户的信息。

我们对 TechSprint 过程中使用的合成数据集进行了初步分析，结果如图 20-2 所示。

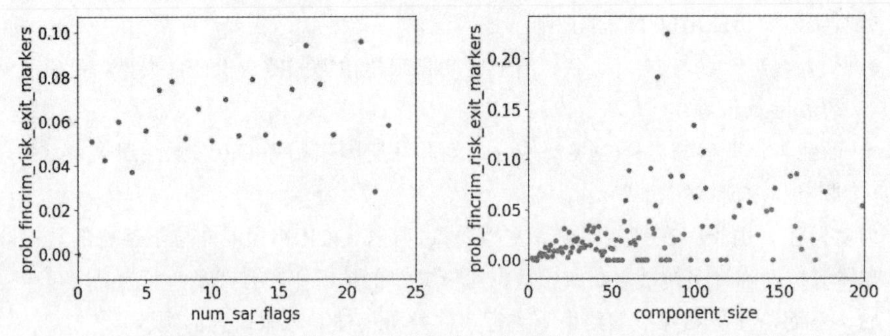

图 20-2 客户的金融犯罪退出标记被标记的条件概率与不同特征之间的关系。左图中特征为同一连接组件中带有 SAR 标志的客户数；右图中特征为连接组件中的节点个数

假设客户的金融犯罪退出标记是在有监督机器学习设定下的待预测的目标变量。从图中可以看出，同一连接组件内具有 SAR 标志的客户数量与同一连接组件内节点(包括客户、相关方和分组 ID)的数量呈正相关关系。这一结果表明，这些数值可以与其他特征一起用作检测洗钱的特征。

20.4.3 模型准确性

这里显示使用 TechSprint 数据进行联邦图学习的评估结果。计算的本地特征包括基于交易的特征、在前一节中定义的参与方关系图中的全局图特征、交易图中的全局图特征以及本地交易特征。

关于平台设置，在理想的联邦学习环境中，每个金融机构将在自己的服务器或虚拟机上执行本地训练，并在每次本地训练周期结束后与聚合器进行通信，聚合器可以由第三方(例如政府机构)或其中一家银行托管。然而，由于 TechSprint 提供的资源有限，只有一个主机，因此需要模拟 6 个过程，代表 6 个英国银行的本地训练过程；其中一个过程作为代表聚合器的代理角色，使用联邦学习框架[15]。我们训练了多种类型的机器学习模型，例如 L1 正则化逻辑回归、L2 正则化线性支持向量机(SVM)、决策树和简单的神经网络。

我们发现这些机器学习模型的性能结果类似(测试准确性和 F1 分数之间的差异小于 10%)。因此，只报告了由两个 sigmoid 单元的稠密层和一个具有二元交叉熵损失函数的 sigmoid 层组成的神经网络的结果。如前所述，神经网络的可解释性仍然是一个正在研究的领域，因此可以利用现有的研究或使用其他机器学习模型来满足当前的金融监管策略，该策略要求机器学习模型具有透明度和可解释性。由于提供的数据集存在严重不平衡，只有约 5%的银行账户包含了是否归为可疑活动报告(SAR)的标签，而约 0.4%的账户被标记为金融犯罪分子，因此我们采用欠采样策略(即处理占大多数的“干净”银行账户标签)创建平衡的训练数据集，以便为所有金融机构训练本地模型和聚合模型。

在表 20-1 中，提供了在每个金融机构的交易记录上训练的本地模型的结果。可观察到，由于本地测试集是平衡的，因此测试准确性和 F1 分数相同，这似乎表明本地模型性能良好。然而，如果将本地训练模型与所有金融机构的账户记录进行测试，则由于测试集的不平衡性，F1 分数显著下降，测试准确性也略微下降。此外，如果将前一节中描述的图特征添加到训练特征中，测试准确性和 F1 分数方面将有所提高，如表 20-2 所示。从表 20-3 中可以得出，通过使用联邦学习训练聚合模型，所有金融机构都可以从聚合模型中获益，而不会牺牲其数据隐私。这也包括显著降低处理虚假反洗钱案件所需的成本。

表 20-1 基于交易特征训练的集中式本地模型

	BWBAGB	PCOBGB	NUBAGB	HCBGGB	GVBCGB	FOCSGB
本地测试集(准确性/F1 值)	0.971/0.971	0.976/0.976	0.984/0.984	0.982/0.982	0.967/0.966	0.988/0.988
所有记录测试集(准确性/F1 值)	0.956/0.550	0.956/0.550	0.953/0.546	0.957/0.551	0.960/0.550	0.962/0.552

表 20-2 基于交易和图特征训练的本地模型

	BWBAGB	PCOBGB	NUBAGB	HCBGGB	GVBCGB	FOCSGB
本地测试集(准确性/F1 值)	0.996/0.996	0.997/0.997	0.997/0.997	0.996/0.996	0.990/0.990	1/1
所有记录测试集(准确性/F1 值)	0.994/0.761	0.994/0.769	0.990/0.692	0.995/0.766	0.995/0.764	0.995/0.765

表 20-3 基于交易和图特征训练的联邦模型

	聚合模型
准确性	0.995
F1 值	0.769

准确性和 F1 值的提高意味着更准确地标记案件，有望显著降低银行的合规成本，减少后续跟进的需求。

20.5 本章小结

本章描述了一个新颖的框架，它通过在多个金融机构之间共享见解，而不在每个金融机构之间或第三方共享任何原始数据，能够更好地识别可疑活动的模式。这是通过将图学习技术与联邦学习相结合实现的。我们描述了总体架构和原型实现，并且基于 2019 年 FCA TechSprint 的数据集，证明了使用多个金融机构的联邦学习模型比本地模型的性能提高了 20%。这种能力为在现实数据和场景中使用这些技术奠定了基础。

联邦学习与图分析相结合可以为金融机构合作识别金融欺诈模式(特别是洗钱模式)提供一种很好的方法。如果能够保证客户交易数据的隐私和安全，则金融机构可以在这个非竞争性领域进行合作，或者被监管机构强制合作。假阳率的降低可为金融部门节省监管成本，而洗钱的减少会带来巨大的社会效益：毒品、武器和性交易以及恐怖主义融资将变得更困难并有望减少。此外，这种合作形式可以类似的方式扩展到面临欺诈或犯罪的其他行业，如果要保持保密和隐私，则可以非竞争的方式解决这一问题。检测假冒商品或零售盗窃是不错的选择。

参考文献

[1] 2019 global AML and financial crime techsprint (2019). https://www.fca.org.uk/events/techsprints/2019-global-aml-and-financial-crime-techsprint.

[2] Akoglu L, Tong H, Koutra D (2015) Graph based anomaly detection and description: a survey. Data Min Knowl Discov 29(3):626-688.

[3] Alexandre C (2018) A multi-agent system based approach to fight financial fraud: an application to money laundering. ArXiv.

[4] Chen Z, Van Khoa LD, Teoh EN, Nazir A, Karuppiah E, Lam KS (2018) Machine learning techniques for anti-money laundering (AML) solutions in suspicious transaction detection: a review. Knowl Inf Syst 57:245-285.

[5] Colladon AF, Remondi E (2017) Using social network analysis to prevent money laundering. Expert Syst Appl 67:49-58.

[6] Han J, Barman U, Hayes J, Du J, Burgin E, Wan D (2018) NextGen AML: distributed deep learning based language technologies to augment anti money laundering investigation. In: Proceedings of ACL 2018, system demonstrations. Association for Computational Linguistics, pp 37-42.

[7] Hanai M, Suzumura T, Tan WJ, Liu ES, Theodoropoulos G, Cai W (2019) Distributed edge partitioning for trillion-edge graphs. CoRR abs/1908.05855, http://arxiv.org/abs/1908.05855, 1908.05855.

[8] Jamshidi MB, Gorjiankhanzad M, Lalbakhsh A, Roshani S (2019) A novel multiobjective approach for detecting money laundering with a neuro-fuzzy technique. In: 2019 IEEE 16th international conference on networking, sensing and control (ICNSC), pp 454–458. https://doi.org/10.1109/ICNSC.2019.8743234.

[9] Liu W, Liu Z, Yu F, Chen P, Suzumura T, Hu G (2019) A scalable attribute-aware network embedding system. Neurocomputing 339:279-291.

[10] Ludwig H, Baracaldo N, Thomas G, Zhou Y, Anwar A, Rajamoni S, Ong Y, Radhakrishnan J, Verma A, Sinn M, Purcell M, Rawat A, Minh T, Holohan N, Chakraborty S, Whitherspoon S, Steuer D, Wynter L, Hassan H, Laguna S, Yurochkin M, Agarwal M, Chuba E, Abay A (2020) IBM federated learning: an enterprise framework white paper v0.1. 2007.10987.

[11] Molloy I, Chari S, Finkler U, Wiggerman M, Jonker C, Habeck T, Park Y, Jordens F, Schaik R (2016) Graph analytics for real-time scoring of cross-channel transactional fraud.

[12] Nayak K, Wang XS, Ioannidis S, Weinsberg U, Taft N, Shi E (2015) GraphSC: parallel secure computation made easy. In: 2015 IEEE symposium on security and privacy, pp

377–394. https://doi.org/10.1109/SP.2015.30.

[13] Page L, Brin S, Motwani R, Winograd T (1999) The PageRank citation ranking: bringing order to the web. Technical Report 1999-66, Stanford InfoLab. http://ilpubs.stanford.edu:8090/422/, previous number = SIDL-WP-1999-0120.

[14] Savage D, Wang Q, Chou PL, Zhang X, Yu X (2016) Detection of money laundering groups using supervised learning in networks. ArXiv abs/1608.00708.

[15] Truex S, Baracaldo N, Anwar A, Steinke T, Ludwig H, Zhang R (2018) A hybrid approach to privacy-preserving federated learning.

[16] Ueno K, Suzumura T, Maruyama N, Fujisawa K, Matsuoka S (2017) Efficient breadth-first search on massively parallel and distributed-memory machines. Data Sci Eng 2(1):22–35. https://doi.org/10.1007/s41019-016-0024-y.

[17] Weber M, Chen J, Suzumura T, Pareja A, Ma T, Kanezashi H, Kaler T, Leiserson CE, Schardl TB (2018) Scalable graph learning for anti-money laundering: a first look. CoRR abs/1812.00076, http://arxiv.org/abs/1812.00076, 1812.00076.

第 21 章

投资组合管理的联邦强化学习

摘要：金融投资组合管理涉及财富在一组金融资产上的不断再分配，其序列性质可以用强化学习(RL)进行建模。联邦学习允许交易员在不泄露其隐私数据的情况下进行联合模型训练。本章在 S&P500 市场数据上展示了使用 Fed+算法的个性化、鲁棒的联邦强化学习方法所产生的交易策略能比其他方法提供更高的年收益和夏普比率。

21.1 介绍

在强化学习(RL)中，目标是通过试错来学习一个多步骤或长期策略，以控制一个系统。强化学习有两个关键方面使其与机器学习中的其他领域不同。首先，策略是多步决策，通常会在一个感兴趣的时间范围内使用。其次，策略的训练不是以监督方式进行，而是通过试错的方式，即以半监督方式进行。具体而言，RL 算法通过采样来获得系统动态，而不是通过动态的解析模型来获得。假定已给出当策略将代理引导到特定状态时可能获得的奖励信息，那么强化学习算法会尝试连续的策略，以最大化长期奖励。强化学习解决了即时动作与它们最终通过采样产生的延迟回报之间的关联问题。

深度强化学习将深度学习融入求解最优策略的方法中。这种情况下，策略或其他相关函数由神经网络表示。使用神经网络来学习和表示策略允许在过程中无缝使用联邦学习：联邦学习从不共享代理经验或状态-动作对及其奖励的数据，而是共享策略神经网络参数。

联邦强化学习对于强化学习而言具有特殊的意义，因为强化学习需要大量数据，通过试错来学习良好的策略。能够利用代理在不同状态和动作下的数据或所谓的“经验”，而不要求各方显式共享它们，这对于在现实中训练强化学习策略具有巨大优势(从机器人技术到导航再到金融交易)。

实际上，联邦学习对于金融投资组合管理具有重要的潜在价值，原因如下：①历史金融数据很有限，因此交易员经常使用自己的数据模型来增加公共数据，而不希望与其他交易员共享。联邦学习为他们提供了一条途径，可以实现在不泄露隐私数据的情况下在更多数据上共同训练的策略。②金融市场具有高度的非平稳性。异构数据上的联邦学习以隐私保护的方式提供了多任务学习的好处。

本章将首先介绍描述联邦强化学习所需的公式和符号。然后，介绍基于 RL 进行金融投资组合管理的模型。接着，定义数据增强的关键方法，这是联邦投资组合管理应用的一个重要方面。最后，提供联邦投资组合管理的广泛实验结果，并得出本章的主要结论。

21.2 深度强化学习公式

在强化学习中，目标是学习一种策略，控制由马尔可夫决策过程建模的系统，该过程定义为一个包含 6 个元素的元组 $\langle S,A,P,r,T,\gamma\rangle$。这里，$S=\bigcup_t S_t$ 是状态空间，$A=\bigcup_t A_t$ 是动作空间，它们都被假设是有限维和连续的；P：$S\times A\times S\to\mathbb{R}$ 是一个转移核密度函数，r：$S\times A\to\mathbb{R}$ 是一个奖励函数，T 是(可能是无限的)决策时域，$\gamma\in(0,1]$是折扣因子。确定性策略梯度使用带权重 $\boldsymbol{\theta}$ 的深度神经网络学习确定性目标策略[16]。$\boldsymbol{\theta}$ 参数化的策略是一个映射 μ_θ: $S\to A$，指定在一个特定状态中选择的动作。在每个时间步 $t\in\{1,...,T\}$中，处于状态 $s_t\in S_t$的代理采取确定性动作 $a_t=\mu_\theta(s_t)\in A_t$，接收奖励 $r(s_t,a_t)$，并根据 P 转移到下一个状态 s_t+1。

RL 代理的目标是在考虑如下起始分布的情况下最大化其预期回报。

$$J(\mu_\theta)\triangleq\mathbb{E}_{s_t\sim P}\left[\sum_{t=1}^{T}\gamma^{t-1}r\big(s_t,\mu_\theta(s_t)\big)\right]$$

然后，可通过应用确定性策略梯度定理(见参考文献[16]中的定理 1)找到实现目标的最优策略，其中的思想是沿着性能梯度 $\nabla_\theta J(\mu_\theta)$ 的方向调整策略的参数 $\boldsymbol{\theta}$。确定性策略梯度比其随机对应物[17]可以被更有效地估计，从而避免了对动作空间进行复杂的积分计算。

21.3 金融投资组合管理

投资组合管理是指在连续交易期内将财富依次分配给一组资产的过程[7, 12]。因为投资组合管理涉及顺序决策，所以可以应用强化学习对资产重新配置进行建模。由于奖励是延迟的，而且这个过程是时间相关的，因此 RL 在制定交易策略方面是一个自然范式(例如，递归强化学习[1]、无模型离线 RL[8]、最优对冲框架[5]，以及状态增强 RL[18])。

如前所述，联邦学习在该应用中具有重要的潜在价值，主要有两个原因。

- 特定资产的历史金融数据都是有限的。以 S&P500 为例：过去 10 年中，任何一个 S&P500 资产的训练集规模最多只有 2530 个观察值，因为每年只有 253 个交易日。而最近上市的资产可获得的训练数据将更少。交易员因此使用自己的数据模型来增加公共数据，但他们不希望与其他交易员共享这些数据。我们将在下一节中描述几种这样的数据增强模型。联邦学习为交易员提供了一种途径，可以在不泄露隐私数据的情况下，使用更多的数据执行联合训练策略。

- 金融市场高度不稳定。因此，由于分布随时间的变化，从历史训练数据中学习到的策略可能无法很好地推广。当涉及独立的参与方在异构数据上训练联邦模型时，联邦学习以隐私保护的方式提供了多任务学习的好处。众所周知，在金融市场等非平稳环境中，多任务学习可以提高模型的迁移能力。

假设金融市场具有足够的流动性，因此任何交易都可以立即执行，而对市场的影响很小。按照参考文献[8]的方法，假设 t 表示资产交易日的索引，$v_{i,t}$, $i=\{1, \ldots, \eta\}$表示第 i 项资产在时间 t 的收盘价，其中 η 是给定资产领域中的资产数量。价格向量 $\boldsymbol{v}_t$ 由所有 n 个资产的收盘价格组成。$\boldsymbol{v}_{0,t}$ 是 v_t 中的一个额外维度(索引 0 表示第一维度)，表示时间 t 的现金价格。将 $\boldsymbol{v}_t$ 中关于现金的所有时间变化进行归一化，因此 $v_{0,t}$ 对所有 t 都是常数。将时间 t 的价格相对向量定义为 $\boldsymbol{y}_t \triangleq \boldsymbol{v}_{t+1} \oslash \boldsymbol{v}_t = (1, v_{1,t+1} / v_{1,t}, \ldots, v_{\eta,t+1} / v_{\eta,t})^{\mathrm{T}}$，其中 $\oslash$ 表示逐元素的除法。

将 $\boldsymbol{w}_{t-1}$ 定义为时间 t 开始时的投资组合权重向量，其中第 i 个要素 $w_{i,t-1}$ 表示资产 i 在重新分配资本后在投资组合中的比例，以及对于所有 t，满足 $\sum_{i=0}^{\eta} w_{i,t} - 1$。投资组合初始化为 $\boldsymbol{w}_0=(1,0,\ldots,0)^{\mathrm{T}}$。在时间 t 结束时，根据式子 $\boldsymbol{w}'_t = (\boldsymbol{y}_t \odot \boldsymbol{w}_{t-1}) / (\boldsymbol{y}_t \cdot \boldsymbol{w}_{t-1})$ 进行权重的调整，其中 $\odot$ 表示逐元素的运算。从 $\boldsymbol{w}'_t$ 到 $\boldsymbol{w}_t$ 的重新分配是通过出售和购买相关资产获得的。支付所有费用后，这种重新分配会使投资组合价值缩水 $\beta_t \triangleq c\sum_{i=1}^{\eta} \left| w'_{i,t} - w_{i,t} \right|$，其中 c=0.2%为买入/卖出费用；设 ρ_{t-1} 表示 t 开始时的投资组合价值，ρ'_t 表示时间 t 结束时的投资组合价值，因此 $\rho_t = \beta_t \rho'_t$。时间 t 处的归一化收盘价格矩阵是 $\boldsymbol{Y}_t \triangleq \left[\boldsymbol{v}_{t-l+1} \oslash \boldsymbol{v}_t \middle| \boldsymbol{v}_{t-l+2} \oslash \boldsymbol{v}_t \middle| \cdots \middle| \boldsymbol{v}_{t-1} \oslash \boldsymbol{v}_t \middle| \boldsymbol{1} \right]$，其中 $\boldsymbol{1} \triangleq (1, 1, \ldots, 1)^{\mathrm{T}}$，$l$ 是时间嵌入的参数。

因此，金融投资组合管理可以被看成一个 RL 问题。在每个时间步长 t，智能代理观察到状态 $s_t \triangleq (\boldsymbol{Y}_{t-1} - \boldsymbol{w}_{t-1})$，采取动作(即投资组合权重)$a_t = \boldsymbol{w}_t$，并获得即时奖励 $r(s_t, a_t) \triangleq \ln(\rho_t / \rho_{t-1}) = \ln(\beta_t \rho'_t / \rho_{t-1}) = \ln\beta(\beta_t \boldsymbol{y}_t \cdot \boldsymbol{w}_{t-1})$。考虑到策略 μ_θ，RL 智能代理的目标是通过参数 θ 最大化目标函数：$\max_{\mu_\theta} J(\mu_\theta) = \max_{\mu_\theta} \sum_{t=1}^{T} \ln(\beta_t \boldsymbol{y}_t \cdot \boldsymbol{w}_{t-1}) / T$。根据确定性策略梯度定理[16]，可通过参数 $\boldsymbol{\theta}$ 的以下更新规则找到最优 μ_θ，其中 λ 是学习率。

$$\theta \leftarrow \theta + \lambda \nabla_\theta J(\mu_\theta)$$

假设现在有 N 个参与方，每个参与方都有一个 RL 智能代理用于投资组合管理。对于 $n \in \{1,2, \ldots, n\}$，各方都有其交易资产领域(数据)I_n，并且每个资产领域中的基数(资产数量)是相同的。目标是将各方的模型汇总起来，以便彼此受益。由于各方都在不同的资产领域进行交易，因此多智能代理投资组合管理问题本质上是一个多任务问题。特别地，各方的任务都是一个马尔可夫决策过程 $\langle S_n, A, P_n, r, T, \gamma \rangle$，其中动作空间 A 和奖励函数 r 对各方而言都是相同的。状态空间 S_n 取决于各方的交易资产领域 I_n，转移内核 P_n 应该从 I_n 的基本股价动态中推断出来。各方通过联邦机制最大化其自身目标，并使用确定性策略梯度更新其 RL 智能代理。

21.4 数据增强方法

对于任何给定的资产来说，历史金融数据都是有限的。如前所述，对于过去 10 年内活跃的任何一个 S&P500 资产，其训练集的大小仅有 2530 个观察结果，因为每年只有 253 个交易日。交易员处理这种相对较少的历史数据时，一个常见的方法是通过为每个资产构建生成模型来增强数据量。因此，这些模型对于交易员来说是隐私的，他们很少愿意共享由这些模型产生的数据。

我们提出了 3 种训练生成模型的方法，以产生公开交易资产的扩展金融价格历史数据。具体来说，它们包括几何布朗运动、可变阶马尔可夫模型和生成对抗网络。

21.4.1 几何布朗运动

几何布朗运动(Geometric Brownian Motion，GBM)是一种连续时间的随机过程，其中随机变化量的对数遵循带漂移的布朗运动[9]。GBM 在数学金融中经常用于对 Black-Scholes 模型[4]中的股价进行建模，这是因为 GBM 的预期回报与股票价值无关，与实际情况相符[9]。此外，GBM 的路径与实际股价中常见的“粗糙度”相似。如果资产 i 满足随机微分方程 $\mathrm{d}v_{i,t}=\mu_i v_{i,t}\mathrm{d}t+\sigma_i v_{i,t}\mathrm{d}W_t$，则其收盘价遵循 GBM。这里，$W_t$ 是布朗运动，μ_i 是给定历史日期范围内股票价格的平均收益，σ_i 是同一日期范围内股价收益的标准差。微分方程可以用解析解求解：$v_{i,t}=v_{i,0}\exp((\mu_i-\sigma_i^2/2)t+\sigma_i W_t)$。$v_{i,0}$ 表示训练集中资产的最后一天收盘价，使用 RL 训练集中日期范围内的资产回报来估计 μ_i 和 σ_i。

21.4.2 可变阶马尔可夫模型

可变阶马尔可夫(Variable-Order Markov，VOM)模型是一类重要的模型，它扩展了常见的马尔可夫链模型[2]，后者序列中的每个随机变量都受到固定数量的随机变量的影响，具有马尔可夫性质。相反，在 VOM 模型中，条件随机变量的数量可以基于具体观察到的结果而变化。给定收益序列 $\{\boldsymbol{p}_t\}_{t=0}^{T}$，其中 $p_{i,t}=(v_{i,t+1}-v_{i,t})/v_{i,t}$ 表示时间 t 的资产领域 I 中的资产 i，VOM 模型通过学习一个模型 $\mathbb{P}$，为序列中的每个收益提供概率分配。具体而言，学习器生成一个条件概率分布 $\mathbb{P}(\boldsymbol{p}_t\mid\boldsymbol{h}_{t'})$，其中 $h_{i,t'}=\{p_{i,t'}\}_{t'=t-k-1}^{t-1}$ 表示长度为 k 到时间 t 的历史回报序列。VOM 模型试图估计形式为 $\mathbb{P}(\boldsymbol{p}_t\mid\boldsymbol{h}_{t'})$ 的条件分布，其中上下文长度 $|h_{i,t'}|=k$ 根据可用的统计数据而变化。在 Black-Scholes 模型[4]中，通常假设汇率、价格指数和股市指数的对数变化服从正态分布。本章做出了类似的假设，令 $\mathbb{P}$ 是一个多元对数正态分布。也就是说，$\ln(\boldsymbol{p}_t\mid\boldsymbol{h}_{t'})\sim N(\mu,\sigma^2)$，其中 $\boldsymbol{\mu}$ 和 $\boldsymbol{\sigma}$ 分别是资产收益的均值矩阵和协方差矩阵。

21.4.3 生成对抗网络

生成对抗网络(Generative Adversarial Network，GAN)是一种机器学习框架，它使用两个神经网络，一个网络对抗另一个网络，以生成看起来像真实数据的新的合成数据实例[6]。其中一个神经网络被称为生成器，负责生成股价走势；另一个神经网络被称为判别器，用于判断生成的走势是合成的还是来自与数据(即资产回报)相同的潜在分布。将 $\boldsymbol{x}$ 表示为资产领域 I 中所有资产的日回报率 $p_{i,t}$ 的集合，其中 t=0, 1, …, T。为学习生成器在资产回报 $\boldsymbol{x}$ 上的分布 $\mathbb{P}_g$，我们在输入噪声变量上定义一个先验分布 $\mathbb{P}_z(\boldsymbol{z})$，然后将到数据空间的映射表示为 $G(\boldsymbol{z};\boldsymbol{\theta}_g)$，其中 G 是由参数为 $\boldsymbol{\theta}_g$ 的稠密层表示的可微函数。使用卷积层[10]和稠密层来构建判别器模型 $D(\boldsymbol{x};\boldsymbol{\theta}_d)$，它输出一个标量值。$D(\boldsymbol{x})$表示 $\boldsymbol{x}$ 来自历史价格回报而不是 $\mathbb{P}_g$ 的概率。训练 D 以最大化正确分类训练样本和来自 G 的样本的概率。同时训练 G 以最小化 $\log(1-D(G(\boldsymbol{z})))$。换句话说，判别器 D 和生成器 G 通过以下极小极大博弈进行训练：$\min_G \max_D \mathbb{E}_{x\sim\mathbb{P}(x)}[\log D(\boldsymbol{x})] + \mathbb{E}_{z\sim\mathbb{P}_z(z)}[\log(1-D(G(\boldsymbol{z})))]$。

21.5　实验结果

本节将进行数值实验，以说明如何使用联邦强化学习来制定投资组合管理的金融交易策略。联邦中的各方代表交易员或投资组合经理，他们每个人都有自己的方法，使用上一节中提供的数据生成方法进行数据扩充。他们各自在自己的投资组合上开发自己的策略，但通过共享神经网络策略映射中的参数来进行联合模型训练。

需要注意的是，每个交易员都有一个独特的资产领域，本例中取自 S&P500。虽然交易员之间可能存在资产重叠，但这并不影响训练的策略在不同的交易员和不同的资产领域之间的应用。这里提出的神经网络模型可以在使用的资产集合上保持不变性，并且由于这种不变性，在一组资产上训练的策略可以成功地用于另一组资产的交易。

在投资组合管理中的联邦强化学习部分，本节展示了两个主要好处。实验结果表明，相比于独立训练的策略或不使用联邦学习的标准金融交易基准策略，使用联邦强化学习的各方获得了更高的利润。下面提供了实验设置的详细信息，并给出了年化回报率和夏普比率的结果。

21.5.1　实验设置

假设有 N 个参与方，每个参与方都有自己的交易资产领域和数据 I_n，其中 $n\in\{1,2,...,N\}$。每个资产领域中的资产数量是相同的。每个交易员为每种资产生成一年的额外合成时间序列数据。合成数据是在每经过 1000 次 RL 本地训练迭代后生成的，并添加到资产的最后一天实际收盘价中。这种对各方严格保密的合成-真实数据被每个参与方用来训练其强化学习代理。

代理模型遵循 EIIE(Ensemble of Identical Independent Evaluators)拓扑结构，并采用参考文献[8]中的在线随机批学习方法，后者连续对小批数据进行采样以训练 EIIE 网络。我们选择折扣因子 $\gamma = 0.99$ 和时间嵌入 $l = 30$，并使用批大小 50 和学习率 5×10^{-5} 进行所有实验。其他实验细节(包括时间嵌入的选择和代理模型 EIIE 的 RNN 实现)与参考文献[8]相同。在 10 个虚拟机上进行实验，其中每台虚拟机具有 32 个 Intel® Xeon® Gold 6130 CPU 和 128 GM RAM，最多可支持 5 个参与方进程。

这些实验是在 S&P500 指数技术板块的 50 项资产上进行的[1]。每个参与方 n 通过随机选择 9 个资产来构建自己的资产领域 I_n，并对 I_n 中的资产预训练隐私数据增强方法，即 GBM、VOM 或 GAN。2006 年至 2018 年的 S&P500 价格数据用于训练数据增强和 RL 策略；2019 年的价格数据用于测试。

在每个实验中，假设所有参与方都参与了训练。全局轮数 $K = 800$，每个参与方的本地 RL 迭代次数 $E = 50$；使用固定的正则化参数 $\alpha = 0.01$ 作为每个参与方的本地求解。在实践中，我们发现在每个 Local-Solve 子例程的开始时，将本地模型初始化为混合模型(即使用一个小的正值 λ 而不是默认的 λ=0)会获得良好的性能。这种混合模型是使用各方的本地模型和权重 λ=0.001 的最新全局模型的凸组合计算得到的。此外，保持所有 t 的 λ_k^t (也是对角矩阵 Λ_k^t 的对角线条目)恒定。结果基于在足够宽的固定 λ_n^k 网格上的训练(通常在分辨率为 10^{-1} 或 10^{-3} 的乘法网格上为 10～13 个值)。

结果是针对为每个实验单独选择的最佳固定 λ_n^k。衡量性能的两个指标如下：最直观的是投资在给定时期内每年获得的几何平均回报，即年化回报率。为考虑风险和波动性，我们还报告了夏普比率[15]，最简单的形式是 $\mathbb{E}[X]/\sqrt{\mathrm{var}[X]}$，其中 X 是投资组合的(随机)回报。因此，夏普比率是投资者每增加一单位风险时获得的额外回报。

我们使用多种联邦学习算法进行模型融合，但正如看到的，Fed+系列方法最适合金融投资组合管理问题，因为每个交易者都希望获得针对特定资产组合优化的策略。针对所有交易者的投资组合训练的单一全局模型不需要对任何单个交易者的投资组合表现最佳。在本节的其余部分，将通过评估几种联邦学习融合算法来说明这一点。

Fed+系列算法对于此应用的另一个好处是在训练过程中获得的稳定性。在跨多个参与方的数据可能呈异构性的环境中，强制收敛到单一模型可能会对训练过程产生负面影响，从而导致训练过程崩溃。这可能是由于模型从一轮训练到下一轮训练发生非常大变化的结果，如图 21-1 所示。

图 21-2 更深入地探讨了投资组合管理应用中的这一现象。该图说明了不同的算法作为本地参与方从纯本地模型向通用中心模型移动程度的行为函数。每个子图的左侧表示本地参与方的更新，其中 λ= 0。注意，本地更新提高了虚线表示的先前聚合的性能。但是，在随后的聚合(对应每个子图的右侧)过程中，性能会下降，其中 λ=1。事实上，对于 FedAvg[13]、RFA[14]和 FedProx[11]，后续聚合的性能比以前的值(虚线)差。λ 的中间值表示向共同的中心模型移动，但尚未达到。

1 我们使用以下 50 种来自 S&P500 指数科技板块的资产：AAPL、ADBE、ADI、ADP、ADS、AKAM、AMD、APH、ATVI、AVGO、CHTR、CMCSA、CRM、CSCO、CTL、CTSH、CTXS、DIS、DISH、DXC、FB、FFIV、FISV、GLW、GOOG、IBM、INTC、INTU、IPG、IT、JNPR、KLAC、LRCX、MA、MCHP、MSFT、MSI、NFLX、NTAP、OMC、PAYX、QCOM、SNPS、STX、T、TEL、VZ、WDC、WU 以及 XRX。

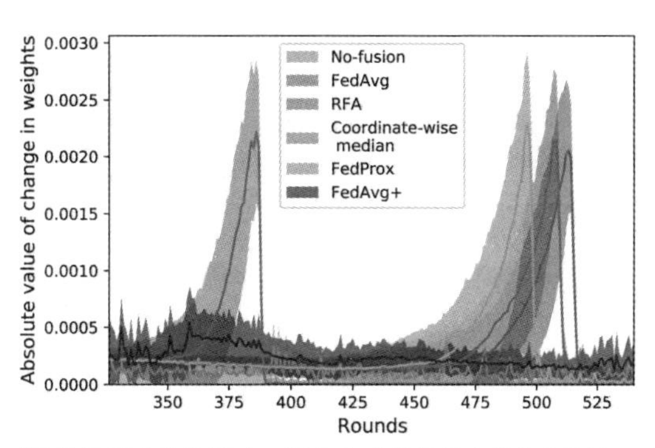

图 21-1　联邦学习聚合对连续模型变化的影响，即在金融投资组合优化问题上，联邦模型聚合前后模型变化(神经网络参数)的绝对值。我们观察到 FedAvg、RFA、坐标中位数和 FedProx 引起了参数更改的大幅波动，而没有进行联邦学习或使用 Fed+时不会出现这种情况。这些大幅波动与训练崩溃完全一致，如图 21-8(底部 4 幅图)所示

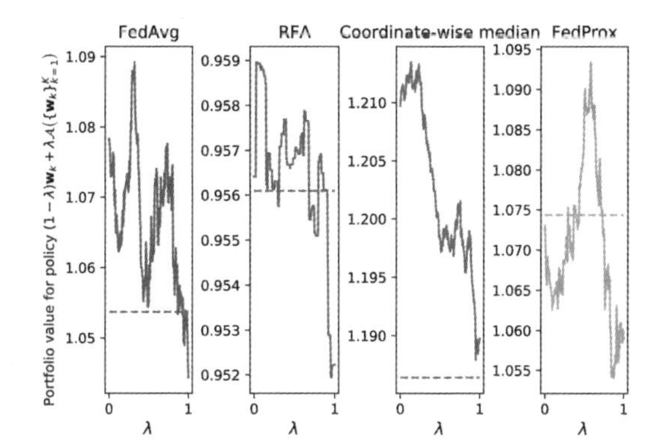

图 21-2　在聚合前后，沿着由变化的 $\lambda\in[0,1]$给出的直线，使用本地更新和公共模型的凸组合。金融投资组合优化问题的性能表现为本地移动 λ 的函数。虚线表示上一轮的通用模型。右边低于左边意味着向所有参与方取平均(或中位数)的一个完整步骤，即 $\lambda=1$，降低了本地性能。这适用于标准的 FedAvg 以及鲁棒方法

21.5.2　数值结果

首先考虑有 N = 10 个参与方的情况，每个参与方都有不同的资产领域。通过独立训练每个参与方(无融合)获得的学习曲线如图 21-3 所示。注意，与参与方 1、3、4 和 5 相比，参与方 2、6、7、8、9 和 10 具有不稳定、发散的学习模式。如表 21-1 所示，资产领域 I_2、I_6、I_7、I_8、I_9和 I_{10}中资产回报的协方差矩阵的平均 l_2和 Frobenius 范数更大。在联邦学习设置中，10 个参与方在测试期间的平均投资组合价值如图 21-4 所示。对于基线方法 FedAvg[13]、RFA[14]、坐标中位数[19]和 FedProx[11]及其 Fed+扩展，我们对 10 个不同的资产领域进行了平均；平均性能总结在表 21-2 中。

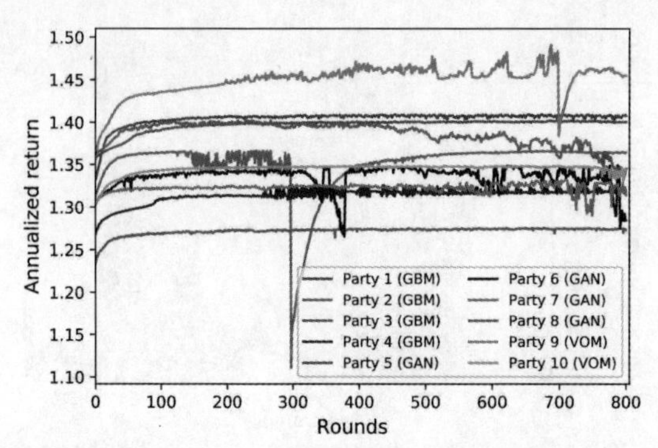

图 21-3 金融投资组合管理问题中各方的学习曲线(无融合)。值得注意的是，在联邦训练中，多个参与方存在一些训练问题，这些问题相互混合，导致训练崩溃(例如见图 21-5)

表 21-1 不同资产领域中资产回报的协方差矩阵的平均范数

资产领域	I_1、I_3、I_4、I_5	I_2、I_6、I_7、I_8、I_9和I_{10}
平均 l_2 范数	1.35×10^{-3}	1.73×10^{-3}
平均 Frobenius 范数	1.51×10^{-3}	1.93×10^{-3}

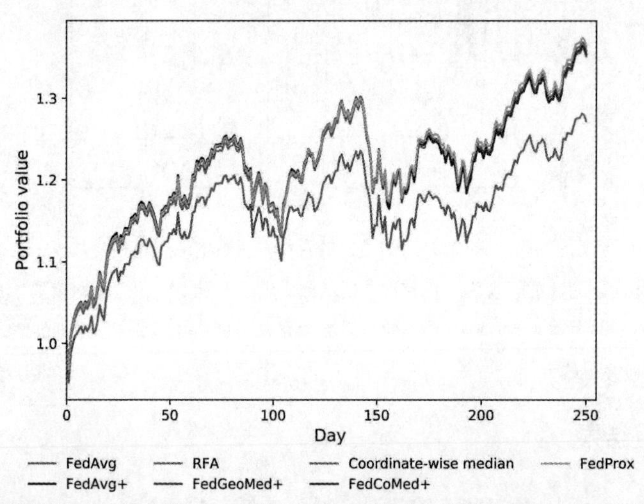

图 21-4 在测试期间，不同方法下 10 个参与方的金融投资组合管理问题中的平均投资组合价值

为研究学习行为，图 21-5 中展示了 10 个参与方的平均学习性能。很明显，FedAvg 训练的平均性能受到具有发散学习行为的参与方(如第 2、6、7、8、9 和 10 个参与方)的显著影响，如图 21-3 所示。结果表明，FedAvg 降低了各方的性能，这在很大程度上是由于训练过程的崩溃(在训练 380 轮时)造成的。鲁棒的联邦学习方法(RFA、坐标中位数和 FedProx)可实现稳定的学习，并在 10 个参与方的联邦中产生更好的性能。值得注意的是，FedAvg+可以稳固 FedAvg 的性能，如图 21-6 所示。此外，Fed+算法将年回报率平均提高了 1.91%，夏普比率平均提高了 0.07，如表 21-2 所示。

表 21-2　不同方法下 10 个参与方的平均性能

方法	年回报率	夏普比率
FedAvg	27.38%	1.43
RFA	35.30%	1.77
坐标中位数	36.03%	1.80
FedProx	36.56%	1.83
FedAvg+	35.62%	1.75
FedGeoMed+	36.01%	1.79
FedCoMed+	35.56%	1.78

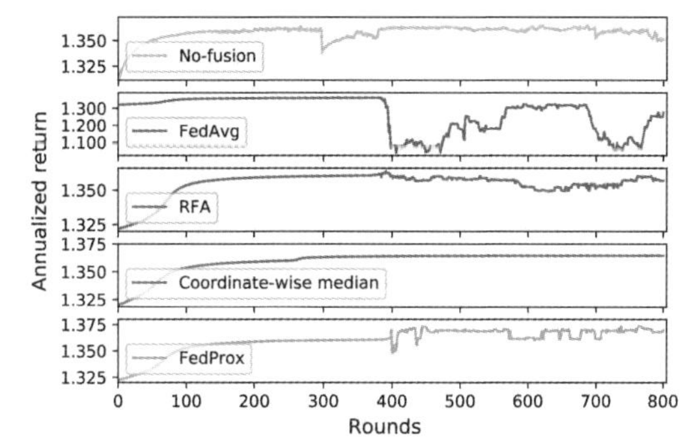

图 21-5　不同方法下金融投资组合管理问题中 10 个参与方的平均学习性能。注意，联邦学习算法的训练失败不是由对抗参与方或参与方级别的失败引起的，如图 21-3 中的单个参与方训练曲线所示

接下来考虑 $N = 50$ 个参与方的情况。表 21-3 显示了 50 个参与方的平均性能，测试期间的平均投资组合价值如图 21-7 所示。显然，Fed+算法的表现优于 FedAvg、RFA、坐标中位数和 FedProx 基线算法。平均学习曲线如图 21-8 和图 21-9 所示。在这个更大的联邦系统中，包括鲁棒的联邦学习方法(RFA 和坐标中位数)在内的基线算法(非 Fed+算法)也出现了与以前相同的训练性能崩溃问题。这表明 50 个资产组合之间存在更大的分布不匹配。

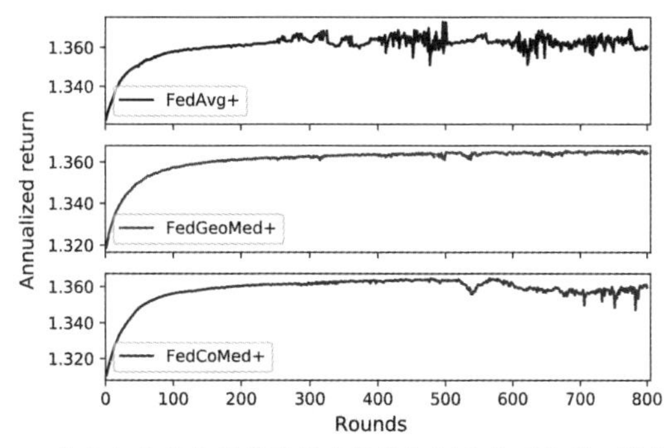

图 21-6　Fed+算法在 10 个参与方的金融投资组合优化问题上的平均学习性能。与基线算法相比，没有任何 Fed+算法变体发生训练崩溃情况

表 21-3 不同方法下 50 个参与方的平均性能

方法	年回报率	夏普比率
FedAvg	0.99%	0.11
RFA	4.90%	0.3
坐标中位数	21.71%	1.17
FedProx	−1.46%	−0.02
FedAvg+	32.93%	1.67
FedGeoMed+	32.23%	1.64
FedCoMed+	32.47%	1.65

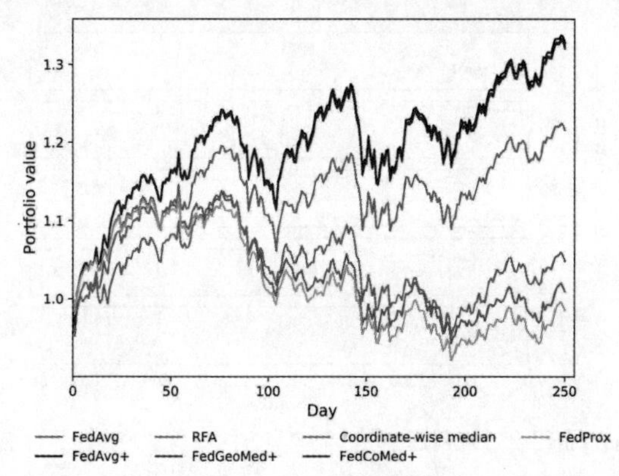

图 21-7 在测试期间，不同方法下 50 个参与方的金融投资组合管理问题中的平均投资组合价值。在金融投资组合管理应用方面，Fed+方法明显优于基线方法

正如图中所示，这种急剧的模型变化可能会导致训练过程的崩溃。图 21-8(底部 4 条

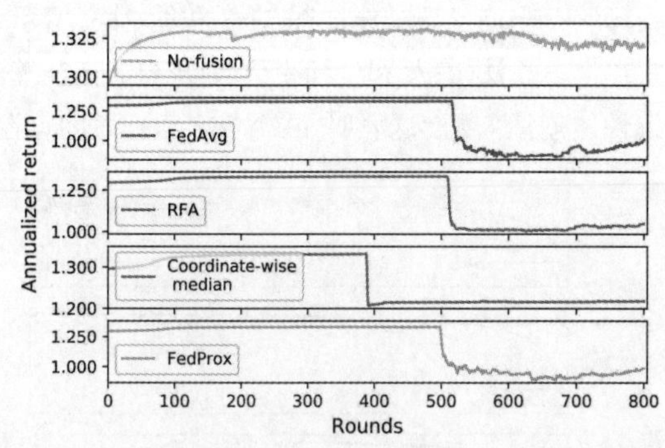

图 21-8 训练崩溃的情况。这是针对金融投资组合优化问题的 50 个参与方进行的平均训练。最上面的曲线表示参与方在自己的数据上进行训练过程的平均结果。使用 4 种联邦学习算法时，训练过程都发生了崩溃。需要注意的是，联邦中不存在对抗参与方，50 个参与方中也不存在任何参与方层面的失败。这一点可以从顶部曲线上看出，它没有经历训练崩溃。相反，训练崩溃是由于联邦学习过程本身，并在参与方的训练被迫与单一的中心模型保持一致时发生的

曲线)显示了训练的崩溃，其中使用 FedAvg、RFA、坐标中位数和 FedProx 对 50 个参与方进行平均。注意，该示例并未涉及对抗参与方或参与方失败，在同一数据集上的单个参与方训练(顶部曲线)没有遭受任何失败的事实证明了这一点。相反，这是在真实世界的应用程序上进行联邦学习的一个例子，其中各方的数据不是来自单个数据集的 IID 样本。因此，可以想象，在使用绝大多数算法的现实世界应用中，联邦模型故障将是相对常见的情况。

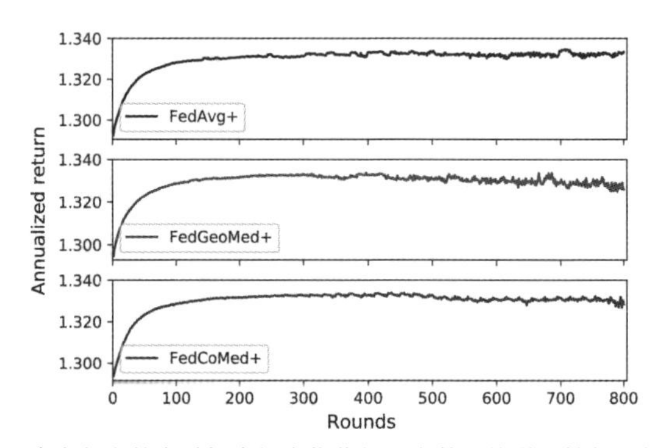

图 21-9　Fed+算法在 50 个参与方的金融投资组合优化问题上的平均学习性能。与使用基线算法处理同一问题的结果(见图 21-8)进行比较。使用任何 Fed+算法变体都不会发生训练崩溃

每对资产领域之间的数据分布相似性(每个资产领域都是一个多变量时间序列)使用动态时间规整(Dynamic Time Warping，DTW)[3]测量。与欧几里得距离不同，DTW 比较不同长度的时间序列，并且对跨时间的偏移或拉伸具有鲁棒性。对于这 50 个资产领域，平均成对距离为 154.51，比 10 个资产领域大 21.63%。资产领域 I_1 和 I_2 之间的 DTW 对齐曲线如图 21-10 所示。

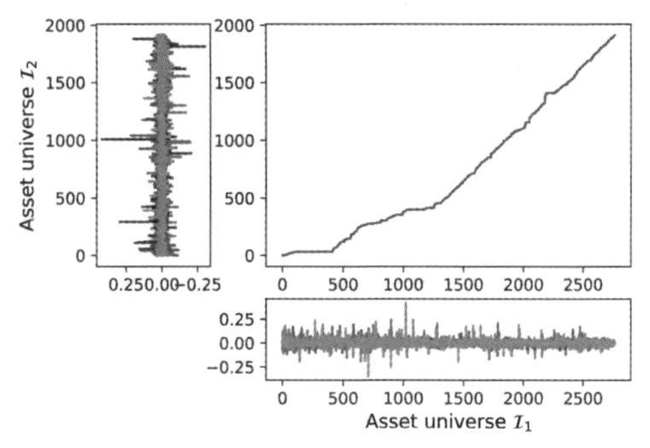

图 21-10　金融投资组合管理问题数据的动态时间规整/对齐曲线，展示了资产领域 I_1 和 I_2 的收益情况。注意，这两个多变量时间序列具有不同的长度。该图显示，资产领域数据分布之间的距离随着时间序列的长度而增加，本例中高达 2500，导致各参与方之间存在异构性

基线方法的性能如图 21-8 所示，其中标准方法(FedAvg、RFA、坐标中位数和 FedProx)都失败了。联邦模型聚合前后的参数变化如图 21-1 所示。可以观察到，FedAvg、RFA、坐标中位数和 FedProx 算法的训练过程中的特定点存在大幅波动，这意味着单模型方法在

异构环境中效果不佳。另一方面，Fed+算法则稳定了各方的学习过程，并且表现出鲁棒性，如图 21-9 所示。表 21-3 进一步显示，Fed+和变体算法优于 FedAvg、RFA、坐标中位数和 FedProx，年化回报率平均提高了 26.01%，夏普比率平均提高了 1.26。这一改进意味着各方都从使用 Fed+共享模型参数中受益，而使用 FedAvg、RFA、坐标中位数和 FedProx 时并未观察到这种效益。

对于 Fed+在该应用上表现最好的变体 FedAvg+，我们进一步研究了风险回报表现随着更多参与方共享其本地任务是如何提高的。特别是，与单个参与方的无联邦学习(无融合)训练相比，当参与方数量 N = 5、25 和 50 时，年化回报率的最大提升分别为 4.06%、12.57%和 35.50%，夏普比率的最大提升为 0.19、0.63 和 1.52。这表明，使用 Fed+获得的好处随着参与方数量的增加而增加。

21.6 本章小结

本章介绍了一种联邦强化学习方法，该方法利用深度学习模型作为函数估计器来表示 RL 代理使用的策略。我们在金融投资组合管理的应用中演示了联邦强化学习的工作原理，其中交易策略是使用 RL 训练的策略。联邦学习特别是 Fed+系列算法的使用使投资组合经理能够在不共享隐私数据的情况下，通过受益于他人来改进他们自己的本地模型和策略。这种情况下，隐私数据是使用隐私生成模型来增强公共资产价格数据而得到的。我们从年化回报率和夏普比率方面展示了联邦 RL 和 Fed+可以为投资组合经理带来的显著收益。通过对比独立训练策略(即不使用联邦学习)、标准(非基于强化学习)交易策略和使用强化学习来训练策略，这些收益可以得到体现。

在强化学习的其他应用领域中，联邦方法也可以带来类似的好处。特别令人感兴趣的是机器人和导航领域。在机器人和导航应用中，模拟结果和实际经验不需要完全一致，因此将多个参与方与他们的个人经验联合起来可以显著提升每个参与方的性能。与金融投资组合管理的情况一样，强调本地模型的 Fed+方法系列可能对实现最显著的收益至关重要。

参考文献

[1] Almahdi S, Yang SY (2017) An adaptive portfolio trading system: a risk-return portfolio optimization using recurrent reinforcement learning with expected maximum drawdown. Expert Syst Appl 87:267-279.

[2] Begleiter R, El-Yaniv R, Yona G (2004) On prediction using variable order Markov models. J Artif Intell Res 22:385-421.

[3] Berndt DJ, Clifford J (1994) Using dynamic time warping to find patterns in time series. In: KDD workshop, Seattle, vol 10, pp 359-370.

[4] Black F, Scholes M (1973) The pricing of options and corporate liabilities. J Polit Econ 81(3):637-654.

[5] Buehler H, Gonon L, Teichmann J, Wood B (2019) Deep hedging. Quant Financ 19(8):1271-1291.

[6] Goodfellow I, Pouget-Abadie J, Mirza M, Xu B, Warde-Farley D, Ozair S, Courville A, Bengio Y (2014) Generative adversarial nets. In: Advances in neural information processing systems, pp 2672-2680.

[7] Haugen RA, Haugen RA (2001) Modern investment theory, vol 5. Prentice Hall, Upper Saddle River.

[8] Jiang Z, Xu D, Liang J (2017) A deep reinforcement learning framework for the financial portfolio management problem. arXiv preprint arXiv:170610059.

[9] Kariya T, Liu RY (2003) Options, futures and other derivatives. In: Asset pricing. Springer, Boston, MA, pp 9-26.

[10] Krizhevsky A, Sutskever I, Hinton GE (2012) Imagenet classification with deep convolutional neural networks. In: Advances in neural information processing systems, pp 1097-1105.

[11] Li T, Sahu AK, Zaheer M, Sanjabi M, Talwalkar A, Smith V (2020) Federated optimization in heterogeneous networks. Proc Mach Learn Syst 2:429-450.

[12] Markowitz H (1959) Portfolio selection: efficient diversification of investments, vol 16. Wiley, New York.

[13] McMahan B, Moore E, Ramage D, Hampson S, y Arcas BA (2017) Communication-efficient learning of deep networks from decentralized data. In: Artificial intelligence and statistics. PMLR, pp 1273-1282.

[14] Pillutla K, Kakade SM, Harchaoui Z (2019) Robust aggregation for federated learning. arXiv preprint arXiv:191213445.

[15] Sharpe WF (1966) Mutual fund performance. J Bus 39(1):119-138.

[16] Silver D, Lever G, Heess N, Degris T, Wierstra D, Riedmiller M (2014) Deterministic policy gradient algorithms. In: Proceedings of the 31st international conference on international conference on machine learning – JMLR.org, ICML'14, vol 32, pp I-387-I-395.

[17] Sutton RS, McAllester DA, Singh SP, Mansour Y (2000) Policy gradient methods for reinforcement learning with function approximation. In: Advances in neural information processing systems, pp 1057-1063.

[18] Ye Y, Pei H, Wang B, Chen PY, Zhu Y, Xiao J, Li B (2020) Reinforcement-learning based portfolio management with augmented asset movement prediction states. In: Proceedings of the AAAI conference on artificial intelligence, vol 34, pp 1112-1119.

[19] Yin D, Chen Y, Kannan R, Bartlett P (2018) Byzantine-robust distributed learning: towards optimal statistical rates. PMLR, Stockholmsmässan, Stockholm, vol 80. Proceedings of Machine Learning Research, pp 5650-5659. http://proceedings.mlr.press/v80/yin18a.html.

第 22 章

联邦学习在医学影像中的应用

摘要： 人工智能特别是深度学习模型在医学影像领域显示出巨大的潜力。这些模型可用于分析放射学/病理学影像，帮助医生完成临床工作流程中的任务，例如疾病检测、医疗干预、治疗计划和预后等。准确且可泛化的深度学习模型需求量很大，但需要大量多样化的数据集。医学图像的多样性意味着需要收集不同机构的图像，使用来自不同患者群体的多种设备和参数设置。因此，生成多样化的医学图像数据集需要多个机构共享数据。尽管医学数字影像和通信(DICOM)是被广泛认可的图像存储格式，但在多个机构之间共享大量医学影像仍然是一个挑战。其中一个主要原因是对存储和共享个人身份健康数据(包括医学图像)有严格规定。目前，大型数据集通常是在少数机构的参与下收集的，经过严格的去标识化处理，以从医学影像和患者健康记录中删除个人身份数据。去标识化既耗时又昂贵且容易出错，在某些情况下可能会删除有用的信息。联邦学习成为一种实用的解决方案，用于多个机构训练人工智能模型，而不需要共享数据，从而消除了去标识化的需要，同时又满足了必要的法规。本章将介绍几个使用 IBM 联邦学习进行医学影像联邦学习的示例。

22.1 介绍

随着深度学习的出现，计算机视觉算法实现了巨大的飞跃。人们对于医学图像的计算机视觉领域也期望出现类似的进展。将计算机视觉任务(如检测、分割和分类)应用于医学图像可以极大地帮助医生更快、更准确、更一致地执行任务。许多任务(如疾病检测、肿瘤定位、治疗计划和预后等)都可以从深度学习模型中受益(见参考文献[1]和其引用的相关资料)。但是，要训练准确、可靠和具有泛化能力的深度学习模型，需要各种来源的大量训练样本数据集。虽然在公共领域很容易获得大量多样的自然图像数据集[2]，但公开可用的医学影像数据集相对较小，并且来源很少[3, 4]。缺乏这样大规模且多样化的训练数据集的主要原因有两点：①对标签和标注的要求；②难以共享健康数据。

为进行监督训练，需要对图像进行打标签或标注。通过众包获取自然图像的标签相对容易且便宜。但是，在医学领域，标签和标注应由医学专家制作。最近，自然语言处理(NLP)方法被用于分析放射学报告并自动生成大规模标签[5, 6]。不过，如果需要详细的标注(例如器官或肿瘤周围的轮廓)，标注任务可能会变得非常昂贵。自监督和无监督学习方法正在被开发，以训练对标注数据的依赖较少的模型并克服前述的第一个障碍。

尽管全球都接受 DICOM 格式，但跨多个机构共享医学图像仍然是一个挑战[7]。造成这一挑战的主要原因是，与其他健康记录一样，医学图像可能包含受保护的健康信息(PHI)，并受到法律法规的严格保护，例如美国的 HIPAA[8]或欧洲的 GDPR[9]。因此，共享医学图像需要严格的去标识化。去标识化既耗时又昂贵且容易出错，某些情况下可能会丢失有用的信息。

联邦学习是一种机器学习技术，允许多方参与模型训练，而不需要共享其本地敏感数据[10]。在联邦学习场景中，每个训练参与方使用其本地数据训练模型，并将其模型更新(而不是训练数据)发送到聚合器，聚合器将来自不同参与方的更新组合到一个模型中(见图 22-1)。联邦学习允许使用大型和多样化的数据集训练具有泛化能力的模型，同时通过消除共享敏感数据的需要来满足安全和隐私法规。因此，联邦学习对于医学影像来说是一个非常有吸引力的解决方案。

本章演示了医学影像中两种最常见的计算机视觉应用的实现：图像分类和图像分割。在第一个任务中，根据是否存在目标图像结果集合，将图像分为正或负。在第二个任务中，模型生成一个描述目标对象的二进制掩码。

我们使用 IBM 联邦学习[11]训练模型，它为联邦学习提供了基础架构和协调。虽然这个框架适用于深度学习模型以及其他机器学习方法，但我们严格使用它来训练深度学习模型。

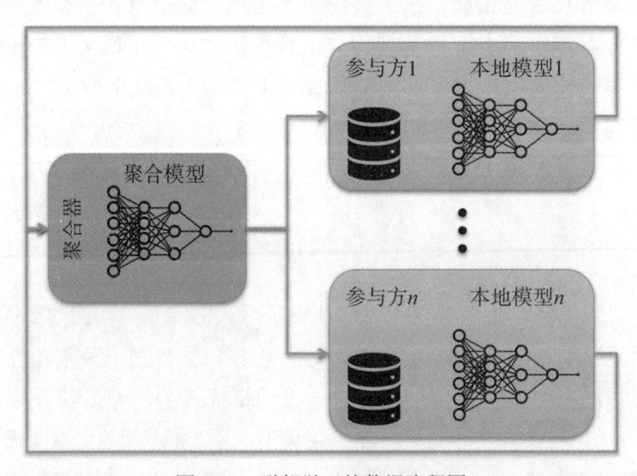

图 22-1 联邦学习的数据流程图

在以下各小节中，将展示联邦学习在上述两个任务中的应用。我们报告了在图像分割方面的研究，以描绘容积 CT 图像中的肺栓塞。通过训练模型进行了 2D 和 3D 图像分类实验，以检测 X 射线图像中的气胸和 3D CT 图像中的肺气肿。对于图像分割和三维图像分类，实现了模拟的联邦学习场景。在此场景中，训练数据记录在集中式存储库中，但它被划分为不同的组，并且每组数据由一个参与方专门用于训练模型。由于数据保存在集中位置，因此可以将训练得到的模型与集中训练的模型进行比较。然而，对于 2D 分类任务，我们使用保存在两个地理位置相距遥远的存储库中的两个数据源来演示更真实的场景。

22.2　图像分割

概述器官、异常或其他图像发现是计算机视觉在医学影像中的主要应用之一。为证明联邦学习在此类任务中的能力，我们实现了一个分割模型，来描绘对比增强胸部 CT 图像中的肺栓塞。肺栓塞(PE)是肺动脉阻塞，最有可能由血凝块引起。CT 肺血管造影(CTPA)是检测 PE 的首选影像学检查方式。及时检测到临床上明显的 PE 对于快速诊断有静脉血栓栓塞症状和体征的患者非常重要。未经治疗的临床表现肺栓塞死亡率接近 30%，而接受治疗的患者死亡率为 8%[12-16]。虽然单纯由肺栓塞引起的死亡率仅为 2.5%[17]，但及时发现和抗凝治疗可改善患者的结局。一般建议疑似 PE 的患者进行 D-二聚体检测，然后进行 CT 肺血管造影，以进行高概率临床评估。放射科医生必须仔细检查肺动脉的每个分支是否有可疑的 PE。因此，PE 的诊断取决于放射科医生的经验、注意力和眼睛疲劳等因素。计算机辅助检测(CAD)软件历来有助于放射科医生检测和诊断 PE[18-22]。此外，检测 CT 血管造影(CTA)图像中的 PE 在回顾性设置中非常有用，其中 CAD 软件用于检测被遗漏的发现。

PE 通常具有小尺寸、不规则形状的病理模式。因此，即使使用图像块，PE 分类特有的图像区域也可能只占成像数据的一小部分。准确定位独特的图像区域对于成功的 PE 分类至关重要。目前已经开发了计算机辅助方法来自动检测 PE。这些方法通常是两阶段解决方案：第一阶段在图像中产生一组 PE 候选区域，第二阶段将候选区域分类为真 PE 和假阳性[23-25]。第一阶段可以通过分割任务实现，使用一个模型分析图像并描绘出第二阶段要分类的候选栓塞。

本节将在联邦设置中使用 2 个数据集训练 PE 分割模型作为第一阶段。第一个数据集[26]由 40 张 CTPA 图像组成，每张图像来自不同的患者。这些扫描是在西班牙马德里的 Unidad Central de Radiodiagnóstico 通过几台扫描仪使用一个当地机构 CTPA 协议获得的。每个 CTPA 容积都由 3 位具有多年经验持有认证的放射科医生独立标注，并通过合并这 3 个标注形成一个参考标准。参与方 1 使用了这个数据集。第二个数据集[27]由伊朗马什哈德费尔多西大学发表的 35 名不同患者的肺栓塞的计算机断层扫描血管造影(CTA)图像组成。每个 CTA 容积都由两名放射科医生标注并合并以得到参考标准。参与方 2 使用了这个数据集。

为进行测试，使用了由 334 个容积组成的隐私数据集，其中包括从多个扫描仪和医院获得的 CTA 和 CTPA 扫描结果。为标注每个 PE 阳性容积，一个由 7 名持有认证的放射科医生组成的团队在间隔约 10 毫米的切片上绘制了每个栓塞的轮廓。标注人员的任务没有重叠，因此每个 CT 容积只由一个标注者进行标注。

为更有效地检测，我们应用 PE 分割来识别栓塞候选区域。为了给带标注的切片提供更多上下文，U-Net[28]使用了基于块的 2D 分割方法。不是使用 2D 切片，而是将一个由 9 个切片组成的块输入网络，并将相应的二进制掩码作为真实数据。分割任务中的 U-Net 模型由 70 层组成，其中的收缩路径包括重复的 3×3 卷积操作，每个卷积层后跟一个 ReLU 激活函数和一个 2×2 最大池化操作，步长为 2 用于下采样。扩展路径包括特征的上采样，然后是 2×2 卷积、与收缩路径中相应裁剪的特征图的连接以及 3×3 卷积，每个卷积后跟一个 ReLU 激活函数。概率图由最终特征图上的逐像素 softmax 计算生成。对于训练，使用了连续 Dice 损失(DL)函数[29]。

对于联邦训练，双方对上述网络进行了 10 轮训练，每轮进行 50 个周期。使用联邦平均[10]来聚合来自各方的模型更新。为进行比较，使用组合数据集训练了 100 个周期的分割模型，在测试集中达到了 0.45 的 Dice 系数。每一轮训练后，使用测试数据集评估聚合模型。在图 22-2 中将每一轮训练后聚合模型的结果与集中训练模型的结果进行比较。值得注意的是，聚合模型在短短 5 轮后就能够达到与中心模型相似的性能。

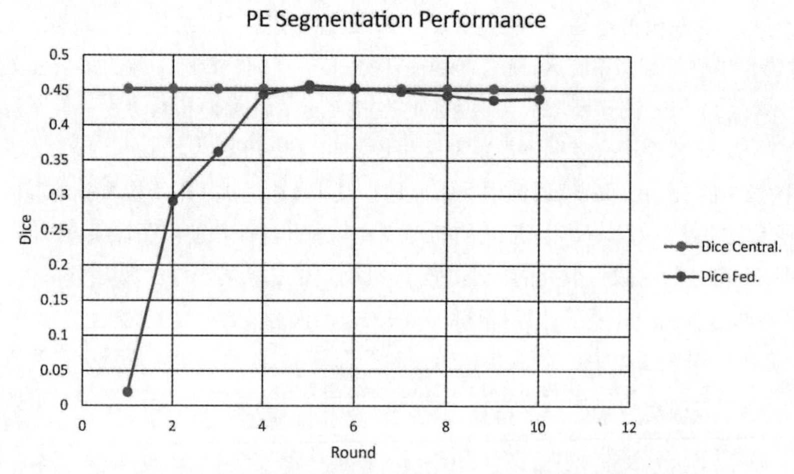

图 22-2 集中式学习和联邦学习在连续 Dice 系数方面的比较

22.3 3D 图像分类

本节使用联邦学习来训练分类器，以检测 3D 胸部 CT 扫描中的肺气肿。与分割不同，分割估计了一个密集的二进制掩码，表明了疾病的局部存在，而分类只需要每个 3D 容积的单个二元检测结果。在训练时，这意味着每个容积只需要检测一个疾病的标记要求，这比分割中的密集 3D 掩码要轻松得多。对于标记训练数据，这也为利用患者病历中的疾病诊断代码和影像放射学报告中的 NLP 提供了可能性。现在探讨肺气肿的疾病分类。

肺气肿是一种肺部疾病，它导致肺泡(呼吸道的终末室)塌陷和融合，形成肺部的开放空气区域。在 CT 扫描中，这表现为低密度的暗斑。计算机辅助检测肺气肿的挑战在于：

低密度区域可能仍然具有多种外观，而肺气肿病变可能仅出现在肺容量的一部分上。研究人员最近使用机器学习方法进行肺气肿检测和量化，例如多实例学习[30-33]、卷积神经网络(CNN)[34-36]和卷积长短期记忆(ConvLSTM)[37]。

分类器的架构基于 ConvLSTM[38]，来自之前关于肺气肿检测的研究[37]。这种架构是一种基于常用的 LSTM 模型的变体，它利用卷积运算来区分空间模式的变化。例如，ConvLSTM 擅长检测时空模式，如视频分类。然而，我们没有将 ConvLSTM 应用于时间序列图像数据，而是建议使用它来扫描成像容积的一系列连续切片，以了解疾病的模式，而不需要手动标注其位置。我们的方法可以在切片上和切片之间检测疾病，通过多次双向传递来存储这些特征，最终输出一组特征，作为表征疾病的整体存在。

架构如图 22-3 所示，由 4 个单元组成。每个单元具有两个 2D 卷积层，分别从每个切片中提取特征，然后是最大池化，最后是 ConvLSTM 层以逐个处理容积的切片。每个卷积层的核大小为 3×3，并经过 ReLU 激活函数，然后进行批量归一化。接着，将每个切片的卷积层的输出按顺序输入 ConvLSTM 层，该层使用 tanh 激活函数和硬 sigmoid 循环激活函数。单元内的所有层共享相同数量的过滤器，并按升序或降序处理容积。这 4 个单元的维度和方向如下：升序单元 1 为 32 个过滤器，降序单元 1 为 32 个过滤器，升序单元 2 为 64 个过滤器，降序单元 2 为 64 个过滤器。最终的 ConvLSTM 层输出一组特征，该特征汇总了多次通过成像容积处理后网络的结果。然后，通过具有 sigmoid 激活函数的全连接层计算肺气肿的概率。

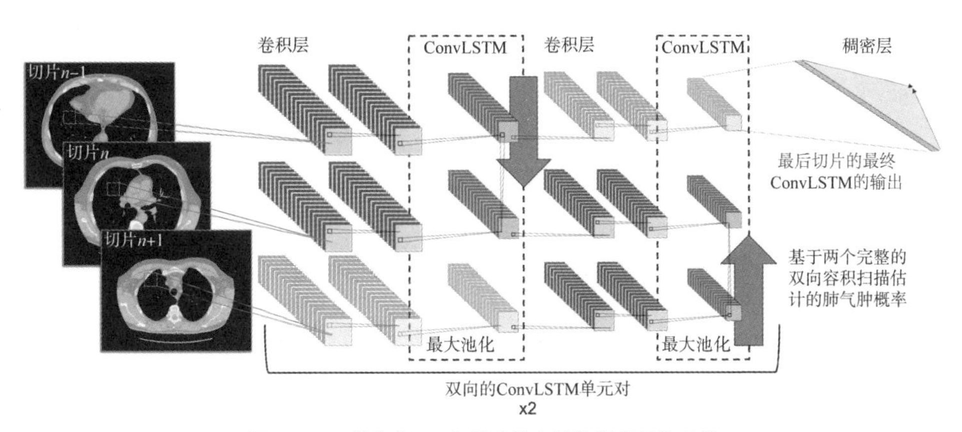

图 22-3　三维胸部 CT 扫描中肺气肿检测的网络结构

我们使用模拟的两方配置以联邦方式训练肺气肿检测网络。对于训练数据，图像来自从数据提供合作伙伴收集的大量 CT 扫描。将一组 2035 个 CT 扫描分为两个参与方——参与方 1 有 1018 个扫描，参与方 2 有 1017 个扫描，每方的阳性和阴性样本大致平均分配(见表 22-1)。对于测试数据，使用相同的数据源，形成一个包含 984 个 CT 扫描的测试队列，其中 465 个为阴性样本，519 个为阳性样本。为标记肺气肿的阳性或阴性数据，利用了相关的成像报告。在报告中，我们搜索了肺气肿一词及其同义词列表，并进行了手动验证。

表 22-1 肺气肿训练和测试数据

		阳性样本	阴性样本	总数
训练集	参与方 1	492	526	1018
	参与方 2	477	540	1017
测试集		519	465	984

该模型最初是以集中方式进行训练的，使用来自全国肺部筛查试验(NLST)[39]数据集的一组低剂量 CT 扫描，其中 7100 个扫描用于训练，1776 个用于验证。与常规剂量的 CT 相比，低剂量 CT 扫描更适合用于筛查，并且对受试者的辐射水平较低。为了使模型推广到常规剂量的 CT 扫描，接着使用来自肺组织研究联盟(LTRC)[40]数据集的一组 CT 扫描进行了迁移学习，包括 858 个训练样本和 200 个验证样本。经过迁移学习后，使用该模型的权重作为联邦学习的初始权重。

为演示联邦学习，我们为参与方 1 和 2 执行具有不同配置的实验，并与集中式训练进行比较。为比较模型，使用测试集计算受试者工作特性曲线下的面积(AUC)。首先，从 NLST/LTRC 训练的初始模型开始，在每个参与方独立训练 5 个周期。这基本上是独立地为每个参与方执行迁移学习，测试集的 AUC 如图 22-4 所示。接着，参与方 1 和 2 进行联邦学习，共 20 轮训练，每轮包含 5 个周期。与 PE 分割情况类似，使用联邦平均[10]进行模型聚合。对于联邦学习，在每一轮结束时评估测试集的 AUC，并在图 22-4 中报告最大 AUC 值。最后，为了与在参与方 1 和 2 的组合训练集上的集中式学习进行比较，我们采用标准的集中式方式训练模型，得到测试集的 AUC。此外，还在测试集上测试了初始模型，如图 22-4 所示。

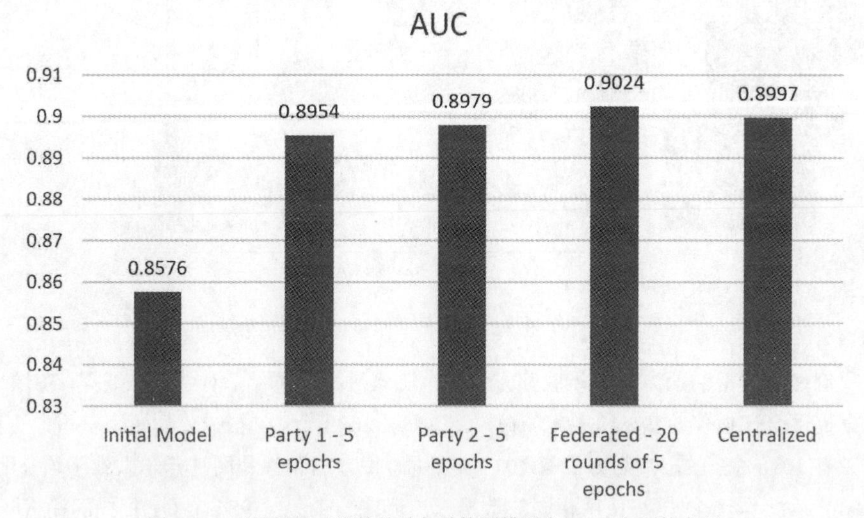

图 22-4 不同场景下训练的肺气肿检测模型在 AUC 方面的表现

如图中所示，采用联邦学习方式训练的模型优于单独训练的模型，并表现出更好的泛化性。尽管只进行了 5 轮训练，它的表现也略优于集中式训练的模型，虽然这可能是由随机梯度下降的随机性和集中式训练中的迭代次数与联邦学习场景中的有效迭代次数之间的差异所引起的。

22.4　2D 图像分类

本节将实现一个更实际的联邦学习方案，其中两个参与方地理位置相距较远，并通过互联网进行安全连接。在这种场景下，训练一个模型来对 X 射线图像进行分类，以检测气胸(气胸是肺和胸壁之间空气泄漏时发生的肺塌陷)。严重的气胸可能是致命的，需要立即进行医疗干预。因此，及时发现气胸至关重要。检测气胸最常用的影像学检查方式包括胸部 X 射线检查、CT 扫描和胸部超声检查。

我们使用两个数据源进行训练。第一个数据源来自数据提供合作伙伴收集的大量 X 射线图像。将此数据集用作参与方 1，位于纽约州罗切斯特的 IBM 罗切斯特数据中心。每个影像学研究都附有放射学报告。使用内部 NLP 算法来分析报告并获得图像的疾病标签。

对于第二个数据集，使用 MIMIC-CXR 数据库[3,4]。这是一个大型且公开的数据库，其中包含了 X 射线图像及其放射学报告，收集于马萨诸塞州波士顿的贝斯以色列女执事医疗中心。该数据库包含 377 110 张图像，对应于 227 835 项射线照相研究，所有图像均经过匿名处理以满足 HIPPA 要求。我们将此数据集用作参与方 2，位于加利福尼亚州圣何塞的 IBM Almaden 研究中心。根据 CheXpert[5]和 NegBio[6]算法的结果对这个数据集中的研究进行标记。当两个自然语言处理算法都将某个研究分类为阳性时，我们认为该研究是气胸阳性；当两个算法都将其分类为阴性时，我们认为该研究是气胸阴性。

为快速提供概念验证，我们只使用了可用数据的一小部分。训练和测试数据集如表 22-2 所示。总共使用了来自隐私数据源的 1003 项研究中的 1003 个随机选择的训练样本，以及来自 MIMIC 数据集的 953 名患者的 953 个随机选择的训练样本。阳性和阴性样本是随机选择的，以使两个参与方之间的分布相似。

表 22-2　气胸数据组成

	隐私数据集		MIMIC 数据集	
	阳性	阴性	阳性	阴性
训练集	260	743	206	747
测试集	2241	15 074	266	1476

对于来自 MIMIC 数据集的测试样本，选择那些没有用于训练样本的患者的图像。然而，隐私数据集是匿名的，无法根据患者对研究进行分组。因此，对于来自隐私数

据集的测试样本，使用训练集中不存在的研究图像。由于我们从与训练样本不同的采集月份选择了测试样本，因此训练和测试之间的信息泄露的可能性很低，但并非完全消除。

每项胸部 X 射线检查可能包括正面和侧面图像。我们只使用了正面图像进行训练和测试。为此，使用深度学习模型，将 X 射线图像分类为正面和侧面图像。我们对正面图像进行了裁剪，只保留了肺部周围的区域，并将其重新采样为 1024×1024 像素的大小。

首先使用在 ImageNet[2]上预训练的 DenseNet-121[41]模型。然后，使用来自隐私数据集的超 100 000 张图像以集中方式更新模型权重。在这个阶段，使用 CheXpert NLP[5]工具为包括气胸在内的 14 种不同类别的病症创建标签。最后，仅选择与气胸对应的输出，并将该模型作为聚合器发送给训练参与方的初始模型，以使用表 22-2 中的数据进行联邦式训练。

对于参与方 1，使用 IBM 罗切斯特数据中心的一个 GPU 服务器，装备 8 个 Nvidia GeForce GTX 1080 GPU 设备。对于参与方 2，使用 IBM 阿尔玛登研究中心的一个 GPU 服务器，装备 8 个 Nvidia Tesla P100 GPU 设备。对于聚合器，使用一个没有 GPU 的服务器。在训练过程中，参与方 1 使用 4 个 GPU 设备，参与方 2 使用 3 个 GPU 设备，每次训练的批大小为 9。我们使用了 Adam 优化器，学习率设为 1e-4。所有图像都进行了即时增强，包括随机旋转(±10°)、高度和宽度偏移(±10%)、错切范围(±10%)和缩放(1～1.1)。图像增强的概率为 80%。我们使用联邦平均[10]方法进行模型聚合。

在联邦学习的概念验证实现中，远程训练服务器在训练算法时将数据集视为可能包含个人健康信息(PHI)。这些服务器和训练数据在隔空的网络中运行，并且有严格的访问控制权限。聚合器和参与的训练服务器通过 REST API 进行通信。尽管通过这些 API 交换的信息不包含任何敏感信息，但由于训练环境中数据的敏感性质，因此只允许对所有进出网络的数据流进行加密通信。这样可以确保在传输过程中免受恶意攻击的影响。在概念验证实现中，聚合器和远程训练服务器之间的所有通信都使用传输层安全(TLS)协议进行加密，并且只允许通过特定的暴露端口进行通信。作为额外的安全措施，只允许来自特定白名单服务器 IP 地址的请求，而且只有一组特权用户可以通过严格的访问控制机制，使用 SSH 访问这些训练服务器。图 22-5 展示了聚合器和远程训练服务器之间涉及的不同网络流程。

为证明联邦学习的性能，进行以下实验。在第一个实验中，在每个参与方独立训练模型 50 个周期。在第二个实验中，以联邦方法训练模型 5 轮，每轮 50 个周期。最后，在每方训练 5 轮，每轮训练 10 个周期。在后两个实验中，模型在第 5 轮之前就实现了收敛。我们使用了表 22-2 中的测试集，并计算了所有训练模型和初始模型的 AUC。结果如图 22-6 所示。可以看出，以联邦方法训练的模型优于独立训练的模型。由于我们无法在两个参与方之间共享数据，因此没有训练一个中心模型。

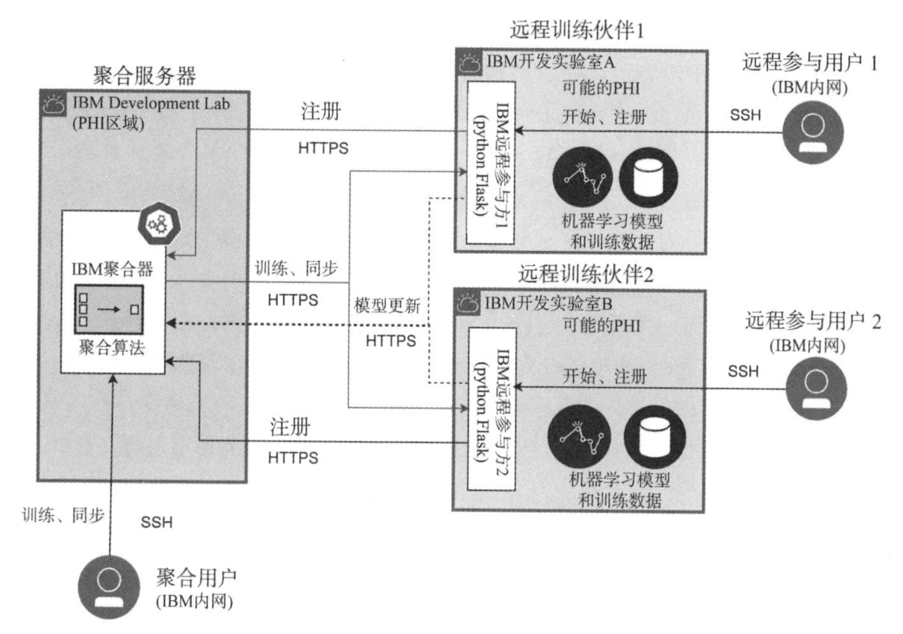

图 22-5 概念验证实验的网络流程

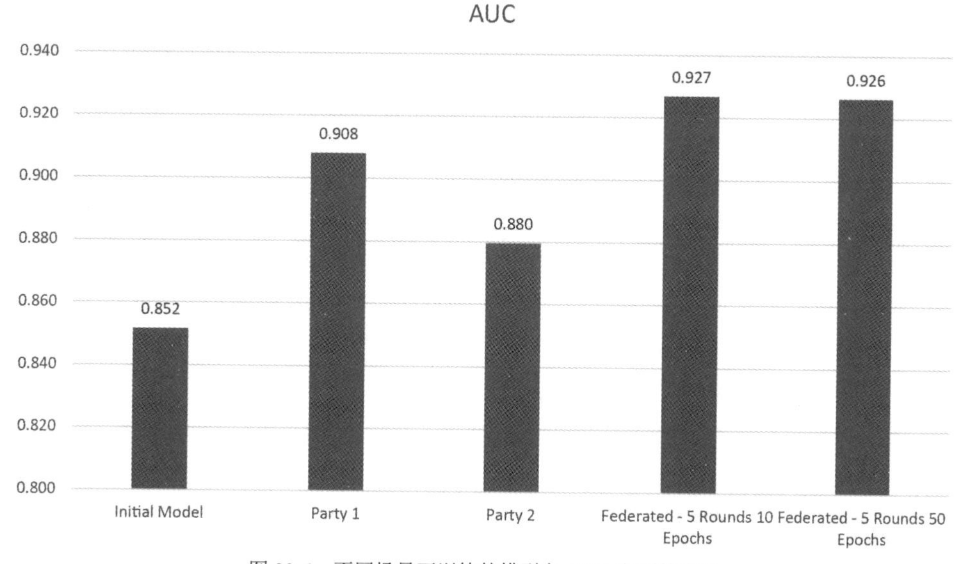

图 22-6 不同场景下训练的模型在 AUC 方面的表现

22.5 讨论

本章使用 IBM 联邦学习[11]执行图像分类和图像分割任务。这两项任务涵盖了广泛的医学影像应用。IBM 联邦学习可以轻松集成自定义层、损失函数、数据加载器和数据增强方法以及自定义聚合算法。因此，它可以很容易地用于在联邦设置中训练许多其他影像任务。如上所述，每个参与方可以使用不同数量的 GPU 设备来适应数据集的大小以及硬件的可用性。

对于本章中的所有实验，使用联邦平均[10]作为聚合方法。但是，IBM 联邦学习[11]也支持其他几种聚合方法，包括用户定义的聚合方法，适用于不同的问题和应用。

作为上述每个实验的训练或测试数据的一部分，我们使用来自数据提供合作伙伴的隐私数据集。这些图像是从几家医院收集的几个月的数据。在数据源头上，这个隐私数据集已经进行了匿名化处理。我们严格遵守了 HIPAA 法规，所有数据均根据赫尔辛基宣言进行了处理。如前所述，因为使用了特定的数据匿名协议，所以无法将影像学研究与患者对应起来。因此，只能在研究级别而不是患者级别分离训练和测试数据集。

对于 3D 分类和图像分割任务，我们将联邦模型与集中训练的模型进行了比较。由于是模拟的联邦学习场景，因此可以使用来自两个参与方的数据来训练模型。然而，对于 2D 分类任务，则将问题视为真实的联邦学习设置，并且不在参与方之间传输数据。因此，无法使用来自两个参与方的数据来训练模型。出于这个原因，我们将在联邦设置中训练的模型与在每个参与方独立训练的两个模型进行了比较。正如预期的那样，联邦模型在具有来自两个参与方的数据的测试集上的表现优于两个模型。图 22-6 显示，在参与方 1 处训练的模型(使用隐私数据)在测试集上的表现优于在参与方 2 处训练的模型。如表 22-2 所示，测试集包含的来自参与方 1 数据分布的样本多于参与方 2 的样本。这可以解释在参与方 1 处使用测试集上的隐私数据训练的模型表现更好。

22.1 节中讨论了在大量和多样化的数据上训练医学影像模型有两个主要难题：获得大规模标注数据的困难和共享医学图像的挑战。通过本章展示的实验示例，证明了使用联邦学习可以克服后一个难题，而不需要共享数据。对于分类任务，使用 NLP 算法自动分析现成的放射学报告，并为训练和测试样本提供标签。随着 NLP 算法在任务中的不断改进，用于数据标记和联邦学习的 NLP 算法的组合可以为医学图像提供可扩展和可推广的计算机视觉方法。但是，需要注意的是，分割任务仍然需要专家进行标注。无监督和半监督方法有望与联邦学习相结合，以提供解决方案。

22.6 本章小结

本章展示了联邦学习在医学影像的两个基本任务中的应用：图像分割和图像分类。在图像分割任务中，展示了用于分割 PE 的联邦模型可以在短短 5 轮通信中实现与在集中式数据集上训练的模型相当的性能。另外，在一个由两个位于不同地理位置的参与方构成的联邦设置中训练了一个用于分类 X 射线图像的模型。为确保安全性，我们使用了隔离的服务器和加密通信。在联邦设置中训练的模型优于在每个参与方独立训练的模型。这证明了当无法实现数据共享时联邦学习在训练普适性模型方面的重要性。

未来，我们计划尝试不同的聚合方法，以研究它们对聚合模型收敛性的影响。我们将使用来自各种来源的数据进行大规模训练模型。特别是，使用 NLP 算法来标记各种疾病和报告结果的 2D 和 3D 图像，并在一个由多个影像中心构成的联邦学习设置中使用这些自动生成的标签，进行可扩展和普适的模型训练。

参考文献

[1] Kim M, Yun J, Cho Y, Shin K, Jang R, Bae HJ, Kim N (2019) Deep learning in medical imaging. Neurospine 16(4):657-668. https://doi.org/10.14245/ns.1938396.198.

[2] Russakovsky O, Deng J, Su H et al. (2015) ImageNet large scale visual recognition challenge. Int J Comput Vis 115:211-252.

[3] Johnson A, Pollard T, Mark R, Berkowitz S, Horng S (2019) MIMIC-CXR Database (version 2.0.0). PhysioNet. https://doi.org/10.13026/C2JT1Q..

[4] Johnson AEW, Pollard TJ, Berkowitz SJ et al. (2019) MIMIC-CXR, a de-identified publicly available database of chest radiographs with free-text reports. Sci Data 6:317. https://doi.org/10.1038/s41597-019-0322-0.

[5] Irvin J, Rajpurkar P, Ko M, Yu Y, Ciurea-Ilcus S (2019) CheXpert: a large chest radiograph dataset with uncertainty labels and expert comparison. In: 33rd AAAI conference on artificial intelligence.

[6] Peng Y, Wang X, Lu L, Bagheri M, Summers RM, Lu Z (2018) NegBio: a high-performance tool for negation and uncertainty detection in radiology reports. In: AMIA 2018 informatics summit.

[7] (2001) DICOM reference guide. Health Dev 30:5-30.

[8] HIPAA (2020) US Department of Health and Human Services. https://www.hhs.gov/hipaa/index.html.

[9] GDPR (2016) Intersoft consulting. https://gdpr-info.eu.

[10] McMahan HB, Moore E, Ramage D, Hampson S, Arcas BAY (2017) Communication-efficient learning of deep networks from decentralized data. arXiv preprint arXiv:1602.05629.

[11] Ludwig H, Baracaldo N, Thomas G, Zhou Y, Anwar A, Rajamoni S, Ong Y, Radhakrishnan J, Verma A, Sinn M et al. (2020) IBM federated learning: an enterprise framework white paper V0.1. arXiv preprint arXiv:2007.10987.

[12] Dalen JE (2002) Pulmonary embolism: what have we learned since Virchow? Natural history, pathophysiology, and diagnosis. Chest 122(4):1440-1456.

[13] Barritt DW, Jordan SC (1960) Anticoagulant drugs in the treatment of pulmonary embolism: a controlled trial. The Lancet 275(7138):1309-1312.

[14] Hermann RE, Davis JH, Holden WD (1961) Pulmonary embolism: a clinical and pathologic study with emphasis on the effect of prophylactic therapy with anticoagulants. Am J Surg 102(1):19-28.

[15] Morrell MT, Dunnill MS (1968) The post-mortem incidence of pulmonary embolism in a

hospital population. Br J Surg 55(5):347-352.

[16] Coon WW, Willis PW 3rd, Symons MJ (1969) Assessment of anticoagulant treatment of venous thromboembolism. Ann Surg 170(4):559.

[17] Carson JL, Kelley MA, Duff A, Weg JG, Fulkerson WJ, Palevsky HI, Schwartz JS, Thompson BT, Popovich J Jr, Hobbins TE, Spera MA (1992) The clinical course of pulmonary embolism. N Engl J Med 326(19):1240-1245.

[18] Das M, Mühlenbruch G, Helm A, Bakai A, Salganicoff M, Stanzel S, Liang J, Wolf M, Günther RW, Wildberger JE (2008) Computer-aided detection of pulmonary embolism: influence on radiologists' detection performance with respect to vessel segments. Eur Radiol 18(7):1350-1355.

[19] Zhou C, Chan HP, Patel S, Cascade PN, Sahiner B, Hadjiiski LM, Kazerooni EA (2005) Preliminary investigation of computer-aided detection of pulmonary embolism in three-dimensional computed tomography pulmonary angiography images. Acad Radiol 12(6):782.

[20] Schoepf UJ, Schneider AC, Das M, Wood SA, Cheema JI, Costello P (2007) Pulmonary embolism: computer-aided detection at multidetector row spiral computed tomography. J Thorac Imaging 22(4):319-323.

[21] Buhmann S, Herzog P, Liang J, Wolf M, Salganicoff M, Kirchhoff C, Reiser M, Becker CH (2007) Clinical evaluation of a computer-aided diagnosis (CAD) prototype for the detection of pulmonary embolism. Acad Radiol 14(6):651-658.

[22] Engelke C, Schmidt S, Bakai A, Auer F, Marten K (2008) Computer-assisted detection of pulmonary embolism: performance evaluation in consensus with experienced and inexperienced chest radiologists. Eur Radiol 18(2):298-307.

[23] Liang J, Bi J (2007) Computer aided detection of pulmonary embolism with tobogganing and multiple instance classification in CT pulmonary angiography. In: Biennial international conference on information processing in medical imaging. Springer, Berlin/Heidelberg, pp 630-641.

[24] Tajbakhsh N, Gotway MB, Liang J (2015) Computer-aided pulmonary embolism detection using a novel vessel-aligned multi-planar image representation and convolutional neural networks. In: International conference on medical image computing and computer-assisted intervention. Springer, Cham, pp 62-69.

[25] Huang SC, Kothari T, Banerjee I, Chute C, Ball RL, Borus N et al. (2020) PENet—a scalable deep-learning model for automated diagnosis of pulmonary embolism using volumetric CT imaging. NPJ Digit Med 3(1):1-9.

[26] Gonzalez G. CAD-PE challenge website. Available online: http://www.cad-pe.org.

[27] Masoudi M, Pourreza HR, Saadatmand-Tarzjan M, Eftekhari N, Zargar FS, Rad MP (2018) A new data set of computed-tomography angiography images for computer-aided detection of pulmonary embolism. Sci Data 5(1):1-9.

[28] Ronneberger O, Fischer P, Brox T (2015) U-Net: convolutional networks for biomedical image segmentation. In: International conference on medical image computing and computer-assisted intervention. Springer, Cham, pp 234-241.

[29] Milletari F, Navab N, Ahmadi SA (2016) V-Net: fully convolutional neural networks for volumetric medical image segmentation. In: 2016 fourth international conference on 3D vision (3DV). IEEE, pp 565-571.

[30] Ørting SN, Petersen J, Thomsen LH, Wille MMW, Bruijne de M (2018) Detecting emphysema with multiple instance learning. In: 2018 IEEE 15th international symposium biomedical imaging (ISBI), pp 510-513.

[31] Cheplygina V,Sørensen L,Tax DMJ,Pedersen JH,Loog M,deBruijne M(2014) Classification of COPD with multiple instance learning. In: 2014 22nd international conference on pattern recognition, pp 1508-1513.

[32] Peña IP, Cheplygina V, Paschaloudi S et al. (2018) Automatic emphysema detection using weakly labeled HRCT lung images. PLoS ONE 13(10). https://www.ncbi.nlm.nih.gov/pmc/articles/PMC6188751/.

[33] Bortsova G, Dubost F, Ørting S et al. (2018) Deep learning from label proportions for emphysema quantification. In: Medical image computing and computer assisted intervention— MICCAI 2018, pp 768-776.

[34] Karabulut EM, Ibrikci T (2015) Emphysema discrimination from raw HRCT images by con-volutional neural networks. In: 2015 9th international conference on electrical and electronics engineering, ELECO, pp 705–708. http://ieeexplore.ieee.org/document/7394441/.

[35] Negahdar M, Coy A, Beymer D (2019) An end-to-end deep learning pipeline for emphysema quantification using multi-label learning. In: 41st annual international conference on IEEE engineering in medicine biology society, EMBC 2019, pp 929-932.

[36] Humphries S, Notary A, Centeno JP, Strand M, Crapo J, Silverman E, Lynch D (2020) Deep learning enables automatic classification of emphysema pattern at CT. Radiology 294(2):434– 444.

[37] Braman N, Beymer D, Degan E (2018) Disease detection in weakly annotated volumetric medical images using a convolutional LSTM network. arXiv preprint arXiv:1812.01087.

[38] Shi X, Chen Z, Wang H, Yeung DY, Wong WK, Woo WC (2015) Convolutional LSTM network: a machine learning approach for precipitation nowcasting. Adv Neural Inf Process Syst 2015:802-810.

[39] National Lung Screening Trial Research Team; Aberle DR, Berg CD, Black WC, Church

TR, Fagerstrom RM, Galen B, Gareen IF, Gatsonis C, Goldin J, Gohagan JK, Hillman B, Jaffe C, Kramer BS, Lynch D, Marcus PM, Schnall M, Sullivan DC, Sullivan D, Zylak CJ (2011) The national lung screening trial: overview and study design. Radiology 258(1):243-253.

[40] Hohberger LA, Schroeder DR, Bartholmai BJ et al. (2014) Correlation of regional emphysema and lung cancer: a lung tissue research consortium-based study. J Thorac Oncol Off Publ Int Assoc Study Lung Cancer 9(5):639-645.

[41] Huang G, Liu Z, Van Der Maaten L, Weinberger KQ (2017) Densely connected convolutional networks. In: 2017 IEEE conference on computer vision and pattern recognition (CVPR), pp 2261-2269. https://doi.org/10.1109/CVPR.2017.243.

第 23 章

通过联邦学习推进医疗保健解决方案

摘要：随着大流行病的蔓延，各个地区的医院只有少量信息可用。由于各国的法规和隐私保护法律限制了临床信息的访问，阻碍了相关研究，为了分析信息的研究人员纷纷寻求合作。一方面，机器学习和人工智能正在帮助医生使用预测模型做出更快的诊断决策；另一方面，制药公司可以利用人工智能来推进药物发现和疫苗研究。然而，这些人工智能系统是在孤岛中开发的，其能力因缺乏协作的学习机制而受到阻碍，从而限制了它们的潜力。本章介绍多个医疗保健服务如何使用联邦学习，协同构建通用的全局机器学习模型，而不需要直接共享数据，也不会违反监管约束。这种技术使医疗保健组织能够利用多个不同来源的数据，远远超出了单个组织的能力范围。此外，我们将讨论联邦学习项目实施的一些工程方面的内容，例如数据准备、数据质量管理、使用联邦学习开发的模型治理方面的挑战以及激励方法。最后，介绍数据以及模型隐私问题带来的一些挑战，这些挑战可以通过差分隐私、可信执行环境和同态加密等解决方案来解决。

23.1 介绍

数据科学家在探索使用胸部 X 射线数据构建图像分类器以加快诊断速度并预测病毒感染严重程度时，遇到了许多障碍。尽管研究人员已经缩小了来自各种医疗保健数据模式(如病理数据、临床数据和病史数据)的 X 射线医学图像数据集的范围，但由于医疗保健行业受到严格监管，并且这些数据本质上是敏感的，获得这些 X 射线数据依旧很难。此外，在汇总这些数据以训练机器学习模型时，还涉及多个法律和道德方面的问题。同步受影响的不同人口统计数据是另一项挑战。为构建具有竞争力的机器学习模型，数据集需要表示真实的数据分布。该数据集需要在涵盖不同年龄组、种族和医疗状况的各种人口统计数据内进行策划。随着大流行病在全球范围内广泛蔓延，需要从分布在多个国家和大洲的地理区域汇总数据，以开发有影响力的模型。

数据匿名化和去标识化可能有助于解决数据聚合的合法性问题，但汇总各种人口统计数据的挑战并不简单。数据聚合只是数据集准备过程的一个组成部分。另一部分包括放射科医生和医疗专业人员的治疗和标注，同样具有挑战性。

从另一个角度来理解，难以汇总来自各种医疗保健业务的数据的原因是隐私数据的经济价值不断提高。在构建医疗保健解决方案时，利用数据驱动的见解可以带来显著的竞争优势。在构建医疗保健领域的AI解决方案时，聚合来自竞争医疗机构的数据是一项重要挑战。在探索推进疫苗研究的人工智能解决方案时，商业价值视角变得更重要。制药行业对其专有数据极为敏感，但事实表明，只有通过合作才能加快药物发现和疫苗研究的进程。

23.2 联邦学习如何应用于医疗保健

联邦学习有望应对这些数据聚合挑战。它不是聚合数据来创建单个机器学习模型，而是聚合机器学习模型本身。这样做可以确保数据永远不会离开其来源本身的位置，并允许多个参与方协作并构建通用机器学习模型，而不需要直接共享敏感数据。

医疗保健行业的学术研究人员迅速采用了联邦学习技术，并将其应用于医学影像任务领域。来自美国宾夕法尼亚大学和伦敦国王学院的研究人员已经证明了使用分散MRI数据利用联邦学习治疗脑肿瘤的可行性[1, 2]。同样，研究人员使用乳房X光检查改进了乳腺密度分类器[3]。

联邦学习在图像领域的另一个有趣的应用是分析来自生物医学研究的病理学数据。法国的健康链联盟[4]正在利用联邦学习帮助肿瘤学家使用组织病理学和皮肤镜图像为患者设计更好的治疗方案。考虑到联邦学习技术的潜力，医疗机构已经投资了诸如可信联邦数据分析(TFDA)[5]、联邦肿瘤分割(FeTS)[6]和德国癌症联盟的联合成像平台(JIP)[7]等项目。

除了图像数据，联邦学习在文本挖掘和分析中也有有趣的应用。哈佛医学院的研究人员通过使用联邦学习利用不同医院和诊所的临床笔记，展示了对患者表征学习和表型化的改进[8]。同样，研究人员使用电子健康记录在不同医院之间寻找临床上相似的患者[9]。

与此同时，制药行业也开始采用联邦学习，通过与竞争对手合作来推进药物研发和疫苗研究。MELLODY(用于药物研发的机器学习分类账编排)是一个项目，其中有10家制药公司同意通过使用联邦学习，为各种机器学习任务提供对其专有数据的见解来参与合作[10]。在药物研发中的一个应用实例是基于联邦学习的定量构效关系(QSAR)分析[11]。

23.3　使用 IBM FL 构建医疗保健联邦学习平台

由联邦学习提供的协作平台可以帮助解决数据访问的难题，同时避免违反监管限制。例如，如果在美国使用传统的机器学习方法开发了用于检测病毒感染严重程度的诊断模型，那么这些模型的潜力将受限于该组织或地理位置范围内可用的数据。在此之前，病毒感染已经在意大利蔓延，研究人员可以使用协作平台利用来自意大利和欧洲其他地区的大量数据，更快建立诊断模型并取得更快的进展。因此，通过利用联邦学习平台，全球范围的协作可以加速高性能机器学习模型的开发。简而言之，这个协作平台可以大大加快研究人员的进展。

像容器化这样的云技术可以提供一致的应用部署环境，从而简化解决方案的部署过程。平台组件可以使用云基础架构进行容器化和分布式部署。

我们开发了一个利用 IBM FL 库的平台，该平台可以促进联邦学习模型的开发和部署。该平台遵循图 23-1 中概述的解决方案架构，由两个核心组件组成：第一个组件是聚合器容器，可以部署在托管的云环境中。第二个组件是客户端容器，它部署在客户本地或客户云基础架构中，并提供对数据的访问权限。聚合器容器协调多个客户端节点上的联邦训练轮数。全局模型存储在云端。客户端容器节点可以使用云 API 服务请求最新的全局模型并进行预测。

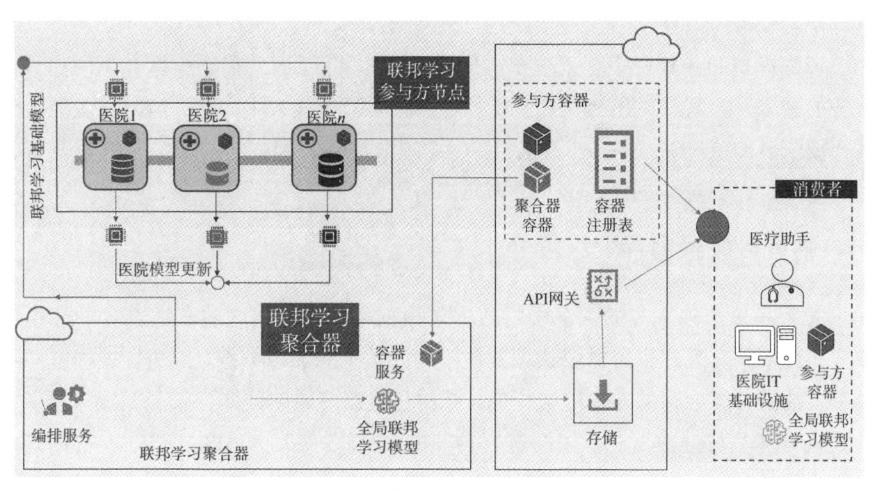

图 23-1　联邦学习平台参考架构

我们使用此平台开发了多个原型机器学习模型，医疗保健组织可以使用这些模型为值班医务人员提供预测建议。例如，其中一个模型分析 X 射线报告以预测病毒感染的严重程度，而另一个模型分析胃肠道内窥镜图像(胃肠道)并预测具有临床意义的标签。

该平台作为开发机器学习解决方案的基石，可缓解有关癌症治疗、心脏病等突出的健康问题，以及疫苗研究和药物发现等各种生物医学领域中的问题。它使医疗保健企业能够利用来自多个不同来源的数据，并提供维护数据源头的关键优势，同时使机器学习模型能够从所有参与节点的数据中获取洞察。

23.4 医疗保健领域应用联邦学习构建平台和解决方案的指导原则

基于在原型平台构建方面的经验，我们认为在开发工程平台和工具方面有很大的潜力，可以帮助推动在医疗保健领域应用联邦学习的核心技术。特别是考虑到组织之间的跨孤岛协作，一个平台应该提供运行联邦学习框架所需的基础设施，并与现有的基础设施和软件组件进行良好的集成。从实践者的角度看，以下是构建联邦学习平台时需要考虑的特性。

23.4.1 基础设施设计

联邦学习平台可以支持各种参与方和聚合器之间的项目执行。与中心机器学习相比，具有中心服务器和多个协作方的星型联邦学习拓扑需要一个强大的计算基础设施和与现有数据组件的连接器。在联邦学习中，协作节点之间通常进行同步通信，特别是对于不涉及移动设备的场景，网络基础设施是构建联邦学习平台的首要模块。虽然核心联邦学习训练轮次期间的网络连接至关重要，但是中心聚合器和各方之间可能需要各种连接层，以便协调联邦学习任务(需要建立通信通道用于交换元数据)。

由于训练模型的计算密集型工作在客户端节点上运行，因此需要根据计划的高级机器学习任务的要求升级客户端基础结构。例如，在医学影像任务中，高分辨率图像的处理和训练将需要配备 GPU 的计算基础设施。另一个重要组件是数据连接器，它将与现有数据基础架构集成，以促进数据流入客户端节点。

23.4.2 数据连接器设计

由于驻留在每个独立方的孤岛中的数据是根据生成和使用这些数据的各种应用程序的要求有机组织的，因此平台需要认识到从不同的数据源加载数据。此外，根据参与组织的成熟度，数据可能会存储在本地数据库、结构化数据库或非结构化云数据湖中。平台需要支持连接这些参与方数据源，以及运行各种提取、转换和加载(ETL)作业。根据具体的联邦机器学习任务，还需要支持运行数据预处理和标准化工作。由于医疗保健行业受到严格监管，因此存在多种数据标准化法规。美国最近的一项法规建议使用 FHIR[12]指南来实现医疗保健提供者和支付方的各种 API。对于具有标准化协议的数据连接器来说，这将是一个主要优势，可用于与各种医疗保健组织进行连接。

23.4.3 用户体验设计

在为联邦学习平台设计用户界面时，确定其使用角色并分析每个角色的交互流非常重要。医疗保健中的一些常见角色包括医疗保健研究人员、医疗专业人员、数据拥有者和数据科学家。例如，考虑在医疗保健研究实验室中部署联邦学习平台的场景，该平台分析组织病理学切片并应用视觉模型对这些切片进行分割和分类[13]。第一个角色可能是需要应用程序视图的数据科学家，这有助于他们专注于调整模型参数和融合算法的详细过程。我们需要为病理学主题专家角色提供应用程序视图，该视图抽象了联邦学习和底层基础设施的技术细节，专注于分类的应用结果，并使用可解释的 AI 工具来检查机器学习模型的性能等。同样，数据拥有者希望有一个清晰的应用程序视图，了解如何将数据管道与现有基础结构集成，以及如何在平台客户端节点之间组织数据的流动。

除了支持执行联邦学习任务的主要任务外，该平台还应支持产品经理和开发运营人员等角色(他们将监控模型构建过程，并在多个联邦学习项目中维护大量模型及其版本)。

23.4.4　部署注意事项

在精心设计联邦学习平台的生产部署时需要作仔细的考虑。部署应该易于设置，并且能够方便地添加更多的合作方，减少不必要的麻烦。此外，为支持多个机器学习任务，平台应具备在参与方开发环境中灵活水平扩展的能力。联邦学习平台还应具有各种运营任务自动化的功能，并与行业标准的持续集成和持续交付工具进行集成。

我们建议将平台组件以容器的形式打包，采用基于微服务的体系架构，以便在运营和部署过程中实现自动化。这种方式既方便操作，又易于部署。它可以在本地部署，也可以在私有云或公有云的基础设施上进行部署。

23.5　医疗保健领域联邦学习的核心技术考虑事项

23.5.1　数据异构性

使用独立同分布(IID)的数据训练时，机器学习模型的性能更好。对于数据在中心位置聚合的情况，数据科学家可以分析观察到的数据分布，并制订预处理步骤以将数据转换为同质分布。即使在应用分散训练的情况下，多个训练节点并行训练以减少训练时间，数据科学家也会尝试将数据分布在节点之间，使其成为 IID。

现实世界的数据条件很少是相同或独立的，它们通常非常多样化。聚合各种数据使机器学习模型具有很好的泛化能力是一项具有挑战性的任务。根据特定地区普遍存在的地理位置和医疗协议，数据本质上是不相同和非独立同分布的(非 IID)。这就是采用联邦学习在多个不同数据集上进行建模的优势所在。

由于不同的人口统计数据在医疗保健问题上的多样性，以及不同地区使用的医疗设备之间的技术差异，这些数据会呈现非 IID 的特点。例如，根据医疗设备和校准情况，可能存在图像分辨率的差异，或者基于诊断实验室所在区域的不同而存在一定的偏差。在联邦学习设置中设计机器学习模型时，必须考虑数据的这种异构性。本书中描述了多种解决方案，用于尝试解决由于数据异构性而导致的模型收敛问题。从算法的角度看，Fed+[13]和孤立的联邦学习[14]可能有助于克服这一挑战。

另一个数据关注点是各合作方之间的特征对齐。在横向联邦学习的情况下，每个参与方都需要向模型提供一组预定义的特征列的训练数据。参与方数据准备过程将涉及如何在所有参与方之间建立正确的特征对齐协议，并确保模型所需的归一化被正确应用。这可以通过合作方之间的元数据交换来实现。

23.5.2 模型治理和激励

从机器学习模型生命周期的角度看，联邦学习最好能够遵循常规的模型开发运维实践。联邦学习平台应将联邦训练过程组织为一系列迭代运行，从而在聚合器和参与方节点上生成模型构件。这些迭代运行需要进行参数化，以实现可重复性和版本控制。特别是在遇到法规要求如“GDPR 中的被遗忘权”条款时，这一点变得更重要。在高层次上，当收到被遗忘的请求时，数据拥有者应遵循要求，删除请求者的数据并更新使用该数据构建的系统。对于机器学习系统，如有必要，这可能会触发重新训练模型的过程。

联邦学习通过学习数据孤岛之间的共享见解，实现了协作构建模型的能力。在协作设置中，一些参与方可能会在数量上作出贡献，而另一些参与方可能会通过提供多样化的训练数据来丰富全局模型。因此，需要对每个合作方的贡献进行问责和可量化的度量。这些可量化的度量需要作为技术协议的一部分加以实施，同时协调联合训练轮数。例如，可量化的度量可以是一个共同商定的测试数据集上的准确性提高百分比，在聚合器融合模型以更新全局模型之前，需要计算并将其记录到分类结果中。可以使用该分类结果来奖励合作方以激励他们，或者用于收入分享，以防全局模型在推断模式下作为收费服务提供给其他消费者。根据对联盟的信任程度，该分类结果可通过分布式账本技术通过智能合约来实现，以处理贡献的情况[15-17]。

23.5.3 信任和隐私考虑

在联邦学习中，参与合作的各方可能是同一家公司下的孤立办事处，也可能是出于社会目的而组成的联盟，或者是为经济利益而合作的竞争对手公司。根据联盟的性质，在协作训练模型时，将有多个级别的信任动态生效。在高级别上，可以将关注点分为两大类：首先，由于联邦训练过程的分布式性质，存在对每个协作方或聚合器在执行分配任务时的完整性的担忧。其次，由于训练模型所依据的数据的敏感性，人们担心信息泄露的可能性。

正如本书前面几章所讨论的，联邦学习过程可通过各种方法(如差分隐私、安全多方计算、同态加密[18]和可信执行环境(TEE)[19])来加强对恶意动机引起的这些担忧的防护。让我们尝试通过几个医疗保健示例来理解信任和隐私的细微差别。

考虑组建一个医疗保健研究机构联盟，旨在共同利用医学影像数据协作构建模型。敏感的医学影像数据不会离开其原始来源。但是，模型参数更新通过网络进行交换，并由中心聚合器融合到一起以更新全局模型。如果没有适当的隐私保护措施，该联盟构建的模型可能容易受到对抗性攻击。具有不良动机的健康保险公司可以尝试对这些模型进行成员推断攻击，以确定其客户子集是否是训练数据的一部分。为防止信息泄露，通过实现差分隐私来混淆模型更新被视为一个良好的防御措施。然而，正如论文中所讨论的[18]，在协作节点数量有限的跨孤岛联盟中，增加差分隐私可能会导致准确性权衡。该论文提出的解决方案是将同态加密与差分隐私相结合来保护模型更新，以加强对信息泄露的防护。

在制药公司之间协作构建模型的另一种情况下，这有助于药物研发，实际上的信任动态可能会引起对聚合器或协作方节点执行完整性的担忧。通常，这种情况下，各方允许使用专有数据训练模型。模型更新包含有价值的见解，这些见解与聚合器共享以执行模型聚合。聚合器协议实现的执行受到损害可能会使协作方共享的模型更新容易受到别有用心的攻击；这包括尝试保留和比较模型更新，以探测关于隐私数据的信息泄露。另一个动机可能是试图以不道德的方式更改聚合器协议，以扰乱模型更新或丢弃模型更新，使某些协作者优于其他协作者或者阻碍模型收敛。在 Intel SGX 等可信执行环境中实施融合算法有助于在模型更新的联邦聚合过程中建立信任[19]。利用硬件支持的可信执行环境提供的证明，医疗保健公司可以全面采用联邦学习技术作为一个可信的双赢协作平台。

23.6 本章小结

正如本章所讨论的，联邦学习对于在当今医疗保健行业的孤岛之间架起桥梁、开发有影响力的人工智能解决方案具有巨大潜力。通过解决不同人群和隐私防火墙之间的真实世界数据的访问问题，联邦学习释放了机器学习模型的潜力，使研究人员能够解决各种学科领域的复杂问题(从改进临床诊断到加速疫苗和药物研发)。然而，正如在任何新兴技术中普遍存在的那样，联邦学习凭借其去中心化的实现，带来了分布式执行的复杂性以及安全和隐私漏洞，这些问题将通过强大的工程和严谨的研究工作来解决。我们对联邦学习的发展及其在推进医疗保健解决方案领域的巨大影响持乐观态度。

参考文献

[1] Sheller MJ, Reina GA, Edwards B, Martin J, Bakas S (2018) Multi-institutional deep learning modeling without sharing patient data: a feasibility study on brain tumor segmentation. In: International MICCAI brain lesion workshop. Springer, pp 92-104.

[2] Li W et al. (2019) Privacy-preserving federated brain tumor segmentation. In: International workshop on machine learning in medical imaging. Springer, pp 133-141.

[3] Medical Institutions Collaborate to Improve Mammogram Assessment AI (2020). https://blogs.nvidia.com/blog/2020/04/15/federated-learning-mammogram-assessment.

[4] HealthChain consortium (2020). https://www.substra.ai/en/healthchain-project.

[5] Trustworthy federated data analytics (TFDA) (2020). https://tfda.hmsp.center/.

[6] The federated tumor segmentation (FETS) initiative (2020). https://www.fets.ai.

[7] Joint Imaging Platform (JIP) (2020). https://jip.dktk.dkfz.de/jiphomepage/.

[8] Liu D, Dligach D, Miller T (2019) Two-stage federated phenotyping and patient representation learning. In: Proceedings of the 18th BioNLP workshop and shared task. Association for Computational Linguistics, Florence, pp 283-291.

[9] Lee J, Sun J, Wang F, Wang S, Jun CH, Jiang X (2018) Privacy-preserving patient similarity learning in a federated environment: development and analysis. JMIR Med Inform 6:e20.

[10] Machine learning ledger orchestration for drug discovery (2022). https://www.melloddy.eu.

[11] Chen S et al. (2020) FL-QSAR: a Federated Learning-based QSAR prototype for collaborative drug discovery. Bioinformatics 36:549-5498.

[12] FHIR—Fast Healthcare Interoperability Resources (2022). https://www.hl7.org/fhir.

[13] Yu et al. (2020) Fed+: a family of fusion algorithms for federated learning.

[14] Andreux M et al. (2020) Siloed federated learning for multi-centric histopathology datasets. In: MICCAI 2020 DCL workshop.

[15] Drungilas V et al. (2021) Towards blockchain-based federated machine learning: smart contract for model inference. Appl Sci 11:1010. https://doi.org/10.3390/app110310102019 (2021).

[16] Ma C et al. (2020) When federated learning meets blockchain: a new distributed learning paradigm.

[17] Trustless federated learning (2020). https://www.scaleoutsystems.com/ai-blockchain.

[18] Baracaldo N et al. (2019) A hybrid approach to privacy-preserving federated learning. In: AISec'19: proceedings of the 12th ACM workshop on artificial intelligence and security, pp 1-11.

[19] Ping An: Security Technology Reduces Data Silos (2020). https://www.intel.in/content/www/in/en/customer-spotlight/stories/ping-an-sgx-customer-story.html.

第 24 章

保护隐私的产品推荐系统

摘要：拥有多个营业地点或零售店的 B2C 公司会广泛使用推荐系统，向客户给出产品购买建议，发放最相关的优惠券，并为用户提供个性化的折扣和类似的功能。虽然传统的推荐系统旨在从中心数据库中挖掘客户交易数据，但是中心节点数据泄露的高风险会促使人们使用联邦学习来创建推荐系统。在分布式推荐系统中，客户和交易数据被保存在许多不同的分区中，例如对于具有多个实体店的零售商，一种方法是将所有交易数据保存在每个商店的本地。然而，这种分区会带来独特的挑战，例如跨分区的数据可能是不平衡和不完整的(缺少客户信息或客户反馈)。本章将研究一个已集成到 IBM 联邦学习(FL)框架中的推荐系统。

24.1 介绍

推荐系统预测客户对给定商品的评级和偏好，其中商品是销售给客户的产品。商品示例可能包括在任何零售店销售的商品、音乐视频和新闻文章。推荐系统既用于实体零售店(例如在收银机上打印的折扣券)，也用于在线商店(例如音乐推荐、推荐新闻文章或相关产品链接)。

推荐系统的早期研究始于 20 世纪 90 年代中期 Tapestry 的开发[1]，它使用基于内容的协同过滤技术。在这个系统中，电子邮件用户能够提供一个过滤器，使他们能够从各种邮件列表中选择合适的电子邮件。人们通过为他们阅读的电子邮件提供“标注”来“协作”帮助彼此创建更好的过滤器。过滤器可以访问这些标注，将用户的标注映射到具有类似标注的用户的标注，并使用它来确定过滤器的操作方式。

随着电子商务的发展，推荐系统的使用变得更加普遍，包括像 Spotify 等公司的歌曲推荐、亚马逊等公司的产品推荐、Netflix 等公司的电影推荐以及 FirstLeaf 的葡萄酒推荐等应用。推荐系统变得越来越复杂，并利用了各种各样的输入，包括用户生成的各种类型的内容(例如对产品的评论)[2]、用户定义或服务定义的约束[3]，以及上下文感知信息(例如输入数据的时间和位置[4, 5])。

通常，推荐系统的开发是一项多学科工作，涉及来自各个领域的专家，例如人工智能、人机交互、信息技术、数据挖掘、统计学、自适应用户界面、决策支持系统、市场营销或消费者行为[6]。大多数情况下，推荐系统的目标是个人用户；但它也可以是一组用户[3]。基于群体的推荐系统的应用可以是音乐、电影或旅游目的地推荐[7]。

随着收集的有关个人用户的数据的增加，使用深度学习等 AI 模型的个性化推荐系统变得越来越复杂[8, 9]。这也带来了与用户隐私有关的问题[10]。在大多数行业中，习惯上将数据保存在中心数据库中，以简化挖掘任务。然而，如果中心数据库被破坏，这种集中式系统会有与监管要求相关的重大业务风险和隐私损失，同时对于处理集中式数据的 Hadoop 等大数据系统来说维护成本也很高[11, 12]。

联邦学习[13]提供了一种替代方法，其中数据分布在不同的参与方之间，并通过称为聚合器的中心协调服务器[14]聚合本地计算的更新来学习共享模型。为增强安全性，可以使用差分策略向训练数据添加噪声[15, 16]。或者，在将模型更新发送到云端或中心服务器之前，可以使用同态加密(HE)进行加密通信。联邦学习可以部署在多种数据受限的场景中[17]。

本章将分享使用联邦学习构建产品推荐系统的工作，如图 24-1 所示。它基于一家领头的美国零售商的同事分享的用例。使用联邦方法后，客户交易数据在每个商店进行维护，而不是将所有数据汇总到一个中心商店。联邦学习框架允许在每个商店中进行模型训练。每个商店使用其本地数据训练模型，并且各个商店可以控制用于创建模型的信息。每次训练后，各个商店的代理都会将模型参数发送到中心位置。中心位置(聚合器)组合所有模型，并将结果以模型更新对象的形式发送回每个商店。模型更新用于在商店中构建最终的 AI 模型。对于商店中的每笔新交易，这个最终的 AI 模型会预测客户接下来可能购买的产品，并为这些产品生成优惠券。模型会定期更新，首先在商店内(使用店内新数据)，然后通过中心聚合器在所有商店中进行聚合。

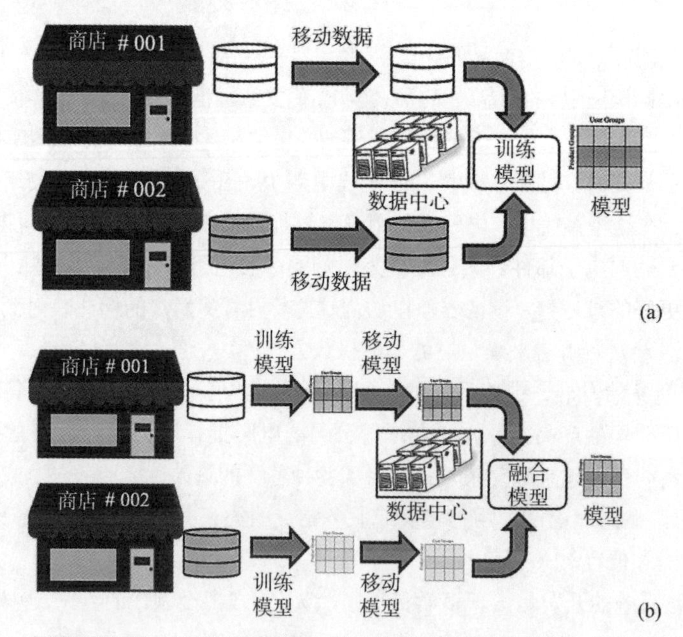

图 24-1 一个假设的场景：显示了两个商店，其中模型使用集中式方法(a)和联邦方法(b)进行训练

24.2　相关研究

在边缘计算环境中，联邦学习是一种自然需求。Sheller 等人(2018)描述了他们在边缘设备环境中训练神经网络的研究[18]。通过哈希账本来跟踪本地训练中允许的本地数据，并使用可信机制只允许来自可信边缘设备的全局更新，采用拜占庭梯度下降(BGD)等技术[19]。Shiqiang 等人在有关边缘计算系统中的高效联邦学习的章节中也讨论了这个方面。

有些研究侧重于减少模型更新期间的数据传输，因为更新的矩阵具有预定义的结构(例如低秩或稀疏矩阵[20])，或者还有前面章节中讨论的有关通信高效联邦优化算法的研究。虽然我们的研究并没有试图改善联邦学习的这些方面，但也表明了这种方法也具有高效利用内存的特点。

Ammad-ud-din 等人(2019)介绍了一种基于用户个人资料的协同过滤器的联邦实现[21]。Qu 等人(2020)提出了一种联邦新闻推荐系统[22]。在这个系统中，从一组随机选择的用户中上传本地梯度到聚合器，然后将这些梯度合并到全局新闻推荐模型中。随后，将更新后的全局模型分发到每个用户设备，用于进行本地模型的更新。在共享全局模型之前，还对本地模型应用了随机噪声和本地差分隐私保护措施。

24.3　联邦推荐系统

我们提出了一种基于购买模式而不是基于用户个人资料的推荐系统。在该方法中，将可用的交易数据建模为大小为 $T \times P$ 的购买矩阵($\boldsymbol{B}$)，其中 T 行表示客户购买交易，P 是商店中可供购买的产品数量。对于每个交易行，还可以添加上下文感知信息(例如购买时间或特定客户属性)，但我们首先将重点放在不考虑上下文属性的原始交易数据上。从联邦学习的角度看，第 i 个商店的矩阵 $\boldsymbol{B}_i$ 将具有 T_i 行。

我们使用三阶段联邦机器学习系统：①将个人的交易数据映射到购买模式的行为中；②在此基础上，系统可以生成购买模式的产品评级概况矩阵；③使用该矩阵通过高内存效率和性能的稀疏线性内存算法(SLIM)训练推荐系统[23, 24]。

为处理大量用户，将不同的用户根据其购买模式进行分组。每个商店将其交易项目矩阵 $\boldsymbol{B}$ 映射到大小为 $G \times P$ 的组评级矩阵($\boldsymbol{A}$)中，其中 G 是购买模式的数量，P 是产品的数量。购买模式组(G)的数量远小于用户数，并将每个商店的交易矩阵转换为一个矩阵，该矩阵在所有商店中具有相同的行和列。每个未来的交易都可以映射到现有的购买模式之一，并且可以使用 SLIM 算法进行产品推荐。这个过程如图 24-2 所示。

通过学习产品与购买模式的关系，而不是与用户个人资料的关系，可以克服基于用户个人资料的方法的局限性。具体来说，可以从模型中消除个人数据，降低数据传输成本，并更好地处理不同商店之间交易集合不平衡的情况。当一个没有关联个人资料的未知客户进入商店并购买某些产品时，该系统能够确定最匹配的购买模式并进行推荐。

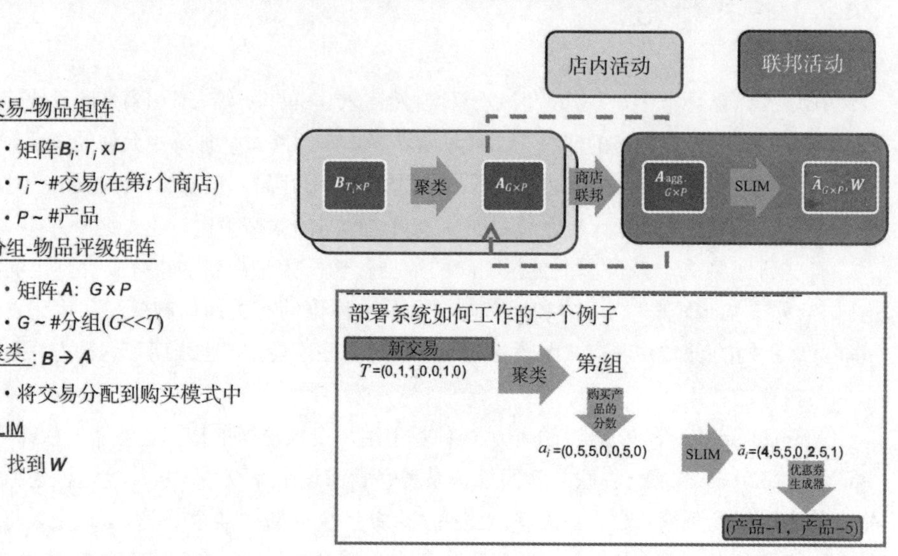

图 24-2 图中显示了系统的主要组成部分：$\boldsymbol{B}_i$为第 i 个商店的交易矩阵，$\boldsymbol{A}_i$为每个商店的购买模式/产品评级矩阵；$\boldsymbol{A}_{agg}$是将所有商店的数据$\boldsymbol{A}_i$汇总后的购买模式/产品评级矩阵

无监督聚类算法用于确定购买模式。推荐系统联邦学习的初始阶段采用联邦无监督聚类算法。一家商店的交易可能涵盖一些购买模式，但不是所有购买模式。联邦学习机制在本地数据上运行无监督聚类算法，然后将模型参数发送到聚合器。这些模型参数将捕获一些细节，例如聚类的质心、每个聚类的半径、聚类的整体密度以及半径不同百分位数的密度(例如总半径的 25%)。通过发送这些参数，该技术隐藏了交易数据和用户信息的详细内容，并减少了数据量。

聚合器收集所有这些参数，并使用这些参数标识一个全局的聚类集合。它使用提供的参数重新创建样本，之后可以对这些样本应用任何聚类机制。这些机制包括 k-means 算法或使用 KD 树方法识别最近的质心，通过两个成员聚类的边找到新的质心来合并它们[25]。

结果将被发送回每个商店以计算“惯性”指标。惯性计算求的是所有样本到相关质心的均方误差。本地惯性将被发送到聚合器，聚合器会计算全局惯性。如果全局惯性得到改善，它将保留新的质心，并继续进行下一步操作。这个过程会一直重复，直到没有观察到进一步的改善。然后，这个全局聚类中心集合将发送回各个商店，用于根据本地数据评估购买模式/产品评级矩阵。

计算出购买模式集合后，交易数据将转换为组矩阵，该矩阵用于计算每种购买模式中产品被购买的频率。交易矩阵中的每一行都是二进制的，其中每个已购买的产品用 1 表示，未购买的产品用 0 表示。当识别购买模式后，属于每种购买模式的交易将被用来计算一个评级矩阵，其中行中的每个条目表示根据该购买模式购买该产品的概率。然后将此评级矩阵传递给 SLIM 模型，用于学习生成聚合矩阵 $\boldsymbol{W}$，之后将其发送回每个商店以执行前 N 个产品的推荐。

24.3.1　算法

三阶段的联邦机器学习系统的伪代码如图 24-3 所示。在第一阶段，使用无监督聚类将个人的交易数据映射到购买模式中。在这个阶段，购买模式的数量是一个超参数。购买模式的数量越多，交易中产品之间的关系就越准确。如果将购买模式的数量设置为与交易数量相等，那么每个交易都将是一个唯一的模式。然而，为减小购买模式矩阵的大小，应该使用比产品数量小得多的值。

给定交易的本地数据，则目标是生成一个购买模式集合，如图 24-3 中的顶部方框所示。每个购买模式的信息由 P 维空间中的点云表示，然后基于以下统计数据进行聚合：质心位置、聚类半径、聚类密度以及聚类半径的不同百分位数处的密度(例如总半径的 25%和 50%)。一旦实现全局购买模式，通过使用 KD 树[25]的联邦训练，在第二阶段生成评级概况矩阵 $\boldsymbol{A}$。该矩阵记录了每种购买模式中每种产品的得分。一种产品可以出现多种购买模式。在这个阶段，最大评分是一个超参数(它指定了评分的取值范围，并且规定了如何对购买模式间的评分进行归一化处理)。

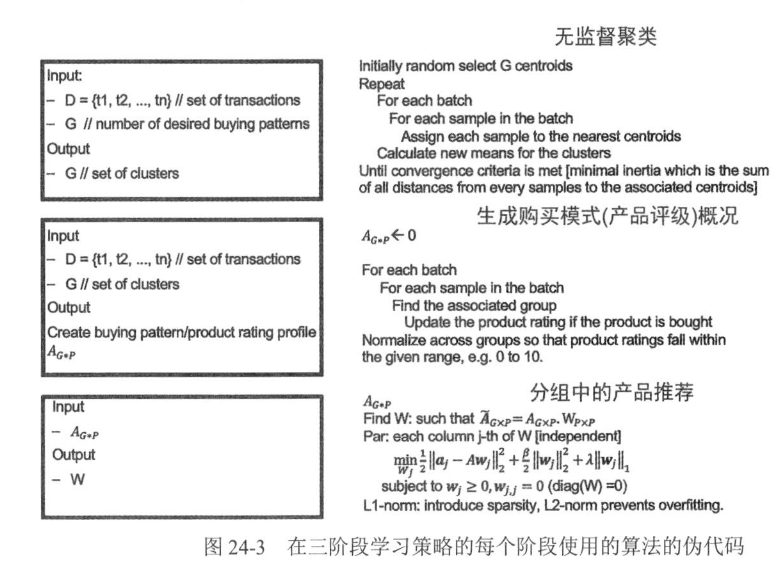

图 24-3　在三阶段学习策略的每个阶段使用的算法的伪代码

通过联邦训练，在聚合器站点生成全局评级概论矩阵，然后将其输入高内存效率和性能的稀疏线性内存算法(SLIM)中。SLIM 模型以两个稀疏矩阵的形式返回，这样可以有效地共享模型的内存。有两种类型的模型在这个三阶段系统中进行训练和生成。第一个是分组模型，第二个是评级模型。在部署阶段，分组模型用于将一个交易从交易空间映射到购买模式，并在分组空间中表示其向量。然后，评级模型用于为表示分组空间中交易的向量生成推荐产品。

24.3.2 实现

我们使用 IBM FL 框架(这是一个用于实现联邦算法的基于 Python 的库[14])来实现三阶段推荐系统。该框架在集中位置创建了一个融合处理程序类，并且提供一个要在单个站点(例如零售商店)上使用的本地训练处理程序类。融合处理程序由聚合器守护程序(ibmfl.aggregator.aggregator)管理，该守护程序在集中式服务器上运行；本地训练处理程序可以链接到外部 AI 模型，由每个站点上运行的参与方守护程序(ibmfl.party.party)管理。参与方还管理另外两个处理程序：数据处理程序和连接处理程序；而聚合器则管理另一个处理程序：连接处理程序。

每个参与方都在站点的专用机器上运行，通过互联网连接到数据中心或云中的聚合器。使用此框架的守护进程必须选择一种网络机制，可以使用内置的几种机制(如 Flask、TCP 或 RabbitMQ)之一来协调各个参与方和聚合器之间的活动。该信息通过 YAML 配置文件提供，该文件传递给启动守护程序的命令，如下所示。

```
python -m ibmfl.aggregator.aggregator <agg_config>
python -m ibmfl.party.party <party_config>
```

聚合器的可能操作由其状态决定，该状态可以从控制台获取。每个命令都会调用专用的聚合器类的方法。在控制台级别，可通过执行一系列命令来更改状态。首先，聚合器上的服务器线程需要使用 START 命令激活，等待来自各方的连接。

参与方可能的操作还取决于其状态以及从聚合器发送的消息类型。在控制台级别，可通过执行一系列命令来更改状态。首先，需要使用 START 命令激活参与方上专用的线程，用于监听来自聚合器的消息。然后，参与方可以使用 REGISTER 命令将自身信息注册到聚合器，前提是聚合器处于 START 状态。参与方与聚合器建立连接所需的信息通过一个 YAML 文件提供。

当所有参与方都注册完成后，聚合器可以发起以下操作之一：SAVE_MODEL、SYNC_MODEL、EVAL_MODEL 和 TRAIN；每个操作都会触发融合处理程序上的相应动作。其中，链接到 start_global_training()方法的 TRAIN 命令需要由指定的融合处理程序类实现，该类的名称通过 YAML 文件提供，例如 FedRecFusionHandler 类。在此方法中，融合处理程序类可以设置有效负载，并使用以下任何机制来调用对参与方的操作。

- query(func, payload, parties)：请求所有或给定列表的参与方执行本地训练处理程序中的给定函数 func。
- query_parties(payload, parties)：请求一组参与方执行本地训练处理程序的 train()方法。
- query_all_parties(payload)：请求所有参与方执行本地训练处理程序的 train()方法。

使用 query_all_partis()或 query_parties() API 会触发本地训练处理程序中的 train()方法，进而调用要本地训练的 AI 模型的 fit_model() API。在许多联邦学习场景中，当单个 AI 模型进行训练时，这种模式有助于简化模型开发，因为用户定义的模型只需要覆盖 FLModel

派生类的单个 fit_model() API 即可。

在本用例中，参与方需要执行一系列函数，并与聚合器协调结果。命令序列如图 24-4 所示。这是使用钩子机制实现的，因为融合处理程序使用 query()机制控制执行序列，该机制可以调用本地训练模型中定义的任意函数，如图 24-5 所示。

- *connect*() establish connection
- *learn1*() perform machine learning (ML) at individual stores (clustering) - [customer data remains at stores]
- *send1*() send cluster's statistics to federated agent [sale data is not exposed]
- Fed.learn1 () aggregate and revise clustering model
  - Find new centroids, send back to stores to assess the scores using local data
- Fed.send2 () send the suggested global centroids
- learn2() calculate the score using suggested new centroids, using local data; and send the score to federated agent.
- Fed.learn2 () – stage 3 of learning

图 24-4　图中显示了全局训练在每个参与方和聚合器之间的整体顺序：*connect*()表示每个参与方向聚合器注册；*learn1*()表示每个参与方执行第一阶段的学习；*send1*()表示每个参与方将模型更新返回给聚合器；Fed.learn1()表示聚合器执行其第一阶段的融合；Fed.send2()表示聚合器将模型更新发送给每个参与方；learn2()表示每个参与方执行第二阶段的学习；Fed.learn2()表示聚合器执行其第二阶段的融合

```
class FedRecFusionHandler(FusionHandler):
  def start_global_training(self):
      max_score = self.params_global['max_score']
      num_groups = self.params_global['num_groups']
      results = self.query('update_params',
                    {'max_score': max_score,
                     'num_groups': num_groups})
     data = self.query('learn1', {'test': True})
      self.learn1(data)
      self.query('update_centroids', {'centroids':self._centroids})
      data = self.query('learn2', {'test': True})
      self.learn2(data)
      self.send_global_model()
```

图 24-5　在聚合器站点进行联邦训练的执行顺序

参考文献[26]中详细给出了设置 YAML 配置文件的说明。这里简要介绍本用例所需的变更。聚合器的 YAML 文件应该包含 4 个部分(connection、fusion、hyperparams 和 protocol_handler)以及两个可选部分(metrics 和 model)。在本用例中，覆盖了两个部分：fusion 和 hyperparams(如图 24-6 所示)。

每个参与方的 YAML 文件应该包含 5 个部分：aggregator、connection、local_training、data 和 protocol_handler。在示例中，覆盖了 3 个部分：data、local_training 和 model(如图 24-7 所示)。与不需要知道各方信息的聚合器不同，各参与方需要知道到聚合器的连接信息。

```
fusion:
  name: FedRecFusionHandler
  path: ibmfl.aggregator.fusion.fed_rec_fusion_handler
 hyperparams:
  global:
    max_timeout: 60 # max waiting time aggregator to receive parties' replies
    parties: 2 # number of register parties (#max_connection)
    num_groups: 10 # num buying patterns to learn
    max_score: 10
```

图 24-6 聚合器的 YAML 配置文件的一部分。其中，FedRecFusionHandler 类是由 FusionHandler 基类派生的用户自定义类，具有针对用例需要实现的专用 API

```
data:
  info: # provides the data files' location
    store_info: { store_id: 134 }
    location: "./examples/retailproduct/data"
  name: RetailProductDataHandler # a class that can load the local data file
  path: ibmfl.util.data_handlers.retailproduct_data_handler # path to the class
local_training:
  name: FedRecLocalTrainingHandler
  path: ibmfl.party.training.fed_rec_local_training_handler
model:
  name: RecSystemFLModel
  path: ibmfl.model.rec_system_model
```

图 24-7 参与方的 YAML 配置文件的一部分。这里，每个商店的 store_id 必须是唯一的，用于检索演示的数据

24.4 结果

为评估联邦学习机制的性能，本节使用了与一家美国领头的零售商的同事一起生成并经过合理性验证的合成数据。为保护用户隐私，我们没有用实际交易的数据。

我们为两个商店生成合成数据：一个表示城市区域的店铺(商店 1)，另一个表示城郊地区的店铺(商店 2)。城市商店的交易数量是郊区商店的 3 倍。如图 24-8 所示，两家商店的购买模式不同。商店 1 中有 700 个用户，商店 2 中有 200 个用户。通过生成合成的交易数据来执行模型评估，这些数据代表了两家商店 100 种产品的 10 种消费者购买模式(编号为 0～9)。每种购买模式表示用户更倾向于购买特定组别的产品。每组(购买模式)中购买比例为非零的产品集如下所示。

- 第 0 组：[1 2 5 7 8 11 13 16 23 41 47 48 49 52 54 63 66 78 80 87 91 94 97]；
- 第 1 组：[6 10 12 19 22 24 30 59 79 85]；
- 第 2 组：[29 31 37 43 73 81 83 93 98 99]；
- 第 3 组：[28 30 34 44 79 85 86 88]；
- 第 4 组：[4 14 15 20 44 70 84 86 88]；
- 第 5 组：[0 10 21 24 25 30 31 46 50 57 67 69 73 76 96 98]；

● 第 6 组：[3 10 26 31 35 40 55 56 57 58 72 75 89 90 92 95]；
● 第 7 组：[9 12 18 29 32 39 42 60 68 71 77 79 82 85 93 98]；
● 第 8 组：[17 27 33 36 38 45 51 61 62 64 74]；
● 第 9 组：[5 6 22 30 33 49 51 53 62 65 97]。

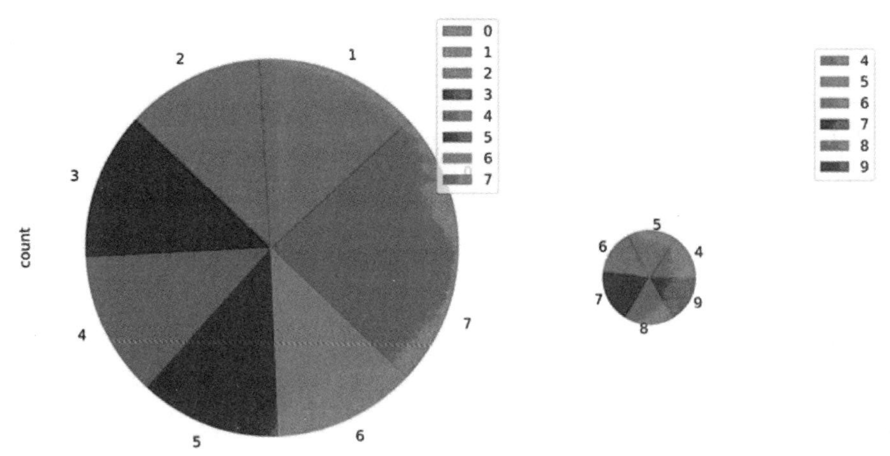

图 24-8　每种购买模式中交易数量的百分比。圆圈的大小反映每家商店中可用的数据量，饼的大小反映给定商店中每种购买模式的数据量

每笔交易都是按照以下步骤生成的：首先随机选择一个组别，然后从该组别中随机选择购买的产品数量。每个用户交易的概率有 80%来自一种购买模式，20%来自另一种随机选择模式。每个用户大约有 3000 笔交易记录。

我们模拟了两家不同商店的不同购买模式组合。所谓组合，就是表示这 10 种购买模式在两个商店中的分布情况，如表 24-1 所示。其中一家商店的交易数量是另一家商店的 3 倍。我们实现了两种推荐方法(联邦推荐和集中推荐)，并比较了它们在识别用户并将其分组为购买模式方面的效果。通过对每家商店的购买模式进行重新打乱，估计了由两种方法识别的购买模式组别匹配的频率。通过使用生成的数据，对 5 种不同的组合求平均值，图 24-9 中显示总体匹配率为 94%。

表 24-1　不同购买模式的组合

组合	商店 1 中的购买模式	商店 2 中的购买模式
1	[0–4], 5, 6, 7	5, 7, 8, 9, 10
2	[0–4], 5, 6, 8	5, 7, 8, 9, 10
3	[0–4], 5, 8, 9	5, 7, 8, 9, 10
4	[0–4], 5, 7, 9	5, 7, 8, 9, 10
5	[0–4], 6, 7, 9	5, 7, 8, 9, 10

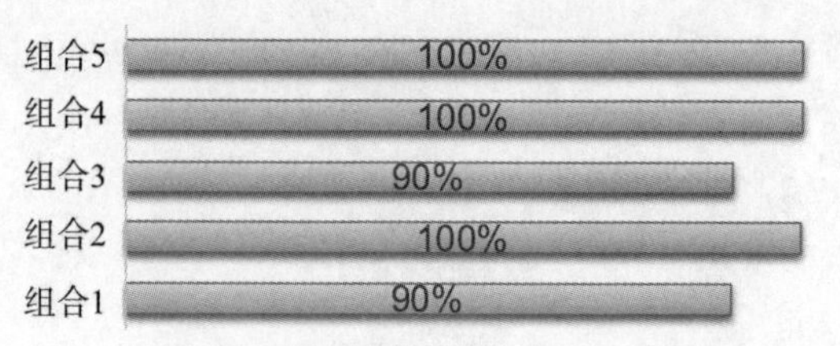

图 24-9 集中式方法和联邦方法在每种组合情况下的匹配结果

在第二个实验中，研究了两种方法下与中心数据服务器之间传输的数据量。假设每个商店都有一百万次交易，并且在数据传输过程中没有进行数据压缩。这里，我们评估了针对 1000 家商店的联邦方法；与集中式方法相比，联邦方法仅使用 1/250 的入站带宽和 1/6 的出站带宽(见图 24-10)。在前面的章节中，还有其他几种可能提供高效通信结果的方法。

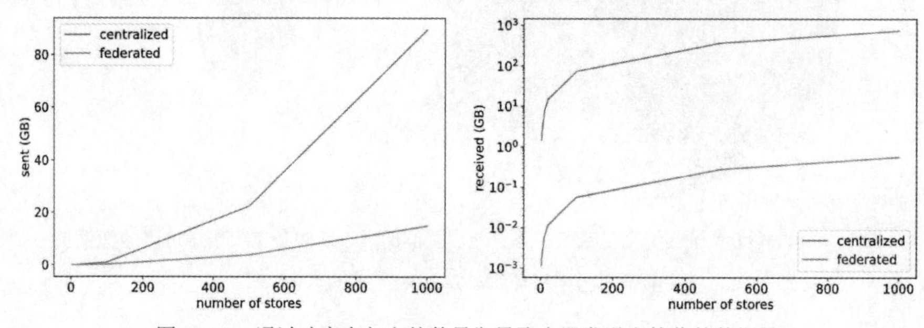

图 24-10 通过改变参与方的数量衡量聚合器发送和接收的数据量

24.5 本章小结

本章描述了一个多阶段的、联邦的、基于非深度学习的推荐系统，该系统可以快速部署在传统硬件上，并在零售店可用的计算基础设施上运行。该方法基于一个名为 SLIM 的经过充分测试的推荐系统算法。结果表明，联邦式产品推荐系统是一种可行的零售产品推荐方法，其推荐结果与传统的集中式推荐方法相当。重要的是，联邦式推荐系统在设计上保护数据隐私。联邦推荐系统比集中式推荐系统更节省带宽。总的来说，联邦式人工智能不仅适用于产品推荐，还可以有本书其他章节中提到的许多其他应用。

参考文献

[1] Goldberg D, Nichols D, Oki BM, Terry D (1992) Using collaborative filtering to weave an information tapestry. Commun ACM 35(12):61-70.

[2] Xu Y, Yin J (2015) Collaborative recommendation with user generated content. Eng Appl Artif Intell 45:281-294.

[3] Felfernig A, Boratto L, Stettinger M, TkalčičM (2018) Group recommender systems: an introduction. Springer.

[4] Villegas NM, Sánchez C, Díaz-Cely J, Tamura G (2018) Characterizing context-aware recommender systems: a systematic literature review. Knowl-Based Syst 140:173-200.

[5] Adomavicius G, Tuzhilin A (2011) Context-aware recommender systems. In: Recommender systems handbook. Springer, Boston, MA, pp 217-253.

[6] Ricci F, Rokach L, Shapira B, Kantor PB (2011) Recommender systems handbook. Springer.

[7] Sriharsha Dara C (2020) Ravindranath Chowdary, "a survey on group recommender systems". J Intell Inf Syst 54:271-295.

[8] Zhang S, Yao L, Sun A, Tay Y (2019) Deep learning based recommender system: a survey and new perspectives. ACM Comput Surv (CSUR) 52(1):1-38.

[9] Khan ZY,Niu Z,Sandiwarno S,Prince R(2020)Deep learning techniques for rating prediction: a survey of the state-of-the-art. Artif Intell Rev:1-41.

[10] https://ec.europa.eu/info/law/law-topic/data-protection/data-protection-eu_en, Retrieved Feb, 19, 2021.

[11] Zhao Z-D, Shang M-S (2010) User-based collaborative-filtering recommendation algorithms on Hadoop. In: 2010 third international conference on knowledge discovery and data mining. IEEE, pp 478-481.

[12] Dahdouh K, Dakkak A, Oughdir L, Ibriz A (2019) Large-scale e-learning recommender system based on spark and Hadoop. J Big Data 6(1):1-23.

[13] Jakub K, Brendan McMahan H, Ramage D, Richtárik P (2016) Federated optimization: distributed machine learning for on-device intelligence. arXiv preprint arXiv:1610.02527.

[14] Ludwig H, Baracaldo N, Thomas G, Zhou Y, Anwar A, Rajamoni S, Ong Y et al. (2020) IBM federated learning: an enterprise framework white paper v0.1. arXiv preprint arXiv: 2007.10987.

[15] Rodríguez-Barroso N, Stipcich G, Jiménez-López D, Ruiz-Millán JA, Martínez-Cámara E, González-Seco G, Victoria Luzón M, Veganzones MA, Herrera F (2020) Federated Learning and Differential Privacy: software tools analysis, the Sherpa. ai FL framework

and method- ological guidelines for preserving data privacy. Inform Fusion 64:270-292.

[16] https://github.com/IBM/differential-privacy-library.

[17] Yang Q, Liu Y, Chen T, Tong Y (2019) Federated machine learning: concept and applications. ACM Trans Intell Syst Technol (TIST) 10(2):1-19.

[18] Sheller M, Cornelius C, Martin J, Huang Y, Wang S-H Methods and apparatus for federated training of a neural network using trusted edge devices. Intel Corp. https://patents.google.com/patent/US20190042937A1.

[19] Alistarh D, Allen-Zhu Z, Li J (2018) Byzantine stochastic gradient descent. arXiv preprint arXiv:1803.08917.

[20] Hugh BM, David MB, Jakub K, Xinna Y (2020) Efficient communication among agents. Google, LLC. https://patents.google.com/patent/GB2556981A/en.

[21] Ammad-Ud-Din M, Ivannikova E, Khan SA, Oyomno W, Fu Q, Tan KE, Flanagan A (2019) Federated collaborative filtering for privacy-preserving personalized recommendation system. arXiv preprint arXiv:1901.09888.

[22] Qi T, Wu F, Wu C, Huang Y, Xie X (2020) Privacy-preserving news recommendation model learning. In: Proceedings of the 2020 conference on empirical methods in natural language processing: findings, pp 1423-1432.

[23] Sculley D (2010) Web scale K-means clustering. In: Proceedings of the 19th international conference on world wide web.

[24] Ning X, Karypis G (2011) Slim: sparse linear methods for top-n recommender systems. In: 2011 IEEE 11th international conference on data mining. IEEE, pp 497-506.

[25] Bentley JL (1975) Multidimensional binary search trees used for associative searching (KD- tree). Commun ACM 18(9).

[26] https://github.com/IBM/federated-learning-lib.

第 25 章

联邦学习在电信和边缘计算中的应用

摘要：联邦学习在电信行业日益重要，因为通信服务提供商(Communication Service Provider，CSP)正在寻求利用其数据资产，同时满足数据隐私要求来构建新的用例，使这些数据带来的机会货币化。

CSP 拥有的最大资产之一就是数据。全球排名前 50 的运营商拥有超过 50 亿消费者的数据。随着电信企业利用人工智能和机器学习(AI/ML)技术提取分析和预测能力，联邦学习成为利用分布式训练数据建立集中模型的当务之急。5G 和边缘计算能够显著提高网络容量、降低延迟、提高速度和效率[1]。

25.1 概述

数据和 AI 模型将分布在 5G 边缘计算的多个节点上，但由于安全性、带宽、存储和其他限制，共享信息可能会变得复杂，因此联邦学习是这种环境下的理想选择。

图 25-1 描述了集成到 CSP 的 5G 基础设施中的典型边缘环境。远端边缘由许多边缘设备组成，这些设备捕获基本数据并将其传输到靠近远端边缘的边缘集群。边缘集群将由多边缘计算节点(MEC)[2]组成。远端边缘的计算能力有限，通常只会运行训练好的模型。训练好的模型也将存在于 MEC 中，因为边缘集群将比边缘设备具有更强大的计算能力，可以对数据进行进一步处理。核心网络将具有更强大的计算能力，可以处理更大的数据集。CSP 通常拥有和管理边缘环境中的网络，而应用程序将针对不同的行业进行定制。在这种分布式环境中管理 AI 模型可通过联邦学习得到极大的增强，当其中一个聚合器放置在适当的节点时，可以提取一个可以共享的模型，然后将其分发到相关节点。

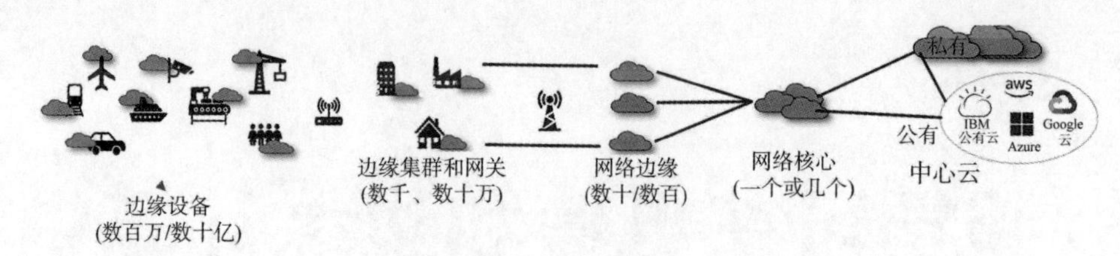

图 25-1 5G 和边缘场景

接下来将详细说明一些适用于电信行业的联邦学习用例，然后提供一个将它们结合在一起的统一用例。最后，本章将讨论该行业在实现联邦学习以将其拥有的大量数据货币化时面临的一些挑战。

25.2 用例

联邦学习用例有很多，下面是一些示例。我们将从一些核心的电信应用案例开始(这些案例将从联邦学习中受益)，然后提供一个整合的应用案例(该案例基于核心应用案例为通信服务提供商(CSP)创建端到端解决方案)。

25.2.1 车辆网络

车辆网络在智能交通系统中变得越来越重要，因为它允许车辆通过数据共享更有效地运行。IEEE 预测，到 2040 年，自动驾驶汽车将占道路总交通量的 75%[3]。这些车辆必须处理来自多个数据源的大量数据，且格式各异。及时、安全地提供必要的数据至关重要，联邦学习将发挥重要作用。通常，车辆网络中的联邦训练包括以下过程：初始化、本地训练和全局聚合[4]。初始化设置环境并确定所需的训练内容。在本地训练期间，参与方使用本地数据对模型进行训练。然后，参与方将参数加载到聚合器中，创建全局模型。更新后的参数随后被发送回参与方。在同步模式下，所有车辆定期在预定间隔结束时将其训练参数上传到服务器。在异步模式下，当本地收集到足够的信息时，每辆车将完成训练并上传参数，联邦学习服务器将在收到一组上传参数后更新全局模型。车辆网络提供了许多好处，包括为驾车员提供预警信号、更好地提供交通服务、车车和车路通信，以及让自动驾驶汽车能够有效运行。

25.2.2 跨境支付

电信行业会受到政府监管(例如美国的联邦通信委员会和欧盟的监管机构)的影响。此外，电信公司必须遵循由各种机构制定(如欧洲电信标准化协会)的标准。为实现更大的透明度、可见性和防止欺诈行为，全球各个电信公司之间紧密协作至关重要。随着消费者全球旅行，并开始使用更多的漫游服务以及进行由各自的电信公司支持的金融交易，数据隐私和数据安全的保护变得极其重要。

电信提供商创建了新的用例，通过利用他们拥有的客户数据来创造盈利机会。跨境支付系统(CBPS)是运营商都感兴趣的一个机会[5]。图 25-2 展示了参与跨境非接触式支付的一些关键参与方以及它们之间的交互。

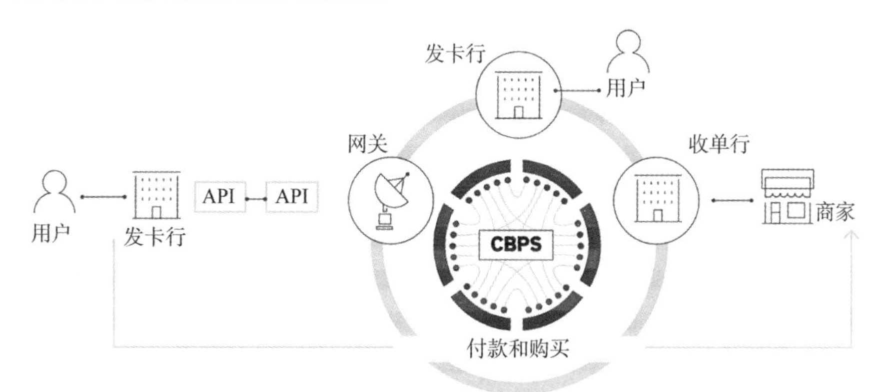

图 25-2　跨境支付系统中的角色(资料来源：IBM 商业价值研究所)

联邦学习将对解决这个问题至关重要，并确保在银行、运营商和网络之间建立个性化模型。联邦学习将成为构建跨企业、跨数据和跨域平台的基础，通过确保适当的模型在不同参与方之间创建和改进，同时确保数据的完整性和安全性，来创建生态系统。

25.2.3　边缘计算

边缘计算建立在计算资源上，其中工作负载被放置在更接近创建数据的位置，从而根据对数据的分析而采取相应的行动。通过利用和管理远程办公场所(如工厂、体育场或车辆)上可用的计算能力，开发人员可以创建应用程序来缩短延迟、降低对网络带宽的要求、提高敏感信息的私密性，并在网络中断时也能实现操作。联邦学习可用于从分布在多个边缘上的数据中学习 AI/ML 模型，而不需要共享原始数据，从而提供更高级别的数据隐私。例如，可以在视频监控系统的不同边缘节点上对模型进行训练。在某些位置的摄像机(边缘设备)或 MEC(边缘集群)上运行的模型可以被训练来识别特定对象，这是由于该位置的图像清晰度。使用本地化数据的一组设备可以在边缘集群上进行学习，聚合器可以存在于更高层的节点中，包括核心网络或云中。聚合器可以提炼出一个能够较好识别常见对象的模型，并将其共享和分发给相关的新节点或现有节点，使这些节点不需要重新训练。重要的是将聚合器放置在正确的节点上，这是需要应对的挑战之一，特别是当节点的数量增加时。

25.2.4　网络攻击

网络攻击会严重影响移动边缘网络，因此检测和纠正这些攻击至关重要。Nguyen 等人[6]描述了深度学习技术如何准确检测各种攻击。然而，这种检测需要足够数量的正确数据集来训练模型，但考虑到安全数据的性质，这些数据可能是敏感的。Abeshu 和 Chilamkurti[7]描述了联邦学习如何创建有效的模型来检测网络攻击模型。每个边缘节点都拥有一组用于入侵检测的数据。每个模型在不同的边缘节点进行训练，然后发送到联邦学习系统。系统将聚合来自参与方的所有参数，并将更新后的全局模型发送回所有边缘节点。因此，每个边缘节点可以从其他边缘节点学习，而不需要共享其真实数据。使用联邦学习检测网络攻击的一个关键好处是提高了检测攻击的准确性，同时保持了边缘节点的隐私。

Bagdasaryan 等人[8]已经发现联邦学习容易受到后门攻击。例如，恶意训练样本可能被引入边缘节点中，导致最终模型被污染。人们已经开发了安全协议来防范恶意攻击(例如，防御蒸馏和对抗性训练正则化)。这些协议通过与区块链集成得到增强；凭借区块链的不可篡改性和可追溯性，它们可以成为联邦学习中防止恶意攻击的有效工具[9]。每个节点对其本地模型所做的更改可以在区块链提供的分布式账本上链接在一起，以便对这些模型更新进行审计。这为使用区块链固有特性的参与方提供了可追溯性，有助于检测篡改企图和恶意模型替代。

25.2.5 6G

6G 目前仍在开发中，但有许多领域可以应用联邦学习来改善其推广[10]。6G 将在 5G 之上提供一些关键增强功能，并对联邦学习产生影响，包括以下内容。

- 更好的性能和可用性：6G 将为每个用户提供 1 Tbps 的数据传输速率、超低的端到端延迟和高能效网络。它还将支持更广泛的网络覆盖，包括水下环境等密度较小的区域。此外，6G 通信将支持高度多样化的数据，从而扩展可以构建的应用程序类型。因此，6G 被设计为支持更多的设备，这些设备将能够处理新的数据类型和可用的应用程序。
- 更强的安全性：数据安全和隐私将是 6G 通信的重要组成部分。随着越来越多的数据在边缘节点上进行管理，确保在传输过程中以及存储在不同位置时对这些数据进行保护变得至关重要。Wang 等人[11]讨论了 6G 网络的关键方面，包括边缘计算以及相关的安全和隐私问题，其中指出在 6G 环境下，车辆网络应该考虑的不仅是网络环境，还包括物理环境。
- 智能服务：6G 的处理将更复杂，因为所提供的网络、应用程序和服务的复杂性将更高。因此，6G 网络和在网络上运行的应用程序需要使用人工智能以最小干预的方式自动识别和纠正问题，实现封闭循环自动化[10]。

上述情况将使得一些新用例成为可能，这些用例要么现在不可能实现，要么由于网络缺陷目前只能以有限的方式实现。此类用例的例子包括复杂的增强/虚拟现实交互、使得先进的医疗程序成为可能的实时 eHealth、超越工业 4.0 的复杂工业实施，以及对移动传感器、自动陆地车辆和无人机等无人移动性设备进行高度集成的广泛应用。

为实现上述目标，至关重要的是大量使用不同服务的边缘设备能够通过使用自身的本地数据集协作训练共享的全局模型。当 6G 推出时，这些设备将比目前可用的设备复杂得多，因此能够运行比当前系统更复杂的模型来处理更复杂的数据。这样的模型的示例可以包括根本原因网络分析、预测性网络模型和视频分析，从而将原来在 MEC 上运行的一些活动转移到远边缘设备上。需要管理所有选定设备的模型更新以进行聚合，从而获得新的全局模型，然后可以使用该全局模型来进一步增强远边缘模型。聚合可以对等方式进行，也可以通过发送到核心网络或云中的中心位置来进行。

25.2.6　"紧急服务"用例演示联邦学习的能力

现在看一个集成了上述关键点的用例，以说明联邦学习将如何在实际实现中使用。

加州大学旧金山分校进行的一项研究表明，在医院外发生的 63 000 例心脏骤停病例(一种危及生命的情况)中，如今的 911 紧急响应时间可以为 37.5～43 分钟[12]。随着 5G 时代的到来，可以在 911 呼叫者、急救医疗技术人员(EMT)和医院之间建立一个端到端的 5G 网络切片，并提供支持 EMT 和主治医生进行丰富多媒体通信的最佳行车路线；这样就可以代表患者进行关键的实时决策。

随着 5G、MEC 和 AI/ML 的融合，这样的场景更接近现实。为实现这一目标，网络应支持从核心到边缘的通用架构，适用于网络和 IT 工作负载，并根据动态网络切片支持的网络和客户流量的起伏，灵活地在网络中移动工作负载[13]。它还应该支持"一次构建，随处部署"的灵活性，以在核心到边缘的频谱范围内提供最佳体验，即使在带宽密集型用例中也能提供最佳体验。这应该与 DevSecOps[14]方法和强大的安全框架相辅相成，以确保 5G 和边缘网络安全、云和容器安全以及设备、应用程序和数据安全。

我们需要收集各种类型的数据进行分析，例如患者的生命统计数据、救护车的状态和位置、从救护车到医院的视频传输等。这将生成大量数据，用于训练模型以更好地确定和预测患者的健康状况以及对救护车运营所需做出的改变。这些改变可能包括确定救护车是否在正确的路线上，以便与最佳网络信号或网络切片相关联，避免信号中断的隧道和延误患者到达医院的交通堵塞。一个关键发现是，真正能够有效提升机器学习模型的多样化代表性数据很少见[15]；其余的数据是相对可预测和冗余的。因此，可以通过提供最重要的数据摘要来训练模型，同时要注意保护数据隐私。由于只有相关的数据被发送到接收系统，因此发送摘要数据还有助于减少网络流量，并防止接收数据的系统过载。

以下是用例场景中发生的一组活动(见图 25-3)。

(1) 当救护车在不同位置移动时创建数据。

(2) 数据通过 5G 网络传输到网络边缘。

(3) 摘要数据从网络边缘发送到中心云。

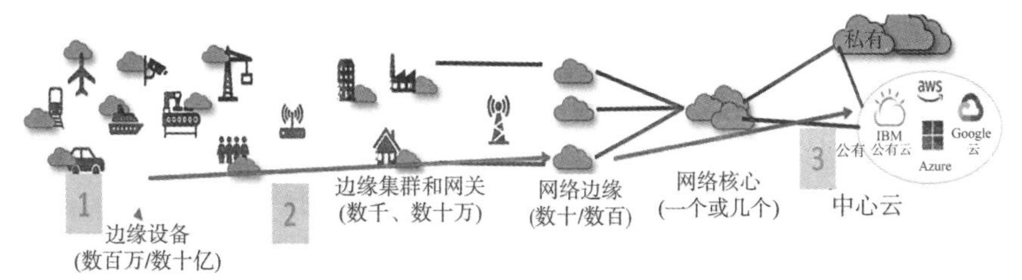

图 25-3　样本流跨越 5G 和边缘场景

为了从模型中获得最佳结果，最好使用跨多个边缘的多样化的地理数据集。

- 不仅来自城市道路，还来自高速公路。
- 各种天气条件，如雨、雪和晴天或者白天和黑夜等。
- 有关年龄、性别、种族、身体状况、现有医疗状况等各种信息的患者疾病数据。
- 当救护车行驶经过不同的位置时，网络数据会跨越多个虚拟无线接入网络(vRAN)、IP/传输层和多个移动边缘计算(MEC)服务器。

跨多个地理边缘和患者的数据融合有助于训练模型，从而改善运输中患者的整体治疗效果。但是，这里有一些关键点需要考虑。

- 如何确保边缘数据的安全性和隐私性？这些数据可用于在边缘训练模型，但隐私数据不应以原始形式与他人共享。
- 在确保数据不共享的同时，如何通过其他边缘的学习来增强在给定边缘上运行的模型？这些边缘节点之间必须有一定程度的协作才能实现这一目标。
- 如何在云和多边缘环境中扩展模型训练？由于一些训练发生在边缘，而另一些训练发生在中心云，如何在保持数据安全的同时扩展这种训练模式？
- 如何在电信网络云中动态协调云端和多边缘资源，以促进模型训练和评分？此类解决方案应利用5G网络的固有优势(例如动态网络切片)，提高切片的带宽或QoS，或者将救护车流量迁移到另一个合适的切片。

联邦学习能够解决上述许多问题。例如，由于隐私问题，服务器被设计为无法查看代理的本地数据和训练过程。使用的聚合算法通常是代理更新的加权平均，以生成全局模型。在救护车用例中，数据/资源既有相似性，又有多样性。这些特征使这些数据点成为联邦学习模型的理想选择。

为最有效地利用边缘计算系统中有限的计算和通信资源，研究人员探索了高效联邦学习算法的设计[16]。这些算法跟踪边缘的资源变化和数据多样性，并在此基础上确定最佳参数聚合频率、梯度稀疏性和模型大小。关键思想是，模型参数只需要在必要时由服务器聚合。在不同的代理处理相似数据的情况下，交换的信息量可能明显少于代理具有多样数据的情况。信息交换的最佳程度还取决于计算和通信之间的权衡。当计算资源(CPU 周期、内存等)丰富但通信带宽低时，最好计算多而通信少，反之亦然。各种实验表明，与标准(非优化)联邦平均(FedAvg)算法相比，我们的算法可以显著减少模型训练时间[17]。当与模型剪枝[18]结合使用时，还可以大幅提高推断时间，从而可以将训练好的模型部署到资源有限的边缘设备上。

虽然联邦学习有很多好处，但它也增加了一个新的漏洞，即代理的恶意行为。研究已经探索了对手控制少量代理的可能性，其目的是破坏训练好的模型[19]。攻击者的目标是使联合训练的全局模型对一组选定的输入以高置信度进行错误分类，即它试图以有针对性的方式毒害全局模型。由于攻击是有针对性的，因此攻击者还会尝试确保全局模型收敛到在测试或验证数据上具有良好性能的点。此类攻击强调了在联邦学习中允许可信代理的必要性，并且要开发对对抗性攻击具有鲁棒性的模型训练算法[20]。这些防御措施越来越多地被应用到联邦学习设置中(例如在设计鲁棒的模型融合算法时)，以检测和保护学习过程免受此类攻击。

25.3　挑战与未来方向

联邦学习显然适用于电信的许多领域，但也存在许多挑战。下面讨论一些挑战和未来的研究方向。

25.3.1　安全和隐私挑战及注意事项

上述用例表明，电信系统需要在分布在远边缘、近边缘、核心数据中心和公共云中的众多设备上运行不同的机器学习模型。这也使系统容易受到恶意攻击。电信公司有很多关于用户的数据，包括通话详情、移动信息和联系人网络。此外，关键和敏感的财务、健康和急救响应数据由电信网络传输。联邦学习也容易受到通信安全问题的攻击，如分布式拒绝服务(DoS)和干扰攻击[4]。因此，安全和隐私对电信公司来说至关重要，在使用联邦学习实现解决方案之前，将对其进行严格审查。通过使用安全聚合算法对加密的本地模型进行聚合，模型可以不泄露其数据，同时避免了在聚合器中进行解密[21]。然而，采用这些方法会牺牲性能，并且还需要在参与的移动设备上进行大量计算。目前，在实现联邦学习时隐私保证和系统性能之间存在权衡。我们需要解决这一问题，以便使用联邦学习实现鲁棒的解决方案用于电信领域。

25.3.2　环境方面的考虑

对于目前大多数关于联邦学习应用的研究来说，重点都在于学习模型的联合训练，而忽略了实现方面的挑战。电信系统通常只有有限的通信和计算资源。边缘节点处可能没有足够的本地学习器来参与全局更新，系统必须在模型性能和资源保留之间进行权衡，并且对于低功耗设备来说，模型更新可能仍然很大。在现有的方法中，移动设备需要直接与服务器通信，这可能会增加能耗。总之，在模型创建中还应考虑电信环境，包括无线应用、通信成本和能源成本的质量。

25.3.3　数据方面的考虑

电信数据可能存在很大的变异性和不一致性。许多联邦学习方法假设参与方的无线连接总是可用的，但由于网络、设备或其他问题，情况可能并非如此。训练参与方中大量丢失的数据会显著降低性能[22]，因此算法需要具有鲁棒性以适应训练过程中数据质量的变化。在监督学习中往往需要标记数据，但网络中产生的数据可能是无标记或错误标记的[23]，因此这对识别具有合适数据的参与方进行模型训练提出了挑战。以上只是有关数据考量的部分例子，要在电信领域成功实现联邦学习，还需要进一步检验。

25.3.4 监管方面的考虑

电信公司需要遵守许多规定。美国设有联邦通信委员会来负责管理相关法规。因此，任何实现方案都必须遵守规定。一个例子是灾难通信中的网络故障。大多数联邦模型(如常规的深度神经网络和某些形式的集成模型)都是黑盒模型，而黑盒模型输出的无法解释的预测或决策可能会给用户造成巨大的损失。5G网络开始依赖AI模式来运营。失败可能具有监管意义，重要的是解释为什么系统以它所做的方式响应，但目前的工具在提供解释方面能力有限。此外，这些模型会随着时间的推移引入偏差，因此需要进行解释和修正。考虑到电信公司支持的复杂网络系统以及系统发生故障所带来的巨大影响，开发可解释的联邦模型将变得重要。

25.4 本章小结

综上，联邦学习为许多电信用例提供了一种安全的模型训练策略，可以影响多个行业。模型的训练分布在边缘上的多个代理之间，允许跨越多个边缘进行学习，而不需要实际共享原始数据，往往会产生更好的边缘部署模型。这样做使电信公司能够在边缘管理和货币化他们的数据，从而显著促进下一代网络的推出。

参考文献

[1] https://developer.ibm.com/articles/edge-computing-architecture-and-use-cases/.

[2] Multi-access edge computing. https://www.etsi.org/technologies/multi-access-edge-computing.

[3] Look Ma, no hands. http://www.ieee.org/about/news/2012/5september_2_2012.html.

[4] Tan K, Bremner D, Krenec JL, Imran M (2020) Federated machine learning in vehicular networks: a summary of recent applications. In: 2020 international conference on UK-China emerging technologies (UCET).

[5] https://www.ibm.com/thought-leadership/institute-business-value/report/contactless-payment-tele.

[6] Nguyen KK, Hoang DT, Niyato D, Wang P, Nguyen D, Dutkiewicz E (2018) Cyberattack detection in mobile cloud computing: a deep learning approach. In: Proceedings of the IEEE WCNC, pp 1-6.

[7] Abeshu A, Chilamkurti N (2018) Deep learning: the frontier for distributed attack detection in fog-to-things computing. IEEE Commun Mag 56(2):169-175.

[8] Bagdasaryan E,Veit A,Hua Y,et al. (2019) How to backdoor federated learning.ArXiv Preprint ArXiv:1807.00459. https://arxiv.org/abs/1807.00459.

[9] Preuveneers D, Rimmer V, Tsingenopoulos I et al. (2018) Chained anomaly detection models for federated learning: an intrusion detection case study. Appl Sci. https://doi.org/10.3390/app8122663.

[10] Liu Y, Yuan X, Xiong Z, Kang J, Wang X, Niyato D (2020) Federated learning for 6G communications: challenges, methods, and future directions. China Commun 17(9):105-118. https://doi.org/10.23919/JCC.2020.09.009.

[11] Wanga M, Zhua T, Zhang T, Zhangb J, Yua S, Zhoua W (2020) Security and privacy in 6G networks: new areas and new challenges. Digital Commun Netw 6(3):281-291.

[12] wendychong-ibm-2020.medium.com/ai-edge-saving-grace-with-advanced-ai-ml-accelerators-for-5g-edge-computing-use-cases.

[13] Dynamic network slicing: challenges and opportunities. https://link.springer.com/chapter/10.1007/978-3-030-49190-1_5.

[14] DevSecOps. https://www.ibm.com/cloud/architecture/adoption/devops. Aug 2020.

[15] ibm.medium.com/ai-edge-coreset-intelligent-data-sampling-for-ai-ml-at-the-5g-edge.

[16] S. Wang, T. Tuor, T. Salonidis, K. K. Leung, C. Makaya, T. He, and K. Chan, “Adaptive federated learning in resource constrained edge computing systems,” IEEE J Select Areas Commun, vol. 37, no. 6, pp. 1205-1221, Jun. 2019.

[17] Konečný J, McMahan HB, Yu FX, Richtárik P, Suresh AT, Bacon D (2016) Federated learning: strategies for improving communication efficiency. arXivpreprint arXiv:

161005492.

[18] Wenyuan X, Fang W, Ding Y, Zou M, Xiong N (2021) Accelerating federated learning for IoT in big data analytics with pruning, quantization and selective updating. IEEE Access.

[19] Bhagoji A, Chakraborty S, Mittal P, Calo S (2019) Analyzing federated learning through an adversarial lens. In: International conference on machine learning (ICML).

[20] ibm.medium.com/ai-edge-federated-learning-learn-on-private-and-partitioned-dataset.

[21] Bonawitz K et al. (2016) Practical secure aggregation for federated learning on user-held data. In: NIPS workshop on private multi-party machine learning.

[22] McMahan HB et al. (2016) Communication-efficient learning of deep networks from decentralized data. [Online]. Available: arXiv:1602.05629.

[23] Gu Z et al. (2019) Reaching data confidentiality and model accountability on the Caltrain. In: Proceedings International Conference on Dependable Systems and Networks, pp 336-348.